U0078053

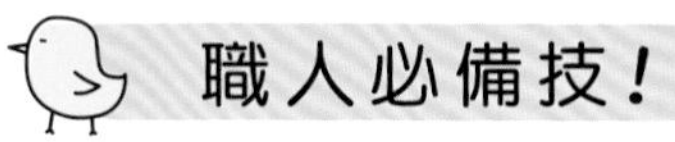

Illustrator 最強教科書

井村克也 著 · 許郁文 譯

CC適用｜Windows & Mac

序

被譽為創作者必備的電繪軟體Illustrator，其最新版本CC 2022版已經是第26個版本。

Illustrator這套軟體可處理重複縮放或變形後畫質也不會劣化的向量資料，因此受到許多使用者的喜愛。比起其他向量繪圖軟體，Illustrator在文繞圖的部分更是具有壓倒性的優勢，要製作商業印刷檔案，絕對需要這套軟體。

許多使用者應該都是利用Illustrator製作網頁圖片。能隨意縮放圖片的Illustrator，在製作Web素材方面也非常實用。若問在眾多繪圖軟體之中，為何Illustrator獨受多數專家青睞，答案應該就是這套軟體的用途非常多元與靈活。

雖然Illustrator的歷史非常悠久，但基本上就是利用貝茲曲線繪製路徑。只要能夠隨心所欲地繪製路徑，Illustrator就是一套「想畫什麼，就畫什麼」的工具。可惜的是，有不少使用者因為不會繪製路徑而害怕使用Illustrator。不過，最新的Illustrator新增了不少簡單繪製圖案的工具，如果使用繪圖板，還能直接利用筆刷工具或是鉛筆工具手繪圖案，當然也能套用電繪才有的特殊效果，或是利用3D功能製作立體圖案。

本書會以圖解的方式介紹CC 2022的新功能，以及Illustrator大部分的功能。

本書不需要從頭讀到尾，但有時間的話，建議大家全部讀過一遍，或許可從中找到一些之前不知道的功能或用法。圖稿的品質以及作畫的速度往往會因為些許的知識落差而受到影響。

但願本書能幫助大家更熟悉Illustrator。

～謝辭～
撰寫本書之際，得到許多人的幫助，在此向相關人士致上感謝。
也非常感謝願意購買本書，活用本書內容的讀者。

井村克也

CONTENTS

CHAPTER 4 編輯物件

CHAPTER 5 試著設定顏色

CHAPTER 6 試著調整物件的外表

CHAPTER 7 讓物件變形

CHAPTER 8 了解輸入文字與排版的方法

CHAPTER 9 活用「效果」

CHAPTER 10 了解儲存／轉存／動作／列印

本書的閱讀方式與使用方法

本書以Illustrator初學者以及想更了解Illustrator的讀者為對象。最初以基本技巧為主，接著再深入瞭解Illustrator的進階內容。

本書以第一次使用「Adobe Illustrator」的使用者到專業設計師、排版人員、插圖繪製人員為對象。想學習Illustrator，或是利用Illustrator繪製插圖與設計的讀者，只需要閱讀本書，就能學到所有功能。

● 初學者

初學者可於CHAPTER 1學到操作介面、工具與面板的用法，也能學會繪圖之前的基本知識，之後可於CHAPTER 2開始學習具體的繪圖方法、填色、筆畫、外觀的設定，以及物件的編輯方式，還有各種效果的功能。

● 進階內容與快捷鍵都放在TIPS

實用技術與快捷鍵都放在TIPS，初學者可直接跳過這個部分。

● 注意事項放在POINT

操作相關內容以及注意事項都會於POINT解說。

● 於學校或研討會應用

本書是以章節形式安排課程，可於Illustrator課程、講座或是研討會應用。

● 本書的操作環境

本書是以Windows 11的環境為基準，但使用其他Windows版本或是Mac的讀者，也能以相同的操作練習。Mac的使用者請依照以下說明取代快捷鍵。

Ctrl 鍵 ➡ ⌘ 鍵

Alt 鍵 ➡ option 鍵

本書編排

本書的頁面由下列各項目組成。各CHAPTER是由各種功能與操作的SECTION組成，所以能快速找到需要的操作說明。操作流程都會附上編號進行解說，所以初學者也能快速學會這些操作。

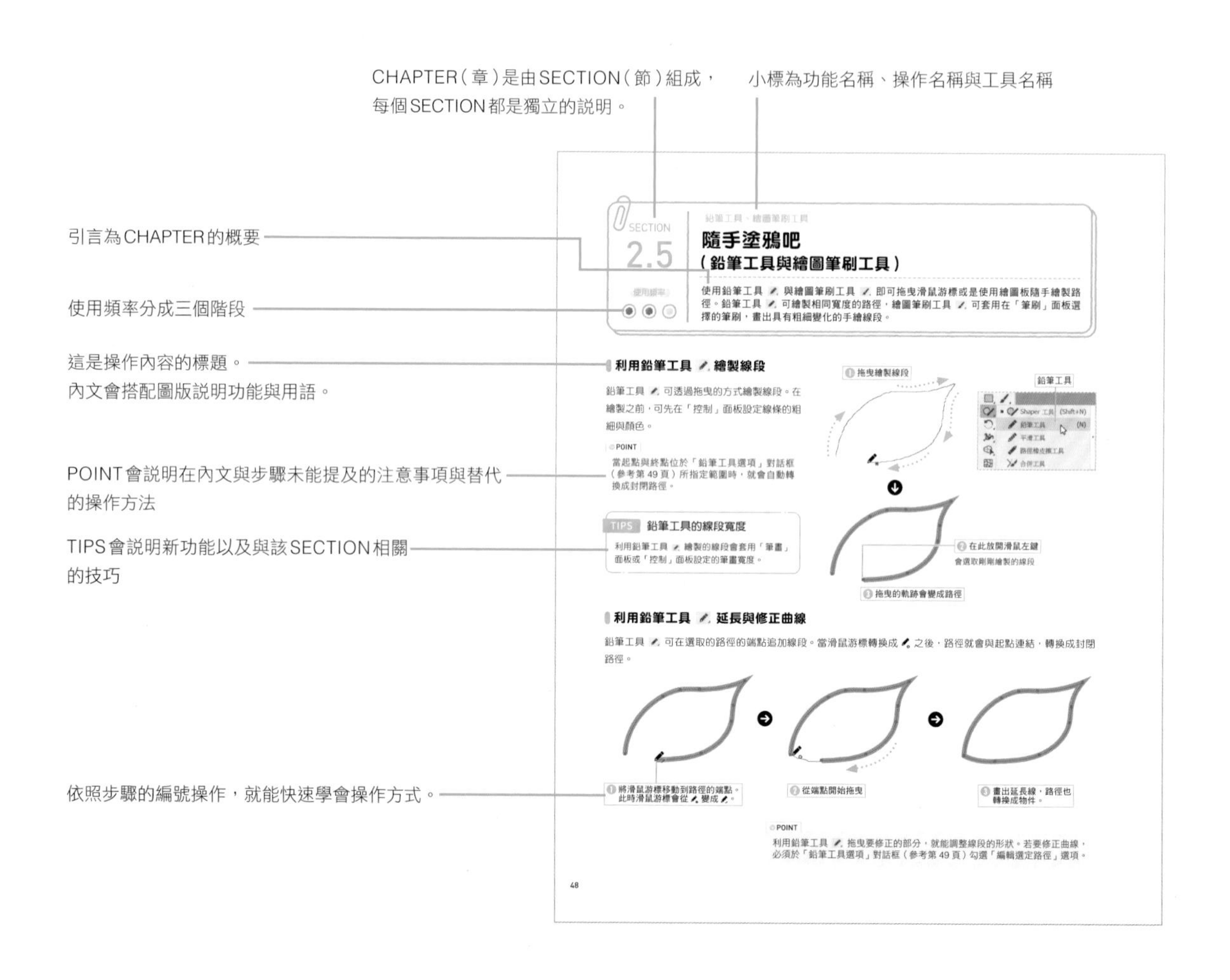

本書範例檔案下載

本書的範例檔請至碁峰網站下載。有些檔案因為著作權的關係而無法提供，敬請見諒。
檔案內容僅供合法持有本書的讀者使用，未經授權不得抄襲、轉載或任意散佈。

範例檔下載網址

https://books.gotop.com.tw/download/ACU085100

CHAPTER

1

了解 Illustrator 的基本知識與基本操作

在使用 Illustrator 開始畫圖之前，不妨先了解 Illustrator 的功能、新增文件的方法、工具與面板的操作或是其他的基礎知識。

SECTION
1.1

使用頻率

Illustrator 有哪些功能？

了解 Illustrator 的特徵

Illustrator 是設計師與創意發想人員不可或缺的繪圖軟體，從商業印刷的插圖、設計到網頁圖片的製作，或是各種平面圖片都能透過這套軟體完成。

Illustrator 這套軟體

Illustrator 是**向量繪圖軟體**（Photoshop 是影像處理軟體）。在各種繪圖軟體中，Illustrator 因為繪製線條的自由度極高而受到許多創作者喜愛，目前也已成為實質標準。

點陣圖

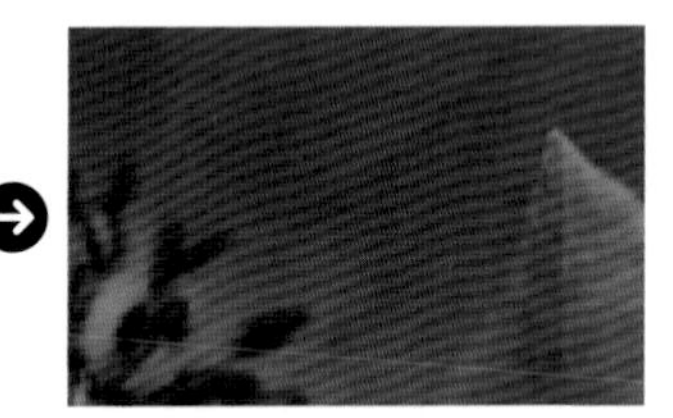

點陣圖是由一堆點組成，所以在縮放或變形後，畫質就會變差。

▶ 自由度極高的 Illustrator

Photoshop 製作的點陣圖會在縮放或變形之後畫質變差，但是 Illustrator 繪製的圖案是以公式記錄，所以即使進行縮放、旋轉等變形，線條都能保持平滑。

此外，不管是曲線還是斜線，都不會出現鋸齒狀。

Illustrator的圖像

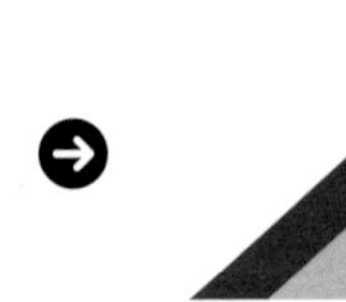

不管如何縮放與變形，畫質都不會變差。

▶ Illustrator 的繪圖構造

Illustrator將圖形以及植入的點陣圖稱為**物件**。要利用 Illsutrator 繪圖就必須繪製多個物件，再將這些物件組成需要的圖。在 Illustrator 繪製的圖案稱為**圖稿**。

利用各種物件組成插圖

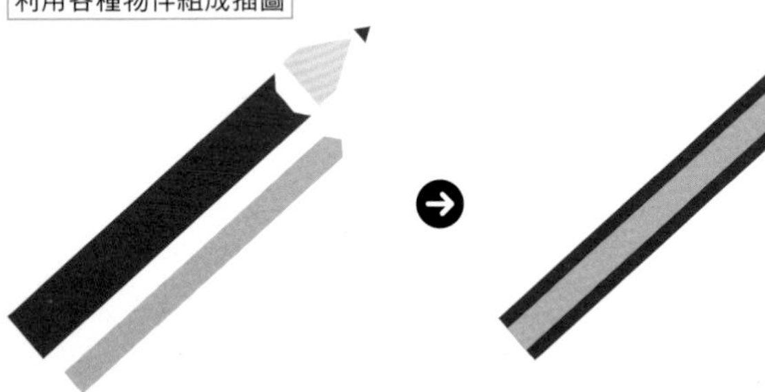

TIPS　影像處理就使用 Photoshop

要編輯照片或是合成照片就非 Photoshop 莫屬。Illustrator 雖然也能在植入圖片之後，利用 Photoshoip 濾鏡進行簡單的加工，但無法進行進階編輯。

要利用平板電腦繪製顏色變化精密的圖案時，Photoshop 也比 Illustrator 更適合。

Illustrator 的功能

▶ 製作印刷檔案

Illustrator 繪製的圖形可在印刷之際維持平滑的曲線，所以非常適合編排商品目錄、手冊、海報這類印刷品，或是繪製圖表、插畫等素材。

此外，Illustrator 也內建了優異的字距、行距、換行組合功能，是製作中文印刷品不可或缺的工具。

商品目錄、手冊、海報這類印刷品都可利用 Illustrator 製作

TIPS 頁數較多的印刷品可使用 InDesign 製作

頁數較多的印刷品使用 InDesign 製作會比較有效率。「素材利用 Illustrator 製作，再利用 InDesign 排版」是較為理想的工作流程。

▶ 繪製重複使用的標誌

公司標誌等各種大小重複使用的圖片都很適合利用能隨意縮放圖案的 Illustrator 製作。

此外，除了製作印刷檔案之外，Illustrator 的另一項優點就是能將圖稿轉換成點陣圖，當作網頁素材使用。

利用 Illustrator 製作尺寸不同的標誌或是資訊圖示最為理想

▶ 網頁素材

Illustrator 可輸出 SVG、JPEG、GIF、PNG 這些格式的圖片，所以很適合製作網頁橫幅與按鈕這類網頁圖片。

▶ 影像字卡

除了網頁素材之外，Illustrator 也能製作影像字卡。在新增文件的時候選擇文件類型，就能設定文件的大小，新增最適合影像的文件。

TIPS Illustrator 做不到的事

雖然 Illustrator 幾乎可包辦各種圖像製作的需求，卻無法以像素單位修正圖片。比方說，沒辦法去除照片的雜點，也無法合成圖片（在團體照片多加一人的作業）。這些作業請於 Photoshop 進行。

SECTION 1.2

Illustrator 的介面

使用頻率 ●●●

Illustrator 的作業畫面、工具或是面板，與 Photoshop 的環境相同。由於面板的數量很多，所以螢幕解析度至少要有 1,280×1,024 像素才理想。

Illustrator 的視窗與面板

Illustrator 的視窗環境如下：

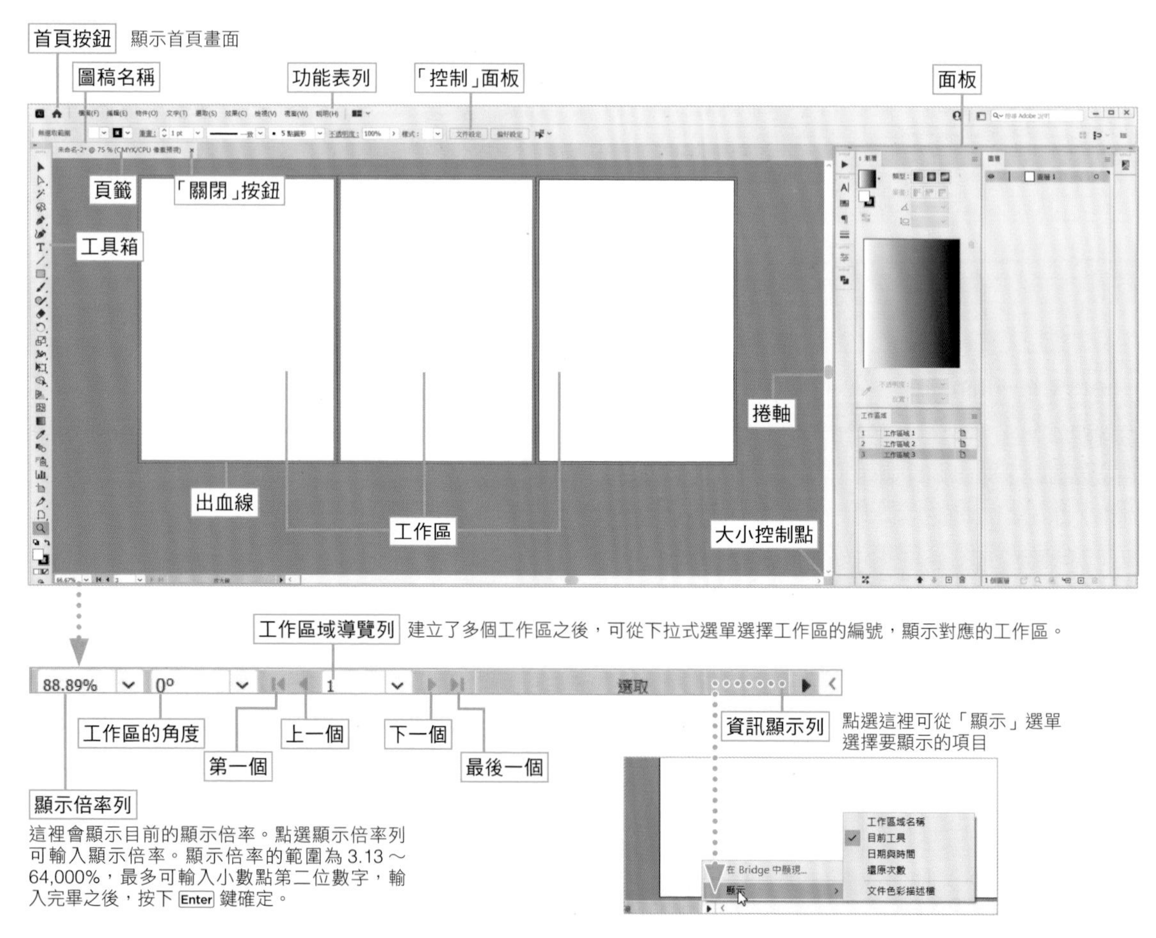

首頁畫面

啟動 Illustrator 之後，可開啟最近使用的文件或是新增文件。點選 🏠 之後，可以顯示圖稿。

POINT

就算顯示了圖稿，點選選單列的 🏠 也可以顯示這個畫面。要回到原本的畫面可點選 Ai。

POINT

如果在「偏好設定」的「一般」取消「沒有文件開啟時顯示首頁畫面」(參考第 308 頁）選項，就不會開啟首頁。

TIPS 自訂使用者介面

在「偏好設定」對話框的「使用者介面」(參考第 313 頁）可調整畫面的顏色、選單與面板的大小。

SECTION 1.3

使用頻率

「檔案」選單→「新增」

新增文件

利用 Illustrator 繪製插圖時，必須先設定為最理想的色彩模式。在此要說明新增文件的方法以及從範本新增文件的方法。

從「檔案」選單點選「新增」

要於全新的白紙繪製插圖時，可從「檔案」選單點選「新增」（Ctrl + N）。也可以點選首頁畫面（「起始工作空間」）的「新檔案」。

開啟「新增文件」對話框之後，可設定「名稱」、「色彩模式」與「大小」這類選項。

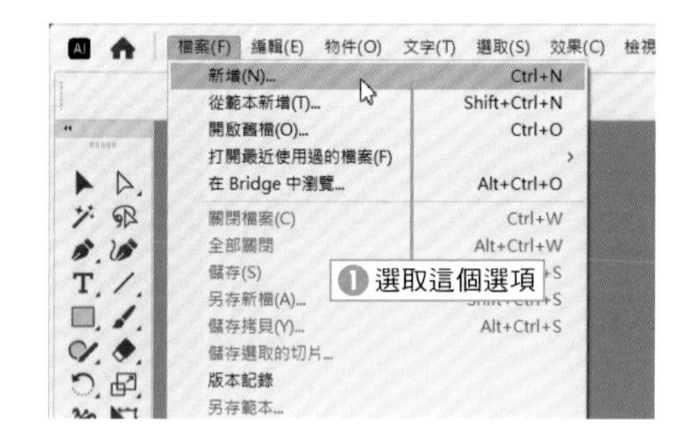

「新增文件」對話框

選擇文件的用途之後，再選擇大小或是色彩模式這類預設集。

TIPS 大畫布

Illustrator 將繪製圖稿的區域稱為「畫布」，最大的尺寸為高 227 英吋 × 寬 227 英吋（5.7658 公尺）。如果在新文件新增大於這個尺寸的工作區，就會新增長寬都為 10 倍的 2270 英吋(57.658 公尺)。

若是儲存為舊版，就會縮小為 1/10 的尺寸。

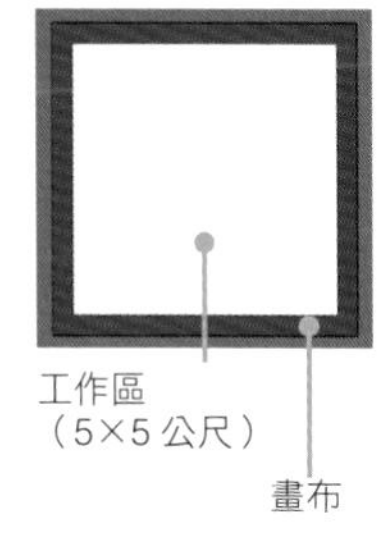

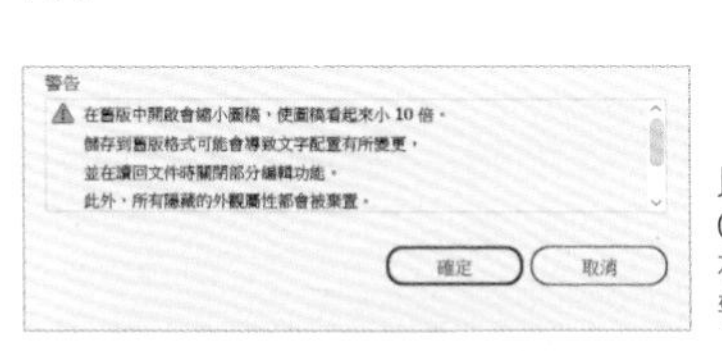

以「Illustrator CC（舊版）」儲存時，會顯示的警告訊息。

「更多設定」對話框

「更多設定」對話框可設定「名稱」、「色彩模式」、「工作區域數量」、「大小」這類選項。

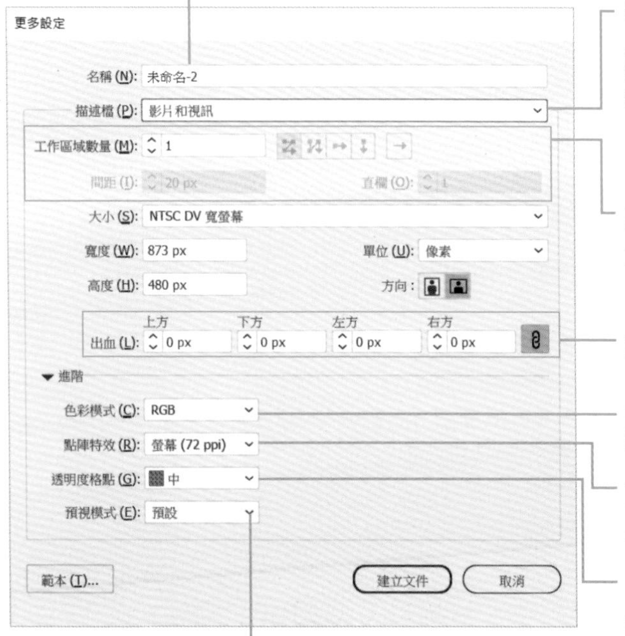

設定新增檔案的名稱。可以直接沿用預設值。可在儲存檔案的時候變更。

依照檔案的用途選擇文件描述檔。「描述檔」內建了工作區域的大小、單位、色彩模式以及各種文件用途的必要設定，可依照用途選擇適當的描述檔。選擇「瀏覽」，再於對話框選擇檔案之後，就能套用現有檔案的描述檔。此外，對話框下方的「更多設定」可直接沿用預設值。

工作區域的數量可介於 1 ～ 100。若指定了多個工作區域，可設定工作區域的排列順序、間隔與欄數。細節請參考第 31 頁的說明。

設定出血邊。商業印刷品通常會設定為 3mm。

設定文件的色彩模式。如果是印刷品，可設定為「CMYK」，其他的網頁、影像素材則可以設定為「RGB」，也可以在新增文件之後變更。

設定在「效果」選單的物件進行點陣化時的解析度。如果是印刷品，可設定為「高（300ppi）」，如果是製作網頁、影像素材，可選擇「螢幕（72ppi）」。

選擇透明度格點的顏色。只有「描述檔」設定為「影片和視訊」的時候才能設定這個選項。這個選項的設定可在後續介紹的「文件設定」變更（參考第 16 頁說明）。

選擇預視模式（參考第 28 頁）

TIPS 開啟舊版的「新增文件」對話框

在「偏好設定」對話框的「一般」點選「使用舊版『新增檔案』介面」選項（參考第 308 頁說明），就能開啟 CC 2015.3 之前的「新增檔案」對話框，而不是新版的「新增檔案」對話框。

確認與變更文件設定

於新增文件之際選擇的描述檔，其單位、出血邊、透明度格點，都可在「檔案」選單的「文件設定」（Alt + Ctrl +P）變更。

文件（工作區域）的大小可利用後續介紹的「工作區域」工具 變更。

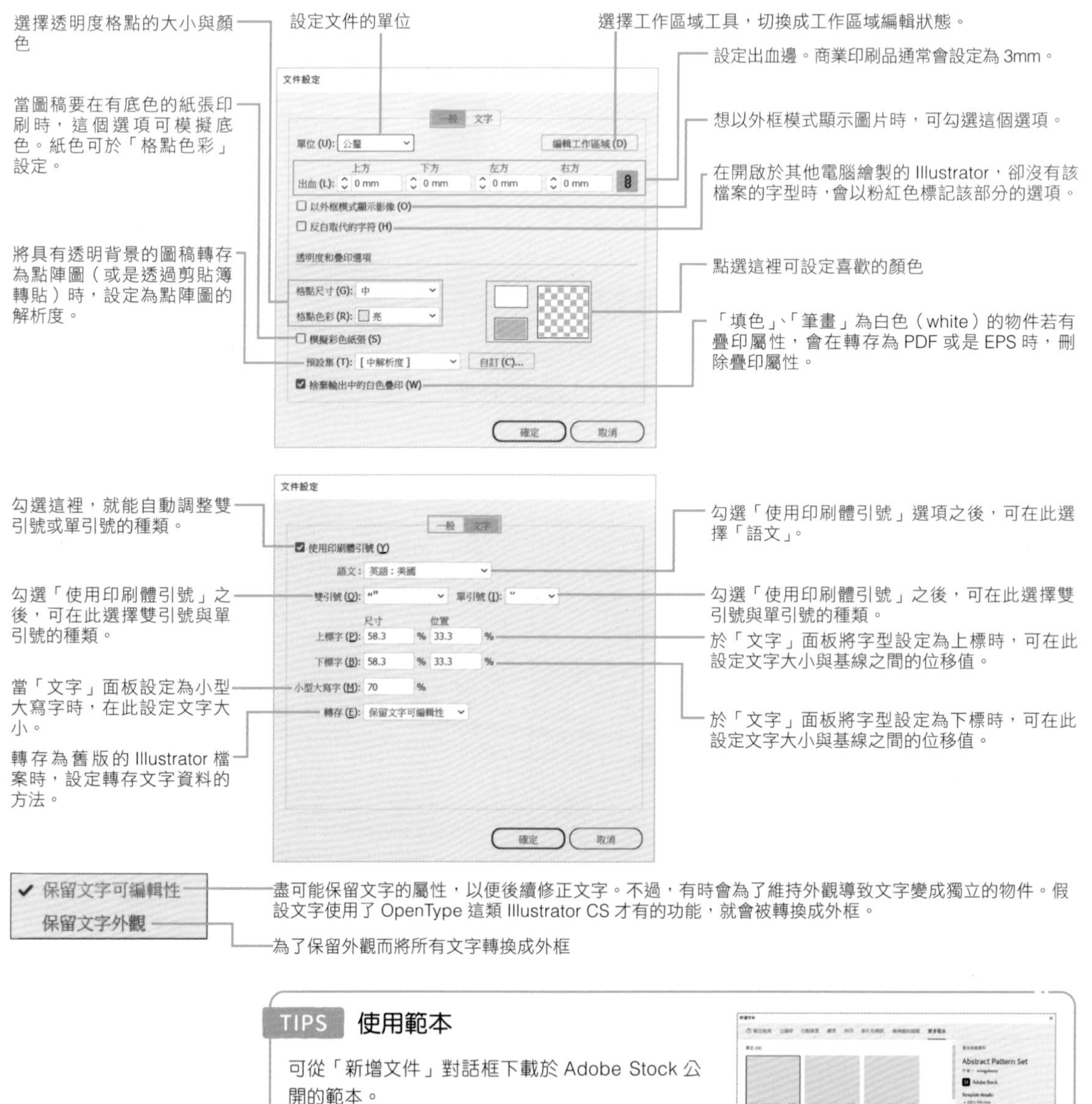

TIPS 使用範本

可從「新增文件」對話框下載於 Adobe Stock 公開的範本。

POINT

在「檔案」選單點選「從範本新增」就能使用舊版的範本檔案。

SECTION 1.4

「檔案」選單→「開啟舊檔」

開啟現有的文件

使用頻率

Illustrator 除了可開啟現有的 Illustrator 檔案，也可以將其他繪圖軟體製作的檔案當成 Illustrator 檔案開啟。

開啟現有的檔案

要開啟現有的 Illustrator 檔案或是其他圖片格式的檔案可選擇「檔案」選單的「開啟舊檔」(Ctrl + O)。

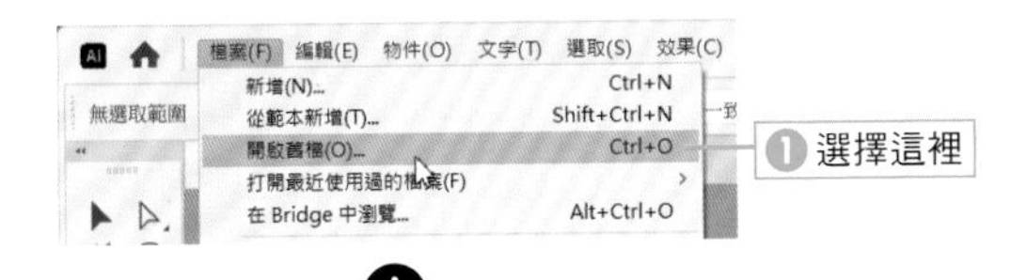

❶ 選擇這裡

❷ 選擇檔案

可在此選擇要顯示的檔案格式

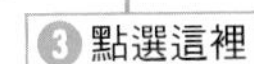

❸ 點選這裡

❹ 開啟檔案

POINT

在 Illustrator 開啟 Photoshop 的點陣圖檔案時，Illustrator 會將檔案當成物件，但無法以像素單位編輯內容。

POINT

在「檔案」選單點選「打開最近使用過的檔案」，就能直接從選單點選之前使用過的文件。

TIPS 可開啟的檔案格式

Illustrator 可開啟的檔案格式請參考下圖的選單。

如果要開啟非下列格式的檔案就會顯示錯誤訊息，也無法開啟檔案。

如果開啟文字檔案，就會自動將文字放進文字方塊。

如果開啟的是 PDF，則可開啟所有頁面。

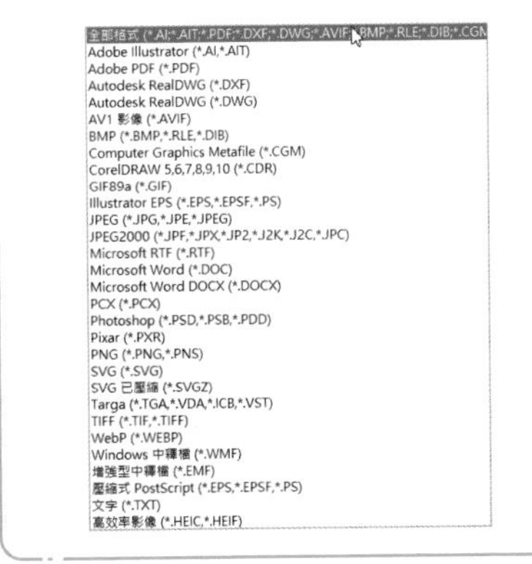

POINT

也能開啟 HEIF 或是 WebP 格式的圖片。

SECTION

1.5

使用頻率

「視窗」選單→工具

記住工具面板的使用方法

面板具有繪製物件、扭曲物件、選擇筆刷、設定填色、筆畫、切換畫面顯示模式這些功能。點選按鈕就能變更工具。

工具箱

工具箱有常用工具的「基本」模式以及顯示所有工具的「進階」模式。

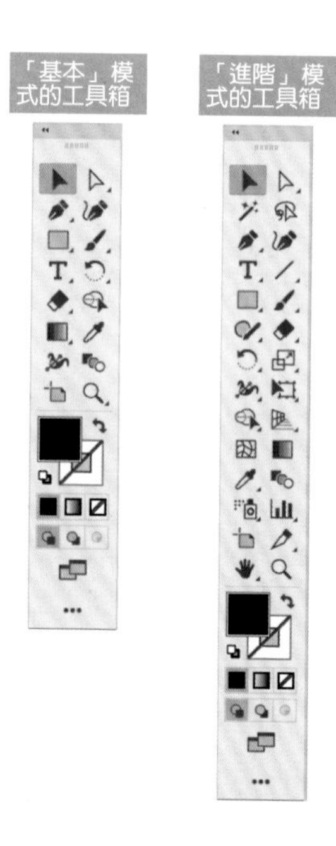

POINT

要快速選取工具，最好先記住工具的快捷鍵。快捷鍵會在顯示子工具的時候顯示（沒有子工具的工具快捷鍵請參考第 316 頁）。請先切換成英文輸入模式再輸入快捷鍵。此外，也可以自行設定快捷鍵。相關細節請參考第 316 頁。

▶顯示子工具

同系列的子工具預設為隱藏。在預設值之中，有子工具的工具在圖示的右下角會有小小的白色三角形 ◢ 。

以滑鼠游標按住工具，就能顯示與點選子工具。

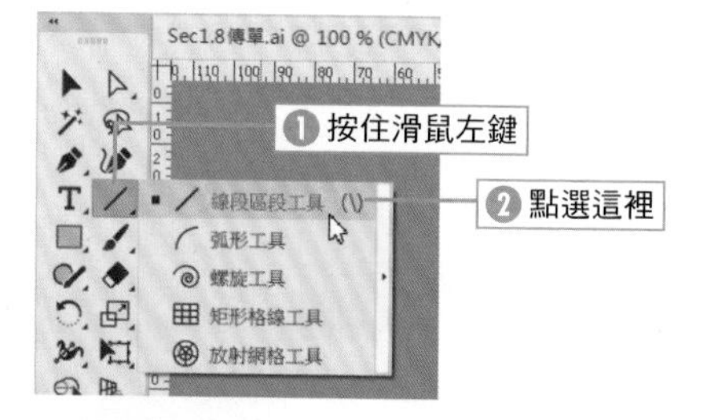

POINT

按住 Alt 鍵再點選工具，就能依序選取隱藏的子工具。

TIPS **讓工具漂浮**

子工具可從工具箱脫離，以漂浮狀態顯示。

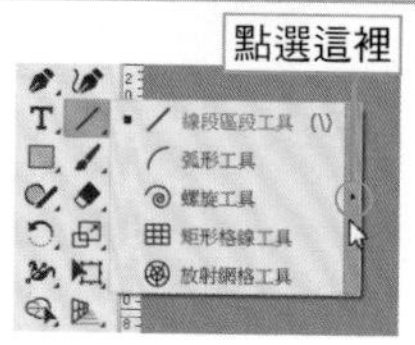

▶ 工具箱的漂浮狀態

工具箱也能與其他面板一樣，拖曳到任何位置。

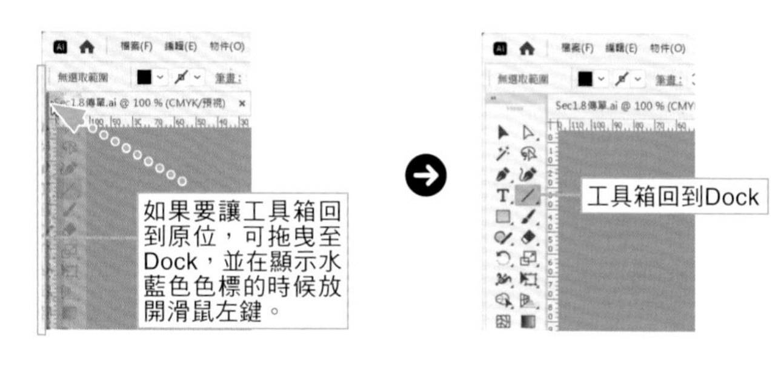

▶ 顯示工具箱

點選工具箱上方的 ▸▸ ◂◂，就能讓工具箱切換成單欄或雙欄。不管是單欄或雙欄的工具箱，都能從 Dock 拖曳出來。

此外，從 Dock 拖曳出來之後，也能調整工具箱的欄數。

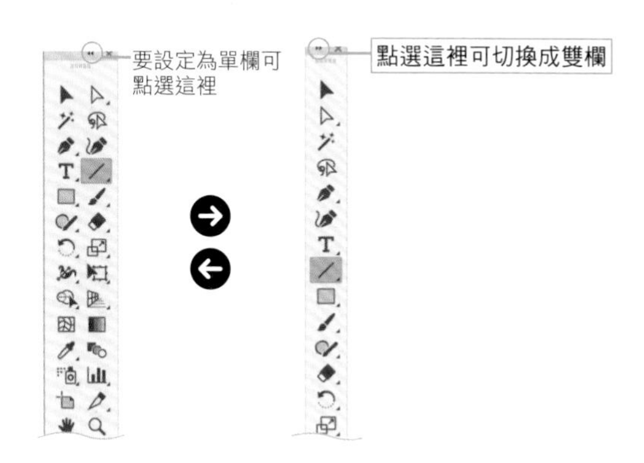

TIPS　自訂工具箱

工具箱也能自訂要顯示的工具。點選工具箱下方的 ●●● ，就能開啟工具一覽表，可將需要的工具拖入工具箱。

此外，在「視窗」選單的「工具箱」點選「新增工具箱」還能新增名稱不同的工具箱。

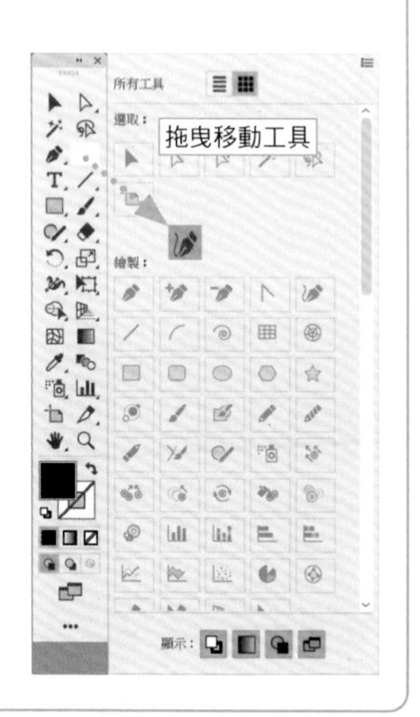

SECTION 1.6

使用頻率

「視窗」選單

了解面板與 Dock 的使用方法

Illustrator 的物件顏色、筆畫粗細以及其他屬性可在選取物件之後，在各種面板設定。各種面板預設收納在畫面的右側。

「內容」面板

預設顯示的是「內容」面板。選擇不同的工具或物件，會顯示其他面板或是較常以命令設定的項目。

此外，面板下方的快速動作有對應選取物件的選單命令，只要點選就能套用。

點選於下方顯示虛線的項目以及 ••• ，就能顯示面板或是面板的進階選項，進行更細膩的設定。面板的內容與透過「視窗」選單開啟的面板相同。

選取物件之際的「內容」面板

會顯示可套用在物件的選單命令

以文字工具輸入或選取文字之際的「內容」面板

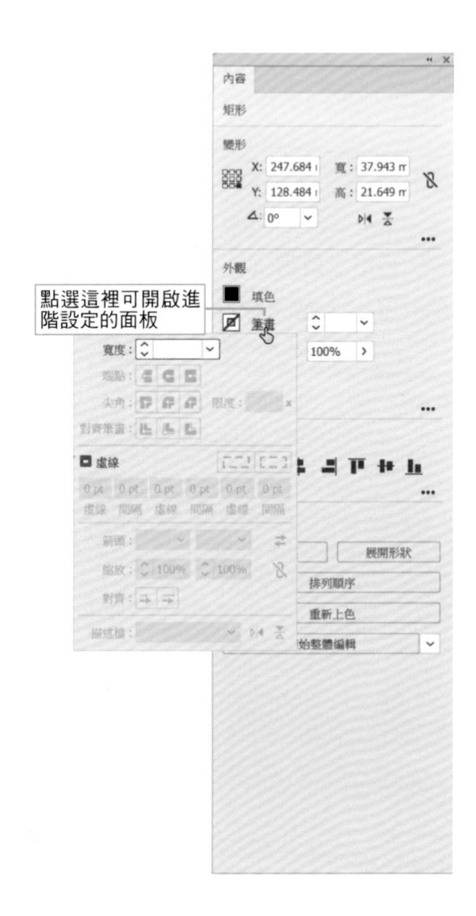

顯示面板

未預設顯示的面板可於「視窗」選單選擇（有些面板可點選「內容」面板的 ••• 顯示。）

Illustrator 的面板是以頁籤方式管理，所以可將多個面板疊在一起，再點選上方的頁籤切換面板。

各面板的設定將於說明功能的頁面做進一步說明。

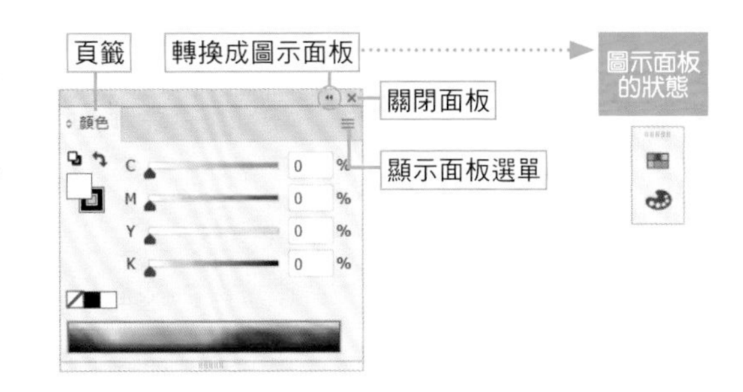

TIPS 暫時隱藏面板

按下 Tab 鍵就能暫時隱藏工具箱、「控制」面板以及所有面板，可一口氣放大繪圖範圍。

按下 Shift + Tab 鍵就能隱藏工具箱與「控制」面板之外的面板。

展開 Dock 與圖示面板

要讓收納在畫面右側 Dock 的所有面板開啟，可點選 Dock 上方的 ◂◂。

此外，在展開 Dock 之後，點選上方的 ▸▸，就能收合 Dock，回到圖示面板的狀態。

收合 Dock 之後，點選圖示面板就能只開啟需要的面板。開啟其他面板之後，原本顯示的面板就會恢復原狀。

如果要關閉面板可點選圖示面板或是面板的頁籤，也可以點選面板右上方的 ▸▸。

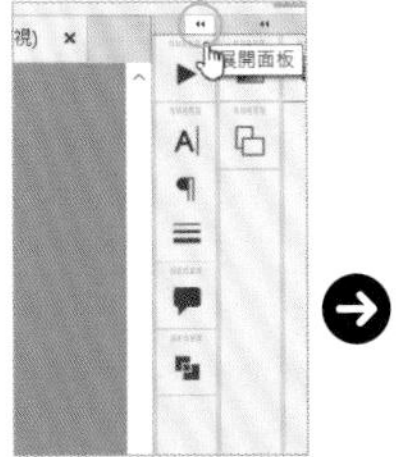

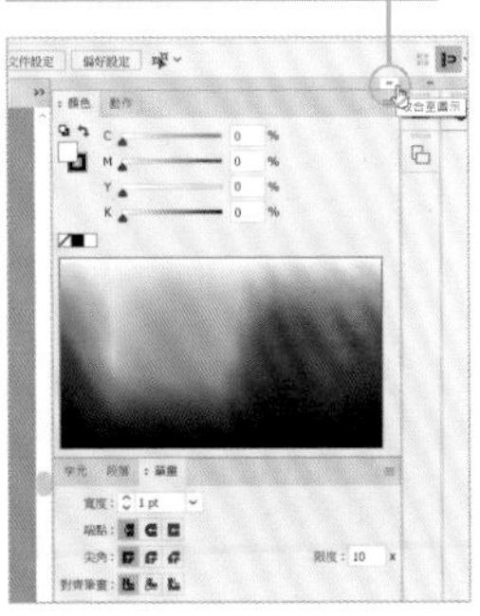

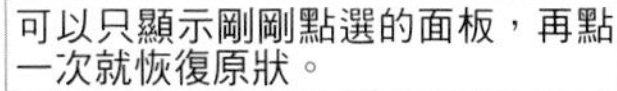

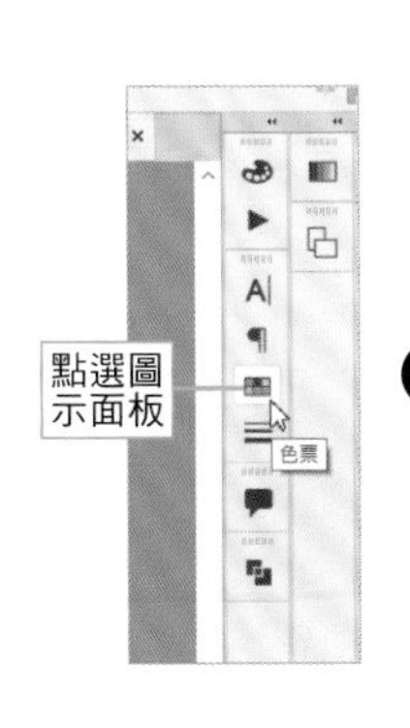

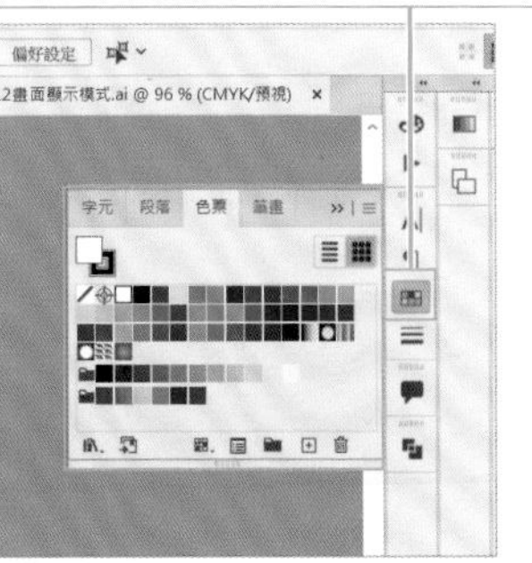

TIPS 圖示面板的自動化

在「偏好設定」對話框的「使用者介面」勾選「自動收合圖示面板」（參考第 313 頁說明），就能在切換成其他應用程式或是點選面板以外的位置，讓面板自動恢復為圖示面板。此外，這個設定也可以在 Dock 上方按下滑鼠右鍵，從快捷選單完成。

▶從 Dock 取出與收納

拖曳面板上方（頁籤面板名稱的右側部分），就能從 Dock 取出面板，與配置任何位置。

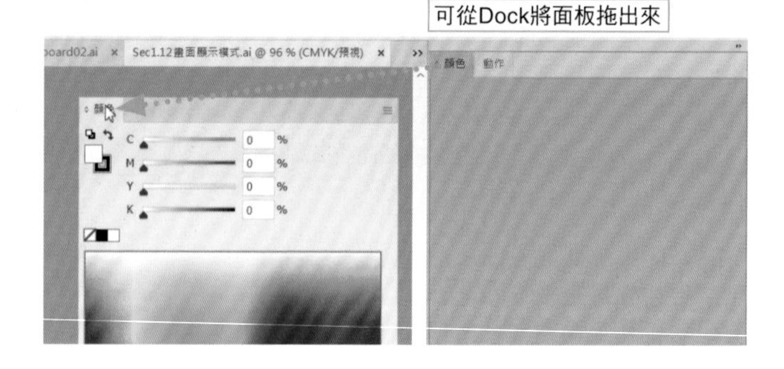

拖曳面板上方，可將面板拖回 Dock。

此時面板會收納在以水藍色色條標記的位置。不管 Dock 是展開還是收合都可以收納面板。

此外，也可以將面板收納在位於工具箱左側的 Dock。

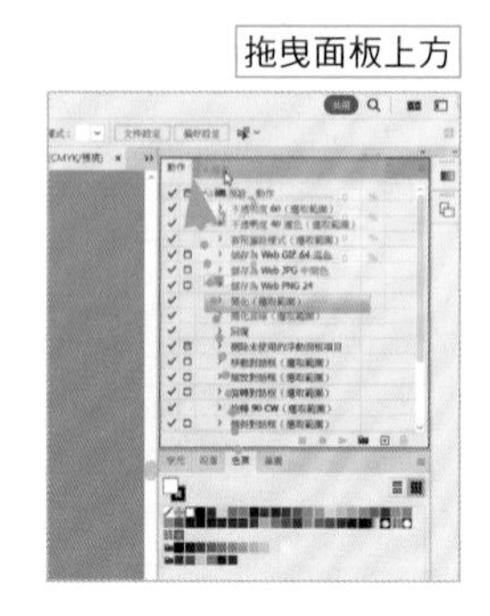

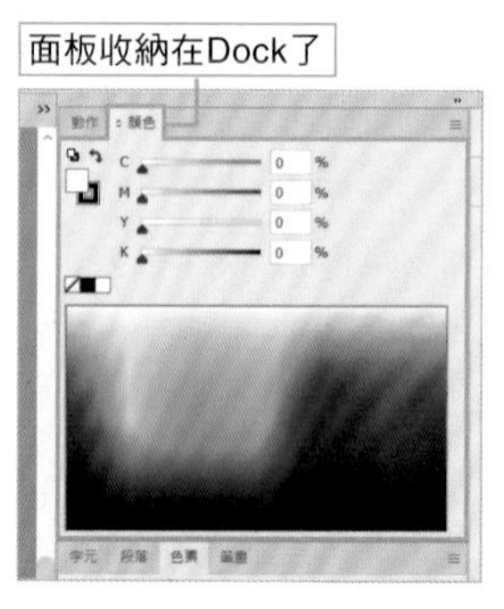

▶面板選單

點選面板右上角的 ☰ 就能開啟面板的面板選單，進行該面板才能完成的操作。

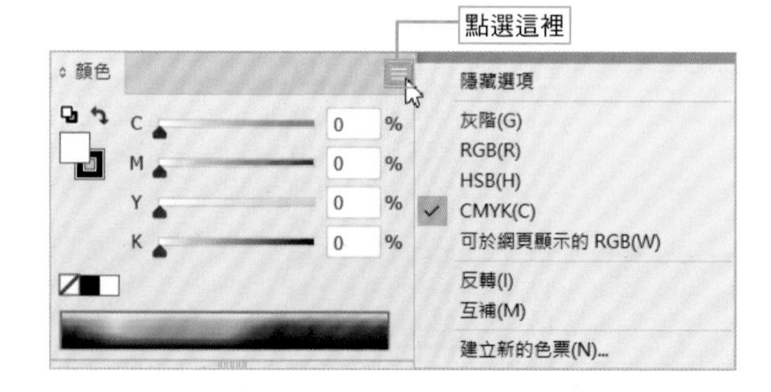

▶隱藏與開啟面板選項

點選面板頁籤左側的 ⇕，就能開啟面板的選項。

點選 ⇕ 之後，可顯示或隱藏面板選項，也可以雙擊頁籤的部分。

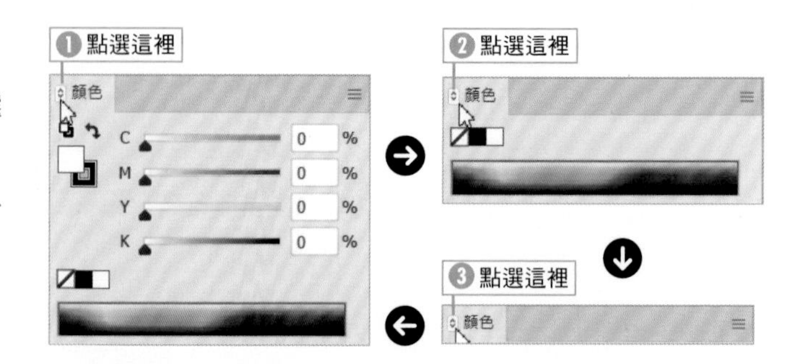

▶面板的獨立與合體

拖曳各面板的頁籤部分可讓面板獨立，不管面板是於 Dock 收納還是已脫離 Dock 都可以完成這項操作。

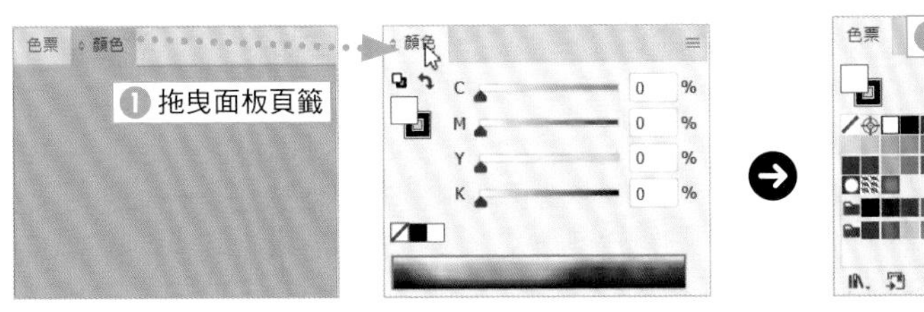

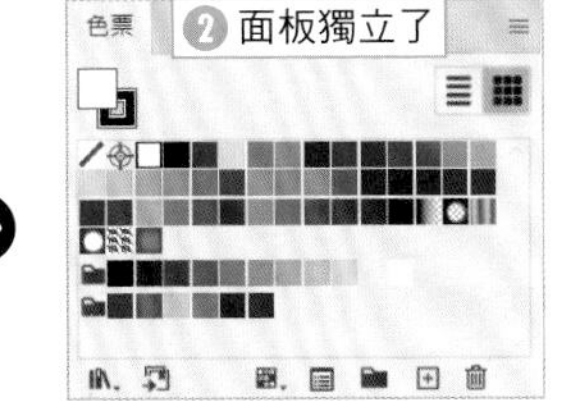

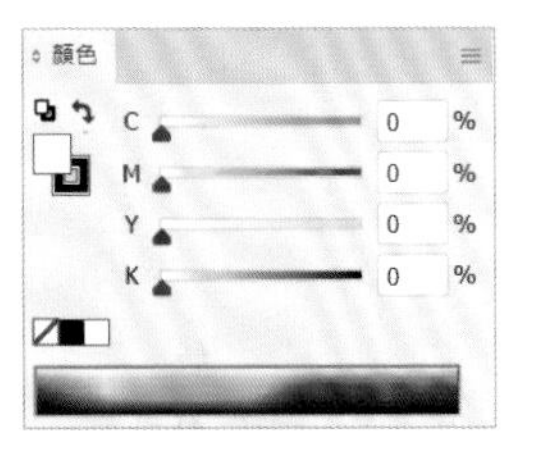

也可以與其他面板重疊，組成單一面板。不管面板是於 Dock 收納還是已脫離 Dock 都可以完成這項操作。

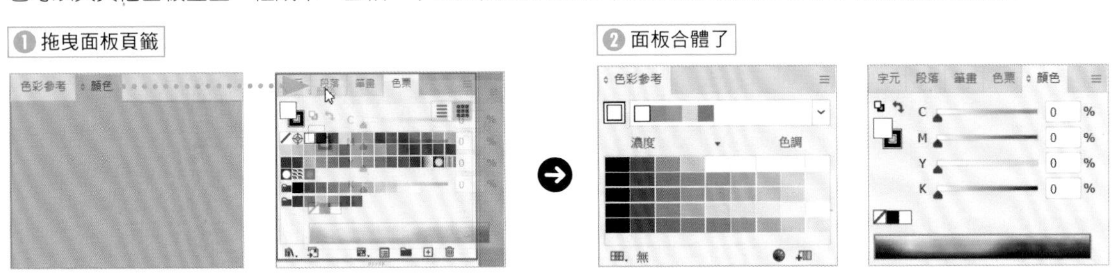

「控制」面板

「控制」面板是於畫面上方顯示的面板，會依照選擇的工具或物件顯示經常使用的設定。
點選「視窗」選單的「控制」就能開啟這個面板。

POINT

於「控制」面板顯示的項目會隨著視窗寬度增減。
如果螢幕比較小，「控制」面板的內容有可能與上圖不同。

POINT

拖曳「控制」面板的左側控制點，就能讓「控制」面板脫離 Dock。

點選下方有虛線的項目就會開啟面板，進行更細膩的設定。
從「控制」面板開啟的面板與從「視窗」選單開啟的面板相同。

SECTION 1.7

使用頻率

「視窗」選單→「新增工作區域」

工作區域與螢幕模式

Illustrator 將收納畫面上的面板、面板的位置與大小的作業環境稱為「工作區域」。此外，切換螢幕模式能讓作業視窗放大至整個螢幕的大小。

儲存工作區域

工作區域可以選擇預設的工作區域，也能儲存用得順手的工作區域，以便後續繼續使用。依照作業種類切換工作區域，就能顯示需要的面板。

▶選擇「新增工作區域」

點選應用程式列的工作區域，就能選擇需要的工作區域名稱。

如果要儲存目前的作業環境可點選「新增工作區域」。也可以從「視窗」選單的「工作區域」點選「新增工作區域」完成相同的操作。

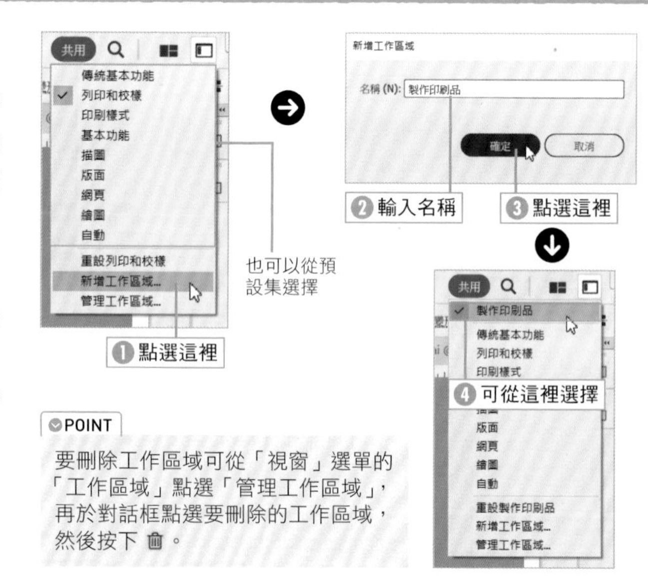

POINT

要刪除工作區域可從「視窗」選單的「工作區域」點選「管理工作區域」，再於對話框點選要刪除的工作區域，然後按下 🗑。

有效運用畫面的螢幕模式

點選工具箱最下方的圖示可切換螢幕模式。

POINT

每按一次 F 鍵（半形），就能依序切換螢幕模式。在暫時隱藏面板的狀態下，這是能快速切換螢幕模式的快捷鍵。

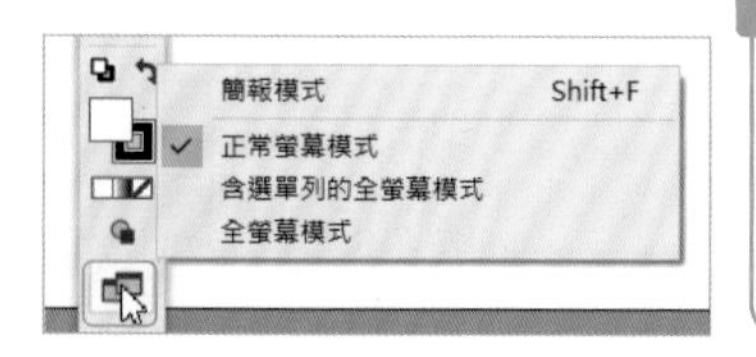

TIPS 簡報模式

可讓每個工作區域以全螢幕模式顯示。點選 ← 或是 → 可切換頁面，按下 Esc 鍵可回到前一個狀態。

正常螢幕模式

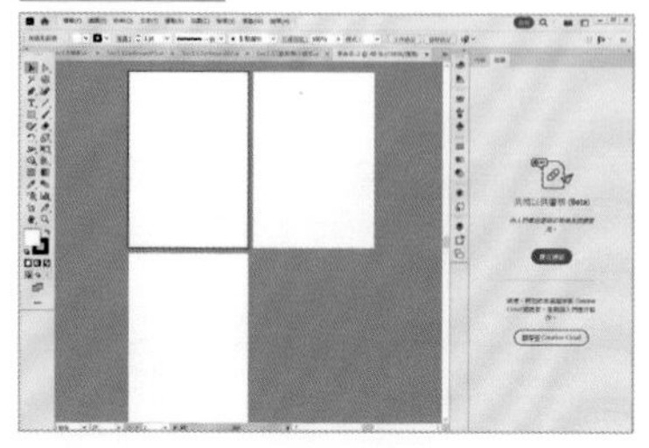

含選單列的全螢幕模式

全螢幕模式

SECTION 1.8

「檢視」選單

變更顯示倍率與顯示位置

使用頻率 ●●●

變更顯示倍率與顯示位置是新增工作區域的基本操作。完成這類基本操作的方法有很多，建議大家記住常用的操作即可。

變更顯示倍率（zoom in ／ zoom out）

Illustrator 可調整顯示倍率，以便繪製或是編輯小物件。

變更顯示倍率的方法有很多種。

顯示倍率100%

顯示倍率50%

▶使用「檢視」選單的命令

在「檢視」選單點選「實際尺寸」（Ctrl +1），就能讓圖稿以顯示倍率 100% 的方式顯示。

在「檢視」選單點選「使工作區域符合視窗」（Ctrl +0），就能讓正在使用的工作區域放大至能完整顯示的最大倍率。

> **POINT**
>
> 點選「實際尺寸」之後，不管螢幕的解析度為何，都能以物件的實際尺寸顯示（除了以像素預視模式檢視物件的情況）。
> 在「偏好設定」對話框的「一般」取消「以 100% 的縮放顯示列印尺寸」（參考第 309 頁），就能以 CC 2018 與舊版的方式顯示物件。

▶使用顯示倍率列縮放

點選繪圖視窗左下角的顯示倍率列就能輸入顯示倍率。可輸入的顯示倍率介於 3.13 ～ 64,000% 之間，也可輸入到小數點第二位的倍率。輸入完畢請按下 Enter 鍵。

要注意的是，切換成「像素預視」模式（參考第 28 頁）之後，顯示倍率就會自動進位為整數。

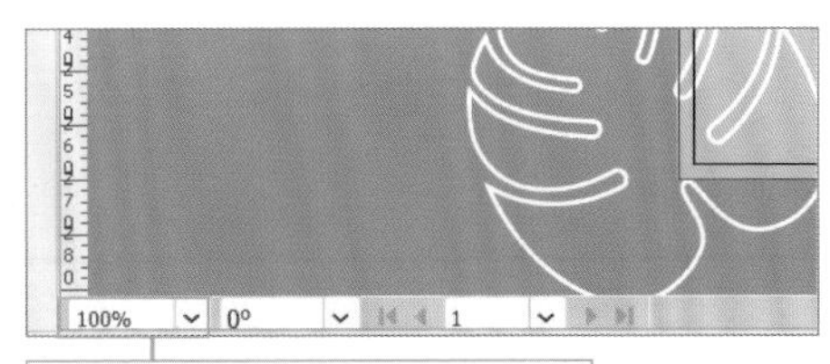

雙擊這裡，反白顯示後輸入倍率，再按下 Enter 鍵。

▶使用放大鏡工具

以放大鏡工具 🔍 點選畫面可放大物件，按住 Alt 鍵再按下滑鼠右鍵可縮小物件。

放大鏡工具 🔍 可利用下列的快捷鍵快速使用。

放大物件	Ctrl + Space +滑鼠左鍵或是 Ctrl +「+」
縮小物件	Alt + Ctrl + Space +滑鼠左鍵或是 Ctrl +「-」

> **POINT**
>
> 也可利用 Ctrl 鍵開啟快捷選單，再縮放物件。

▶利用放大鏡工具指定放大範圍

如果 PC 或 Mac 搭載了 GPU，即可選擇「使用 GPU 檢視」，此時按住滑鼠左鍵再往右移動放大鏡工具 🔍 就能放大物件，往左移動則能縮小物件。

放大顯示

在搭載 GPU 的 PC 或 Mac 選擇「使用 CPU 檢視」，就能利用放大鏡工具 🔍 在物件拖曳，選擇要放大的範圍。

❶ 利用放大鏡工具拖曳

❷ 只放大顯示剛剛拖曳的範圍

TIPS　使用 GPU 的動畫縮放

就算「偏好設定」對話框的「效能」的「動畫的縮放」選項為取消狀態，也無法取消動畫縮放（參考第 313 頁）。

TIPS　利用滑鼠滾輪縮放

按住 Alt 鍵再滾動滑鼠滾慰就能縮放畫面。

▶雙擊工具箱

雙擊工具箱的放大鏡工具 🔍，就能讓物件切換成實際尺寸（100% 顯示），雙擊手形工具 ✋ 就能讓畫面恢復原本的尺寸。

捲動畫面，調整顯示位置

在繪製圖稿的時候稍微放大圖稿，就會看不到全貌。

此時可透過捲動列或是手形工具 ✋ 讓看不見的部分進入視窗。

▶使用手形工具

手形工具 ✋ 可讓使用者像是用自己的手移動畫紙般移動圖稿。

POINT

除了輸入文字之外，不管正在使用什麼工具，只要按住 Space 鍵就能切換成手形工具 ✋。

TIPS 利用滑鼠滾輪捲動畫面

滾動滑鼠滾輪可讓畫面上下捲動，按住 Ctrl 鍵再滾動滑鼠滾輪可讓畫面左右捲動。

「導覽器」面板

「導覽器」面板可調整顯示範圍與畫面顯示大小。

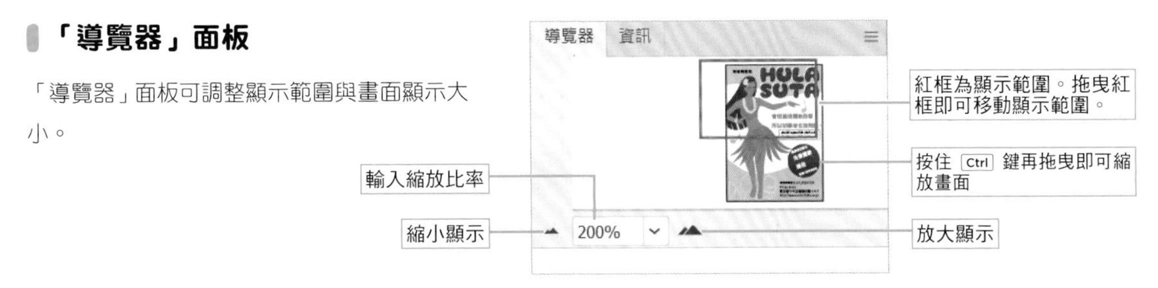

旋轉檢視

使用旋轉檢視工具 就能旋轉畫布。

POINT

雙擊工具箱的旋轉檢視工具可讓畫布恢復為原本的角度。

POINT

從「檢視」選單的「旋轉檢視」指定角度，即可旋轉檢視的角度。

POINT

快捷鍵

Shift + Space 鍵

SECTION 1.9

使用頻率

「檢視」選單

調整螢幕顯示模式

Illustrator 內建了各種顯示模式，例如可顯示上色物件的預視模式，或是只顯示路徑的外框模式，還有疊印預視與像素預視這類顯示模式。

兩種螢幕顯示模式

Illustrator 的作業視窗共有兩種螢幕顯示模式，一種是「預視（使用 GPU 檢視／使用 CPU 檢視）」（於預覽實際印刷結果的情況下作業的模式），另一種是「外框模式」（只顯示物件的路徑）。

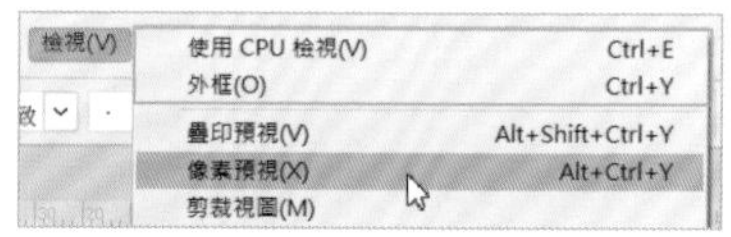

預視模式

外框模式

TIPS **使用 GPU 檢視／使用 CPU 檢視**

在「效能」對話框勾選「GPU 效能」後，「使用 GPU 檢視」的效能較高，但如果無法正確繪製物件，請改用「使用 CPU 檢視」。

疊印預視

「檢視」選單的「疊印預視」（Alt + Shift + Ctrl +Y）可在指定為下層物件與上層物件的顏色合併印刷的疊印模式時，預覽印刷的結果。

預視模式

疊印預視

POINT

關於疊印預視的設定請參考第 114 頁。

像素預視

「檢視」選單的「像素預視」（Alt + Ctrl +Y）可模擬圖稿以 PNG、JPEG 格式轉存的結果。

預視模式

像素預視

像素預視可模擬圖片以網頁瀏覽器顯示的狀態

切換成「像素預視」之後，有時候圖稿會縮小。這是因為在一般的顯示模式之下，物件都是以實際尺寸顯示，而切換成像素預視之後，就會依照螢幕的解析度縮放物件。如果要以舊版的方式顯示，可從「偏好設定」對話框的「一般」取消「以 100% 的縮放顯示列印尺寸」選項（參考 309 頁）。

剪裁視圖

「檢視」選單的「剪裁視圖」可讓工作區域之外的物件隱藏，以完成品的尺寸顯示物件。

一般模式

剪裁視圖

SECTION 1.10

功能鍵/滑鼠右鍵

靈活使用快捷鍵

使用頻率

要更快速地操作 Illustrator，除了可利用滑鼠，更可搭配 Ctrl 鍵或是 Alt 鍵。記住這些快捷鍵是成為 Illustrator 高手的捷徑。

右手握滑鼠，左手按鍵盤

Illustrator 的滑鼠操作只有滑鼠左鍵（右鍵）、雙擊滑鼠左鍵、按住滑鼠左鍵與拖曳這四種，其他還有搭配 Ctrl 鍵、Alt 鍵、Shift 鍵這類功能鍵的操作。

利用 Illustrator 繪圖時，基本上是利用右手操作滑鼠，但如果想隨心所欲地繪製圖稿，還要搭配左手的操作，因為 Ctrl 鍵、Alt 鍵、Shift 鍵通常都是以左手操作的功能鍵。Illustrator 的各種工具若是搭配 Ctrl 鍵、Alt 鍵、Shift 鍵操作，將會變得更加方便好用。

此外，Illustrator 的按鍵操作與滑鼠操作也有一定的組合規則。

功能鍵	狀態	操作內容
Shift 鍵	選取時	可選取多個物件。
	繪圖時	可固定長寬比，例如以矩形工具 繪製時，可繪製正方形，以橢圓工具 繪製時，可繪製正圓形。
	移動時	可在移動物件時，讓物件以45度為單位移動。
Alt 鍵	選取時	可迅速切換直接選取工具 或是群組選取工具 。
	繪圖時	可從中心點繪製矩形或是橢圓形。
	移動時	可複製選取的物件。
	變形時	以點選的位置為中心，再以輸入數值的方式編輯物件。
Ctrl 鍵		不管選取了什麼工具，按住 Ctrl 鍵就能切換成選取工具 。
		在使用選取工具 的時候，切換成直接選取工具 。
Space 鍵		除了以文字工具 T. 輸入文字的時候，按住 Space 鍵可切換成手形工具。
Ctrl + Space 鍵		不管選取了什麼工具，按下 Ctrl 鍵+ Space 鍵即可切換成放大顯示模式的放大鏡工具 。
Alt + Ctrl + Space 鍵		不管選取了什麼工具，按下 Alt 鍵+ Ctrl 鍵+ Space 鍵即可切換成縮小顯示模式的放大鏡工具 。

※ 就 Mac 的預設值而言，option + Space 鍵會啟動 Siri，⌘ + Space 鍵可選擇輸入來源，option + ⌘ + Space 鍵可選擇前一個輸入來源。這部分的設定可於「系統偏好設定」的「Siri」或是「鍵盤」的「快捷鍵」的「輸入來源」變更。

許多 Illustrator 的選單命令都有對應的快捷鍵，只要記住這些快捷鍵，就不需要常常點選選單。在操作 Illustrator 的時候，請務必充分使用左手的操作。

按下滑鼠右鍵開啟的快捷選單

按下滑鼠右鍵（Mac 是按住 Ctrl 鍵再按下滑鼠左鍵），就能開啟快捷選單。如果此時選取了物件，就會開啟對應該物件的快捷選單。如果未選取任何物件，就會顯示與螢幕操作有關的選單。

SECTION
1.11

使用頻率

「視窗」選單→「新增視窗」

記住顯示檔案的方法

在 Illustrator 的預設值之中，視窗都是以頁籤的方式管理，但其實可分割顯示或是讓視窗獨立顯示。

讓檔案以頁籤的方式顯示

開啟多個檔案時，會以頁籤的方式顯示檔案。點選頁籤就能切換檔案。

開啟多個檔案之後，會以頁籤的方式顯示這些檔案。只要點選頁籤就能切換檔案。

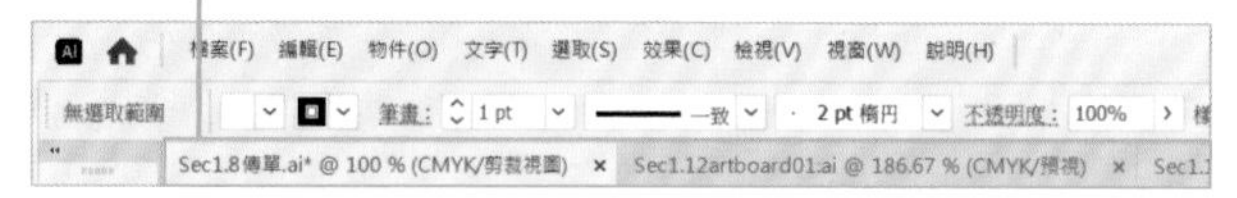

TIPS 頁籤的檔案名稱

如果在編輯圖稿之後，還沒儲存檔案，頁籤的檔案名稱結尾就會顯示「*」。

未經編輯的情況（上圖）與已編輯的情況（下圖）

Sec1.8傳單.ai @ 100 % (CMYK/剪裁視圖) × Sec1.12artboard01.ai @ 186.67 %

Sec1.8傳單.ai* @ 100 % (CMYK/剪裁視圖) × Sec1.12artboard01.ai @ 1

點選應用程式列的 ■ 就能選擇顯示多個檔案的方法。

❶ 點選這裡

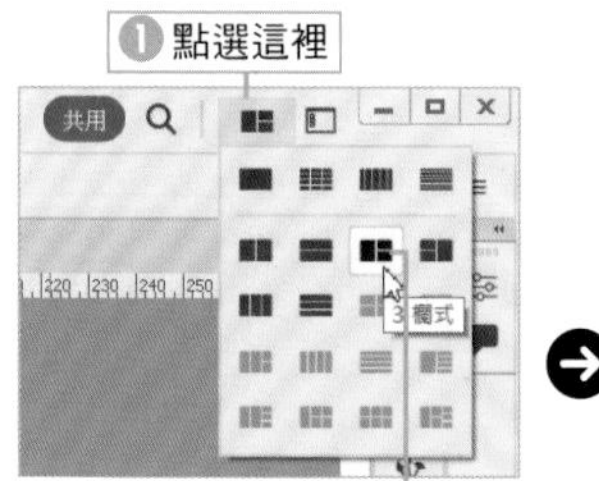

❷ 選擇顯示方式

顯示方式改變了

TIPS 獨立顯示

要讓檔案以獨立視窗的方式顯示可拖曳頁籤。

在相同的視窗開啟目前正在繪製的插圖

在「視窗」選單點選「新增視窗」，就能讓正在繪製的圖稿於另一個視窗顯示。

由於這兩個視窗是彼此連動的，所以可讓其中一個視窗的圖稿放大顯示，同時讓另一個視窗的圖稿顯示全貌，就能一邊確認結果，一邊繪製圖稿。

開啟新畫面之後，就能在一邊放大顯示，另一邊顯示全貌的模式之下繪製圖稿。

TIPS 新增作業狀態的新增畫面

在「檢視」選單點選「新增檢視視窗」，可儲存當下的顯示倍率、顯示位置，還可替這個檢視狀態命名，以及從「檢視」選單呼叫這個檢視狀態。

SECTION 1.12

工作區域

設定工作區域

使用頻率

工作區域是繪製圖稿的範圍，最多可新增至 100 個。列印圖稿或是將圖稿轉存為 PDF 檔的時候，都是以工作區域為單位。工作區域的左上角數字為頁面編號，所以可將工作區域視為頁面。

何謂工作區域

工作區域就是圖稿的完成品尺寸。繪製圖稿的工作區域會顯示黑色的邊線，標記為正在使用的工作區域。

除了可在新增文件之際指定工作區域，也可利用「工作區域」工具 新增或刪除工作區域，而且工作區域還能分別設定為不同的大小。

一個檔案可設定多個工作區域，而且這些工作區域還能設定為不同的大小。

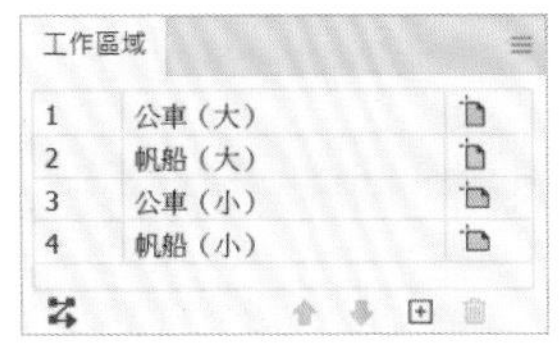

工作區域會於「工作區域」面板列出

POINT

點選「檢視」選單的「隱藏工作區域」（Shift + Ctrl + H）就能隱藏工作區域。如果要再次顯示工作區域可點選「顯示工作區域」。

▶ 利用工作區域工具新增與編輯工作區域

使用工作區域工具 可新增、刪除工作區域，也能調整工作區域的大小或位置。操作方法與操作矩形物件的方法相同。

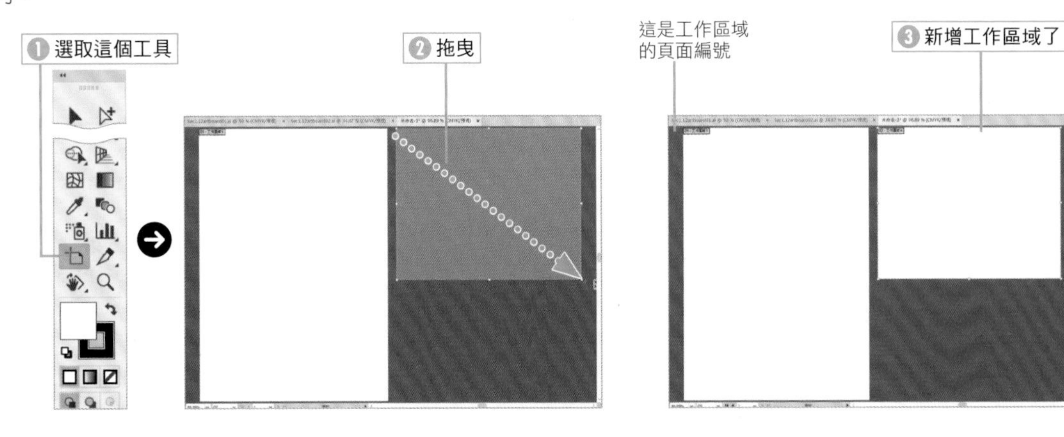

▶變更工作區域的大小與位置

拖曳工作區域周圍虛線的邊框控制點，就能調整工作區域的大小。

拖曳整個工作區域也能調整工作區域的位置。按住 Alt 鍵再拖曳即可複製工作區域。

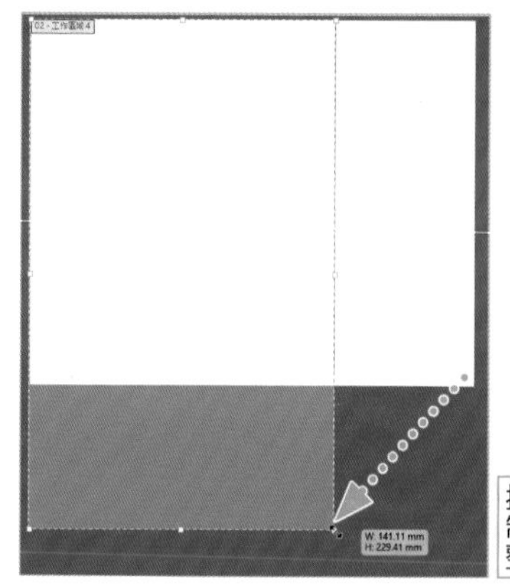

拖曳邊框控制點就能調整大小

TIPS 同時移動工作區域與物件

在「內容」面板勾選「隨工作區域移動圖稿」或是點選「移動／拷貝具有工作區域的圖稿」按鈕 ，就能在移動或複製工作區域的時候，連同工作區域的物件一併移動或複製。

POINT

以工作區域工具 點選物件，就能根據物件的大小建立工作區域。假設物件已組成群組，就會依照物件的邊框大小建立工作區域。

POINT

按住 Shift 鍵再拖曳，就能一口氣選取多個工作區域，而且也能利用「對齊」面板編排這些工作區域的位置。

▶工作區域工具的「控制」面板（「內容」面板）

利用工作區域工具 選取工作區域之後，可在「內容」面板或「控制」面板輸入數值，指定工作區域的大小。

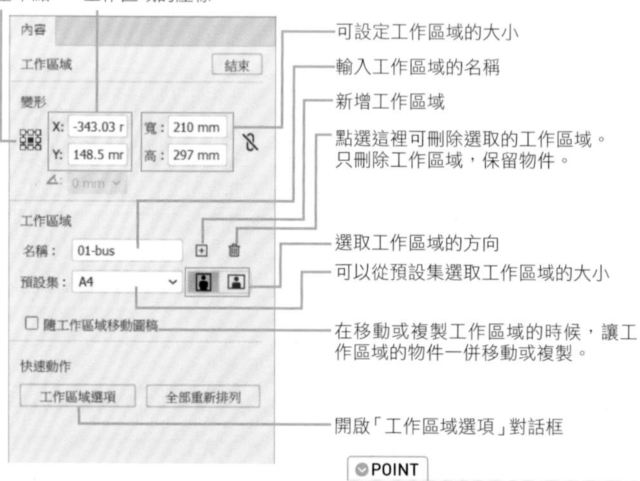

TIPS 按住 Alt 鍵再拖曳工作區域就能複製工作區域

按住 Alt 鍵拖曳工作區域就能複製工作區域。

POINT

利用工作區域工具選取工作區域之後，從「編輯」選單點選「拷貝」與「貼上」就能複製。也能複製到其他的檔案。

「工作區域」面板

文件的工作區域都會在「工作區域」面板顯示。這個面板可新增、複製或刪除工作區域。

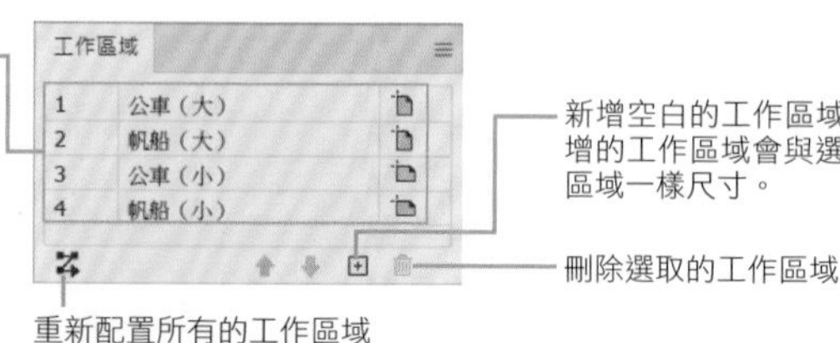

TIPS **複製工作區域之際，連同物件一併複製**

將工作區域名稱拖放到新增工作區域 ⊞，就能在複製工作區域的時候，連同物件一併複製。

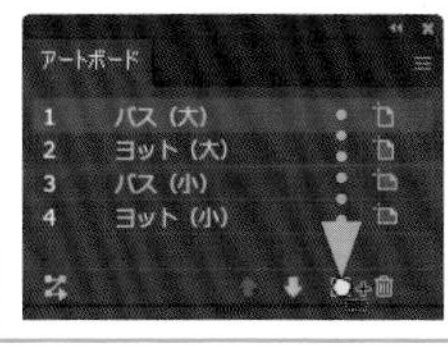
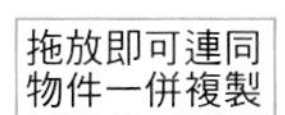
拖放即可連同物件一併複製

TIPS **將工作區域儲存為不同的檔案**

儲存檔案時，可透過選項的設定讓每個工作區域儲存為不同的檔案。這些檔案的名稱將會是「檔案名稱 _ 工作區域名稱」(參考 278 頁)。

重新配置工作區域

「工作區域」面板 的工作區域與工作區域的實際排列順序不會一致。

不過，利用「工作區域」面板調整工作區域的順序，就能調整工作區域的實際排列順序。

讓我們試著調整下列工作區域的排列順序。

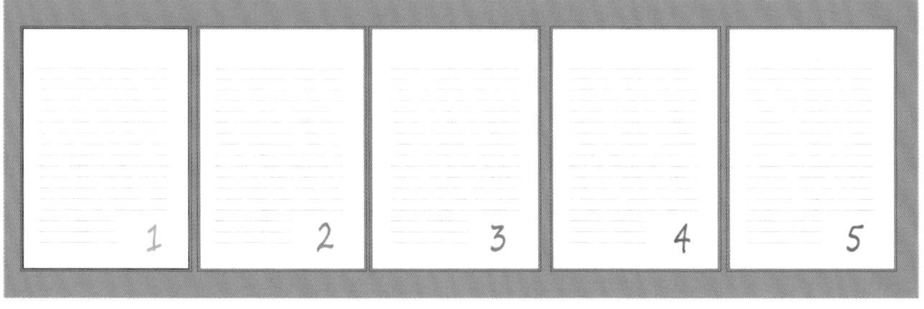

這是目前的工作區域排列順序。也就是由左至右的順序，「工作區域」面板也是由上往下排列的順序。

① 利用面板調整排列順序

接著要透過「工作區域」面板調整工作區域的排列順序。拖曳工作區域的名稱或是點選面板下方的箭頭按鈕就能調整工作區域的順序。順序確定之後，點選 。

❶ 拖曳工作區域名稱或是點選下方的箭頭按鈕，變更工作區域的順序。

❷ 點選這裡

② 設定版面

接著設定工作區域的配置方式、水平欄數與間隔，再點選「確定」。

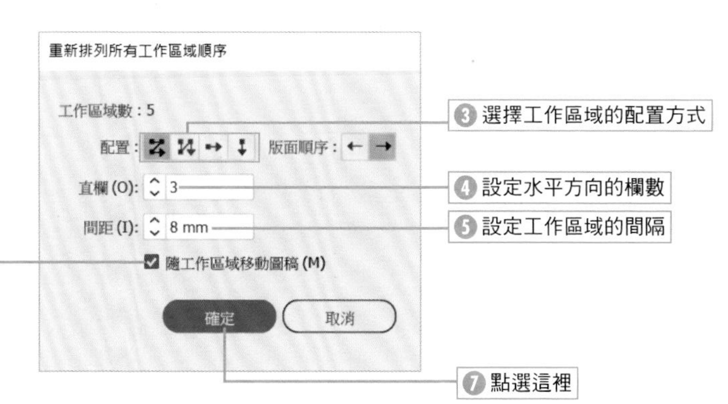

❸ 選擇工作區域的配置方式

❹ 設定水平方向的欄數

❺ 設定工作區域的間隔

❻ 確認已勾選

❼ 點選這裡

③ 改變工作區域的排列順序

工作區域會依照剛剛指定的順序與配置方式重新排列。

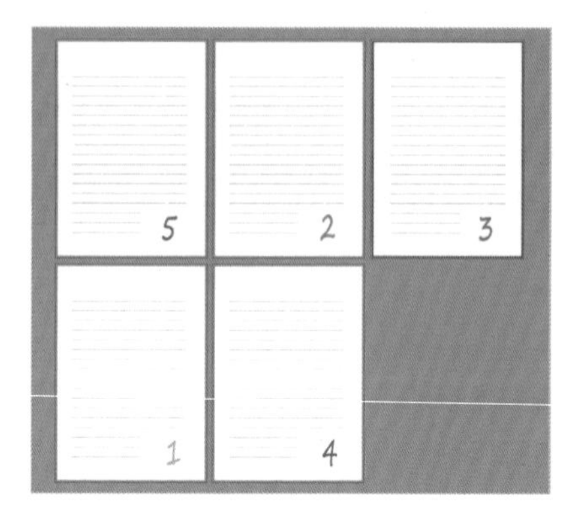

工作區域的排列順序依照剛剛指定的順序重新調整了

工作區域選項的設定

雙擊工具箱的工作區域工具 ，或是點選「內容」面板的「工作區域選項」，抑或點選「控制」面板的 ，都能開啟「工作區域選項」對話框，之後就能精準地設定工作區域的尺寸或是要顯示的參考線。

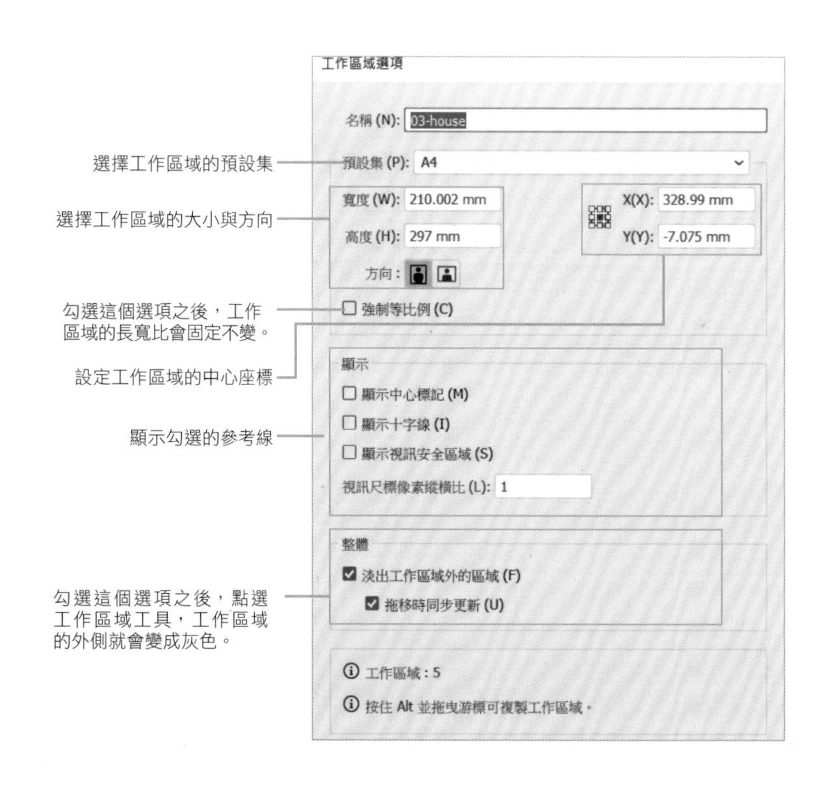

CHAPTER

2

繪製物件

Illustrator 內建了各種繪製線條與圖形的工具，只要先了解這些工具能繪製哪些圖形，就能透過物件的變形與組合，畫出需要的物件。

SECTION 2.1

使用頻率

路徑、錨點、路徑區段、平滑控制點、轉角控制點、方向線（控制點）

了解路徑的機制

Illustrator 內建了各種繪製線條或圖形的工具，利用這些工具繪製的線條或圖形都是路徑。在使用繪圖工具之前，讓我們先了解路徑的結構。

路徑的結構

▶ 錨點與區段

利用各種繪圖工具繪製的線條或圖形都是由**路徑**的線與點組成。

路徑是由**錨點**組成，點與點之間的線稱為**區段**。

▶ 平滑控制點與轉角控制點

大部分的圖形都是由擁有多個錨點的路徑繪製而成。

連接曲線區段，方向線朝兩個方向伸出的錨點稱為**平滑控制點**。

區段的某一端為直線區段的控制點則為**轉角控制點**。

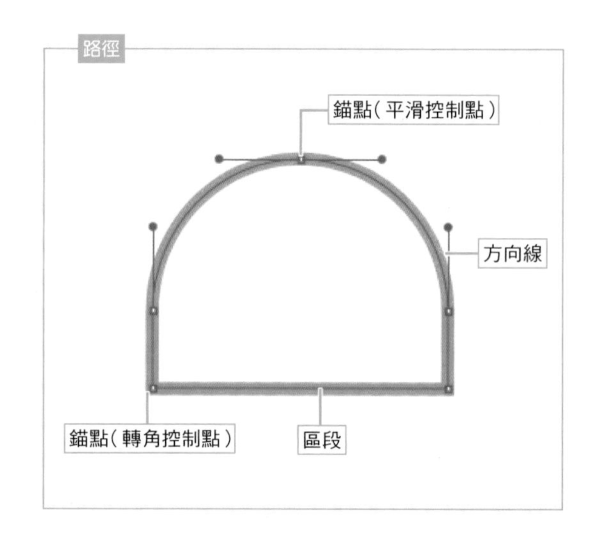

▶ 決定曲線弧度的方向線

區段的弧度是由**方向線（控制點）**這種輔助線的角度與長度決定。

方向線越長，曲線的弧度越大，越短弧度則越小。兩個錨點的方向線都消失時，曲線就會變成直線。

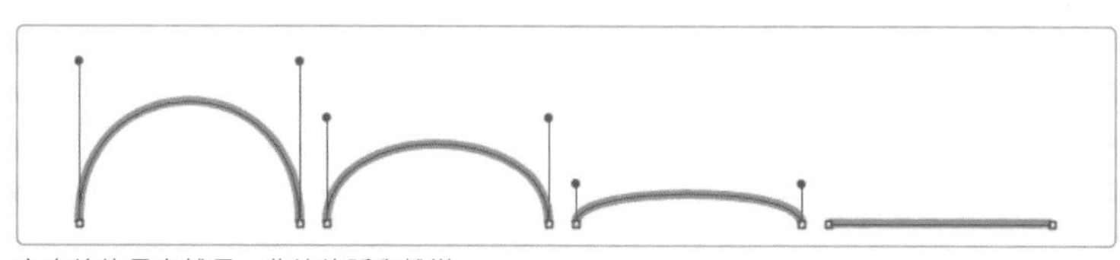

方向線的長度越長，曲線的弧度越彎。

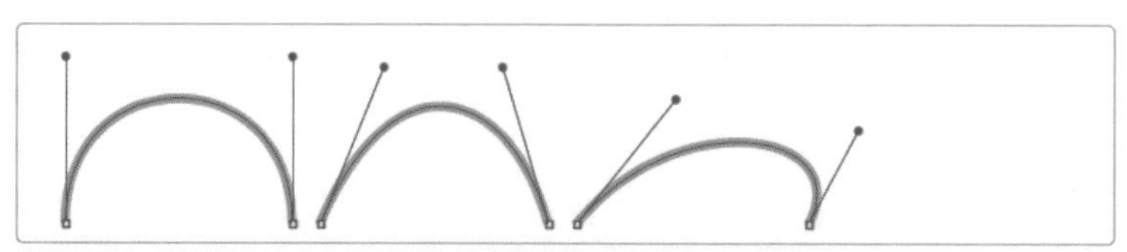

就算錨點的位置相同，曲線的形狀還是會因為方向線的角度而改變。

開放路徑與封閉路徑

兩端開放的路徑稱為**開放路徑**，兩端閉合的路徑稱為**封閉路徑**。

物件的筆畫與填色

Illustrator 的物件可分別設定路徑的顏色（**筆畫**）以及路徑內部的顏色（**填色**），此外，還能設定透明度，讓顏色變得透明或是設定漸層色的填色。

顏色的設定請參考 CHAPTER 5 的說明。

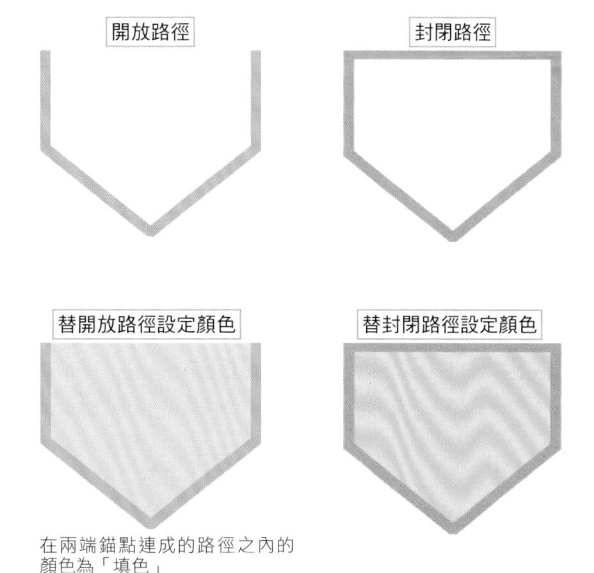

在兩端錨點連成的路徑之內的顏色為「填色」

> **TIPS 外觀**
>
> 基本上，路徑的形狀就是線條或圖形的形狀，但還可以透過外觀（參考第 142 頁）的設定讓路徑與物件的形狀不一致。

物件的上下層關係與繪製方式

物件之間有所謂的上下層關係，所以上層的物件會遮住下層物件。預設是新物件會新增在最上層。

也可以利用工具箱下方的設定在最下層新增物件，或是在物件之內繪製物件（按住 Shift 鍵 + D 鍵就能切換）。

物件的上下層關係可隨時調整（參考第 107 頁）。此外，也可以利用圖層管理階層結構（參考第 104 頁）。

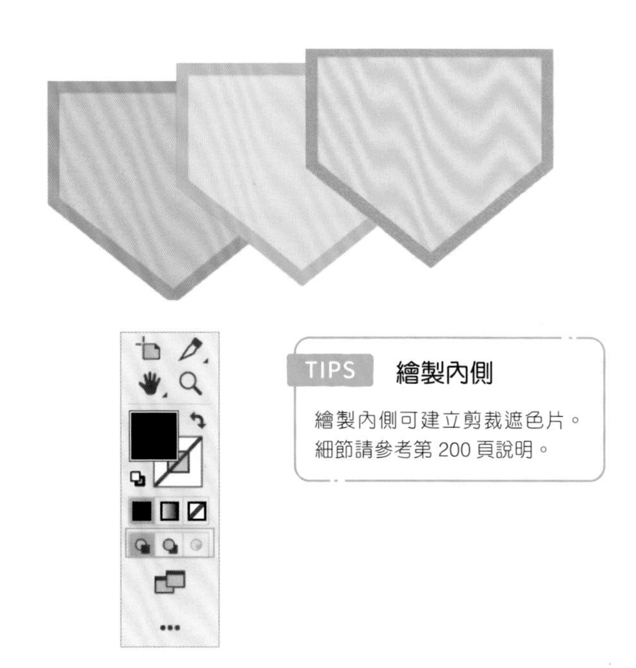

> **TIPS 繪製內側**
>
> 繪製內側可建立剪裁遮色片。細節請參考第 200 頁說明。

SECTION
2.2

使用頻率 ●●●

矩形工具、圓角矩形工具、橢圓形工具、多邊形工具、星形工具、螺旋工具

繪製各種圖形

Illustrator 內建了繪製矩形、橢圓形、多邊形的繪圖工具，也內建了繪製星形、螺旋、格線、反光這類圖形的工具。

繪製矩形（正方形）（矩形工具）

要繪製矩形（正方形）可使用矩形工具。

拖曳矩形工具就能根據拖曳的長度，繪製對角線長度與拖曳長度相同的矩形。

▶從中心點開始繪製

按住 Alt 鍵再拖曳矩形工具（或是圓角矩形工具），就能從矩形的中心點（對角線的交點）繪製矩形。

▶繪製圓角矩形

使用圓角矩形工具就能繪製圓角矩形。繪製方法與矩形工具相同。

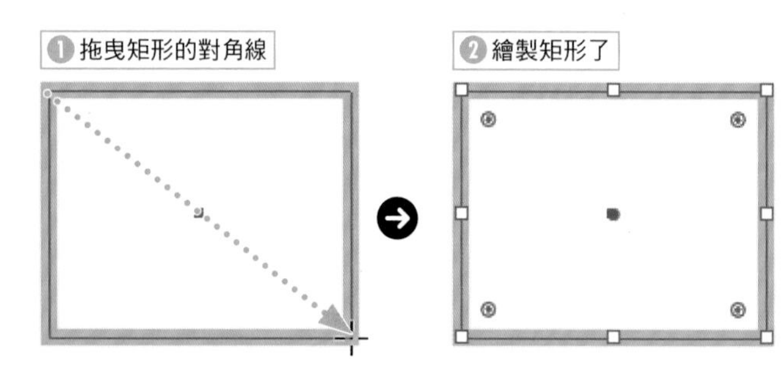

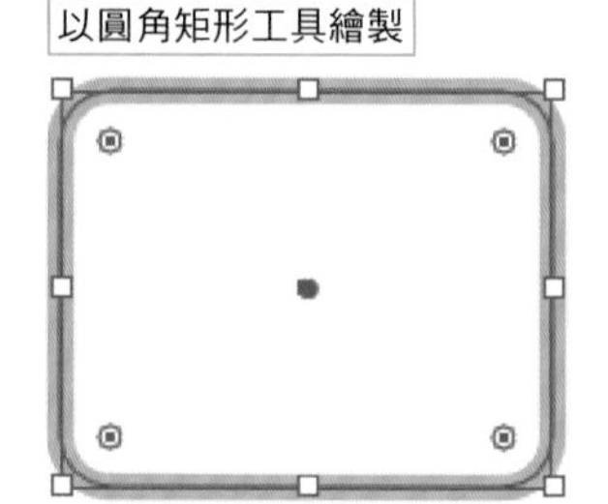

TIPS 在拖曳時調整圓角的弧度

在利用圓角矩形工具拖曳時，可利用下列的操作調整圓角的弧度。

↑ 鍵：放大圓角半徑。

↓ 鍵：縮小圓角半徑。

← 鍵：讓圓角半徑歸零，變成矩形的轉角。

→ 鍵：讓圓角半徑放至最大。

▶ 利用數值設定矩形的大小

利用矩形工具 （或是圓角矩形工具 ）點選矩形的起點，就會開啟「矩形」（圓角矩形）對話框，之後就能輸入「高度」、「寬度」、「圓角半徑（僅圓角半徑才有的選項）的數值，繪製需要的圖案。
以數值決定矩形的大小時，點選的位置將是矩形的左上角。

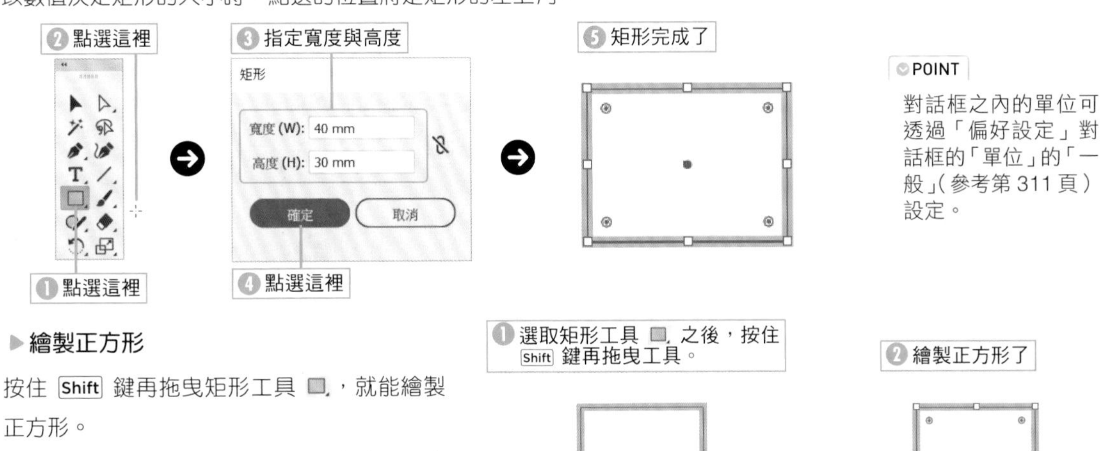

POINT
對話框之內的單位可透過「偏好設定」對話框的「單位」的「一般」（參考第 311 頁）設定。

▶ 繪製正方形

按住 Shift 鍵再拖曳矩形工具 ，就能繪製正方形。
若要以輸入數值的方式繪製，請將寬度與高度指定為相同的數值。

❶ 選取矩形工具 之後，按住 Shift 鍵再拖曳工具。
❷ 繪製正方形了

設定矩形與圓角矩形的即時形狀

利用矩形工具 與圓角矩形工具 繪製的圖形都是即時形狀，可透過「變形」或「內容」面板調整大小、旋轉角度、圓角半徑這類圖形屬性。

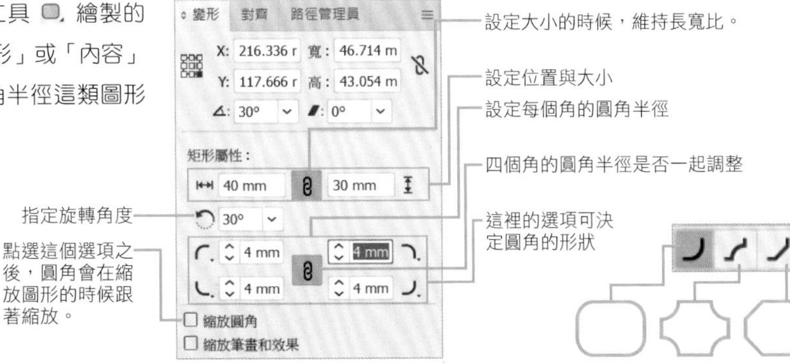

此外，利用選取工具 選取物件之後，角落會顯示尖角 Widget，此時若是拖曳小工具，就能調整圓角半徑的大小。詳情請參考即時轉角（第 94 頁）的說明。

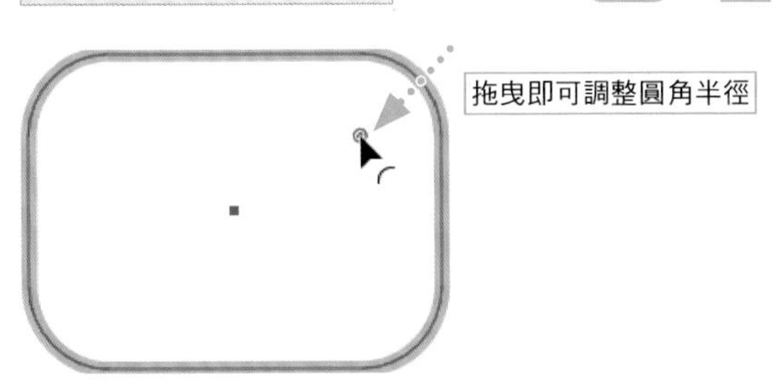

TIPS 維持圓角的形狀

就算物件變形，圓角還是能保持原有的形狀。

TIPS 何謂即時形狀

利用矩形工具這類繪圖工具繪製的物件都可利用變形面板的設定調整轉角的形狀或數量。擁有這類屬性的物件稱為「即時形狀」。

舊版的矩形或圓角矩形沒有即時形狀屬性。要當成即時形狀操作必須從「物件」選單的「外框」點選「轉換為形狀」。

POINT

此外，從「物件」選單的「外框」點選「展開形狀」就能轉換成沒有即時形狀屬性的路徑圖形。

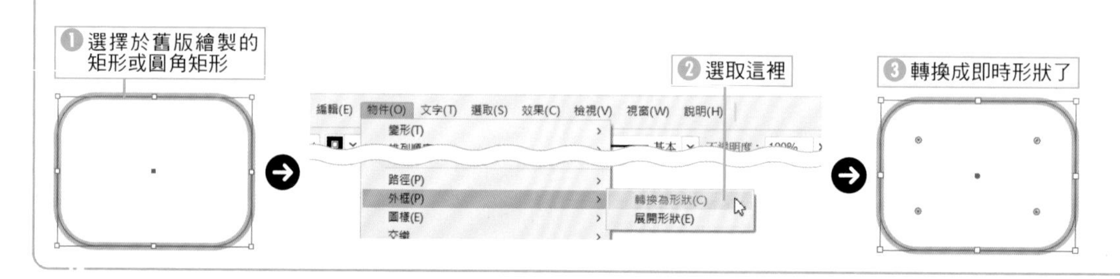

繪製橢圓形（正圓）（橢圓形工具）

要繪製橢圓形（正圓）可使用橢圓形工具。橢圓形工具是矩形工具的子工具。

拖曳橢圓形工具即可依照拖曳的距離，繪製對角線與拖曳距離一樣長的橢圓形。

POINT

按住 Alt 鍵再繪製，就能從橢圓形的圓心繪製。

按住 Shift 鍵再拖曳就能繪製正圓形。

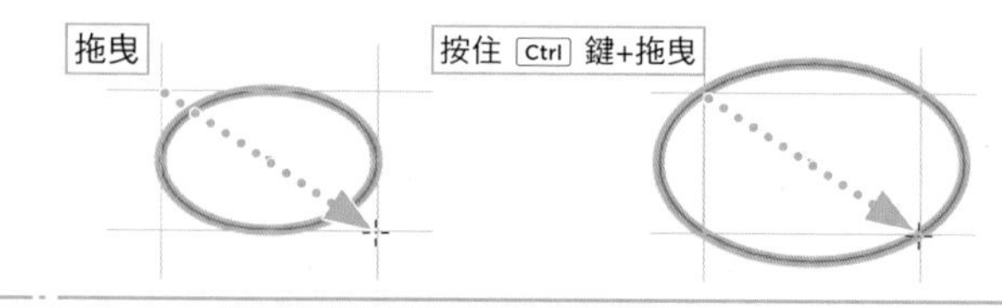

TIPS 以輸入數值的方式繪製橢圓形

利用橢圓形工具點選畫面，即可開啟「橢圓形」對話框，從中可輸入寬度與高度的數值。下一個橢圓形也可利用相同的方式繪製。

TIPS 繪製通過兩點的橢圓形

利用橢圓形工具拖曳繪製橢圓形之後，拖曳的軌跡就是與橢圓形內接的矩形的對角線。想拖曳橢圓形的對角線，繪製通過特定兩點的橢圓形的話，可在拖曳之後，按住 Ctrl 鍵繼續拖曳。

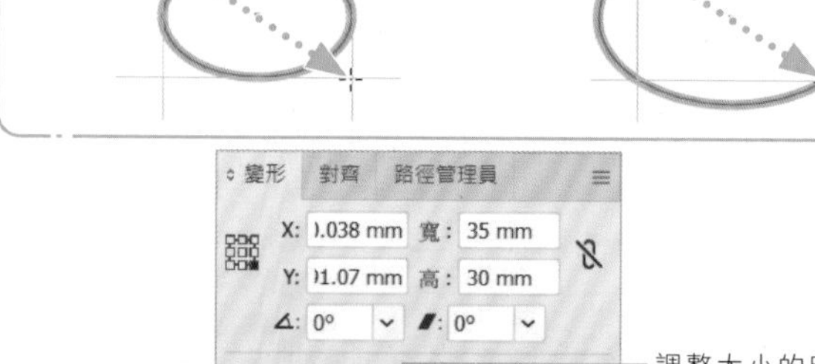

設定橢圓形即時形狀

利用橢圓形工具繪製的圖形為即時形狀。這個圖形可利用「變形」面板或「內容」面板設定大小、旋轉角度、圓形圖角度這類屬性。

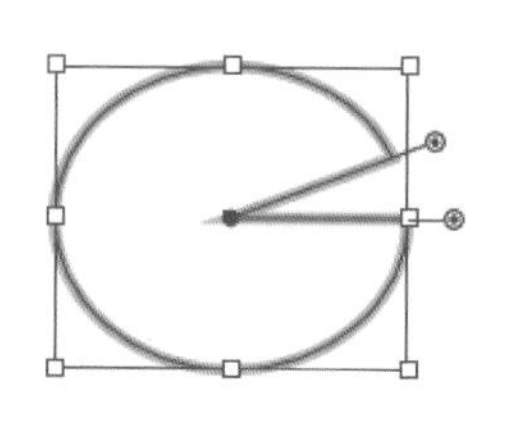

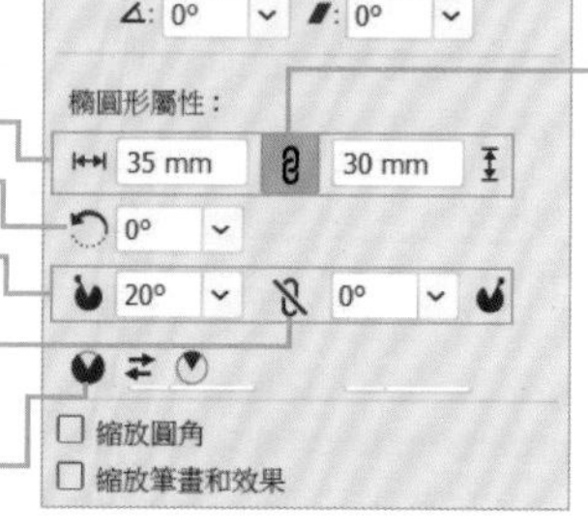

圓形圖的角度可在選取物件之後，拖曳控制點調整。

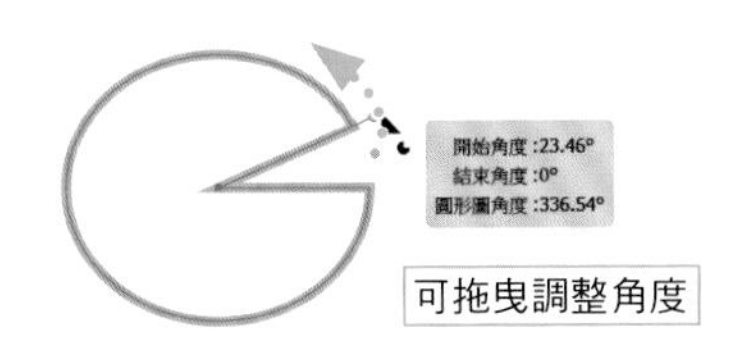

> **TIPS 非即時形狀的橢圓形**
>
> 在 CC 2015.1 版本或舊版繪製的橢圓形沒有即時形狀屬性，要當成即時形狀操作必須從「物件」選單的「外框」點選「轉換為形狀」。此外，從「物件」選單的「外框」點選「展開形狀」就能轉換成沒有即時形狀屬性的路徑圖形。

繪製多邊形（多邊形工具 ）

要繪製多邊形可使用多邊形工具 。多邊形工具 是矩形工具 的子工具。

拖曳多邊形工具 即可繪製正多邊形。拖曳的起點為正多邊形的中心點，多邊形的角度可透過拖曳的方向調整。按住 Shift 鍵再拖曳，就能禁止多邊形旋轉。

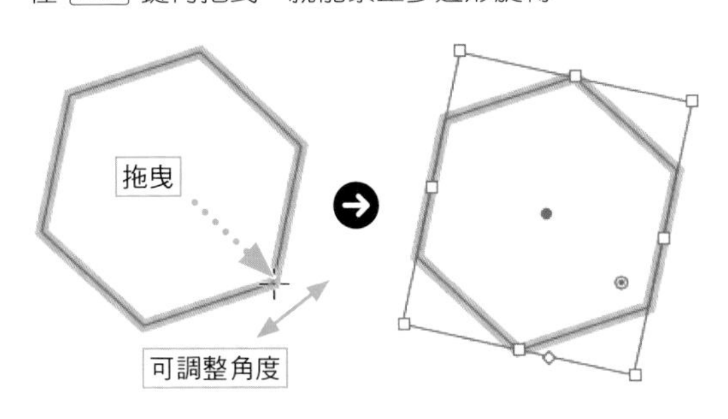

> **TIPS 指定數值與變更頂點數**
>
> 利用多邊形工具 點選畫布，即可開啟「多邊形」對話框，此時可輸入半徑（中心點到錨點的距離）以及邊數的數值。
>
> 此外，在拖曳的時候按下 ↑ 鍵或是 ↓ 鍵，也能調整多邊形的邊數。

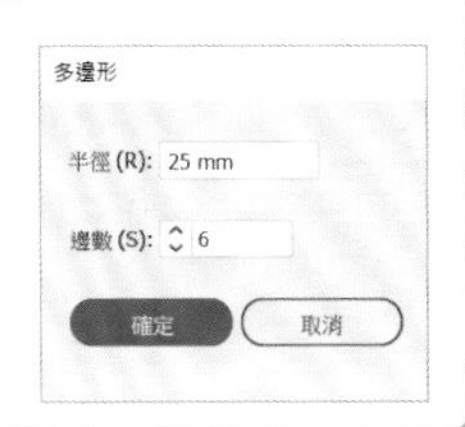

設定多邊形的即時形狀

利用多邊形工具 繪製的多邊形為即時形狀，可透過「變形」面板（「控制」面板）點選「形狀」顯示），可調整轉角數量、旋轉角度、轉角形狀、半徑、邊長這些屬性。

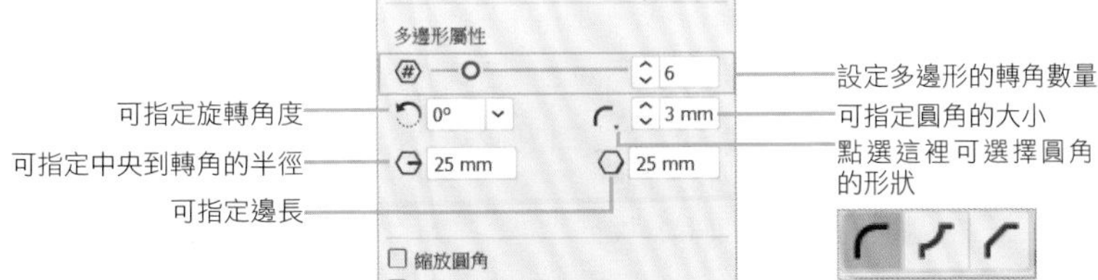

此外，利用選取工具 選取多邊形，尖角 Widget 就會在轉角顯示，拖曳這個小工具就能調整圓角的大小。細節請參考即時轉角（第 94 頁）說明。

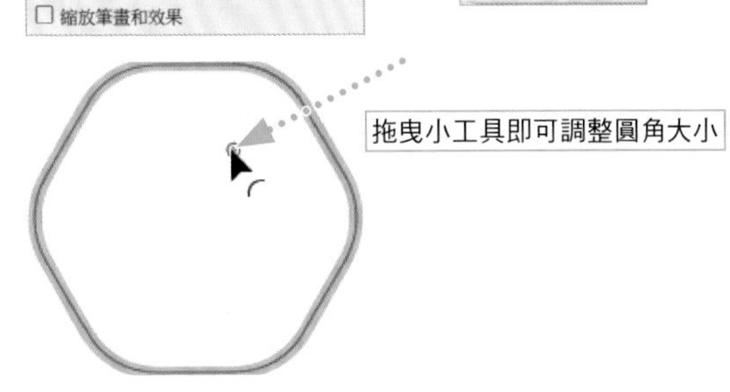

繪製星形（星形工具 ☆ ）

要繪製星形可使用星形工具 ☆。星形工具 ☆ 是矩形工具 ▢ 的子工具。

拖曳的起點為星形的心中點，星形的角度可透過拖曳的方向調整。按住 Shift 鍵拖曳，就能禁止星形旋轉。

在拖曳途中按住 Ctrl 鍵，就能固定第二半徑，只調整第一半徑。按下 ↑ 鍵或是 ↓ 鍵，可調整星形的頂點數量。

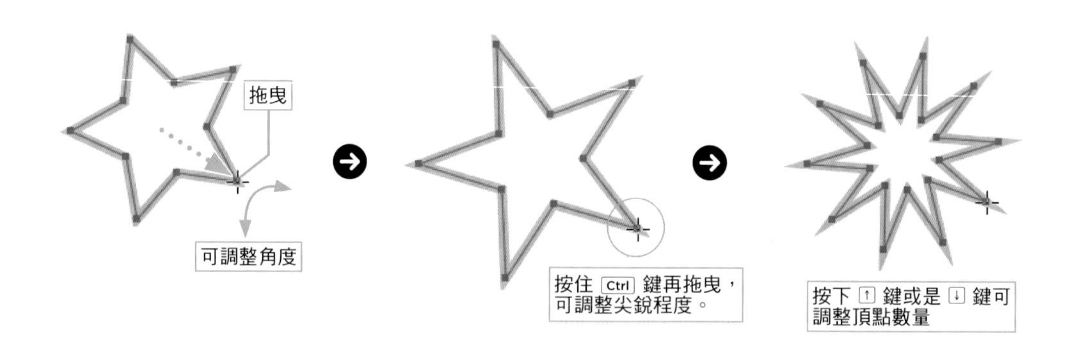

TIPS 以輸入數值的方式繪製

利用星形工具 ☆ 點選畫布即可開啟「星形」對話框，此時可輸入數值，繪製需要的星形。

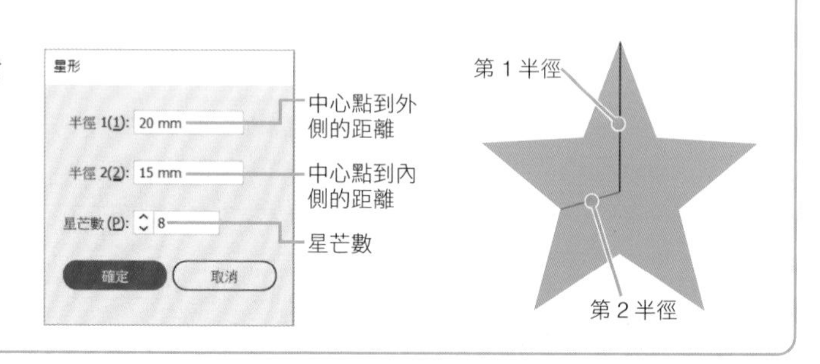

繪製螺旋（螺旋工具 ◎ ）

要繪製螺旋可使用螺旋工具 ◎。螺旋工具是線段區段工具 ⁄ 的子工具。

拖曳螺旋工具 ◎ 即可繪製螺旋圖形。

拖曳的起點為螺旋圖形的中心點，螺旋圖形的角度可透過拖曳的方向調整。

按住 Shift 鍵再拖曳可讓螺旋圖形以 45 度為單位旋轉。

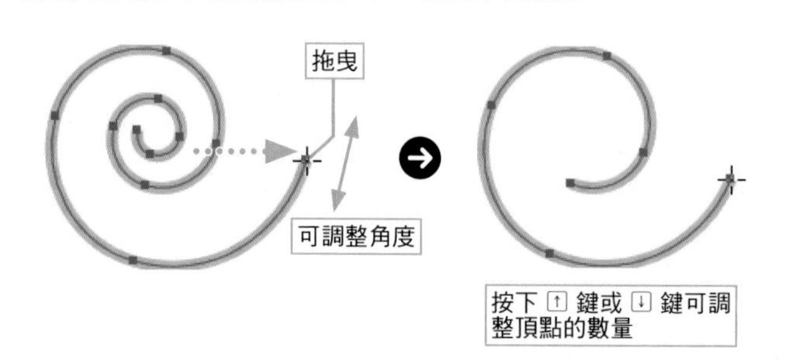

POINT

在拖曳的時候按下 ↑ 鍵或 ↓ 鍵可調整螺旋圖形向內側延伸的長度（區段數量）。
按住 R 鍵可調整螺旋的方向。拖曳螺旋工具 ◎ 時按住 Space 鍵再拖曳，就能調整螺旋圖形的位置。

TIPS 以輸入數值的方式繪製

以螺旋工具 點選工作區域，就能開啟「螺旋」對話框，此時可輸入數值，繪製需要的圖形。

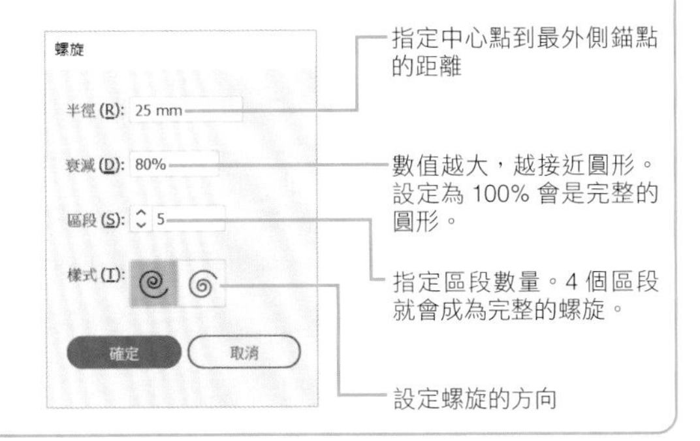

其他工具

▶繪製弧形（弧形工具 ）

可繪製連接拖曳的起點與終點的弧形。

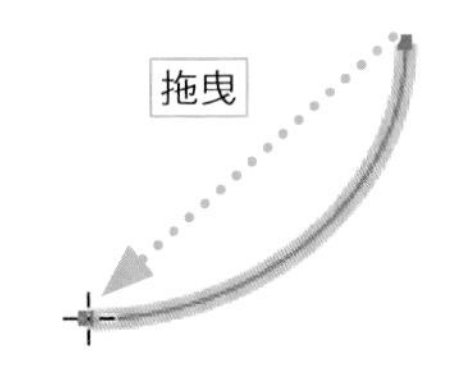

POINT

按住 Alt 鍵再拖曳，可從弧形的中心點開始繪製。
按住 Shift 鍵再拖曳，可繪製正圓弧。

▶ 繪製格線（矩形格線工具 ／放射網格工具 ）

拖曳即可繪製需要的圖形。

在繪製的時候按下方向鍵可調整格線的數量。

矩形格線

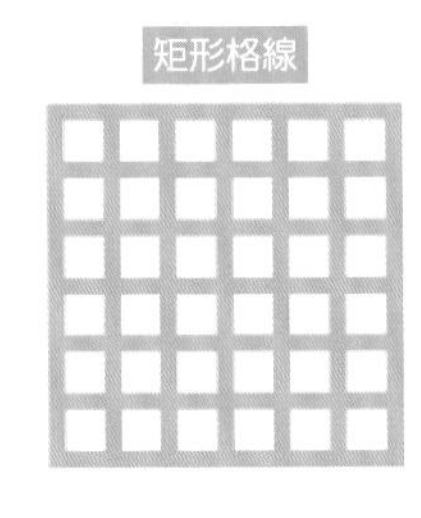

放射網格

▶繪製太陽光（反光工具 ）

這個工具可模擬太陽光。太陽光主要是由中心光點、光暈（後光）、光線、光環組成。此外，上述的元素都可另外設定透明度，若是在繪成的背景上層繪製太陽光，即可創造不錯的效果。

開始拖曳時，可指定光暈的大小，接著將滑鼠游標移動到繪製光環的位置再繼續拖曳，即可指定光環的位置。

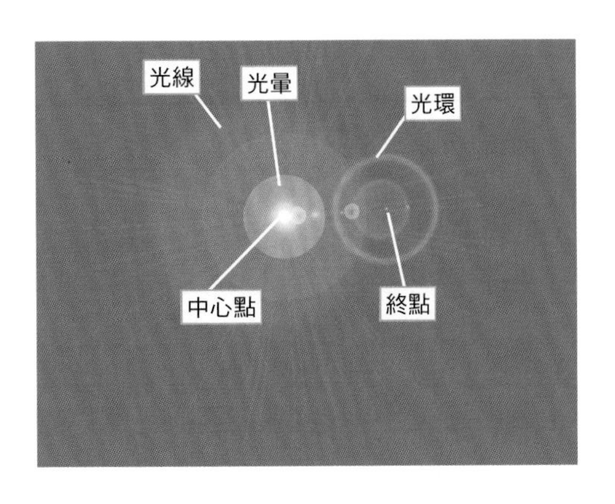

SECTION 2.3

筆形工具、線段區段工具

繪製線段

使用頻率 ●●●

要繪製線段可使用筆形工具 或是線段區段工具 。尤其筆形工具 更是在繪製貝茲曲線這種堪稱 Illustrator 特徵的平滑曲線之際，絕對不可或缺的工具。

利用筆形工具 繪製連續直線

使用筆形工具 就能以點連結點的方式繪製連續直線。

① 點選起點與下一個點

先點選線段的起點，接著再點選另一個點。

POINT

按住 Shift 鍵再點選，可讓線段的角度限制在水平、垂直、45 度這幾個角度。

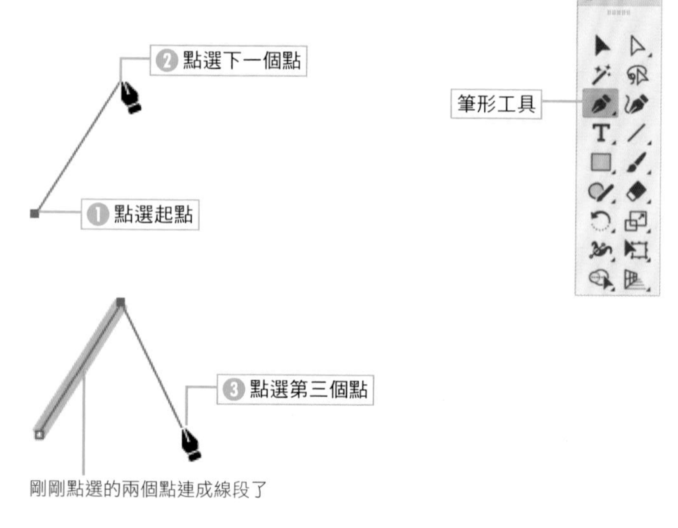

剛剛點選的兩個點連成線段了

② 畫出直線了

剛剛畫的起點與第二個點就會連成直線。如果想繼續繪製線段，就繼續點下一個點。線段的顏色會直接套用目前設定的「筆畫」顏色（細節請參考第 112 頁）。

③ 按下 Enter 結束繪製

如果繼續以滑鼠左鍵點選，就會繼續連成直線。若想結束畫線，可按下 Enter 鍵。

POINT

除了按下 Enter 鍵之外，按住 Ctrl 鍵再點選沒有圖形的位置，也能結束繪製，而且還能解除選取。

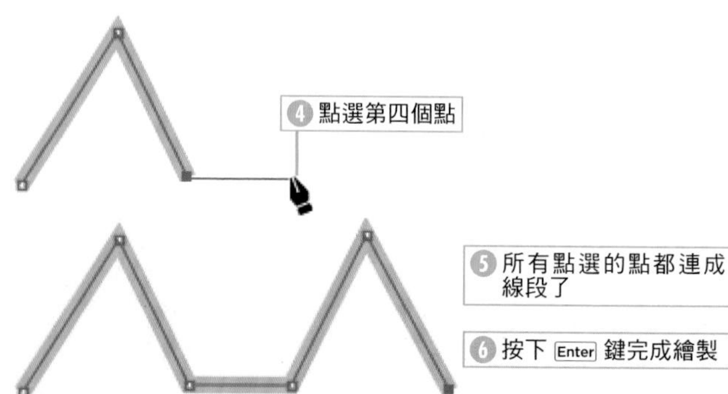

TIPS **顯示橡皮筋**

若沿用預設值，在錨點到滑鼠游標之間會顯示橡皮筋這個預覽線段的提示。如果要隱藏這個橡皮筋，可在「偏好設定」對話框的「選取和錨點顯示」取消「啟用橡皮筋，用於：」的工具（參考第 310 頁）。

利用筆形工具 繪製封閉圖形（封閉路徑）

如果利用筆形工具 繪製起點與終點連結的圖形，就能畫出封閉圖形（封閉路徑）。

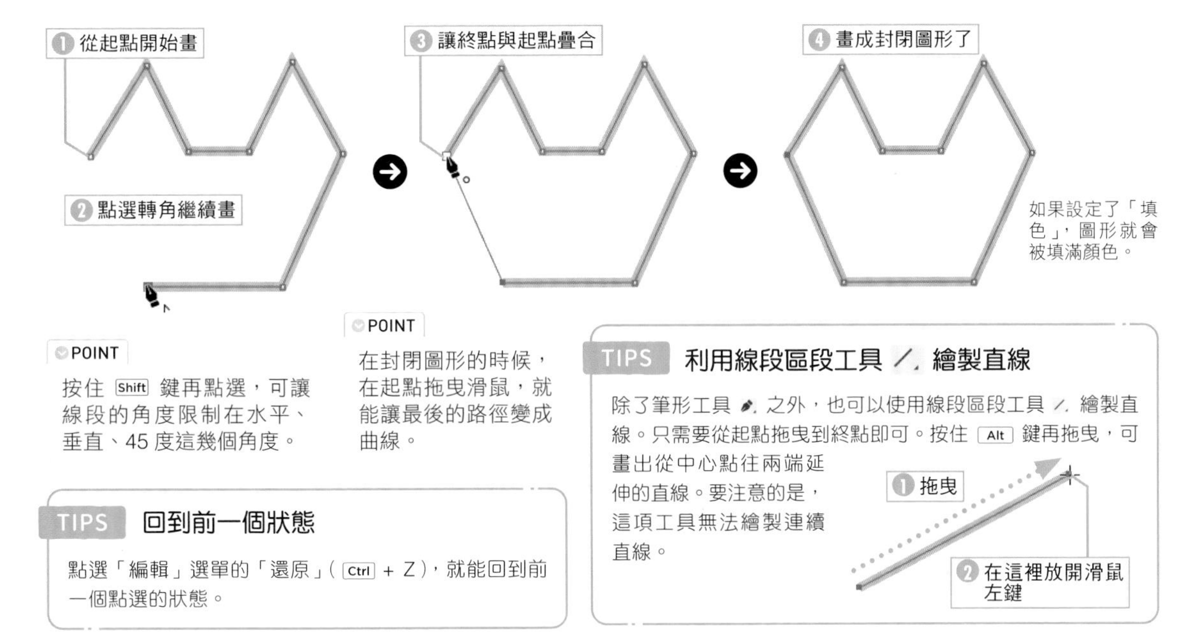

POINT

按住 Shift 鍵再點選，可讓線段的角度限制在水平、垂直、45 度這幾個角度。

POINT

在封閉圖形的時候，在起點拖曳滑鼠，就能讓最後的路徑變成曲線。

TIPS 回到前一個狀態

點選「編輯」選單的「還原」（Ctrl + Z），就能回到前一個點選的狀態。

TIPS 利用線段區段工具 繪製直線

除了筆形工具 之外，也可以使用線段區段工具 繪製直線。只需要從起點拖曳到終點即可。按住 Alt 鍵再拖曳，可畫出從中心點往兩端延伸的直線。要注意的是，這項工具無法繪製連續直線。

利用筆形工具 繪製曲線

拖曳筆形工具 就會顯示與拖曳方向相反的方向線（控制點），這個方向線可用來控制曲線的弧度。

繪製曲線的時候，可利用錨點與控制點控制弧度。

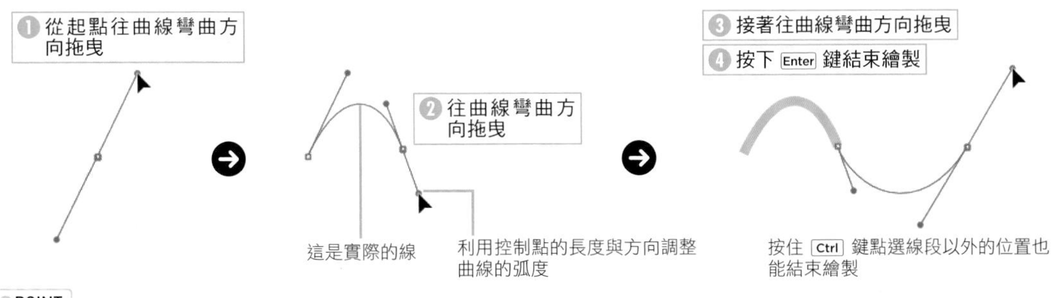

POINT

在指定方向線的時候，與拖曳方向相反的方向也會新增長度相同的方向線。

按住 Ctrl 鍵再拖曳，即可調整拖曳方向的方向線的長度，並且讓反方向的方向線保持原狀。

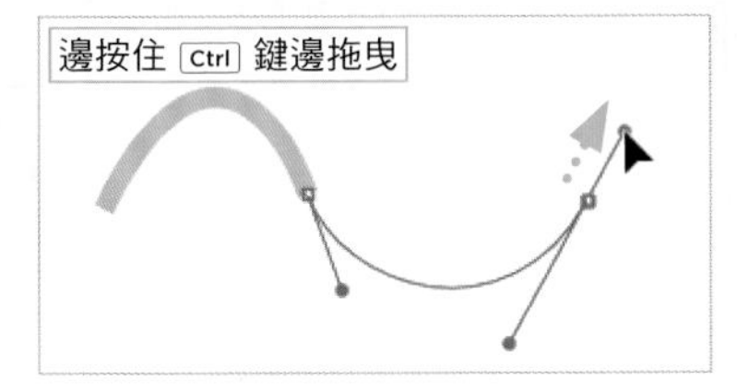

TIPS 筆形工具 的快捷鍵與智慧型參考線

在使用筆形工具 的時候按住 Ctrl 鍵，可暫時切換成直接選取工具 。按住 Alt 鍵可切換成錨點工具 。若要快速選取筆形工具 可按下半形的 P 鍵。

此外，若開啟智慧型參考線（參考第 109 頁），就能在放開 Shift 鍵的情況下，快速繪製水平線或是垂直線。

利用筆形工具 繪製曲線到直線的線段

這是利用筆形工具 繪製曲線到直線的方法。

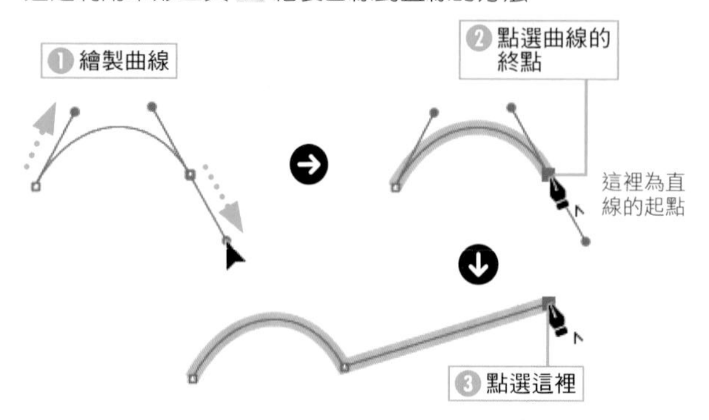

利用筆形工具 繪製直線到曲線的線段

這是利用筆形工具 繪製直線到曲線的方法。

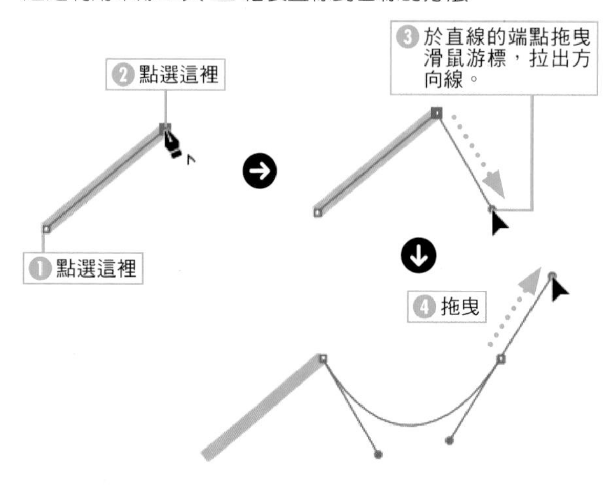

繪製如同駝峰的曲線

接著要利用筆形工具 繪製兩個曲線連成銳角的駝峰曲線。關鍵是繪製第一個駝峰之後，按住滑鼠左鍵，再按住 Alt 鍵拉出方向線。

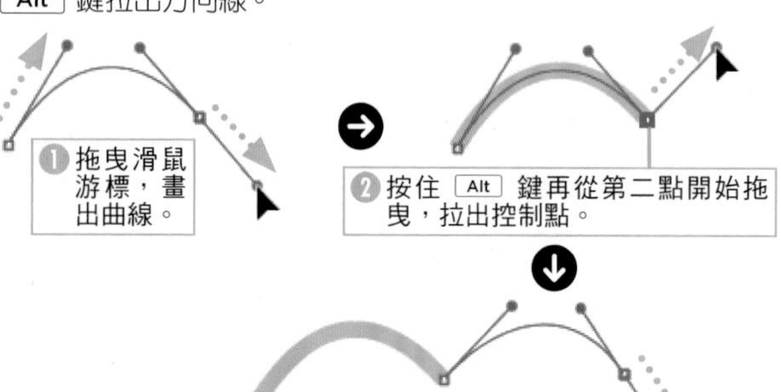

TIPS 從繪製完成的線段繼續繪製

就算是繪製完成的線段，也可以讓筆形工具 移動到路徑兩端的錨點，讓滑鼠游標切換成 的狀態，再點選錨點，就能繼續繪製線段。

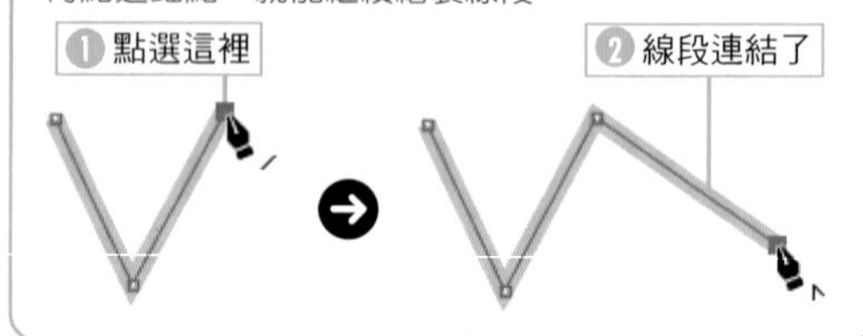

TIPS 關於平滑控制點

選取平滑控制點就能讓方向線變成直線。雖然這個方向線看起來只有一條，但其實能控制相鄰區段的弧度。

方向線的方向與長度可利用直接選取工具 調整，所以能隨時調整路徑的形狀（參考第 83 頁）。

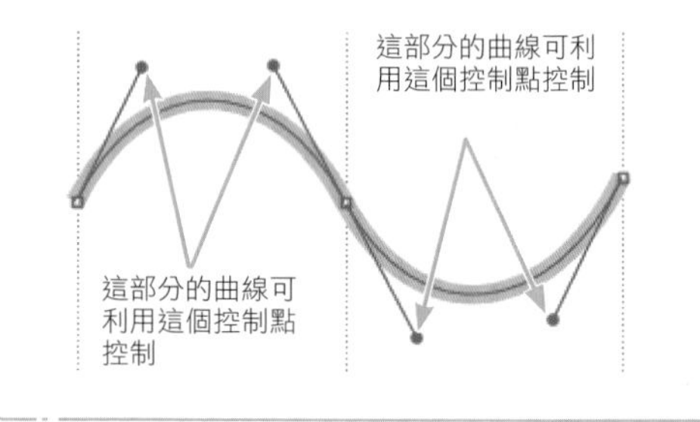

TIPS 在繪製之際調整方向線的方向

利用筆形工具 拖曳方向線的時候按住 Alt 鍵，就能讓單邊的方向線獨立，藉此調整路徑的方向。

重點是，在確定方向線的方向之前，要一直按住 Alt 鍵，否則一開始繪製的曲線就會變形。

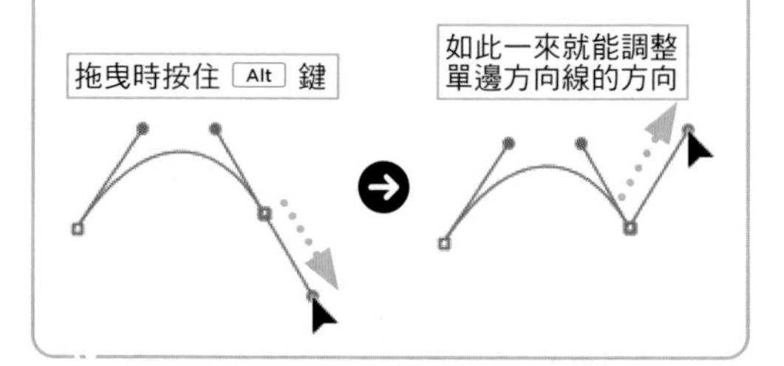

SECTION 2.4

曲線工具、Shape 工具

使用曲線工具與 Shape 工具

使用頻率

曲線工具 是只需要點選就能操作的繪圖工具，Shape 工具 則是讓圖形與圖形合成的工具。

利用曲線工具 繪製曲線

曲線工具 可指定曲線經過的錨點的位置，藉此畫出曲線。

POINT

曲線工具 的操作雖然簡單，卻無法控制方向線。而且新增錨點之後，前面的曲線就會變形，所以要繪製正確的曲線，最好還是使用筆形工具。

❶ 點選這裡

❷ 點選這裡

經過第 1 點與第 2 點的曲線會以橡皮筋的方式顯示

❸ 點選這裡

經過第 1 點、第 2 點、第 3 點的曲線會以橡皮筋的方式顯示

❹ 點選這裡

❺ 要結束繪製可按下 Esc 鍵或是按住 Ctrl 鍵再點選其他位置

利用曲線工具 繪製直線

要利用曲線工具 繪製直線可雙擊錨點（或是按住 Alt 鍵再點選）。

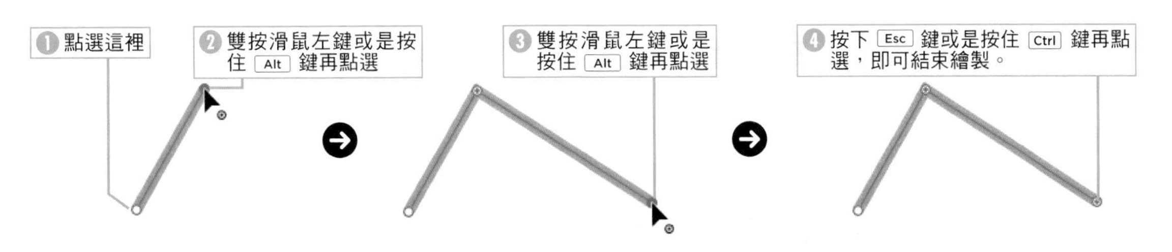

TIPS **利用 Shape 工具 繪圖**

可先利用拖曳的方式畫一個大致的圖形，再轉換成漂亮的圖形。可繪製的物件包含「直線」、「矩形」、「橢圓形、正三角形、正六邊形」。

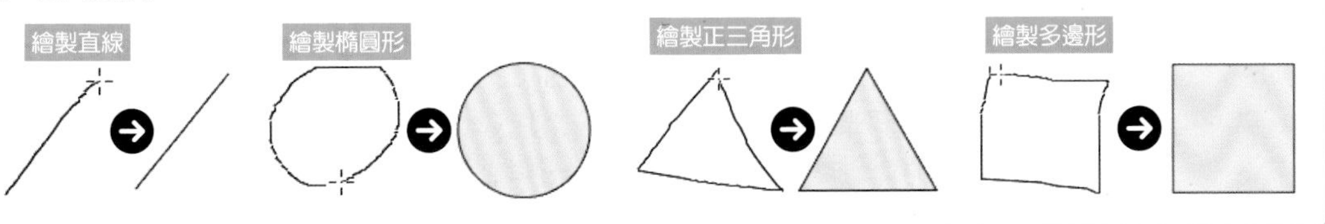

SECTION 2.5

使用頻率

鉛筆工具、繪圖筆刷工具

隨手塗鴉吧（鉛筆工具與繪圖筆刷工具）

使用鉛筆工具 與繪圖筆刷工具 即可拖曳滑鼠游標或是使用繪圖板隨手繪製路徑。鉛筆工具 可繪製相同寬度的路徑，繪圖筆刷工具 可套用在「筆刷」面板選擇的筆刷，畫出具有粗細變化的手繪線段。

利用鉛筆工具 繪製線段

鉛筆工具 可透過拖曳的方式繪製線段。在繪製之前，可先在「控制」面板設定線條的粗細與顏色。

POINT

當起點與終點位於「鉛筆工具選項」對話框（參考第 49 頁）所指定範圍時，就會自動轉換成封閉路徑。

TIPS 鉛筆工具的線段寬度

利用鉛筆工具 繪製的線段會套用「筆畫」面板或「控制」面板設定的筆畫寬度。

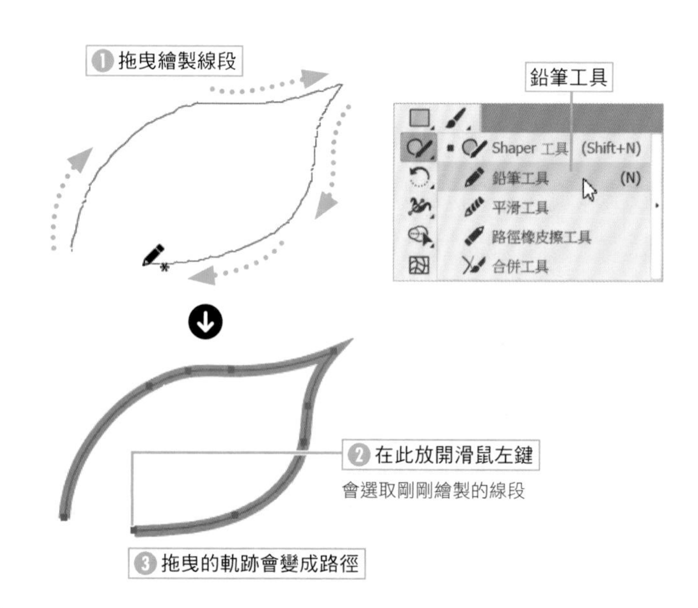

利用鉛筆工具 延長與修正曲線

鉛筆工具 可在選取的路徑的端點追加線段。當滑鼠游標轉換成 之後，路徑就會與起點連結，轉換成封閉路徑。

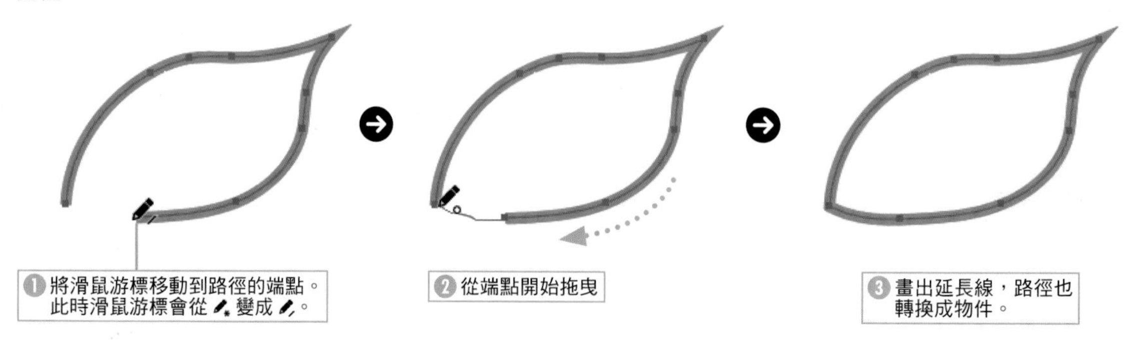

POINT

利用鉛筆工具 拖曳要修正的部分，就能調整線段的形狀。若要修正曲線，必須於「鉛筆工具選項」對話框（參考第 49 頁）勾選「編輯選定路徑」選項。

利用繪圖筆刷工具 繪圖

繪圖筆刷工具 （快捷鍵為半形的 B 鍵）可利用拖曳方式繪製在「筆刷」面板選擇的筆刷。

「筆刷」面板（快捷鍵為 F5 鍵）可隨時新增自訂的筆刷（參考第 159 頁）。

POINT

繪圖筆刷工具 支援繪圖板，可依照選取的筆刷畫出具有粗細變化的手繪線段。

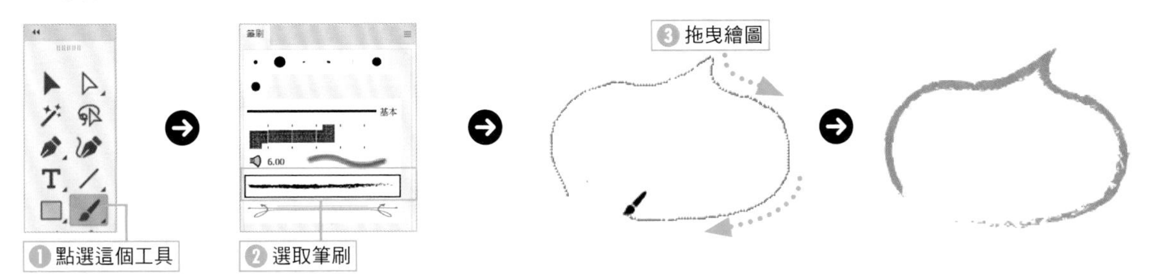

▶ 筆刷的種類

可於「筆刷」面板選擇的筆刷分成五大類。新增筆刷的方法與設定筆刷的方法請參考第 153 頁。

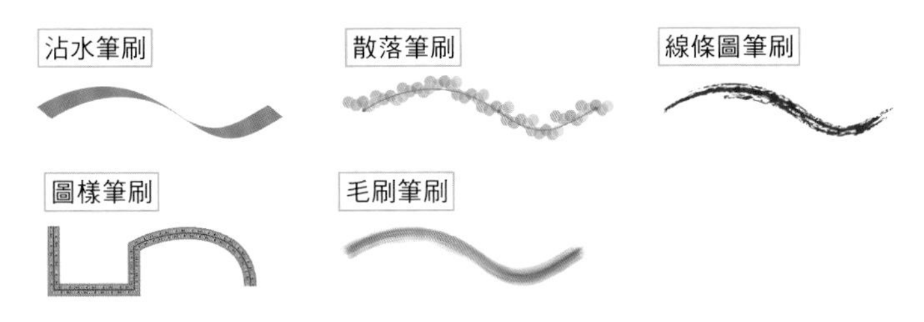

TIPS 繪圖筆刷的不透明度與粗細的快捷鍵

利用繪圖筆刷繪圖時，可利用數字鍵調整不透明度。比方說，按下「7」鍵可讓不透明度調整為 70%，依序按下「1」、「0」鍵可調整為 100%，依序按下「7」、「5」鍵則可調整為 75%。

此外，筆刷的粗細可利用「[」鍵調細，以及利用「]」鍵調粗。

鉛筆工具選項／繪圖筆刷工具選項

雙擊工具箱的鉛筆工具 （繪圖筆刷工具 ）之後，即可開啟「鉛筆工具選項」對話框（「繪圖筆刷工具選項」對話框）。在對話框調整數值，就能調整鉛筆工具 （繪圖筆刷工具 ）繪製的路徑的錨點數量，或是調整線段的平滑度。

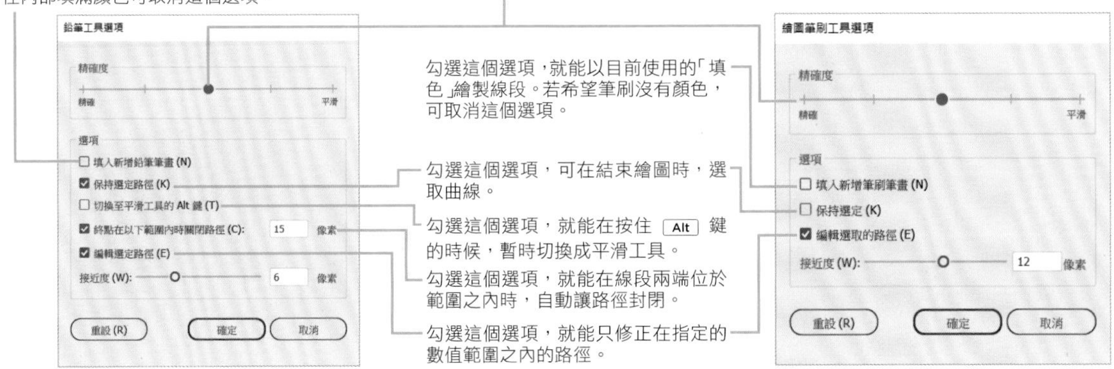

SECTION 2.6

點滴筆刷工具、橡皮擦工具

使用點滴筆刷工具、橡皮擦工具

使用頻率

點滴筆刷工具 是能拖曳繪圖的工具。與鉛筆工具 ／繪圖筆刷工具 不同的是，利用點滴筆刷工具繪製的物件會轉換成外框，也就是所謂的路徑。橡皮擦工具 是能拖曳消除圖形的工具。如果手邊有繪圖板，這兩項工具可說是繪製插圖最佳組合。

利用點滴筆刷工具 繪圖

點滴筆刷工具 （快捷鍵為 Shift 鍵＋B），可利用拖曳的方式，繪製在「筆刷」面板選擇的筆刷。與繪圖筆刷工具 不同的是，路徑會是外框化的物件。

① 選擇筆刷

第一步先在工具箱選擇點滴筆刷工具 。接著在「筆刷」面板或是「內容」面板選擇筆刷。只有沾水筆筆刷能。也可視情況設定筆畫顏色。

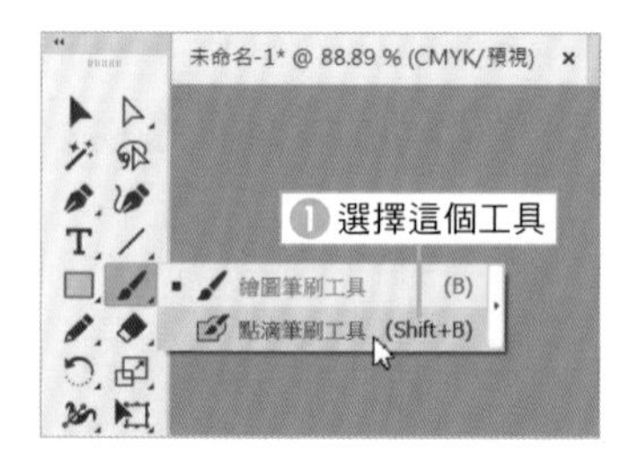

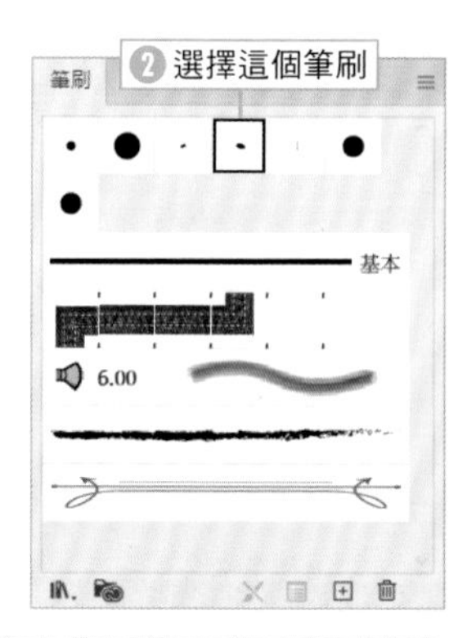

② 拖曳繪圖

接著以拖曳的方式縮圖，此時拖曳的軌跡會變成外框路徑。

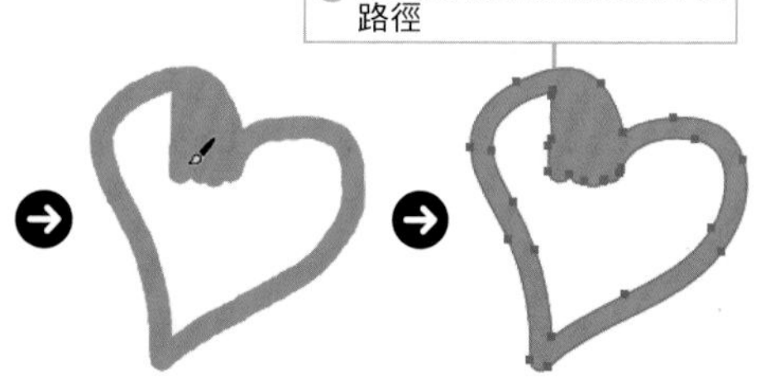

POINT

筆刷的粗細可透過下列的快捷鍵調整。
變粗：] 鍵
變細：[鍵

▶ 填色

物件的「填色」與點滴筆刷工具的「筆畫」相同時（但物件的「筆畫」為「無」），可由上往下拖曳，替物件填色。

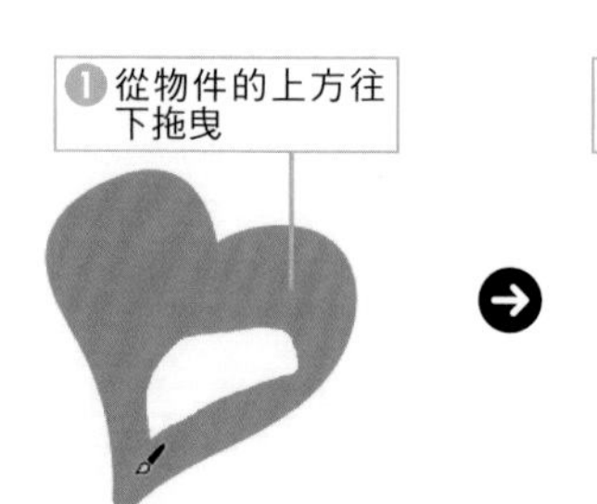

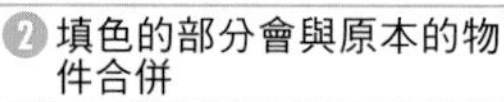

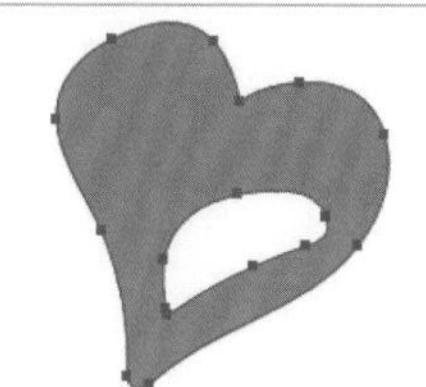

POINT

以點滴筆刷工具 繪製的物件為外框路徑，也會套用在繪圖之際的「筆畫」顏色。要注意的是，「筆畫」為「無」的時候，會套用「填色」的顏色。

使用橡皮擦工具

橡皮擦工具 （快捷鍵為 Shift + E）就像真正的橡皮擦，可透過拖曳的方式刪除物件的局部圖形。

① 在物件拖曳

從工具箱點選橡皮擦工具 ，再於想消除的物件範圍拖曳。

POINT

橡皮擦的大小可利用下列的按鍵調整。
變大：] 鍵
變小：[鍵

② 圖形消失了

消除物件的內部之後，該部分就會變成鏤空的複合路徑。複合路徑的部分請參考第 198 頁的說明。

POINT

手邊若有觸控筆，就能利用點滴筆刷工具充當畫筆，以及利用橡皮擦擦掉圖形，直接以畫筆的手感繪製插圖。

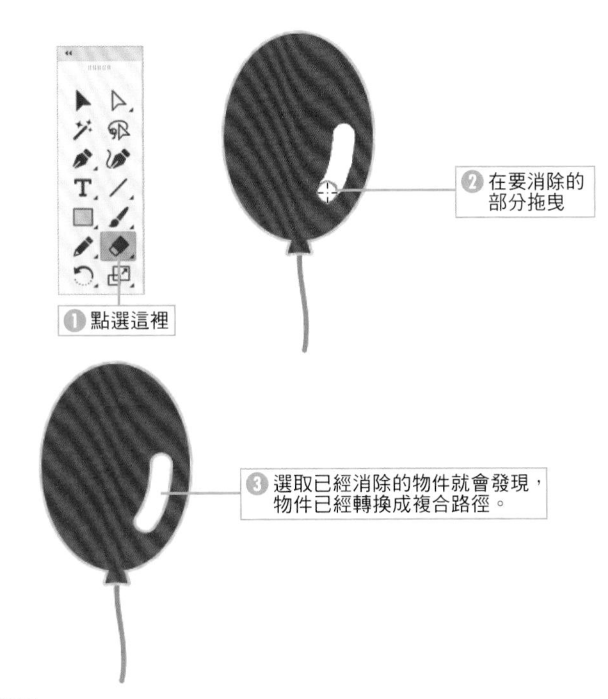

點滴筆刷工具選項／橡皮擦工具選項

雙擊工具箱的點滴筆刷工具 （橡皮擦工具 ），就能開啟「點滴筆刷工具選項」對話框（「橡皮擦工具選項」對話框），編輯筆刷的形狀。

設定內容與繪圖筆刷工具選項（參考第 49 頁）或是沾水筆筆刷選項（參考第 156 頁）相同。

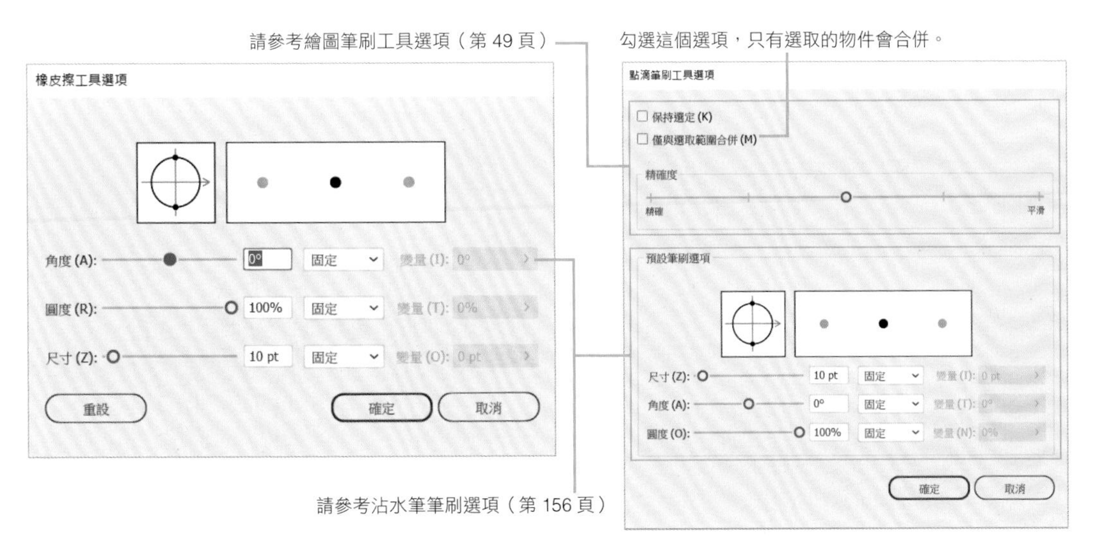

「物件」選單→「影像描圖」

SECTION

2.7 描繪影像

使用頻率

影像描圖是能從照片或掃描圖這類點陣圖建立路徑物件的功能。除了可根據影像的輪廓產生外框，還能忠實地描繪照片。由於支援全彩描圖，所以就算是色階較多的部分也能完美地描繪。

描繪影像

要在 Illustrator 掃描影像可先將影像置入圖稿（參考第 295 頁），再點選「內容」面板或「控制」面板的「影像描圖」按鈕。

描繪之後，影像會轉換成描圖物件，此時可調整設定再重新描圖。

① 選擇影像

選擇要描圖的影像。

POINT

也可以從「物件」選單的「影像描圖」點選「製作」來描繪影像。

② 點選「影像描圖」

在「內容」面板或「控制」面板點選「影像描圖」按鈕就能開始描圖。

POINT

點選「內容面板」的「影像描圖」之後，請從選單選擇預設集。

③ 調整描圖結果

接著在「影像描圖」面板調整描圖結果（參考第 53 頁）。

此時，物件還沒完全轉換成路徑。

④ 轉換成路徑

在「影像描圖」面板完成設定後，點選「內容」面板或「控制」面板的「展開」按鈕，就能讓物件完全轉換成路徑。

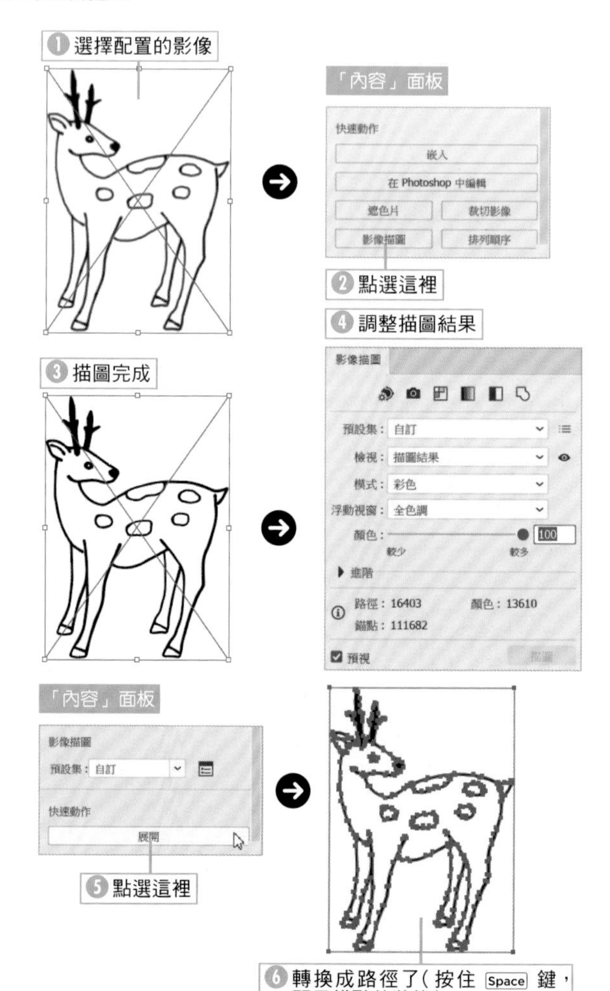

利用「影像描圖」面板設定描圖

描圖結果的影像並非 Illustrator 的路徑物件，而是臨時的描圖物件，所以可在此時調整描圖選項的設定值與重新描圖。

描圖設定可於「影像描圖」面板進行。

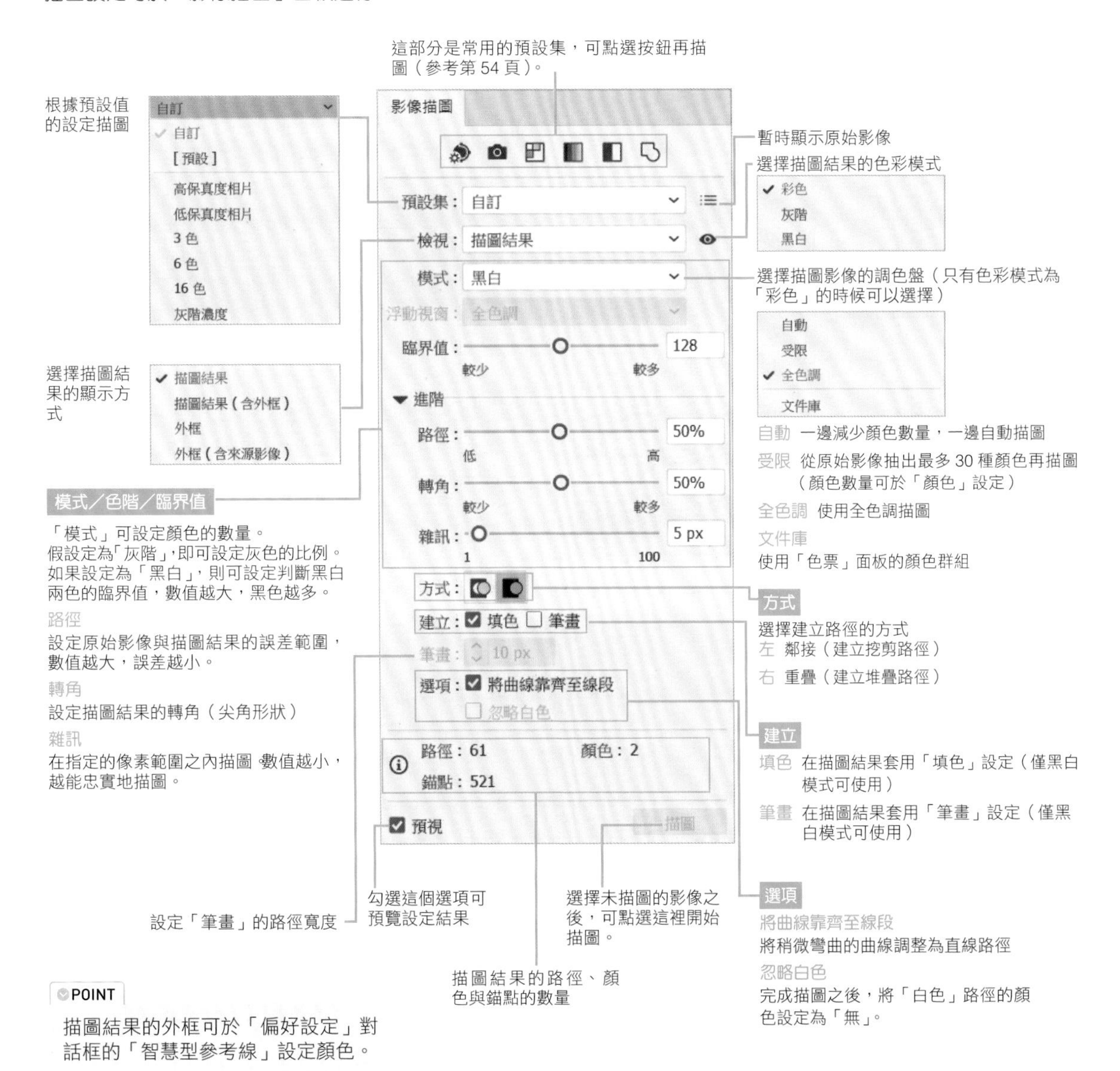

POINT

描圖結果的外框可於「偏好設定」對話框的「智慧型參考線」設定顏色。

POINT

以連結的方式配置原始影像時，只要還沒將描圖結果展開為路徑，就能套用在 Photoshop 編輯的結果。

利用預設集描圖

「影像描圖」面板內建了各種用途的預設集，只要點選按鈕或是從選單選取，就能開始描圖。除了按鈕之外的「預設集」也可於「影像描圖」面板選擇。也可以替照片描圖，再轉換成彩色的插圖。

原始影像

自動上色

高彩

低彩

灰階

黑白

TIPS 描圖使用的調整影像

影像描圖可根據描圖選項的設定，將原始影像轉換成描圖所需的調整影像，之後再建立描圖影像。

利用遮色片決定描圖範圍

在描圖之前，可利用遮色片決定描圖範圍。

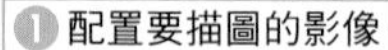

❶ 配置要描圖的影像

❷ 點選這裡

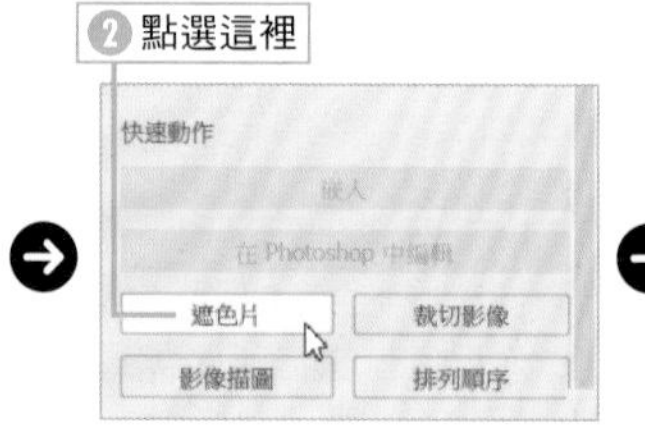

❸ 拖曳邊框，設定遮色片的範圍。

TIPS 關於遮色片

點選遮色片選項，在原始影像建立剪裁遮色片再執行影像描圖，就能描繪整張原始影像。之後可編輯剪裁遮色片，調整遮色片的範圍。

SECTION

2.8

使用頻率

圖表工具

繪製圖表

Illustrator 內建了自動繪製圖表的圖表工具。雖然沒有試算表軟體的圖表功能，卻很適合用來繪製商業印刷品的圖表。

圖表種類

圖表工具可繪製的圖表共有 9 種，工具箱的預設值為長條圖工具 。請根據圖表的原始資料選擇適當的圖表工具。

新增圖表之後，也可以更換圖表的種類或資料，所以可先用工具箱的圖表工具繪製圖表，之後再變更圖表的種類。

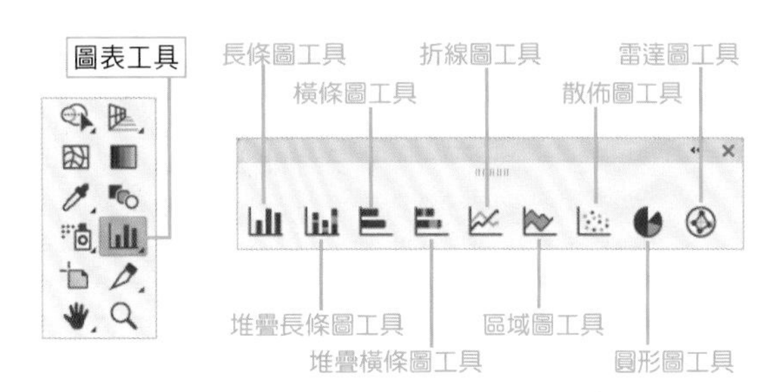

繪製圖表

只需要指定繪製圖表的範圍並輸入資料就能完成圖表。如果手邊已有圖表的原始資料，可複製與貼上以定位點作為間隔的文字資料。

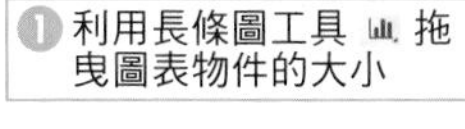

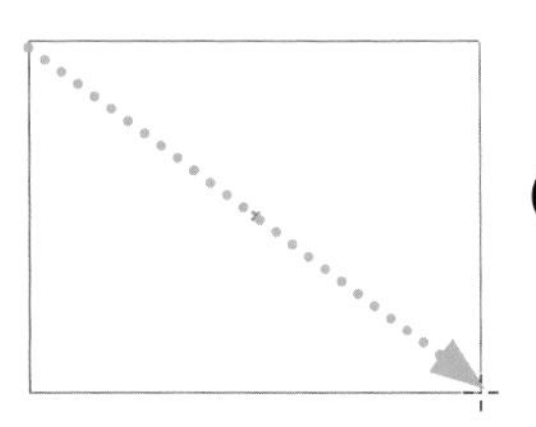

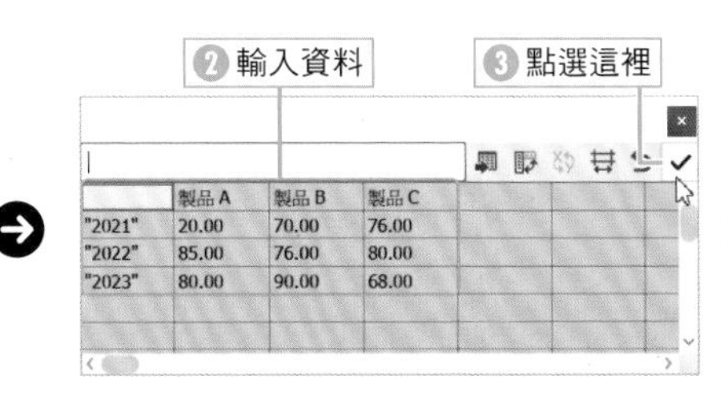

	製品 A	製品 B	製品 C
"2021"	20.00	70.00	76.00
"2022"	85.00	76.00	80.00
"2023"	80.00	90.00	68.00

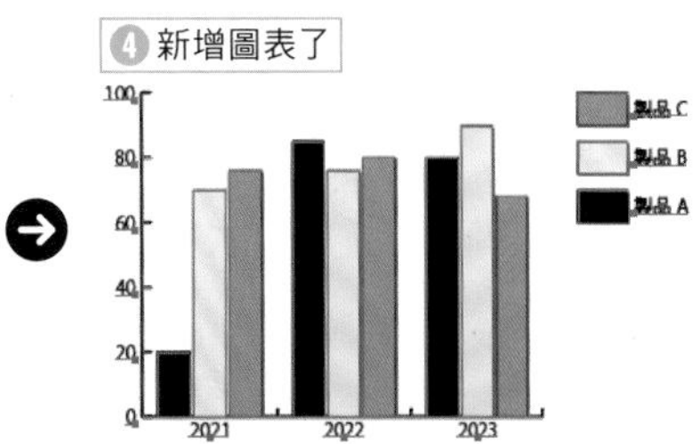

POINT

建立圖表之後，可以關閉「圖表資料」視窗。之後還能變更圖表的資料與種類。

POINT

可直接貼入 Excel 的儲存格資料。

TIPS 不拖曳，直接點選的話

如果不拖曳圖表工具，直接點選畫面的話，就會顯示指定寬度與高度的「圖表」對話框。

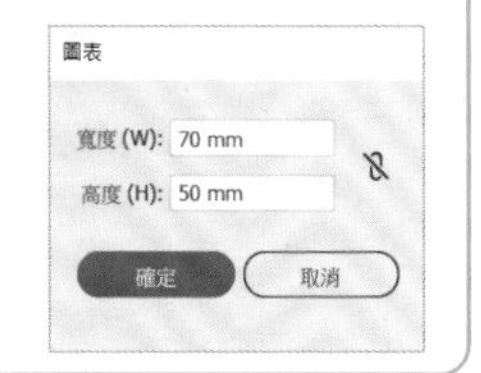

關於「圖表資料」視窗

「圖表資料」視窗的數據輸入欄位稱為**工作表**。工作表是由一堆儲存格組成。

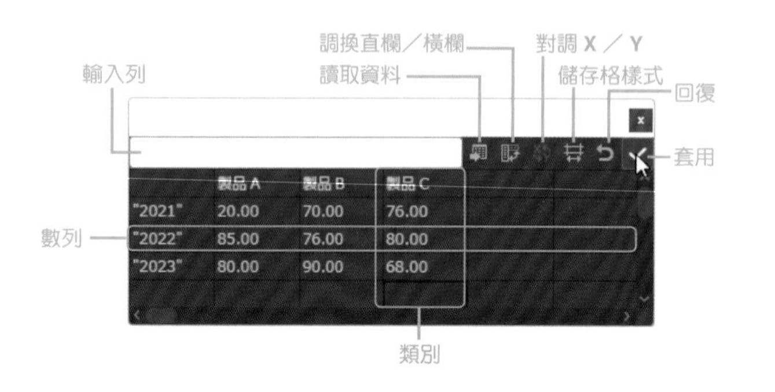

POINT

可以設定圖表的圖例、寬度、座標軸的刻度以及其他圖表屬性。

POINT

要以數值命名數列時，要以雙引號括住。

TIPS 圖表物件

利用圖表工具 繪製的圖表物件是特殊的群組物件，也無法解除群組。

要編輯內容可利用直接選取工具 選取或是切成選取圖表編輯模式。

變更圖表種類

圖表可在繪製完成之後，在「物件」選單的「圖表」點選「類型」，變更種類。

POINT

選取圖表之後，雙擊工具箱的圖表工具 圖示，也能開啟「圖表類型」對話框。

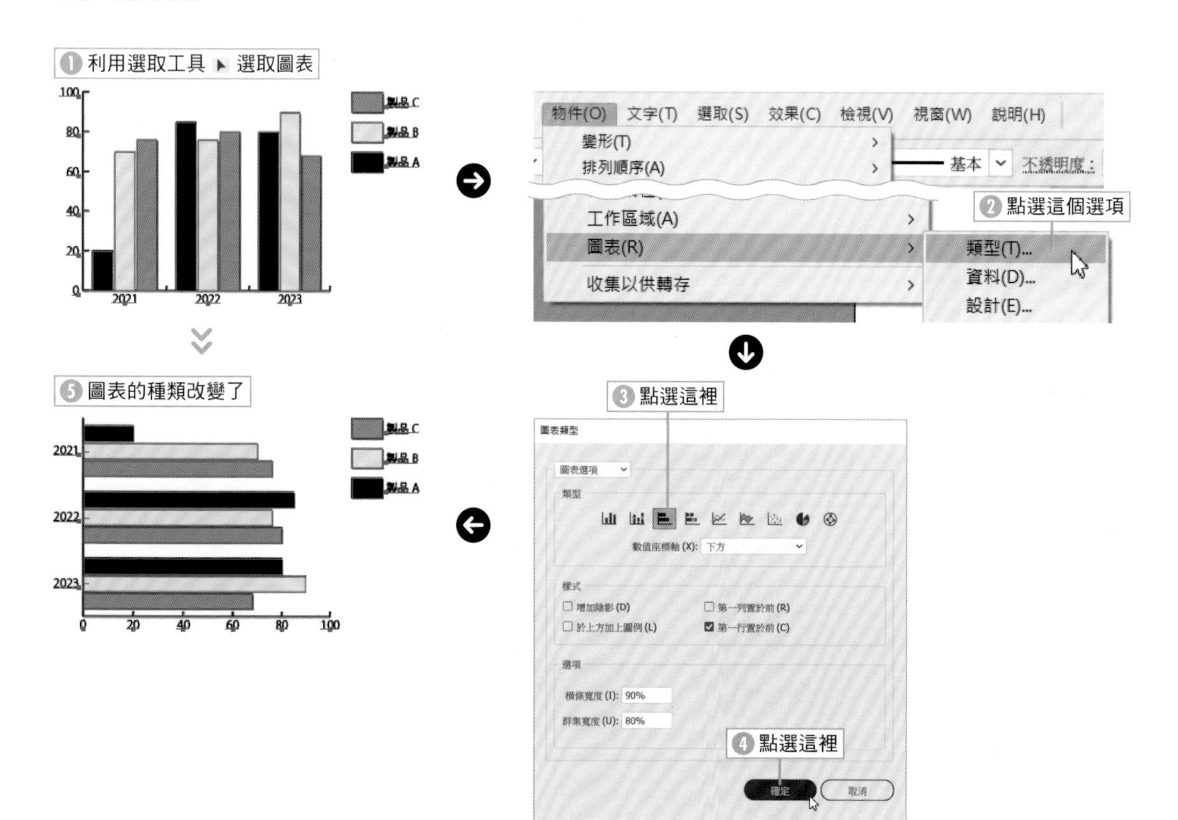

範例選擇的是橫條圖，但其實可以選擇其他的圖表。

▶ 設定圖表的屬性

「圖表類型」對話框還可以設定圖表的類型或樣式。

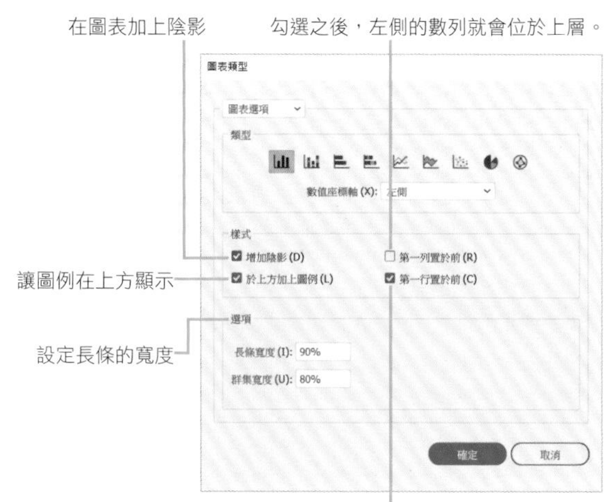

勾選之後，可決定多個類別在同一個數列重疊時，哪個類別位於上層。
範例是讓「製品 A」位於上層。

這是套用陰影以及圖例位於上方的圖表

POINT

「圖表類型」對話框可從左上角的選項選單設定「圖表選項」、「數值座標軸」、「類別軸（散佈圖為下方的座標軸）」這三個選項（有些圖表不一定有這三個選項）。

調整圖表的顏色

利用圖表工具繪製圖表之後，可利用直接選取工具 ▷. 或群組選取工具 ▷⁺，以調整一般物件的方式調整。

圖表通常會有很多顏色相同的元素，所以可先選擇圖例，再從「選取」選單的「相同」點選「填色顏色」，就能快速選取顏色相同的部分。

此外，利用群組選取工具 ▷⁺ 雙擊圖例，也能選取顏色相同的部分。

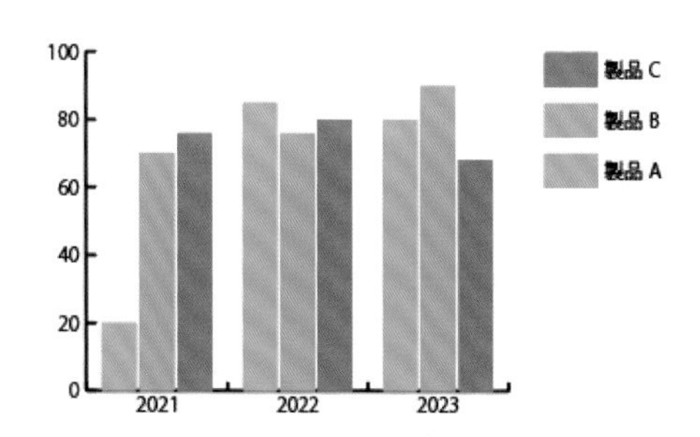

建立圖表的設計

新增圖表設計之後，就能在長條圖套用自創的設計。

① 在背面配置矩形，再繪製水平線。

繪製一個圍住插圖的矩形，再讓這個矩形置於下層。接著在長條依照數據伸縮的基準位置繪製水平線。

POINT

請繪製一個緊緊包住物件的矩形。請將這個矩形的「填色」設定為圖表設計的底色，再將「筆畫」設定為「無」。

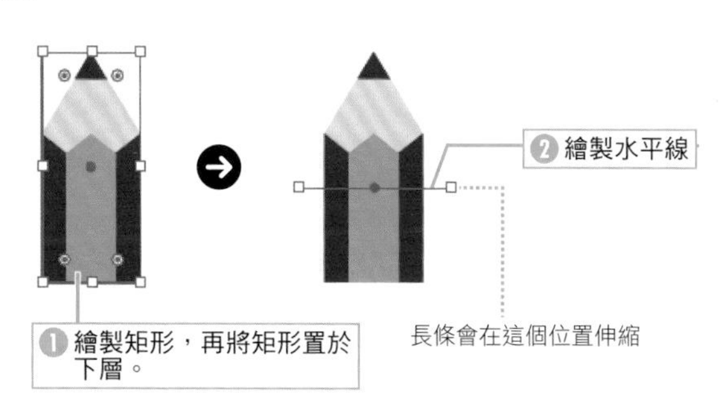

② 群組化

選取所有物件，再從「物件」選單點選「組成群組」（Ctrl + G），讓物件組成群組。

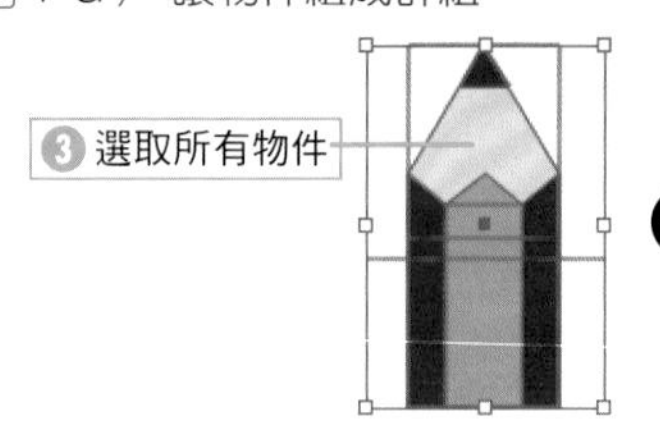

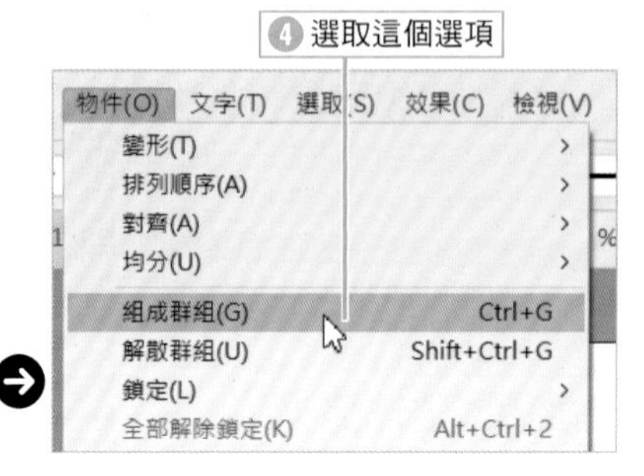

③ 將水平線轉換成參考線

利用直接選取工具 單選水平線，再從「檢視」選單的「參考線」點選「製作參考線」（Ctrl + 5），將水平線轉換成參考線。

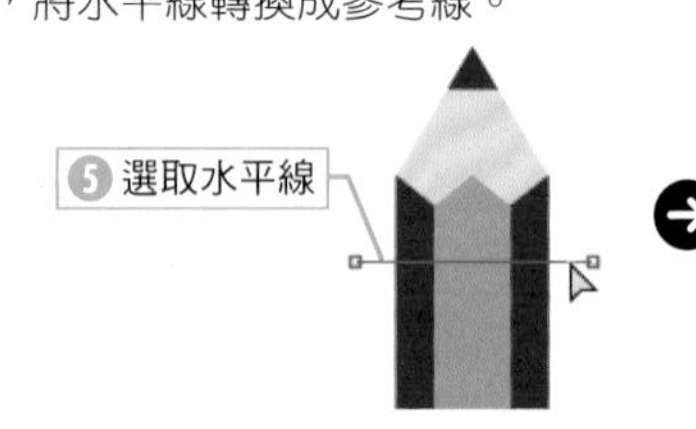

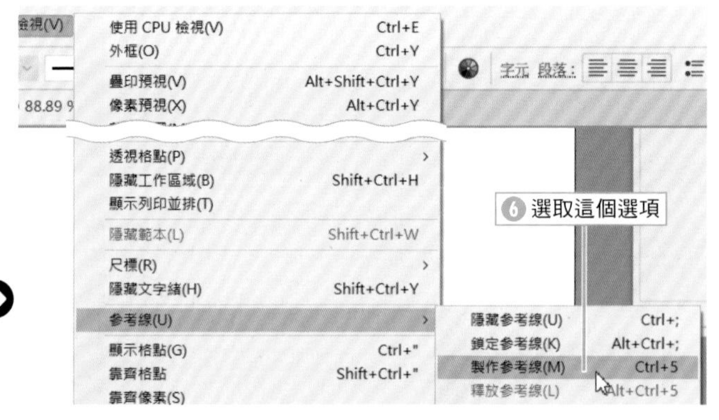

④ 將物件新增為圖表設計

選取所有物件。請確定參考線也被選取了。從「物件」選單的「圖表」點選「設計」。在「圖表設計」對話框點選「新增設計」，新增剛剛選取的物件，再點選「重新命名」按鈕。

POINT

繪製參考線的時候，可從「檢視」選單的「參考線」取消「鎖定參考線」（Alt + Ctrl + :）。

POINT

Mac 的「鎖定參考線」快捷鍵為「option + ⌘ + ;（分號）」。

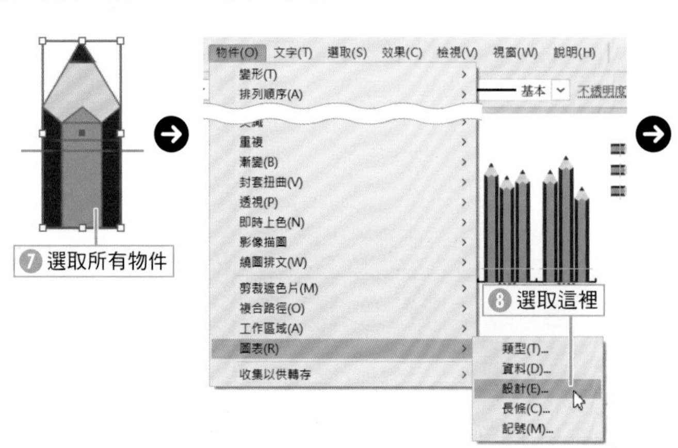

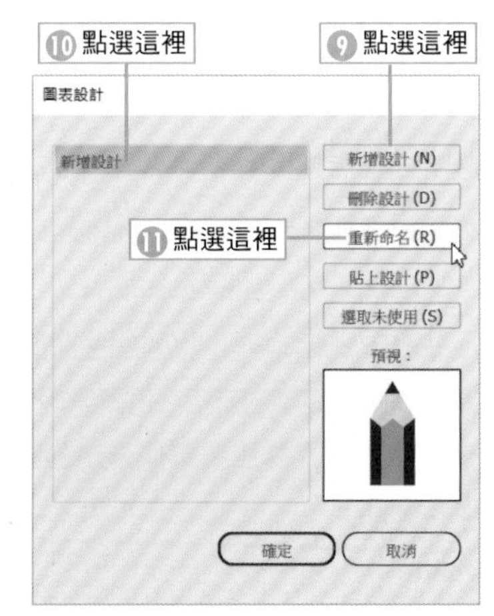

5 新增圖表設計

輸入圖表設計名稱之後，按下「確定」即可新增為圖表設計。

最後再按下「確定」即可。

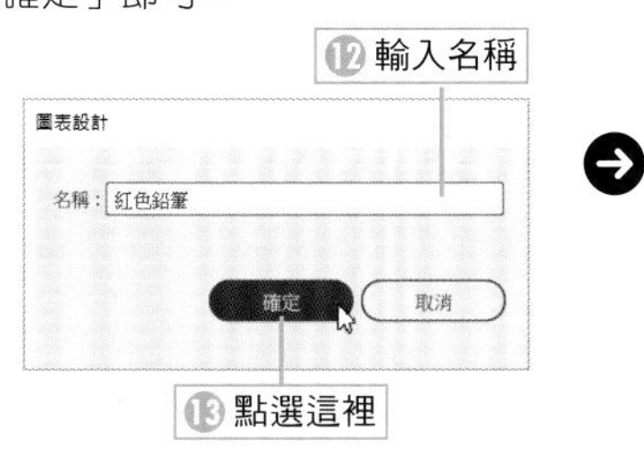

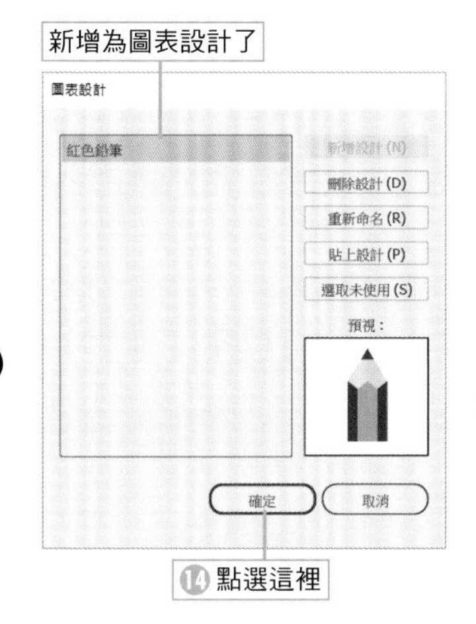

POINT

若是在「外觀」套用了「效果」選單的濾鏡，該物件就無法新增為圖表設計。

在長條圖使用圖表設計

接著讓我們在圖表使用剛剛新增的圖表設計。

請選取圖表，再從「物件」選單的「圖表」選擇「長條」。

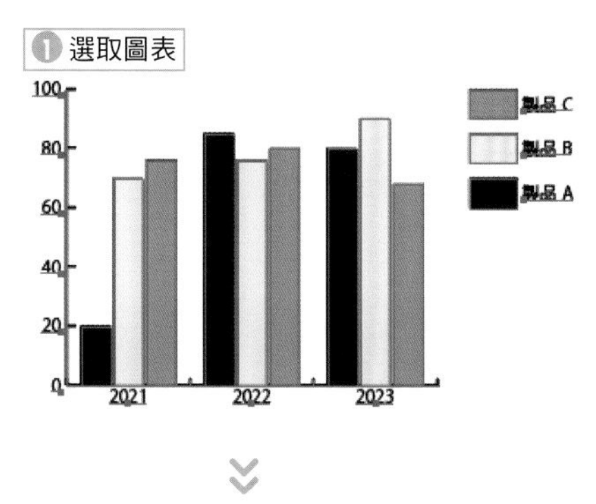

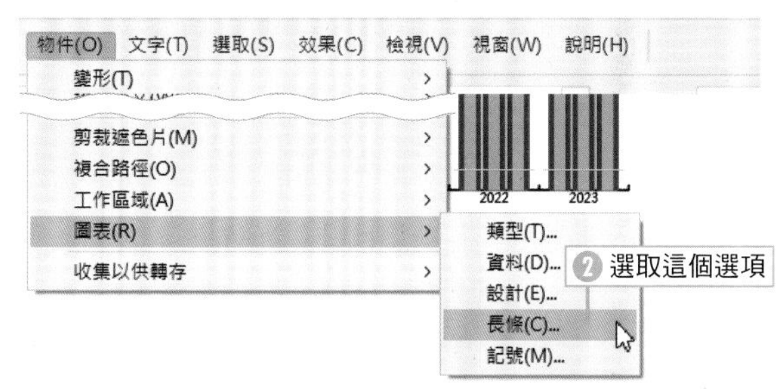

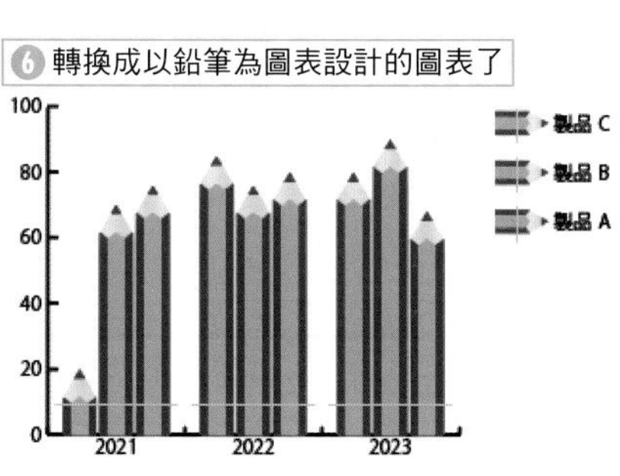

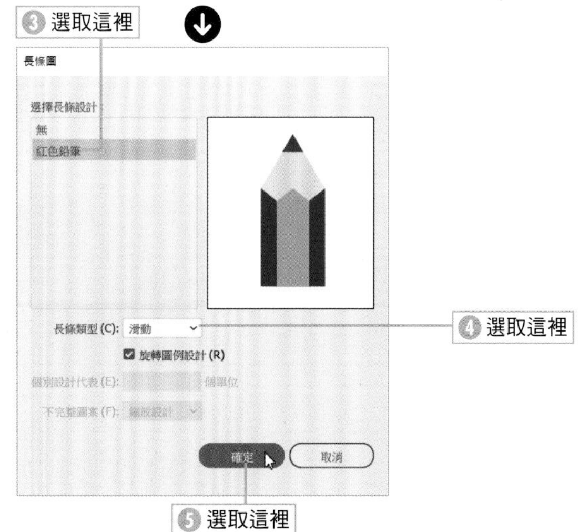

POINT

選取具有參考線的圖表設計雖然會看到參考線，但不會列印出來。

POINT

這次選取了整張圖表，所以全部的長條都套用了相同設計，但其實可利用直接選取工具選取長條，就能只讓該長條套用圖表設計。

SECTION 2.9

「檢視」選單→「透視格點」→「顯示格點」

利用透視格點繪製立體圖形

使用頻率

「透視格點」是專為繪製具有消失點的插圖所設計的特殊格點。在透視格點使用矩形工具或橢圓形工具這類繪圖工具，就能沿著格點繪製具有透視感的圖形。於一般模式繪製的物件也能放進透視格點。

何謂透視格點

透視格點就是專為繪製具有透視感的圖稿所設計的格點。只要沿著格點畫圖，就能快速畫出具有透視感的物件。

使用透視格點繪製的圖稿

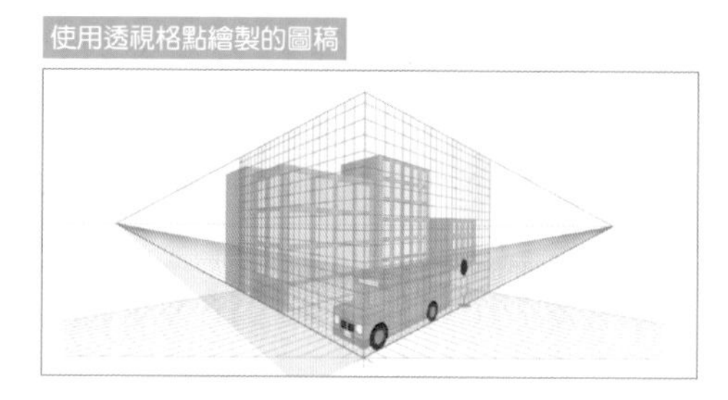

▶顯示與隱藏透視格點

從「檢視」選單的「透視格點」點選「顯示格點」(Shift + Ctrl + I) 即可顯示透視格點。點選工具箱的「透視格點」工具 也能顯示透視格點。

要隱藏透視格點可從「檢視」選單的「透視格點」點選「隱藏格點」(Shift + Ctrl + I)。

此外，也可以從畫面左上角的小工具點選左上角的「×」。

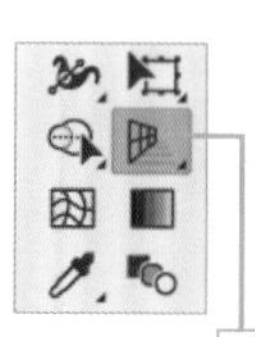

點選這裡

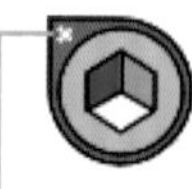

點選這裡就能隱藏透視格點

▶編輯透視格點

透視格點可利用透視格點工具 拖曳格點的控制點，調整消失點的位置以及格點面的角度，自由地調整視角。

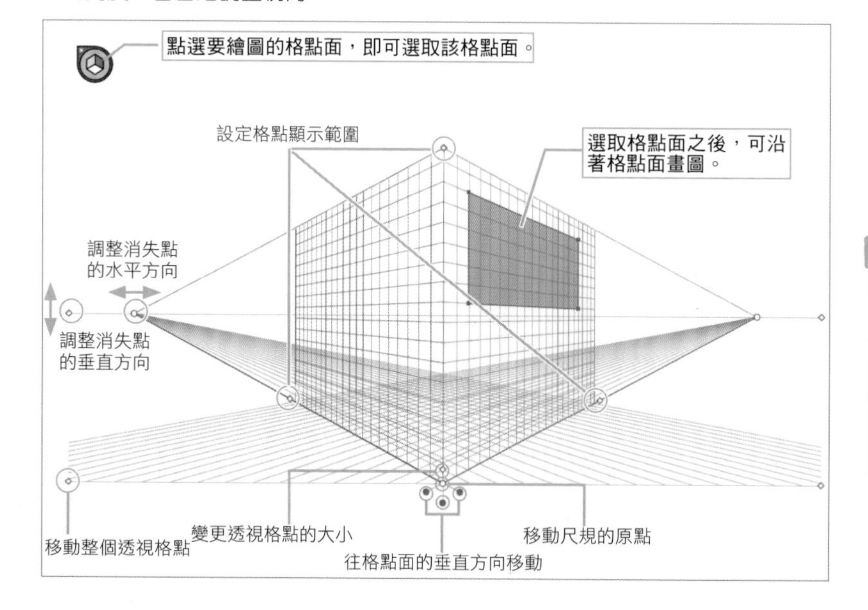

POINT

一份文件只能有一個透視格點。如果要在不同的工作區域使用，請移動透視格點。

TIPS 透視選取工具

使用透視選取工具 可讓格點之內的圖形沿著格點面移動。此外，也可以將格點之外的圖形拖入格點之中。

CHAPTER

3

選取物件

要設定物件的顏色或是讓物件變形，都必須先選取物件。選取物件的方法有很多種，視情況選用最理想的方法將可提升作業效率。

SECTION 3.1

選取工具

選取物件

使用頻率 ●●●

利用繪圖工具繪製物件之後，還可以調整物件的顏色、位置以及讓物件變形，但是都必須先選取物件才能進行這些編輯作業。

選取工具 ▶

選取工具 ▶ 可於選擇整個物件時使用。

假設是群組物件，就會選取整個群組。

關於群組物件的部分請參考第 73 頁的說明。

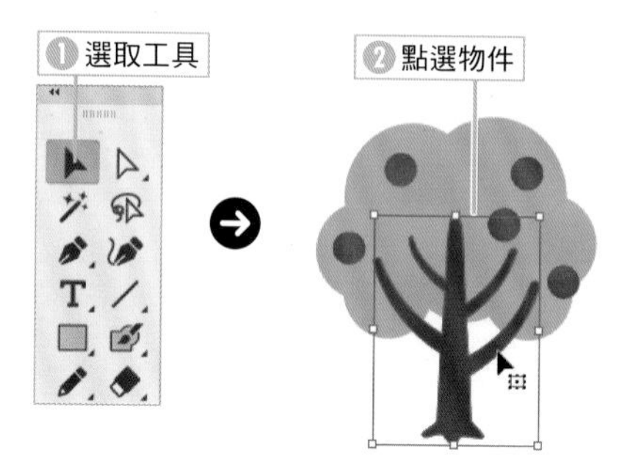

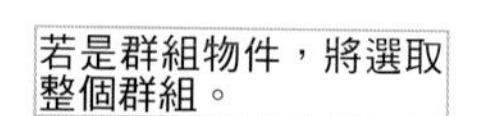

POINT

按住 Shift 鍵再點選，就能選取多個物件。

POINT

物件如果彼此重疊，可按住 Ctrl 鍵點選下層的物件。

POINT

要修正物件的路徑可使用直接選取工具 ▷。使用方法請參考第 64 頁說明。

▶拖曳選取

拖曳選取工具 ▶，即可顯示選取範圍，同時選取位於選取範圍之內的物件（若是群組物件，就會選取整個群組物件）。

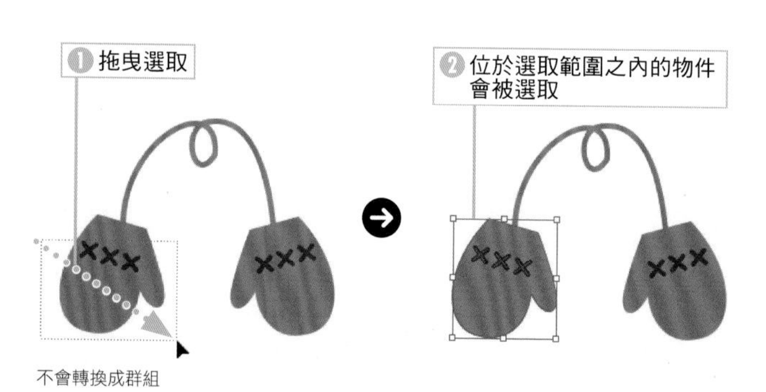

編輯模式

利用選取工具 ▶ 雙擊物件就能切換成只編輯該物件的編輯模式，此時其他的物件會變淡，而且無法選取。

如果雙擊的是群組物件，就能只編輯該群組的物件，而且可利用選取工具 ▶ 分別選取群組之內的物件再編輯。

進入編輯模式之後，作業視窗的上方會顯示灰色列。如果是巢狀結構的群組物件，可在編輯模式繼續雙擊群組物件，即可進一步編輯該群組的物件。

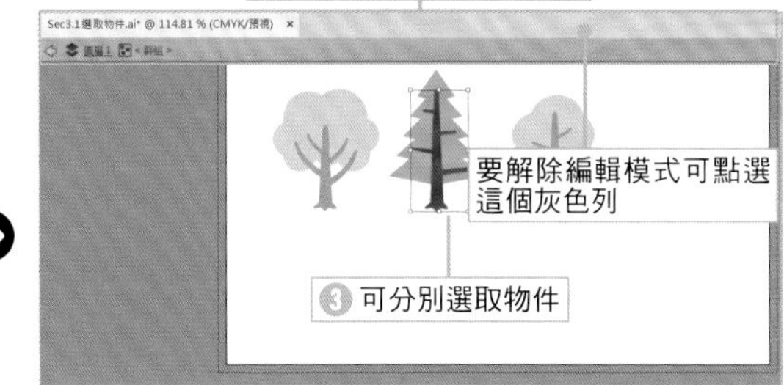

TIPS 巢狀結構也能切換成編輯模式

讓群組物件再與其他群組物件組成群組，就是巢狀結構的群組物件，此時一樣能切換成編輯模式。

TIPS 可使用編輯模式的物件

除了群組物件之外，即時描圖群組、複合路徑、漸層網格、影像圖檔、快速遮色片都能使用編輯模式。

POINT

點選「控制」面板的 ，也能切換成編輯模式。

TIPS 隱藏邊框

利用選取工具 ▶ 選取物件之後，物件就會被**邊框**這種有控制點的框線圍住。此時可透過邊框縮放與旋轉物件（參考第 180 頁）。

在「檢視」選單點選「隱藏邊框」（Shift + Ctrl +B），就能隱藏邊框，也無法再使用邊框。如果要顯示邊框可在「檢視」選單點選「顯示邊框」。

TIPS 關於選取物件的偏好設定

就 Illustrator 的預設值而言，如果是設定了填色的物件，只要點選填色的部分，就會選取整個物件。

從「編輯」選單（Mac 為「Illustrator」選單）點選「偏好設定」，再選擇「一般」（Ctrl + K），然後在「選取和錨點顯示」勾選「僅依路徑選取物件」選項，就必須點選物件的路徑才能選取物件。

此外，勾選「在滑鼠移過時反白錨點」選項，就能在直接選取工具 ▷ 移動到錨點時，反白標記錨點。

SECTION

3.2

使用頻率

直接選取工具

使用直接選取工具

直接選取工具 ▷. 可選取與操作錨點、區段、方向線，藉此調整路徑的形狀。也可以用來選取整個物件。

選取群組物件的物件

點選套用了「填色」設定的物件可單選群組之內的某個物件。

POINT

選擇選取工具 ▶ 之後，按住 Ctrl 鍵就能暫時切換成直接選取工具 ▷.。

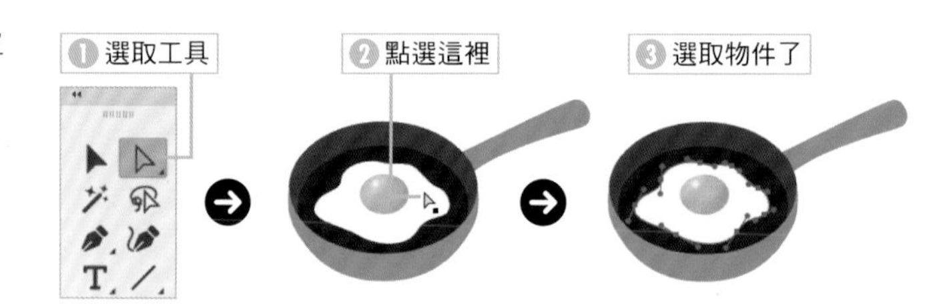

選取區段

將直接選取工具 ▷. 移動到物件的路徑，滑鼠游標就會變成 ▷▪，此時按下滑鼠左鍵就能選取區段。

選取錨點

讓直接選取工具 ▷. 移動到物件的錨點之後，滑鼠游標就會變成 ▷▪，此時按下滑鼠左鍵就能選取該錨點。

此外，選取錨點之後，兩側的區段也跟著選取，也會顯示與該區段相關的方向線。

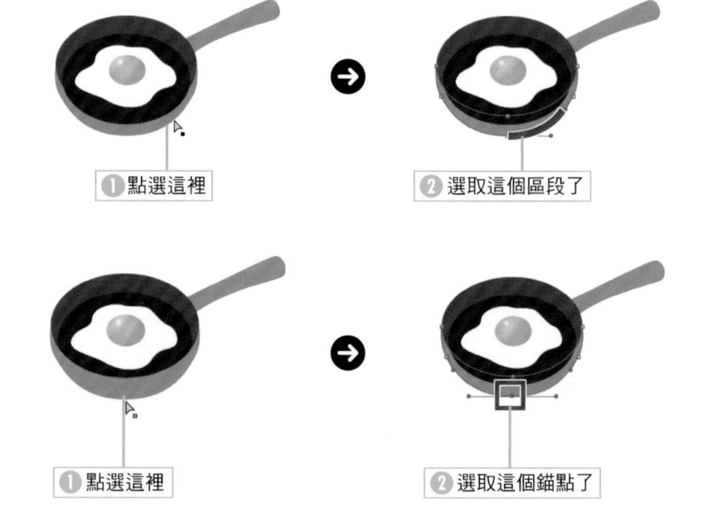

拖曳選取

直接選取工具 ▷. 也能拖曳選取需要的物件，只要是位於選取範圍之內的區段或錨點，都會一併選取。

POINT

按住 Shift 鍵再點選，就能選取多個區段或錨點。

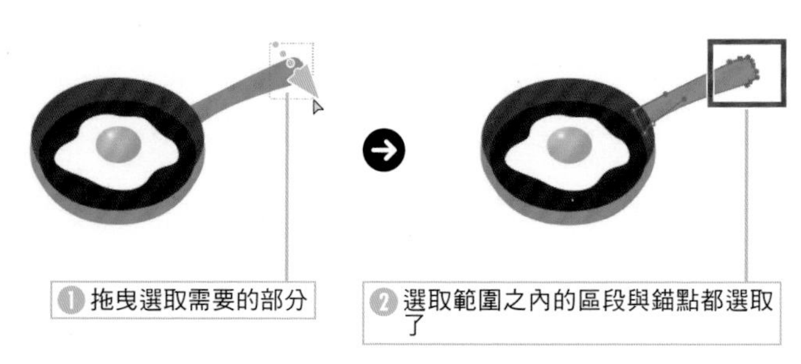

SECTION 3.3

群組選取工具、魔術棒工具、套索工具

使用其他的選取工具

使用頻率

學會群組選取工具 、套索工具 、魔術棒工具 的使用方法就能透過多種方式選取物件。

群組選取工具

群組選取工具 可選取群組物件的部分物件。

POINT

按住 Shift 鍵再點選，就能選取多個物件。此外，也能拖曳選取需要的物件。

魔術棒工具

魔術棒工具 可自動選取擁有相同「填色」、「筆畫」顏色、筆畫寬度、不透明度的物件。

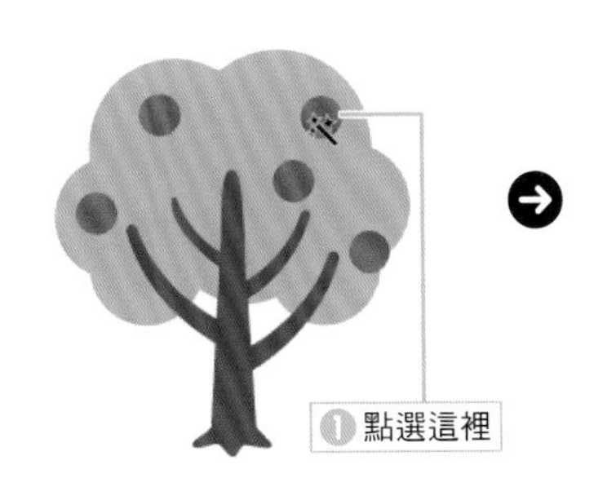

魔術棒工具的設定

魔術棒工具 可透過「魔術棒」面板設定選取的對象。

「魔術棒」面板可從「視窗」選單點選「魔術棒」開啟，也可直接雙擊工具箱的「魔術棒工具 」開啟。

設定與點選的物件之間的差異。以容許度：20 為例，點選以「C：50」這個顏色填滿的物件，「C：30」至「C：70」的物件都會被選取。

勾選的項目將成為選取對象

套索工具

套索工具 可拖曳選取物件的錨點或是區段。

選取所有的物件

要選取圖稿之中的所有物件可從「選取」選單點選「全部」（Ctrl + A）。

解除物件的選取

▶ 解除所有物件的選取

要解除所有物件的選取可從「選取」選單點選「取消選取」（Shift + Ctrl +A），或是利用選取工具 點選沒有物件的位置。

▶ 解除部分物件的選取

按住 Shift 鍵再點選已選取的物件，就能解除該物件的選取。
假設已選取了多個物件，卻又不小心選取了不該選取的物件，就按住 Shift 鍵點選該物件，解除該物件的選取。

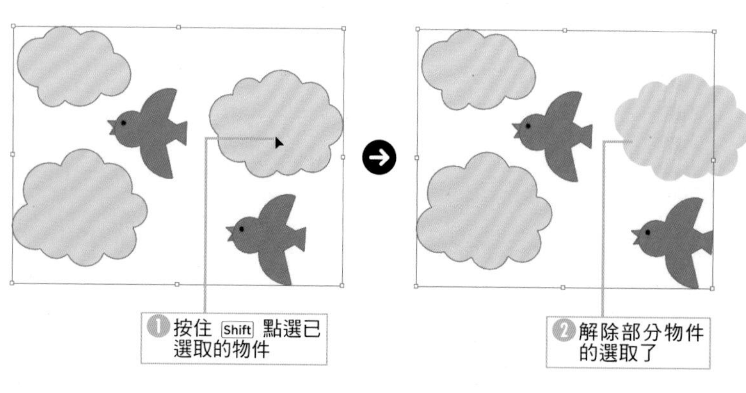

POINT

如果不知道選取了什麼物件，可按住 Space 鍵隱藏邊框，顯示物件的路徑與錨點。

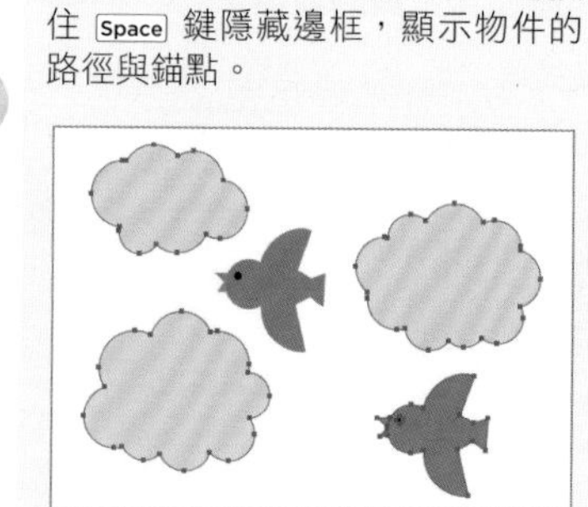

SECTION 3.4

「圖層」面板

使用「圖層」面板選取

使用頻率

「圖層」面板可管理圖層以及物件的重疊方式，也能選取物件。就算是層層疊疊的物件也能透過「圖層」面板快速選取。

利用「圖層」面板選取物件

點選「圖層」面板名稱右側的〇的右側（或是〇本身），就能選取該圖層的所有物件，該圖層的右側也會顯示圖層顏色的 ■。

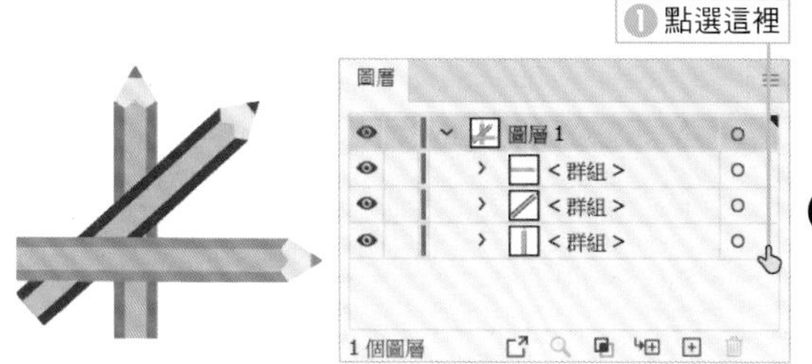

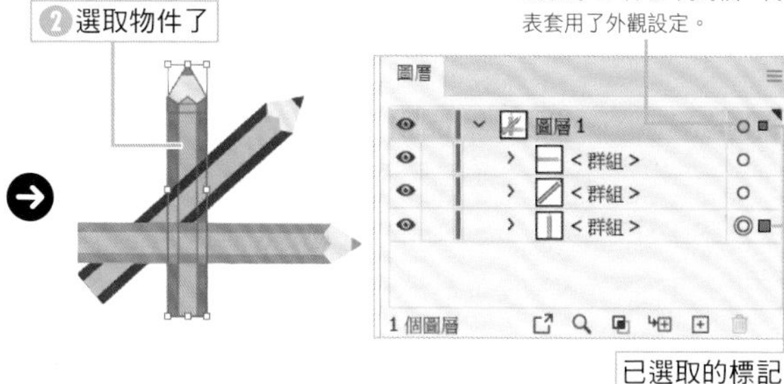

POINT

如果沒看到「圖層」面板可從「視窗」選單點選「圖層」（F7 鍵）開啟。

POINT

若是群組物件就會選取整個群組。

選取圖層群組之中的物件

要選取圖層群組之中的特定物件，可在「圖層」面板點選群組左側的 › 開啟群組物件的樹狀圖，再選取需要的物件。

POINT

按住 Alt 鍵再點選「圖層」面板的物件名稱，就能選取屬於該圖層（或是群組）的所有物件。

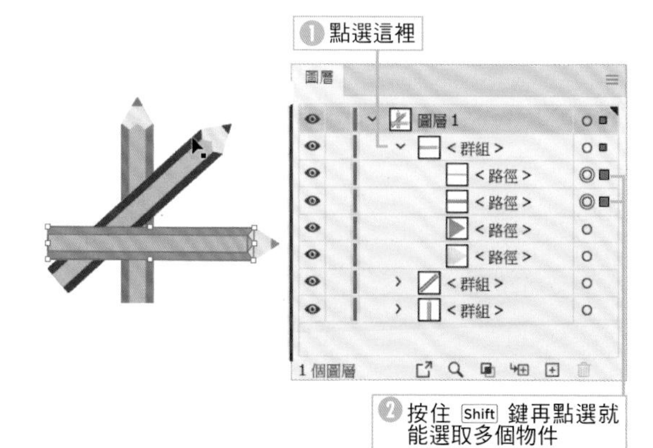

TIPS **物件的重疊順序也可透過「圖層」面板管理**

「圖層」面板除了可選取物件還能管理物件或圖層的重疊順序。相關的細節請參考第 104 頁的說明。

TIPS **關於父圖層群組的選取符號**

若選取了群組之中的物件或是圖層之中的物件，該物件的父圖層的右側就會顯示小小的 ■ 符號。

3.5

使用頻率

「選取」選單

活用「選取」選單

Illustrator 的「選取」選單有許多選取物件的方法，很適合在圖稿的結構複雜時，用來選取特定物件，所以讓我們一起熟悉這個選單的命令。

以相同的屬性選取

「選取」選單的「相同」可根據填色、筆畫、漸變模式、不透明度這些屬性選取所有相同物件。

▶ 外觀

可以只選取擁有相同外觀的物件。

▶ 外觀屬性

在「外觀」面板選取屬性之後，就能單選擁有該屬性的物件。

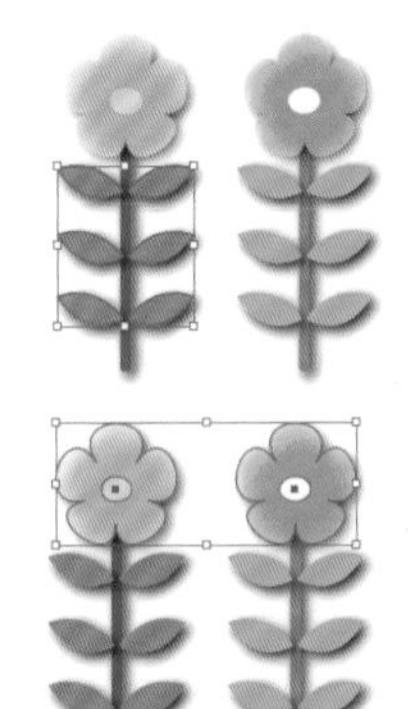

▶ 漸變模式

可以單選套用相同漸變模式的物件（範例為「色彩增值」的物件）。

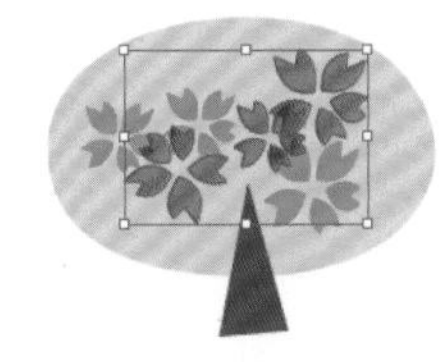

▶ 填色與筆畫

可以單選擁有相同「填色」或「筆畫」的物件。

▶ 填色顏色

可以單選擁有相同「填色」的物件。

▶ 不透明度

可以單選擁有相同不透明度的物件。

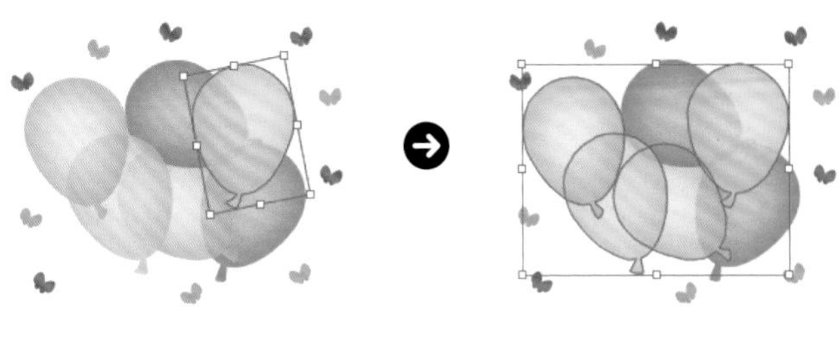

▶ 筆畫顏色

可以單選擁有相同「筆畫」顏色的物件。

▶ 筆畫寬度

可以單選擁有相同筆畫寬度的物件。

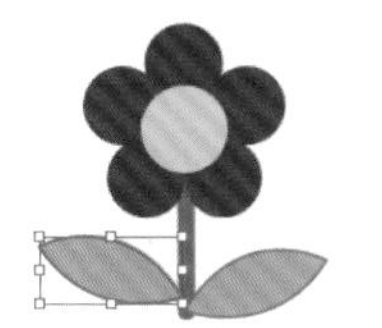

▶ 繪圖樣式

可以單選擁有相同繪圖樣式的物件。

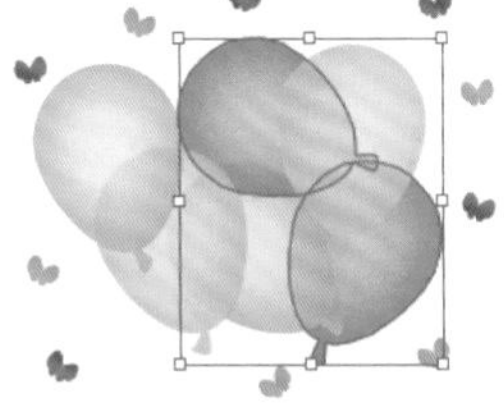

▶ 外框

可以單選擁有相同即時形狀（左圖為多邊形）的物件。

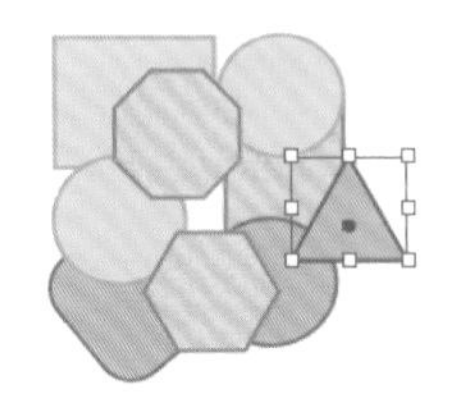

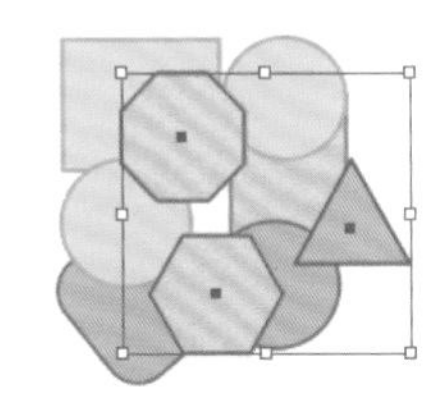

▶ 符號範例

可以單選符號範例相同的物件。

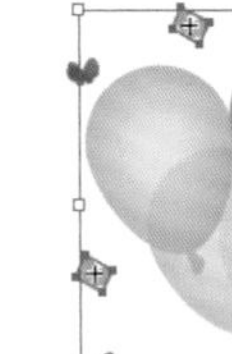

POINT

「連結區塊系列」功能可選取所有連結的文字方塊。

POINT

如果還沒選取任何物件，就會選取「填色」、「筆畫」、「樣式」、「不透明度」這些屬性相同的物件。

▶ 字體系列

可選取字體系列的文字物件。以小塚 Gothic 為例，可連同 R、M、B 這三種樣式，選取所有小塚 Gothic 的文字。

▶ 字體系列和樣式

可選取字體系列和樣式相同的文字物件。

▶ 字體系列、樣式和大小

可選取字體系列、樣式和大小相同的文字物件。

▶ 字體大小

可選取字體大小相同的文字物件

▶ 文字填色顏色

可選取文字填色相同的文字物件。

POINT

「文字筆畫顏色」可選取筆畫顏色相同的文字物件。

POINT

「文字填色與筆畫顏色」可選取文字填色與筆畫顏色相同的文字物件。

選取共通的物件

可以根據「筆刷筆畫」或是「文字物件」這類物件的屬性選取特定物件，而「孤立控制點」則可選取所有孤立的控制點。

▶ 同一圖層上的所有圖稿

可選取位於相同圖層的物件。

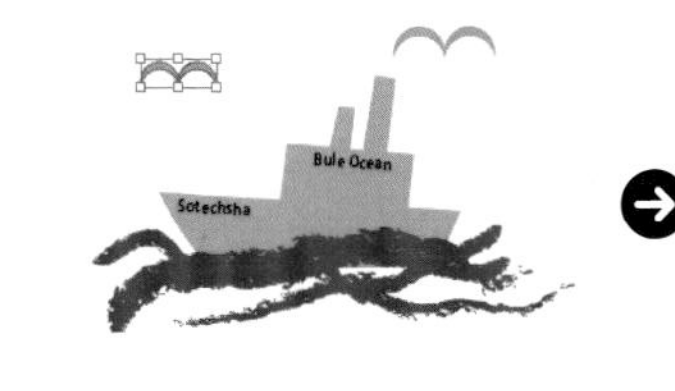

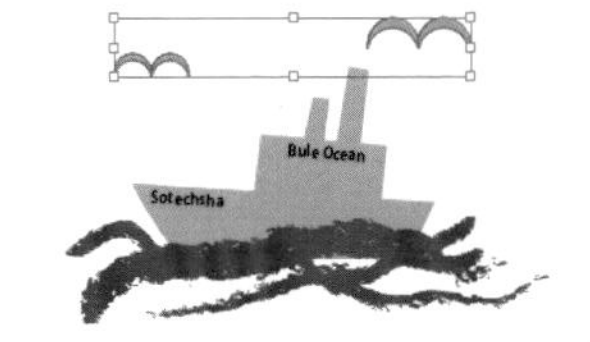

▶ 方向控制點

可選取所有方向控制點。請先利用直接選取工具 ▷. 選取物件。

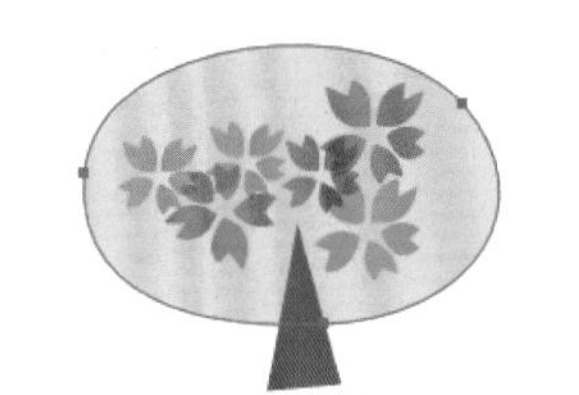

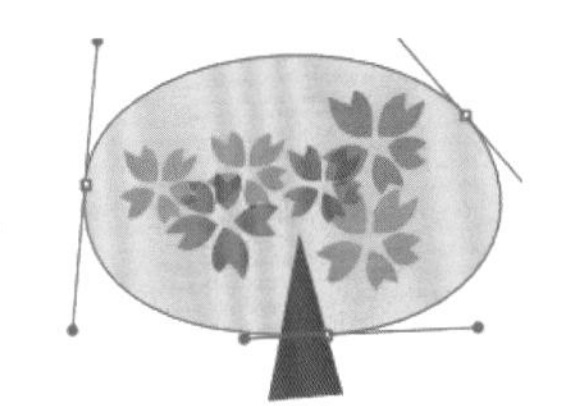

▶ 筆刷筆畫／毛刷筆刷筆畫

「筆刷筆畫」可選取套用了筆刷的物件。

「毛刷筆刷筆畫」可選取套用了毛刷筆刷的物件。

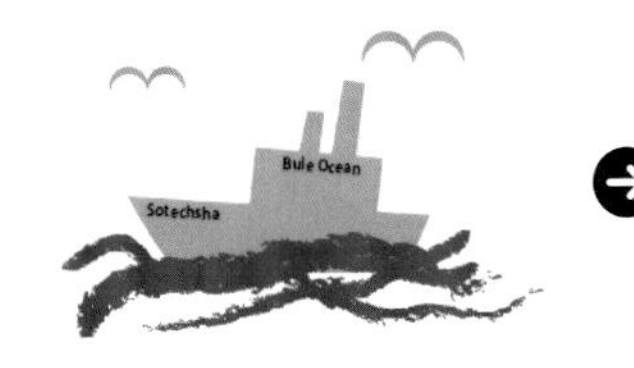

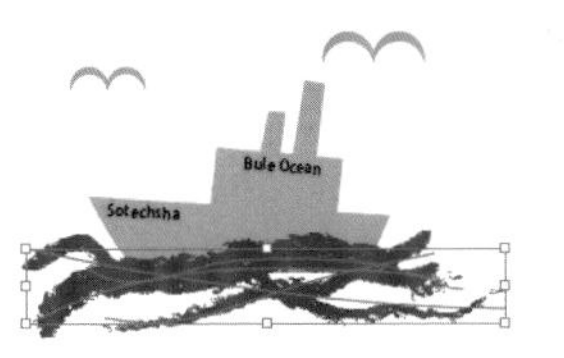

▶ 剪裁遮色片

選取剪裁遮色片。

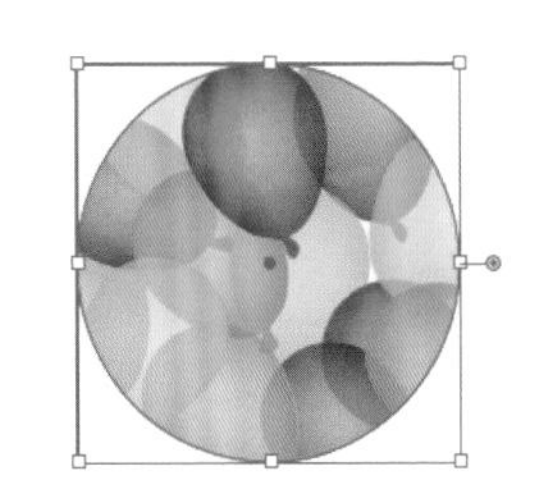

▶ 孤立控制點

選取孤立的控制點或是路徑上的多餘控制點。

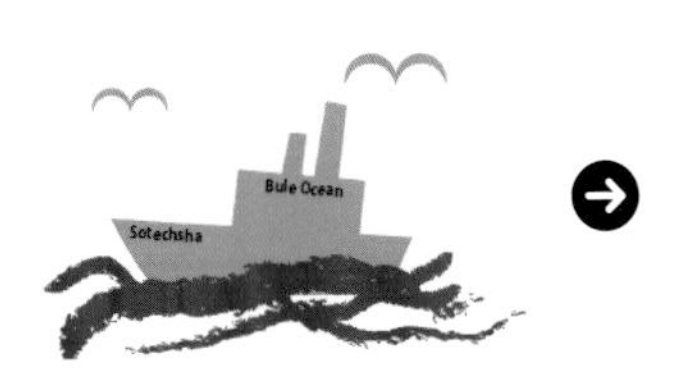

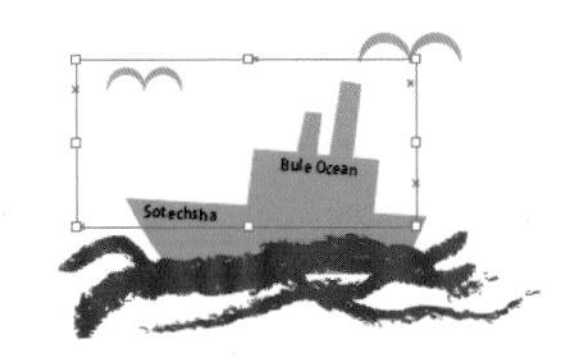

▶ 所有文字物件

選取所有文字物件。

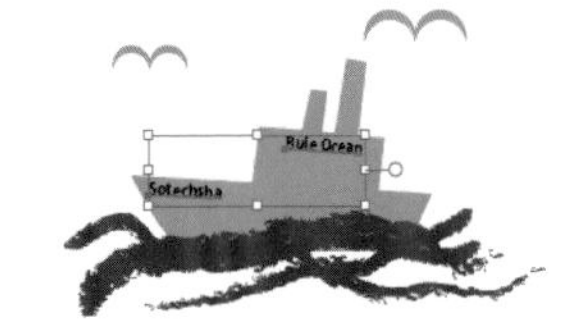

POINT

「點狀文字物件」只能選取點狀文字物件，「區域文字物件」則只能選取區域之內的文字物件。

選取位於特定物件的上下層物件

當物件彼此重疊，可利用「選取」選單的「上方的下一個物件」(Alt + Ctrl +]) 或是「下方的下一個物件」(Alt + Ctrl + [ ) 選取緊鄰特定物件的上層或下層的物件。

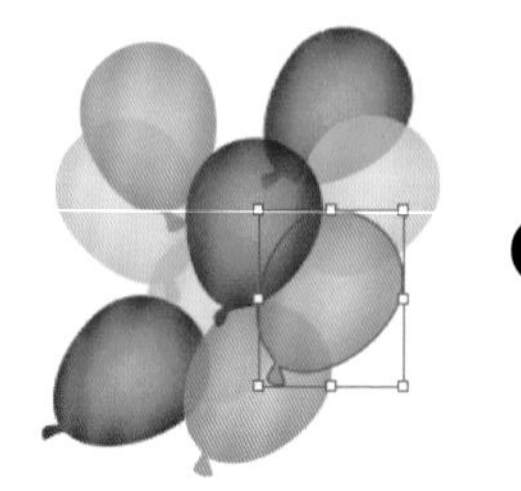

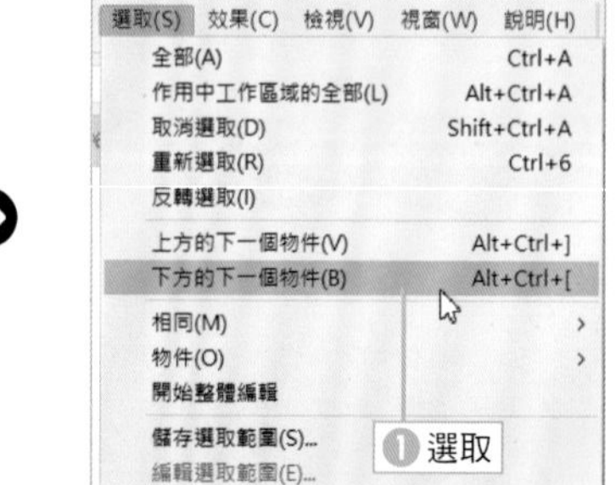

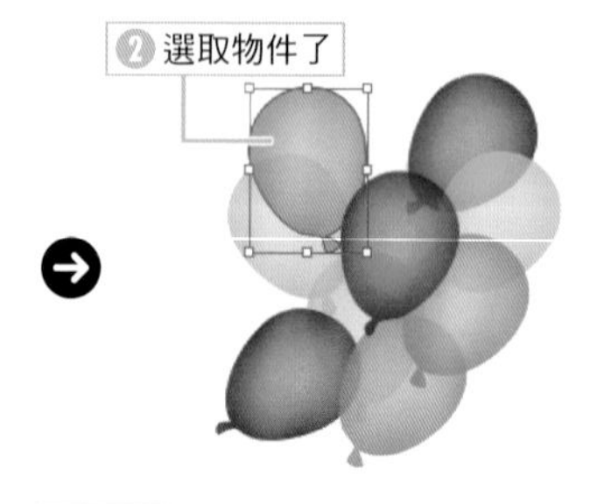

POINT

可透過「圖層」面板確認每個物件的重疊順序。

TIPS 利用按住 Ctrl + 點選下層物件

當物件重疊在一起的時候，按住 Ctrl 鍵即可依序點選下層物件。

TIPS 儲存選取範圍

在選取物件的情況下選擇「儲存選取範圍」就能命名與儲存該選取範圍。

這個選取範圍會新增至「選取」選單，之後可隨時取用。

TIPS 選取類似物件

「開始整體編輯」可選取與特定物件類似的物件再進行編輯。

細節請參考 SECTION 6.8 的〈使用同時編輯相似形狀〉(第 176 頁) 關於開始整體編輯的內容。

SECTION 3.6

使用頻率

「物件」選單→「組成群組/解散群組」

群組化多個物件

Illustrator 可將多個物件組成群組，當成單一物件操作。此外，多個群組物件也能彼此組成群組。

組成群組

要讓物件組成群組可先選取多個物件，再從「物件」選單點選「組成群組」（Ctrl +G）。

POINT

要編輯群組物件之中的物件可使用直接選取工具 選取，或是切換成編輯模式（參考第 62 頁）。

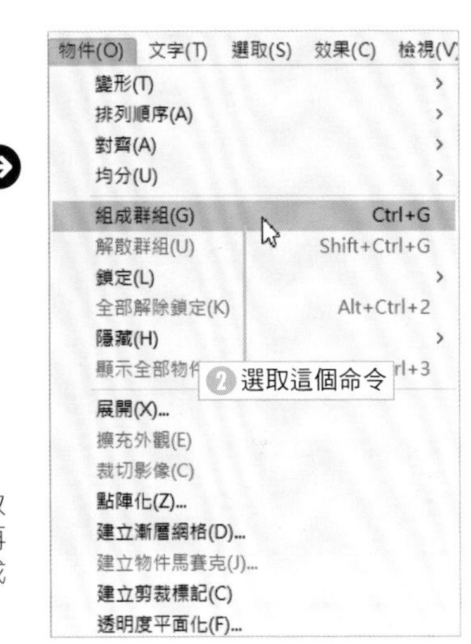

POINT

利用直接選取工具 選取多個物件的錨點或區段，再組成群組，就能讓路徑組成群組。

解散群組

選取要解散群組的群組物件，再從「物件」選單點選「解散群組」（Shift + Ctrl + G）。

解散群組的順序

如果在已經組成群組的物件再次組成群組的時候，執行解散群組的命令，也只會解散上層的群組，不會解除所有的群組。

如果要讓複雜的群組物件恢復為每個物件都獨立的狀態，就必須重複執行解散群組令。

TIPS **調整群組的重疊順序**

讓重疊的物件組成群組之後，個別群組物件本身的重疊順序不會改變，但是與其他群組物件的重疊順序會改變。會轉換成與群組物件之中，位於最上層的物件相同階層的群組物件。

要注意的是，組成群組之後，就算解散群組，重疊順序也不會還原。

群組物件的重疊方式也適用於使用圖層的情況。

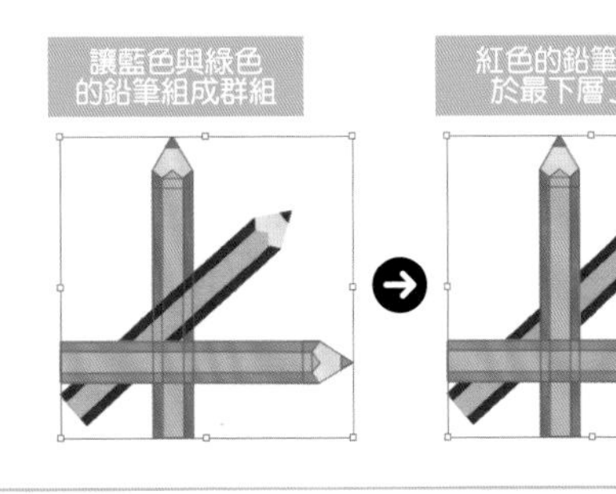

「物件」選單→「鎖定/全部解除鎖」/「其他圖層」

SECTION 3.7

鎖定物件，禁止物件被選取

使用頻率

在選取物件之後，從「物件」選單的「鎖定」選擇「選取範圍」，就能禁止剛剛選取的物件無法被選取。使用鎖定功能可快速從重疊的物件之中選出需要的物件。

1 選取物件

選取要鎖定的物件。

POINT

就算利用直接選取工具 選取錨點或是部分的物件，整個物件還是會被鎖定。

❶ 選取這裡

2 選取選單

從「物件」選單的「鎖定」點選「選取範圍」（Ctrl + 2）。

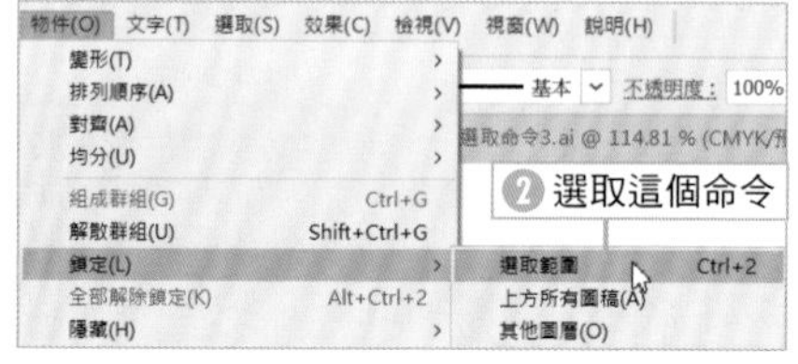

3 鎖定

無法再選取剛剛鎖定的物件。

❸ 選取

❹ 無法選取剛剛鎖定的物件

解除所有物件的鎖定

點選「物件」選單的「全部解除鎖定」（Alt + Ctrl + 2）就能解除所有物件的鎖定。

鎖定其他圖層

若想在選擇圖層之後鎖定其他圖層，可從「物件」選單的「鎖定」點選「其他圖層」。

TIPS 在「圖層」面板鎖定物件

圖層面板也能針對物件或整個圖層執行鎖定或解除鎖定。

點選這裡鎖定

個別解除鎖定

在鎖定的物件按下滑鼠右鍵，再選擇「解除鎖定」，就能解除鎖定。如果有多個物件被鎖定，可利用這個功能替每個物件分別解除鎖定。

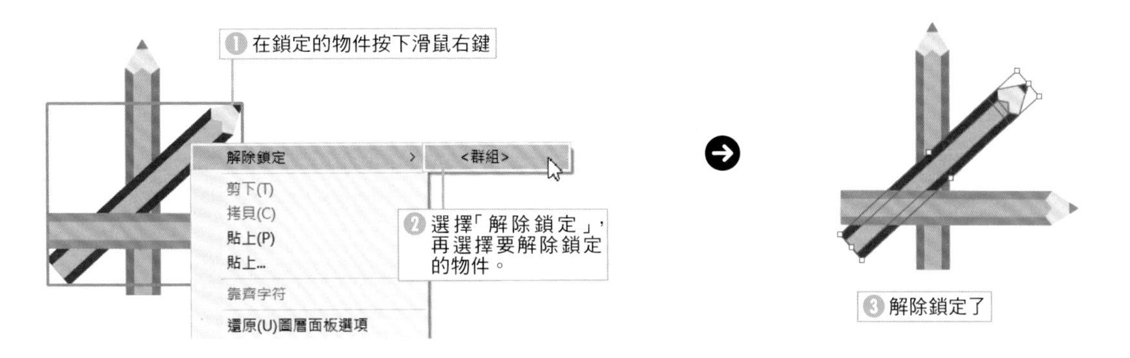

▶使用鎖定圖示

從「編輯」選單（Mac 為「Illustrator」選單）的「偏好設定」點選「選取和錨點顯示」，再勾選「選取及解鎖版面上的物件」選項，就能在選取被鎖定的物件之際，以灰色框包住物件，以及顯示鎖定符號。

要解除物件的鎖定可點選鎖定圖示。

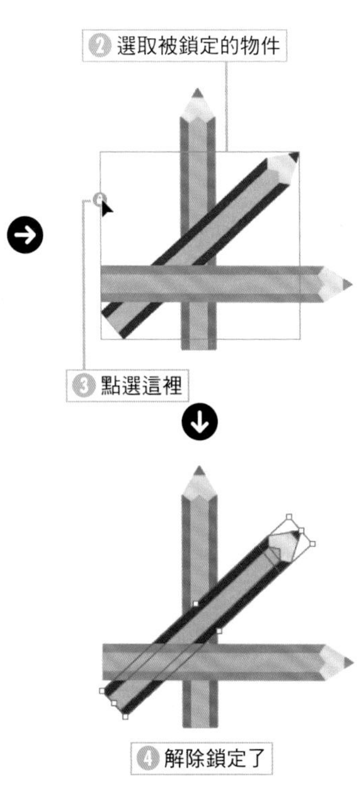

SECTION 3.8

「物件」選單→「隱藏」／「顯示全部物件」

隱藏物件（禁止顯示）

使用頻率

從「物件」選單的「隱藏」選擇「選取範圍」就能暫時隱藏特定物件，如此一來，就能快速從重疊的物件選取需要的物件，畫面更新的速度也會變快，作業效率也會跟著提昇。

① 選取物件

選取要隱藏的物件。

② 選取選單命令

從「物件」選單的「隱藏」選擇「選取範圍」（Ctrl + 3）。

POINT

選擇「上方所有圖稿」就能隱藏位於選取物件上層的物件，選擇「其他圖層」則可讓其他圖層的物件隱藏。

③ 物件隱藏了

物件隱藏了。

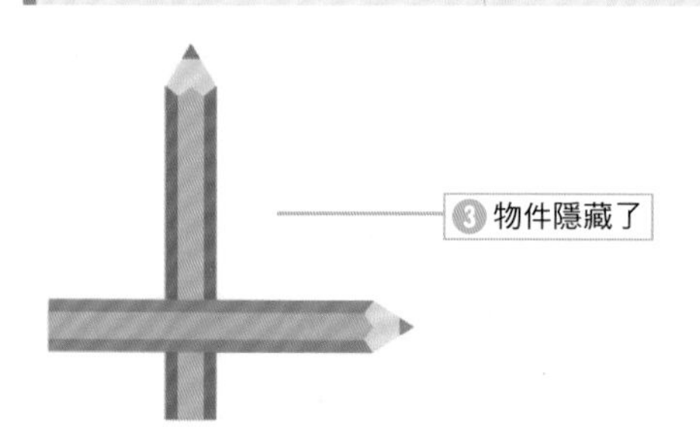

POINT

群組物件沒辦法只顯示部分物件，只能全部一起隱藏。

顯示隱藏的物件

設定為隱藏的物件無法在圖稿與預視之中顯示。

若想讓隱藏的物件出現，可從「物件」選單點選「顯示全部物件」（Alt + Ctrl + 3）。這個「顯示全部物件」會套用在所有物件，無法只顯示特定的物件。

TIPS 利用「圖層」面板隱藏物件

「圖層」面板也能顯示與隱藏物件。

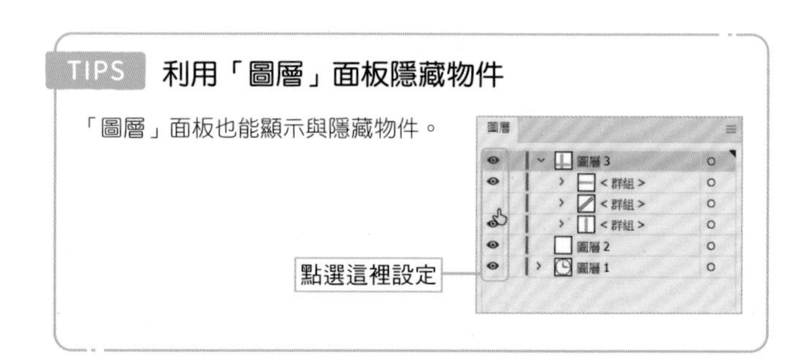

CHAPTER

編輯物件

基本上，物件的形狀就是路徑的形狀。要畫出需要的物件就必須編輯物件。

Illustrator 擁有極度自由的編輯功能，可隨心所欲地畫出需要的線段或圖形。

雖然在熟悉操作之前會覺得有點難，但這部分是 Illustrator 的核心功能，請大家務必徹底熟練。

SECTION

4.1

使用頻率

選取工具、「變形」面板、「移動」對話框

學習移動與刪除物件的方法

只要使用 Illustrator，就一定需要移動物件。利用各種選取工具選取的物件，可移動到圖稿的任何位置。

拖曳移動整個物件

利用選取工具 ▶ 選取要移動的物件，再直接拖曳即可。

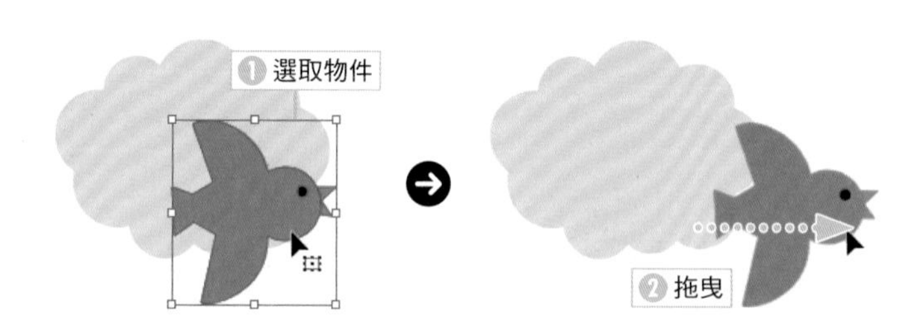

TIPS 拖曳複製物件

按住 Alt 鍵將物件拖曳到定位後放開滑鼠左鍵，就能複製新的物件。

POINT

利用選取工具 ▶ 以外的工具選取物件之後，按住 Ctrl 鍵可切換成選取工具。這是非常重要的快捷鍵，請大家務必記住喲。

輸入數值，移動物件（利用「移動」命令移動物件）

利用選取工具 ▶ 選取要移動的物件，再從「物件」選單的「變形」選取「移動」（Shift + Ctrl + M），或是雙擊工具箱的選取工具 ▶，以及點選選取工具 ▶ 再按下 Enter 鍵，都可以開啟「移動」對話框。

在「移動」對話框輸入數值，設定移動方向與距離，就能讓物件正確地移動到目的地。

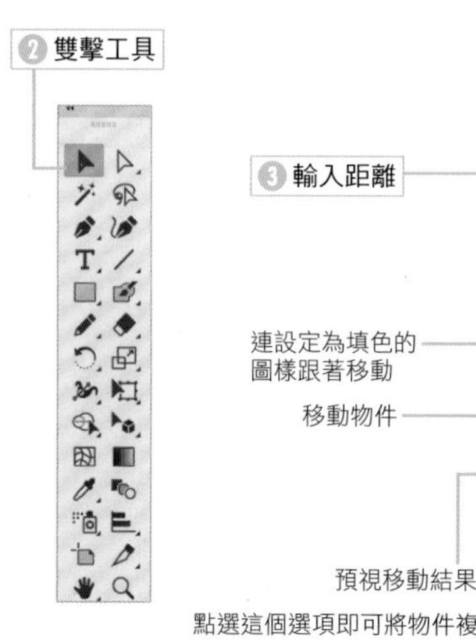

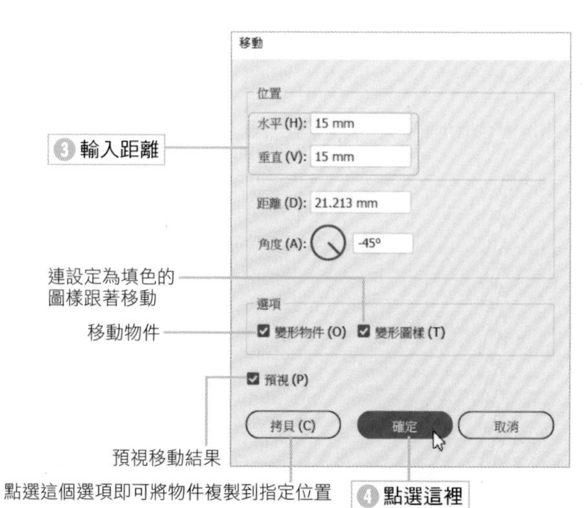

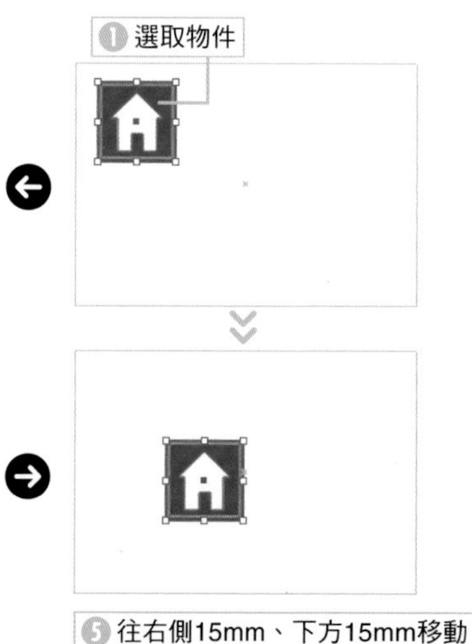

TIPS 在「移動」對話框指定單位

在「移動」對話框或是「變形」面板輸入數值時，數值的單位可點選「檔案」選單的「文件設定」，再於「文字設定」對話框的「一般」的「單位」設定。

如果要指定為其他的單位，可利用文字輸入單位，之後輸入的數值就會自動換算為在這個對話框設定的「單位」。

輸入單位時，請依照右表的方式輸入。

單位	指定文字
點	pt
英吋	in
公分	cm
像素	px
Pica	pi
公釐	mm
公尺	m
英呎	ft
碼	yd
齒	H

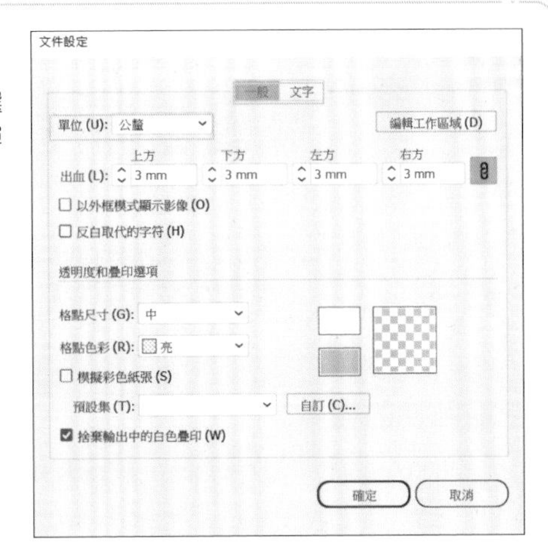

利用方向鍵移動

選取物件之後，就能以上下左右的方向鍵移動物件。

這種移動距離可透過「偏好設定」對話框設定，所以比拖曳移動更適合微調物件的位置。

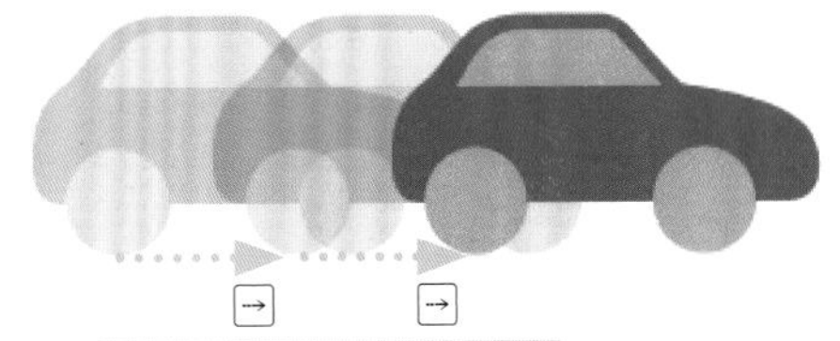

按下方向鍵就能讓物件移動

設定方向鍵移動距離

方向鍵的移動距離可點選「偏好設定」(Ctrl +K)，再於「一般」的「鍵盤漸增」設定。

此外，按住 Shift 鍵再利用方向鍵移動物件，就能讓物件的移動距離增加到在「偏好設定」中設定的 10 倍。

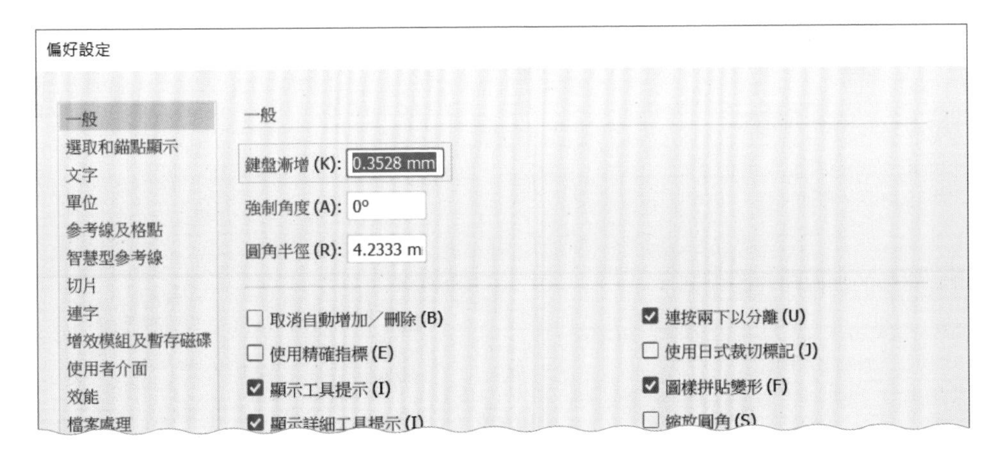

刪除物件

要刪除物件只需要利用選取工具 點選物件，再按下 Delete 鍵，或是點選「編輯」選單的「清除」。

SECTION 4.2

「編輯」選單→「拷貝」/「貼上」

複製物件

使用頻率 ●●●

在應用程式說到複製，通常會想到「拷貝」與「貼上」這組操作，而 Illustrator 除了有這組操作之外，還能利用 Alt + 拖曳或是「圖層」面板的方式複製物件。

新增物件的複本

複製物件的基本方法之一就是從「編輯」選單點選「拷貝」（Ctrl + C），再點選「貼上」（Ctrl + V）。

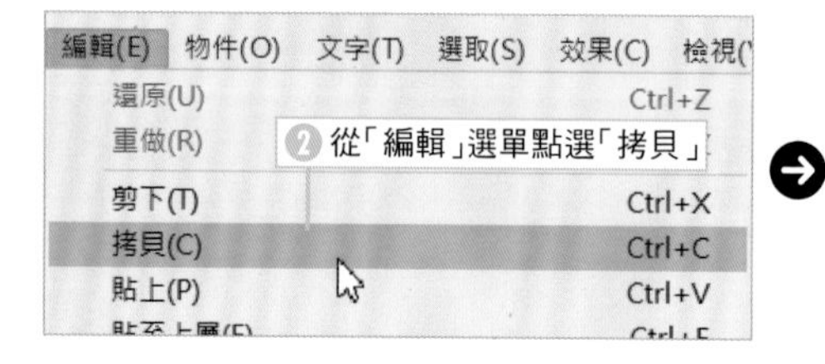

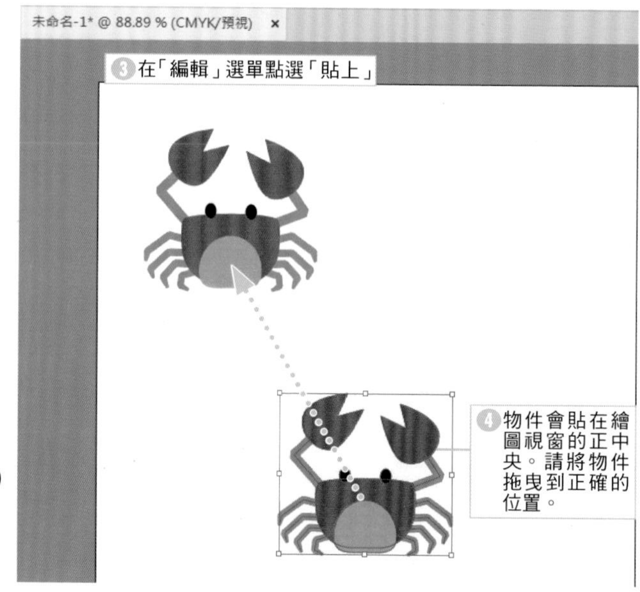

TIPS 物件貼上之後的排列順序

物件在貼上之後的排列順序是由工具箱的繪製方式決定。如果是「一般繪製」，該物件會貼在最上層，如果是「繪製下層」，就會貼在最下層，如果是「繪製內側」，則會貼在選取的物件之中。

TIPS 於複製來源的物件所在圖層貼上

在「圖層」面板的選單點選「貼上時記住圖層」，就能在複製來源的物件所在圖層貼上新物件。

複製其他文件的物件時，會連同複製來源的物件圖層一併複製到另一個文件。

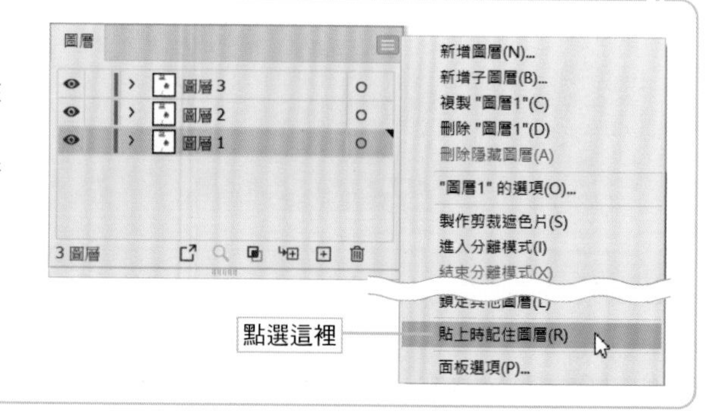

貼至上層／貼至下層

如果希望物件位於特定物件上層（或是下層），可先「剪下」（Ctrl + X）物件，再點選「貼至上層」（Ctrl + F）或是「貼至下層」（Ctrl + B）。

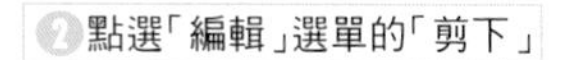

①選取這個物件

③選取這個物件

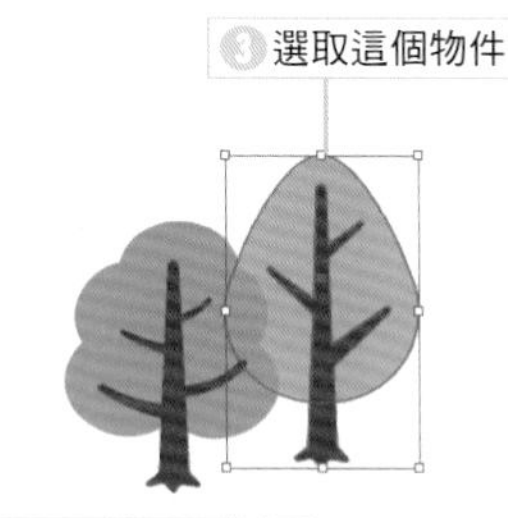

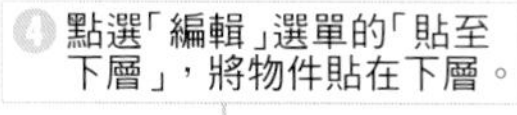

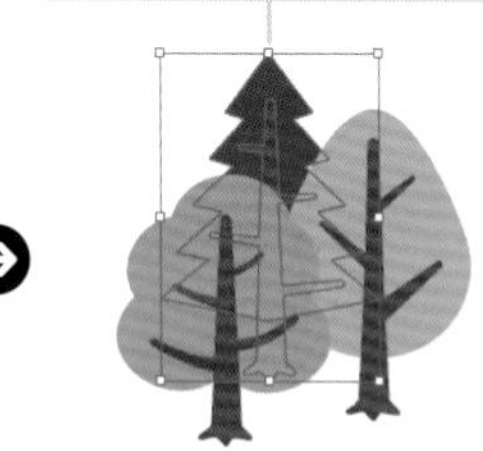

TIPS 就地貼上

以「就地貼上」、「貼至上層」、「貼至下層」這些命令貼上物件時，可讓物件在剪下或拷貝的位置貼上。

TIPS 在所有工作區域上貼上

「在所有工作區域上貼上」命令可將拷貝或剪下的物件貼在所有工作區域之中。

詳情請參考 CHAPTER 4 的第 82 頁說明。

TIPS 群組物件的排列順序

假設利用群組工具或是直接選取工具剪下群組物件之中的某個物件，再貼至其他物件的上層或下層，此時剪下的物件會脫離群組，成為獨立的物件。

反之，將獨立的物件貼上群組物件之中的某個物件的上層或下層，該物件就會被納入群組。

使用 Alt 鍵拖曳複製

在拖曳物件的時候按住 Alt 鍵，並在目的地放開滑鼠左鍵，就能讓原始物件留在原地，並且在目的地新增物件。

① 按住 鍵再拖曳

按住 Alt 鍵，將物件拖曳到定點，再放開滑鼠左鍵。此時請確認滑鼠游標已經轉換成的模樣。

② 複製物件了

物件會於該定點貼上。

③ 等距連續複製

按住 Alt 鍵拖曳複製之後，按下 Ctrl + D 鍵（「物件」選單→「變形」→「再次變形」命令），就能等距連續複製。

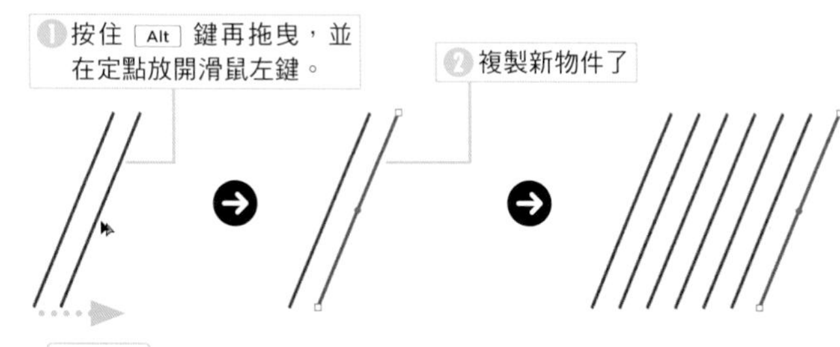

POINT

這個複製方法不只能利用選取工具執行，還能在使用縮放工具這類變形工具拖曳物件的時候使用。

TIPS 利用「圖層」面板複製物件

也可以利用「圖層」面板複製物件。細節請參考第 104 頁說明。

TIPS 在所有工作區域上貼上

如果想在不同的工作區域繪製不同版本的圖稿，有時候會需要先在所有的工作區域配置相同的圖稿。

在「編輯」選單點選「在所有工作區域上貼上」（Alt + Shift + Ctrl + V），就能將剪下或複製的物件貼在所有工作區域的相同位置。

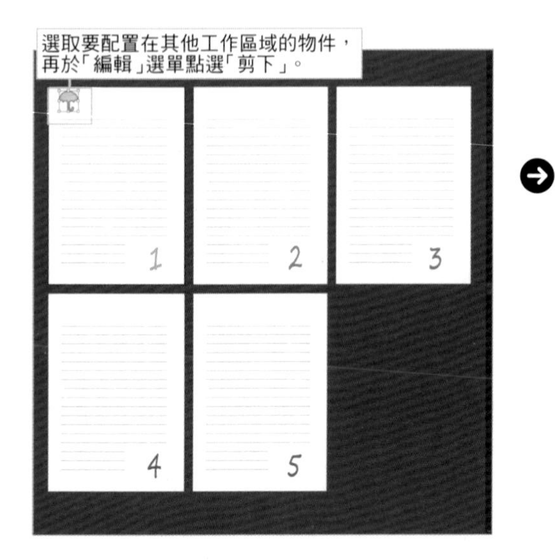

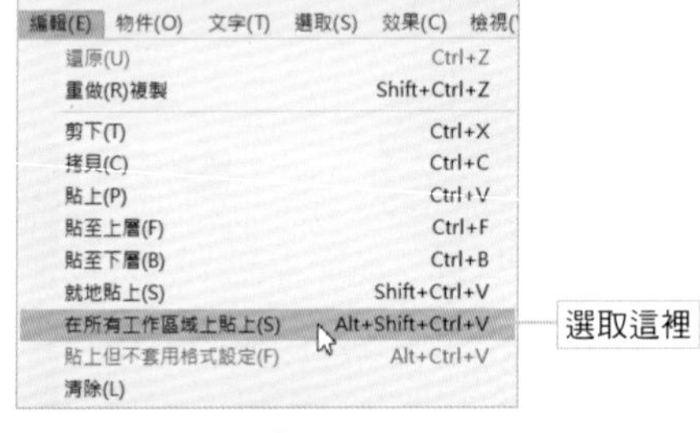

在所有工作區域貼上物件了

POINT

貼上物件之際，會以各工作區域的左上角為基準點，所以當工作區域的大小不同時，就不一定能在理想的位置貼上物件。

SECTION 4.3

直接選取工具、鉛筆工具

調整路徑

使用頻率 ●●●

Illustrator 的最大特徵就是調整物件的錨點與區段，自由地修正路徑的形狀。不管是多麼精細的曲線都能調整為需要的形狀。只要熟悉物件的修正方式，就不需要抗拒筆形工具。

調整曲線的弧度

有許多方法可調整物件的曲線。

移動錨點

利用直接選取工具移動錨點，就能調整物件的曲線。

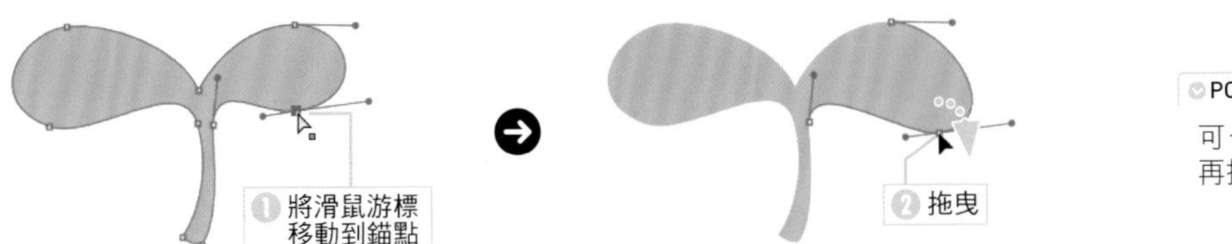

POINT

可一次選取多個錨點再拖曳。

拖曳調整曲線

利用直接選取工具或是錨點工具拖曳要調整的曲線，就能調整曲線的弧度。

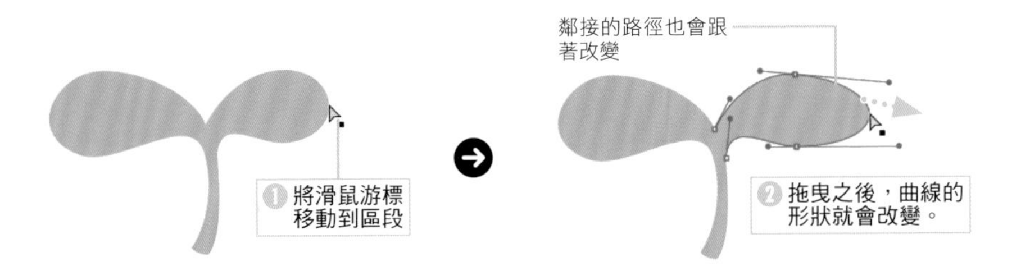

拖曳方向線調整

利用直接選取工具選擇錨點，再調整方向線（控制點）的長度與方向，就能調整曲線的弧度。

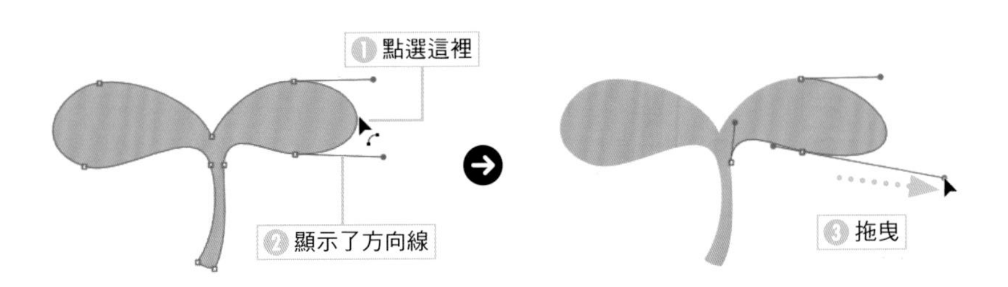

TIPS 讓方向線彼此獨立的方法

照理說，方向線會是錨點兩側的直線，不管移動哪邊的方向點，另一邊的方向點也會跟著移動。如果使用錨點工具 ，就能獨立調整任何一邊的方向點。

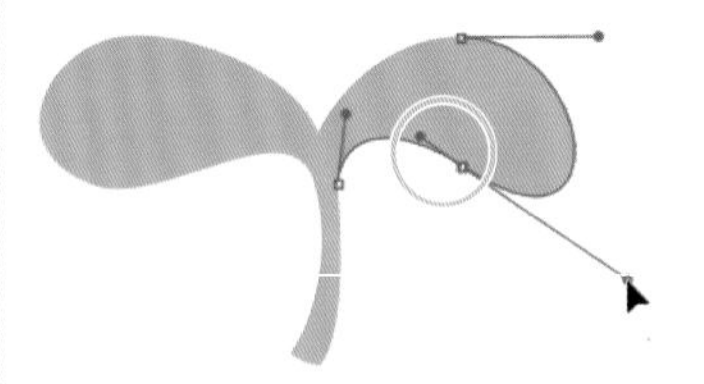
拖曳方向線，另一側的方向線會跟著移動。

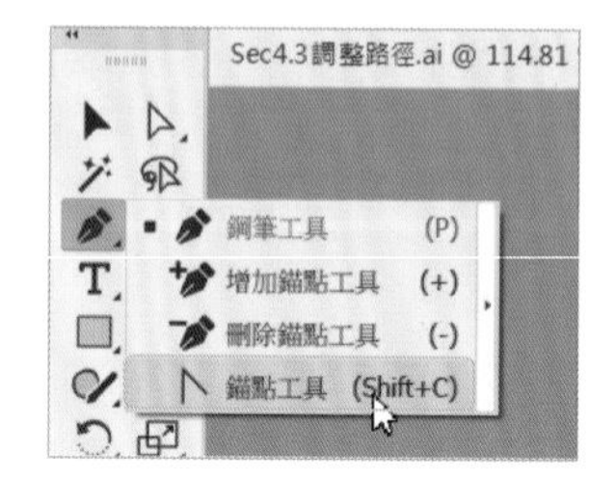

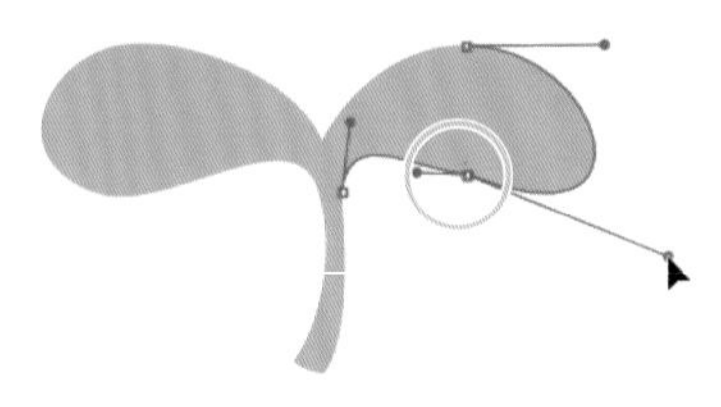
利用錨點工具 拖曳，另一側的方向線就不會跟著移動。

TIPS 利用鉛筆工具 拖曳與修正

利用鉛筆工具 拖曳要修正的部分，就能修正線條的形狀。

要修正曲線可先在「鉛筆工具選項」對話框勾選「編輯選定路徑」選項。

❶ 利用鉛筆工具 拖曳

❷ 曲線的形狀改變了

鍿點工具、改變外框工具

SECTION 4.4

讓直線轉換成曲線

使用頻率

Illustrator CC 之後的版本，即可利用錨點工具 將線段區段拖曳成曲線。

1 讓工具移動到線段區段

點選錨點工具 ，再讓工具移動到線段區段，滑鼠游標就會變成 的形狀。

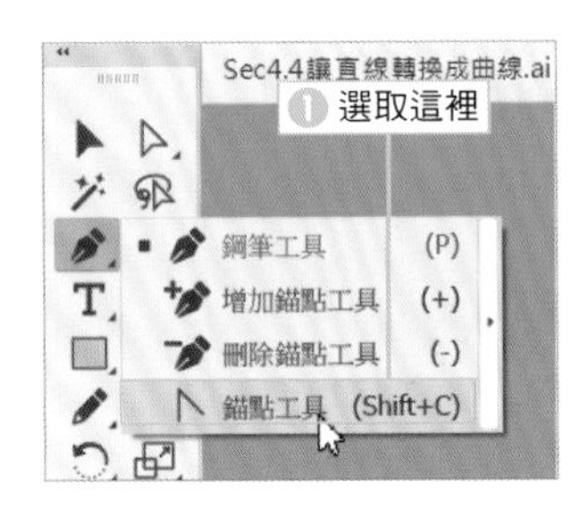

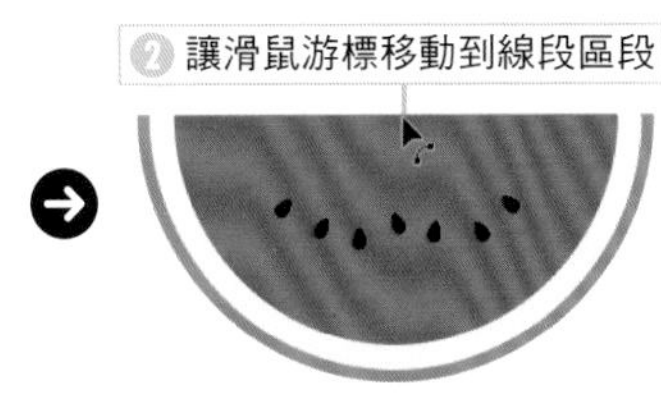

2 將直線拖曳成曲線

拖曳工具之後，方向線就會從兩端的錨點往外延伸，直線也會變成曲線。

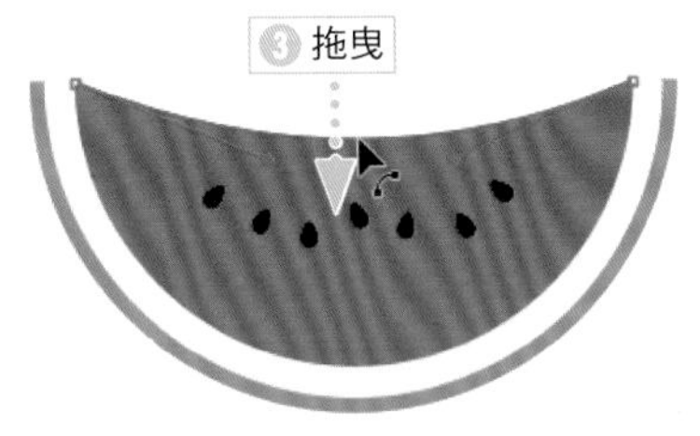

TIPS 使用改變外框工具

利用直接選取工具 選取線段區段，再利用改變外框工具 拖曳，也能讓線段區段變成曲線。與錨點工具 不同的是，利用改變外框工具 拖曳可在拖曳的位置新增錨點。

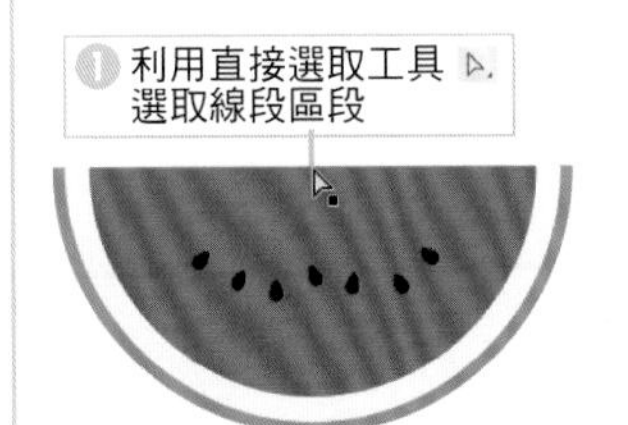

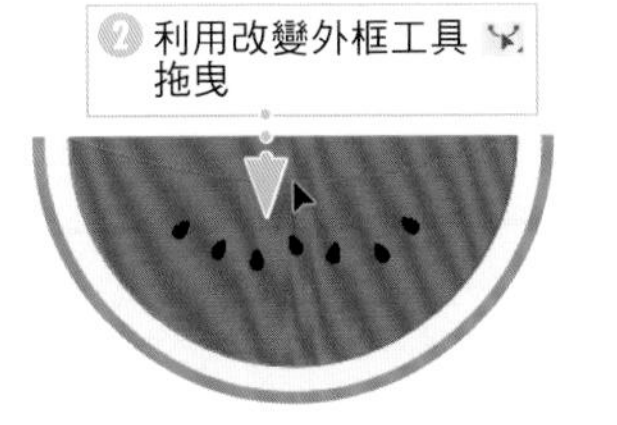

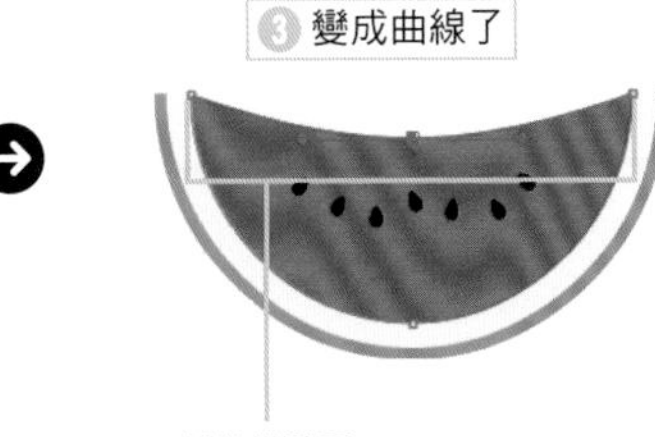

SECTION 4.5

平滑工具、增加／刪除錨點工具、筆形工具、橡皮擦工具、剪刀工具

利用各種工具修正路徑

使用頻率

利用平滑工具 拖曳曲線路徑，可減少錨點，讓曲線變得更加平滑。

讓曲線變得更平滑（減少錨點）

▶利用平滑工具 讓曲線變得更加平滑

平滑工具 可讓曲線保持原本的形狀，並減少錨點，讓曲線變得更加平滑。

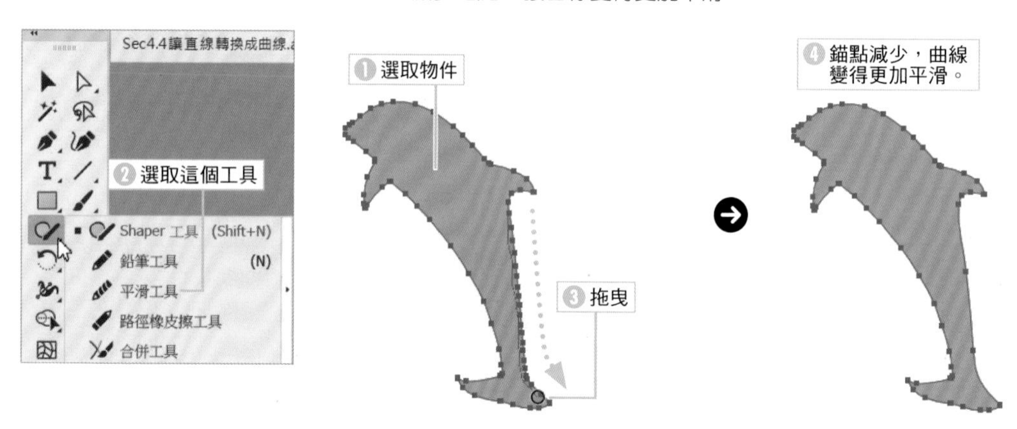

▶讓路徑變得單純

從「物件」選單的「路徑」點選「簡化」，就能減少路徑的錨點，讓路徑變成更加平滑的曲線。

1 選取「簡化」

選取路徑，再從「物件」選單的「路徑」點選「簡化」。

POINT

也可以改用直接選取工具 選取，方便看出變化。

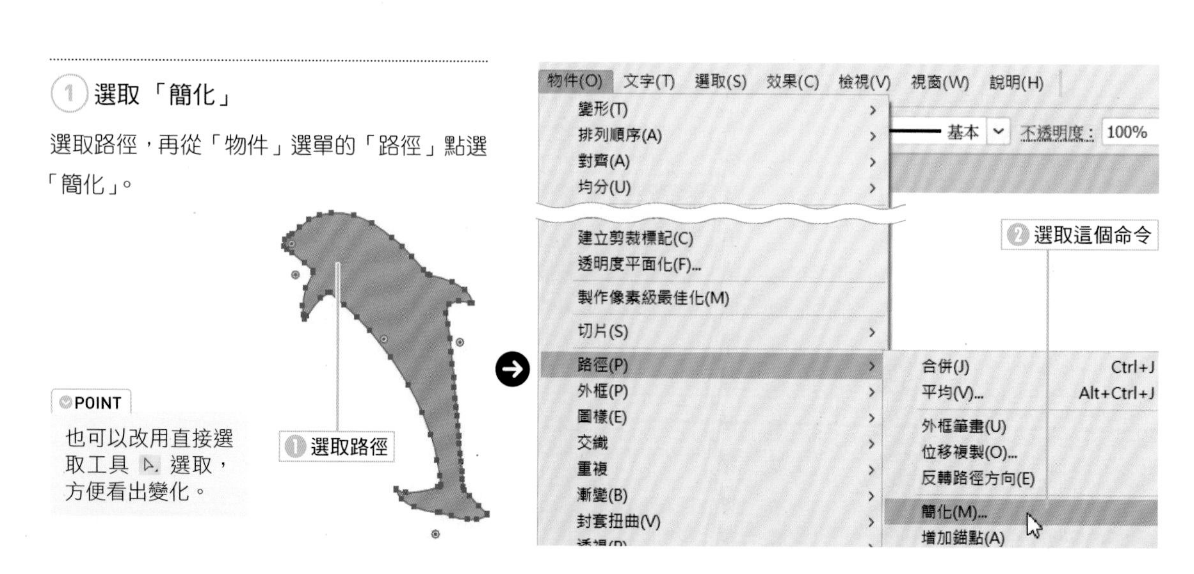

② 設定

根據預視結果，完成「簡化」的設定。完成設定之後，解除物件的選取。

③ 簡化對話框

點選 ••• ，就能開啟「簡化」對話框，進行更細膩的設定。

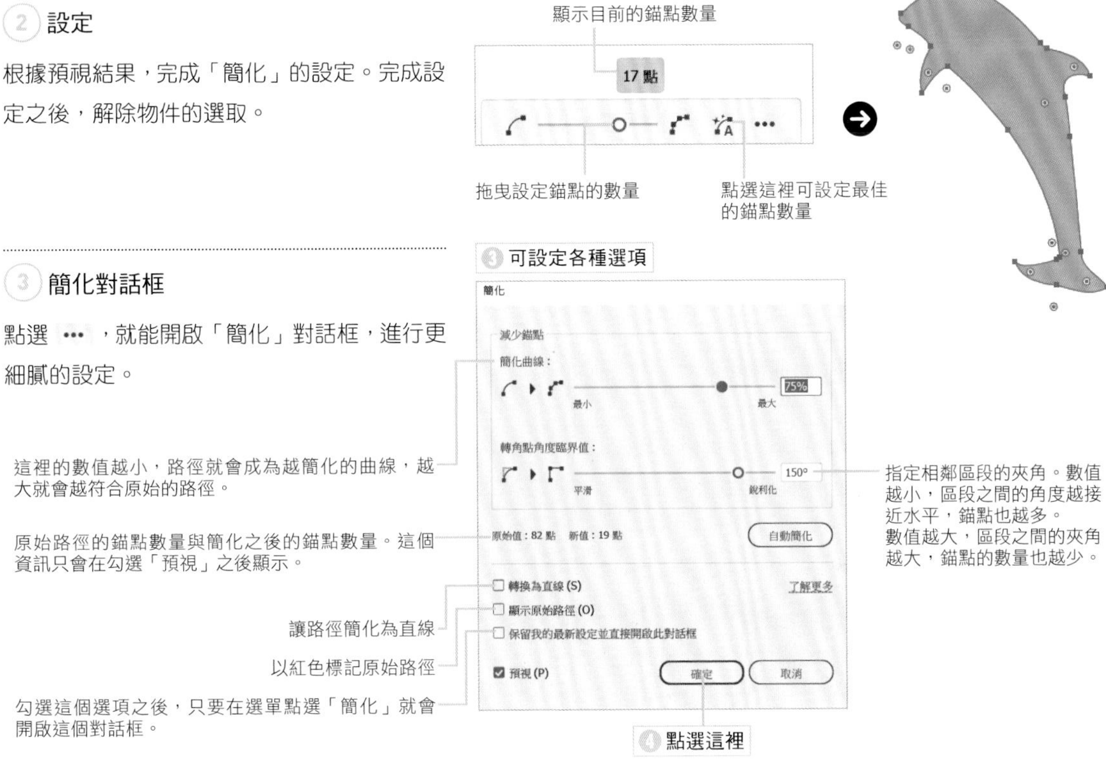

在路徑新增錨點

要在路徑新增錨點可使用增加錨點。

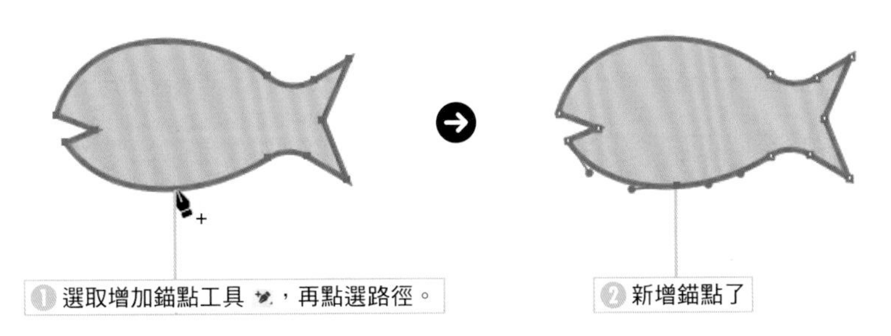

TIPS 利用筆形工具新增錨點

在使用筆形工具的時候，讓滑鼠游標移動到路徑，滑鼠游標就會轉變成這種圖示，此時若是按下滑鼠左鍵就能新增錨點。如果不想利用筆形工具在路徑新增錨點，而是繪製新路徑，可按住 Shift 鍵再開始繪製。這項功能可在「偏好設定」對話框的「一般」點選「取消自動增加／刪除」選項切換狀態（請參考第 308 頁）。

刪除錨點

要刪除路徑的多餘錨點可使用刪除錨點工具 。
刪除錨點之後，兩側的錨點會自動連結。

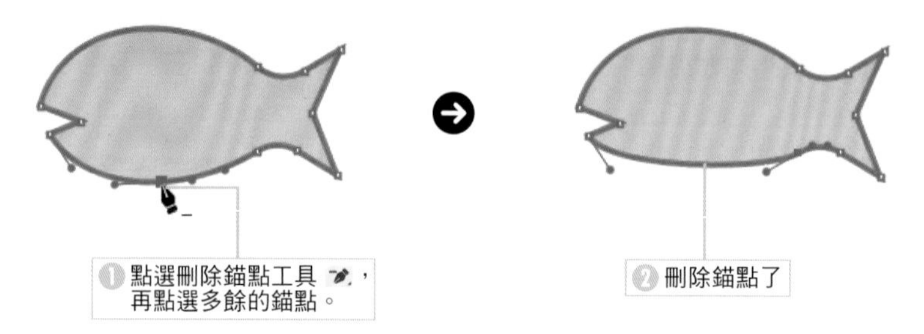

利用直接選取工具 點選錨點，再從「內容」面板或是「控制」面板點選 ，也能刪除錨點。

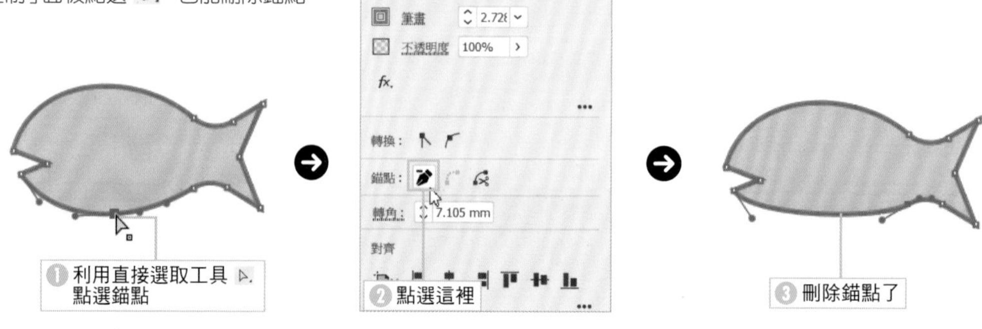

TIPS 利用筆形工具刪除錨點

使用筆形工具 的時候，將滑鼠游標移動到路徑的錨點，滑鼠游標就會變成 的圖示，在此時按下滑鼠左鍵就能刪除錨點。

刪除物件的一部分

要刪除物件的一部分，可使用直接選取工具 點選區段或是錨點，再按下 Delete 鍵。

▶ 刪除區段

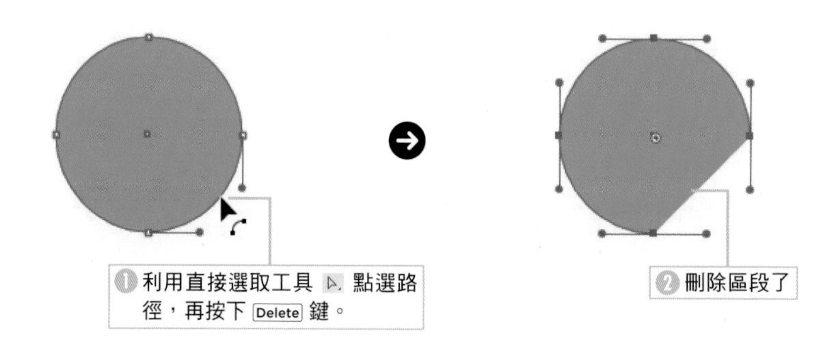

▶ 刪除錨點

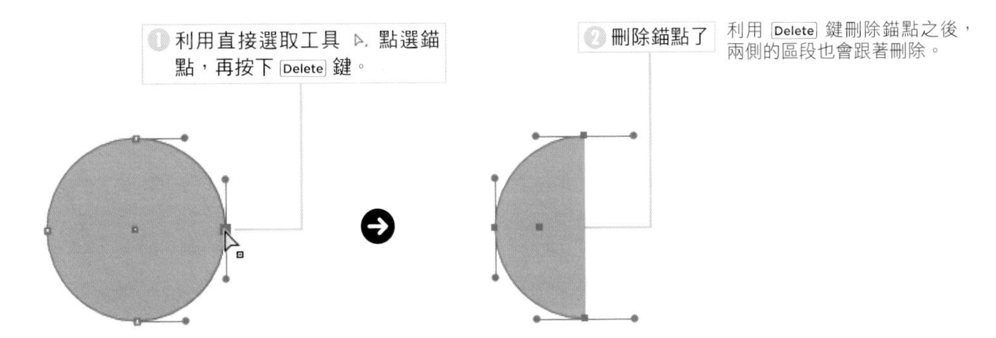

▶ 利用路徑橡皮擦工具刪除物件

在選取的路徑拖曳路徑橡皮擦工具 ，就能刪除拖曳選取的部分。

路徑橡皮擦工具 是 Shape 工具 的子工具。

POINT

路徑橡皮擦工具 的尖端位於圖示的左下角。

POINT

路徑橡皮擦工具 只能刪除選取的路徑。

將平滑控制點轉換成轉角控制點

利用錨點工具 點選平滑控制點，就能讓平滑控制點轉換成轉角控制點。

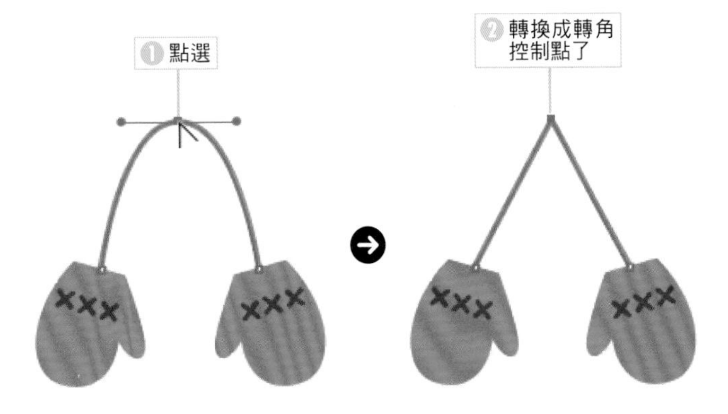

POINT

在使用筆形工具 的時候按住 Alt 鍵，就能暫時切換成錨點工具 。

利用直接選取工具 ▷. 選取錨點，再點選「內容」面板或「控制」面板的 ↖，也能讓平滑控制點轉換成轉角控制點。

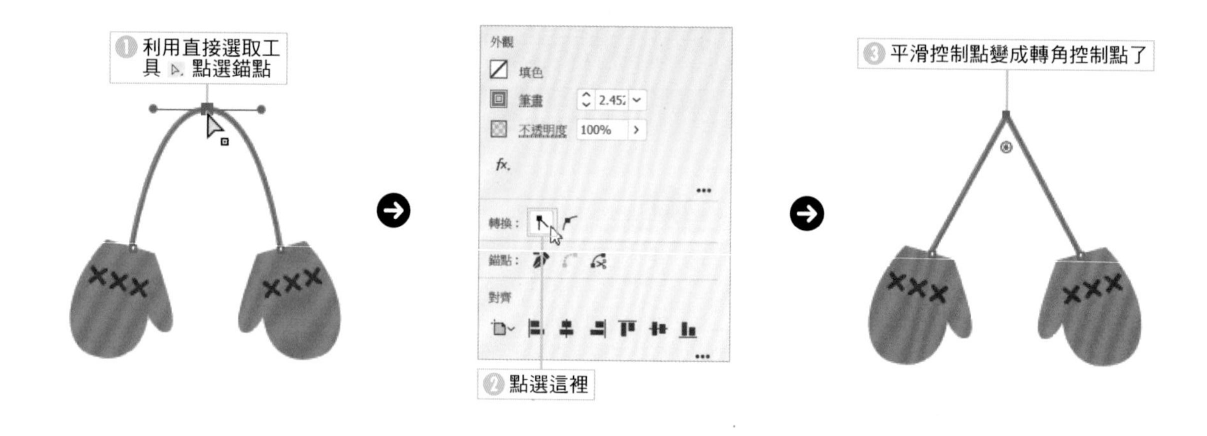

將轉角控制點轉換成平滑控制點

利用錨點工具 ▷. 拖曳轉角控制點，就能將控制點轉換成具有方向線的平滑控制點。

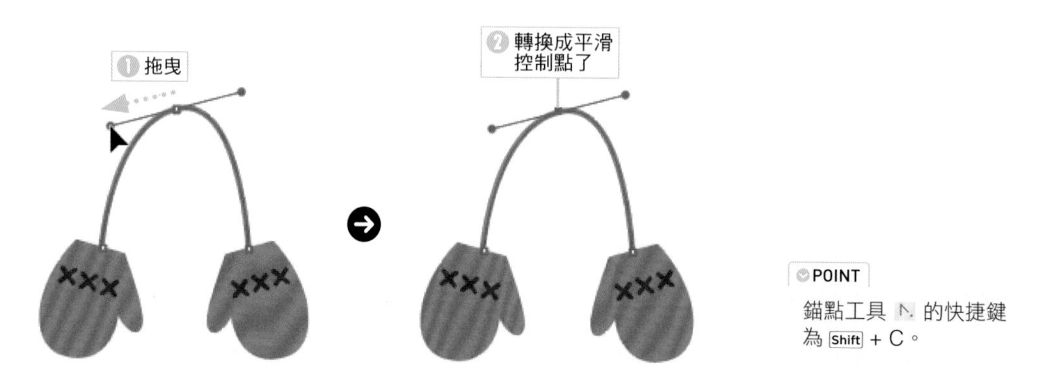

POINT

錨點工具 ▷. 的快捷鍵為 Shift + C。

利用直接選取工具 ▷. 點選錨點，再於「內容」面板或是「控制」面板點選 ↗，也能讓轉角控制點轉換成平滑控制點。路徑的曲線會自動調整，以便讓兩側的錨點順利連結。

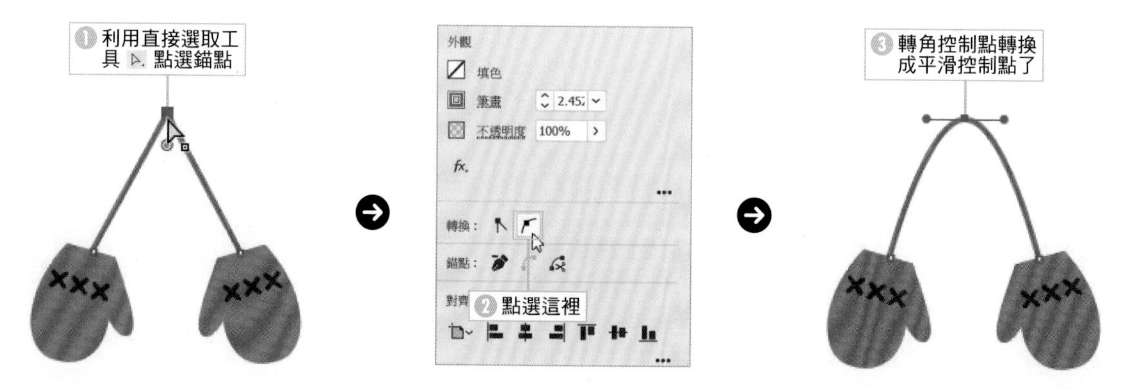

分割路徑（剪刀工具 ✂）

要將路徑分割成兩段可使用剪刀工具 ✂。

分割之後，可利用直接選取工具 ▷ 點選錨點，再繼續編輯路徑。

POINT

剪刀工具 ✂ 是橡皮擦工具 ✐ 的子工具。

利用直接選取工具 ▷ 點選錨點，再於「內容」面板或是「控制」面板點選「在選取的錨點處剪下路徑」按鈕，就能在選取的錨點處剪斷路徑。

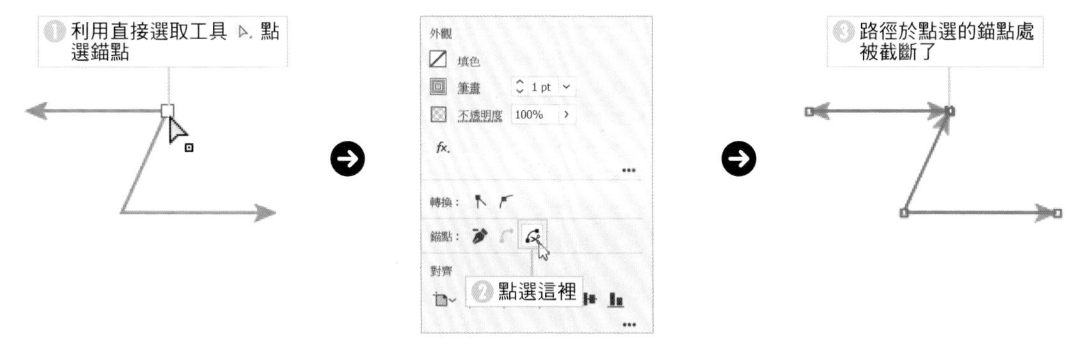

合併路徑

兩條開放路徑的端點可以彼此連結。曲線與直線的連結方式不同。

▶ 以曲線連結

要讓兩條路徑以曲線的方式合併，可將筆形工具 ✒ 移動到端點，等到滑鼠游標從 ✒* 變成 ✒/ 之後，再將滑鼠游標拖曳到另一端的端點即可。

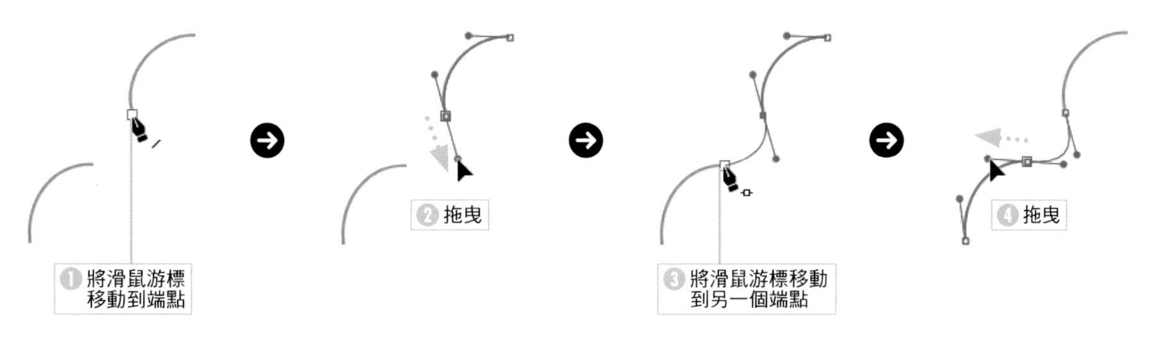

CHAPTER 4 編輯物件

▶ 讓分開的錨點以直線的方式合併

要讓路徑以直線的方式合併，可先利用直接選取工具 點選錨點，再於「內容」面板或是「控制」面板點選「連接選取的端點」按鈕 ，或是從「物件」面板的「路徑」點選「合併」（Ctrl + J）。

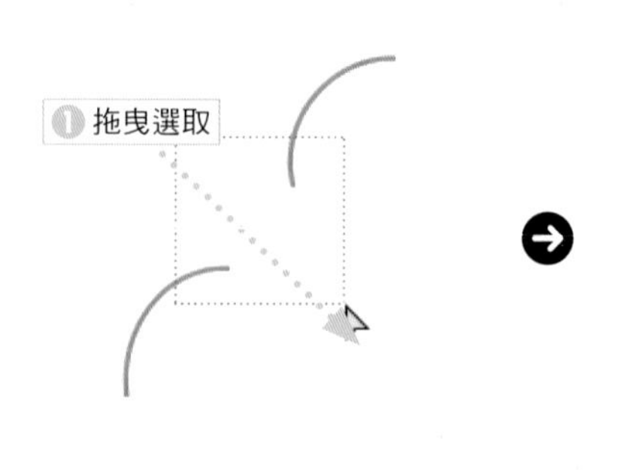

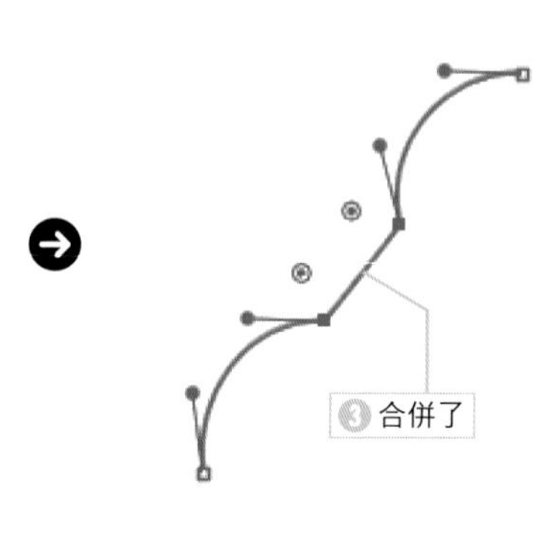

▶ 讓重疊的錨點合併

要讓兩個疊在一起的錨點，合併可在「內容」面板或是「控制」面板點選 ，或是從「物件」面板的「路徑」點選「合併」（Ctrl + J）。

① 選取錨點

利用直接選取工具 拖曳選取錨點。

POINT

為了確實選取兩個疊在一起的錨點，請務必以拖曳的方式選取。

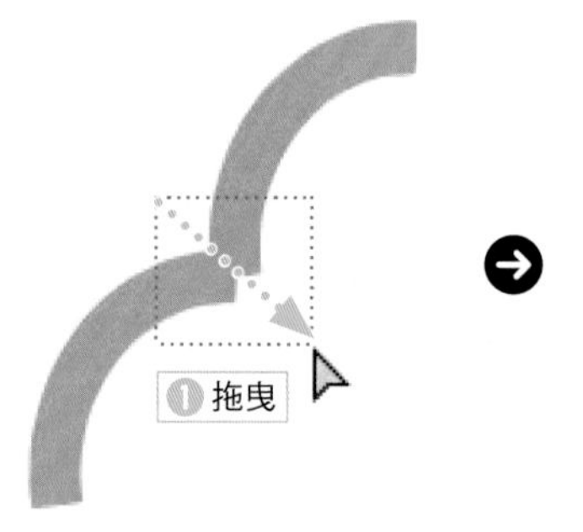

② 執行「合併」

在「內容」面板或是「控制」面板點選「連接選取的端點」按鈕 。

③ 錨點合併了

錨點合併為轉角錨點了。

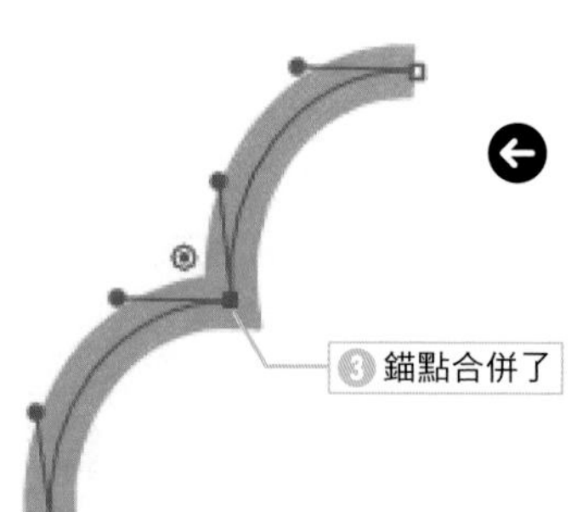

POINT

要讓兩個錨點完全重疊，可從「物件」選單的「路徑」點選「平均」（Alt + Ctrl + J），讓兩軸平均化。

SECTION 4.6

合併工具

利用合併工具合併路徑

使用頻率

合併工具 可讓未連結的開放路徑或是重疊的開放路徑的兩端連結。

連結未連結的路徑

1 點選合併工具

點選合併工具 。接著要如圖連結開放路徑的端點。

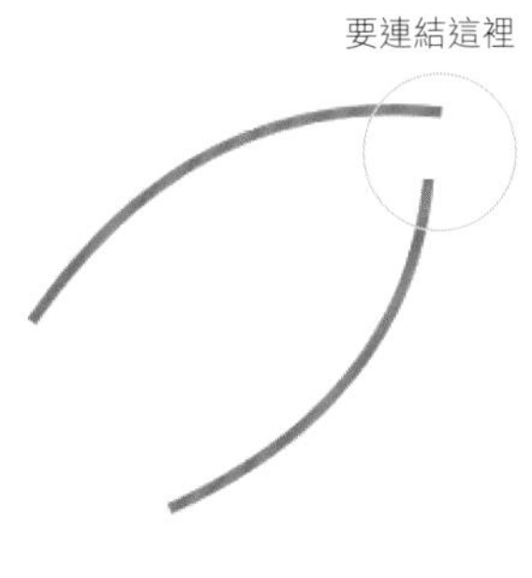

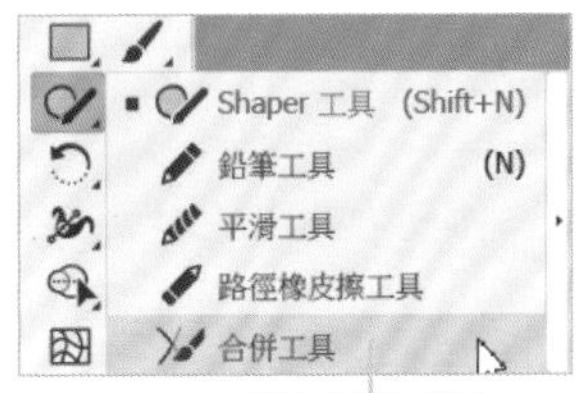

❶ 點選這裡

2 在路徑的端點之間拖曳

像是讓開放路徑的端點重疊般拖曳，這兩個端點就會連結。

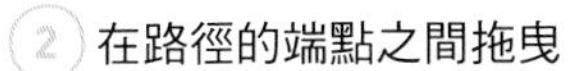

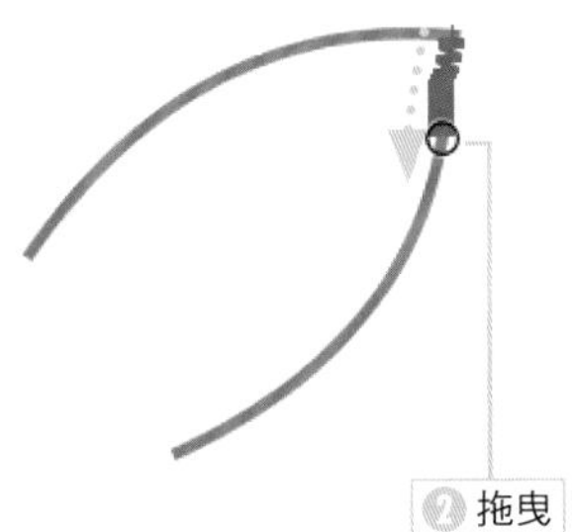

❷ 拖曳

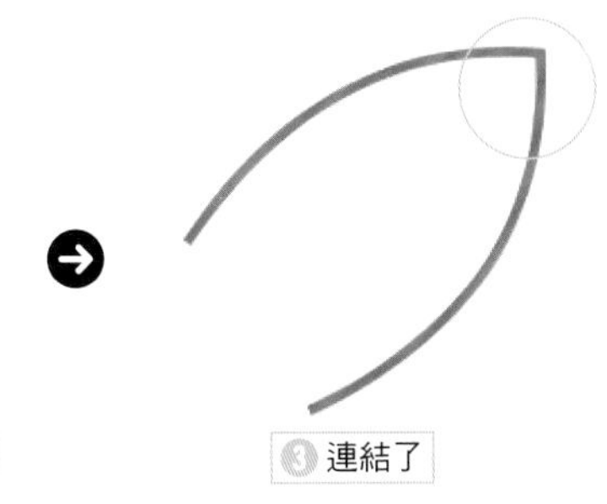

❸ 連結了

讓超出重疊的路徑的部分消失

利用合併工具 在超出重疊的路徑的部分拖曳，就能刪除超出的部分。

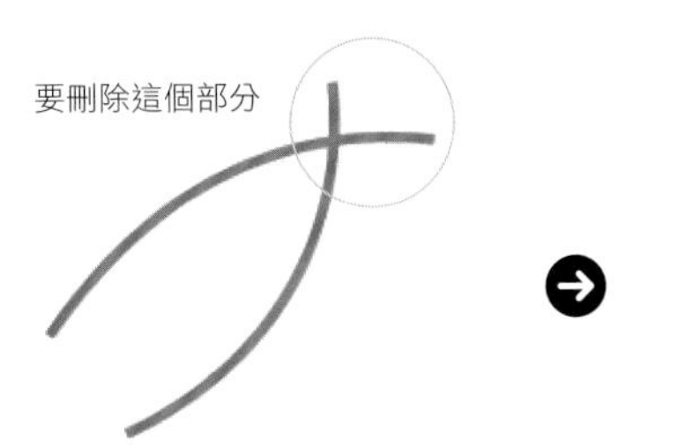

❶ 拖曳

❷ 超出的部分被刪除了

POINT

利用合併工具 合併的錨點會是轉角錨點。

SECTION 4.7

直接選取工具、「轉角」對話框

利用即時轉角緩和轉角

使用頻率

直接選取工具 ▷. 可讓物件的轉角變得柔和。

1 選取工具

利用直接選取工具 ▷. 點選物件之後，會顯示尖角 Widget。

2 拖曳尖角Widget

拖曳尖角 Widget 讓轉角變得柔和。

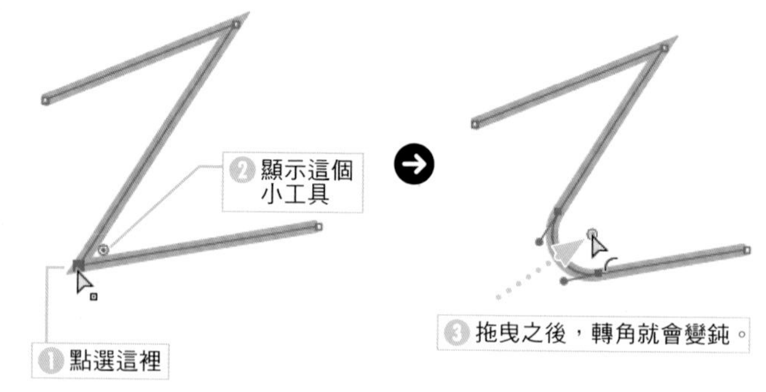

POINT

同時選取多個轉角控制點，就能同時讓多個轉角控制點變形。

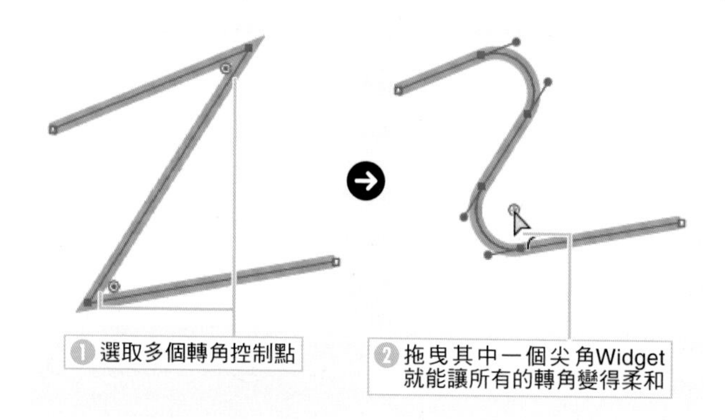

TIPS 矩形與多邊形的即時形狀

繪製矩形或多邊形之後，利用選取工具選取也能開啟尖角 Widget。

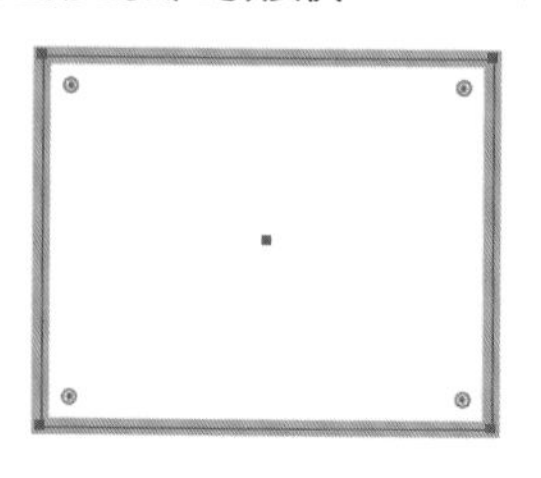

POINT

即時轉角可直接讓路徑變形。如果儲存為舊版的檔案，也可儲存變形之後的路徑。

利用即時轉角再調整

利用直接選取工具 ▷. 選取利用即時轉角柔化的圓角部分，會再次顯示尖角 Widget，也就能繼續調整圓角的形狀。

如果將大小設定為 0，就會變回沒有圓弧的轉角。

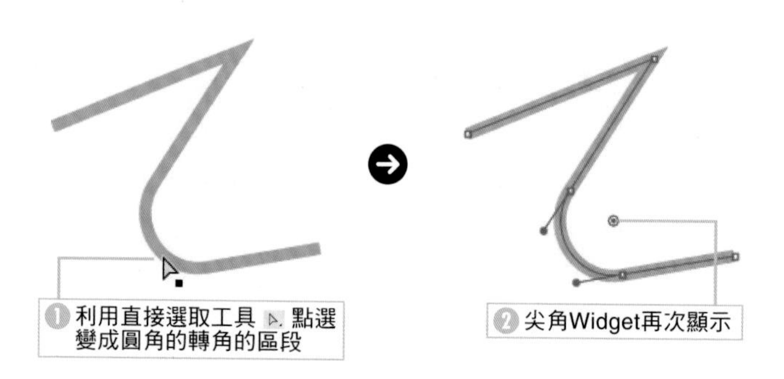

利用「轉角」對話框指定

雙擊尖角 Widget，就能開啟「轉角」對話框，從中可設定轉角的「形狀」、「半徑」與「圓角」。

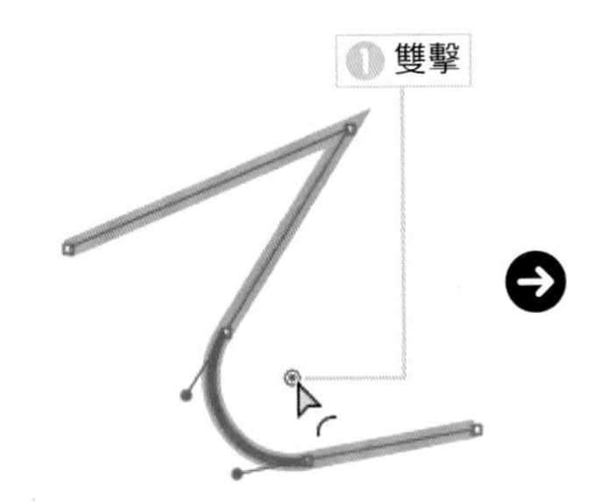

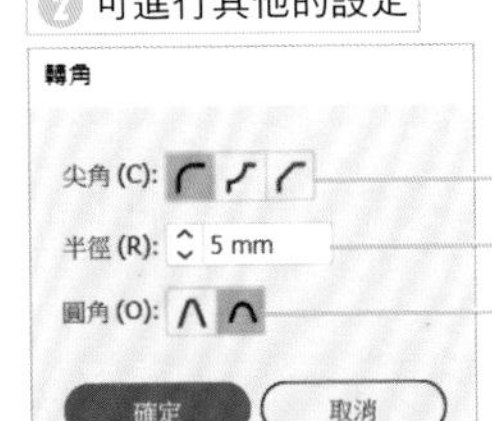

選取轉角的形狀

圓角的大小

可設定圓角的類型。
「相對」：柔化轉角，讓指定半徑的圓形能與轉角內接。
「絕對」：根據轉角的角度調整圓角的大小。如果小於 90° 就縮小圓角，大於 90° 就放大圓角。

POINT

選擇顯示了尖角 Widget 的路徑或是錨點之後，「內容」面板或是「控制」面板也會顯示「轉角」，可從中設定圓角的大小。點選「轉角」即可開啟「轉角」對話框。

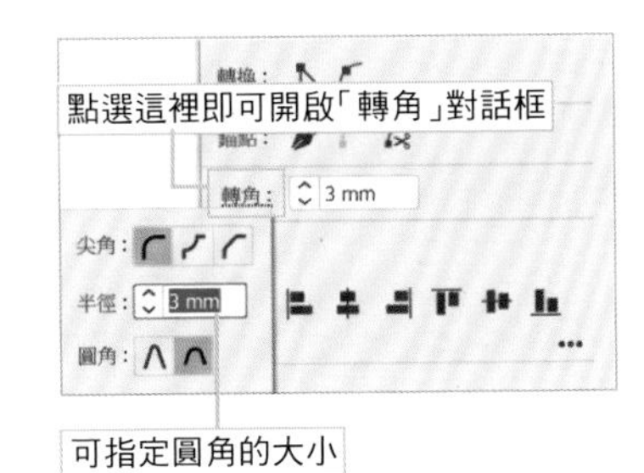

POINT

從「檢視」選單點選「隱藏尖角 Widget」，就能隱藏尖角 Widget。雖然無法再以拖曳的方式編輯轉角，但還是能透過「控制」面板的「轉角」調整。只要在「檢視」選單點選「顯示尖角 Widget」，即可再次顯示尖角 Widget。

TIPS　操作錨點或控制點就會失效

若是利用直接選取工具 操作利用即時轉角設定的圓角的錨點或控制點，調整路徑的形狀，就不會再顯示尖角 Widget，也就無法利用即時轉角調整大小與形狀。

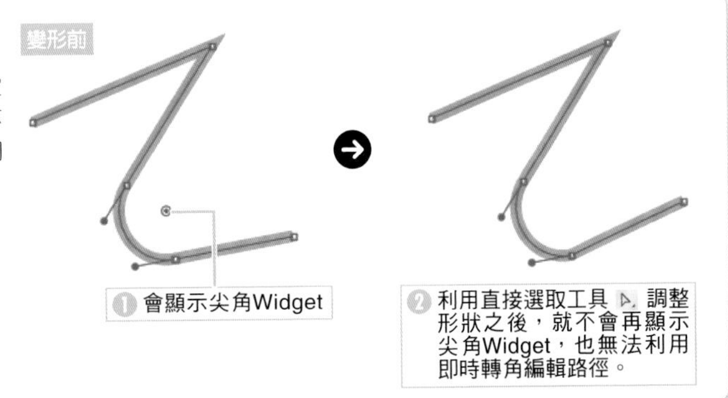

CHAPTER 4　編輯物件

SECTION

4.8

「對齊」面板

對齊物件

使用頻率

要讓圖稿更美觀，有時得讓物件排得整整齊齊。Illustrator 內建了讓物件或錨點排列整齊的功能。

對齊物件（讓物件排列整齊）

要讓物件對齊，可使用「對齊」面板或是「控制」面板。可利用「對齊」面板對齊的物件是以群組物件為單位。

▶根據關鍵物件對齊物件

在對齊物件的時候，可先指定關鍵物件，關鍵物件的左側、中央或右側的其他物件就會以關鍵物件為對齊基準。

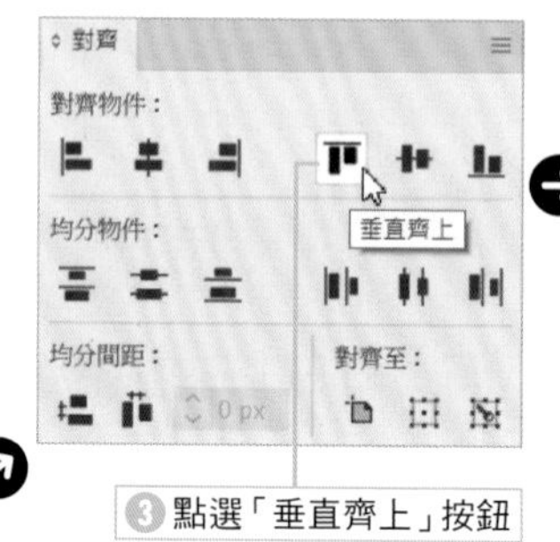

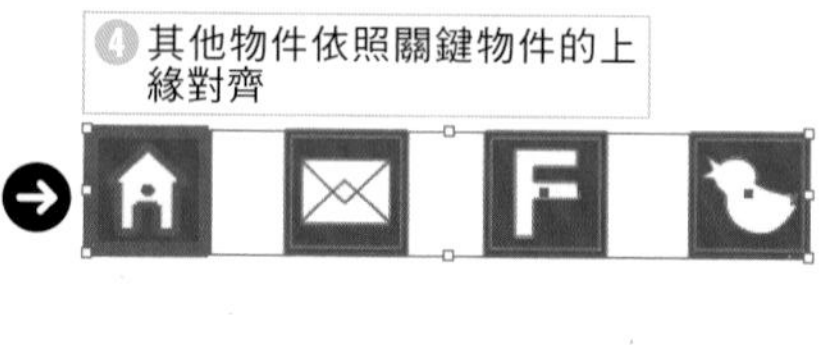

POINT

如果沒看到「對齊」面板可從「視窗」選單點選「對齊」（Shift + F7 鍵）。

▶未選擇關鍵物件的情況

如果沒有選擇關鍵物件，就會依照「對齊」面板右下角的對齊方式決定對齊的基準。

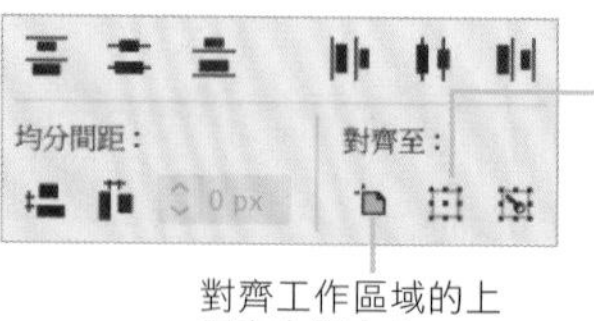

在選取物件之後，讓所有物件垂直往上對齊時，會以位於最上方的物件為基準。靠左、齊下或是靠右的對齊方式也有相同的情況。

如果選擇置中對齊，就會以左右（或上下）的物件的中心點為基準。

TIPS 在「內容」面板或是「控制」面板設定

除了「對齊」面板之外，也能利用「內容」面板或是「控制」面板對齊、均分物件或錨點。

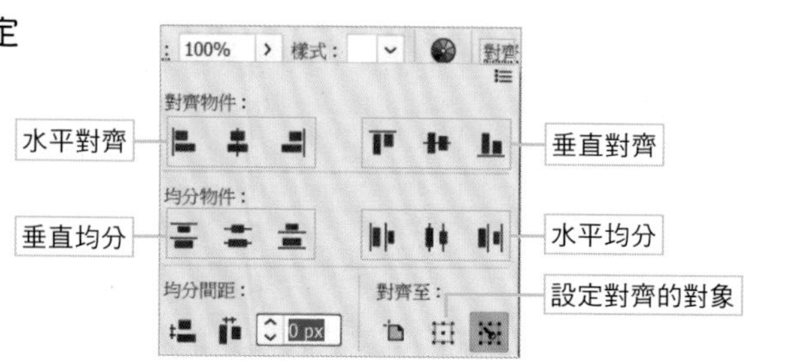

等距配置物件（均分物件）

要讓物件等距配置也是使用「對齊」面板。

能以「對齊」面板配置的物件都是以群組物件為單位。

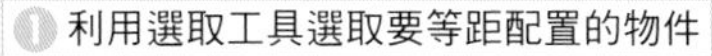

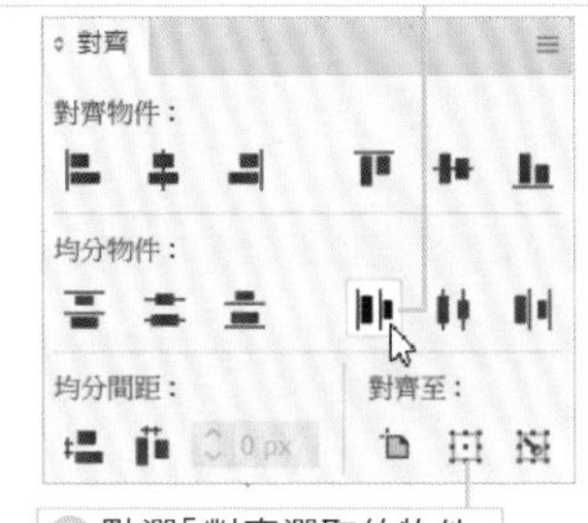

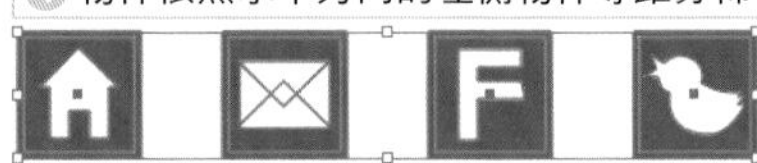

POINT

點選「水平依左緣均分」就會以最左側與最右側的物件左側為基準，同時依照選取的物件的個數平均分割基準線，再讓位於中間的每個物件的左側往上述的基準線靠齊。

選擇其他的分佈方式也會以相同的方法配置物件。

等距分佈

使用「均分間距」功能可讓物件等距配置。

假設選取了「對齊選取的物件」，會在左右（或是上下）的物件固定不動的前提之下，讓中間的每個物件等距配置。

如果點選的是「對齊工作區域」，就會於工作區域之內等距配置。

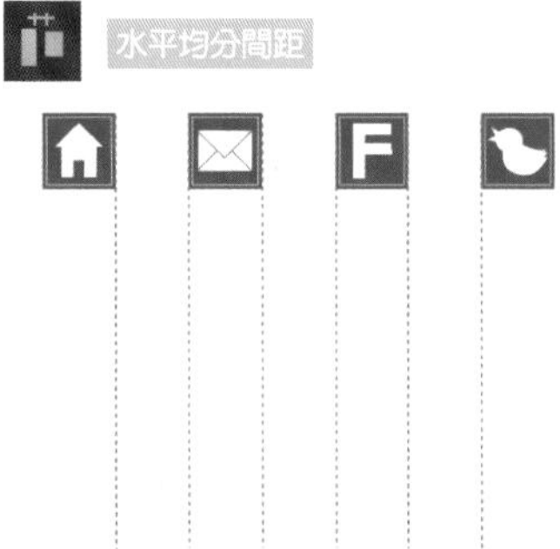

指定間距值再等距配置

如果要指定間距值，再讓物件等距配置，可先指定關鍵物件，就能依照設定的間距值等距配置物件。

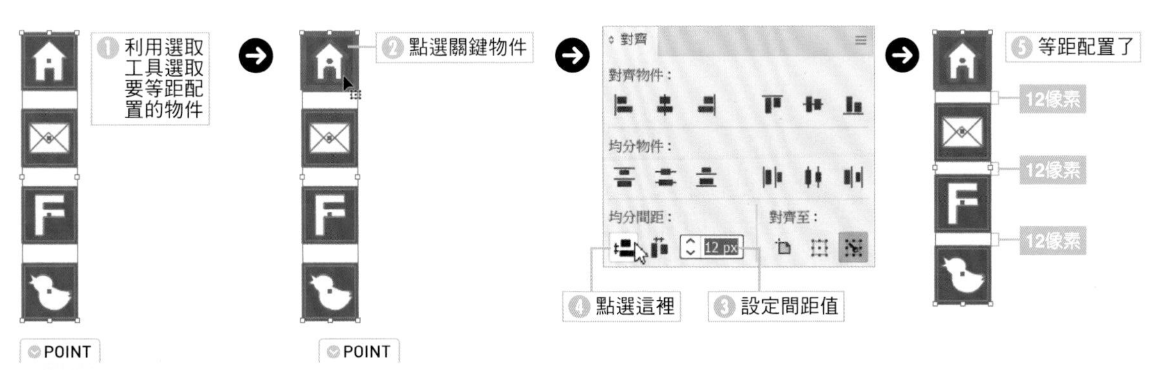

POINT

假設選取的是「均分間距」，物件與物件的間距就會是設定的間距值。

POINT

在「對齊」面板點選「垂直齊上」，就會以最上方的錨點為基準。

以下一頁介紹的「平均」命令的水平軸對齊物件時，會對齊選取的錨點的上下位置的中央。這部分與「對齊」面板的「垂直居中」是相同的。

使用預視邊界

如果物件套用了「陰影」這類效果，物件的外觀可能會比實際的路徑更大。

「預視邊界」選項可將對齊與均分物件之際的基準，設定為實際路徑或是看起來較大的外觀的預視邊界。

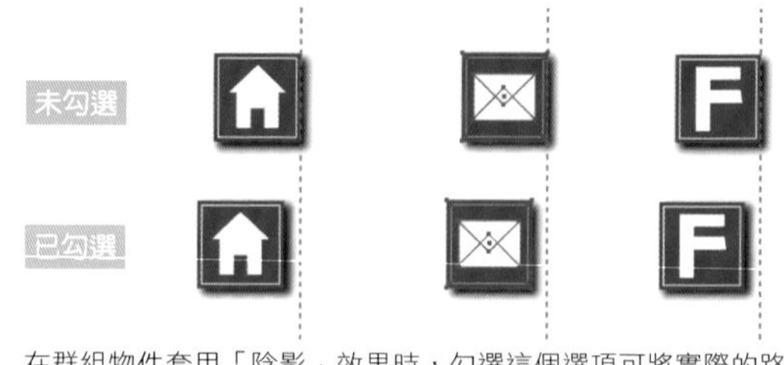

在群組物件套用「陰影」效果時，勾選這個選項可將實際的路徑設定為對齊基準，而不是以預視邊界為基準。

對齊錨點

▶使用「對齊」面板

要對齊錨點時，可先利用直接選取工具 選取錨點，再利用「對齊」面板對齊或是均分。

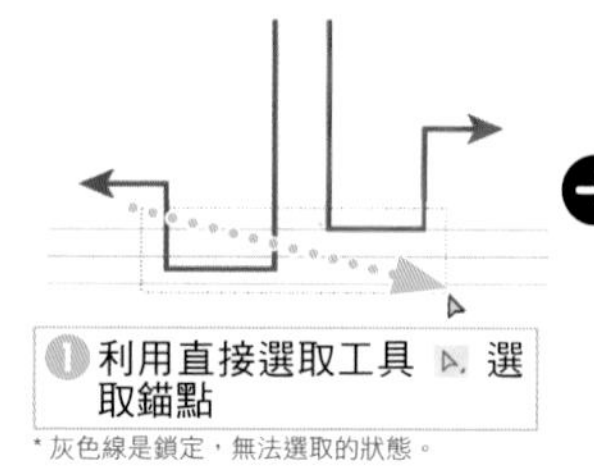

①利用直接選取工具 選取錨點

＊灰色線是鎖定，無法選取的狀態。

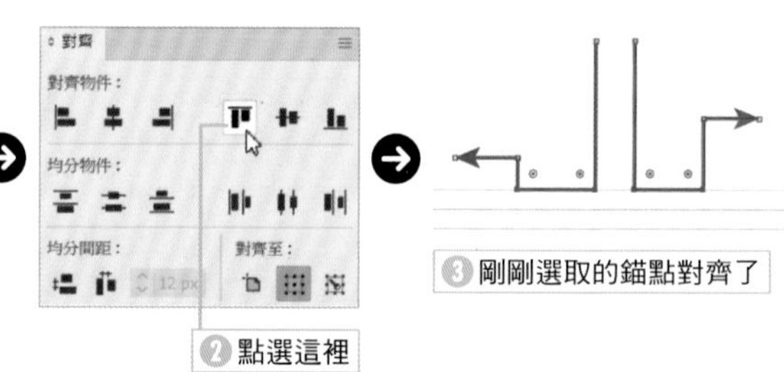

②點選這裡

③剛剛選取的錨點對齊了

▶使用「平均」命令

從「物件」選單的「路徑」點選「平均（Alt + Ctrl + J），也可以對齊錨點。

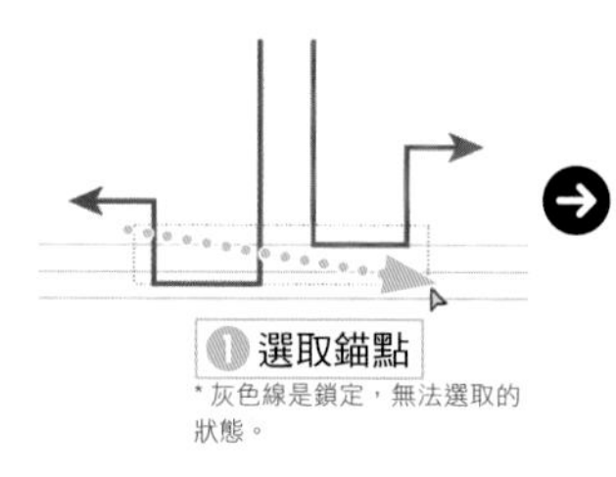

①選取錨點

＊灰色線是鎖定，無法選取的狀態。

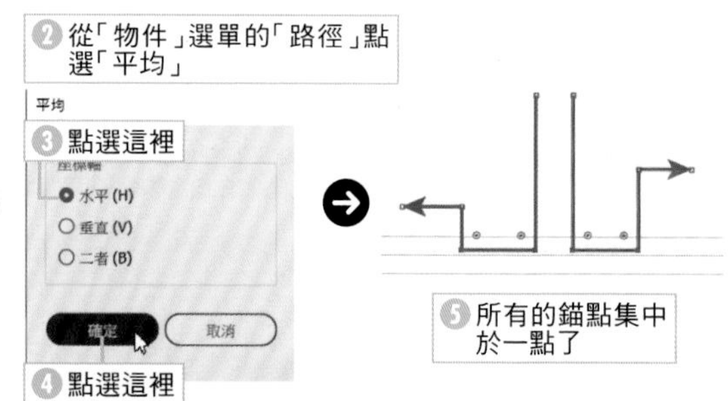

②從「物件」選單的「路徑」點選「平均」

③點選這裡

④點選這裡

⑤所有的錨點集中於一點了

「水平」是對齊錨點的寬（高度）。

「垂直」是垂直對齊。

「二者」是讓錨點於特定的點集合，可讓多個錨點重疊。

▶讓錨點集中於同一點

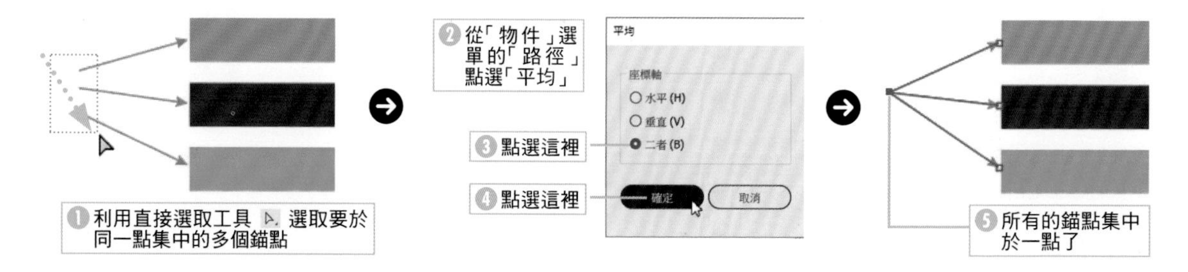

①利用直接選取工具 選取要於同一點集中的多個錨點

②從「物件」選單的「路徑」點選「平均」

③點選這裡

④點選這裡

⑤所有的錨點集中於一點了

對齊字形的邊界

要讓物件與文字對齊時，通常會與文字物件的邊框對齊。如果希望與文字的上緣或下緣對齊，可從「對齊」面板選單點選「對齊字符邊界」，再選擇要對齊的文字物件。

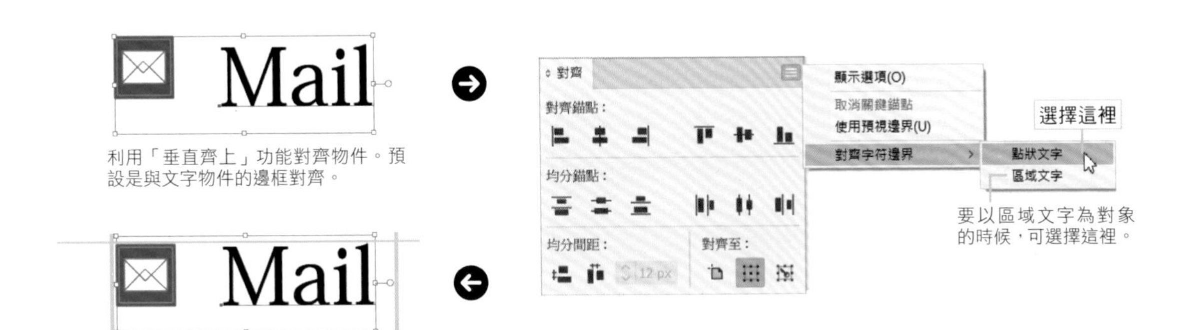

SECTION 4.9

形狀建立程式工具

利用形狀建立程式工具合成物件

使用頻率

形狀建立程式工具 可合成或刪除物件重疊部分的路徑，藉此轉換成另一種形狀的物件。這與路徑管理員的功能非常相似，但拖曳操作更加直觀簡單。

合成物件

利用形狀建立程式工具 拖曳要合成的部分。

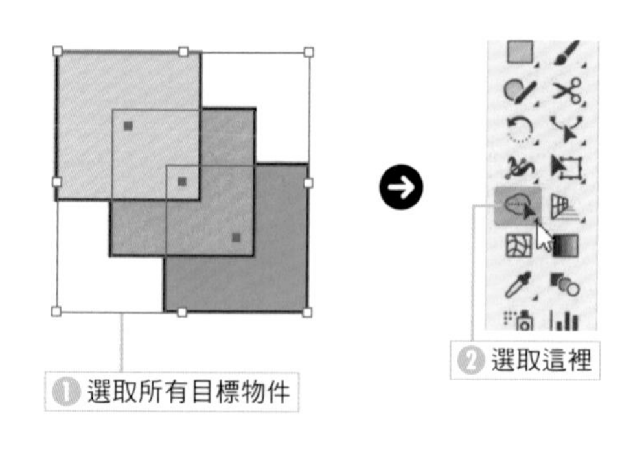

正在操作的區塊會以紅色框線圍住的網點標記

❸ 在滑鼠游標為 ▸₊ 的狀態下拖曳

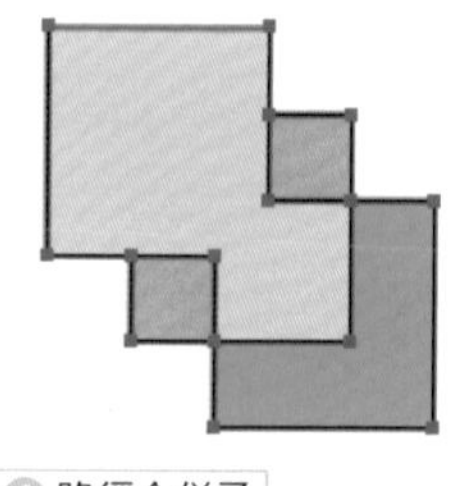

❹ 路徑合併了

合成部分的顏色會是在「形狀建立程式工具選項」對話框的「選取顏色來源」設定的顏色（參考第 101 頁）。在此選取的是「圖稿」。

POINT

按住 Shift 鍵再拖曳，就能以拖曳選取的方式選取要合成的部分。

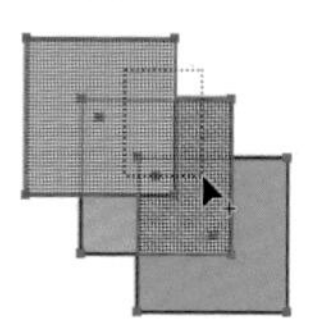

刪除物件

按住 Alt 鍵之後，形狀建立程式工具 的滑鼠游標會變成 ▸_，此時可點選或拖曳要刪除的部分。

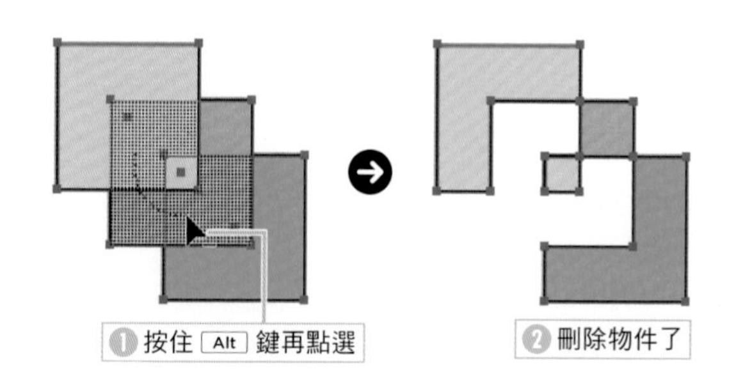

形狀建立程式工具選項

雙擊工具箱的形狀建立程式工具 就能開啟「形狀建立程式工具選項」對話框，進一步設定其他的選項。

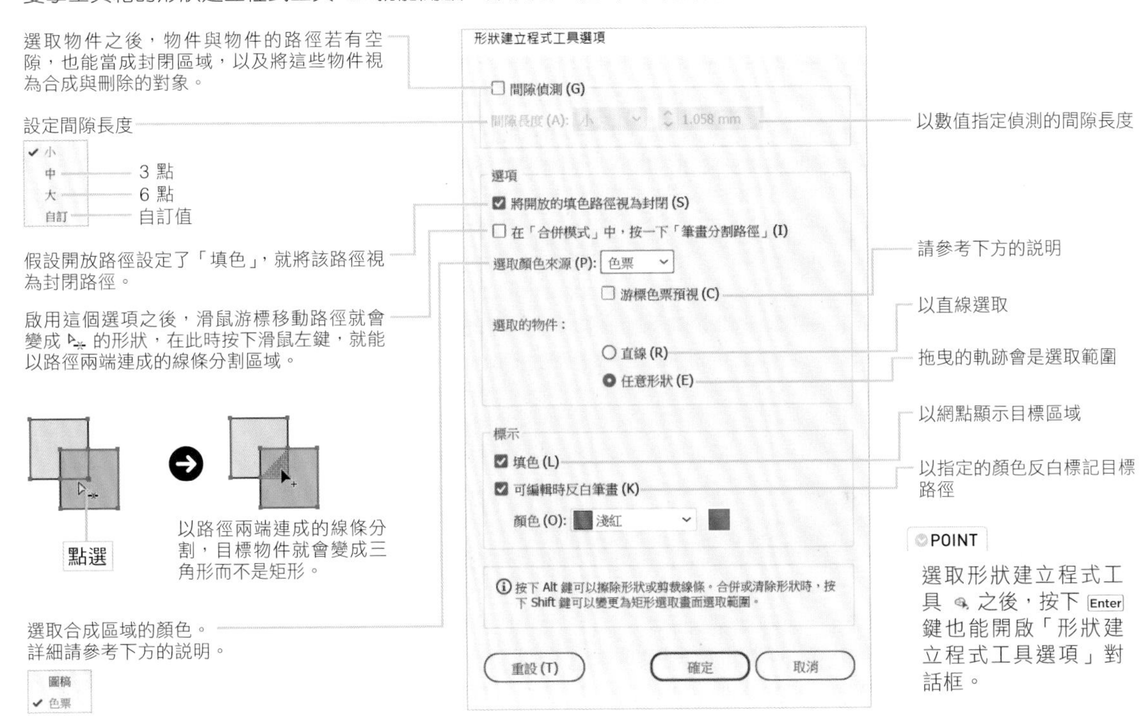

POINT

選取形狀建立程式工具 之後，按下 Enter 鍵也能開啟「形狀建立程式工具選項」對話框。

設定為色票時

合成的區域會套用在拖曳之前選取的顏色。

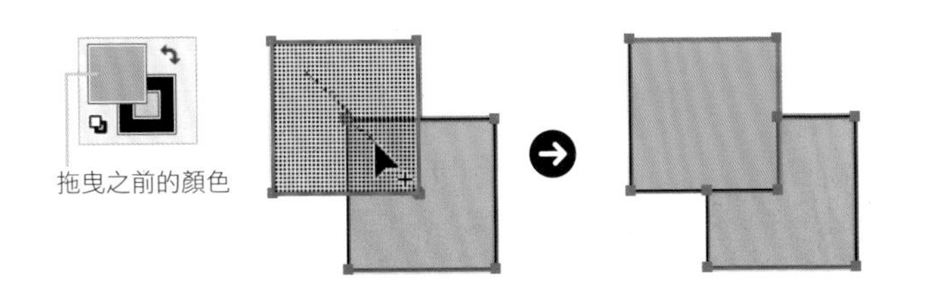

POINT

合併區域的顏色會是色票的顏色，但是其他的外觀屬性會與選取「圖稿」的時候相同。

POINT

勾選「形狀建立程式工具選項」對話框的「游標色票預視」，滑鼠游標上方就會顯示代表色票的圖示。可利用方向鍵變更顏色。

選取了物件的情況

拖曳之後，區塊的顏色與外觀就會轉換成合成之後的外觀。

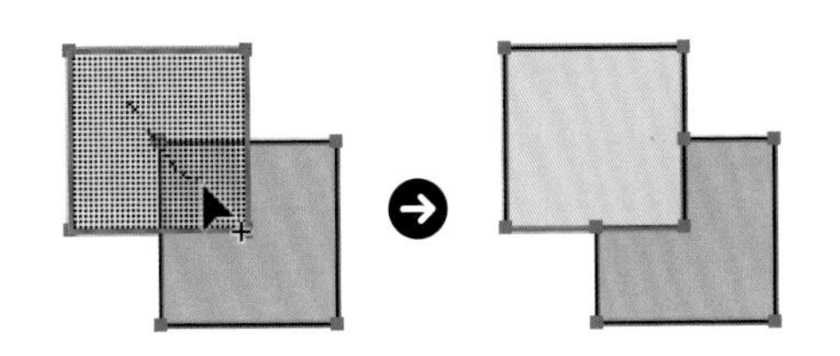

POINT

從沒有物件的位置開始拖曳時，會套用放開滑鼠左鍵的位置的外觀。如果拖曳的起點與終點都沒有物件，就會套用最上層的物件的外觀。

SECTION 4.10

「圖層」面板

操作圖層

使用頻率

Illustrator 的圖稿是由一層層物件組合而成。新增物件時，預設會讓新物件排在最上層。只要了解物件的上下層關係，就能快速畫出複雜的圖稿。

「圖層」面板就是物件列表

Illustrator 的所有物件都會依照「圖層」面板的排列順序顯示（上層的物件會位於上方）。物件是由圖層與子圖層組成，點選「圖層」面板的 > 就能了解圖層的內容或是群組物件的結構。

POINT

「圖層」面板可點選「視窗」選單的「圖層」切換顯示狀況。

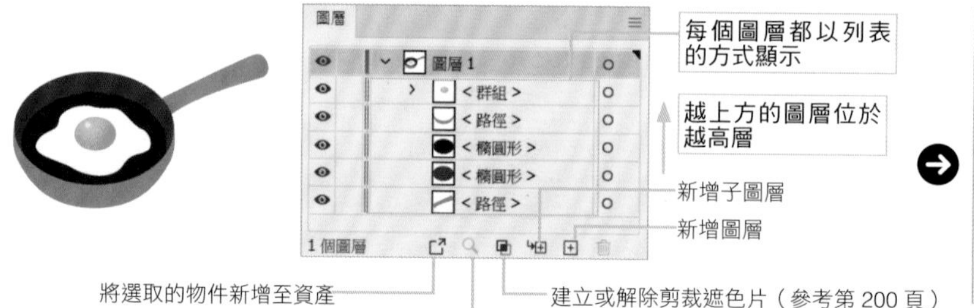

圖層的功能與優點

新增文件時，只會跟著新增「圖層 1」的圖層，之後可依照需求新增圖層或子圖層。若要繪製複雜的圖稿，就得利用圖層管理每一層的物件，才不會不小心選取或刪除了其他物件。圖層與物件一樣，越上層的圖層位於「圖層」面板的越上方。

TIPS 新增圖層的選項

Ctrl +點選（只適用於新圖層）

在最上層新增圖層

Alt +點選（適用於所有圖層）

透過「圖層選項」對話框新增圖層（或子圖層）

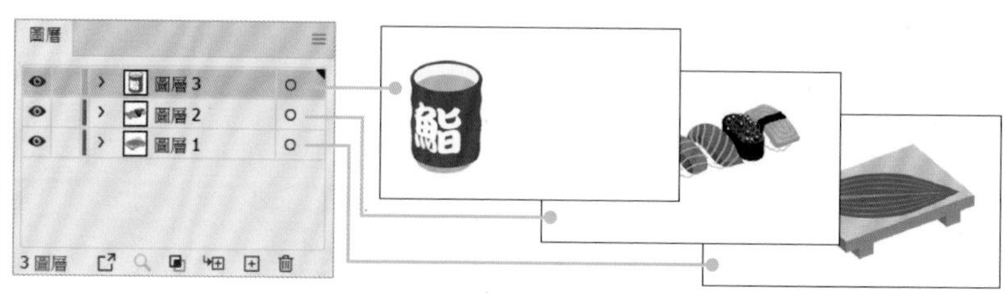

顯示、隱藏／鎖定、解除鎖定／範本

「圖層」面板的左側欄位可決定「圖層」面板裡的物件是否顯示。每點一次，就能切換 👁 與 ，決定物件是顯示還是隱藏。

「圖層」面板從左側數來的第二個欄位可設定物件是否鎖定。每點一次，就能切換鎖定狀態，物件也會跟著鎖定或解除鎖定。

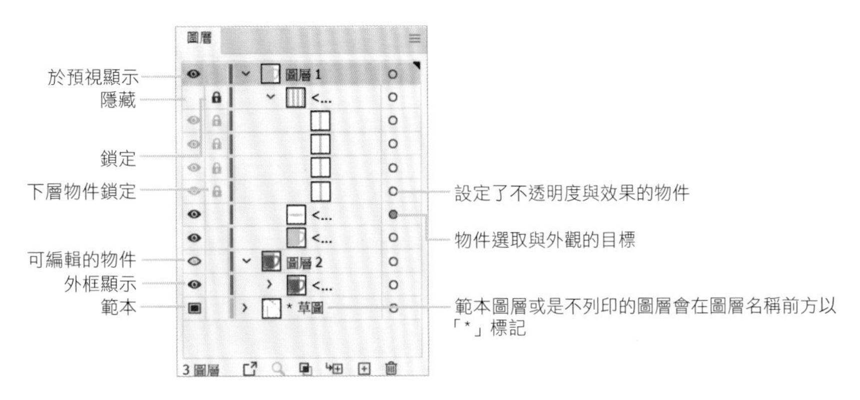

點選 👁 的操作

Ctrl + 點選	切換外框與預視模式
Alt + 點選	隱藏其他圖層的物件
Ctrl + Alt + 點選	讓其他圖層的物件以外框模式顯示

點選 🔒 的操作

Alt + 點選	解除圖層的鎖定，若是按住 Alt 鍵再點選一次，就能鎖定未鎖定的圖層。

圖層／群組／路徑的選項

「圖層」面板的圖層／群組／路徑都有自訂名稱的選項。

▶ 圖層選項

「圖層選項」對話框可從「圖層」面板選單點選「< 圖層名稱 > 的選項」或是雙擊「圖層」面板的項目名稱右側空白處開啟。

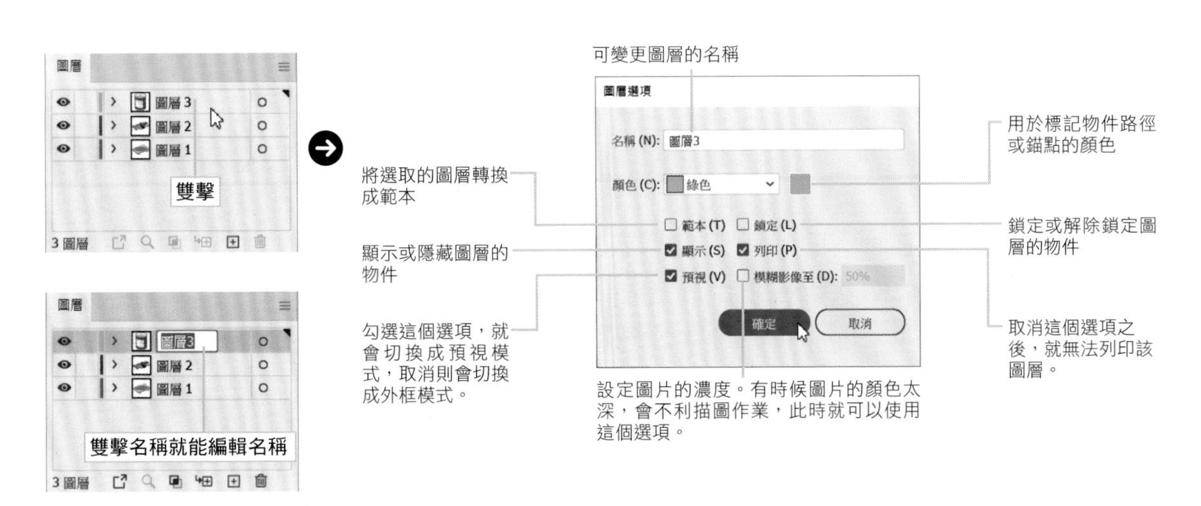

TIPS 範本圖層

範本圖層很適合在使用筆形工具 描繪照片的時候，當成照片底圖圖層使用。
設定為範本圖層之後，該圖層就會自動鎖定，而且圖層裡的影像會套用在「圖層選項」對話框設定的透明度。此外，範本圖層是草圖，所以無法列印。

POINT

在「圖層」面板選單點選「範本」，選取的圖層都會變成範本圖層。

TIPS 對多個圖層套用相同的設定

要對多個圖層進行相同的設定可按住 Ctrl 鍵再於「圖層」面板點選多個圖層，接著雙擊圖層，開啟圖層選項對話框。

調整排列順序

「圖層」面板的圖層／群組／路徑都可拖曳調整排列順序。
群組／路徑也可以拖曳到其他的圖層。
此外，可將圖層轉換成其他圖層的子圖層，也可以讓子圖層成為獨立圖層。

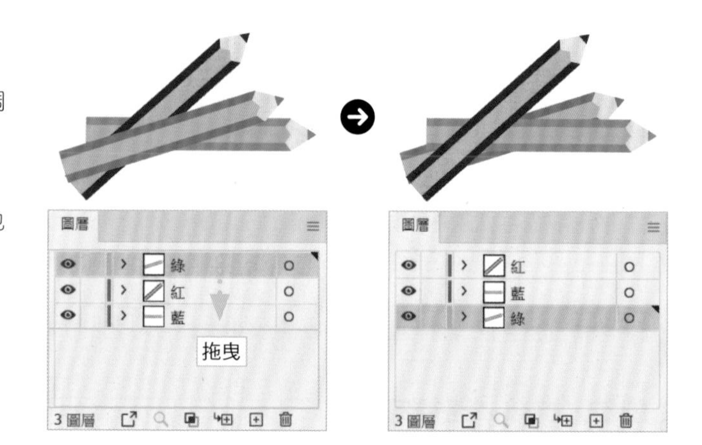

複製物件

「圖層」面板的圖層／群組／路徑都可以在「圖層」面板複製。
此時路徑的排列順序會於圖層（群組、路徑）之前的相同位置複製。

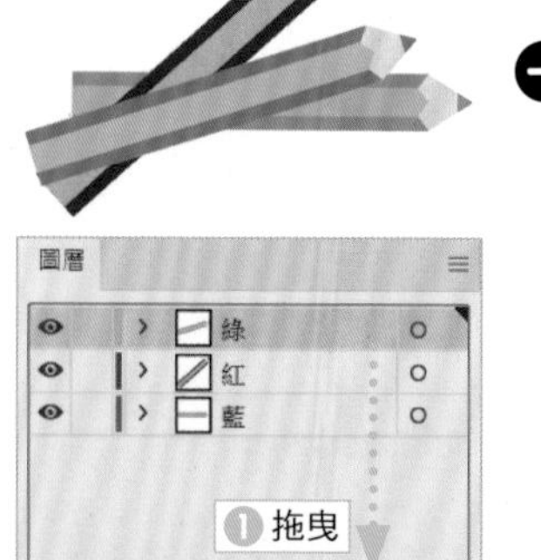

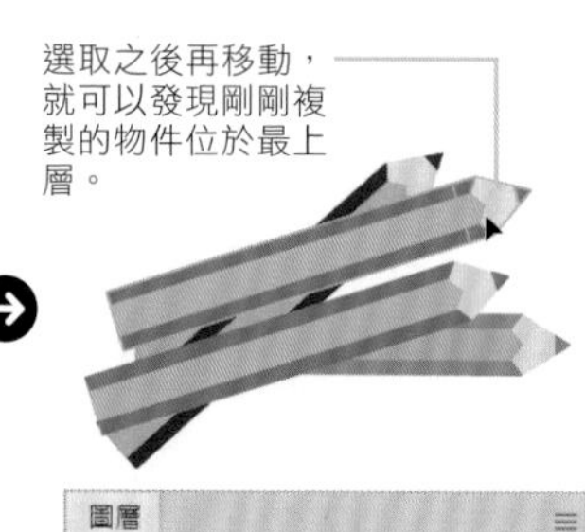

TIPS 在群組加入路徑

將未群組化的路徑拖曳至群組，再調整排列順序，就能將該物件放進該群組之中。

TIPS 複製圖層與物件

拖曳圖層時，按住 Alt 鍵再放開滑鼠左鍵，就能於放開滑鼠左鍵的位置複製圖層。

合併圖層

要將多個圖層合併為一個圖層時，可從「圖層」面板選單點選「合併選定的圖層」。

按住 Ctrl 鍵再點選圖層，就能選取多個圖層。可在選取圖層之後，按住 Shift 鍵點選要合併至哪個圖層。指定為彙整圖層的圖層，圖層的右上角會顯示黑色三角形。

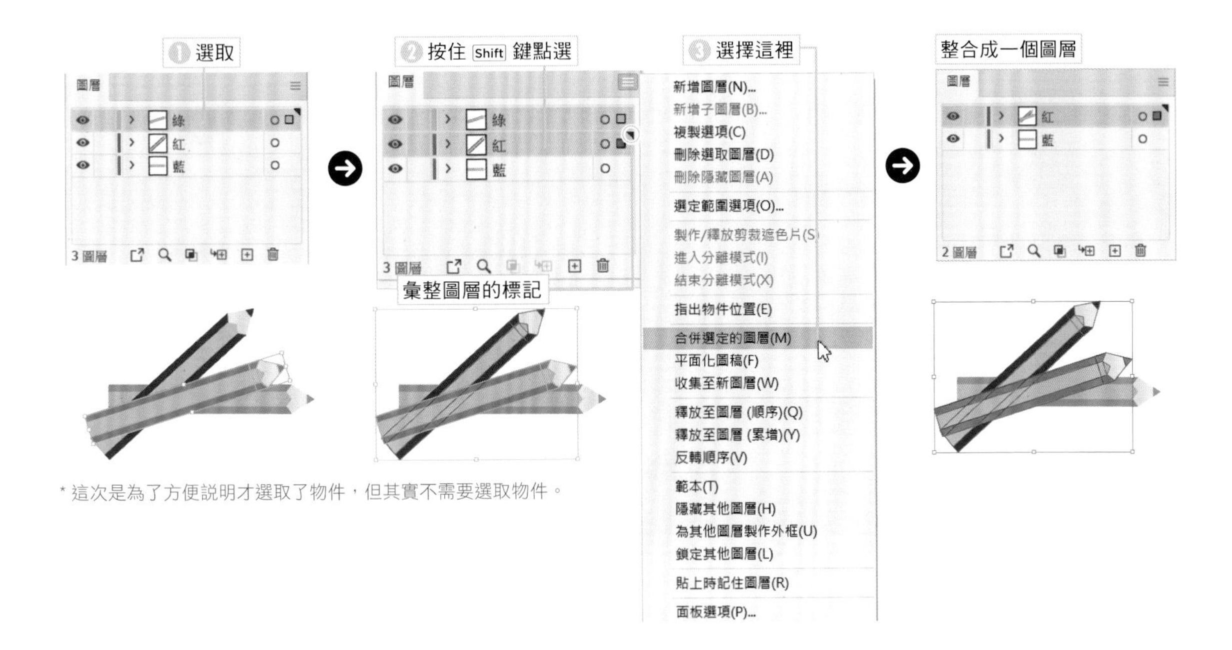

* 這次是為了方便說明才選取了物件，但其實不需要選取物件。

> **TIPS 合併為新圖層**
>
> 如果要讓選取的圖層合併為新圖層，可先選取圖層，再於「圖層」面板選單點選「收集至新圖層」。
>
> 新增的圖層會取代最上層圖層的位置。

▶ 合併所有圖層

從「圖層」面板選單點選「平面化圖稿」就能將所有圖層合併為一個圖層。

與「合併選定的圖層」一樣，所有的圖層會合併至右上角有黑色三角形的圖層。

刪除物件

要刪除圖層、群組或路徑可先選取圖層，再點選「圖層」面板的「刪除選取圖層」按鈕 🗑。如果想跳過對話框，直接刪除圖層，可將圖層拖曳到「刪除選取圖層」圖示。

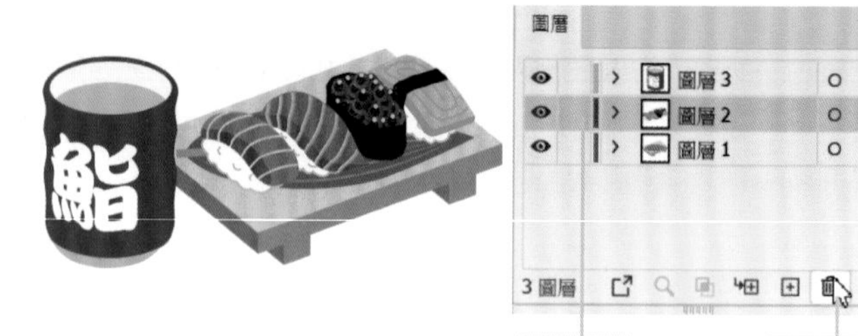

TIPS　利用「圖層」面板選取物件

點選「圖層」面板的群組或路徑的右側，就能選取該群組或路徑。如果點選的是圖層，可選取該圖層所有的路徑與群組（參考第 67 頁）。

POINT

刪除群組或路徑時，不會另外顯示對話框。

POINT

將圖層拖曳至垃圾筒就能跳過對話框，直接刪除圖層。

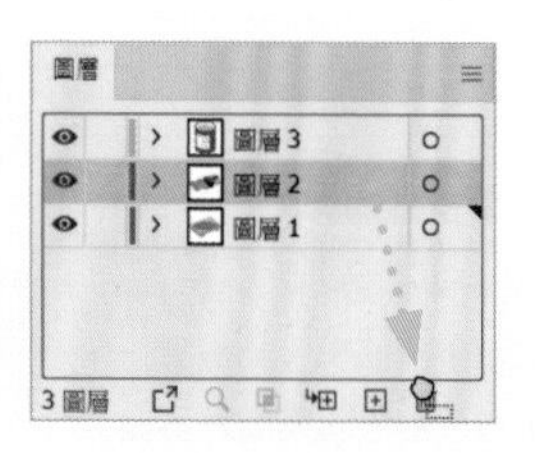

SECTION 4.11

使用頻率

利用「排列順序」命令調整上下層關係

「物件」選單的「排列順序」命令可讓選取的物件移動到上層或下層。如果懂得使用快捷鍵，將可比「圖層」面板更快調整圖層的排列順序。

置前、置後

從「物件」選單的「排列順序」點選「置前」（Ctrl +]）、「置後」（Ctrl + [）就能讓圖層上下移動一層。

此外，會整個圖層一起調整排列順序。

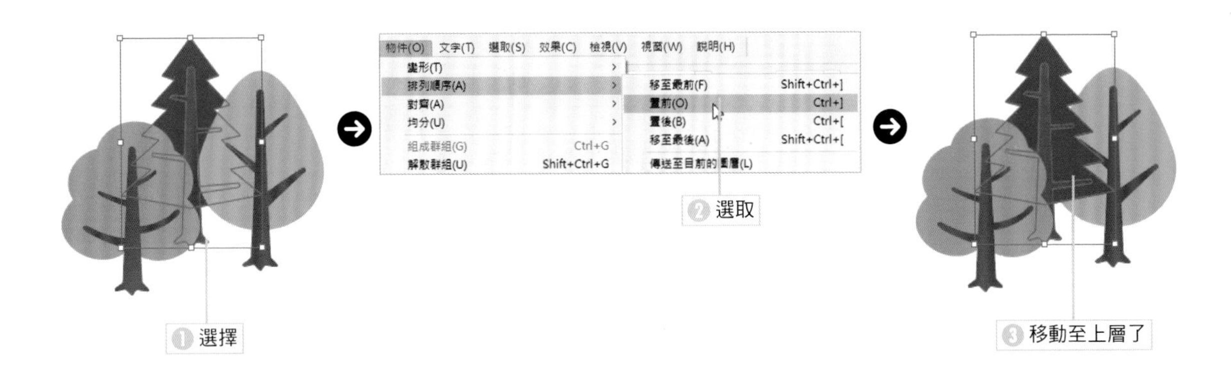

移至最前、移至最後

「置前」與「置後」都只能讓圖層往上或往下移動一層，如果要讓物件移至最上層或最下層，可從「物件」選單的「排列順序」點選「移至最前」（Shift + Ctrl +]）或是「移至最後」（Shift + Ctrl + [）。

此外，不管是點選「移至最前」還是「移至最後」，都會移動到物件所屬圖層之中的最上層或最下層。

SECTION 4.12

使用頻率

「檢視」選單→「智慧型參考線」

利用智慧型參考線對齊物件

在繪製或編輯物件時，當物件與其他的物件成為特定角度或位置就會顯示智慧型參考線。這種提示功能也能用於調整文字的位置。

使用智慧型參考線功能

要使用智慧型參考線功能可從「檢視」選單點選「智慧型參考線」(Ctrl + U)，勾選這個選項。

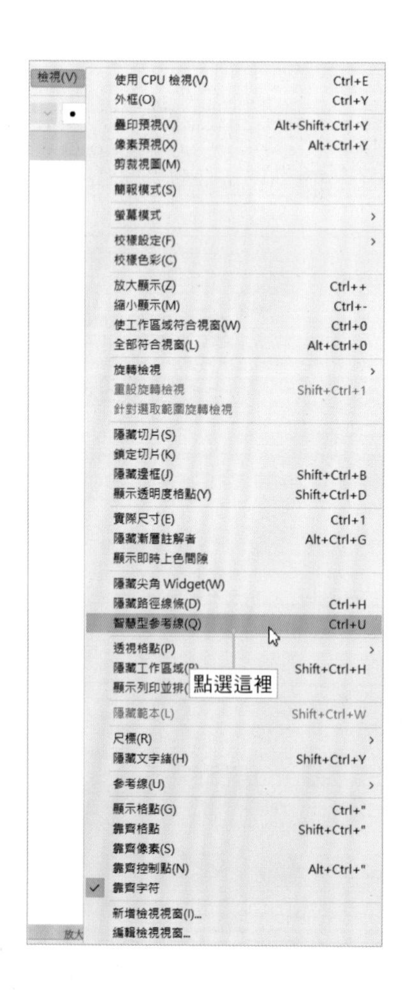

使用智慧型參考線就能在拖曳物件的時候讓物件對齊

New ! ACCESS Welcome

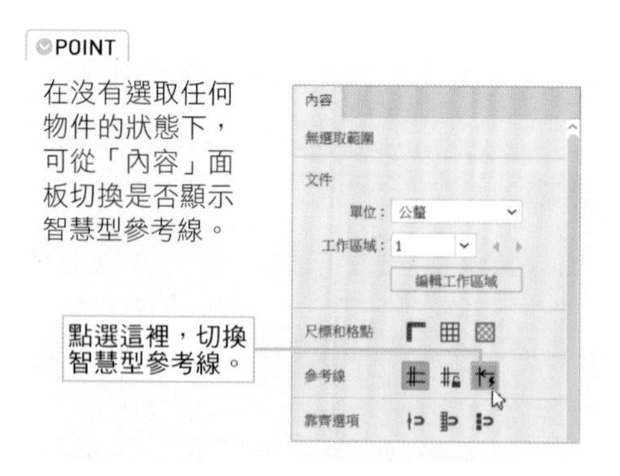

POINT

在沒有選取任何物件的狀態下，可從「內容」面板切換是否顯示智慧型參考線。

POINT

切換智慧型參考線的快捷鍵是 Ctrl + U。

智慧型參考線的設定

智慧型參考線的種類可於「偏好設定」對話框（Ctrl + K）的「智慧型參考線」設定。

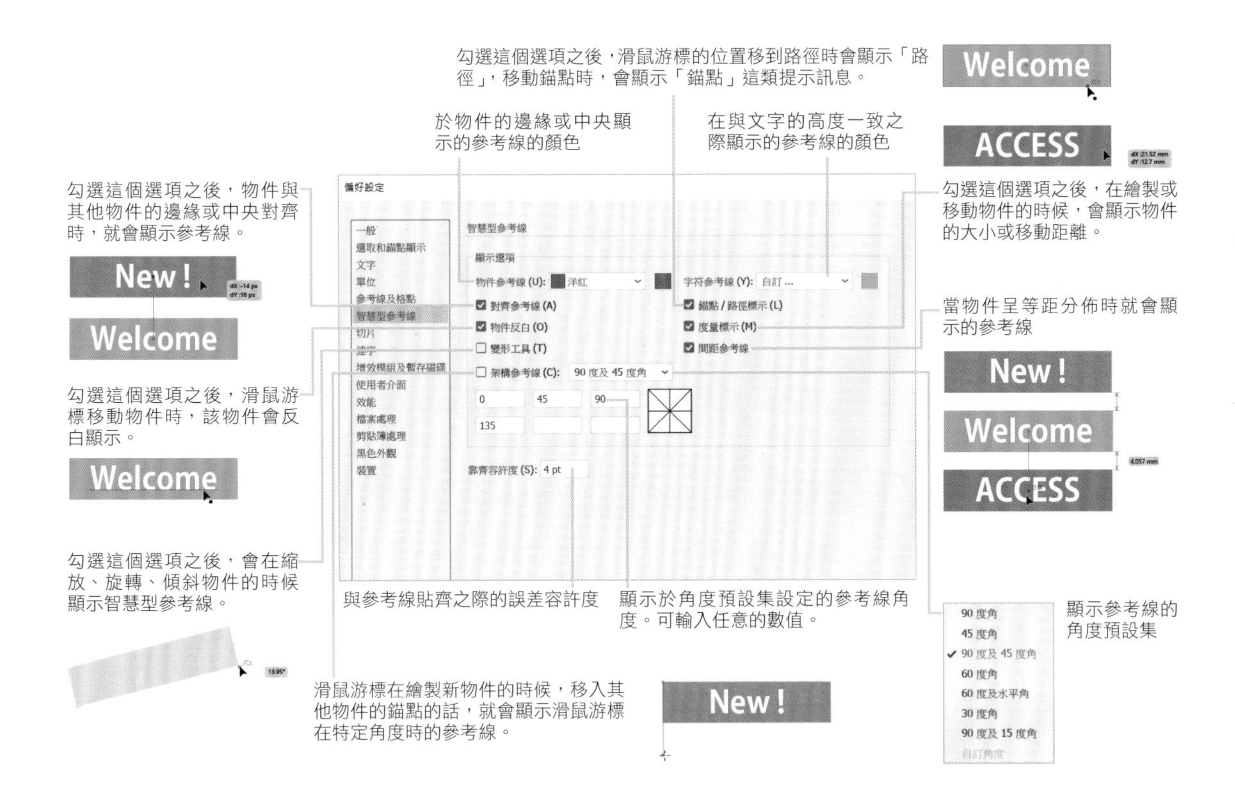

使用靠齊字符功能

靠齊字符功能是讓物件與文字的上緣、下緣與中間線對齊的功能。

要使用靠齊字符功能必須先啟用智慧型參考線，再於「檢視」選單啟用「靠齊字符」功能。

啟用靠齊字符功能之後，可在「字元」面板的靠齊字符選擇靠齊的位置。

「靠齊字符」可點選「字元」面板選單的「顯示靠齊字符」選項顯示。

當文字的全形字框中心與物件的中心點對齊才會顯示的智慧型參考線

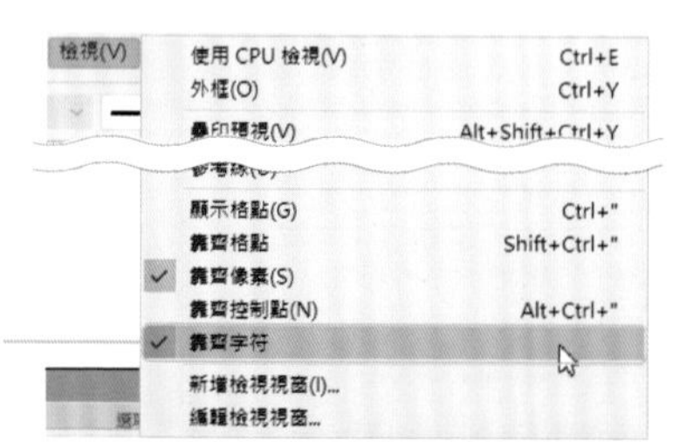

勾選之後即可啟用靠齊字符功能

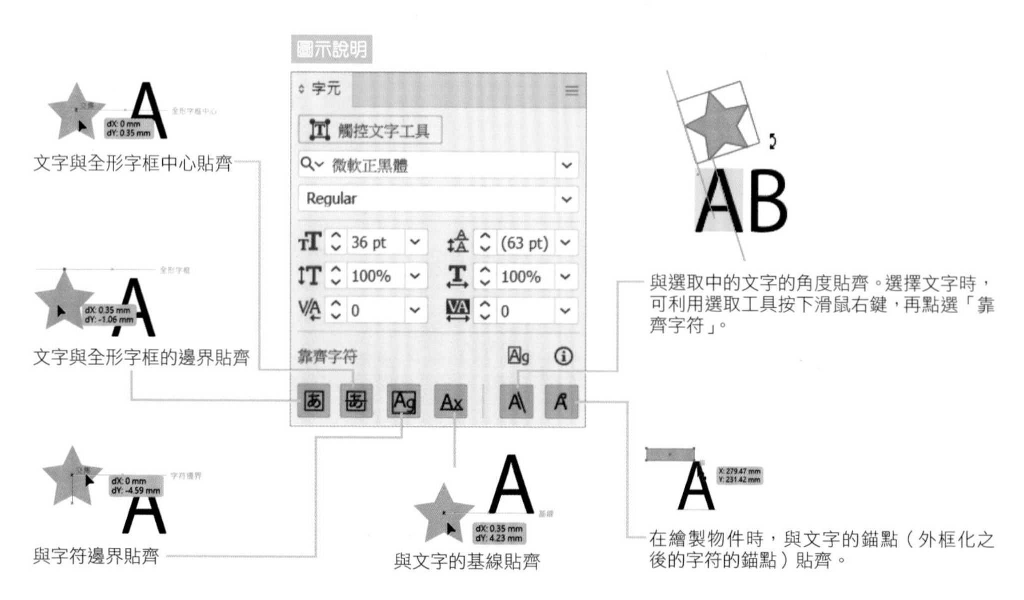

CHAPTER

5

試著設定顏色

Illustrator 的物件雖然只能設定「填色」與「筆畫」這兩種顏色，但除了單色之外，還能套用漸層與圖樣，如果再加上不透明度或是漸變模式的設定，就能賦予重疊的物件各式各樣的視覺效果。讓我們一起學會設定顏色的方法吧。

SECTION 5.1

使用頻率 ●●●

「填色」方塊、「筆畫」方塊、「顏色」面板

指定物件的顏色

Illustrator 可替物件的內部設定「填色」，以及替路徑的「筆畫」設定顏色。設定顏色的方法有很多種，但最基本的方法就是透過「顏色」面板設定。可以先設定顏色再繪圖，也可以先繪圖再設定顏色。

物件的「填色」與「筆畫」

以路徑繪製而成的物件可設定路徑內側的顏色，也就是所謂的「**填色**」，也能設定路徑本身的顏色，也就是「**筆畫**」的顏色。

設定「填色」後，路徑圍住的部分就會填滿顏色。

若是設定為「無」，就會變成透明填色的線條畫。

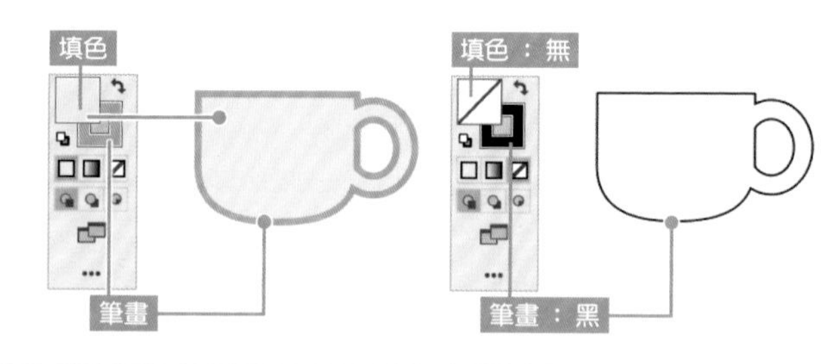

POINT

使用「外觀」面板可在「填色」與「筆畫」設定多種顏色，營造更複雜的外觀（參考第 120 頁）。「填色」、「筆畫」只設定一個的情況稱為「基本外觀」。

「填色」方塊與「筆畫」方塊的選擇

要替物件設定顏色之前，必須先選擇「填色」或是「筆畫」。點選工具箱的「填色」與「筆畫」之後，位於上層的就是設定對象。

這個設定可在「顏色」面板與「色票」面板完成。

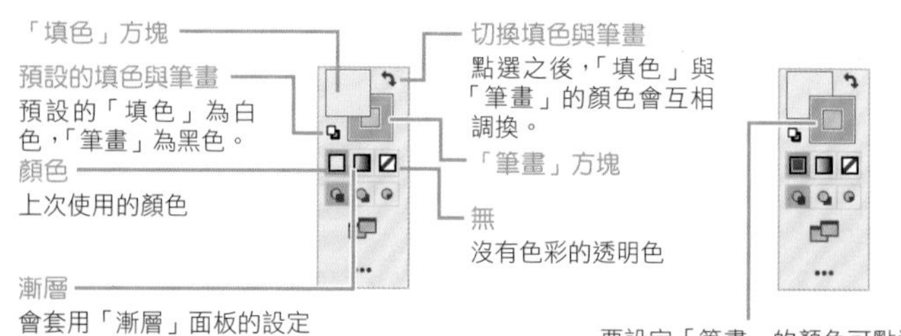

TIPS 其他指定顏色的方法

其他指定顏色的方法請參考下列說明。

「色票」面板：第 115 頁

「控制」面板、「內容」面板、「外觀」面板：第 120 頁

「檢色器」對話框：第 121 頁

「色彩參考」面板：第 124 頁

利用「顏色」面板設定顏色

「顏色」面板（F6 鍵）可透過數值設定「填色」與「筆畫」。

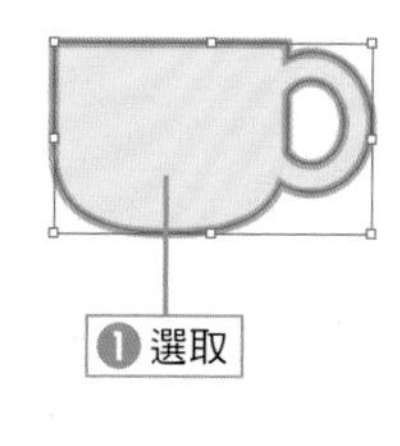

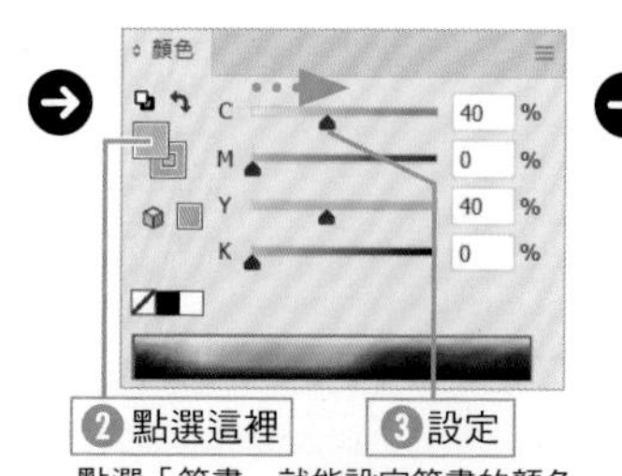

點選「筆畫」就能設定筆畫的顏色

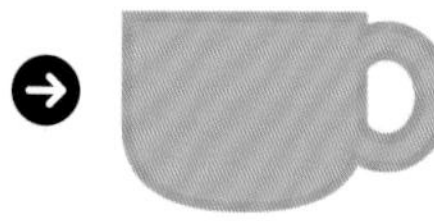

▶「顏色」面板的設定

「顏色」面板選單有五種色彩模式可以選擇。色彩模式可根據圖稿的用途變更。此外，也能設定目前顏色的反轉色與互補色。

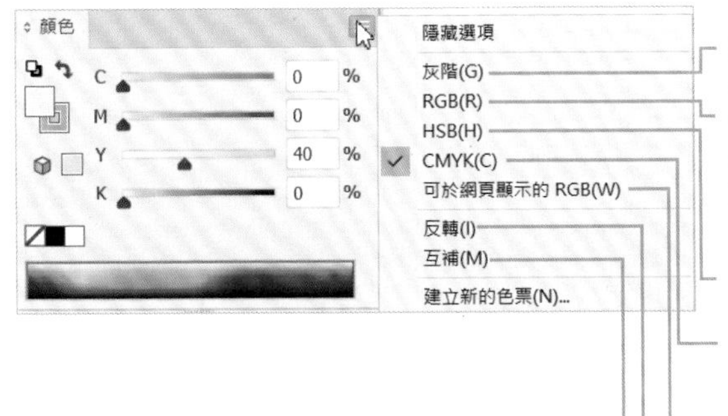

灰階
以 256 階（8 位元）的灰階指定顏色

RGB
以 R（紅）G（綠）B（藍）這三種顏色的混合比例呈現顏色。在繪製網頁或影像的圖稿時，可使用這種色彩模式。右下角會顯示顏色的 16 進位值，複製之後，可於其他的應用程式貼上與使用。

HSB
以 H（色彩）S（飽和度）B（明度）呈現顏色

CMYK
以 C（青）M（洋紅）Y（黃）K（黑）這四種顏色呈現顏色。可於繪製印刷品的圖稿時使用。

可於網頁顯示的 RGB
繪製網頁素材的時候可使用這種色彩模式，是不管使用者以何種網頁瀏覽器開啟網頁都能顯示的 216 色模式。

反轉
設定為與目前顏色反轉的顏色。若是 RGB 模式，就是從 255 減去設定值的數值。其他的色彩模式也會以 RGB 值計算。

互補
變更為兩相混合之後就會變成白色的互補色。如果是 HSB 模式，就是 H（色相）加（或是減）180 之後的顏色。其他的色彩模式也會以 HSB 計算，再轉換成各模式的類似色。

TIPS 色彩模式的設定與色域

在 Illustrator 新增文件的時候，可選擇文件的色彩模式（CMYK 模式／ RGB 模式）。

一般來說，要在螢幕顯示的圖稿會以 RGB 模式繪製，印刷品的圖稿則會以 CMYK 模式繪製，但經過多次升級的 Illustrator 已能根據圖稿的用途選擇其他的色彩模式。

就色彩模式的特性而言，RGB 色彩比 CYMK 色彩的色域更廣，能使用更多的顏色重現不同的顏色。此外，就算已經設定了色彩模式，之後還是可以透過「檔案」選單的「文件色彩模式」重新設定。

在利用「顏色」面板設定顏色時，最能看出文件色彩模式的差異。比方說，在 CMYK 模式的文件對物件設定 RGB 模式或 HSB 模式的顏色時，若是指定了超出 CMYK 模式色域的顏色，就會強制轉換成 CMYK 模式色域的顏色。

假設在 RGB 色彩模式指定的顏色超出 CMYK 的色域，「顏色」面板的左下角就會顯示色域外警告訊息的圖示▲與顏色。點選這個顏色圖示就會將這個 RGB 顏色轉換成最接近的 CMYK 顏色。如果是超出網頁安全色色域的顏色，則會顯示色域外警告訊息的圖示，點選這個圖示就能將顏色轉換成最接近的網路安全色。

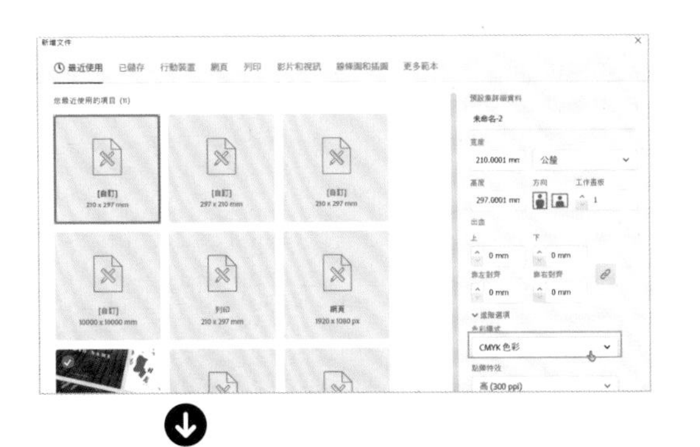

於CMYK模式的文件以RGB模式指定顏色

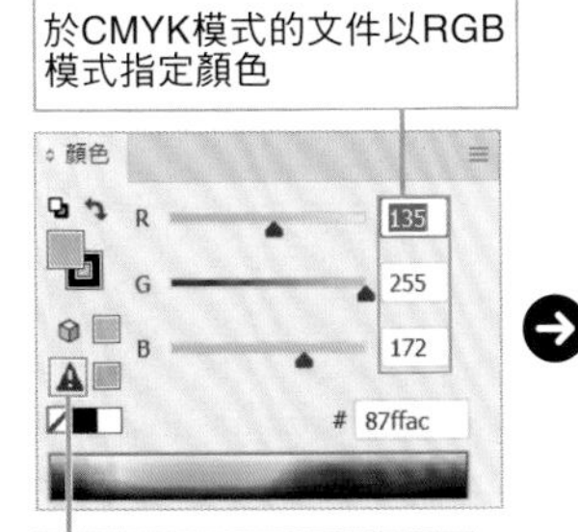

代表這是非CMYK色域的顏色，可點選這裡。

轉換成CMYK的色域了

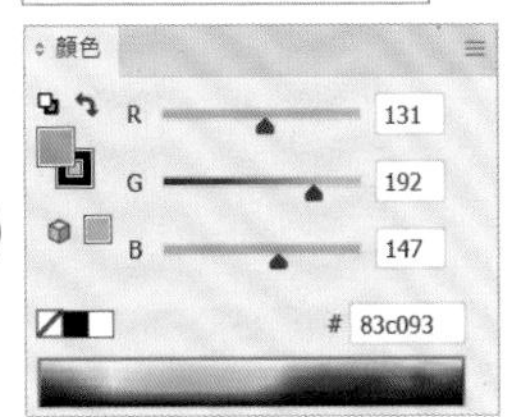

CHAPTER 5 試著設定顏色

填色的規則

「填色」的顏色會於路徑內部套用，但是當圖形為下列範例這種路徑內部還有封閉路徑的情況，就能透過「屬性」面板的填色規則讓封閉路徑的顏色消失。

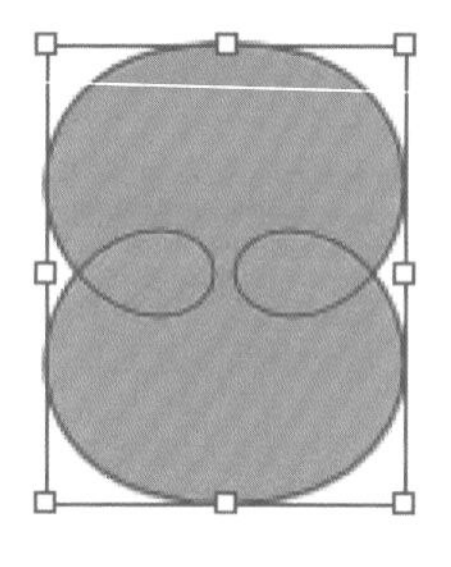

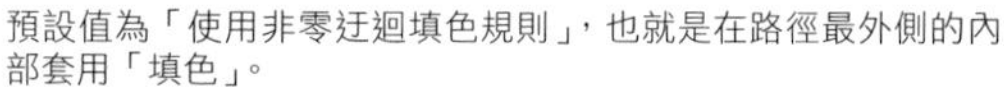

預設值為「使用非零迂迴填色規則」，也就是在路徑最外側的內部套用「填色」。

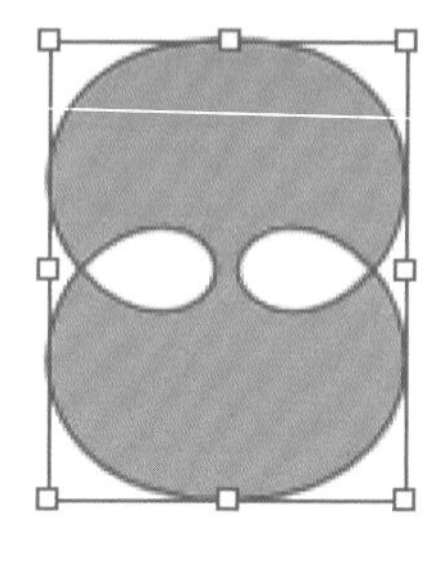

點選「使用奇偶填色規則」就能禁止路徑內側的封閉路徑套用顏色，保持透明的狀態。

關於疊印填色

當上層的物件指定為「**疊印填色**」，上層物件就會與下層物件重疊再印刷。如果想預視疊印填色的印刷結果，可從「檢視」選單點選「疊印預視」（Alt＋Shift＋Ctrl＋Y）。

POINT

「屬性」面板可於「視窗」選單的「屬性」（Ctrl＋F11 鍵）切換顯示狀態。

TIPS 黑色的疊印填色

要在圖稿設定黑色的疊印填色，可在分解顏色的時候，在列印對話框勾選「**黑色疊印**」選項。此外，「編輯」選單的「編輯色彩」的「**黑色疊印**」功能也會對具有特定比例的黑色的物件自動設定黑色疊印。詳情請參考第 166 頁。

SECTION 5.2

活用「色票」面板

使用頻率

點選「色票」面板的顏色就能套用在物件。除了顏色之外，也能在「色票」面板新增漸層與圖樣。若是使用整體色彩，還能一口氣變更套用的顏色。

使用「色票」面板

「色票」面板可新增常用的顏色，讓我們快速點選需要的顏色。除了「顏色」面板的顏色之外，色票還可以是圖樣、漸層這類繪圖屬性。

此外，可依照選項的設定調整顏色的類型。

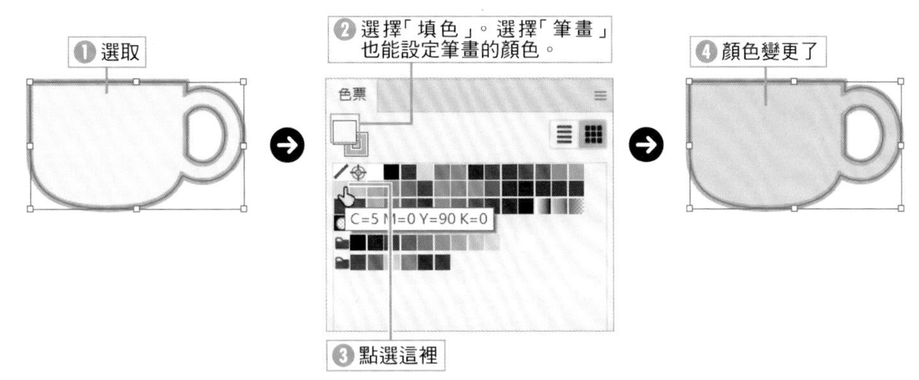

關於「色票」面板

「色票」面板的色票有很多種類，各種類也有自己的圖示。使用者可透過面板下方的按鈕管理色票。

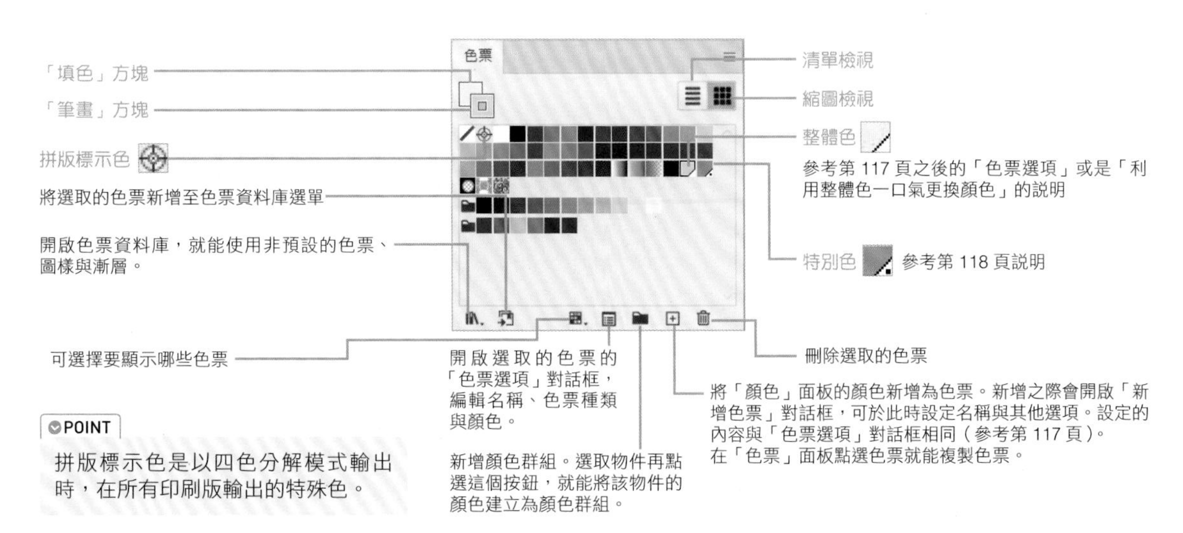

POINT

拼版標示色是以四色分解模式輸出時，在所有印刷版輸出的特殊色。

此外，變更「色票」面板選單的設定，就能讓預設的縮圖檢視模式轉換成清單檢視模式。切換成清單檢視模式之後，色票的右側就會出現色彩模式、整體色、特別色的符號。

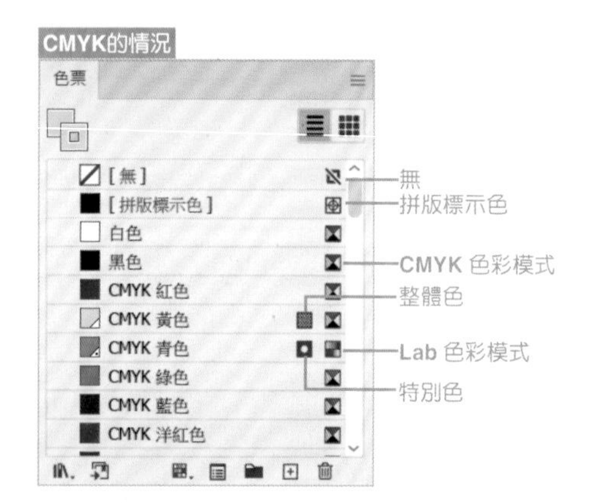

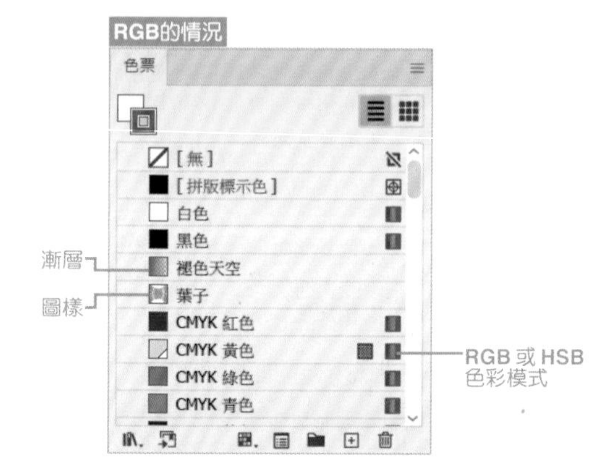

將顏色新增為色票

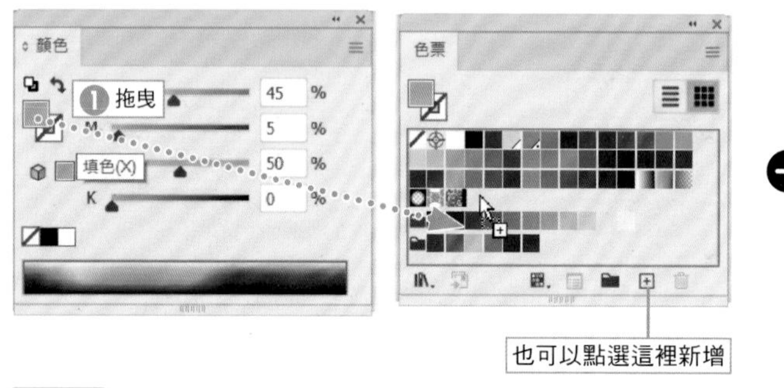

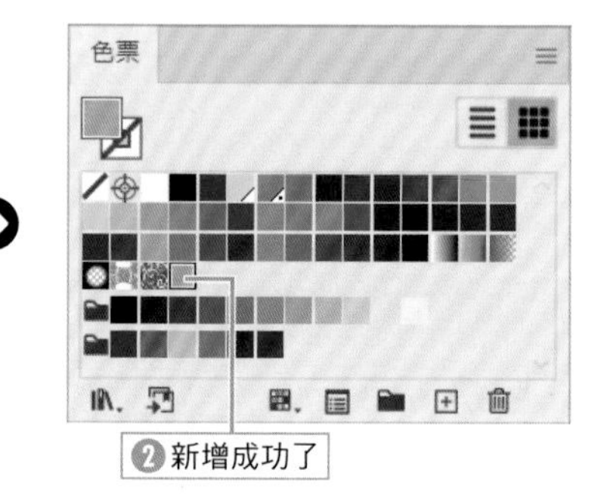

POINT

漸層也能透過相同的步驟新增為色票。漸層的設定請參考第 130 頁的說明。

色票選項

所有的色票都能自訂名稱，如此一來就能在「色票」面板切換成清單檢視模式之後，更快找到需要的色票。此外，也可以變更色票的顏色種類、色彩模式，以及利用滑桿調整色票的顏色。

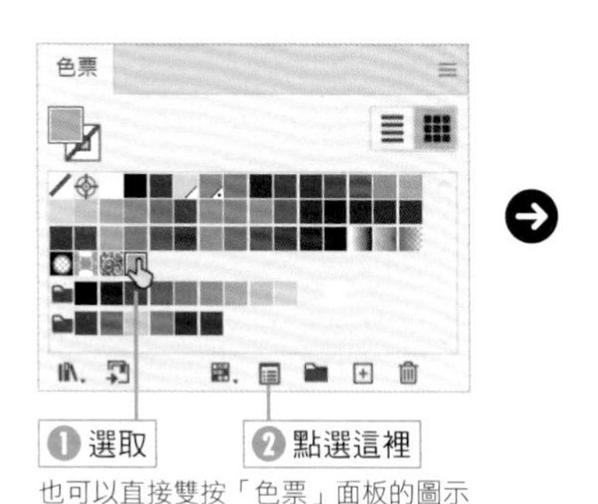

也可以直接雙按「色票」面板的圖示

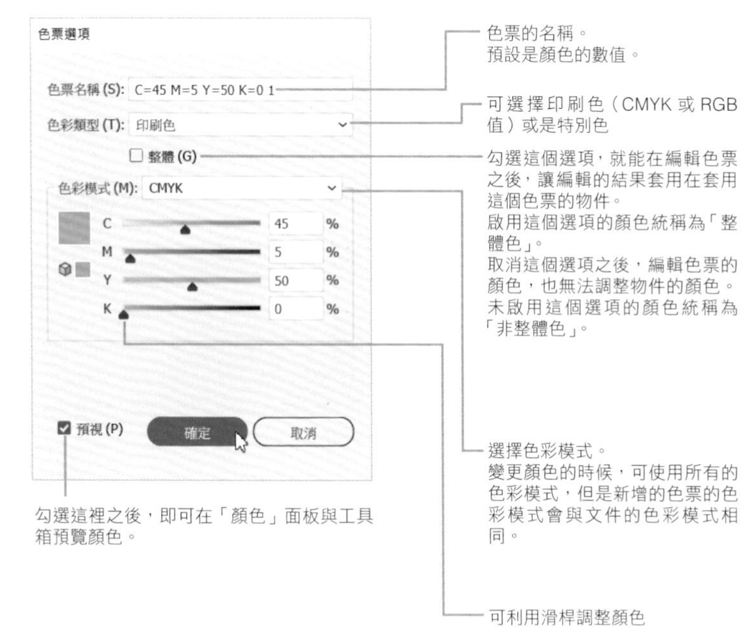

POINT

文件的色彩模式為 CMYK 時，色票的色彩模式也會是 CMYK，而當文件的色彩模式為 RGB，色票的色彩模式則會是 RGB。
如果中途變更文件的色彩模式，色票的色彩模式也會跟著改變。

利用整體色一口氣更換顏色

在物件套用整體色，就能在編輯色票之後，一口氣改變套用在物件的顏色。

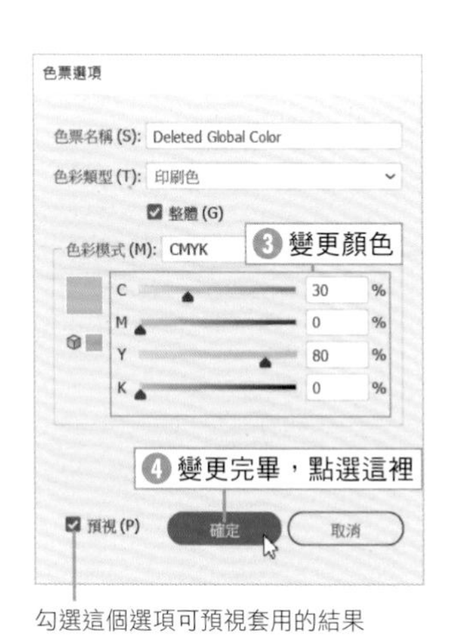

勾選這個選項可預視套用的結果

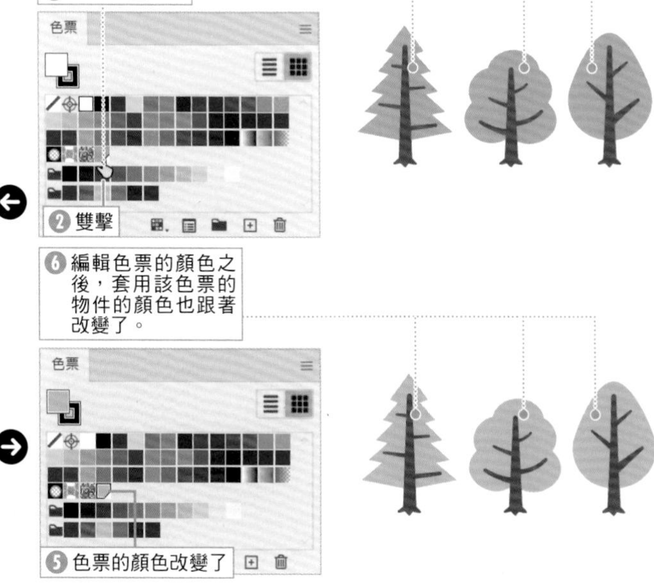

使用特別色

印刷時，從 CMYK 分解而來的顏色稱為「**印刷色**」。RGB 模式、HSB 模式、CMYK 模式、灰階模式的顏色也都是印刷色。所謂的「**特別色**」就是不同於 CMYK4 色的顏色，也是專為印刷特別調製的顏色。

▶使用色表

可使用 DIC（日大本油墨化學工業）、HKS、PANTONE、FOCOLTONE、TOYO（東洋油墨製造公司）、TRUMATCH 推出的色表。

要使用色表就得開啟色表的「色票」面板。

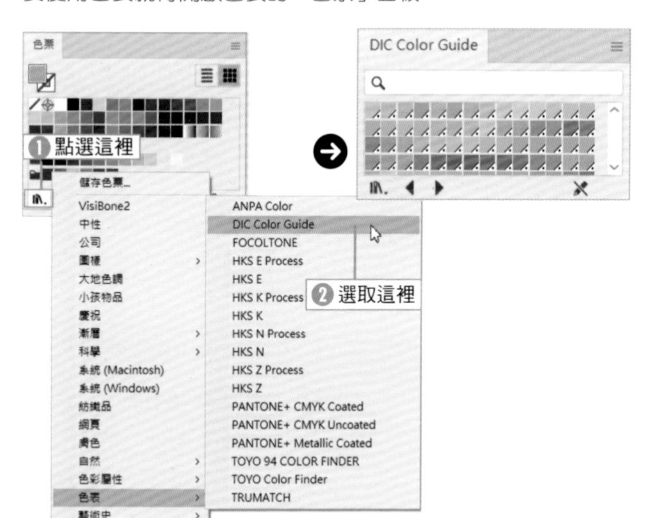

POINT

色票資料庫的色票無法刪除或變更名稱。即使是套用特別色的圖稿，也可以透過顏色分解的設定轉換成印刷色。

TIPS 從選單選擇

色票資料庫也可從「視窗」選單的「色票資料庫」開啟。

POINT

配置了使用雙色調特別色的 Photoshop 原生檔案時，影像的特別色會自動新增為色票。

TIPS 將特別色轉換成印刷色

開啟特別色的色票選項面板，將「色彩」模式設定為「CMYK」，再將「色彩種類」設定為「印刷色」，就能讓特別色轉換成相似的印刷色。

此外，在「色票」面板選單點選「特別色」，就能選擇將特別色轉換成印刷色的方法。

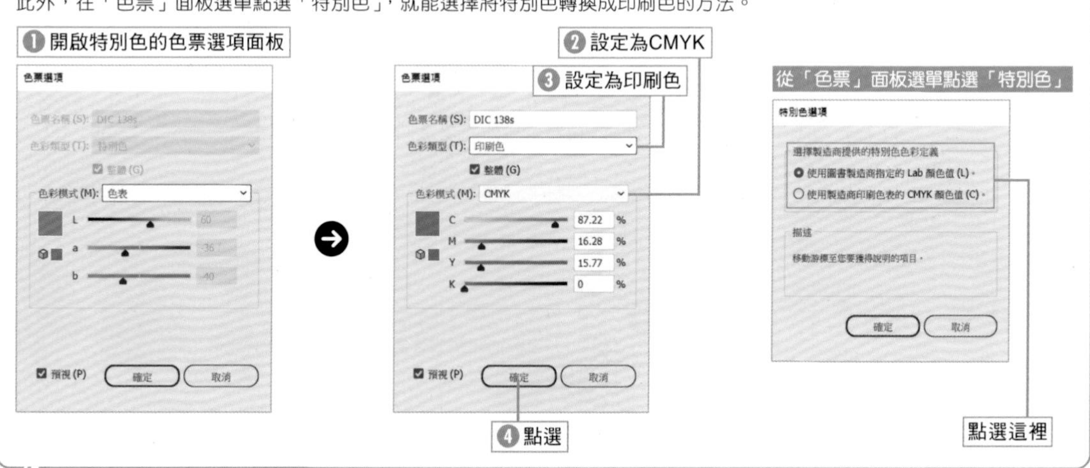

TIPS 特別色、整體色的「顏色」面板

點選特別色或整體色的色票之後，「顏色」面板不會顯示 CMYK 的顏色滑桿，而是只顯示屬於該特別色的顏色滑桿。

點選「顏色」面板的 CMYK 色彩模式圖示，就能切換成 CMYK 模式（RGB 也一樣）。

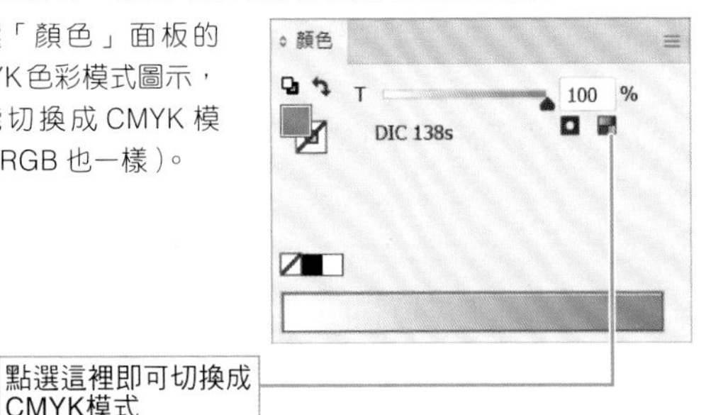

TIPS 使用其他圖稿的色票

於「色票」面板新增的色票只能在新增該色票的圖稿使用。

如果要使用其他圖稿的色票，必須複製與貼上套用該色票的物件，該物件的色票就會自動新增至「色票」面板。

如果想新增的色票很多，可點選「色票」面板下方的「色票」面板資料庫選單的 ，從「其它資料庫」載入其他的 Illustrator 檔案。

SECTION 5.3

使用頻率 ◉◉◉

「控制」面板、「外觀」面板、「內容」面板

透過「內容」面板、「控制」面板、「外觀」面板設定顏色

物件的顏色可透過「內容」、「控制」、「外觀」這三個面板設定。這些面板的特徵在於「填色」方塊與「筆畫」方塊是獨立的。

利用「內容」面板設定顏色

在「內容」面板的外觀之中，可選擇「色票」面板或「顏色」面板。

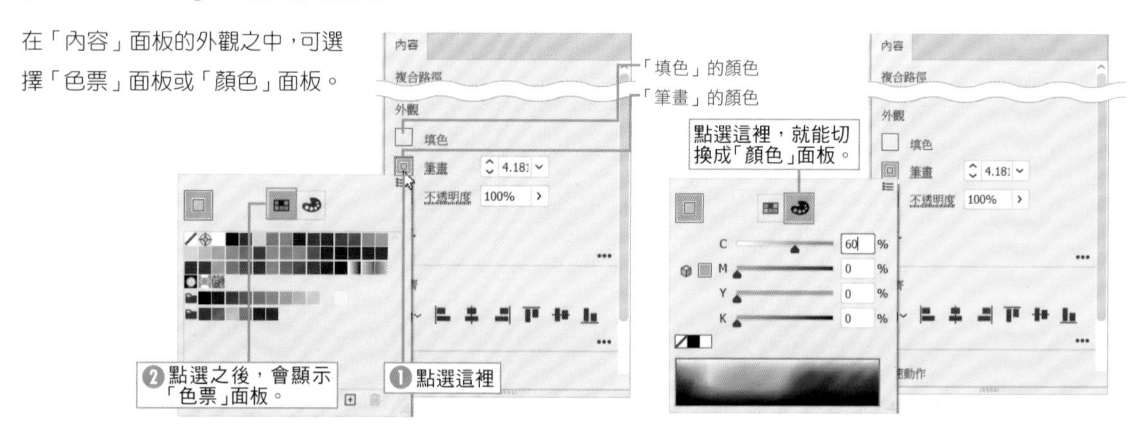

利用「控制」面板／「外觀」面板指定顏色

點選「控制」面板／「外觀」面板的「填色」或「筆畫」的方塊，也能開啟「色票」面板，從中選取需要的顏色（關於色票的說明請參考第 115 頁）。此外，按住 Shift 鍵再點選「填色」或「筆畫」的方塊，就能開啟「顏色」面板，設定需要的顏色。

「控制」面板

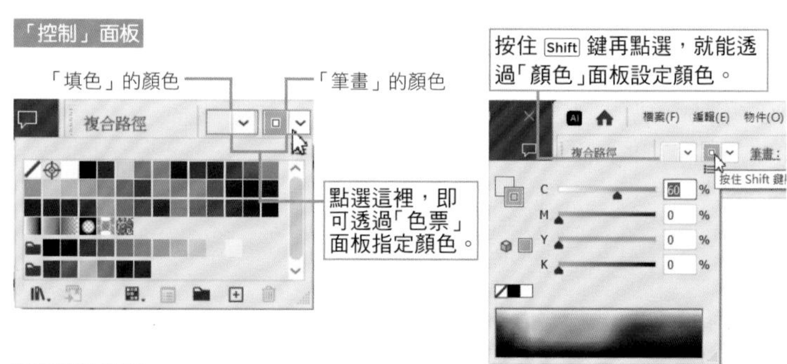

「外觀」面板

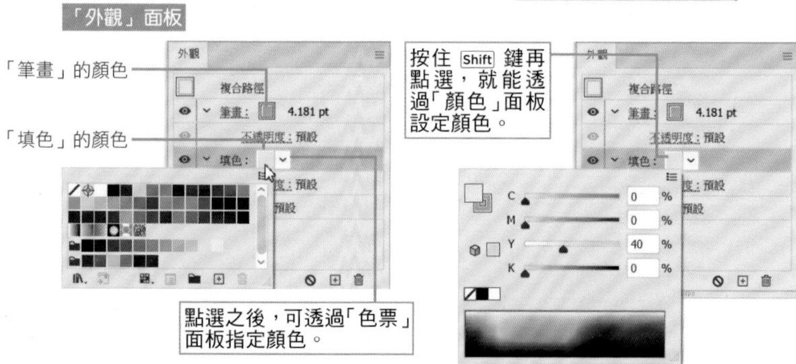

SECTION 5.4

使用頻率

「檢色器」對話框

利用檢色器指定顏色

雙擊「顏色」面板或是工具箱的「填色」或「筆畫」的方塊，就能開啟「檢色器」對話框，從中指定需要的顏色。

「檢色器」對話框的使用方法

「檢色器」對話框可利用色彩欄位或顏色滑桿指定顏色。

顏色滑桿會隨著對話框右側的色彩組成元素（HSB 或是 RGB）顯示對應的色階，色彩欄位則會於水平軸與垂直軸顯示其他元素的範圍。

比方說，點選 RGB 的「R」，顏色滑桿就會顯示 R 的顏色範圍，其他的 G 與 B 的顏色範圍會分別於色彩欄位的水平軸與垂直軸顯示。

「檢色器」對話框可同時利用顏色滑桿與色彩欄位設定顏色。

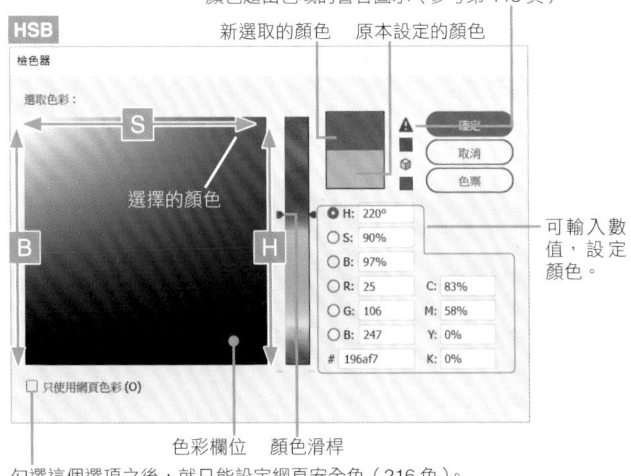

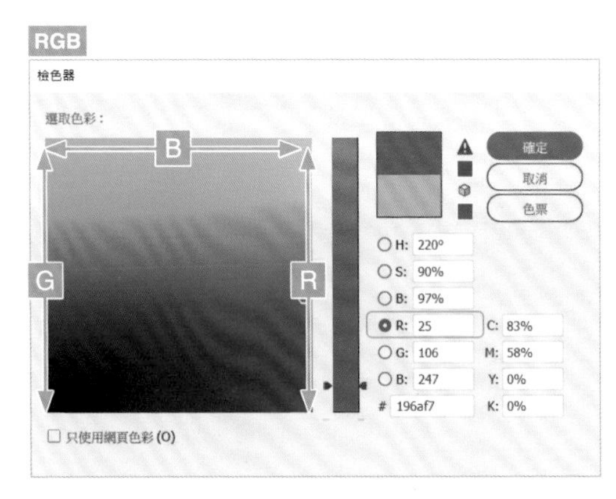

▶顯示色票

點選「色票」按鈕就能顯示「色票」面板的色票。在下方的搜尋欄位輸入搜尋條件，就能篩出名稱符合搜尋條件的色票。

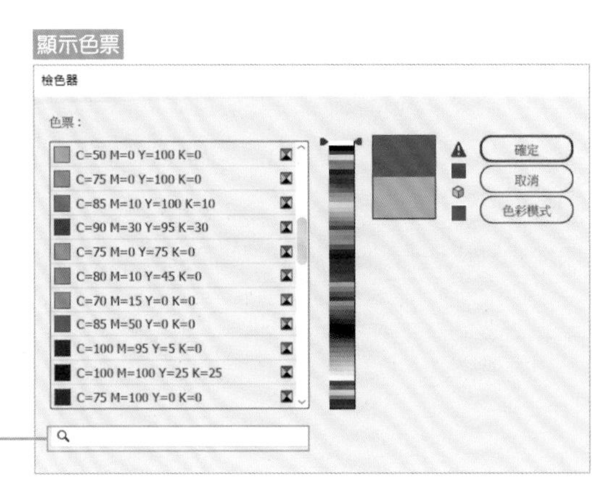

SECTION
5.5

使用頻率

滴管工具

利用滴管工具指定其他物件的顏色

滴管工具能複製物件的繪圖屬性（「填色」、「筆畫」顏色、筆畫寬度、筆畫形狀）。此外，利用滴管工具吸收的屬性也能套用在其他物件上。

利用滴管工具設定繪圖屬性

利用滴管工具 選取物件之後，該物件的繪圖設定就會是最新的繪圖設定，也會套用至工具箱或「顏色」面板，供其他的物件使用。

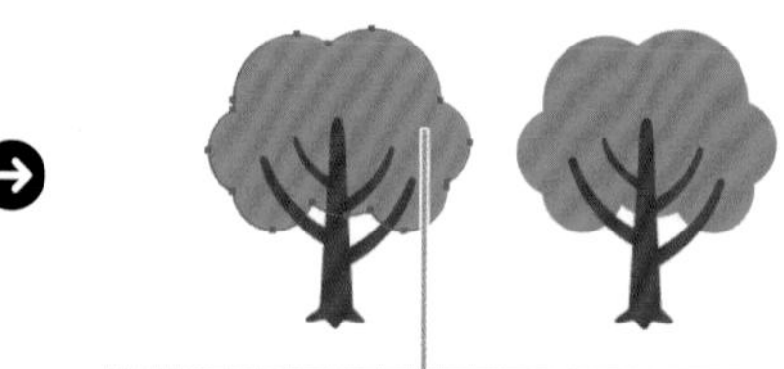

利用滴管工具套用目前的設定

按住 Alt 鍵再點選滴管工具 ，就能在其他的物件套用以滴管工具 吸收的屬性。

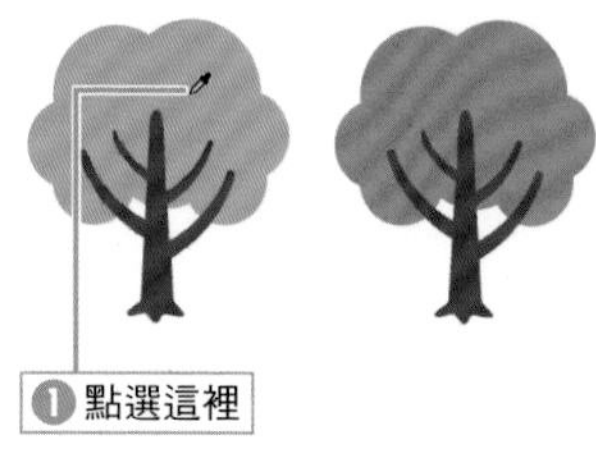

POINT

如果未複製物件屬性就按下 Alt 鍵＋點選，就會套用最新的「填色」與「筆畫」的設定。

利用滴管工具套用文字物件的格式

滴管工具 也能複製文字物件的屬性。文字物件除了顏色之外，還可以複製字體大小、字型這類格式資訊。

從文字複製資訊時，滑鼠游標會變成 。

❶ 點選要套用格式的物件

❷ 點選屬性來源物件

滴管工具除了可複製「填色」與「筆畫」，還能複製文字格式。複製的內容可透過滴管工具選項設定。

滴管工具除了可複製「填色」與「筆畫」，還能複製文字格式。複製的內容可透過滴管工具選項設定。

❸ 套用了顏色、文字、段落資訊。

滴管工具除了可複製「填色」與「筆畫」，還能複製文字格式。複製的內容可透過滴管工具選項設定。

滴管工具除了可複製「填色」與「筆畫」，還能複製文字格式。複製的內容可透過滴管工具選項設定。

POINT

文字區域之內的文字會隨著點選的位置而擁有不同的屬性。
這次的範例點選了填色的部分，所以文字的填色與筆畫都套用了該部分的顏色。

吸收了文字區域的屬性

滴管工具除了可複製「填色」與「筆畫」，還能複製文字格式。複製的內容可透過滴管工具選項設定。

▶ 滴管工具的選項

以滴管工具 吸收的屬性可於「滴管選項」對話框設定。

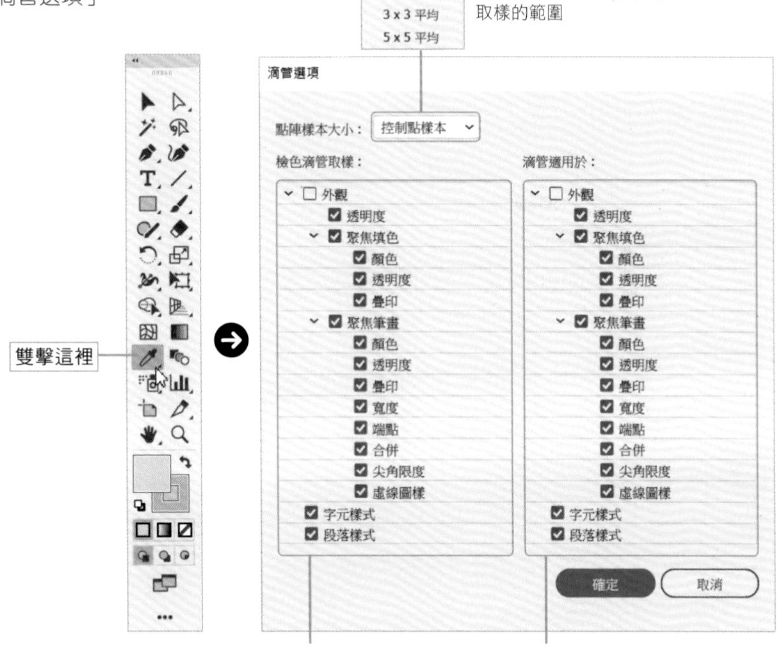

SECTION 5.6

「色彩參考」面板

透過「色彩參考」面板使用最理想的配色

使用頻率

「色彩參考」面板可依照「色票」面板或「顏色」面板的顏色（「填色」或「筆畫」這類正在使用的顏色），選取理想的配色。變更調和規則就能變更配色組合。

關於「色彩參考」面板

「色彩參考」面板與「色票」面板一樣，只要點選就能套用顏色。

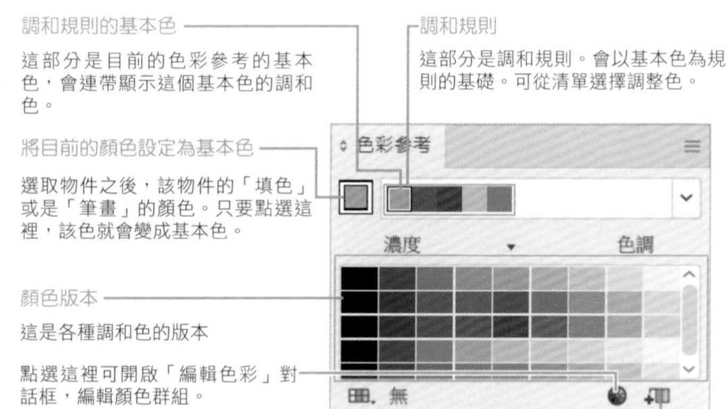

> **TIPS 色彩參考選項**
>
> 從「色彩參考」面板選單點選「色彩參考選項」，就能設定顏色版本的階數以及變量。

▶調和規則

調和色是以基本色調和的配色，會根據調色規則（調和規則）以及基本色建立。調整調和規則，調和色也會跟著改變。

▶顏色版本

「色彩參考」面板的下方有各種與目前調和色相關的顏色版本。

顏色版本分成「色調／濃度」、「溫暖／酷炫」、「鮮豔／柔和」這三種，可直接從面板選單切換。

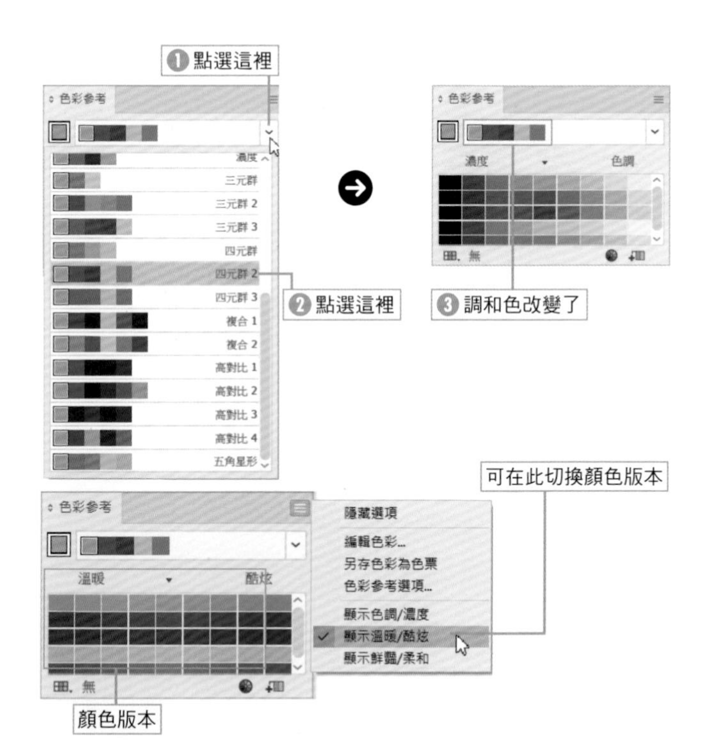

「筆畫」面板

設定筆畫

使用頻率

物件的筆畫（路徑）屬性可透過「筆畫」面板進一步設定。可設定的部分包含筆畫寬度、筆畫種類、端點形狀、轉角形狀，而且還能搭配顏色，創造不同的質感與有趣的效果。

設定筆畫的顏色

如果只是要畫線，可將「填色」設定為「無」，再於「筆畫」設定顏色與寬度。
「筆畫」除了可設定顏色，還可以設定圖樣與漸層。

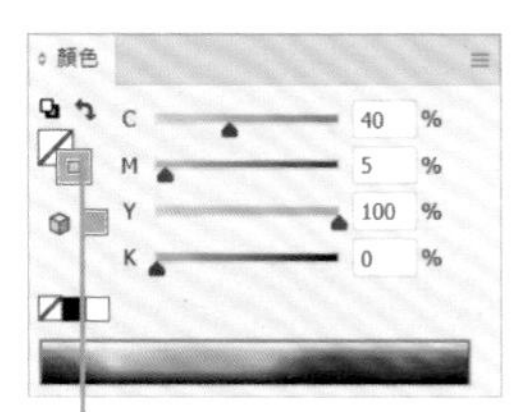

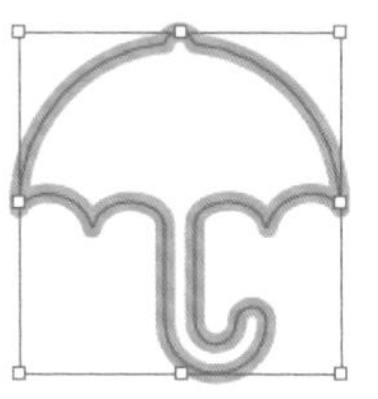

套用圖樣

套用漸層

若只需要筆畫，可將「填色」設定為「無」，只設定「筆畫」的顏色。

POINT
筆畫的漸層設定請參考第 132 頁的說明。

「筆畫」面板的設定

▶ 設定筆畫寬度

筆畫的寬度可於「控制」、「內容」、「筆畫」、「外觀」這些面板的「寬度」設定。

「筆畫」面板

POINT
「筆畫」面板可點選「視窗」選單的「筆畫」（Ctrl + F10 鍵）切換顯示狀態。

TIPS 於「筆畫」面板使用的單位

於「筆畫」面板使用的單位可於「偏好設定」對話框的「單位」對話框設定。
在筆畫寬度方塊輸入單位與數值，就會自動以「偏好設定」對話框設定的單位換算。
代表單位的文字請參考右側的表格。

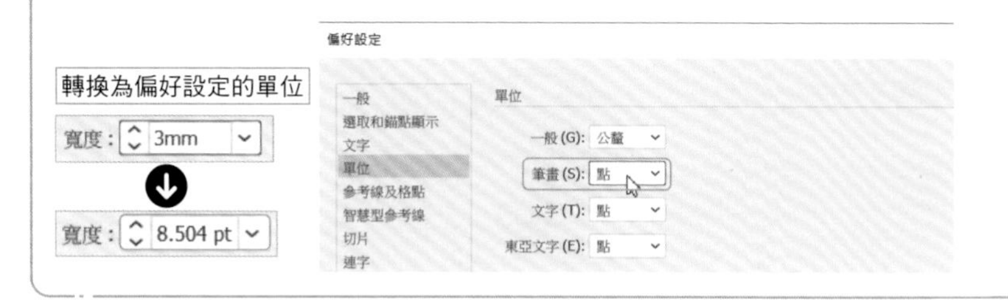

單位	指定文字
點	pt
Pica	pi
英吋	in
公釐	mm
公分	cm
齒	H
像素	px
公尺	m
英呎	ft
碼	yd

▶ 端點與尖角的形狀

「筆畫」面板可設定端點與尖角的形狀。

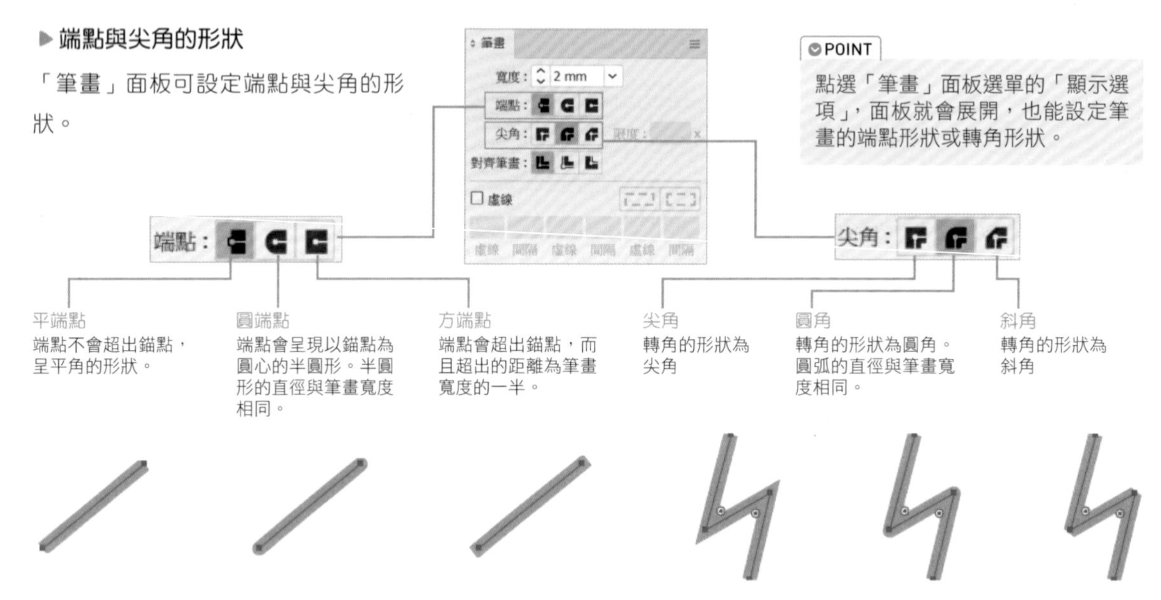

POINT

點選「筆畫」面板選單的「顯示選項」，面板就會展開，也能設定筆畫的端點形狀或轉角形狀。

▶ 轉角的限度

將尖角物件的「尖角」設定為「尖角」，尖銳的部分就會變長。Illustrator 會在這個部分變長時，自動設定為「斜角」。「限度」可決定從「尖角」轉換成「斜角」的角度。

這裡的限度是指，在將轉角的形狀設定為尖角時，自動切換成斜角的比率。一旦轉角的長度超出筆畫寬度乘上限度的數值，就會從尖角切換成斜角。

預設值為「4」，可設定 1 ～ 500 的數值。

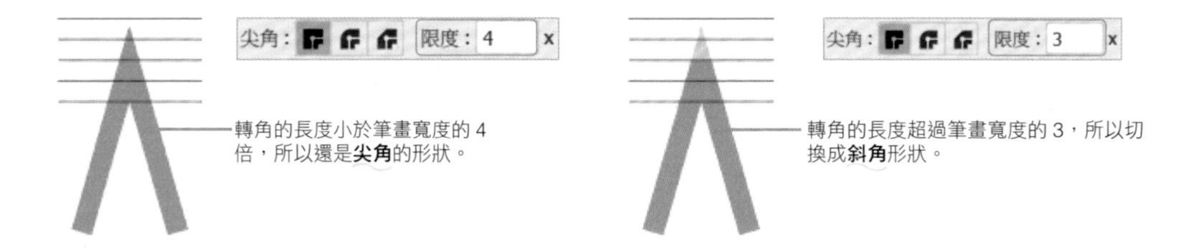

▶ 筆畫的位置

可利用「筆畫」面板的「對齊筆畫」設定筆畫位於路徑的中心、外側還是內側。

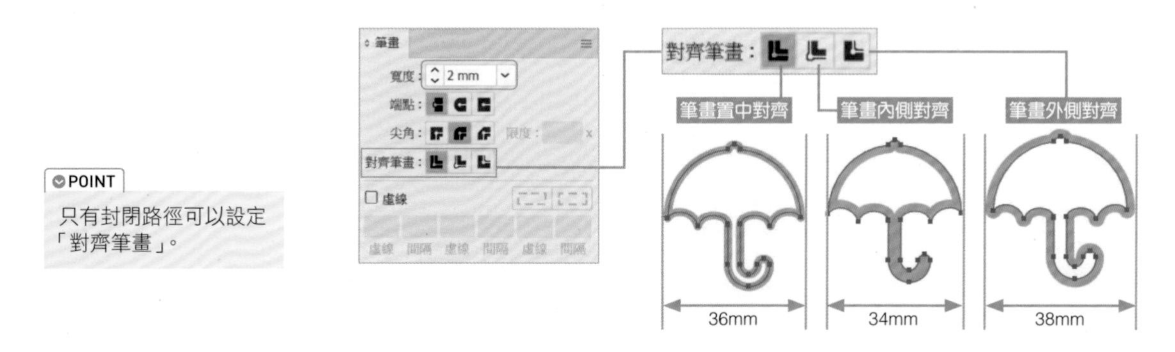

POINT

只有封閉路徑可以設定「對齊筆畫」。

虛線的設定

要繪製虛線可透過「筆畫」面板的「虛線」設定。

勾選「虛線」選項，再於文字區塊輸入虛線的間隔。由左至右，依序輸入虛線（虛線的長度）、間隔、虛線、間隔的數值。不需要全部填寫，但一定要由左至右依序填寫。

雖然虛線的設定會從路徑的起點開始套用，但是可將虛線的線段調整到圖形的轉角或是筆畫的端點的位置。

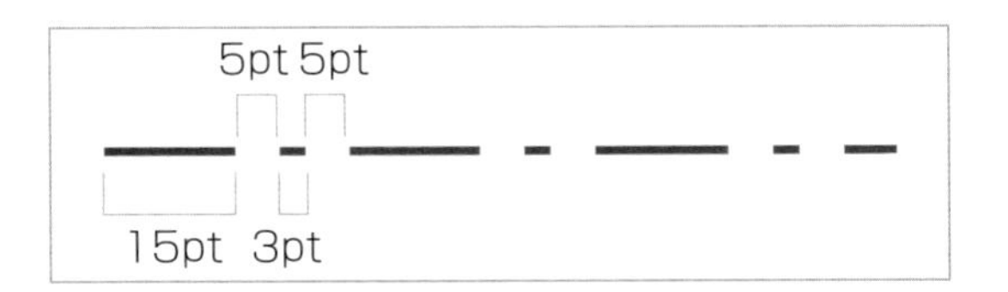

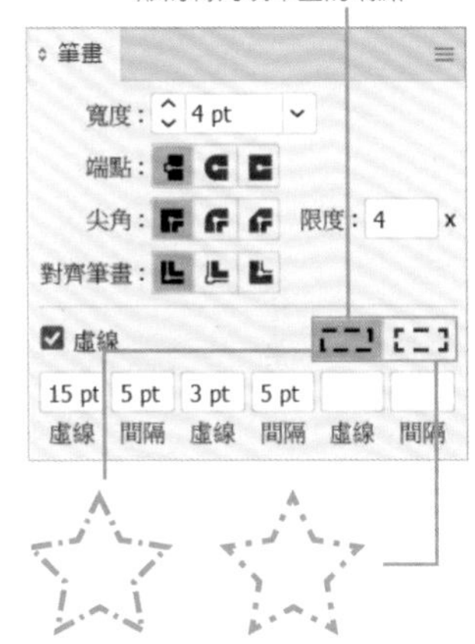

箭頭的設定

開放路徑的端點可套用箭頭樣式。

箭頭的大小與筆畫寬度呈比例。與筆畫寬度的比例可於「縮放」欄位設定。箭頭的顏色就是「筆畫」的顏色。

此外，也可以設定箭頭的位置是否與路徑的端點一致或是從路徑的端點開始顯示。

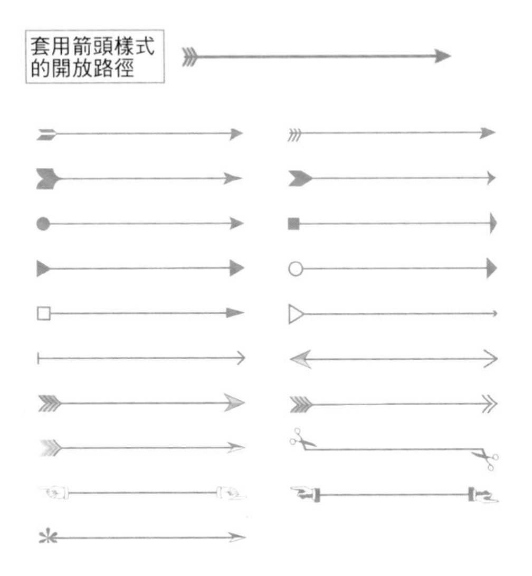

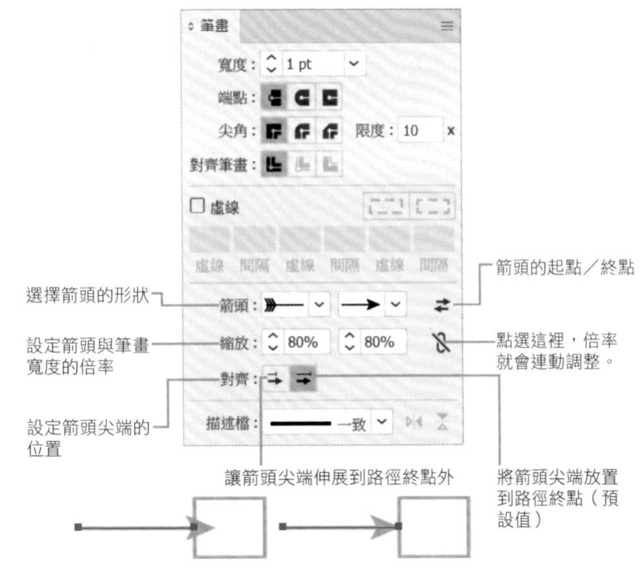

SECTION

5.8

使用頻率

寬度工具、寬度描述檔

寬度工具與寬度描述檔

使用寬度工具 ，就能局部變更路徑的筆畫寬度。此外，編輯完畢後，可將路徑的形狀新增為「寬度描述檔」，以便日後使用。

利用寬度工具 局部調整筆畫的寬度

在路徑的任何一處拖曳寬度工具 ，都能調整筆畫的寬度。

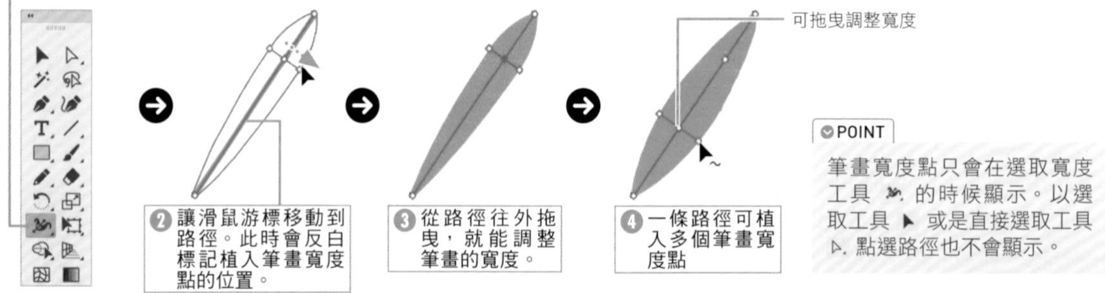

POINT

筆畫寬度點只會在選取寬度工具 的時候顯示。以選取工具 或是直接選取工具 點選路徑也不會顯示。

▶ 只調整單邊的筆畫寬度

若想調整單邊的寬度可按住 Alt 鍵再拖曳。

▶ 移動筆畫寬度點

筆畫寬度點可拖曳移動。按住 Shift 鍵再拖曳，鄰近的筆畫寬度點也會跟著移動。

按住 Alt 鍵再拖曳，還可以複製筆畫寬度點。

▶ 刪除筆畫寬度點

選擇筆畫寬度點再按下 Delete 鍵即可刪除。

▶ 以數值指定筆畫寬度

雙擊筆畫寬度點即可開啟「寬度點編輯」對話框，再以數值設定寬度。

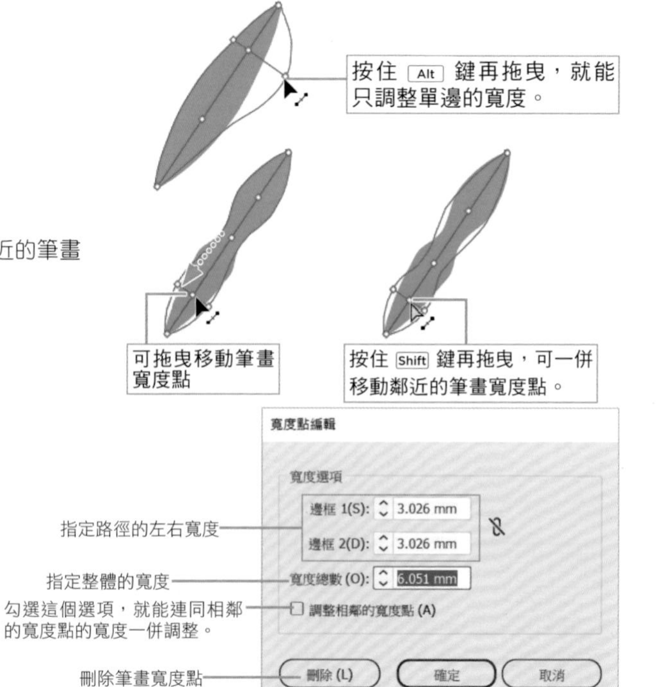

TIPS 重疊兩個筆畫寬度點

寬度不同的筆畫寬度點也能重疊。

重疊的筆畫寬度點的「寬度點編輯」對話框可如右圖般分別設定兩個寬度。

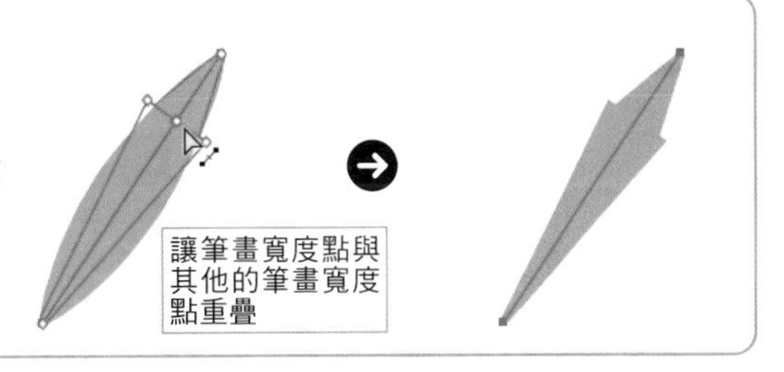

使用寬度描述檔

▶ 新增寬度描述檔

將「內容」、「控制」、「筆畫」這三個面板的描述檔新增為寬度描述檔，就能從清單選擇該描述檔，再將其中的設定套用至其他物件。

POINT

可利用「物件」選單的「擴充外觀」將寬度呈不規則變化的路徑轉換成外框。

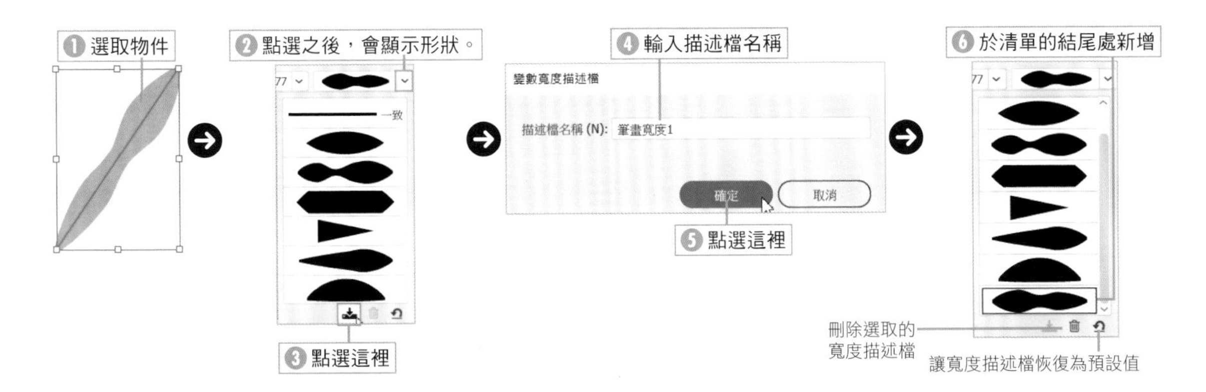

▶ 套用寬度描述檔

從「控制」面板（或是「筆畫」面板）的寬度描述檔清單點選，就能套用寬度描述檔。

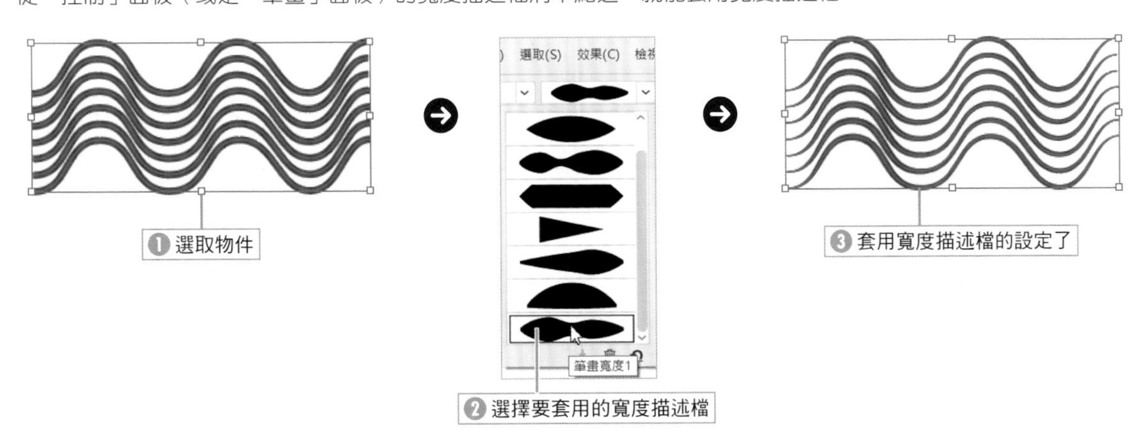

SECTION

5.9

使用頻率

「視窗」選單→「漸層」、漸層工具

利用漸層填色

「色票」面板內建了多種可於物件套用的漸層，但使用者也可自訂漸層，還能自行設定不透明度，創造更有創意的漸層。

建立與編輯漸層

要建立漸層以及編輯已套用的漸層可於「漸層」面板進行。

「漸層」面板可從「視窗」選單點選「漸層」（Ctrl + F9 鍵）開啟。

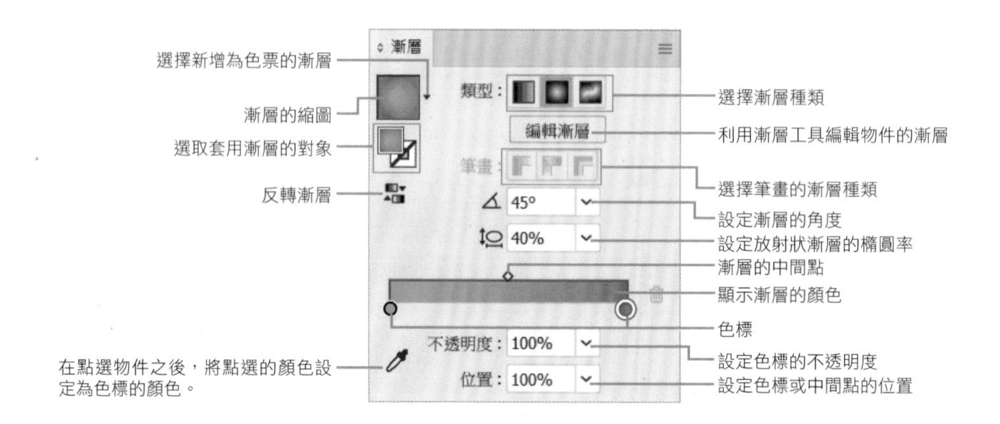

設定漸層的顏色

雙擊色標就會開啟「顏色」面板或是「色票」面板，也就能設定色標的顏色。

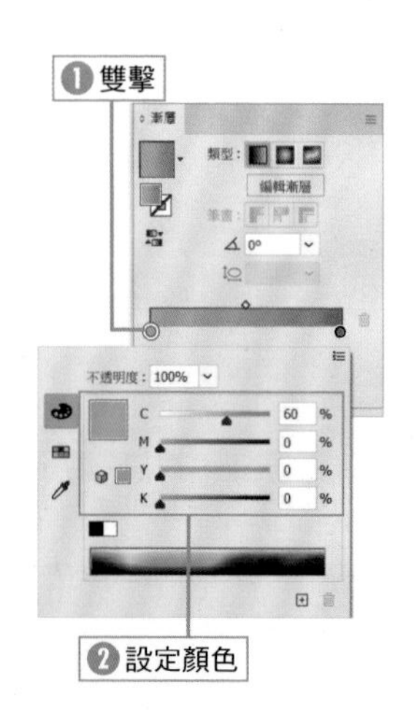

POINT

按住 Ctrl 鍵點選「漸層」面板的預視方塊，就能還原為預設的白黑線性漸層。

POINT

點選色標之後，可於「顏色」面板與「色票」面板設定顏色。於「色票」面板設定顏色的時候，請按住 Alt 鍵再點選顏色。

POINT

漸層可拖曳至「色票」面板新增為色票，之後就能於同一個文件重複使用。

▶ 漸層的種類、角度與長寬比

漸層分成「線性漸層」、「放射性漸層」、「任意形狀漸層」三種。可在「角度」的部分設定漸層的角度。如果是「放射性漸層」，則可根據長寬比的設定，畫出橢圓性的漸層。

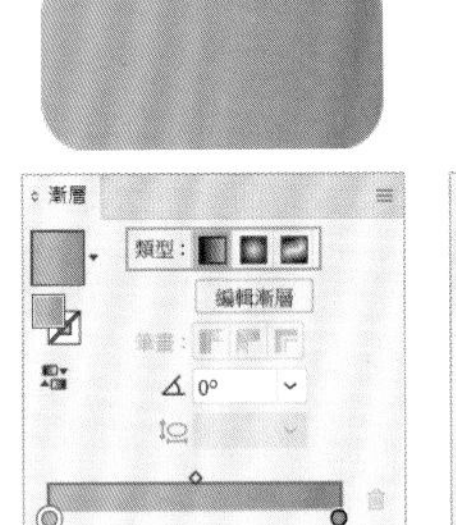

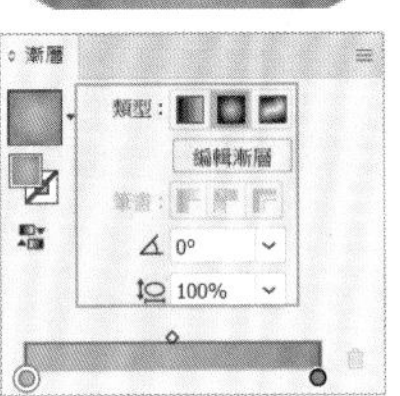

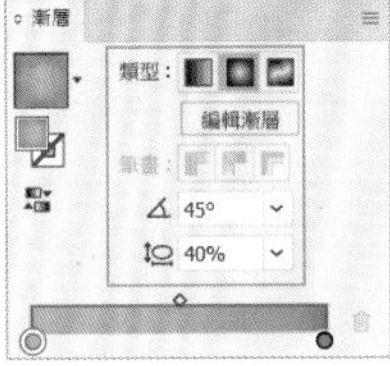

POINT

任意形狀漸層的部分請參考第 134 頁。

POINT

使用漸層工具 可一邊預視結果，一邊設定漸層。

▶ 設定起點／終點／中間點

移動起點、終點、中間點的滑桿，可調整漸層色的變化強弱。

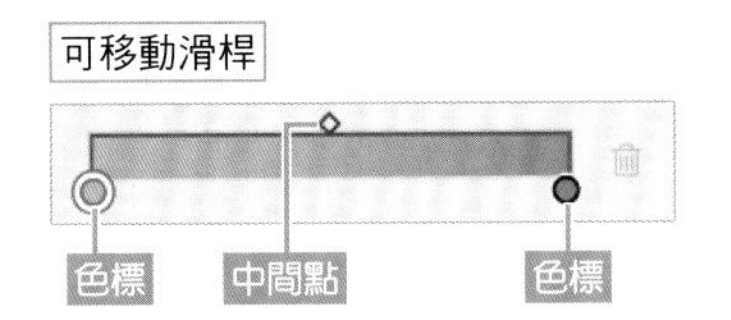

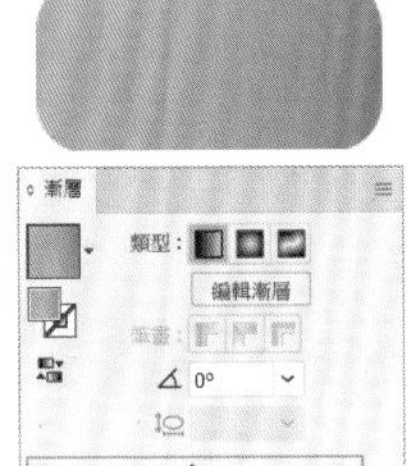
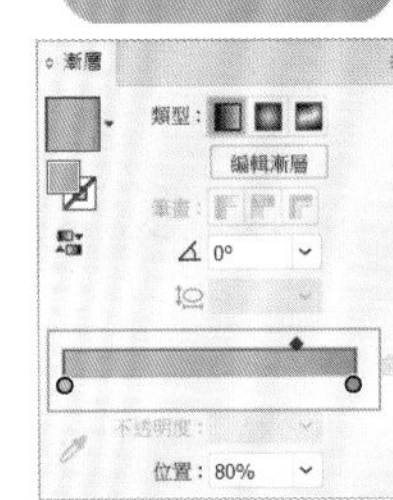

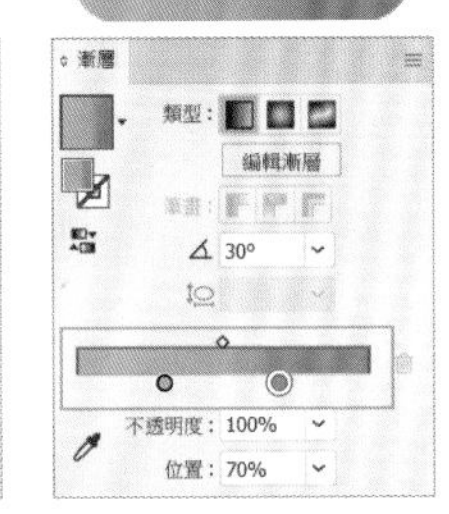

「漸層」面板的「位置」欄位將漸層滑桿的左端設定為 0，右端設定為 100，藉此標記起點與終點的位置。若是點選了中間點，就會將左側的色標視為 0，藉此說明中間點的位置。

▶ 不透明度的設定

點選色標即可套用不透明度。如果設定為相同的顏色，就能創造漸漸淡化的漸層。

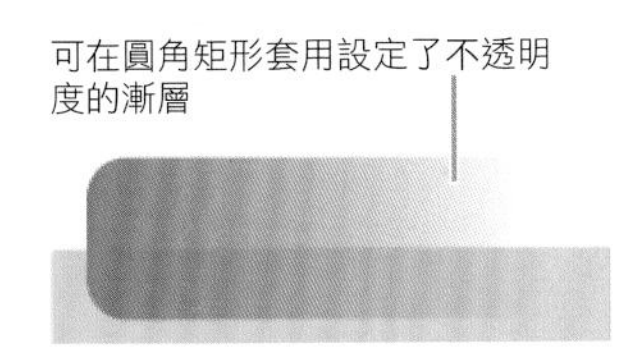

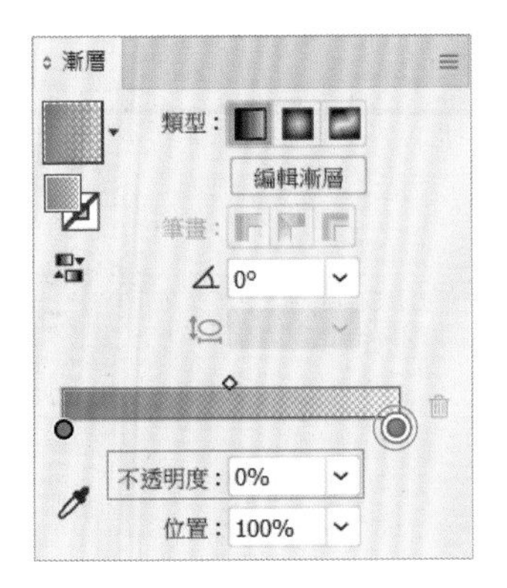

利用漸層填色

要利用漸層替選取的物件填色有很多種方法。

工具箱

顯示目前的漸層

「漸層」面板

漸層面板可隨意地設定漸層(編輯方法請參考第 130 頁)

「色票」面板

顯示了新增的漸層。點選漸層之前,可先於工具箱、「漸層」面板或是「色票」面板點選「填色」或「筆畫」,設定套用漸層的對象。

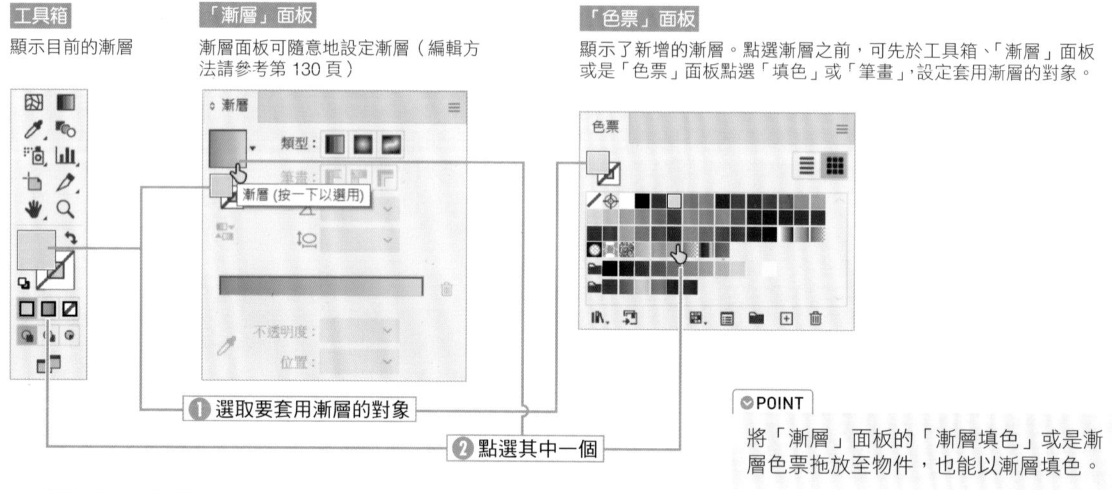

POINT

將「漸層」面板的「漸層填色」或是漸層色票拖放至物件,也能以漸層填色。

「筆畫」的漸層

也可以在「筆畫」套用漸層。

於「筆畫」套用的漸層可設定套用方式。

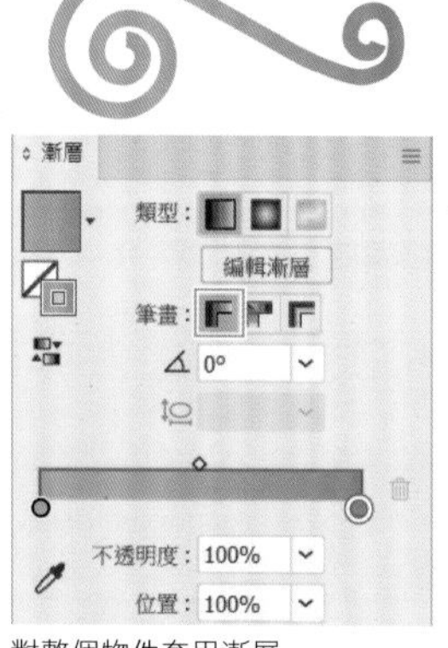

對整個物件套用漸層

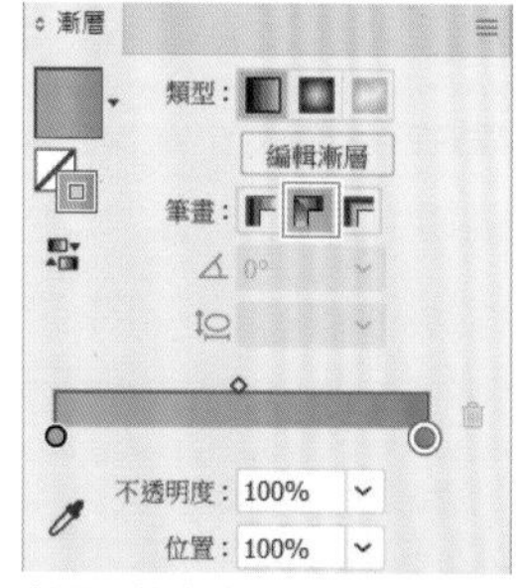

漸層從筆畫的端點套用至另一個端點

沿著筆畫的寬度(與路徑垂直)套用

TIPS 使用漸層資料庫

Illustrator 內建了漸層資料庫,只要點選「色票」面板的色票資料庫選單 ,再選擇「漸層」即可。

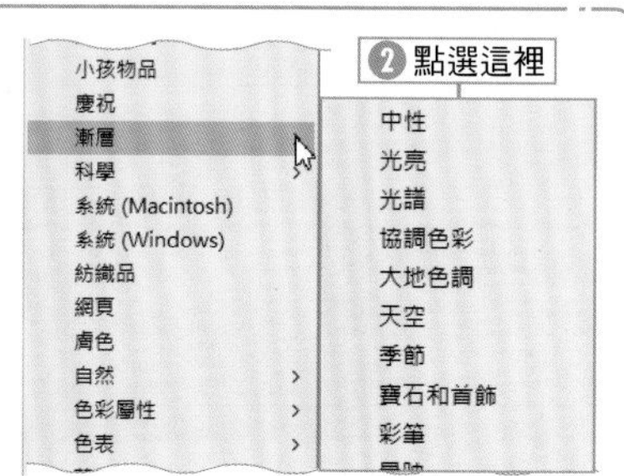

多種顏色的漸層

也可以設定多種顏色的漸層。

在「漸層」面板的漸層滑桿下方按下滑鼠左鍵，就能新增色標，也就能另外設定顏色。同時也可以設定不透明度。

POINT

將中間色拖出漸層滑桿之外，就能刪除中間色。

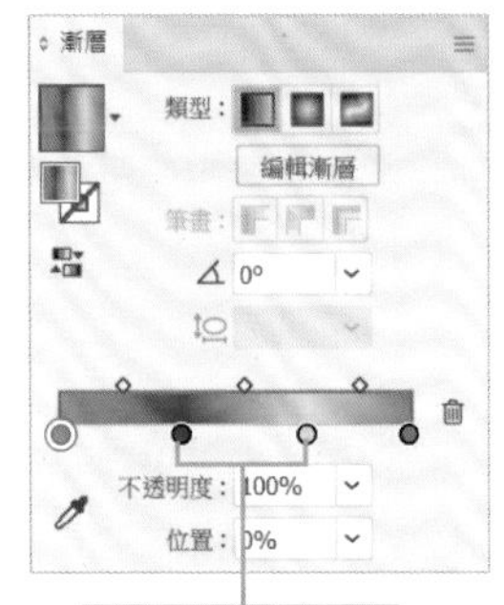

使用漸層工具

▶ 在物件設定漸層

使用漸層工具 可一邊預視套用在物件的結果，一邊調整漸層的大小與角度。

(1) 選取物件

選取套用了漸層的物件，再點選漸層工具 。點選「內容」面板或「漸層」面板的「編輯漸層」。

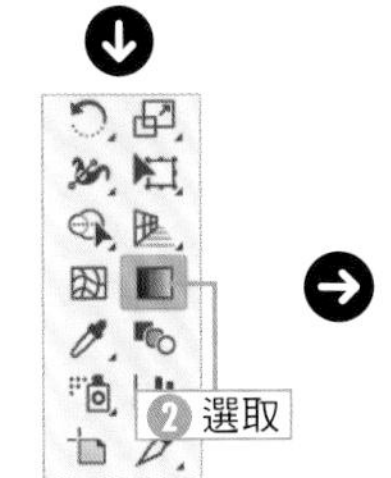

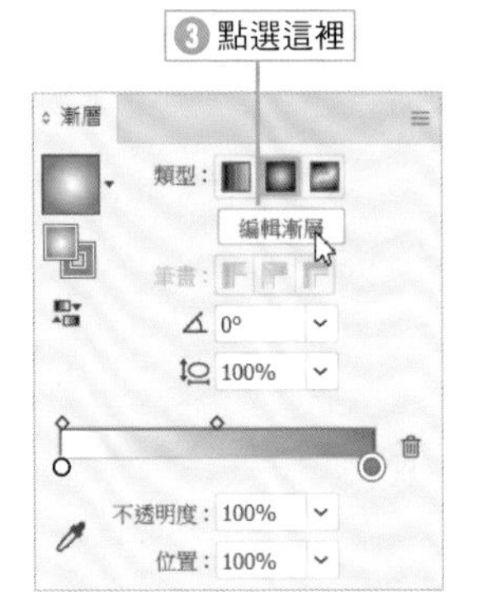

POINT

請確定選取了「漸層」面板的「填色」。「筆畫」的漸層無法利用漸層工具編輯。

(2) 利用漸層工具調整大小

如果是放射性漸層，將滑鼠游標移入漸層的範圍之內，套用漸層的方法就會以虛線的圓形標示。

拖曳虛線的 ● 就能調整長寬比，拖曳 ◉ 就能調整漸層的大小。

此外，讓滑鼠游標在虛線移動的話，滑鼠游標就會變成 的形狀，此時即可邊拖曳邊調整漸層的角度。

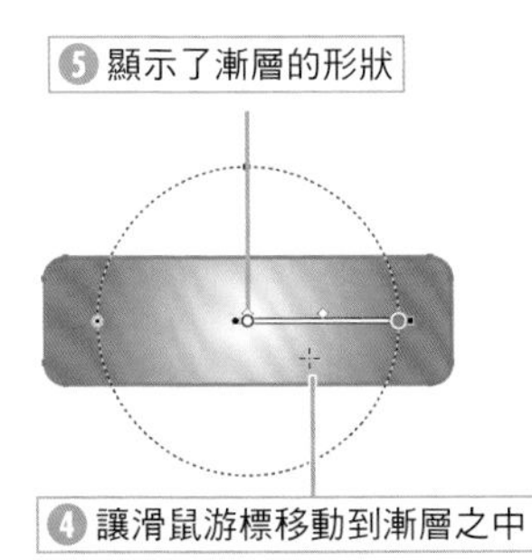

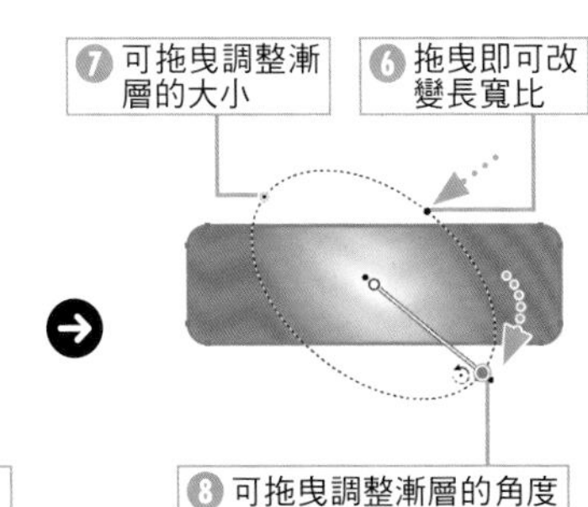

POINT

拖曳線性漸層的滑桿起點 ● 與終點 ■ 即可調整漸層的大小。此外，往終點的外側拖曳就能調整角度。

(3) 變更顏色與不透明度

拖曳漸層滑桿的色標與中間點即可調整位置。雙擊色標與中間點即可開啟「顏色」面板（或是「色票」面板），就能調整顏色與不透明度。

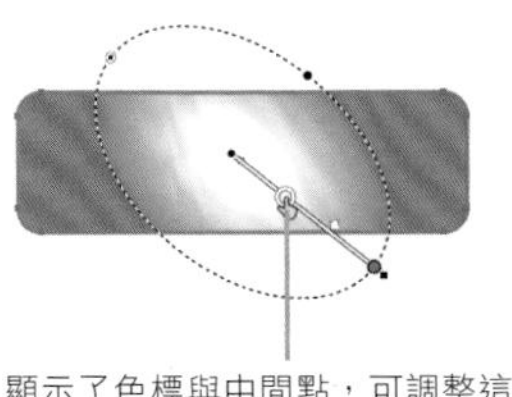

顯示了色標與中間點，可調整這兩個點的位置。

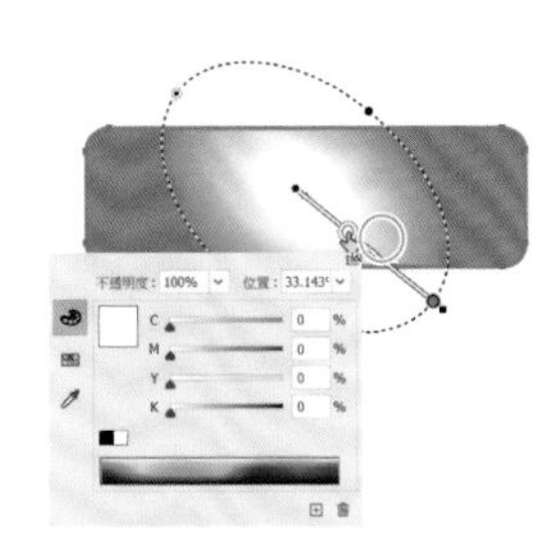

雙擊這裡，可開啟「顏色」面板（「色票」面板），調整顏色與不透明度。

④ 變更漸層的位置

拖曳滑桿即可調整漸層的位置。調整位置之後，漸層的大小也會跟著調整。

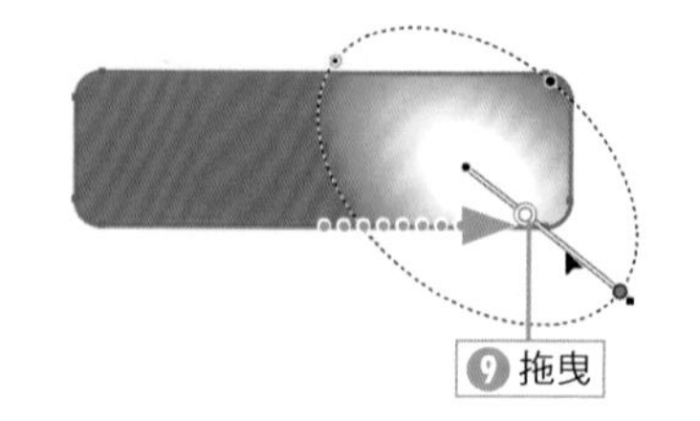

POINT

也可以透過拖曳調整漸層的方向與大小。

▶ 在多個物件以單一漸層填色

漸層工具 可對多個選取的物件套用漸層。

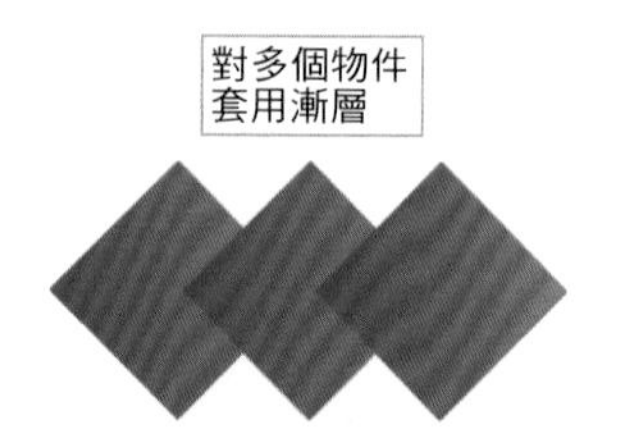

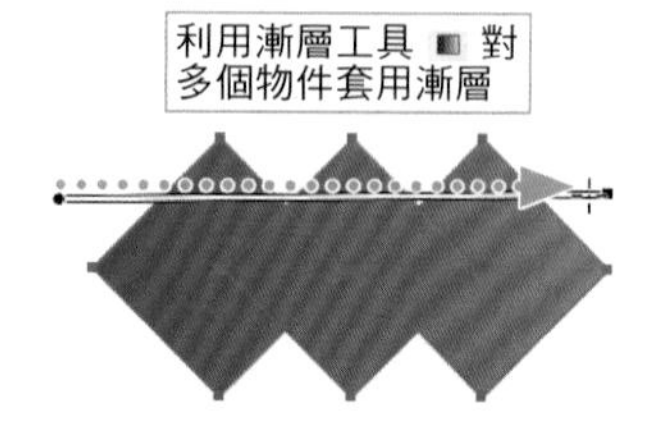

任意形狀漸層

任意形狀漸層是能隨意設定色標位置的漸層。

選取物件之後，再於「漸層」面板的「類型」選擇任意形狀漸層 。

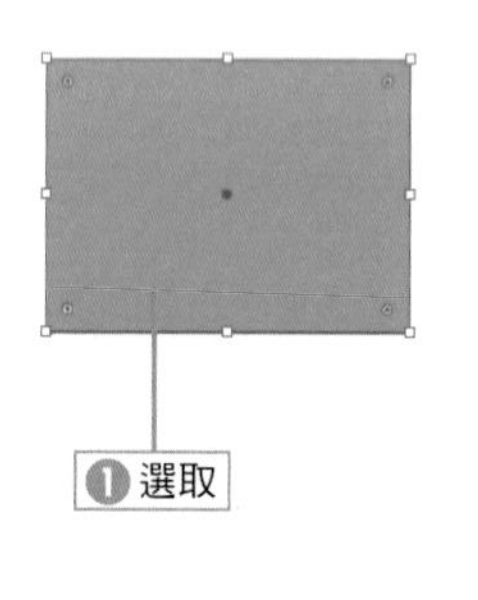

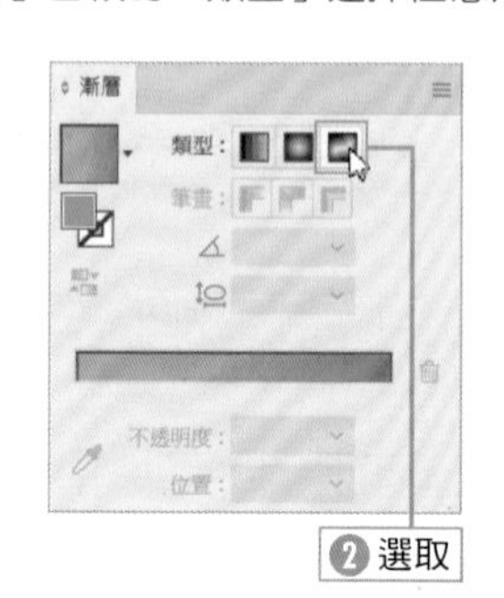

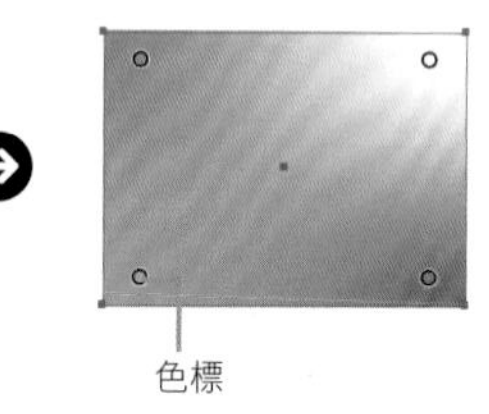

❸ 套用任意形狀漸層，以及顯示點模式的色標。漸層色會轉換成之前使用過的漸層。

POINT

任意形狀漸層只能在「填色」套用。

▶ 點模式與線模式

任意形狀的色標分成個別指定的「點模式」以及以線連接的「線模式」兩種。

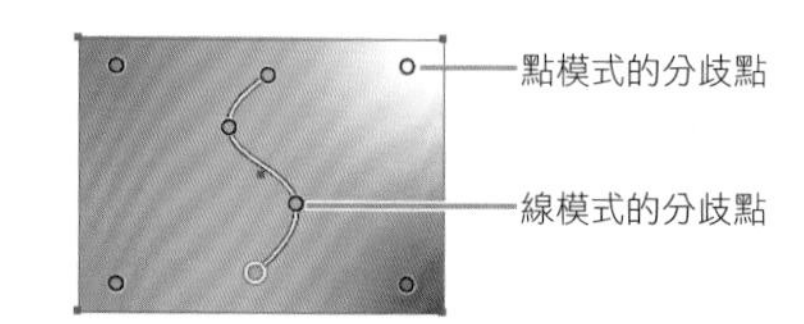

▶ 建立與編輯點模式的分歧點

點選物件，即可新增色標。

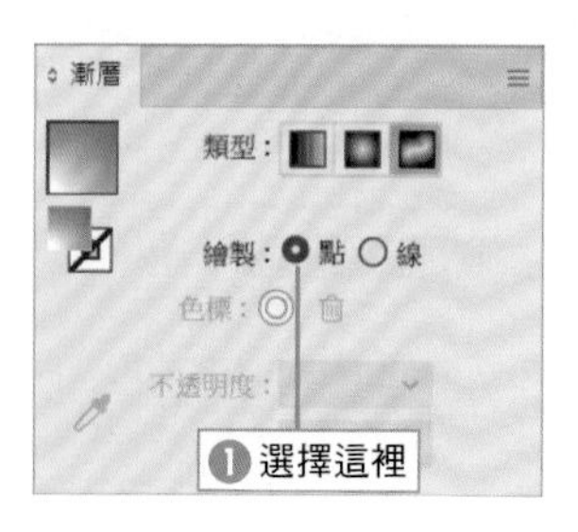

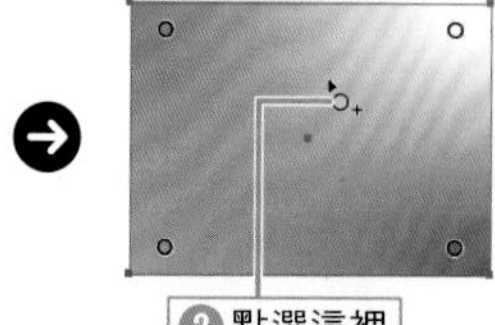

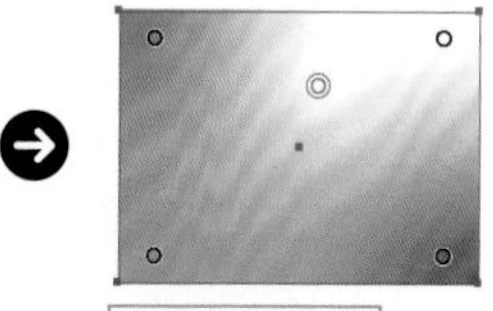

顏色會是最後選取的點模式色標的顏色

POINT

點模式的色標可拖曳移動。拖曳到物件之外即可刪除。

雙擊色標即可開啟「顏色」面板或是「色票」面板並指定顏色。

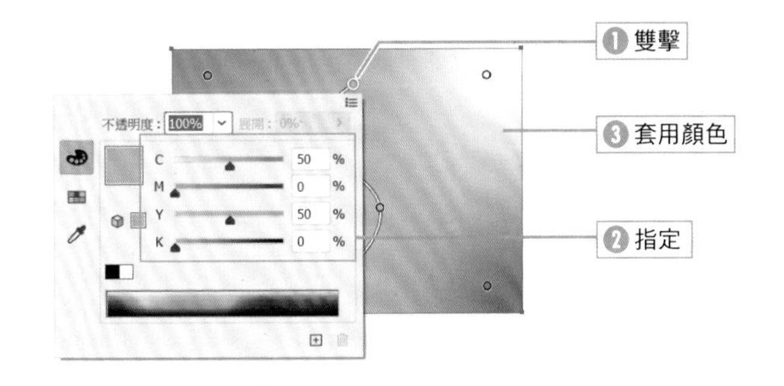

拖曳色標可調整位置。選取色標之後，周邊會出現虛線，拖曳控制點即可調整色標的顏色範圍（擴散範圍）。

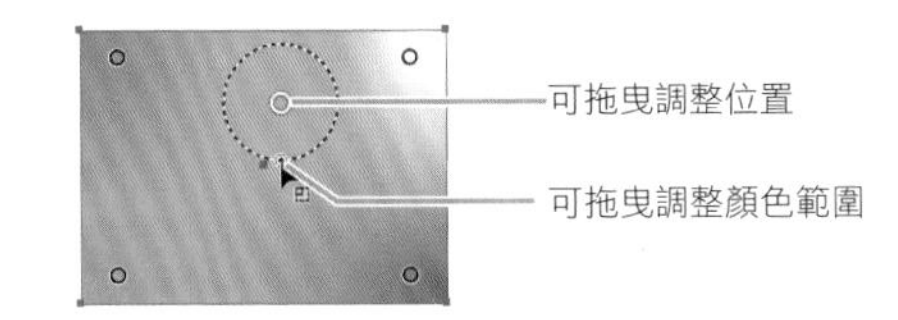

▶ 建立與編輯線模式的色標

仿照曲線工具 的操作即可新增色標。

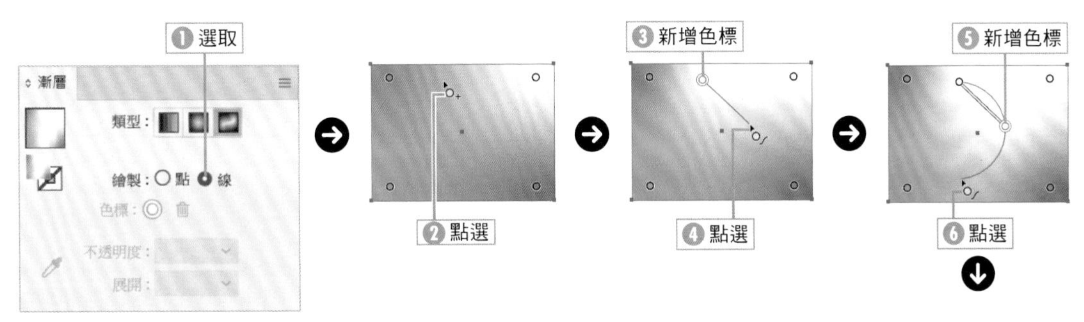

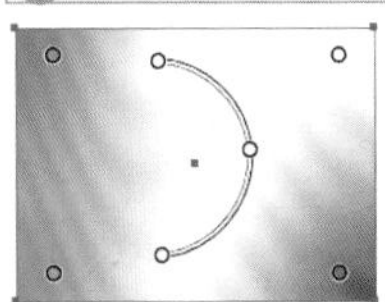

POINT

按住 Alt 鍵再點選，就能改以直線連結。

POINT

線模式的色標可拖曳移動。如果拖放至物件的外側就可以刪除色標。

POINT

前一個色標的顏色會是下一個色標的顏色。雙擊色標可開啟「顏色」面板或「色票」面板並指定顏色。

TIPS 與舊版的相容性

若是將套用了任意形狀漸層的圖稿儲存為 CS 6 以前的版本，該漸層就會變成影像資料，再以物件的形狀建立剪裁遮色片。此外，就算儲存為「Illustrator CC」的格式，在 CC 2018 之前的版本開啟，也會與 CS 6 之前的格式一樣，套用漸層的部分會轉換成影像資料，並且以該物件的形狀建立剪裁遮色片。

SECTION 5.10

「色票」面板、「圖樣選項」面板

利用圖樣填色

使用頻率

物件的「填色」與「筆畫」可以套用圖樣。圖樣是能沿著上下左右的方向填滿單一物件的工具，可使用內建於色票的圖樣，也可以使用自訂的圖樣。

新增圖樣

將物件拖入「色票」面板即可新增為圖樣色票。

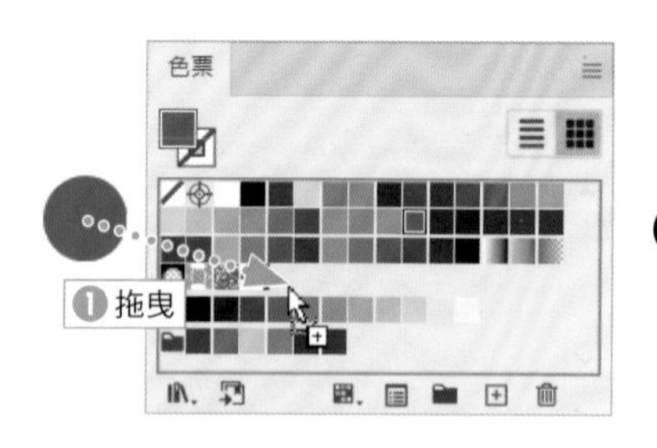

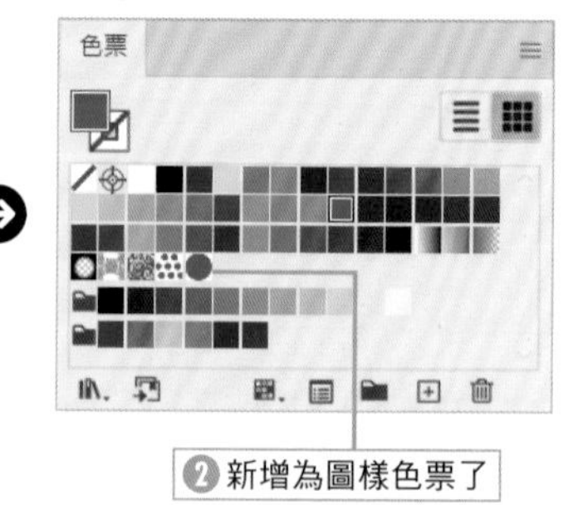

POINT

選取物件，再從「物件」選單的「圖樣」點選「製作」也可以新增圖樣色票，此時就會直接切換成後續的圖樣編輯模式畫面。

套用圖樣

選取物件，再點選「色票」面板的圖樣色票即可套用圖樣。

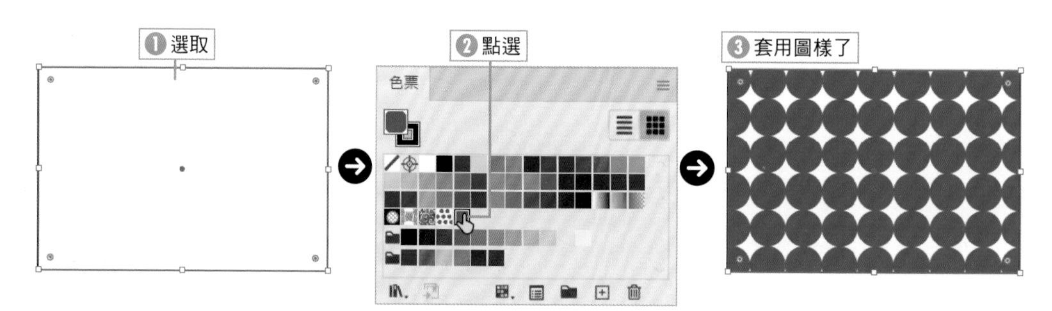

編輯圖樣

可以讓圖樣位移，畫出磚塊排列的花紋。

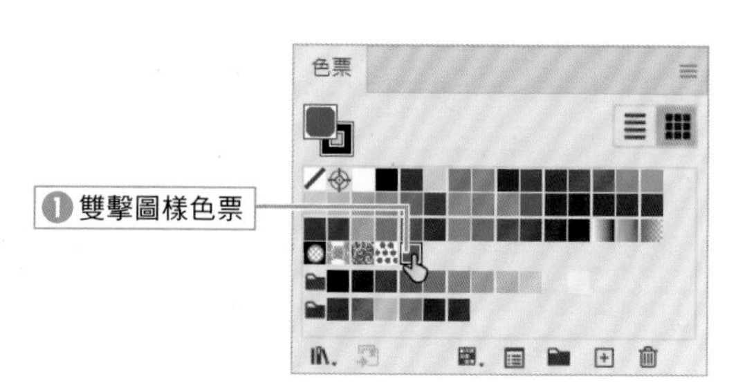

❷開啟「圖樣選項」面板

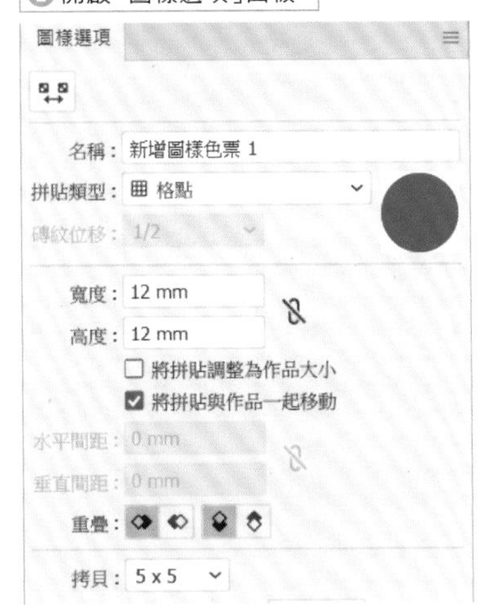

❸進入圖樣編輯模式，預覽圖樣。

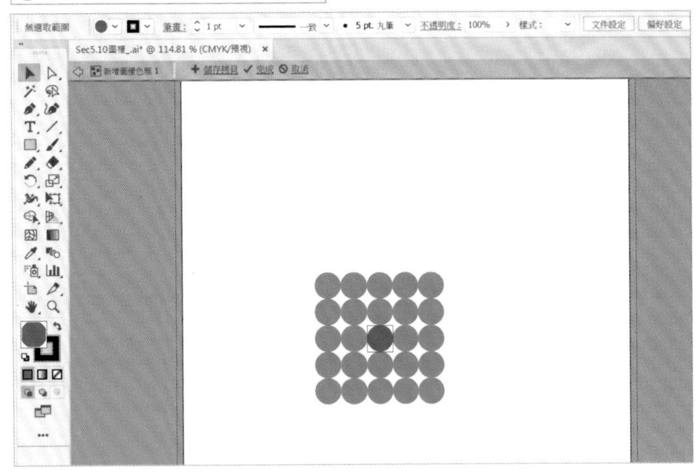

❹調整「拼貼類型」與「磚紋位移」

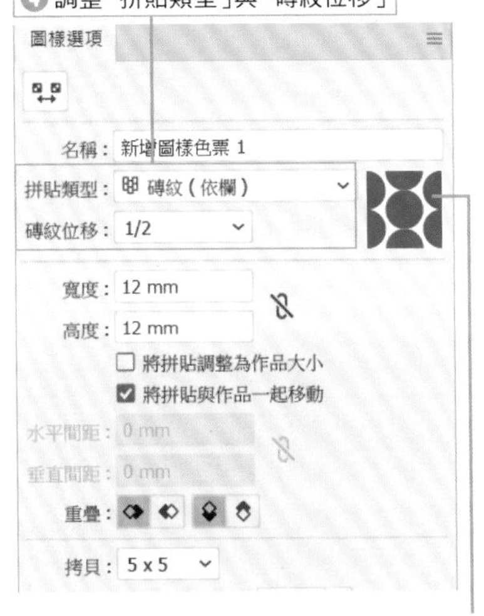

預覽圖會隨著設定而改變

❺編輯結束後，點選「完成」。

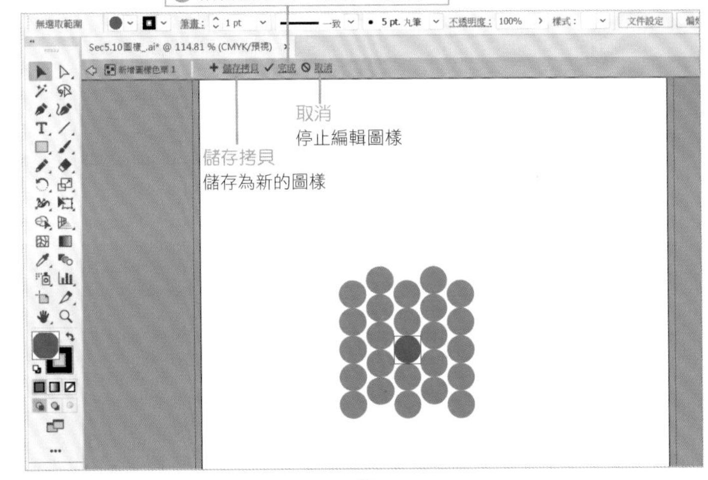

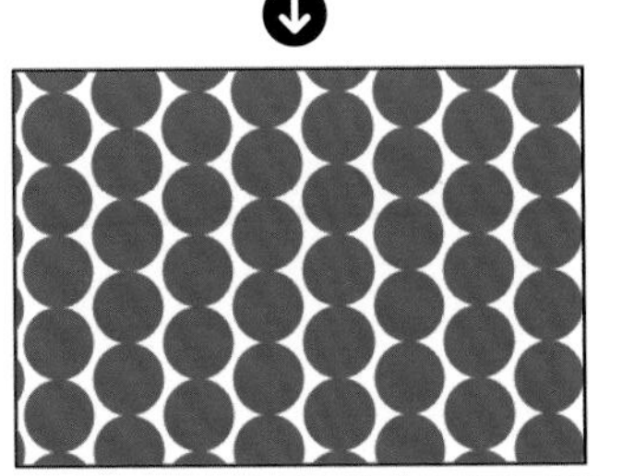

❻圖樣的形狀改變了，所以套用在物件的圖樣也改變了。

TIPS 可調整物件的顏色與形狀

圖樣編輯模式可變更原始物件的顏色與形狀，也可以利用繪圖工具新增其他的物件

▶「圖樣選項」面板

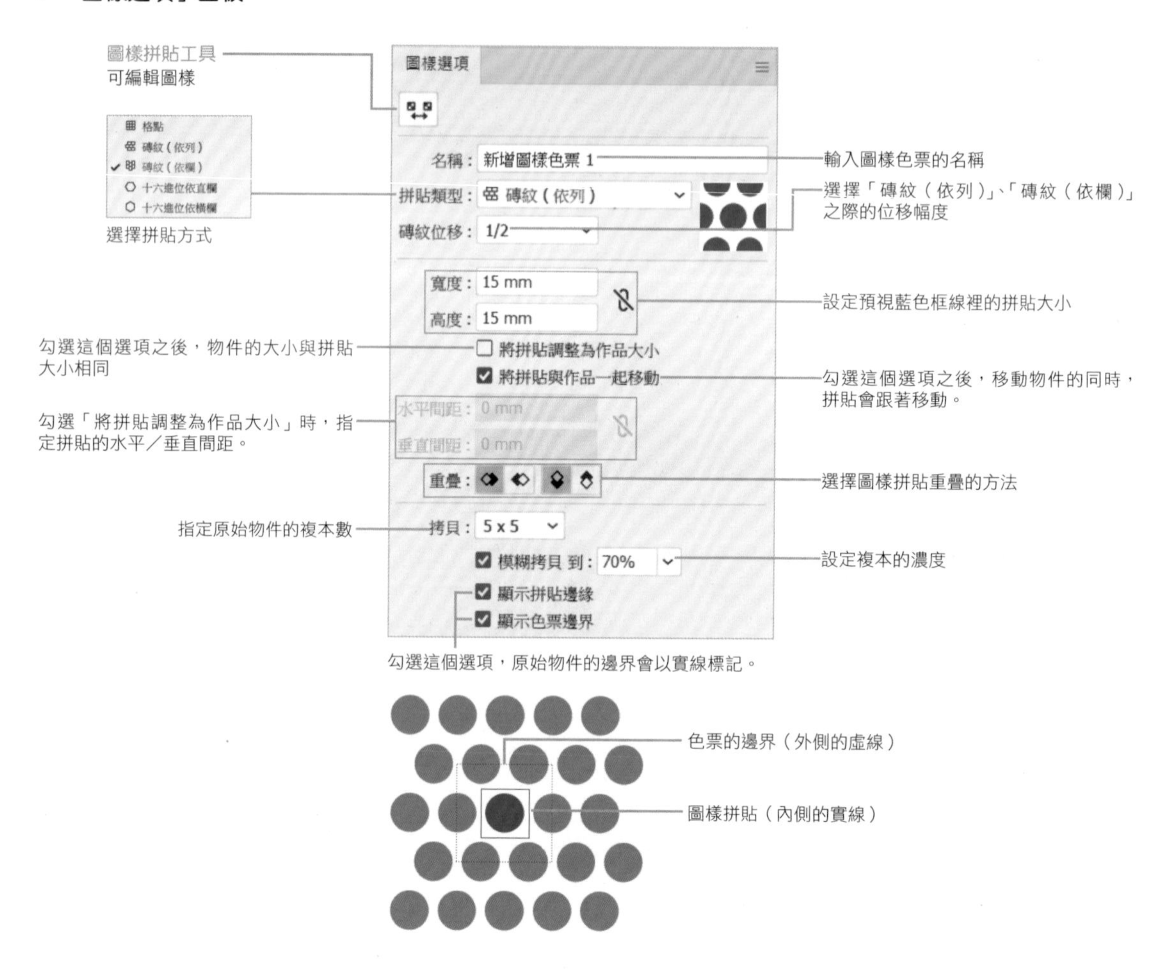

▶圖樣拼貼工具

在「圖樣選項」面板點選「圖樣拼貼工具」後，就能拖曳圖樣拼貼邊框的控制點□，調整拼貼的大小。

此外，拖曳◇即可調整位移的幅度。

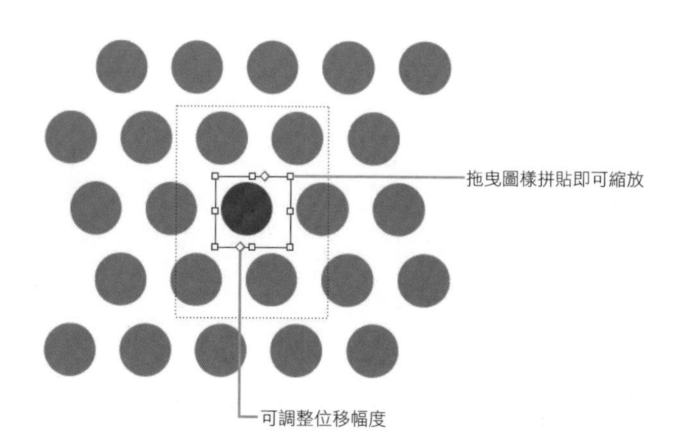

SECTION 5.11

使用頻率

「控制」面板、「透明度」面板

利用不透明度與漸變模式合成重疊的物件

Illustrator 可替物件設定不透明度，讓位於下層的物件透到上層。此外，可設定物件重疊之處的漸變模式。

不透明度的設定

對上層物件設定不透明度，下層的物件就能透到上層。

選取物件，即可在「透明度」面板（也可在「內容」面板或是「控制」面板）設定不透明度。

「透明度」面板

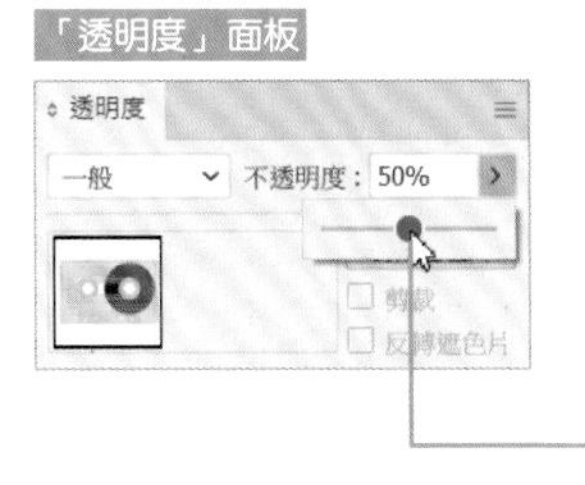

「內容」面板

❷利用滑桿調整不透明度

也可直接輸入數值

> **POINT**
> 如果沒看到「透明度」面板，可從「視窗」選單點選「透明度」（Shift + Ctrl + F10 鍵）開啟。

> **POINT**
> 在「透明度」面板設定物件的不透明度之後，下一個物件也會套用這個不透明度的設定。

> **POINT**
> 不透明度可於套用漸層、漸層網格、圖樣的物件套用。也可在群組物件套用。

▶可在不同的外觀套用

不透明度的設定除了可於物件套用，還可在個別的外觀（參考第 142 頁）套用。

可讓「填色」變得透明，以及將「筆畫」的不透明度設定為 100%。

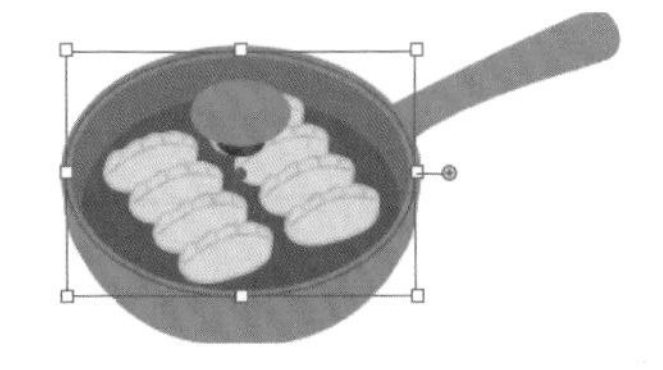

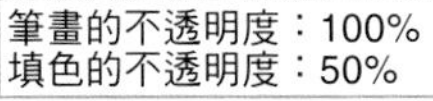

筆畫的不透明度：100%
填色的不透明度：50%

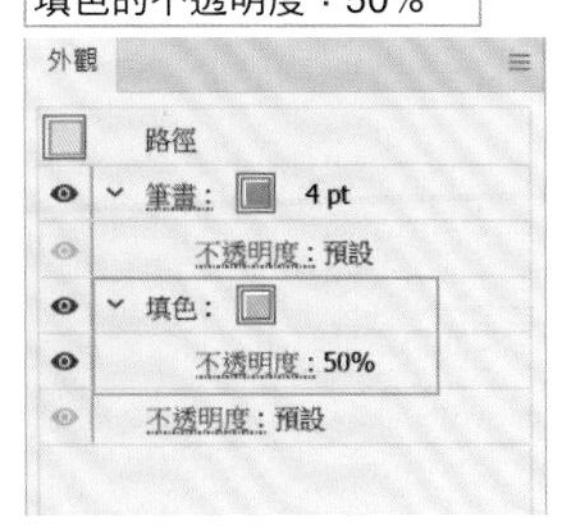

> **POINT**
> 如果沒看到「外觀」面板，可點選「視窗」選單的「外觀」（Shift +F6 鍵）開啟。

> **TIPS 於整個圖層套用**
> 在「圖層」面板選取該圖層的所有物件，即可替整個圖層設定不透明度。

選擇漸變模式

漸變模式就是下層物件與上層物件的顏色的合成方式。漸變模式可從「透明度」面板的左上角下拉式選單選擇。

POINT

漸變模式與物件的不透明度無關，可單獨設定。

下列是只在上層物件設定漸變模式的例子。

一般

一般的漸變模式。上層物件與下層物件的顏色不會互相影響。

暗化

比較下層物件與上層物件的每個顏色，再留下較暗的顏色。

色彩增值

讓下層物件與上層物件的顏色相乘，讓影像變暗。

色彩加深

讓下層物件的每個顏色變暗，再套用在上層物件的顏色。

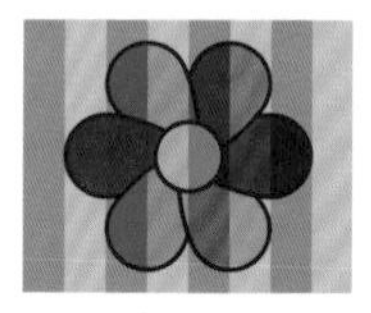

亮化

比較下層物件與上層物件的每個顏色，再留下較亮的顏色。

網屏

與色彩增值的效果相反，讓下層物件的反轉色與上層物件的反轉色相乘，讓影像變白。

色彩加亮

讓下層物件的顏色變亮，再套用在上層物件的顏色。

重疊

根據下層物件的顏色的明度，套用色彩增值或是網屏這兩種漸變模式的其中一種。

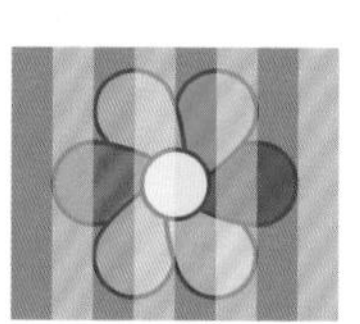

柔光

當上層物件比 50% 的灰階還亮，就於相同顏色套用色彩加亮漸變模式，讓顏色變亮，如果比 50% 的灰階還暗，則於相同顏色套用色彩加深漸變模式。

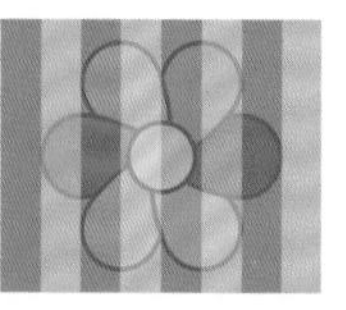

實光

當上層物件比 50% 的灰階還亮，就於相同顏色套用網屏漸變模式，如果比 50% 的灰階還暗，則於相同顏色套用色彩增值漸變模式。

差異化

比較下層與上層物件的每個顏色，再讓亮色的數值減掉暗色的數值，接著取絕對值，再以這個絕對值設定顏色。

差集

與差異化的效果相同，只是對比度稍低，效果較為柔和。

色相

以擁有下層物件的明度、飽和度，以及上層物件的色相的顏色為結果色。

明度

以擁有下層物件的色相、飽和度，以及上層物件的明度的顏色為結果色。

飽和度

以擁有下層物件的明度、色相，以及上層物件的飽和度的顏色為結果色。

顏色

以擁有下層物件的明度，以及上層物件的飽和度與色相的顏色為結果色。

分離漸變模式

假設套用漸變模式的物件組成群組，漸變模式的效果就會連同位於群組下層的物件也一起套用。

若只想群組之內的物件套用漸變效果，位於群組物件下層的物件不被影響，可利用選取工具 ▶ 選取群組物件，再於「透明度」面板勾選「獨立混合」選項（請擴張面板）。

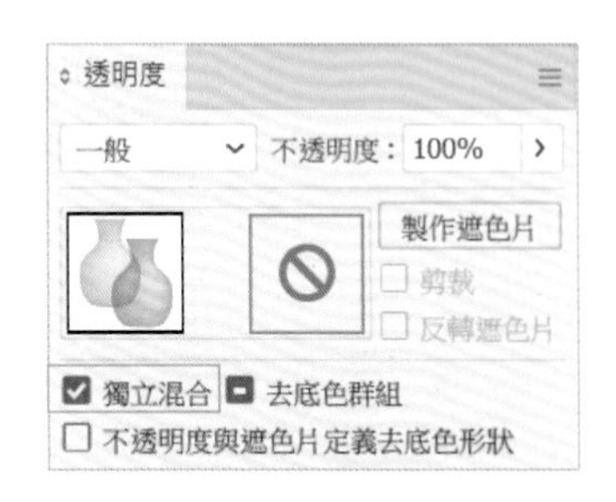

兩個物件都套用了「色彩增值」效果，也組成群組。

由於有背景色，所以漸變模式也於兩者的背景套用。

利用選取工具 ▶ 選取群組物件，再勾選「獨立混合」選項。
可以發現，只有群組物件的重疊之處套用了漸變模式。

去底色群組

在重疊的物件設定漸變模式與不透明度，再將物件組成群組，或是在群組物件裡的每個物件設定漸變模式與不透明度的時候，群組之內的物件顏色會彼此混合。

利用選取工具 ▶ 選取群組，再勾選「透明度」面板的「去底色群組」選項，就能忽略群組物件之中的不透明度或漸變模式的設定，物件的顏色也不會混合，並保有原本的排列順序。

勾選這裡，去底色效果就會與物件的不透明度呈正比。不透明度越接近 100%，去底色的效果越明顯。

設定前

上層的每個物件都設定為不透明度 70%，也組成群組。

這是利用選取工具 ▶ 選取群組物件，再勾選「去底色群組」的結果。

SECTION
5.12

「外觀」面板

了解與使用外觀

使用頻率

Illustrator 的物件是由「填色」與「筆畫」決定外表，若是使用「外觀」功能，就可以設定多個「填色」與「筆畫」，藉由單一路徑繪製外觀複雜的物件。

何謂外觀

外觀就是物件的外表。

Illustrator 的基本物件都是由路徑決定形狀，並由「填色」與「筆畫」決定顏色。「外觀」面板可對單一路徑設定多個「填色」與「筆畫」。

此外，這些「填色」與「筆畫」都可套用「效果」選單的各種命令、筆刷、圖樣、漸層。就算是利用變形或層層重疊的路徑繪製的複雜物件，也能在保留路徑的形狀之下，利用「外觀」繪製，而且在「外觀」面板套用的屬性也可以隨時變更與刪除，所以能在維持路徑的形狀之下，快速調整物件的外表。

只套用了一個「填色」與「筆畫」的狀態稱為「**基本外觀**」。

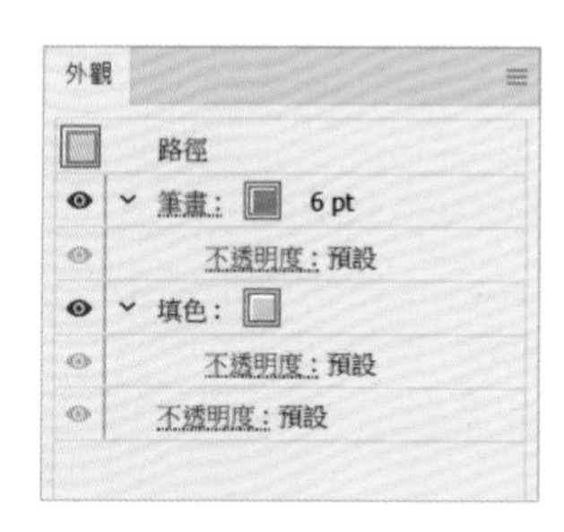

追加「填色」、「筆畫」以及套用各種效果的物件。「筆畫」或「填色」套用了「效果」選單的各種命令、不透明度與漸變模式，設定了複雜的外表，而且路徑的形狀沒有改變。

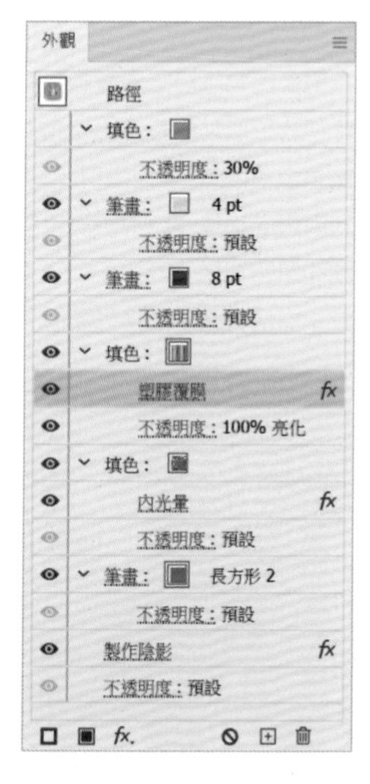

POINT

「外觀」的英文為「appearance」。

POINT

如果沒看到「外觀」面板，可從「視窗」選單點選「外觀」（Shift + F6 鍵）開啟。

「外觀」面板

套用在物件的外觀屬性會全部於「外觀」面板顯示。「外觀」面板可追加「填色」、「筆畫」，以及調整屬性的排列順序，還可以刪除與複製屬性。

位於「外觀」面板上方的屬性會於上層顯示。這些屬性都可以拖曳調整順序。點選面板左側的 👁 還可以決定是否套用這個屬性。

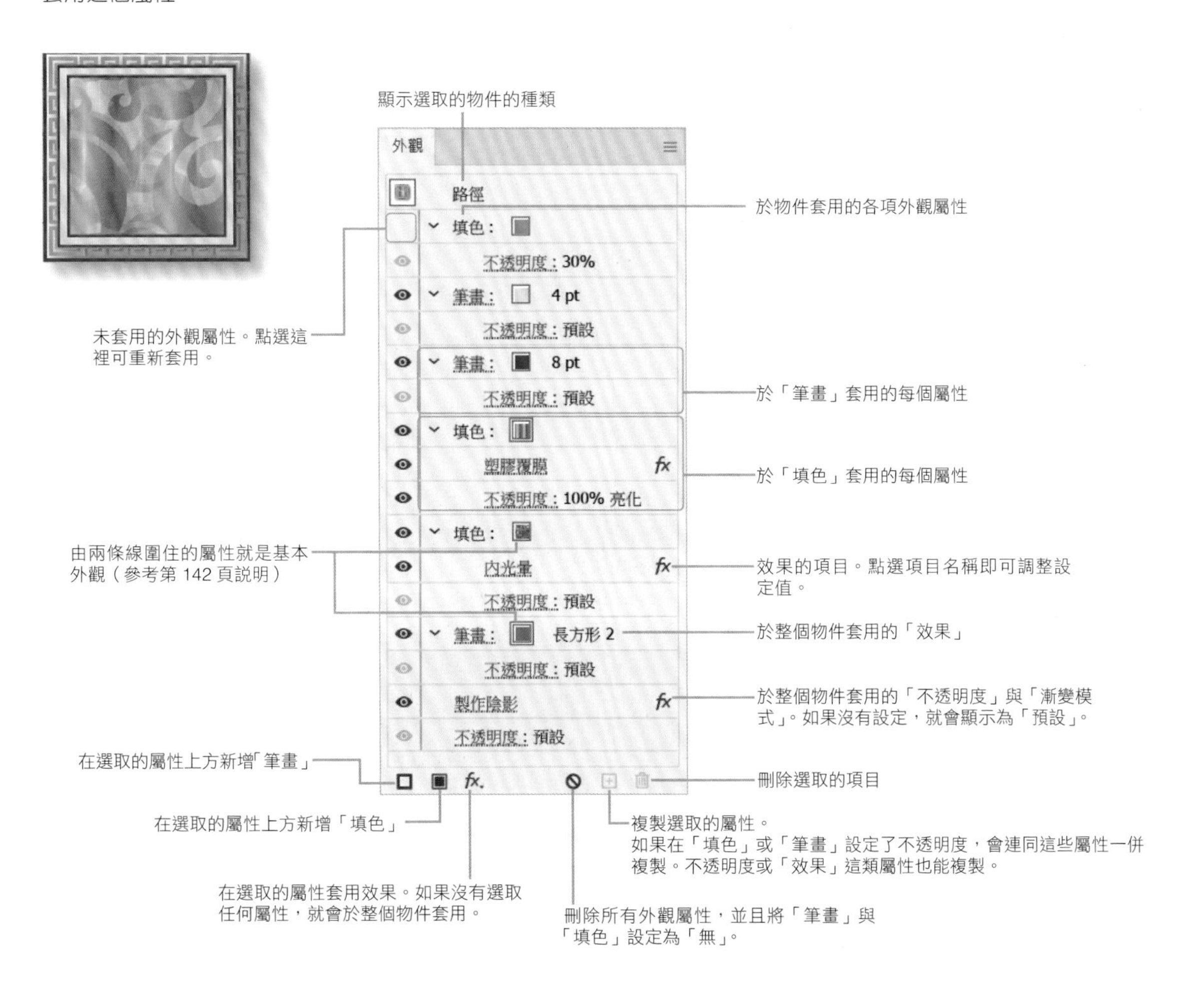

文字物件的「外觀」面板

利用文字工具 T. 輸入與編輯文字時，或是利用選取工具 ▶ 選取文字物件時，「外觀」面板的內容會不一樣。

輸入與編輯文字的時候，「外觀」面板的選取對象為「字元」。

輸入與編輯文字的時候，每個文字的「筆畫」與「填色」都會於「外觀」面板顯示。要注意的是，無法新增「筆畫」或「填色」這類外觀。
也無法套用「效果」選單的濾鏡。
每個字元可設定不同的「不透明度」與「漸變模式」。

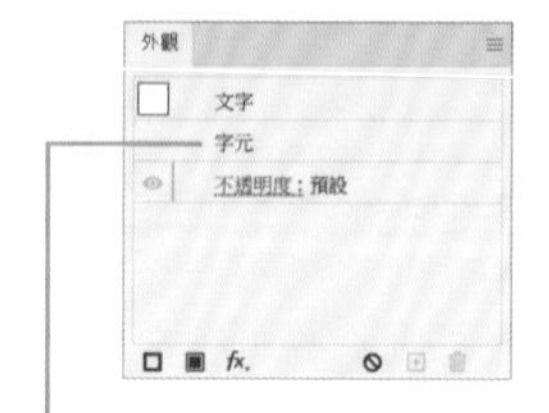

選取文字物件時，會顯示「字元」外觀。
「字元」外觀是利用文字工具 T. 輸入與編輯文字時，每個文字的「筆畫」與「填色」的設定。雙擊之後，就會是選取文字之後的狀態（上方的狀態）。

追加了「填色」屬性，以圖樣填滿文字。
這是讓圖樣壓在基本文字上層的例子。

TIPS 在「圖層」面板移動與複製外觀屬性

「圖層」面板可讓外觀屬性於物件之間移動。

將「圖層」面板的 ● 圖示拖曳到其他物件。若顯示 ● 圖示，代表物件套用了外觀設定。

○ 圖示是只有基本外觀的物件。

只有外觀屬性移動到目標物件。外觀屬性來源的物件會恢復為基本外觀。

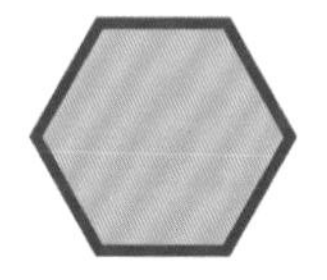

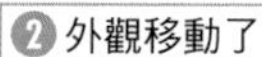

TIPS 恢復為基本外觀

點選「外觀」面板選單的「簡化為基本外觀」，就能讓「填色」與「筆畫」恢復為基本外觀。

如果「填色」與「筆畫」的屬性有很多個，就會套用最後選取的外觀（顏色方塊有雙重線的外觀）。

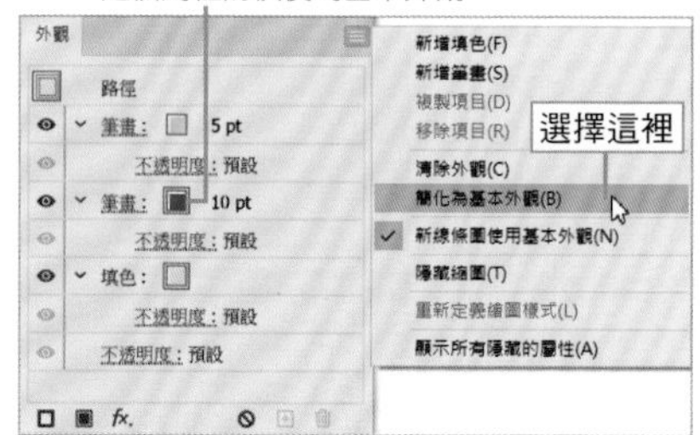

CHAPTER

6

試著調整物件的外表

Illustrator 物件的外觀是由「筆畫」與「填色」的設定組成，但有時無法只以基本設定畫出需要的結果。

CHAPTER 6 要介紹各種調整物件外表的功能。

SECTION

6.1

使用頻率

「物件」選單→「即時上色」→「製作」、即時上色選取工具

利用即時上色功能設定顏色

即時上色是能偵測物件交錯之處的填色功能。與一般的「填色」、「筆畫」這類外觀屬性不同，連有縫隙的範圍都可以指定顏色，所以很適合替描圖的物件上色。

建立即時上色

要利用即時上色填色，必須先將物件轉換成即時上色群組。

從「物件」選單的「即時上色」點選「製作」（Alt + Ctrl + X）。

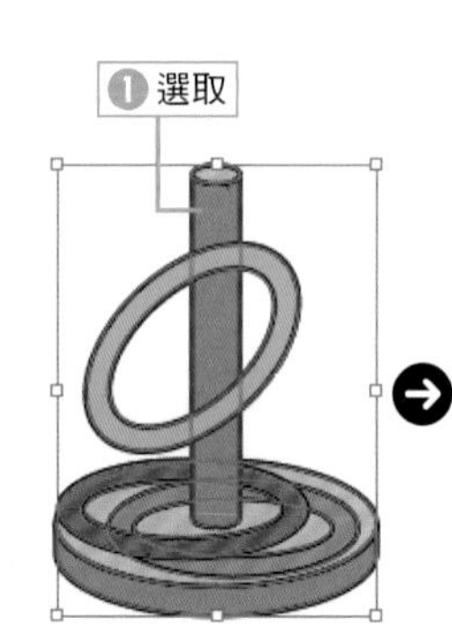

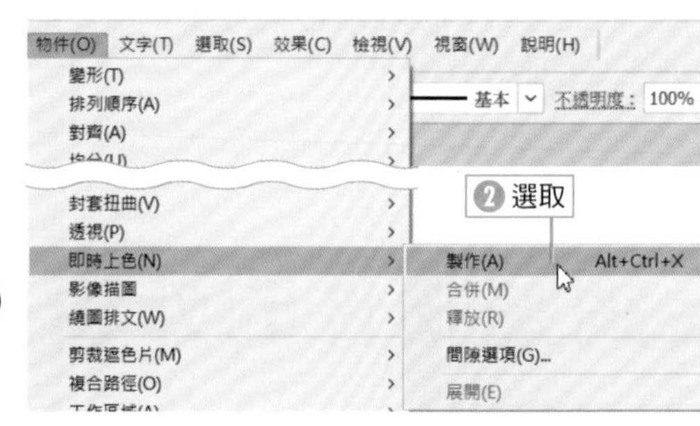

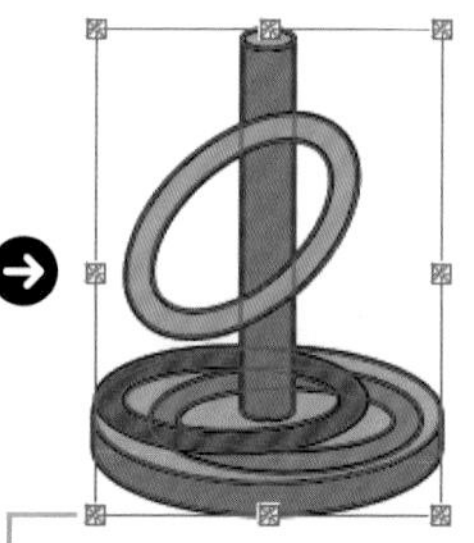

「內容」面板

即時群組的邊框控制點會是 。此外，「內容」面板或是「控制」面板會顯示為「即時上色」。

▶利用即時上色油漆桶上色

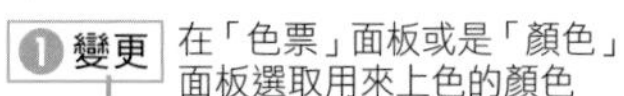

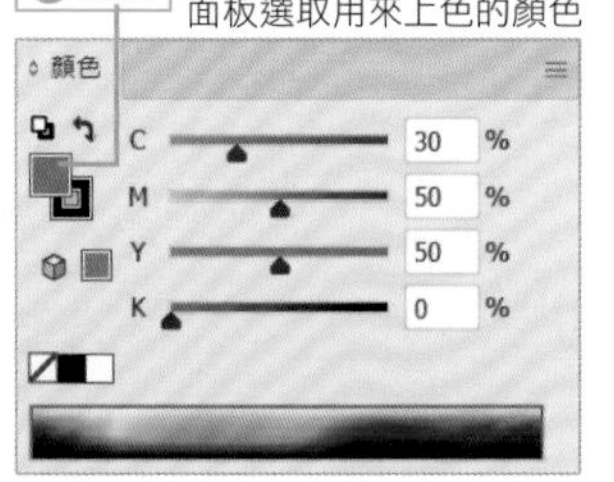

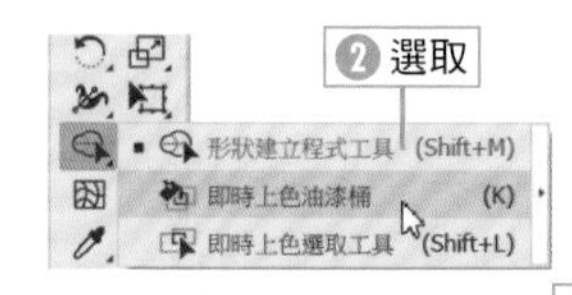

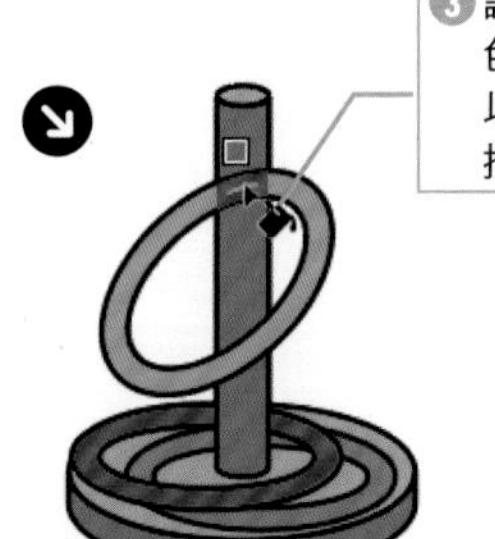

POINT

按住 Alt 鍵，即時上色油漆桶 就會暫時切換成滴管工具，此時可複製點選的顏色。

POINT

按住 Shift 鍵，滑鼠游標就會變成 ，就能設定筆畫的顏色。。

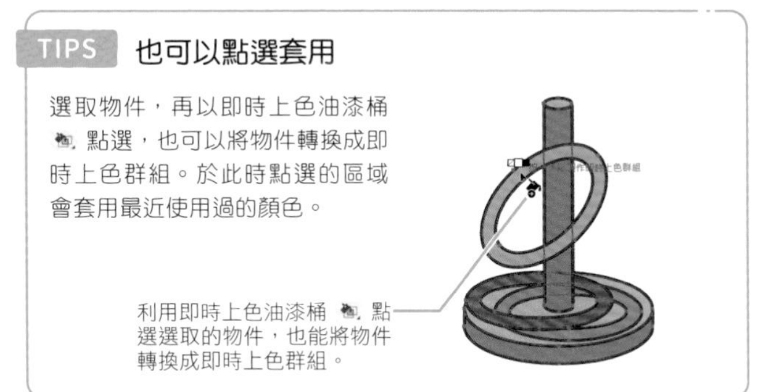

TIPS 也可以點選套用

選取物件，再以即時上色油漆桶 點選，也可以將物件轉換成即時上色群組。於此時點選的區域會套用最近使用過的顏色。

利用即時上色油漆桶 點選選取的物件，也能將物件轉換成即時上色群組。

即時上色選取工具

也可以利用即時上色選取工具 上色。點選即時上色選取工具 ，再將滑鼠游標移動到要選取的區域，就會顯示紅色標記。

滑鼠游標會在「填色」區域轉換成 ，在「筆畫」的區域轉換成 。點選之後，該區域會變成網狀，即可設定顏色。

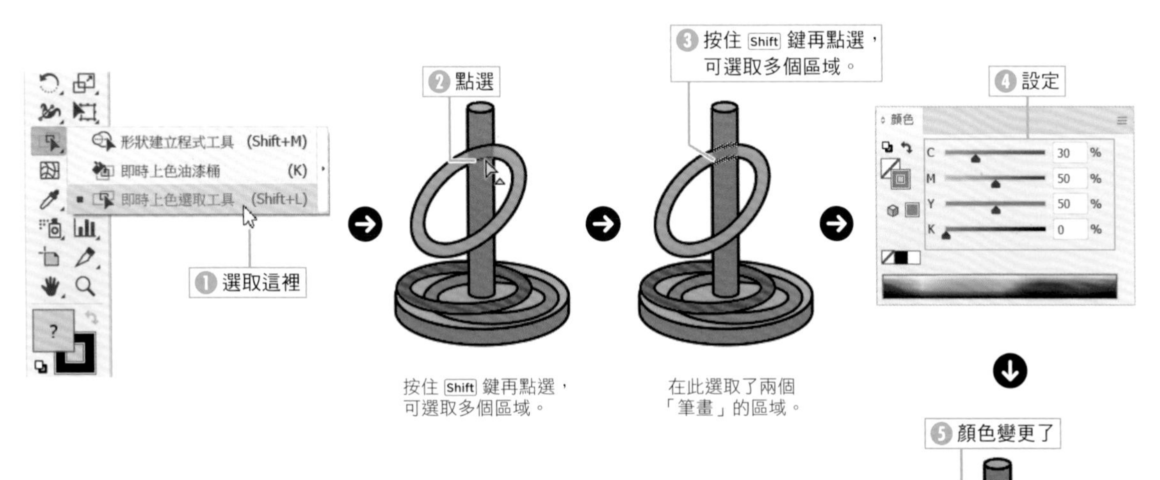

按住 Shift 鍵再點選，可選取多個區域。

在此選取了兩個「筆畫」的區域。

POINT

在使用即時上色油漆桶 或是即時上色選取工具 的時候按住 Alt 鍵，都能暫時切換成滴管工具 ，也就能選取點選的顏色。

TIPS 選取即時上色群組以及個別編輯

即時上色群組只有上色的方式不同，所以能利用選取工具 選取、移動與變形。

雙擊即時上色群組可切換成群組編輯模式，此時可利用直接選取工具 調整每個物件的形狀，而且可保留即時上色的顏色。

TIPS 利用工具選項設定套用對象

雙擊工具箱的即時上色油漆桶 ，或是在選取即時上色油漆桶 的時候按下 Enter 鍵，就能開啟「即時上色油漆桶選項」，選擇要上色的「填色」與「筆畫」。

此外，也可以設定上色對象的顏色（預設值為淺紅）或寬度。

即時上色選取工具 也可進行相同的設定。

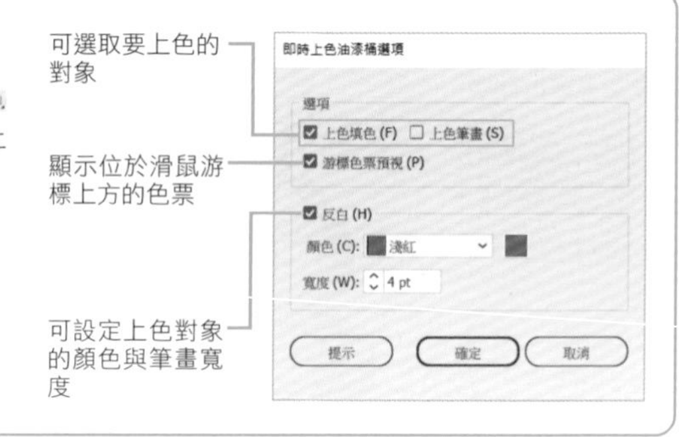

間隙選項

利用即時上色功能替描圖影像上色時，就算影像留有間隙，也可辨識為上色區域。

間隙的容許度可選取即時上色群組，再從「控制」面板開啟「間隙選項」對話框設定。

也可以從「物件」選單的「即時上色」點選「間隙選項」，開啟這個對話框。

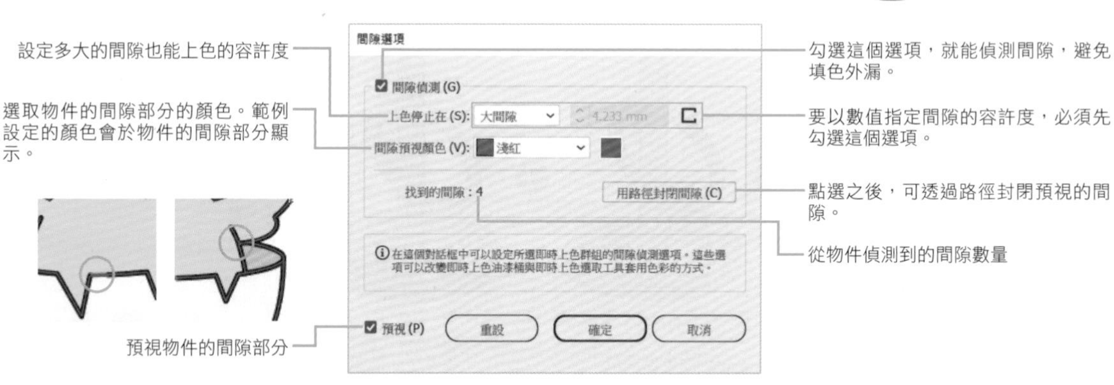

選取物件之後，設定「間隙選項」就只會在該物件套用。

如果沒有選取物件，間隙選項的設定就會變成預設值。

TIPS 新增物件

要在即時上色群組新增物件時，可先選取物件，再點選「控制」面板的「合併即時上色」。

TIPS 展開即時上色群組

選取即時上色群組，再於「控制」面板點選「展開」，就能讓即時上色群組展開為以區塊組成的一般物件，而且會是群組物件。

TIPS 解除即時上色群組

從「物件」選單的「即時上色」點選「釋放」，就能讓即時上色群組轉換成一般物件，但不會還原為原始物件的顏色，「筆畫」會還原為「黑色」，「筆畫寬度」會還原為 0.5pt。

SECTION 6.2

網格工具、「物件」選單→「建立漸層網格」

利用漸層網格營造真實質感

使用頻率

漸層網格可在網狀錨點設定顏色，調出如同圖畫般複雜的色調變化。這是繪製立體陰影不可或缺的功能。

何謂漸層網格

漸層網格就是在路徑內部建立網狀漸層路徑（網格線），藉此設定複雜漸層的功能。

套用漸層網格的物件稱為網格物件。網格物件會顯示設定漸層的特殊路徑，而這個特殊路徑就稱為「網格線」。網格線的構造與一般的路徑相同，可利用直接選取工具 ▷ 移動、變形、刪除，或進行其他編輯。

對網格線設定顏色之後，就能與鄰接的網格點建立漸層。

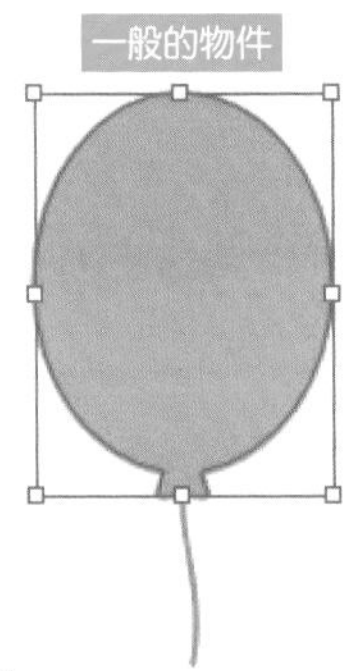

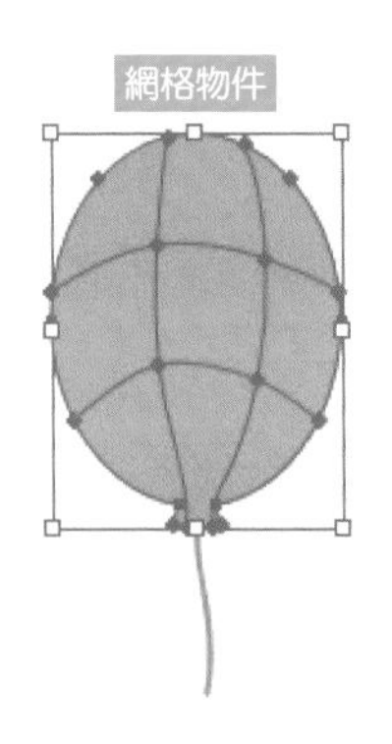

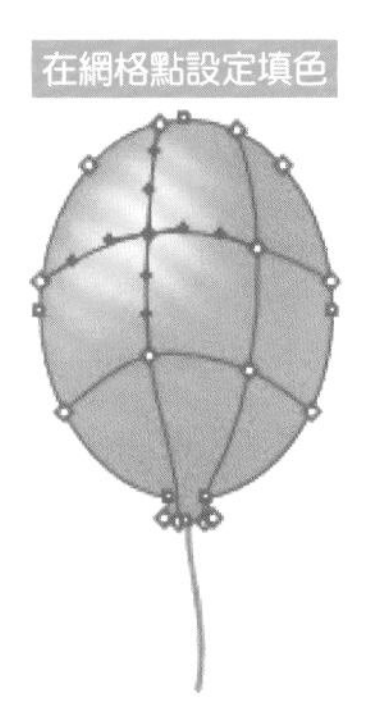

▶使用網格工具

利用網格工具 ▦（U 鍵）點選物件內部，就會在點選的位置植入網格點，此時網格點會是選取狀態，也就能設定顏色。

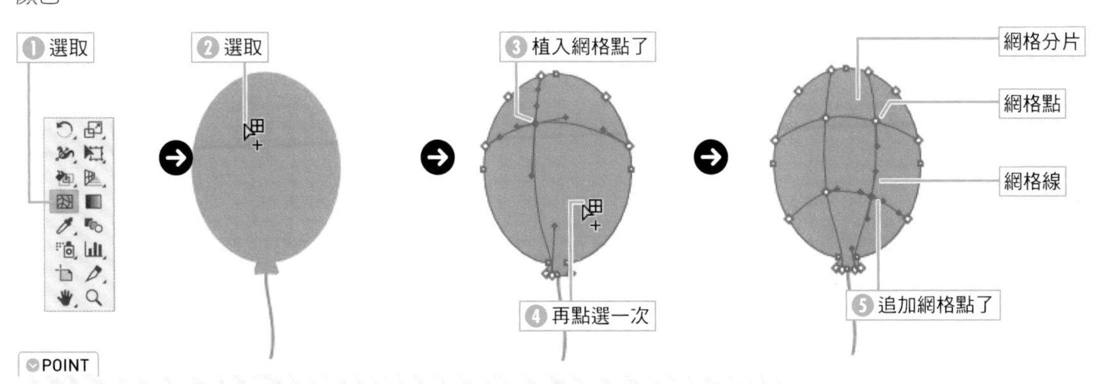

POINT

利用網格工具 ▦ 植入的網格點會在點選之際套用正在使用的「填色」。網格線會隨著物件的形狀自動建立。之後可自行追加網格點，以及調整網格點的位置。

▶使用「建立漸層網格」命令

從「物件」選單點選「建立漸層網格」，就能指定網格分片的數量，建立間距一致的網格線。

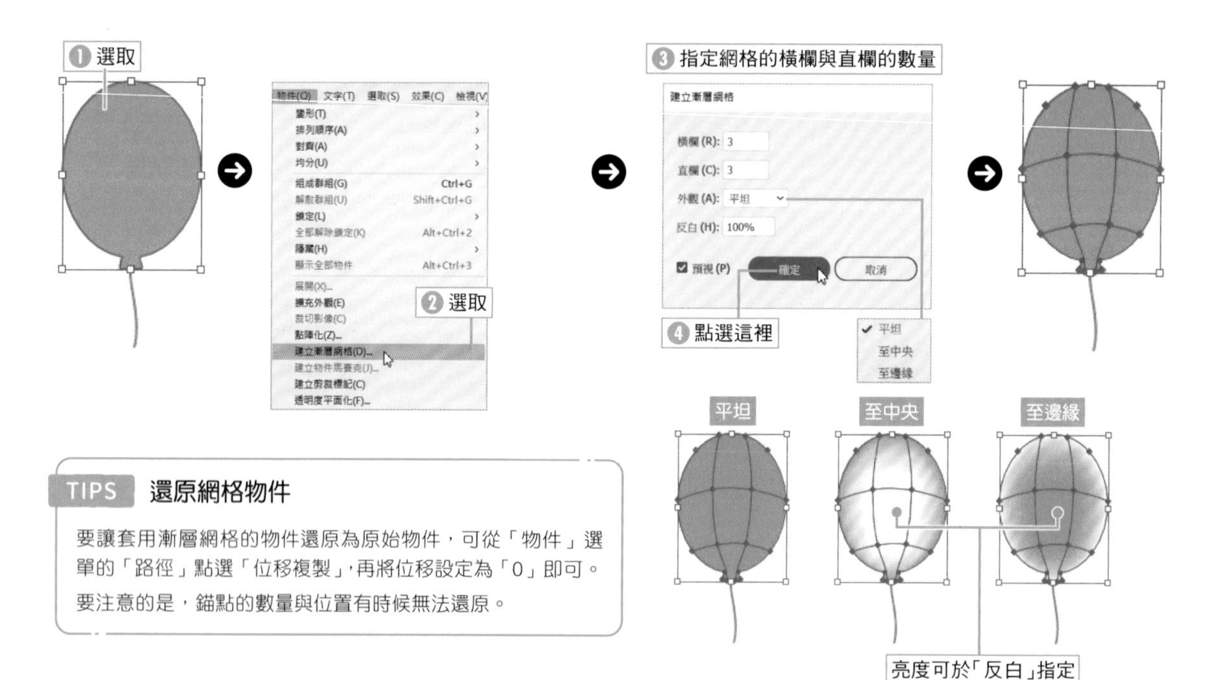

> **TIPS　還原網格物件**
>
> 要讓套用漸層網格的物件還原為原始物件，可從「物件」選單的「路徑」點選「位移複製」，再將位移設定為「0」即可。要注意的是，錨點的數量與位置有時候無法還原。

漸層網格上色

利用直接選取工具 或網格工具 選取網格點或是輪廓的錨點、網格分片，就能替網格物件上色。

> **POINT**
>
> 網格點、網格分片都可直接從「顏色」面板或「色票」面板拖曳顏色上色。

▶替網格點或是錨點上色

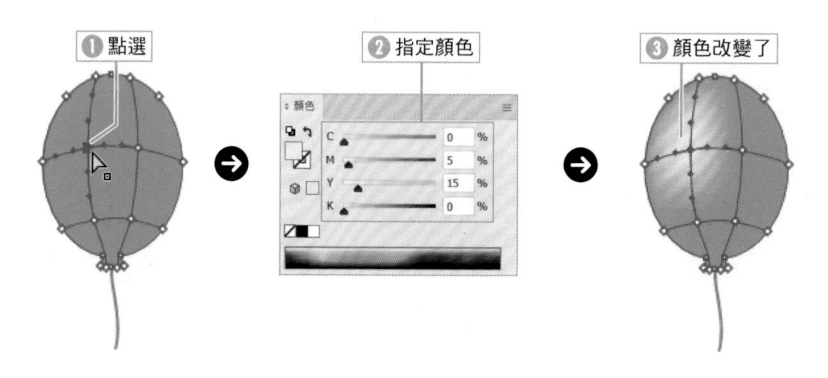

▶ 替網格分片上色

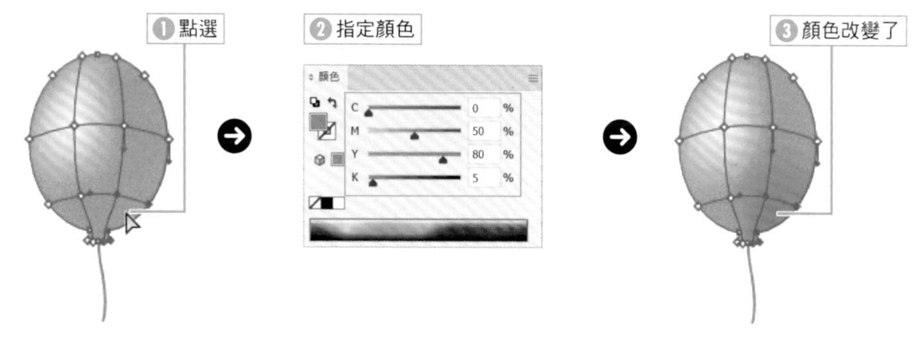

編輯漸層網格

直接選取工具 ▷. 或網格工具 ⊠ 也可以移動網格點，或是讓網格線變形。要注意的是，移動緊鄰物件輪廓的網格分片，物件會跟著變形。

▶ 移動網格點

移動網格點、網格分片與網格線的方法與移動一般物件的路徑或錨點一樣。

利用直接選取工具 ▷. 或是網格工具 ⊠ 點選網格點，即可拖曳移動。

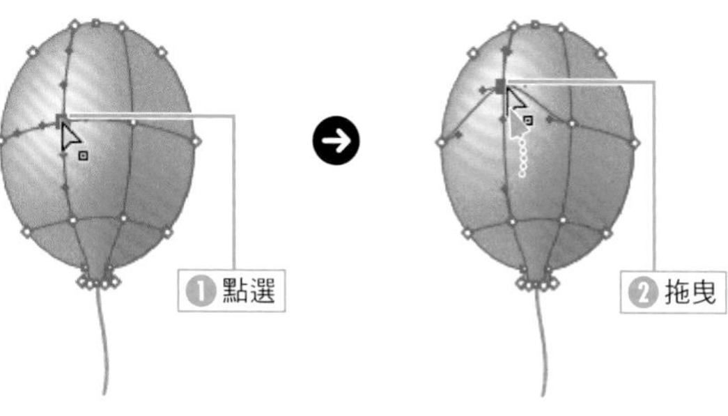

▶ 移動網格分片

利用直接選取工具 ▷. 點選，即可拖曳移動。

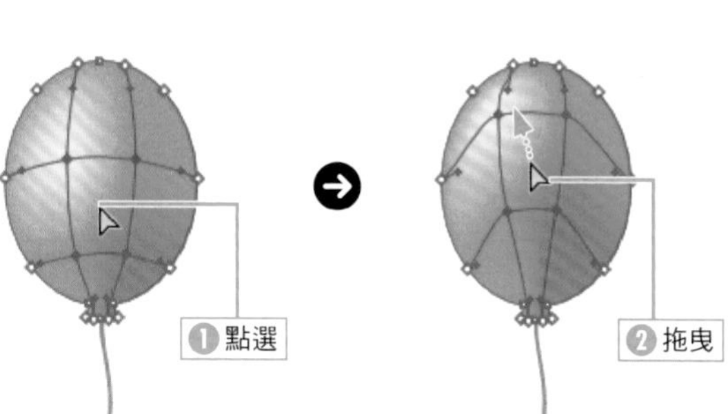

> POINT
>
> 網格分片請務必利用直接選取工具 ▷. 選取。如果利用網格工具 ⊠ 選取會新增網格點。

> POINT
>
> 網格線可新增或刪除錨點。追加的錨點不會成為填色的對象，只能用來調整網格線。

▶ 編輯方向線（控制點）

利用直接選取工具 ▷. 或是網格工具 ⊠ 點選網格點，即可拖曳移動方向線（控制點）。

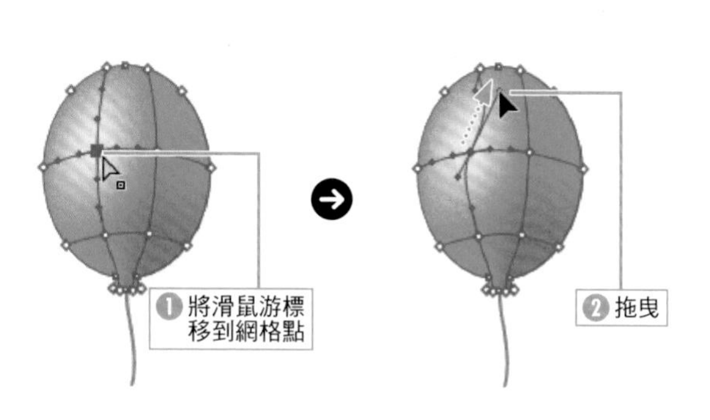

▶ 刪除網格點

利用直接選取工具 ▷. 或是網格工具 ⊠ 點選網格點，再按下 Delete 鍵即可刪除網格點。

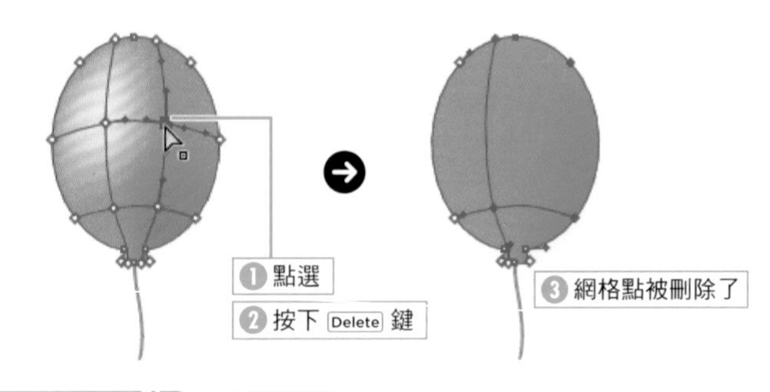

TIPS 讓網格點沿著網格線移動

在移動網格點或是網格分片時，按住 Shift 鍵拖曳，就能沿著網格線移動。

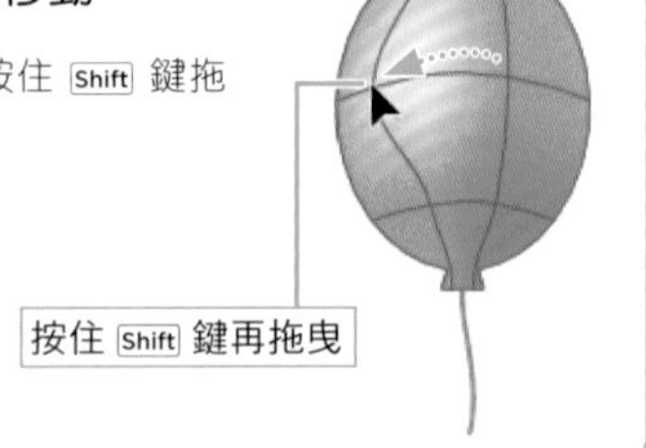

POINT

按住 Alt 鍵再以網格工具 ⊠ 點選網格點或網格線，也能刪除網格點或網格線。
此外，以網格工具 ⊠ 代替直接選取工具 ▷. 點選網格點，也能選取網格點。

漸層網格的不透明度

漸層網格物件也能設定不透明度。請選取網格點或網格分片，再於「透明度」面板或「控制」面板設定不透明度。

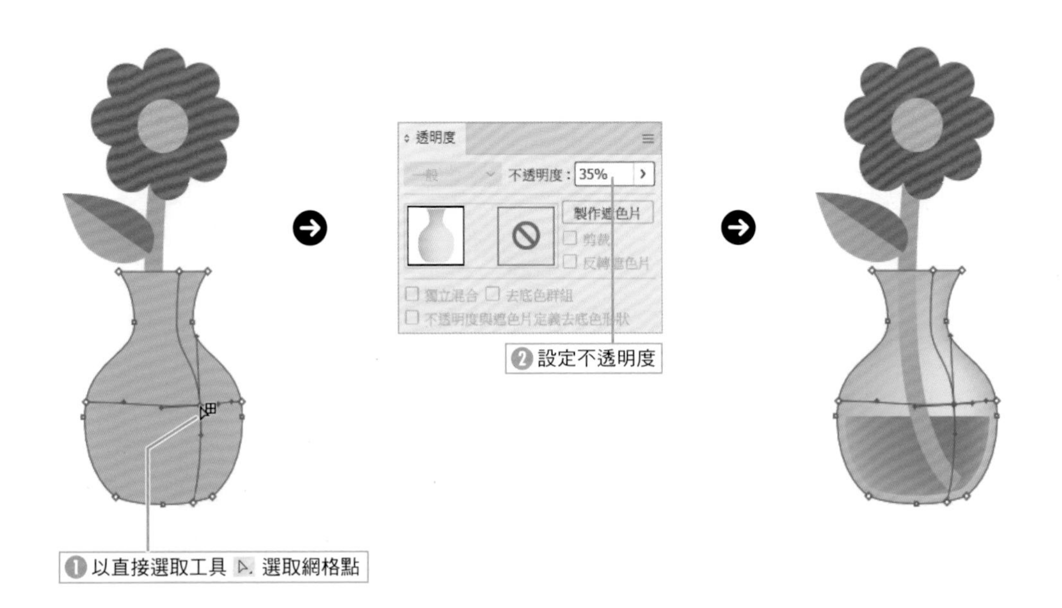

SECTION 6.3

筆刷工具、「筆刷」面板

利用筆刷繪製多種線段

使用頻率

「筆刷」面板的筆刷除了可透過筆刷工具使用，還能套用在繪製完畢的物件的「筆畫」。「筆刷」面板內建了許多種筆刷，使用者也能自訂筆刷。

在「筆畫」套用筆刷

要在選取物件之後，在物件的「筆畫」套用筆刷，可從「內容」面板或是「控制」面板的「筆刷」，以及「筆刷」面板（F5 鍵）選取筆刷。

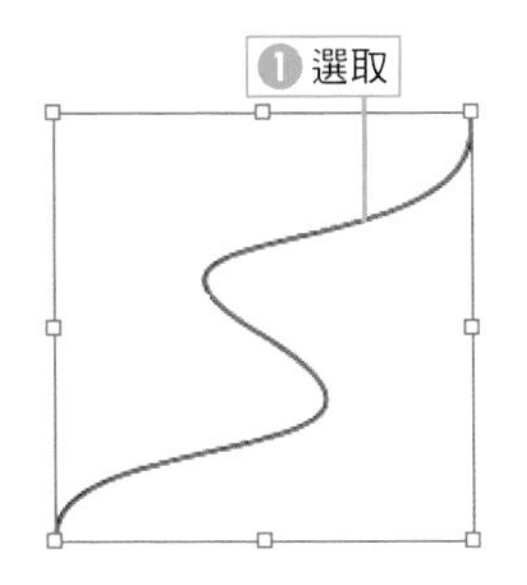

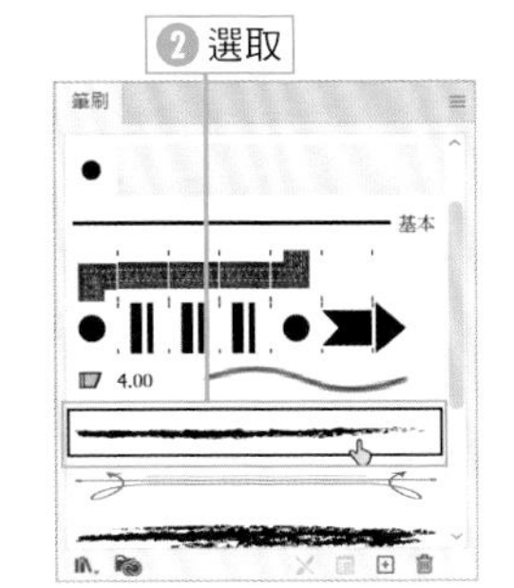

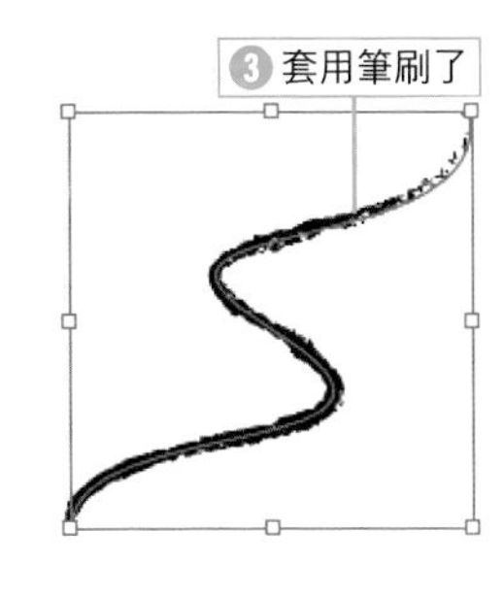

POINT

筆刷可於開放路徑、封閉路徑套用，但無法在漸層網格、點陣圖、圖表與遮色片套用。如果在群組物件套用，就會在群組之內的每個物件套用。

POINT

利用筆刷工具 繪製物件時，會套用當下選擇的筆刷，但也可以在繪製完畢之後，套用其他的筆刷。

▶筆刷的種類

可從「筆刷」面板選擇的筆刷共有五種。

沾水筆刷 可依照角度調整筆畫寬度的筆刷

線條圖筆刷 可讓物件沿著路徑變形的筆刷

圖樣筆刷 可沿著筆畫配置圖樣拼貼的筆刷

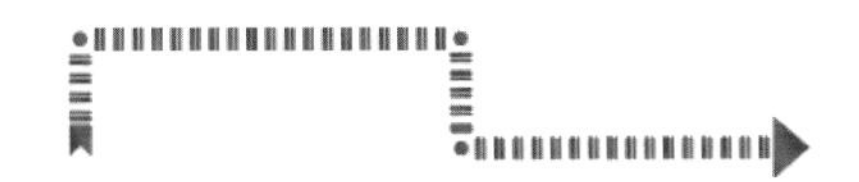

散落筆刷 可沿著路徑散佈物件的筆刷

毛刷筆刷 可像畫筆一般，畫出濕潤線條的筆刷。

▶筆刷的顏色

「沾水筆筆刷」與「毛刷筆刷」都可套用「筆畫」的顏色。

「散落筆刷」、「線條圖筆刷」、「圖樣筆刷」則以筆刷選項的「上色」設定為優先，會忽略「筆刷」設定的顏色。相關細節請參考「利用筆刷選項編輯」（第 155 頁）。

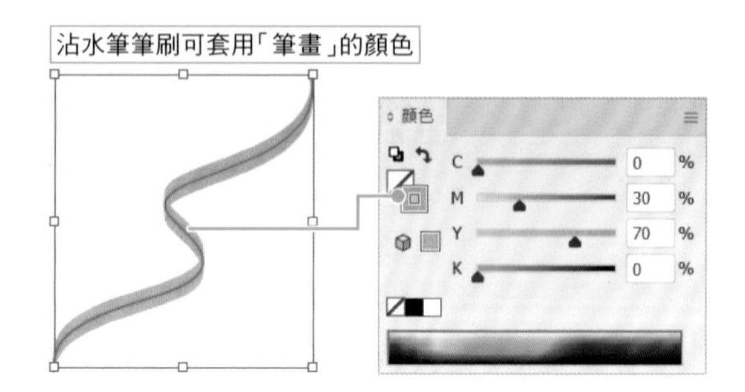

▶筆刷的筆畫寬度

套用筆刷的筆畫可透過筆畫寬度的設定調整筆觸的寬度。

開啟「筆刷」面板

「筆刷」面板下方的按鈕可追加或刪除筆刷。

在筆刷資料庫選擇的筆刷會新增至「筆刷」面板。

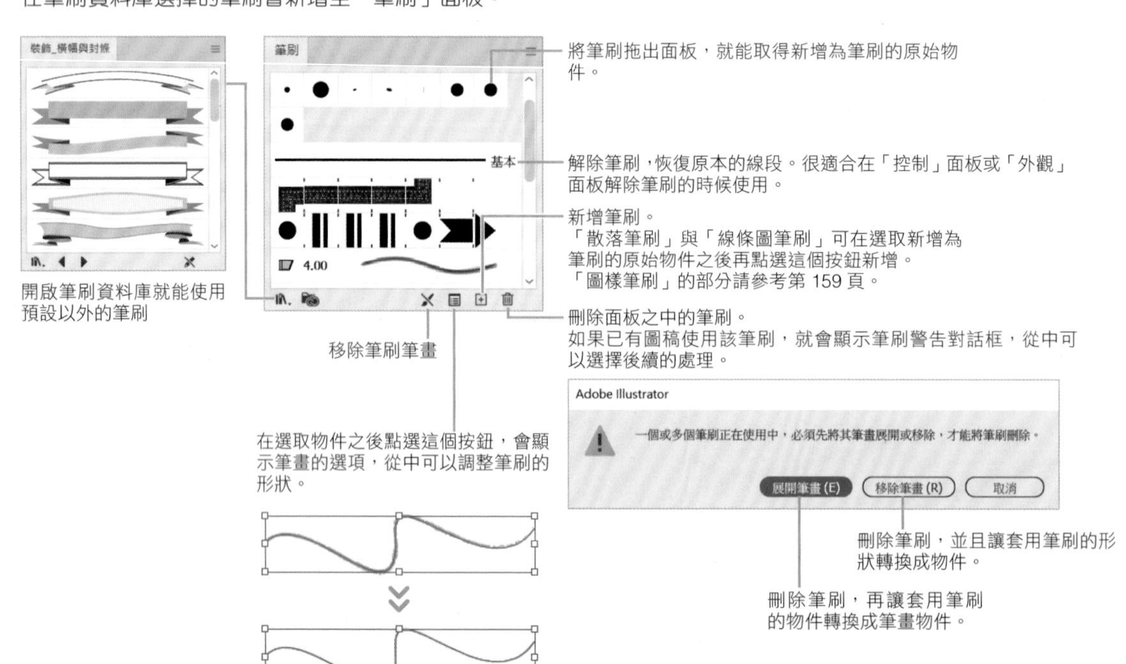

利用筆刷選項編輯

筆刷都有筆刷選項，從中可以設定筆刷的名稱與上色方式。

筆刷選項可雙擊「筆刷」面板的筆刷，開啟「筆刷選項」對話框設定。

雙擊這裡

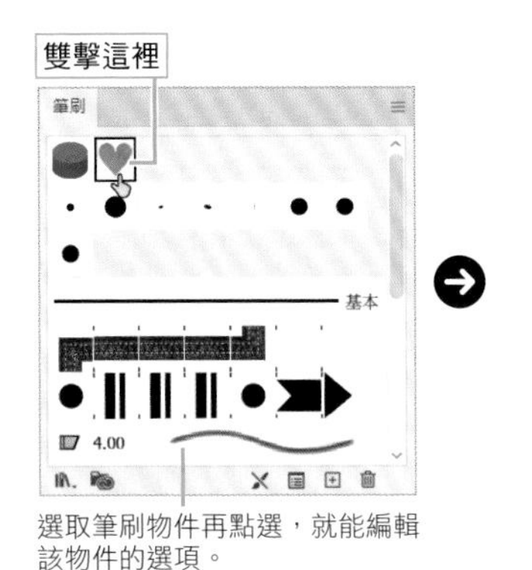

選取筆刷物件再點選，就能編輯該物件的選項。

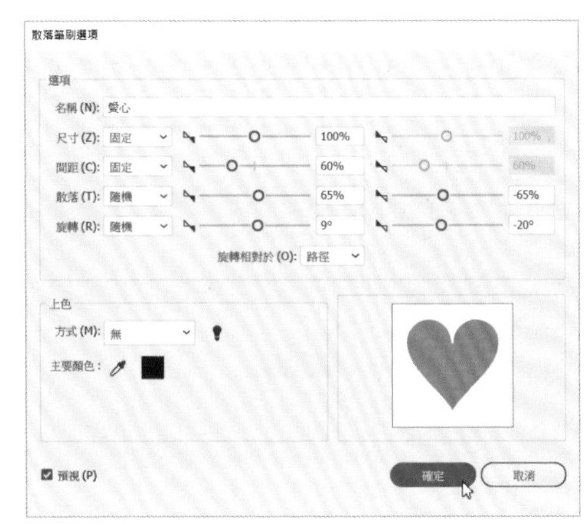

▶變更正在使用的筆刷的筆刷選項

假設編輯了正在物件使用的筆刷的筆刷選項，就會開啟是否套用編輯結果的對話框。

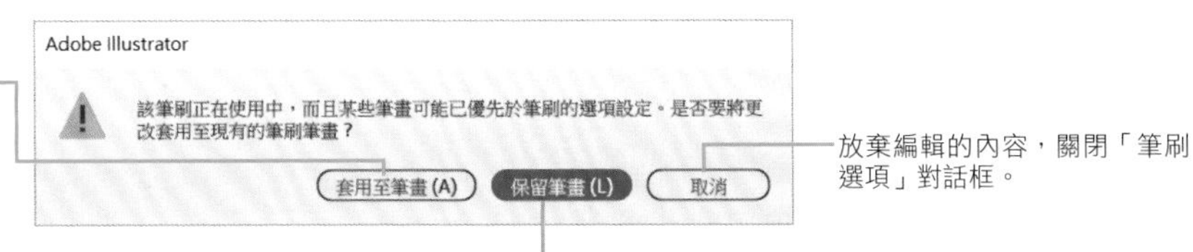

儲存編輯的內容，將設定套用在圖稿之中，所有使用該筆刷的物件。

放棄編輯的內容，關閉「筆刷選項」對話框。

儲存編輯的內容，但不套用在圖稿之中的物件，直到下次使用該筆刷才會套用新的設定內容。

TIPS 只編輯選取的筆刷物件的選項

點選筆刷物件，再點選「筆刷」面板下方的 ▤，開啟「筆畫選項」對話框，就能編輯該物件的筆刷選項。

這個對話框的設定只會套用在剛剛選取的物件，不會影響其他套用相同筆刷的物件。

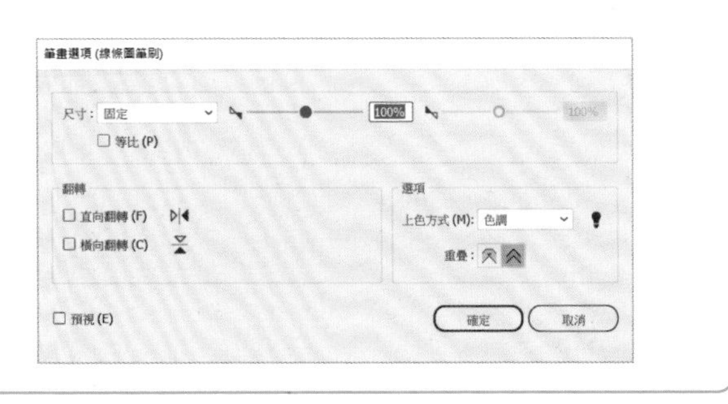

▶「沾水筆筆刷選項」對話框的設定

「沾水筆筆刷選項」對話框可設定筆刷的角度或橢圓形。

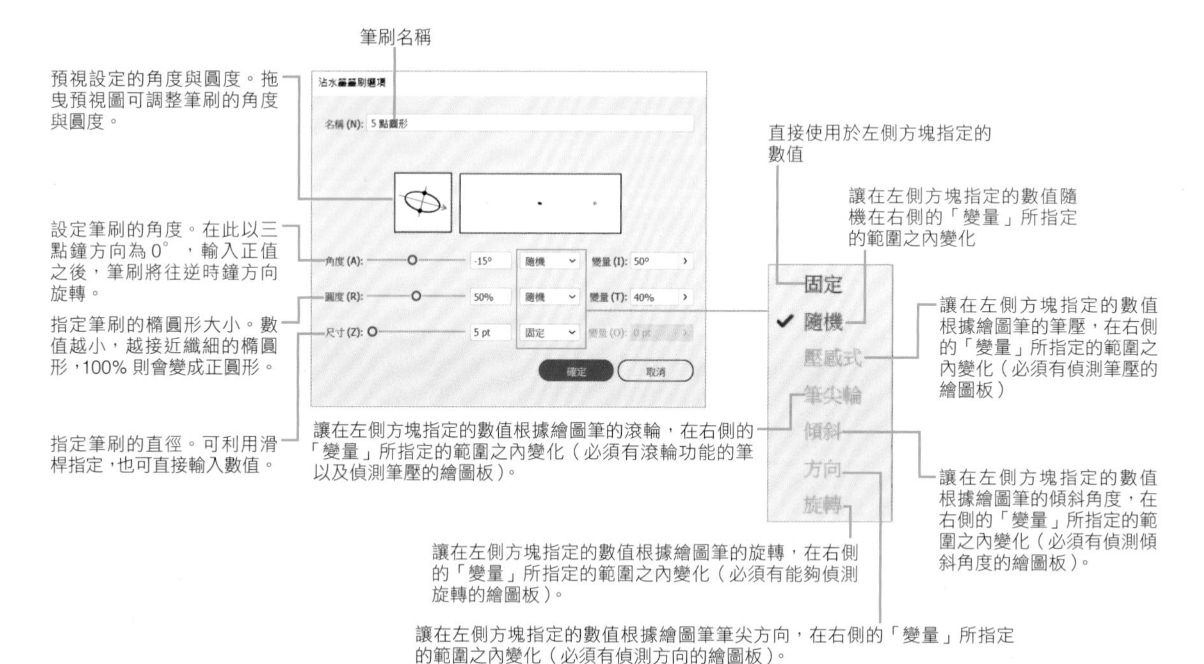

▶「散落筆刷選項」對話框

「散落筆刷選項」對話框可設定物件在路徑散佈的方式。

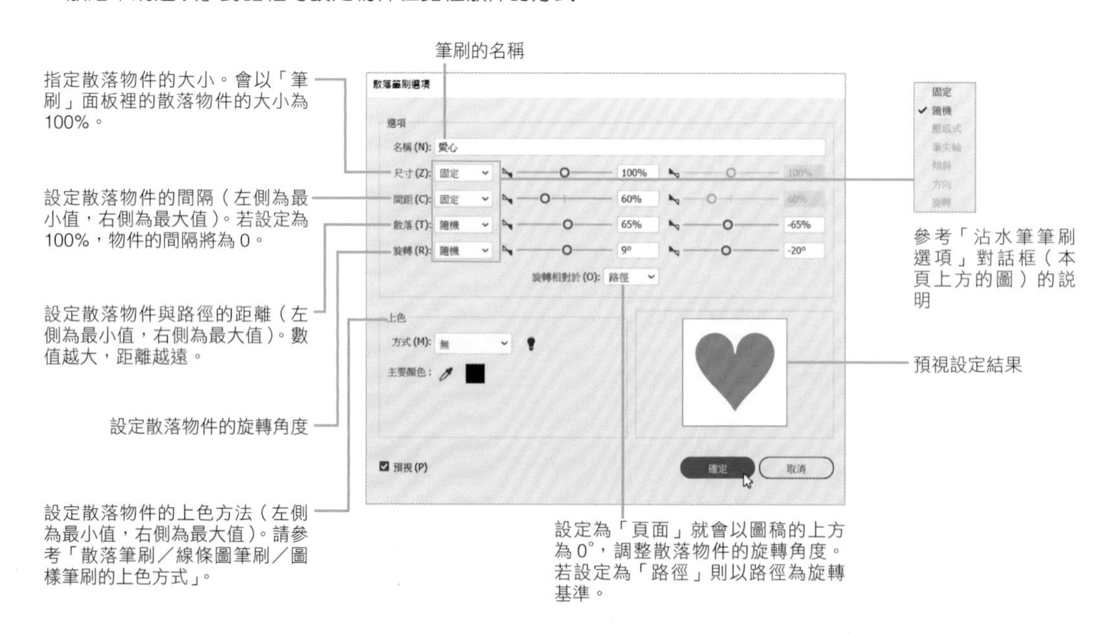

▶「線條圖筆刷選項」對話框的設定

「線條圖筆刷選項」對話框可設定物件沿著路徑排列的方式。

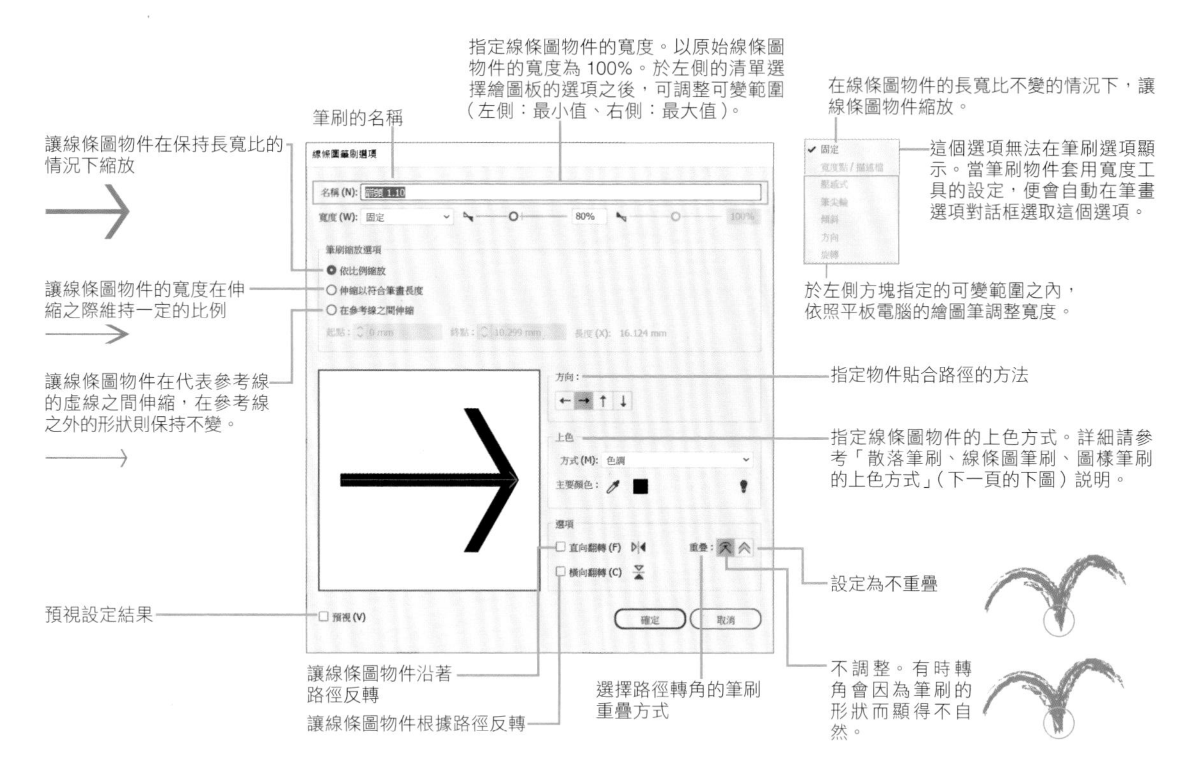

▶「圖樣筆刷選項」對話框的設定

「圖樣筆刷選項」對話框可設定路徑的起點、終點、轉角、直線配置哪些圖樣。

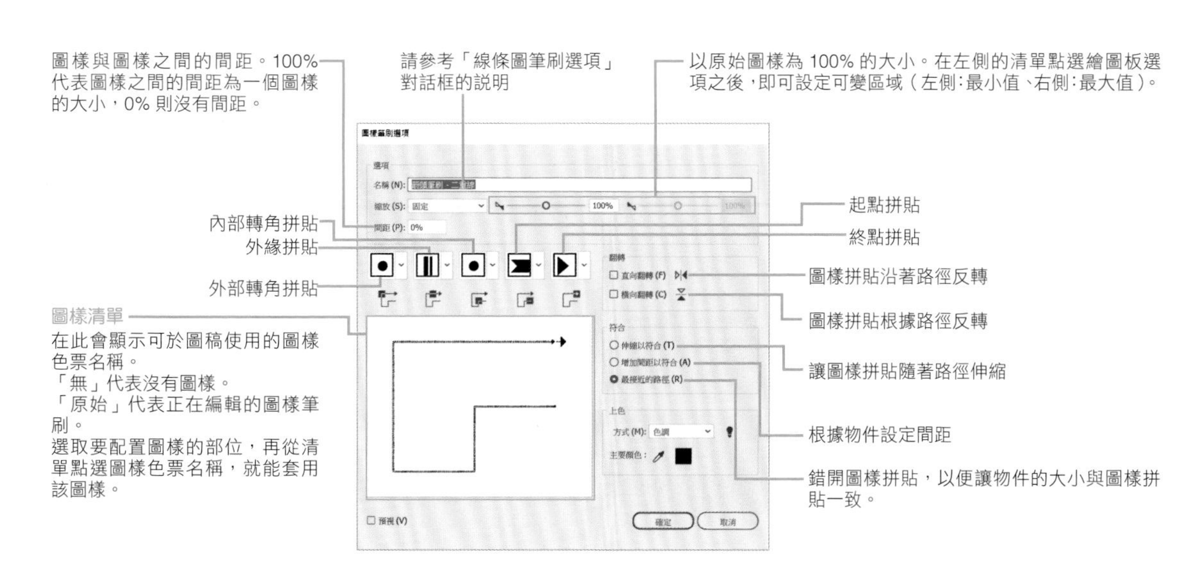

▶「毛刷筆刷選項」對話框的設定

「毛刷筆刷選項」對話框可設定筆尖形狀、筆刷大小、毛刷長度與密度。

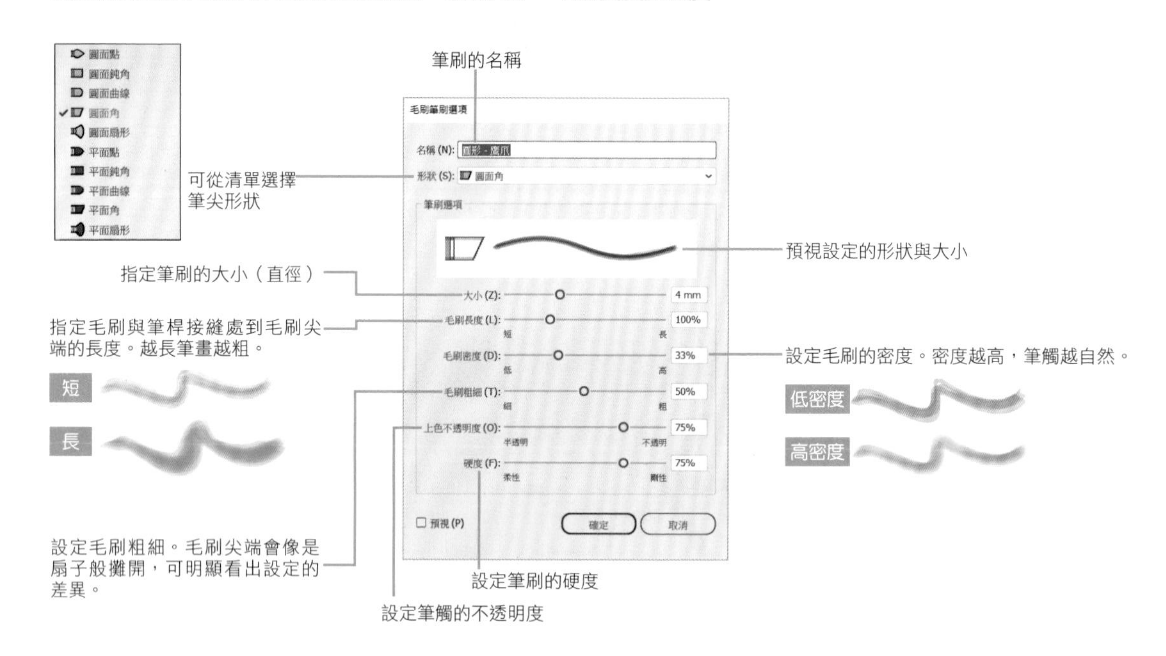

▶散落筆刷、線條圖筆刷、圖樣筆刷的上色方式

散落筆刷、線條圖筆刷、圖樣筆刷都可選擇上色方式。

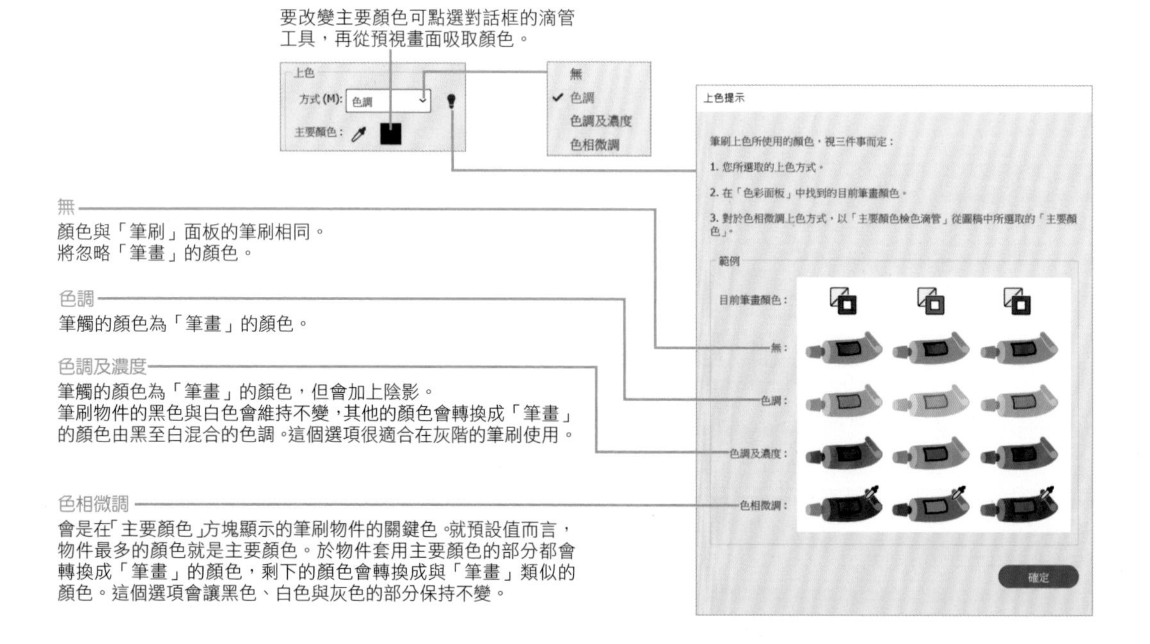

新增筆刷

筆刷也可以透過自訂的方式新增。

▶ 新增沾水筆筆刷、毛刷筆刷

沾水筆筆刷或是毛刷筆刷只需要在「新增筆刷」對話框點選「沾水筆筆刷」或是「毛刷筆刷」，再點選「確定」即可新增。之後便會依照選取的筆刷開啟對應的對話框（設定的部分請參考第 156、158 頁說明），可於這個對話框設定筆刷的名稱與相關的選項。

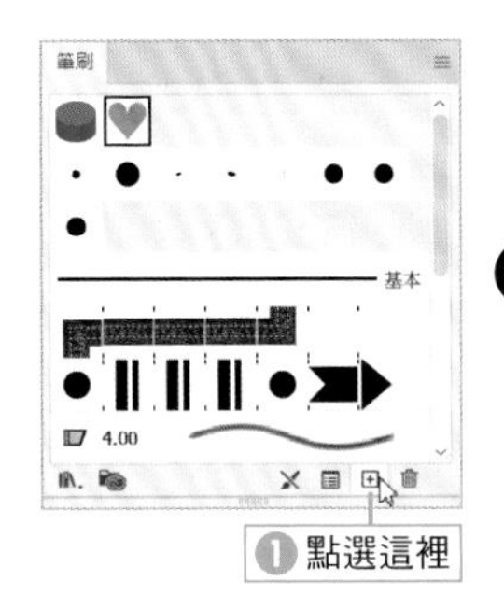

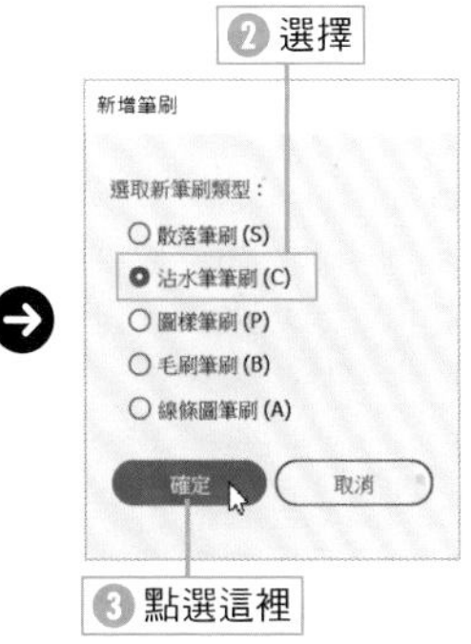

▶ 新增散落筆刷、線條圖筆刷

散落筆刷與線條圖筆刷可先選取要新增為筆刷的物件再新增。在「新增筆刷」對話框點選「散落筆刷」或是「線條圖筆刷」再點選「確定」即可新增。

之後便會依照選取的筆刷開啟對應的對話框（設定的部分請參考第 156、157 頁說明），可於這個對話框設定筆刷的名稱與相關的選項。

POINT

也可將嵌入的圖片新增為筆刷。

> **TIPS 拖放新增**
>
> 將筆刷物件拖放至面板，也能新增散落筆刷或線條圖筆刷。

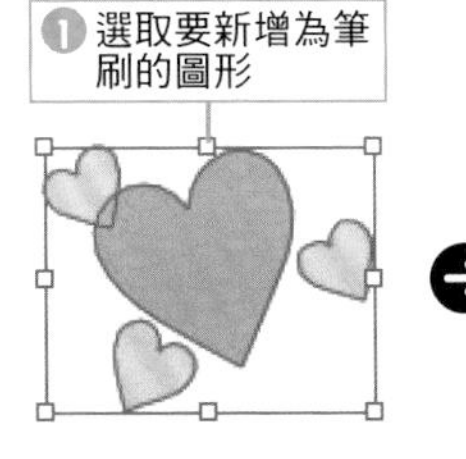

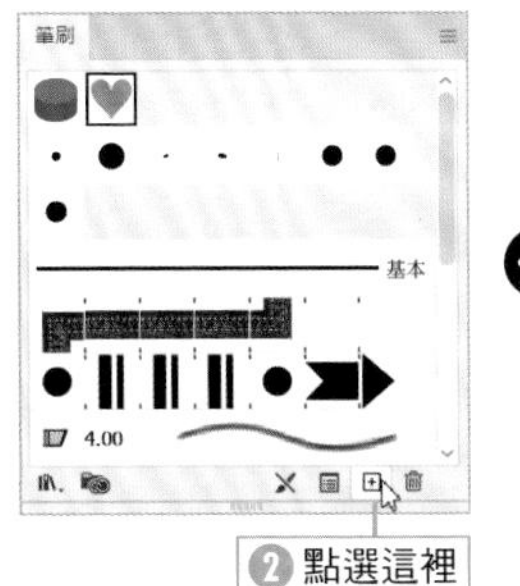

▶ 新增圖樣筆刷

圖樣筆刷可自動產生轉角拼貼（外部轉角拼貼、內部轉角拼貼）快速新增。

先建立外緣拼貼物件再選取（也可以是影像物件）。

點選「筆刷」面板的「新增筆刷」按鈕，再於「新增筆刷」對話框點選「圖樣筆刷」，就能開啟「圖樣筆刷選項」對話框。

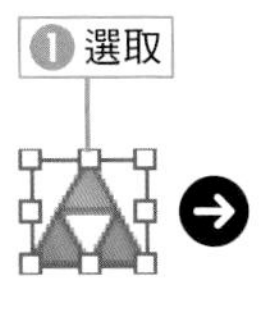

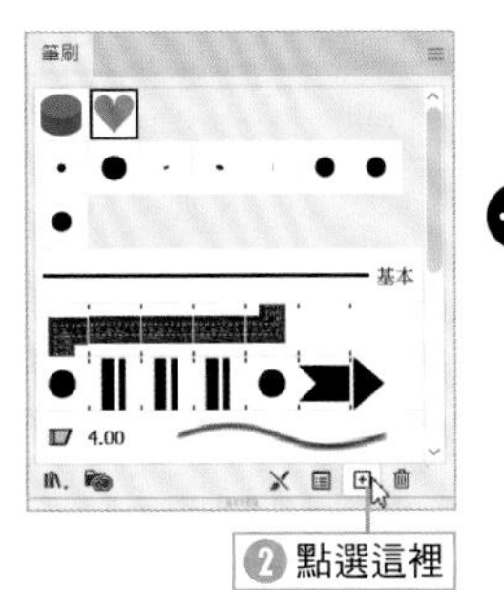

外緣拼貼會自動設定為選取的物件。內部轉角拼貼與外部轉角拼貼會從選取的物件自動產生，所以可從清單選取。

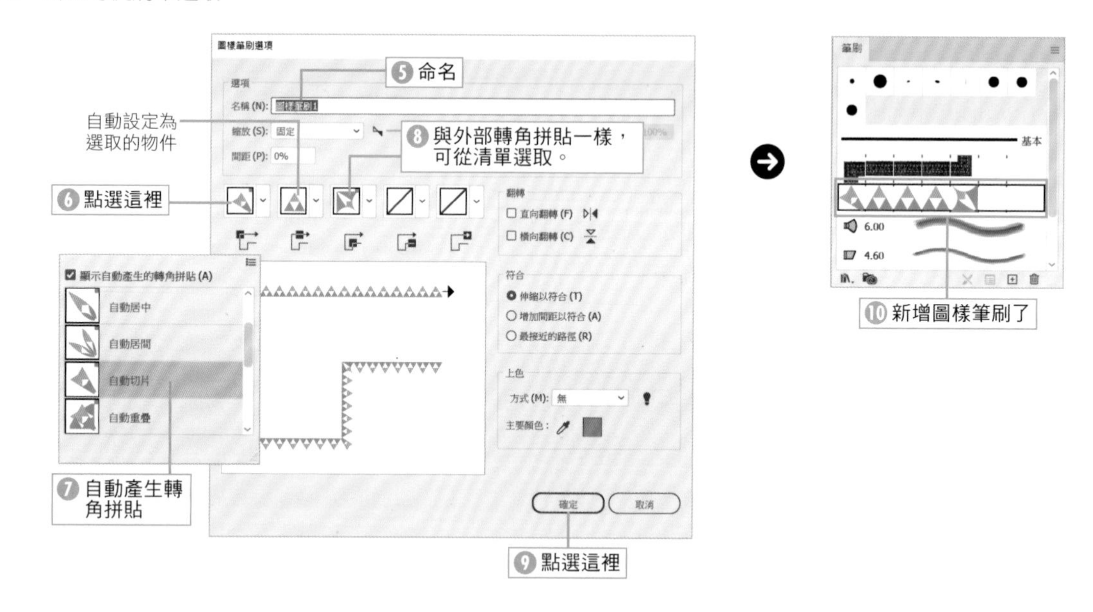

將筆刷轉換成一般的物件

在「物件」選單點選「擴充外觀」就能讓套用筆刷的物件轉換為一般物件。

轉換之後的物件會是群組物件，之後就無法再利用「筆刷」面板調整筆刷的種類，也無法編輯筆刷。

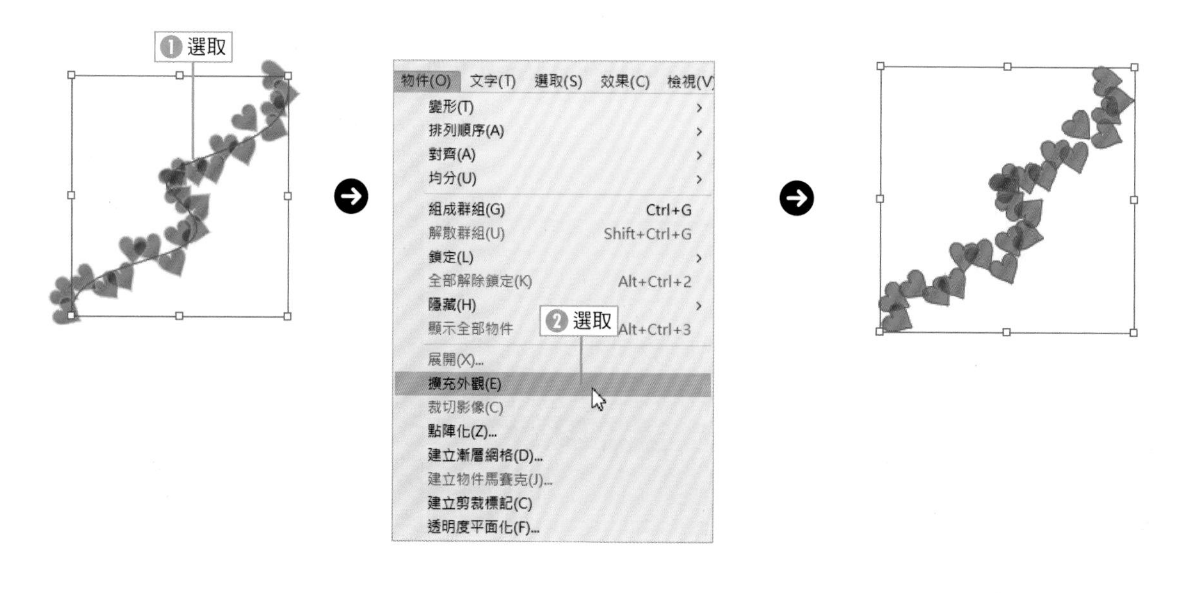

SECTION

6.4

使用頻率

「編輯」選單→「編輯色彩」→「重新上色圖稿」、「編輯」選單→「編輯色彩」

一口氣調整多種顏色

「編輯」選單的「編輯色彩」可同時調整群組物件與多個物件的顏色，也能讓顏色減少至一定的數量。

重新上色圖稿（即時色彩）

Illustrator 的顏色設定是以物件為單位，所以要調整所有物件的色調並不是太容易，但如果使用「重新上色」功能，就能一邊預視調整結果，一邊調整選取的物件的所有顏色。

這項功能可用來調整漸層、漸層網格、圖樣、筆刷、即時上色以及各種物件。

① 選取物件再點選 「重新上色」

選取要重新上色的物件。可以一次選取多個物件，也可以選取群組物件。

點選「內容」面板的「重新上色」、「控制」面板的 ，或是從「編輯」選單的「編輯色彩」點選「重新上色圖稿」。

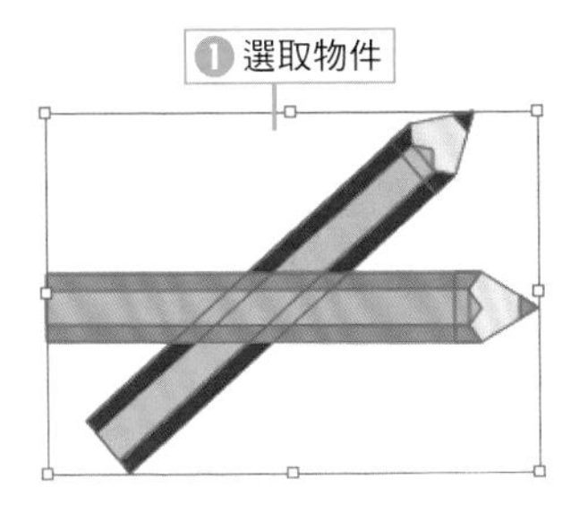

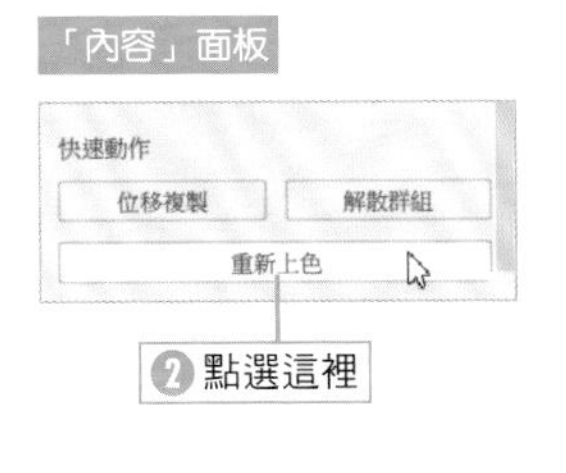

② 變更顏色

開啟對話框之後，會於色輪顯示該物件使用的所有顏色，此時可以一邊觀察預視結果，一邊拖曳色標。

任何一個色標都可以移動。如果點選了右下角的 ，所有顏色會跟著移動。

點選圖稿就可以關閉對話框，也會套用剛剛設定的顏色。

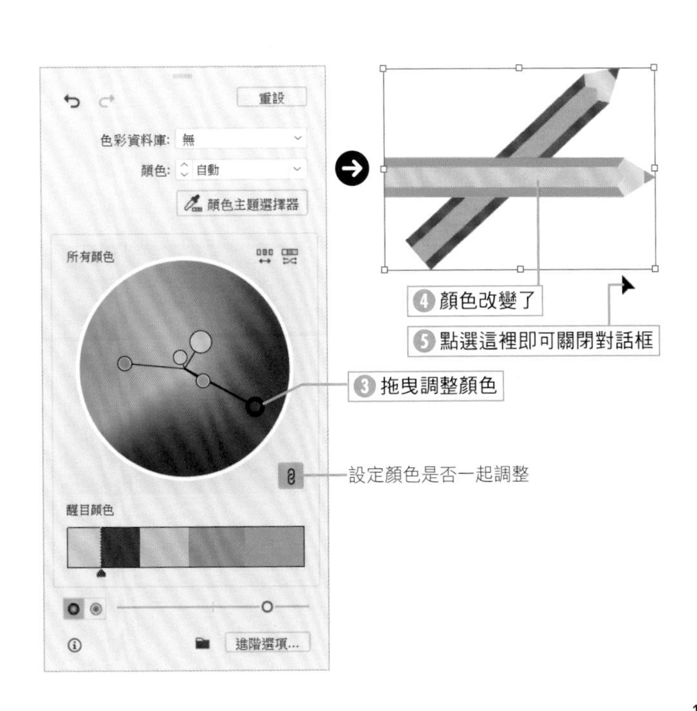

▶ 對話框說明

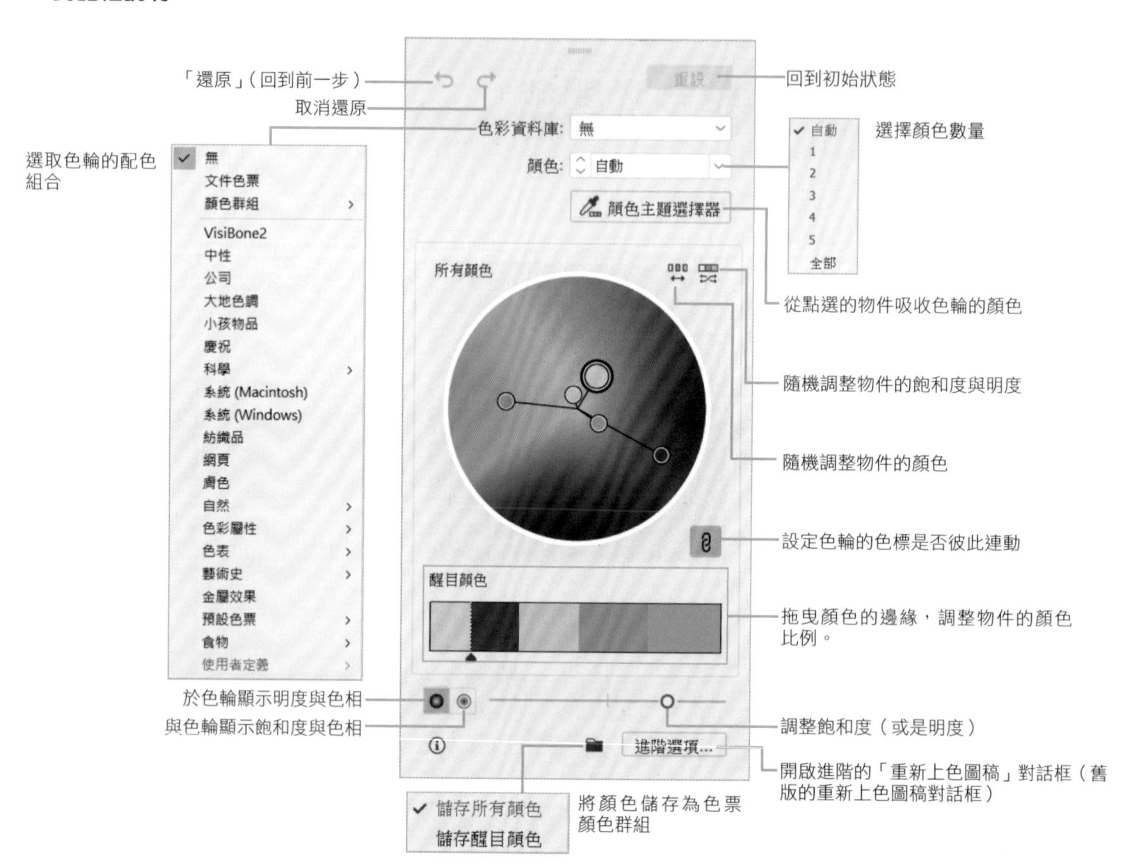

「還原」(回到前一步)
取消還原
重設
回到初始狀態
色彩資料庫:
無
顏色:
自動
選擇顏色數量
自動
1
2
3
4
5
全部
選取色輪的配色組合
無
文件色票
顏色群組
VisiBone2
中性
公司
大地色調
小孩物品
慶祝
科學
系統 (Macintosh)
系統 (Windows)
紡織品
網頁
膚色
自然
色彩屬性
色表
藝術史
金屬效果
預設色票
食物
使用者定義
顏色主題選擇器
所有顏色
從點選的物件吸收色輪的顏色
隨機調整物件的飽和度與明度
隨機調整物件的顏色
設定色輪的色標是否彼此連動
醒目顏色
拖曳顏色的邊緣，調整物件的顏色比例。
於色輪顯示明度與色相
與色輪顯示飽和度與色相
調整飽和度（或是明度）
進階選項...
開啟進階的「重新上色圖稿」對話框（舊版的重新上色圖稿對話框）
儲存所有顏色
儲存醒目顏色
將顏色儲存為色票顏色群組

「重新上色圖稿」對話框的「指定」頁籤

「重新上色圖稿」對話框的「指定」頁籤可手動減少顏色。

此外，可從顏色群組賦予原始物件不同的顏色。

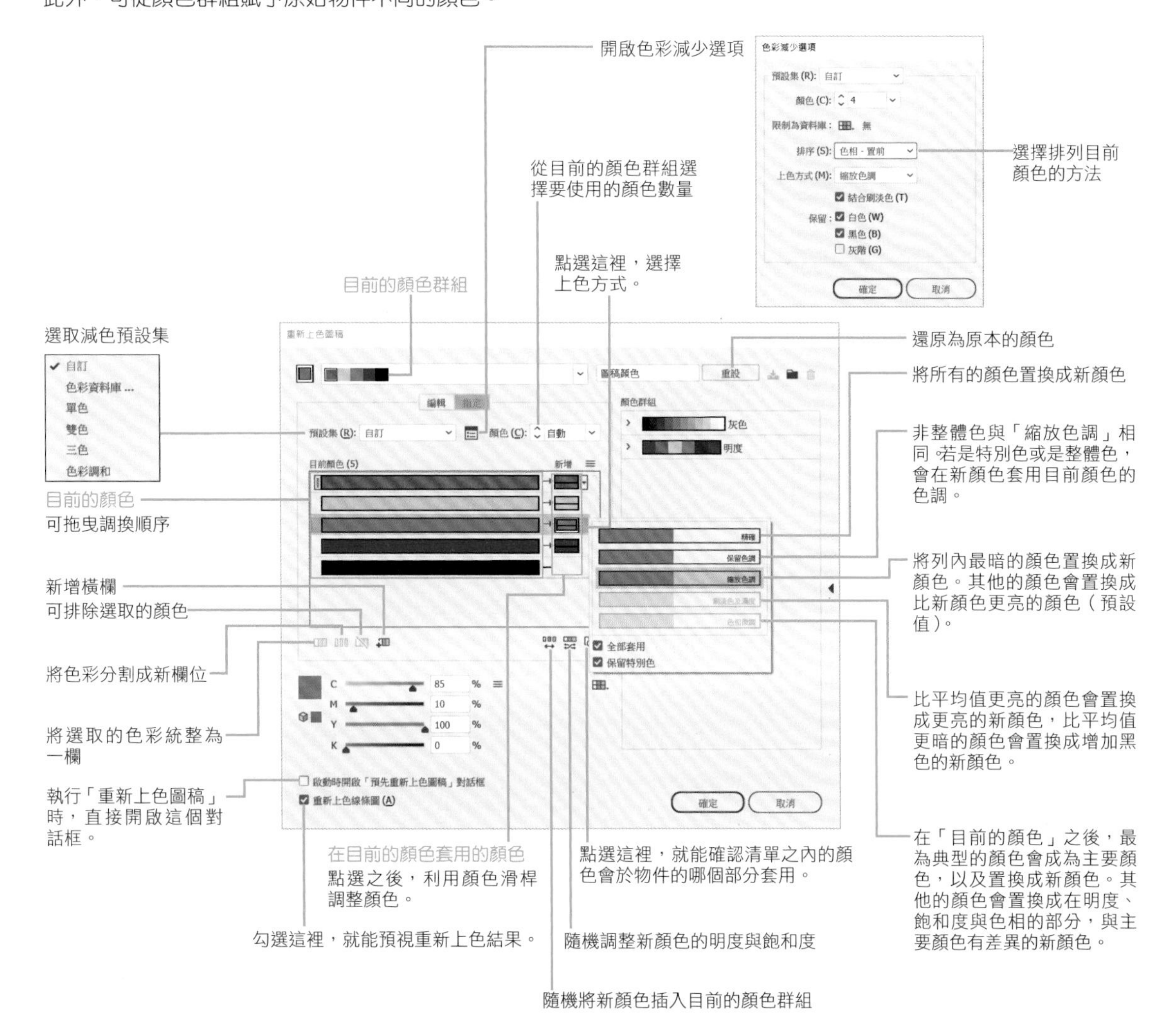

「重新上色圖稿」對話框的「編輯」頁籤

點選「重新上色圖稿」對話框的「編輯」，可於色輪顯示物件使用的所有顏色，也能直接拖曳色標，調整顏色。

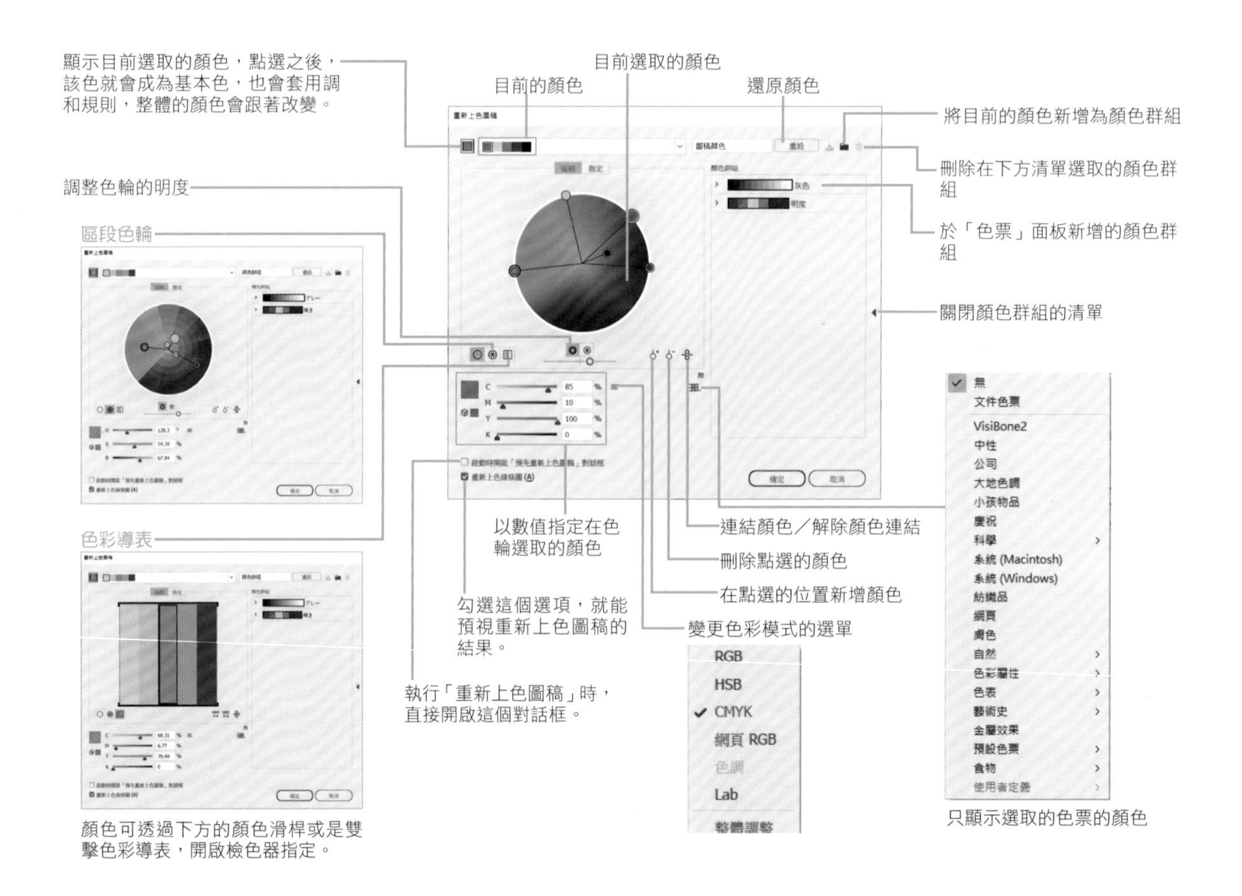

顏色可透過下方的顏色滑桿或是雙擊色彩導表，開啟檢色器指定。

其他編輯色彩的命令

除了「重新上色圖稿」之外，「編輯」選單的「編輯色彩」還有許多編輯物件色彩的命令。

▶轉換為 CMYK ／轉換為 RGB ／轉換為灰階

可在選取物件之後，變更物件的色彩模式。

RGB 的物件轉換為 CMYK 之後，就能分版調整顏色，如果想要單色印刷則可轉換成灰階。

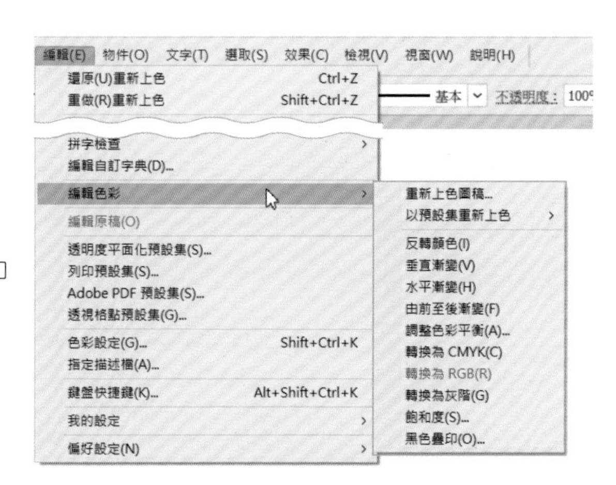

▶ 調整色彩平衡

「調整色彩平衡」可針對 CMYK 或 RGB 的每個色版調整物件的顏色。可於「調整色彩」對話框調整顏色。

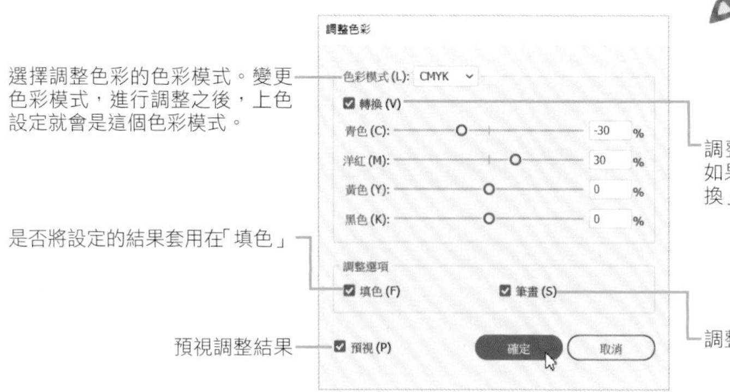

調整顏色通常只能在物件的色彩模式進行。如果要在其他的色彩模式調整，必須勾選「轉換」，再從下拉式選單選擇色彩模式。

調整結果是否套用於「筆畫」

▶ 反轉顏色

「反轉顏色」可反轉選取的物件的顏色。

執行「反轉顏色」之後，就能轉換成在 RGB 模式之下，從 255 減去設定值的值。

由於在其他模式之下，也會以 RGB 值計算，所以就算反轉青色 60%、洋紅 30% 的顏色，也無法轉換成青色 40%、洋紅 70%、黃色 100% 的顏色。

▶ 水平漸變／垂直漸變／由前至後漸變

「水平漸變」、「垂直漸變」、「由前至後漸變」這三種顏色混合方式可根據選取的多個物件的相對位置混合顏色，再讓位於中間的物件以中間色上色。

物件至少要選取三個才能執行這些命令。

顏色混合濾鏡無法於複合路徑套用。

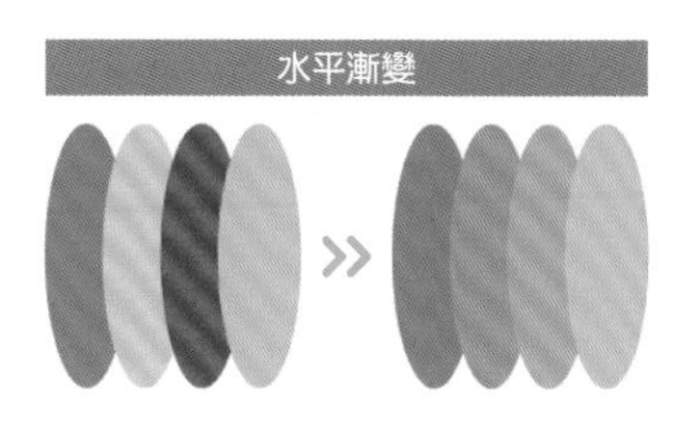

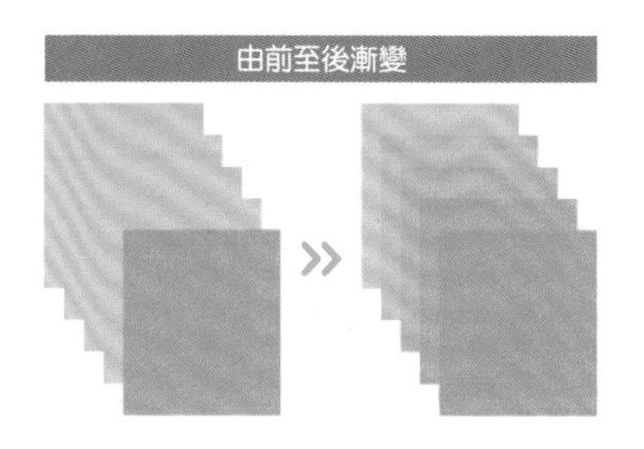

▶飽和度

「飽和度」可在選取物件之後，調整顏色的濃度。這項功能不像「調整色彩平衡」，能調整每種顏色的比例，而是讓各種顏色均衡地增減。調整比例可於「飽和度」對話框設定。

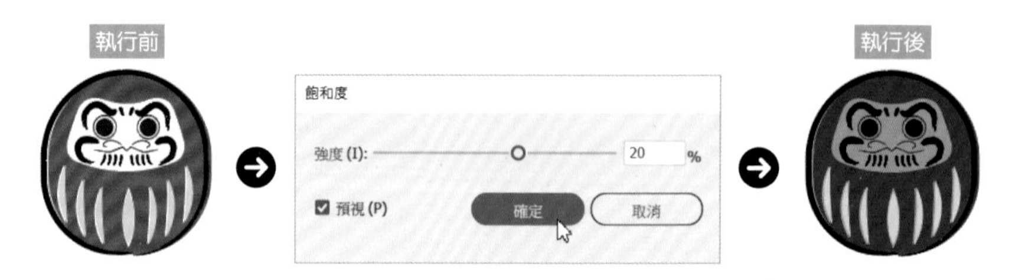

▶黑色疊印

假設物件彼此重疊，上層物件的不透明度為 100%（不透明），印刷時只會印出最上層的填色或筆畫的顏色，下方的部分會出現去底色（knockout）的現象。

在「屬性」面板勾選疊印填色之後，背面的顏色就不會有去底色的問題，上層物件的印墨與下層物件的印墨也會混在一起。

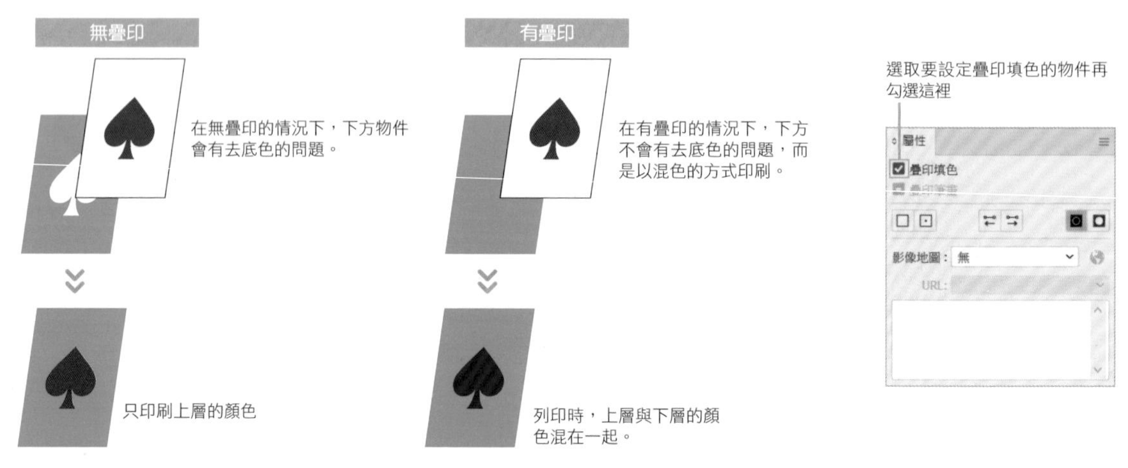

在「編輯」選單的「編輯色彩」點選「黑色疊印」，對於 K 版（CMYK）的數值與在對話框設定的數值相同的所有物件套用疊印設定。

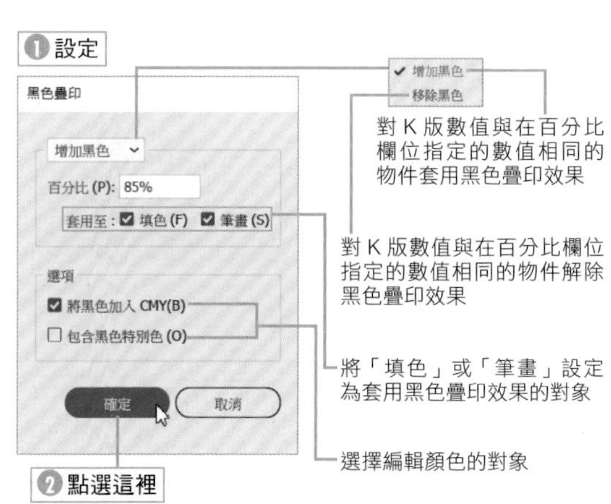

TIPS 疊印預視

在「檢視」選單點選「疊印預視」（參考第 28 頁），就能預視套用了疊印設定的物件的印刷結果。

此外，也可在「分色預視」面板觀察每個色版，確認哪些顏色出現去底色的現象。

SECTION 6.5

「繪圖樣式」面板

使用「繪圖樣式」面板

使用頻率

各種有關物件的設定可於「繪圖樣式」面板新增為繪圖樣式，之後便可隨時在其他物件套用。可把繪圖樣式想像成外觀的色票版。

套用繪圖樣式

選取物件，再點選「繪圖樣式」面板的繪圖樣式，就能套用該繪圖樣式。

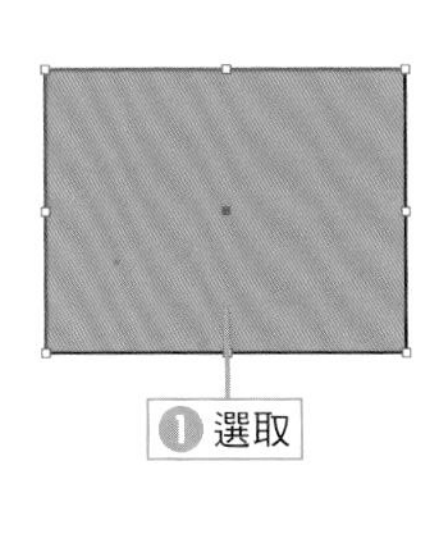

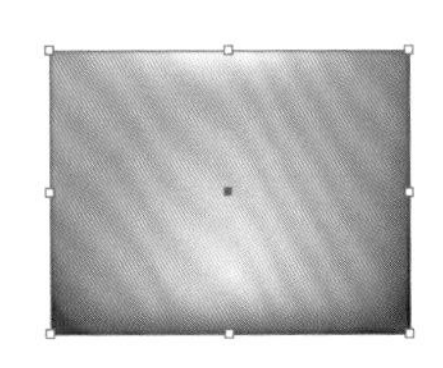

POINT

套用的繪圖樣式是從「繪圖樣式資料庫」的「影像效果」載入。

▶ 追加與套用繪圖樣式

在「繪圖樣式」面板點選其他的繪圖樣式，該物件的外觀就會套用該繪圖樣式。

按住 Alt 鍵再點選繪圖樣式，就能於目前的外觀追加外觀。

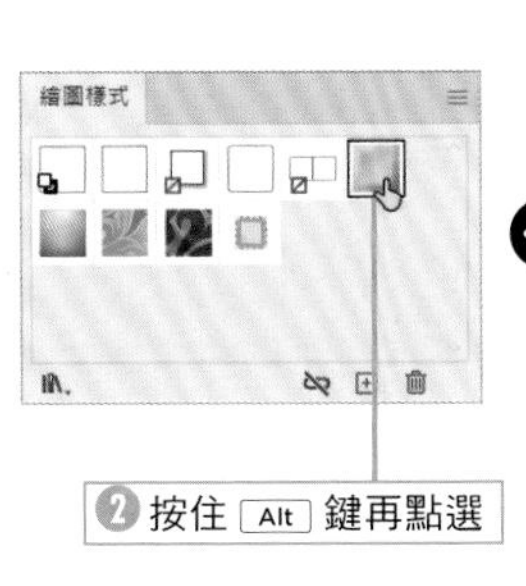

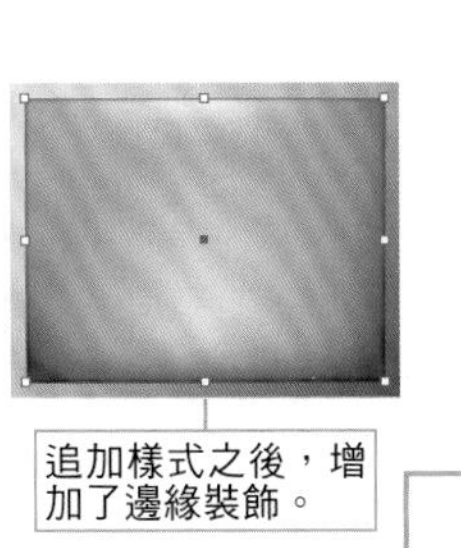

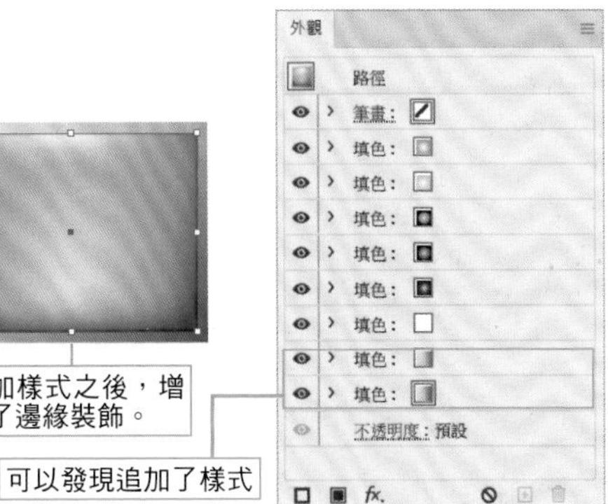

TIPS 使用繪圖樣式資料庫與其他圖稿的繪圖樣式

從其他圖稿複製與貼上套用了繪圖樣式的物件，該繪圖樣式就會自動新增至「繪圖樣式」面板。

此外，也可以從繪圖樣式資料庫呼叫繪圖樣式，再從中挑選需要的繪圖樣式。

新增繪圖樣式

在「外觀」面板設定的「填色」、「顏色」、「不透明度」、「漸變模式」、「效果」都可於「繪圖樣式」面板新增為單一的繪圖樣式。

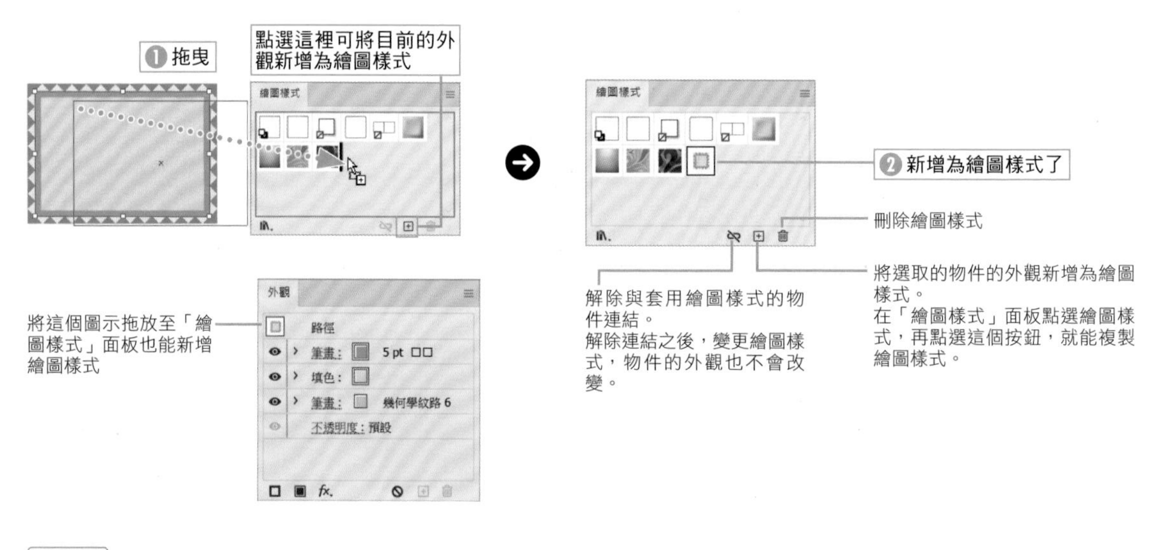

POINT

於「繪圖樣式」面板新增的繪圖樣式只能在新增繪圖樣式的圖稿使用。

▶只有效果的繪圖樣式

要新增只有「效果」，沒有「填色」與「筆畫」的繪圖樣式，可在「外觀」面板將「填色」與「筆畫」設定為「無」再新增。

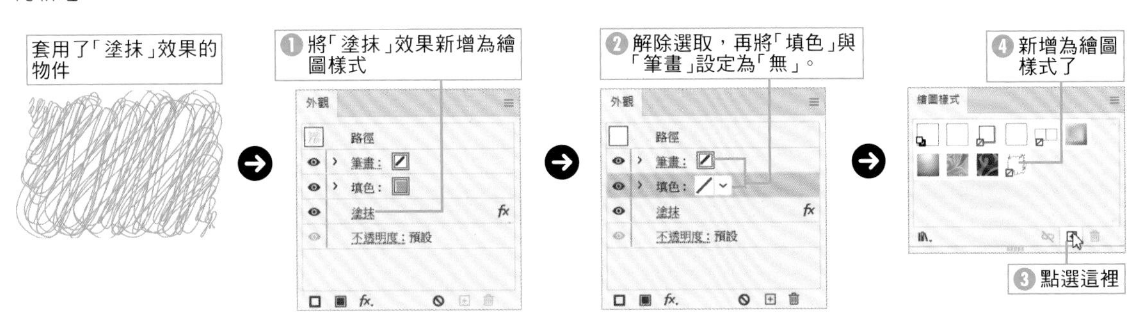

TIPS 替繪圖樣式命名

雙擊「繪圖樣式」面板的繪圖樣式，可開啟「繪圖樣式選項」對話框，便可替繪圖樣式命名。

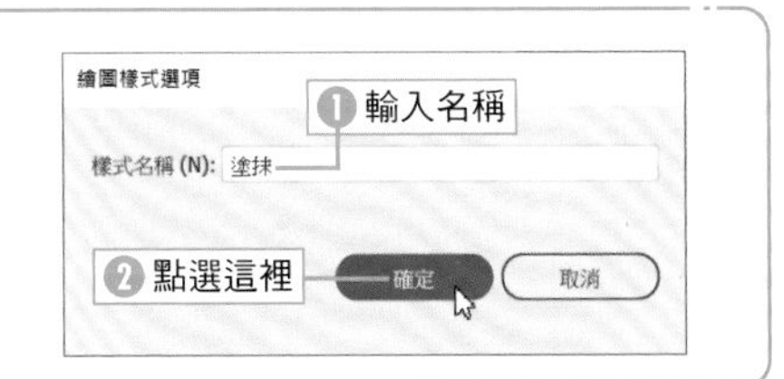

連結與更新繪圖樣式

假設在「外觀」面板調整套用了繪圖樣式的物件的設定，可讓繪圖樣式套用該設定。

套用了繪圖樣式的所有物件會與繪圖樣式連結，此時若是執行「重新定義繪圖樣式」，調整套用的繪圖樣式，所有與這個繪圖樣式連結的物件的繪圖樣式都會重新定義。

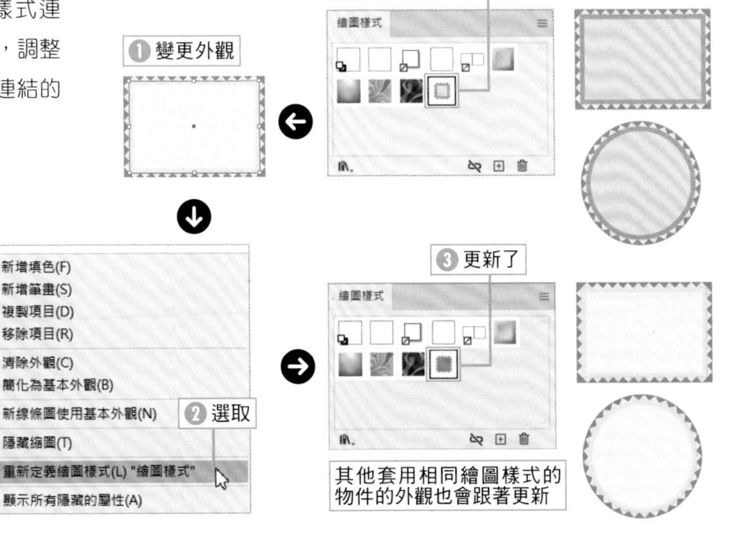

POINT

其他物件套用了變更的繪圖樣式時，該物件的繪圖樣式也會自動更新。

SECTION 6.6

使用頻率

「符號」面板、符號噴灑器工具

活用符號

常用的圖形或物件可於「符號」面板新增為符號範例。之後在圖稿使用該符號的時候，可參照在面板新增的符號範例，如此一來，就算使用了大量的符號，檔案容量也不會因此增加。

新增與配置符號

要新增**符號**可將原始物件拖放至「符號」面板。

也可以先選取物件，再按下 F8 鍵，或是點選「符號」面板的 ⊞。

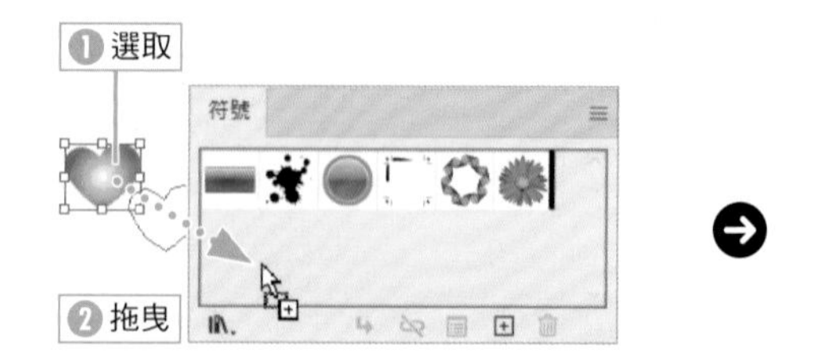

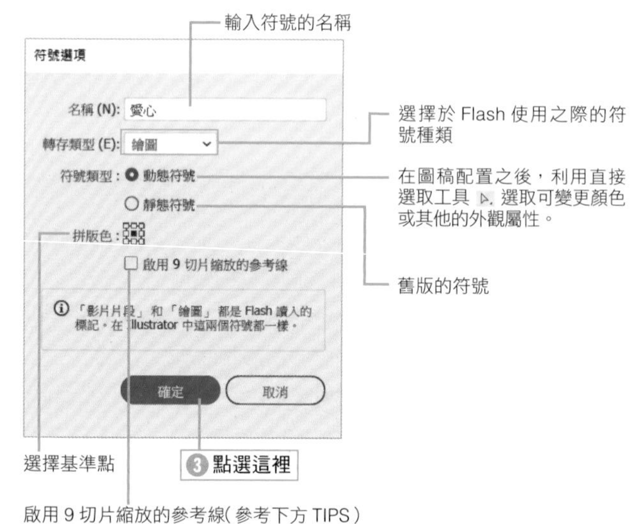

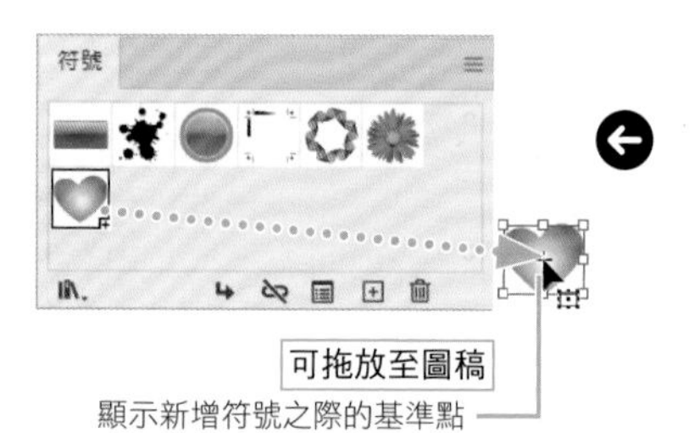

TIPS 9 切片縮放

在新增符號時，勾選「啟用 9 切片縮放的參考線」，就能在縮放圖稿的符號時，讓 9 切片定義的部分不被縮放。9 切片的定義可於符號的編輯模式變更。

原始符號

配置與放大啟用9切片的符號

配置與放大未啟用9切片的符號

9切片的參考線

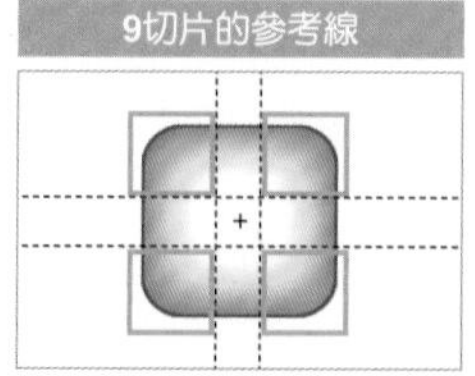

框選的部分不會縮放，其他的部分會縮放。

▶ 關於「符號」面板

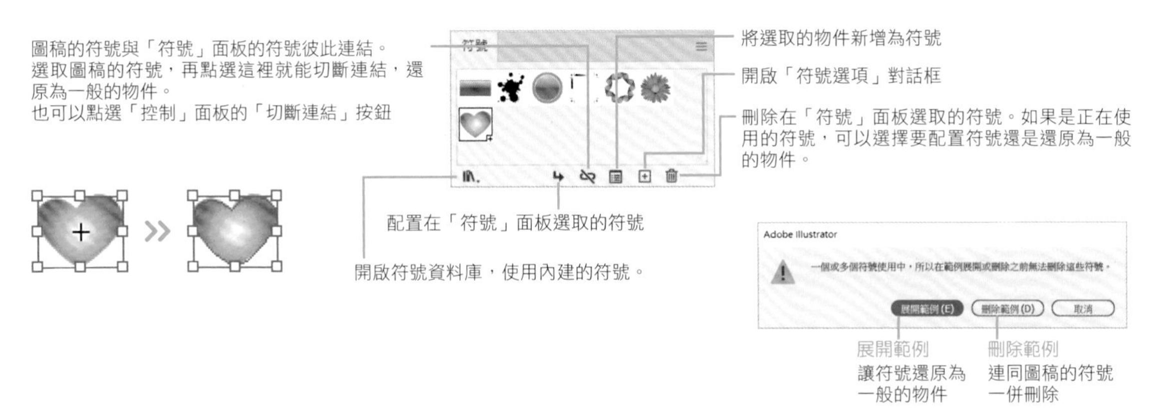

使用符號噴灑器工具

使用符號噴灑器工具 可配置多個選取的符號。

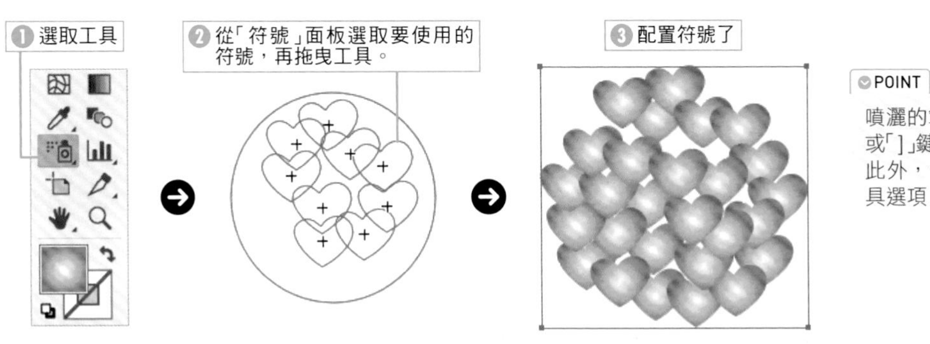

POINT

噴灑的範圍可利用「[」鍵或「]」鍵調整（半形字元）。此外，也可以在「符號工具選項」對話框設定。

利用符號噴灑器工具 配置的符號會被視為一個集合。若是先選取其他的符號再以符號噴灑器工具 配置，新配置的符號就會於剛剛選取的符號組新增。

雙擊工具箱的符號噴灑工具 即可開啟「符號工具選項」，調整噴灑的範圍。

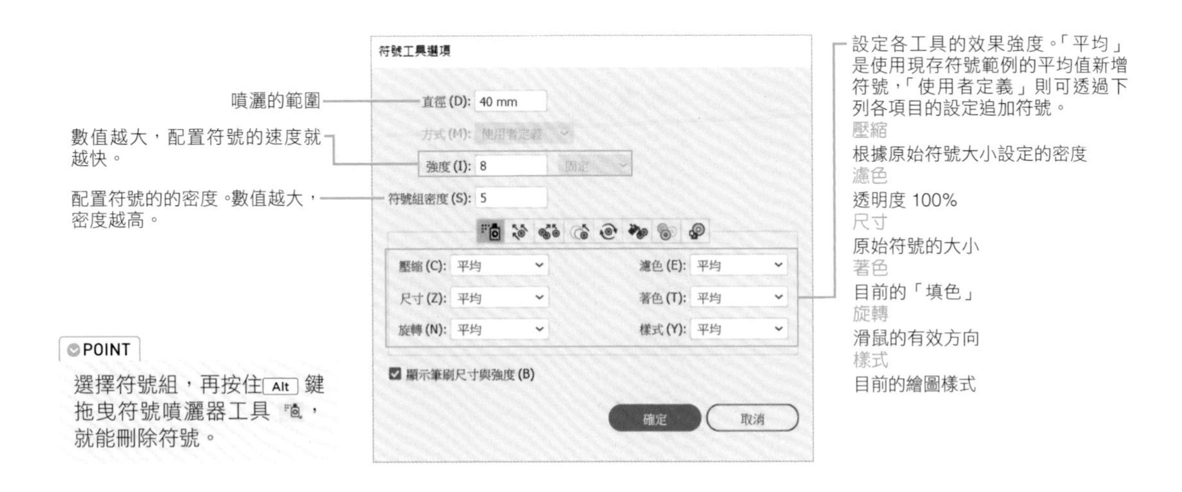

POINT

選擇符號組，再按住 Alt 鍵拖曳符號噴灑器工具 ，就能刪除符號。

▶變形配置的符號

配置的符號或符號組可利用移動、縮放、旋轉這類變形工具變形，也可利用各種符號工具編輯符號組。

編輯符號

雙擊「符號」面板的符號範例，就能切換成符號編輯模式，可於此時編輯符號的顏色或是形狀。

① 進入符號編輯模式

在「符號」面板雙擊要編輯的符號。

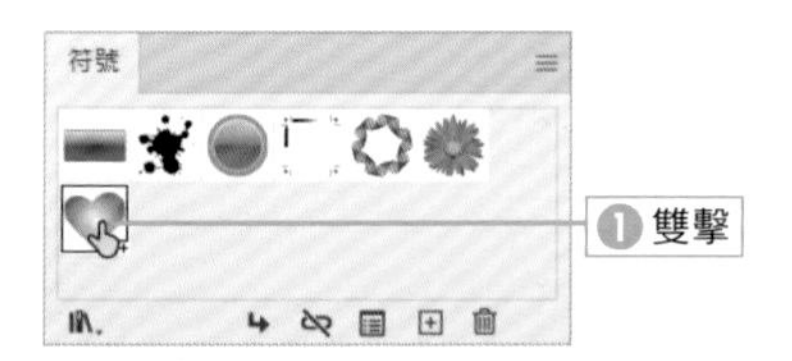

② 編輯符號

切換至符號編輯模式之後，可變更形狀或是顏色。編輯完成後，雙擊物件之外的部分，或是點選畫面左上角的 ，就能脫離編輯模式。

複製、縮小與旋轉了符號範例

POINT

作為編輯對象的符號會與基準點一同在視窗正中央顯示。圖稿之中的符號會根據基準點編輯，所以在編輯時調整物件的基準點，圖稿的符號也會跟著移動。編輯時，務必注意基準點。

③ 符號改變了

由於符號的內容改變了，所以「符號」面板的圖示也跟著改變了。

此外，圖稿的符號與符號組的內容也更新為新的符號。

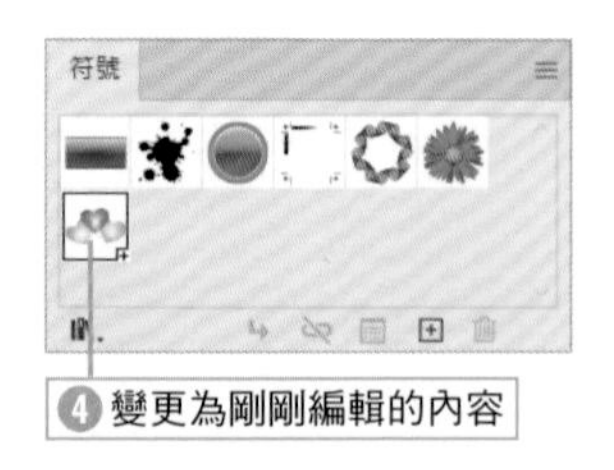

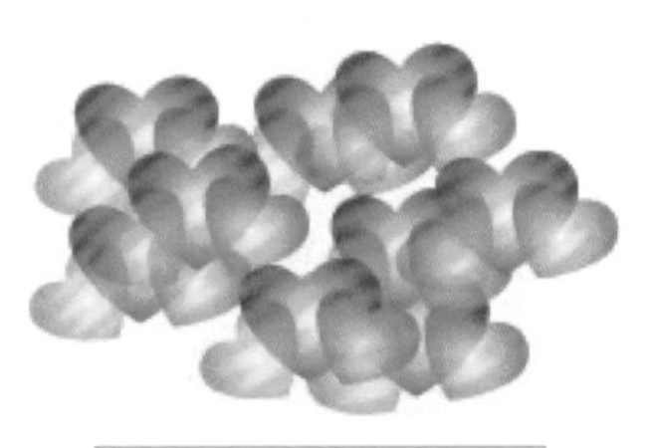
會變更為剛剛編輯的內容

POINT

如果不希望圖稿的符號被置換，請切斷符號的連結（參考第 171 頁）。

編輯符號組

以符號噴灑器工具 配置的符號組可利用其他的符號工具編輯。

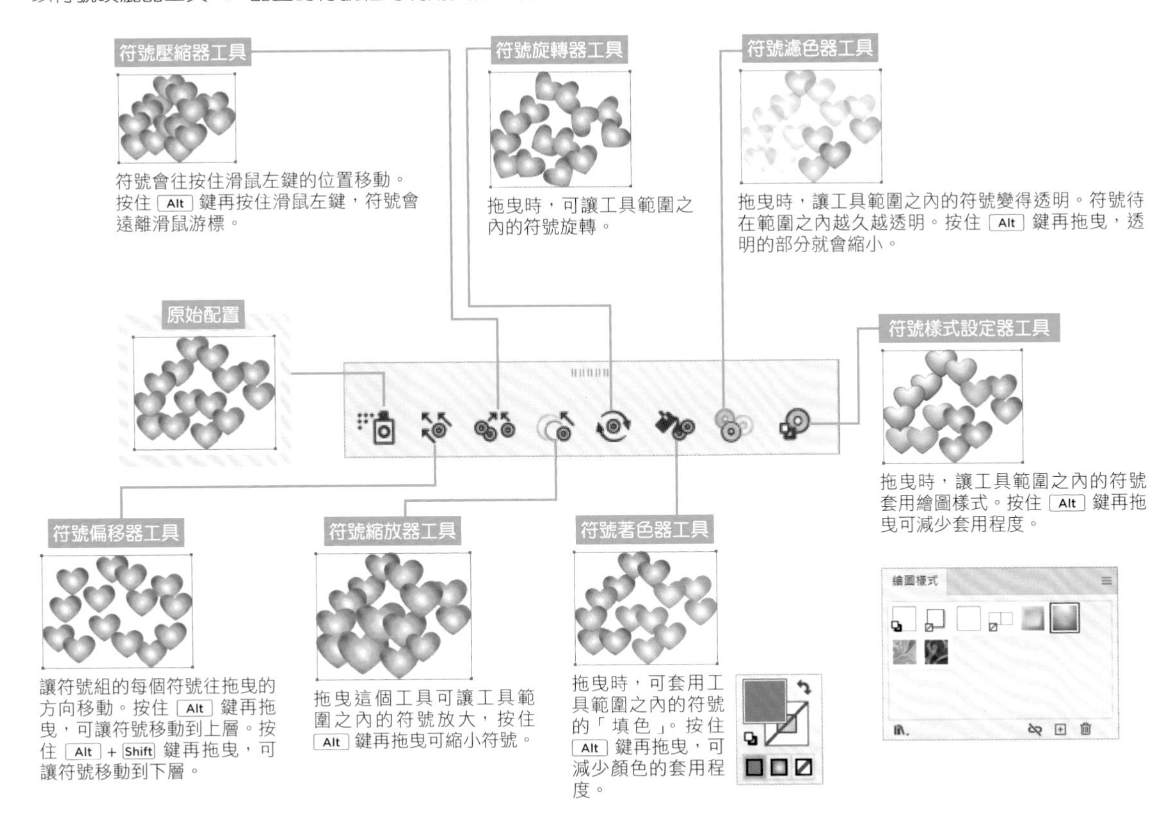

置換符號

圖稿的符號可置換為「符號」面板的其他符號。選取符號組，再於「符號」面板選擇符號，接著點選「符號」面板選單的「取代符號」即可置換符號。

POINT

選取單獨配置的符號，再從「控制」面板的「取代」選擇符號，也能取代符號。

POINT

在「符號」面板按住 Alt 鍵，再將符號拖曳至與其他符號重疊的位置，就能將符號置換成放開滑鼠左鍵的位置的符號。

SECTION 6.7

使用頻率

「透明度」面板

利用不透明度遮色片讓物件漸漸變得透明

使用「不透明度遮色片」，即可根據遮色片物件的顏色濃淡或是圖樣的亮度建立具有透明色階的遮色片。

何謂不透明度遮色片

不透明度遮色片就是利用物件的顏色或色調建立的遮色片。

剪裁遮色片是以最上層物件的形狀裁切下層物件，而不透明度遮色片則是根據最上層物件的漸層、圖樣以及其他上色設定的顏色亮度，在下層物件套用透明效果。

使用不透明度遮色片慢慢變成透明的物件（下方的反射部分）

▶ 建立不透明度遮色片

要建立不透明度遮色片可先選取物件，再從「透明度」面板選單選擇「建立不透明度遮色片」。

POINT

雙擊套用不透明度遮色片的物件，可進入編輯模式，也就能編輯套用遮色片的原始物件。
關於套用遮色片的物件的編輯方式請參考下一頁說明。

不透明度遮色片與「透明度」面板

選取套用了不透明度遮色片的物件，「透明度」面板會顯示背景的物件以及套用了遮色片的上層物件。

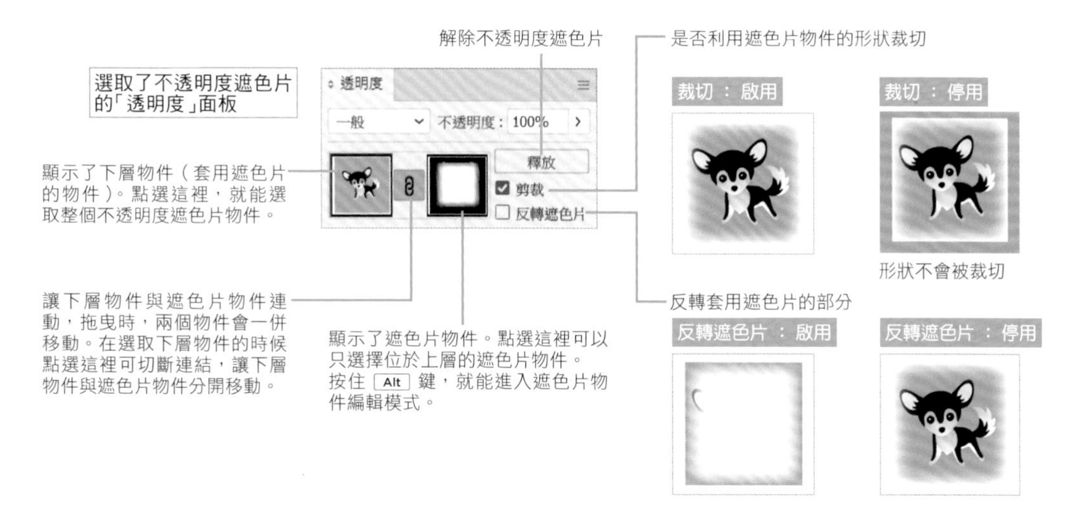

TIPS 遮色片物件的顏色與遮色片的關係

不透明度遮色片是以上層物件的顏色亮度為基準，所以使用遮色片的上層物件可以是任何顏色。不過，將上層物件的顏色設定為灰階，比較能預測套用之後的結果。

假設取消了「反轉遮色片」的選項，遮色片的顏色越偏黑色就會越透明，越偏白色就越會顯示原本的物件。

由此可知，使用灰階的遮色片比較容易控制下層物件的顯示狀況。

編輯不透明度遮色片物件

位於上層的不透明度遮色片物件可在套用之後，調整形狀、位置與顏色。

要編輯上層物件時，可按住 Alt 鍵點選「透明度」面板的遮色片物件縮圖。

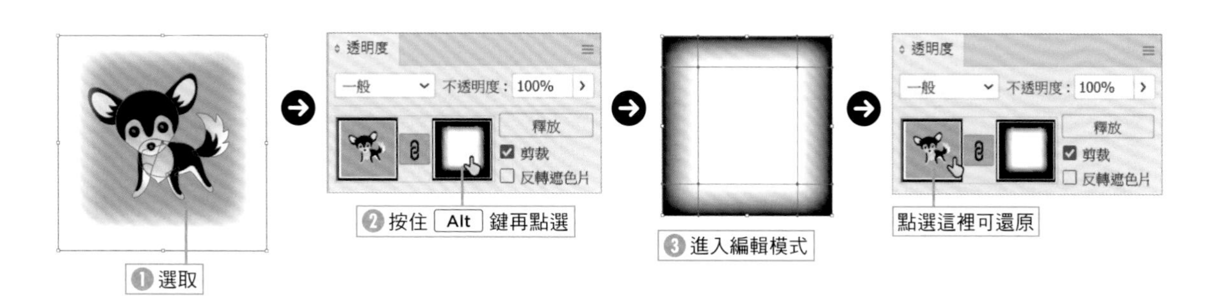

SECTION 6.8

使用頻率

「控制」面板、「內容」面板

使用同時編輯相似形狀

選取物件之後，可連同類似的物件一併選取。
此外，編輯一開始選取的物件，編輯結果也會套用到其他類似的物件。

選取類似的物件

選取物件之後，點選「控制」面板的 或是點選「內容」面板的「開始整體編輯」。

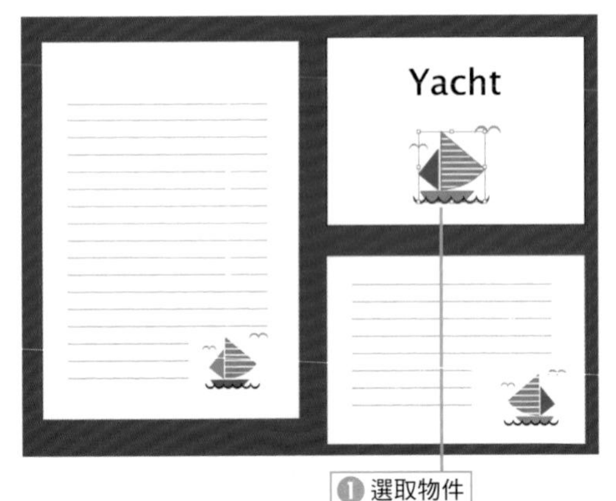

❶ 選取物件

❷ 點選這裡

❷ 點選這裡

POINT

點選「選取」選單的「開始整體編輯」也有相同的效果。

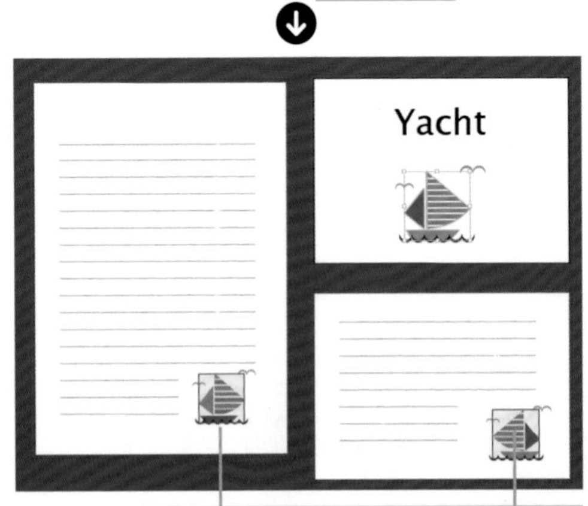

❸ 選取了類似的物件，而且以藍框標示。

POINT

同時編輯相似形狀這項功能只要是與一開始選取的物件形狀相同的物件，不管顏色、角度與效果是否不同，也會一併選取。

▶ 篩選要選取的物件

同時編輯相似形狀功能會忽略大小、顏色這些屬性，選取形狀類似的物件，但其實可另外指定條件，只選取大小相同或是外觀屬性相同的物件。

點選「內容」面板的「開始整體編輯」旁邊的 ⌄，或是「控制」面板的 的 ⌄，再勾選要選取的屬性即可。

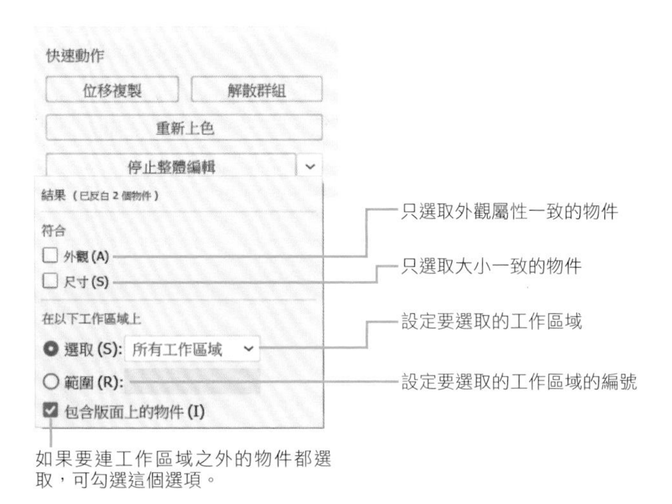

▶ 同時編輯相似形狀

讓最初選取的物件變形或是變色，其他選取的物件也會套用這些變動。

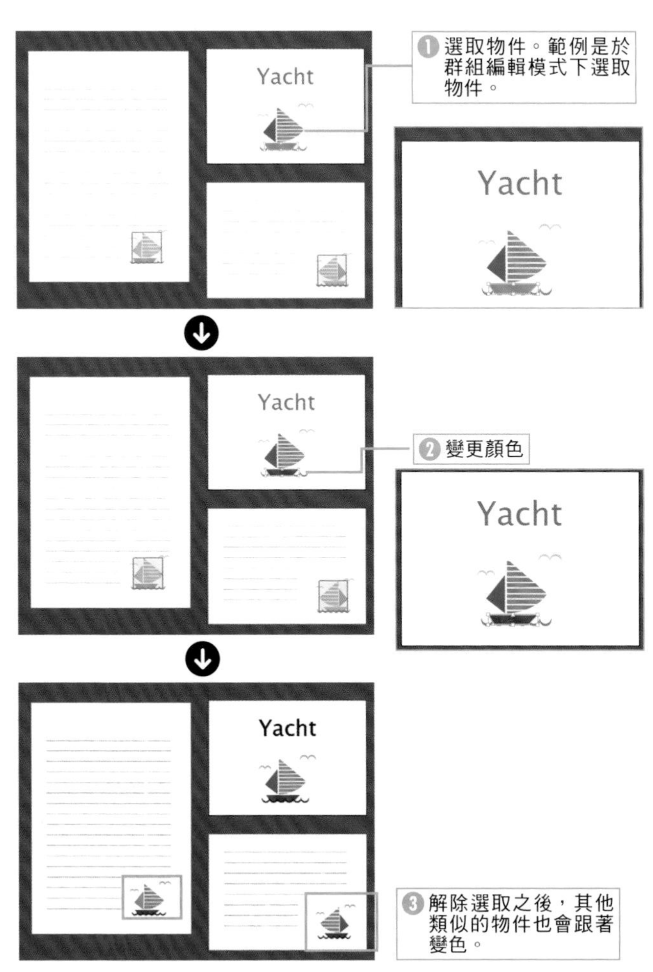

TIPS 要排除在對象之外可按住 Shift 鍵再點選

如果想從同時編輯的物件之中剔除物件，可按住 Shift 鍵再點選該物件。此時物件會以橘色外框標記。

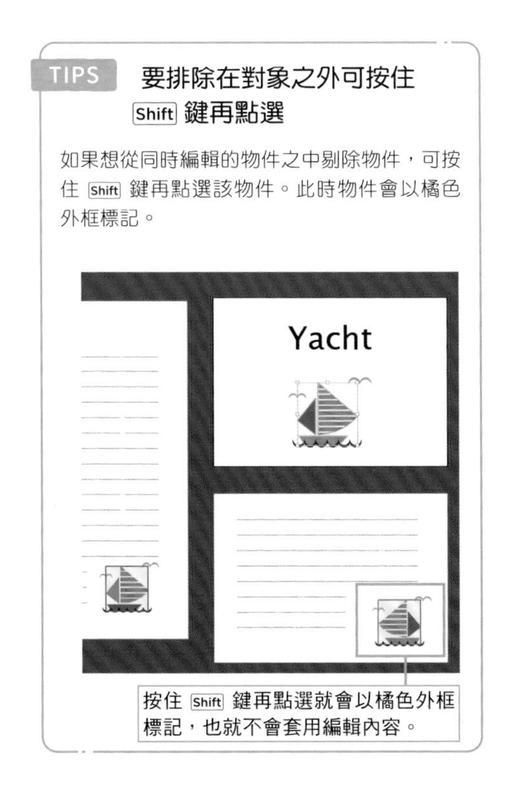

按住 Shift 鍵再點選就會以橘色外框標記，也就不會套用編輯內容。

TIPS Illustrator iPad 版

Illustrator iPad 版（以下簡稱 iPad 版）是可於 iPad 使用的 Illustrator。只要是 Creative Cloud 的訂閱使用者就能在 iPad 安裝與使用。

此外，PC ／ Mac 的 Illustrator 桌面版（以下簡稱桌面版）無法在 iPad 執行。iPad 版是專為 iPad 打造使用者介面的應用程式。

左側為工具，右側為面板的部分雖然與桌面版相同，但 iPad 版是以平板點擊操作為前提，所以操作方法非常不一樣。建立路徑的基本概念與桌面版相同。

iPad版的繪圖畫面

iPad 版的檔案會是 AIC 格式，會於 Creative Cloud 儲存為雲端文件，也可在桌面版開啟與操作。此外，於桌面版製作的雲端文件也同樣能在 iPad 版開啟與操作。換言之，只要儲存為雲端文件，就能在 iPad 版與桌面版操作。

iPad 版也可以使用 Adobe Fonts 字型，但無法像桌面版自由地安裝字型。如果要像桌面版那樣使用文繞圖功能，就必須只使用 Adobe Fonts 字型。

手邊如果有 Apple Pencil，就能將 iPad 當成繪圖板使用，也就能利用筆刷工具快速完成手繪作業。這對不擅長以滑鼠游標畫圖的使用者來說，可說是一大福音對吧。

iPad 可隨身攜帶，也能隨時創作，所以大家不妨試著尋找適合自己的創作方式，例如先在 iPad 版畫好草圖，再於桌面版整合與收尾也是不錯的創作模式。

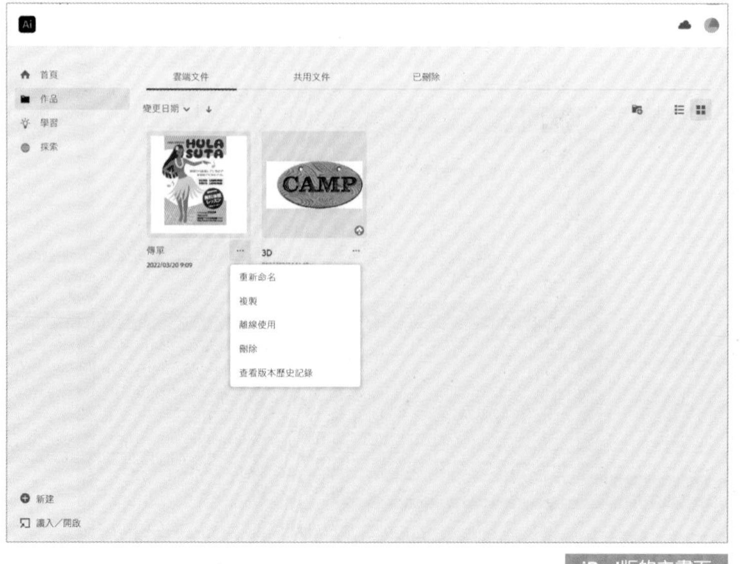

iPad版的主畫面

CHAPTER

7

讓物件變形

Illustrator 除了內建了「旋轉」、「縮放」、「傾斜」、「鏡射」這些變形功能，也內建了鏤空與裁切這類功能。

由於能讓創作變得更豐富的功能很多，讓我們一起熟悉這些功能吧。

SECTION
7.1
使用頻率

選取工具、任意變形工具

利用選取工具與任意變形工具變形物件

利用選取工具 ▶ 選取物件之後，物件周圍會顯示邊框。使用這個邊框可快速縮放物件，也可以使用任意變形工具讓物件變成梯形。

以拖曳方式縮放物件

利用選取工具 ▶ 選取物件就會顯示邊框。以其他選取工具選取不會顯示邊框。
拖曳四個角落以及邊長中央的控制點（白色方塊），就能縮放物件。

▶縮放物件

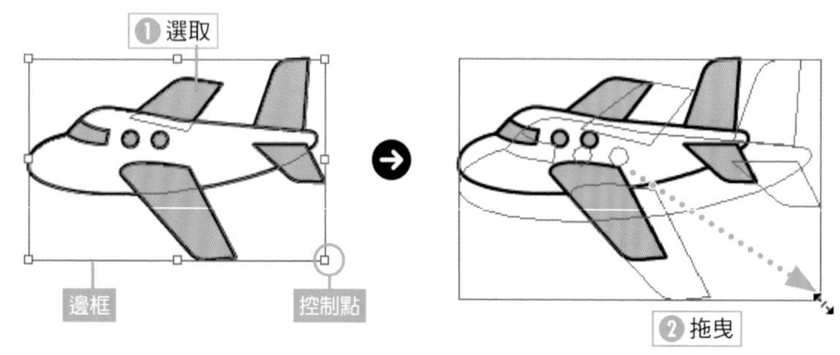

為了方便說明，這次在「檢視」選單選取了「使用 CPU 檢視」，也取消了「即時繪圖與編輯」選項。

POINT
是否連同筆畫一併縮放可在「偏好設定」對話框的「縮放筆畫和效果」設定。是否連同圖樣一併縮放則可透過「圖樣拼貼變形」設定（參考第 186、309 頁）。

POINT
在「檢視」選單點選「隱藏邊框」就能隱藏邊框。如果要再次顯示邊框，可在「檢視」選單點選「顯示邊框」。

POINT
文字物件的縮放請參考第 225 頁的說明。

旋轉物件

將滑鼠游標移動到控制點外側或是側邊，就會轉換成旋轉專用滑鼠游標 ⤵，此時可拖曳旋轉物件。

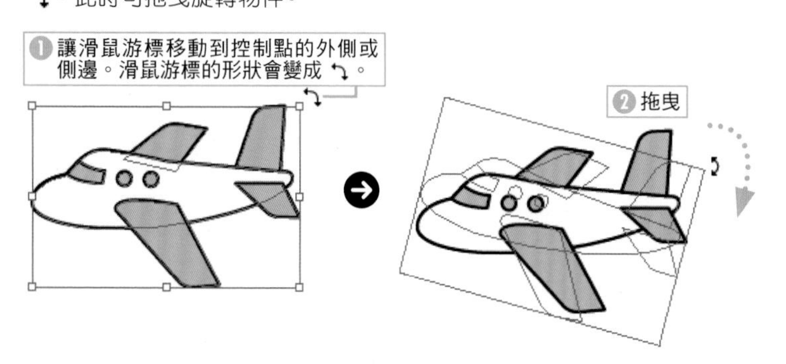

TIPS 維持比例，從中心變形

按住 Shift 鍵再拖曳，能讓原始物件維持上下左右的比例。按住 Alt 鍵再拖曳，可從物件的中心點縮放。

POINT
按住 Shift 鍵再旋轉，可限定在 45 度的角度旋轉。

TIPS 重設邊框

從「物件」選單的「變形」點選「重設邊框」，可讓邊框貼合變形之後的物件。

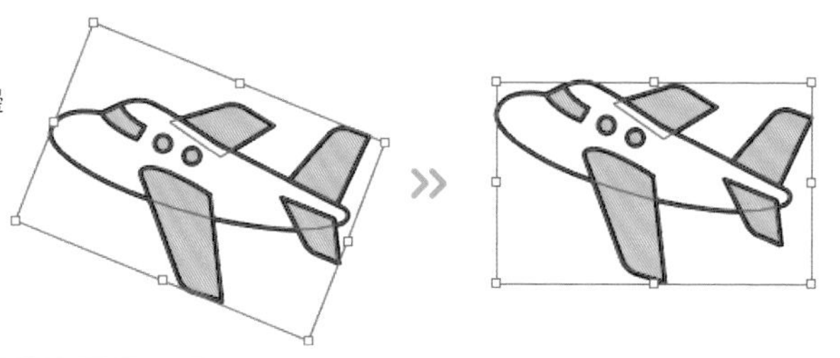

反轉物件

將控制點拖曳到物件的另一側，可讓物件反轉。

此外，按住 Shift 鍵再反轉物件，可讓物件上下顛倒再反轉。

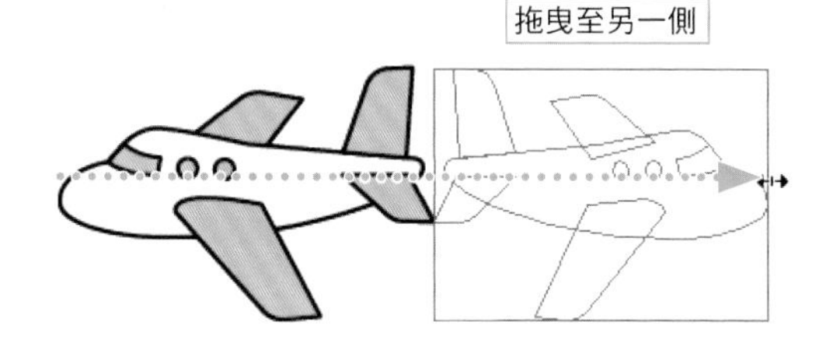

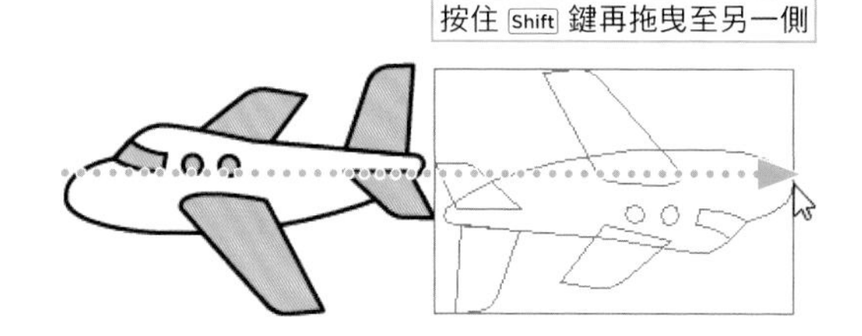

TIPS 利用「內容」面板反轉

如果是水平或垂直的反轉，可使用「內容」面板的「水平翻轉」或是「垂直翻轉」。

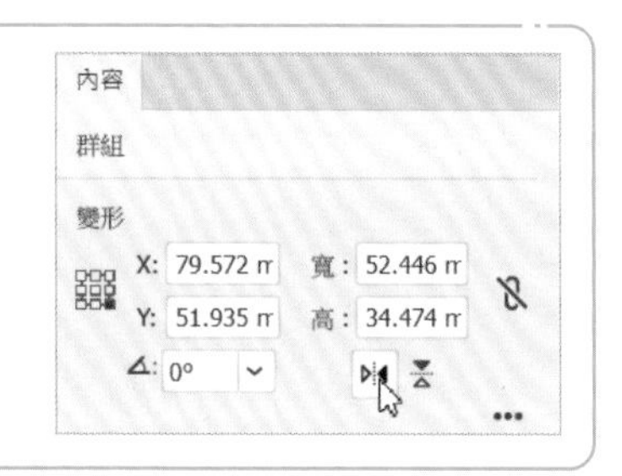

使用任意變形工具

可以利用任意變形工具變形選取的物件。任意變形工具與選取工具一樣，可拖曳邊框的控制點讓物件縮放、旋轉與傾斜。

▶小工具

點選任意變形工具之後，就會顯示右圖上方的小工具，可從中選擇變形方式。

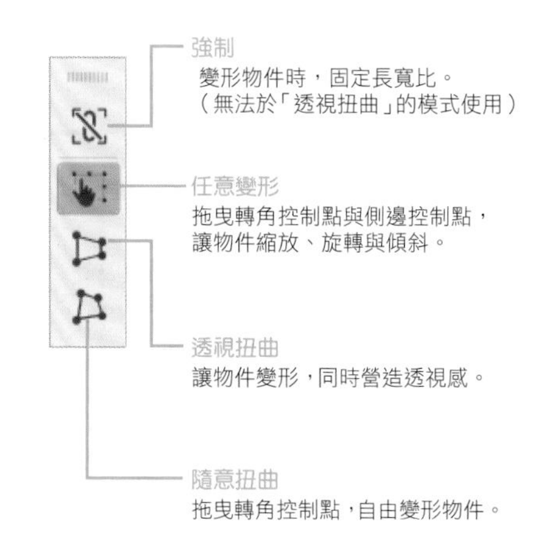

POINT

任意變形工具可支援觸控裝置。
這次的範例是於觸控裝置的桌面模式擷取。如果是不支援觸控的裝置，畫面可能會有一些不一樣，但操作的方式是相同的。

▶任意變形

「任意變形」可讓物件縮放、旋轉與傾斜。

拖曳轉角控制點即可縮放物件。

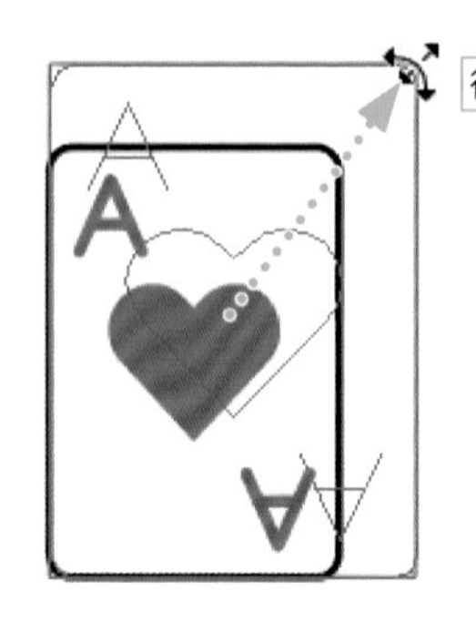

將轉角控制點往旋轉的方向拖曳，就能旋轉物件。

拖曳側邊控制點可讓物件傾斜。

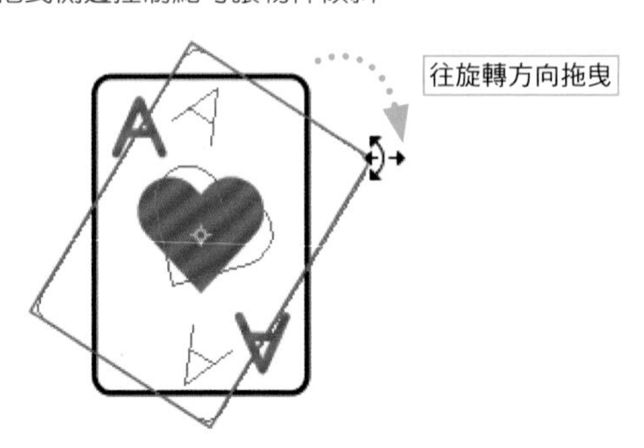

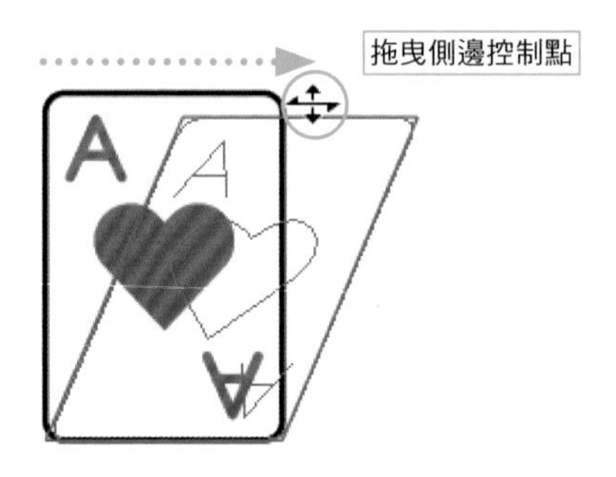

TIPS 讓另一側跟著傾斜

按住 Alt 鍵再拖曳側邊控制點，可讓另一邊也對稱傾斜。

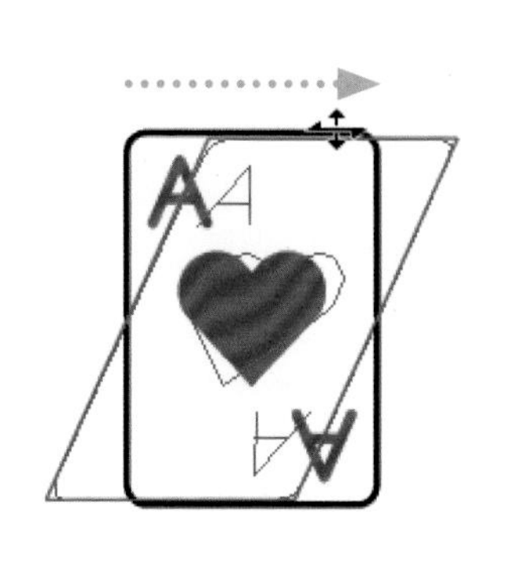

TIPS 變更旋轉的中心點

在預設狀態下，物件的中心點就是旋轉中心點，但其實這個中心點可拖曳移動。雙擊控制點，就能讓中心點移動到點選的位置。雙擊基準點，就能讓基準點回到預設的正中央。

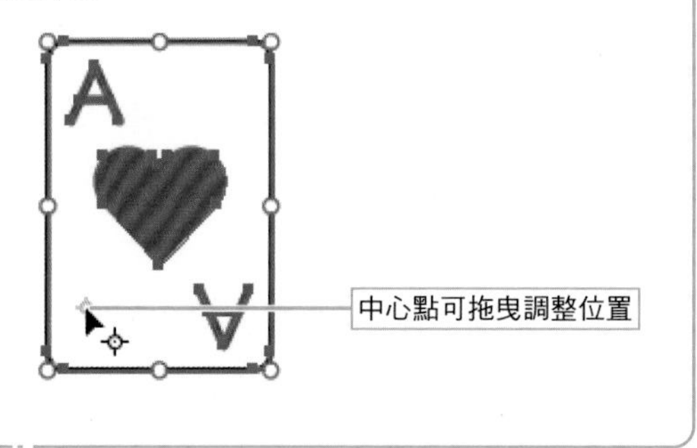

TIPS 強制

點選小工具的「強制」可讓物件在縮放時，維持相同的長寬比，也能讓物件以 45 度旋轉，或是在傾斜時，固定往水平或垂直的方向傾斜。如果不想使用小工具的「強制」功能，可按住 Shift 鍵再拖曳控制點。

▶ 透視扭曲

點選「透視扭曲」之後，拖曳轉角控制點可讓物件變形，同時創造透視感。

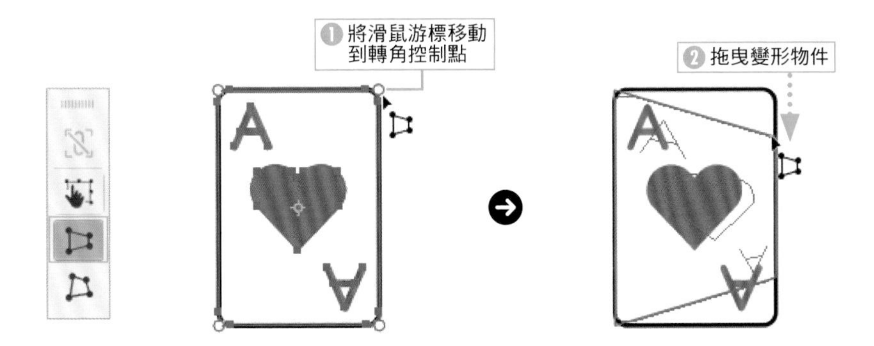

TIPS 在「任意變形」模式之下，切換成「透視扭曲」模式

在「任意變形」模式之下拖曳轉角控制點，再按住 Alt、Shift、Ctrl 鍵，就能切換成「透視扭曲」模式。

▶ 隨意扭曲

點選「隨意扭曲」再拖曳轉角控制點，可以只移動拖曳的控制點，並讓物件變形。

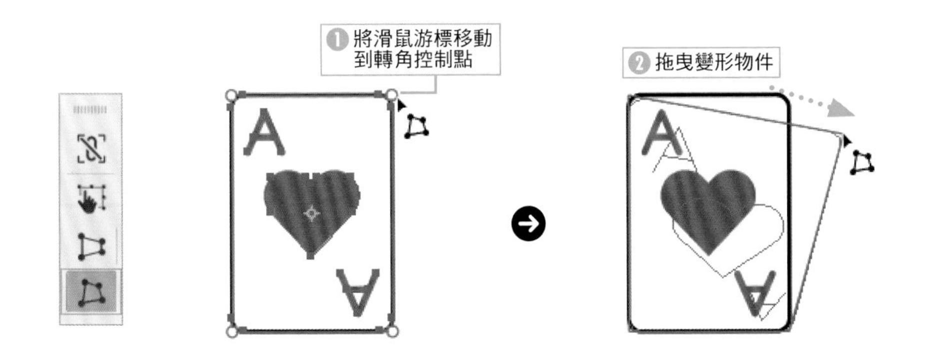

TIPS 在「任意變形」模式之下，切換成「隨意扭曲」模式

在「任意變形」模式之下拖曳轉角控制點，再按住 Ctrl 鍵，就能切換成「隨意扭曲」模式。

SECTION 7.2

使用頻率 ●●●

縮放工具、旋轉工具、鏡射工具、傾斜工具

利用變形工具讓物件變形（縮放、旋轉、鏡射、傾斜）

Illustrator 除了邊框之外，還內建了各種變形物件的方法。可在選取縮放工具或其他變形工具之後，指定基準點再拖曳變形物件，也可以透過數值指定的方式讓物件變形，或是選取多個物件，再讓這些物件個別變形。讓我們學會使用最適合的方法吧。

何謂變形工具

縮放工具 、旋轉工具 、鏡射工具 、傾斜工具 都稱為**變形工具**。這些變形工具都可拖曳變形物件。

變形工具可在變形物件的時候指定基準點，而且不管是哪種變形工具，操作的步驟都是一樣的。

工具	說明
縮放工具	縮放物件。
旋轉工具	旋轉物件。
鏡射工具	反轉物件。
傾斜工具	傾斜物件。

POINT

按住 Shift 鍵再拖曳，就能讓變形限縮在 45 度的方向。

▶縮放工具

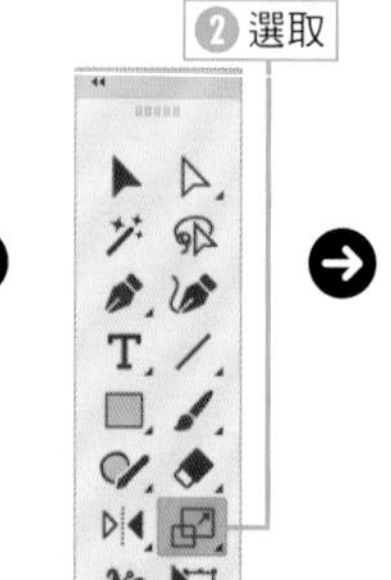

▶旋轉工具

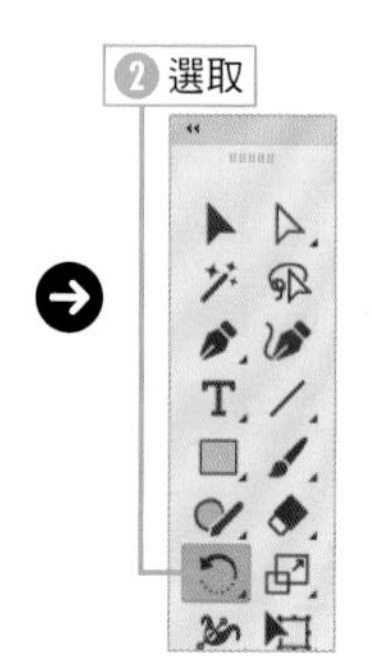

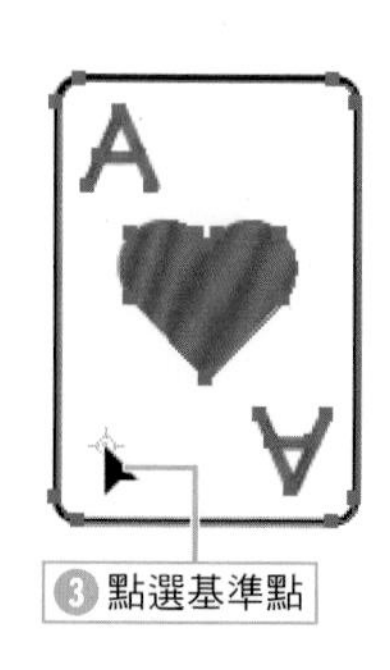

TIPS 一邊變形，一邊複製

在結束拖曳變形工具的時候按住 Alt 鍵再放開滑鼠左鍵，就能保留原本的圖形，另外複製變形的物件。

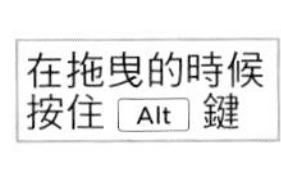

▶鏡射工具

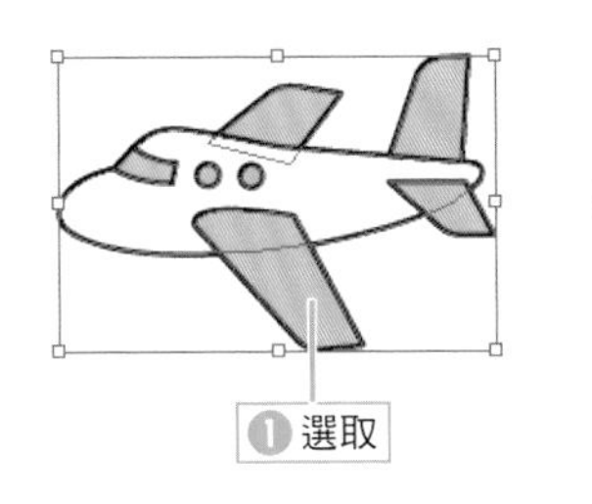

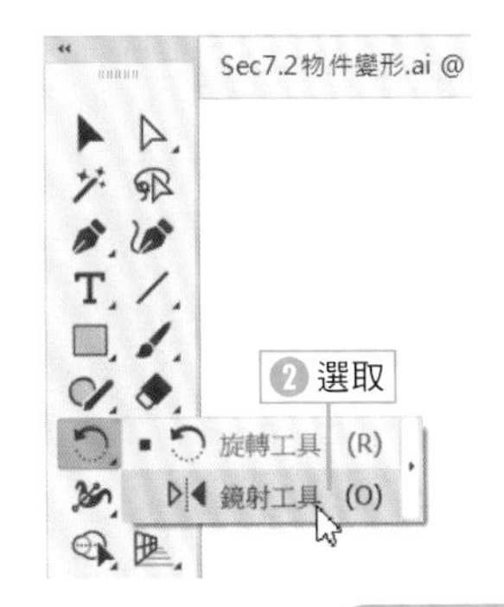

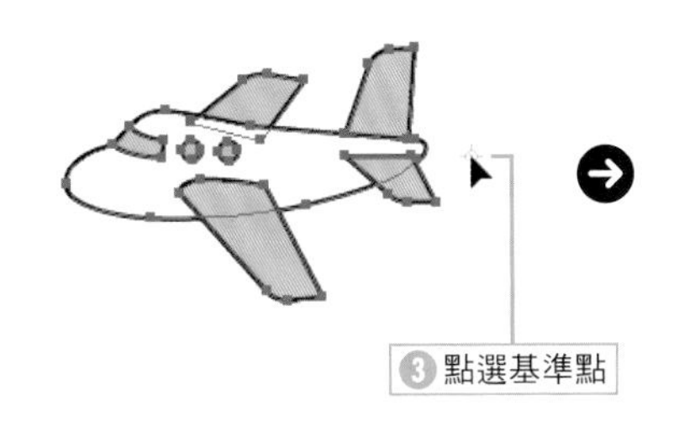

❹往反方向拖曳

TIPS 利用鏡射工具 指定翻轉軸

鏡射工具 可將點選的兩個基準點當成物件的翻轉軸。

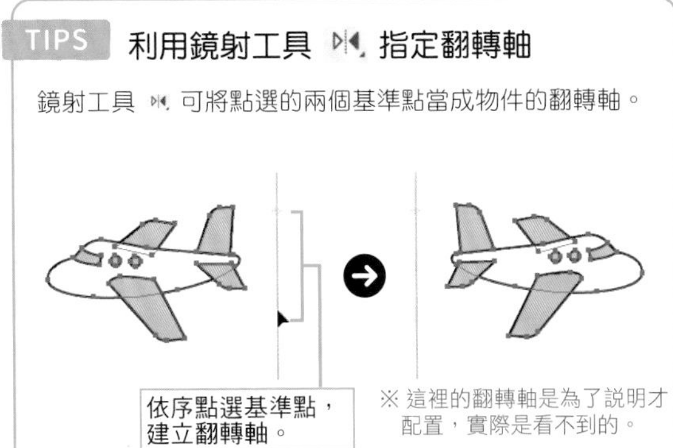

▶傾斜工具

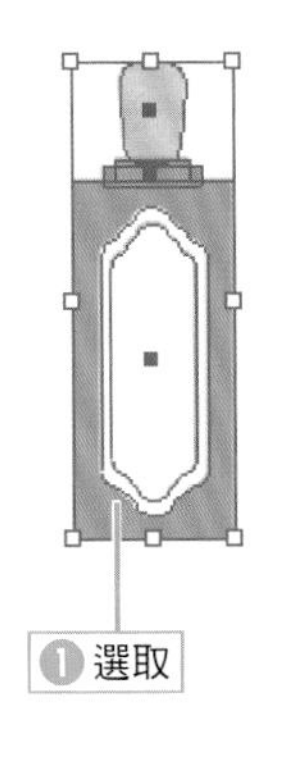

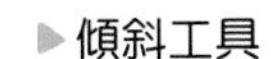

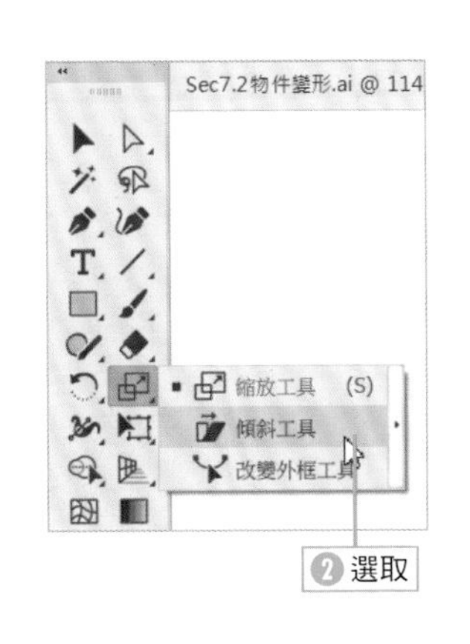

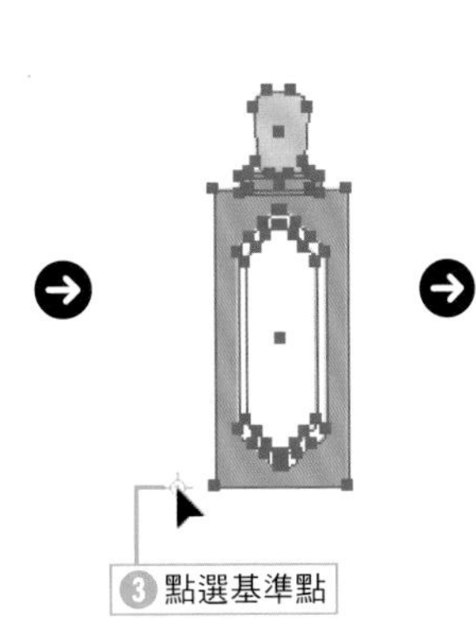

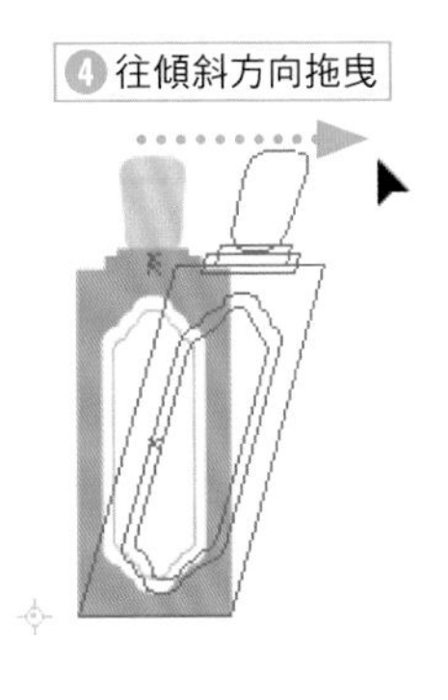

▶ 選取局部物件再變形

利用直接選取工具 選取物件的一部分，也能讓這個部分變形。

例如可利用旋轉工具 讓物件的一部分旋轉。

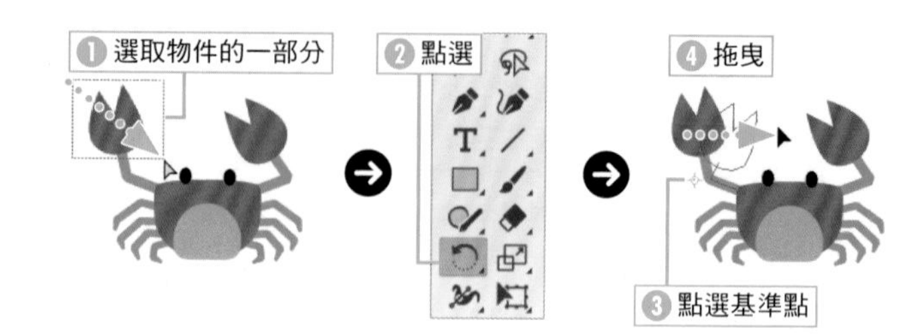

TIPS 圖樣與筆畫的處理

筆畫或圖樣是否要與物件一起變形，可於「偏好設定」對話框的「一般」（Ctrl + K）設定。

「縮放筆畫和效果」選項可決定筆畫是否跟著變形，而「圖樣拼貼變形」則可決定圖樣是否跟著物件變形。

如果要讓即時形狀物件的轉角縮放，可勾選「縮放圓角」選項。

「變形」面板也有「縮放筆畫和效果」的選項。面板選單也可以設定圖樣是否變形。此外，「偏好設定」對話框與「變形」面板的設定是彼此連動的。

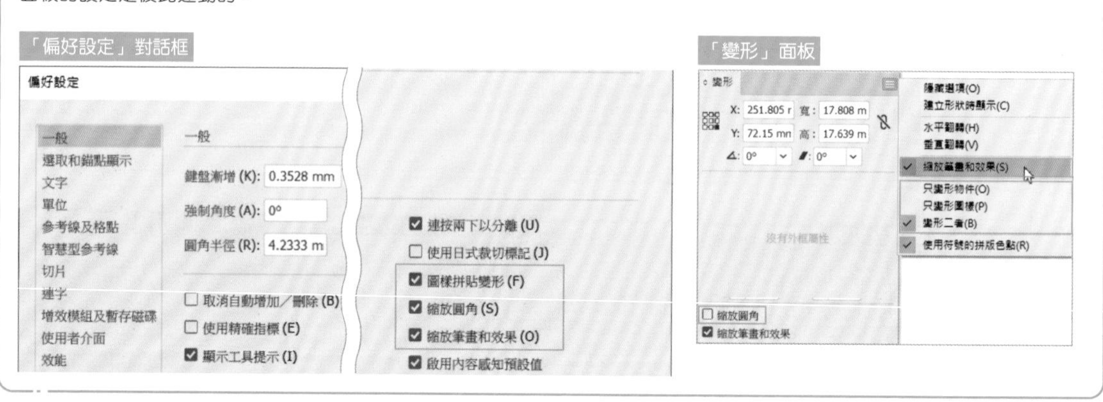

指定數值再變形

縮放比率與旋轉角度也能以數值精準指定。在此是以縮放工具 說明，但其他的變形工具也適用。

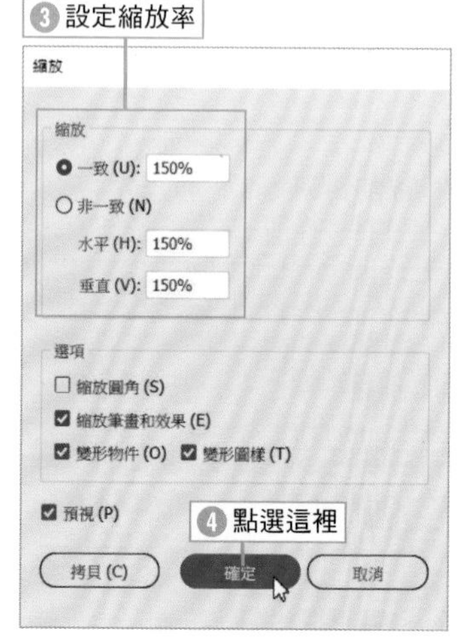

POINT

除了雙擊縮放工具 之外，選取縮放工具 ，再按住 Alt 鍵點選基準點，一樣可開啟「縮放」對話框。

POINT

從「物件」選單的「變形」點選「縮放」、「旋轉」、「鏡射」、「傾斜」命令，也會開啟對話框。這些命令也可按下滑鼠右鍵，從快捷選單執行。

TIPS 在變形之後執行「再次變形」命令

在「物件」選單的「變形」點選「再次變形」（Ctrl + D），就能以相同的設定再次變形（參考第 81 頁）。

▶「縮放」對話框的設定

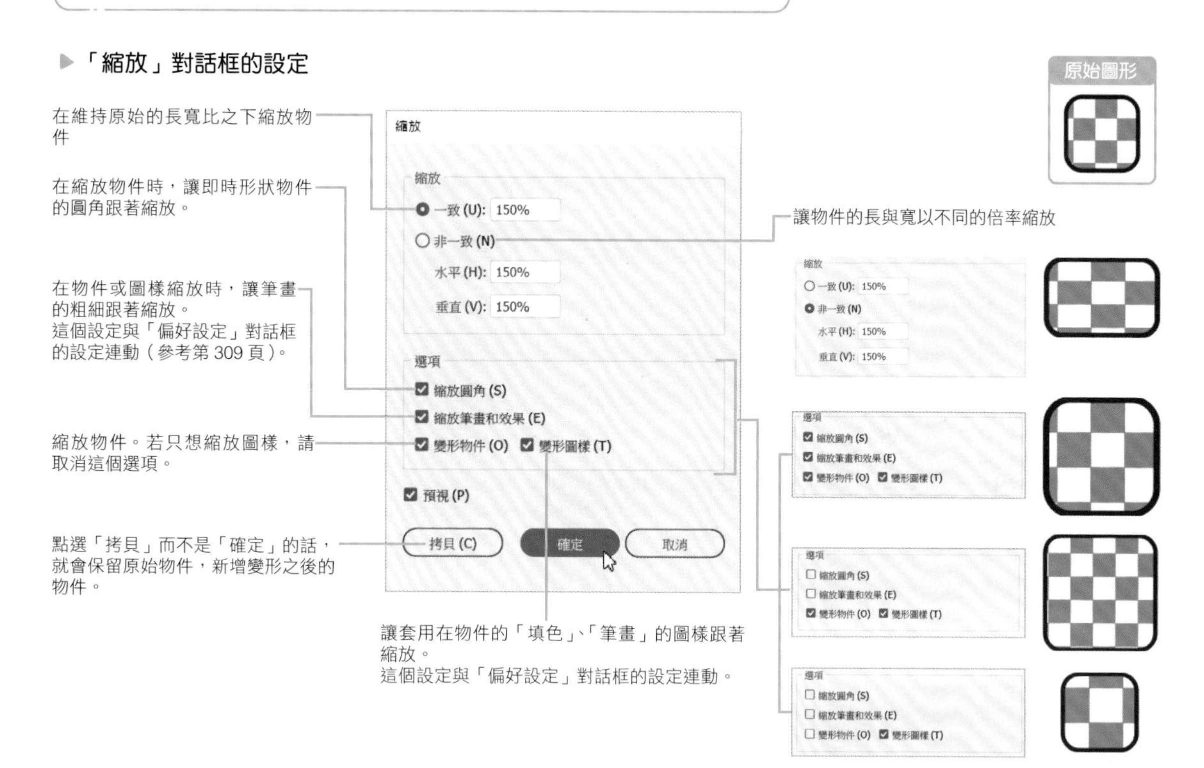

▶「旋轉」對話框的設定

這個設定是物件的旋轉方向，正值為左旋轉（逆時針），負值為右旋轉（順時針）。如果想讓物件往右旋轉（順時針）可設定為負值，也可直接拖曳指定。

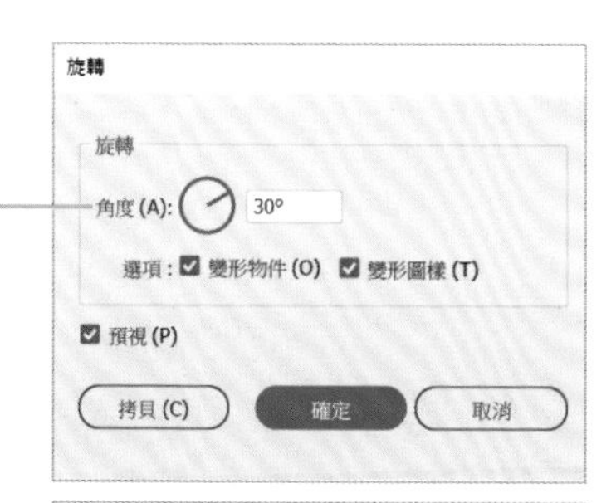

▶「鏡射」對話框的設定

這部分可指定物件的翻轉軸。角度以 3 點鐘方向為 0 度，正值為左旋轉（逆時針），負值為右旋轉（順時針）。

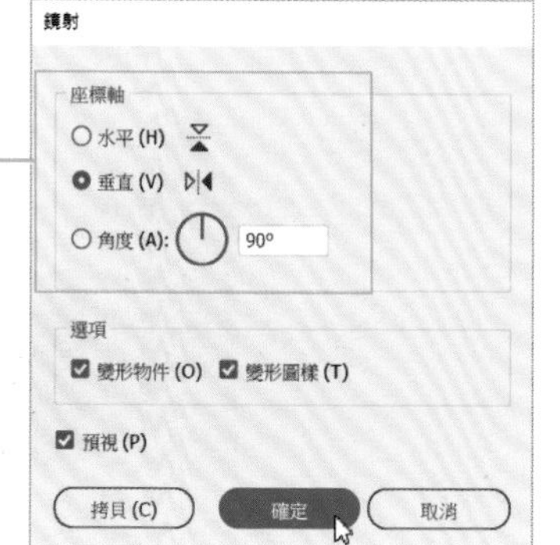

▶「傾斜」對話框的設定

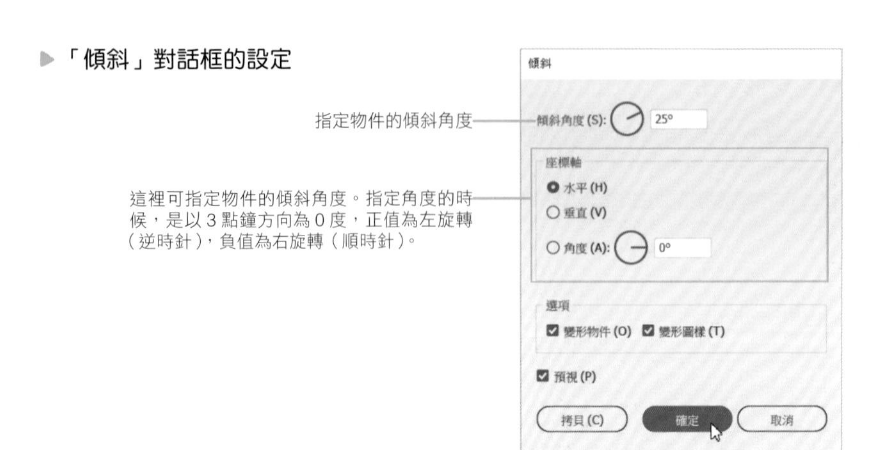

▶使用「變形」面板變形

「變形」面板（或是「控制」面板）可透過數值指定物件的縮放比率與角度。

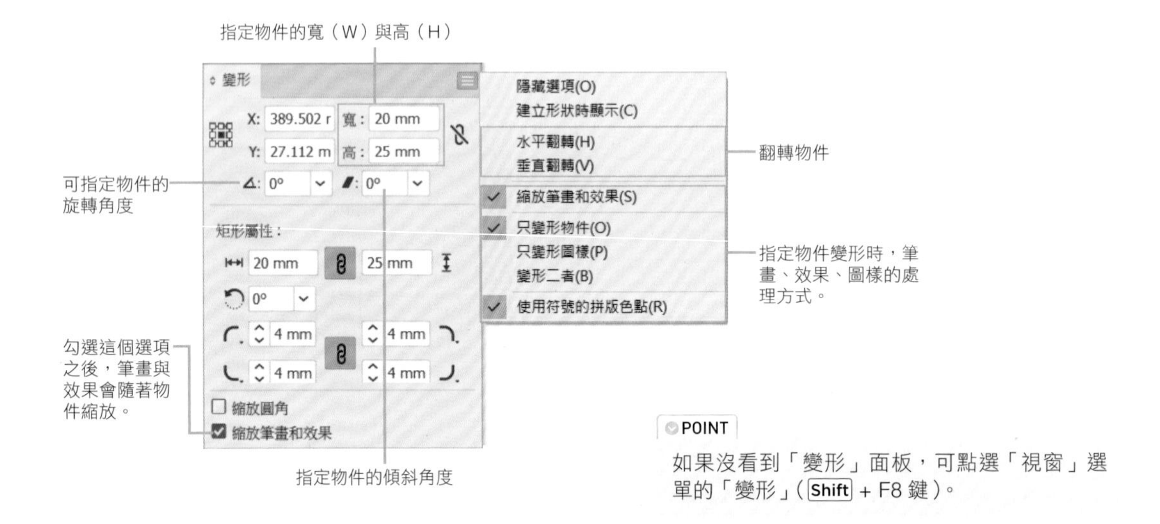

POINT

如果沒看到「變形」面板，可點選「視窗」選單的「變形」（Shift + F8 鍵）。

讓多個物件個別變形

如果選取了多個物件，變形工具或是「變形」面板會將這些物件視為單一物件，所以要讓這些物件個別變形，必須從「物件」選單的「變形」點選「個別變形」（Alt + Shift + Ctrl + D）。

① 選取多個物件

在此以「旋轉」為例。

選取要旋轉的多個物件。

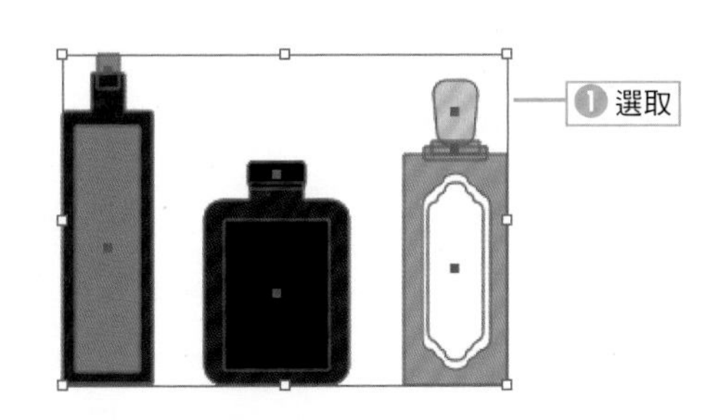

② 開啟「個別變形」對話框

從「物件」選單的「變形」點選「個別變形」，開啟「個別變形」對話框之後，指定變形的基準點，再於「角度」設定旋轉的角度。

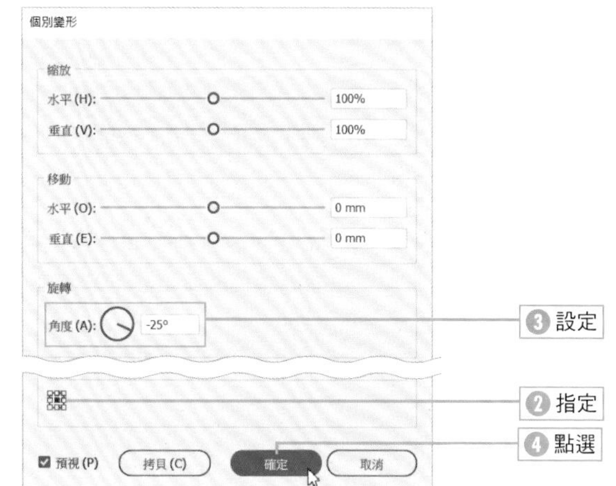

③ 個別變形

點選「確定」之後，物件就會以各自的基準點旋轉。

TIPS 使用旋轉工具 的情況

使用旋轉工具 選取與旋轉多個物件時，這些物件會根據單一的基準點旋轉。

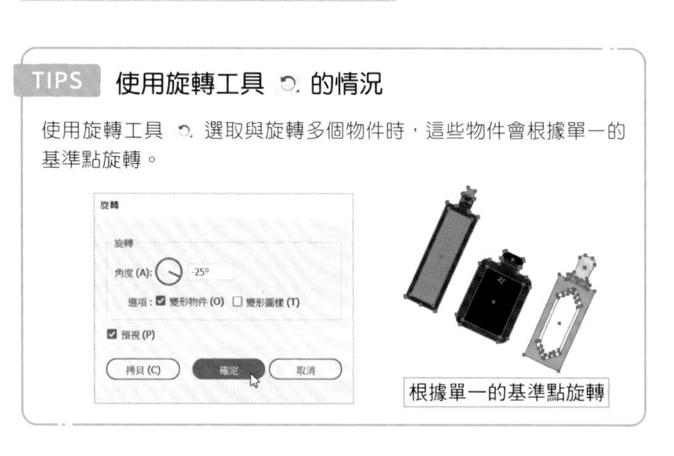

▶「個別變形」對話框的設定

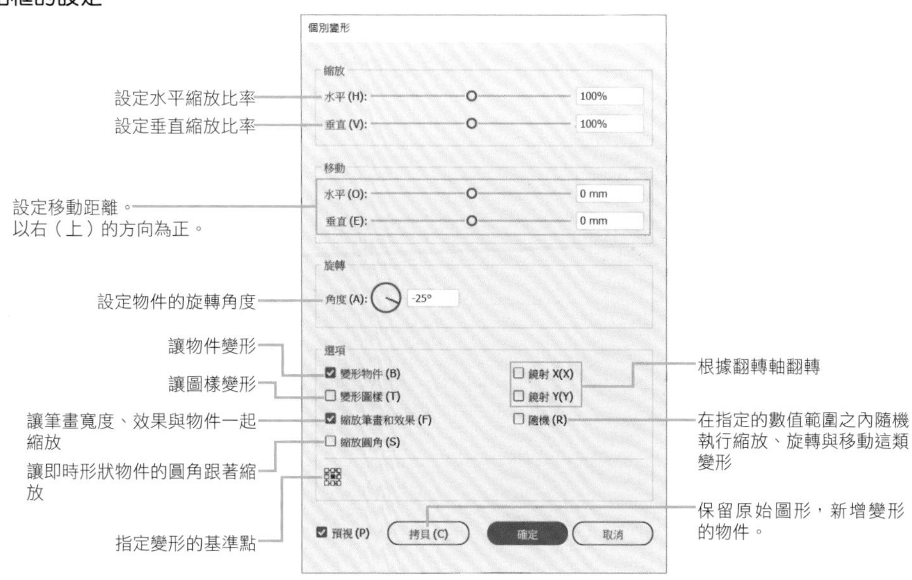

SECTION

7.3

使用頻率

漸變工具

試著使用漸變功能

漸變是在兩個物件之間新增多個過渡形狀的功能。建立顏色與形狀漸漸變化的漸變物件，就能塑造漸層填色無法呈現的立體感。

建立漸變物件

漸變工具 可讓點選的物件漸變。

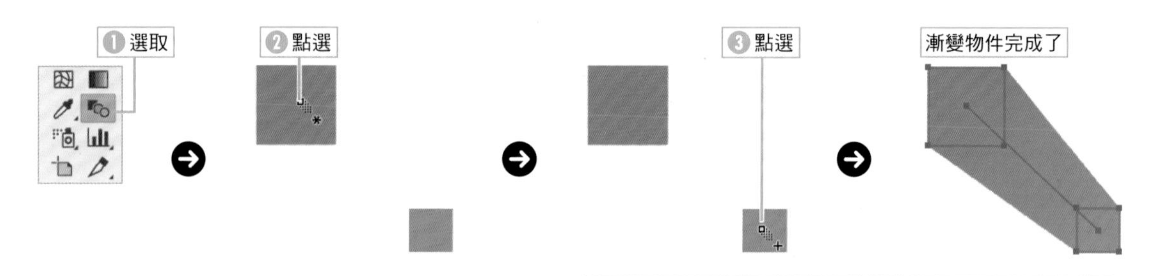

POINT

漸變工具 可點選圖形的任何一個位置，不需要先選取圖形。此外，漸變物件會以圖形的中心點連結。

POINT

以相同的步驟點選多個物件，也能建立漸變物件。

TIPS 可使用漸變功能的物件

可使用漸變功能的物件可以是任何形狀，甚至可以是群組物件。顏色的數量與漸層的數量也沒有限制。套用圖樣的物件也可以使用漸變功能，但圖樣不會跟著漸變。

利用漸變選項編輯漸變物件

從「物件」選單的「漸變」點選「漸變選項」，就能設定過渡圖形的數量與方向。

POINT

雙擊工具箱的漸變工具 也能開啟「漸變選項」對話框。

▶「漸變選項」對話框的設定

指定在編輯漸變圖形以及讓漸變路徑轉換成曲線時，過渡圖形是否沿著漸變路徑漸變。

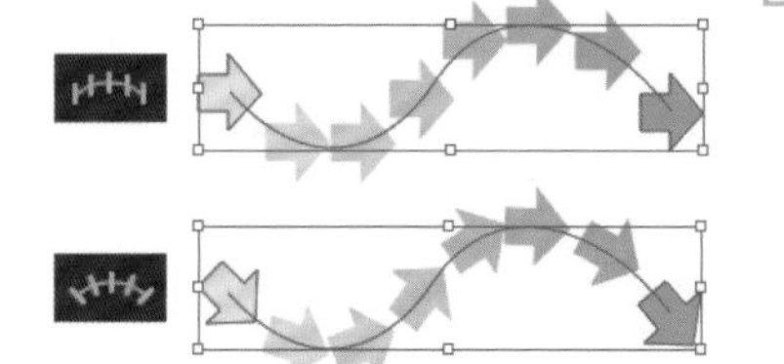

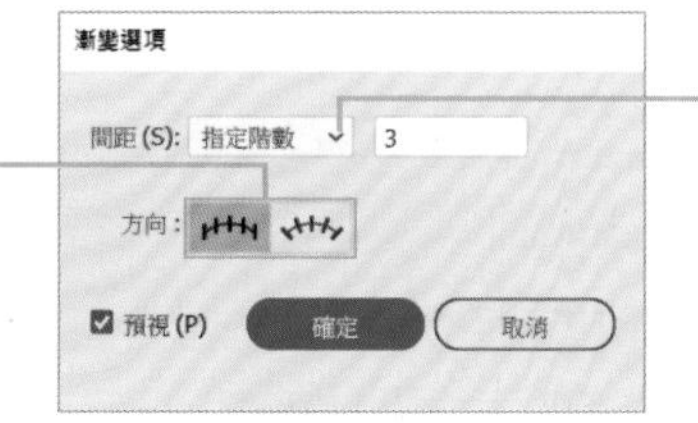

平滑顏色
指定階數
指定距離

指定過渡圖形之間的距離

平滑顏色

當兩個物件的顏色不同時，讓顏色以最適當色階數量漸變。

指定階數

在文字方塊指定階數（過渡物件的數量）

編輯漸變物件

在漸變之後，讓原始物件移動、變形或是變色，漸變物件也會跟著移動、變形與變色。

移動物件可使用群組選取工具 、編輯模式，要編輯物件的時候，可使用直接選取工具 。

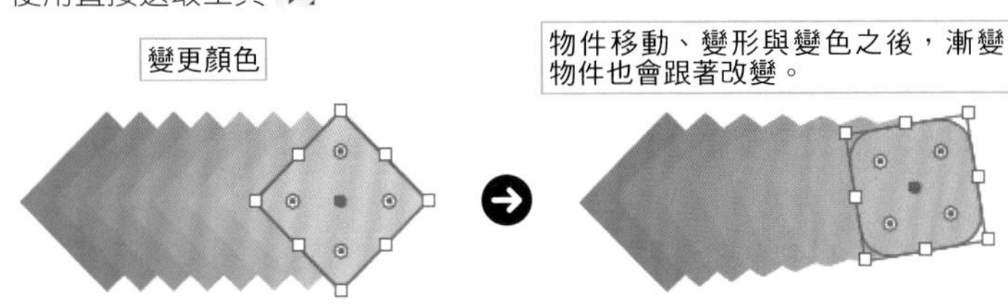

TIPS 編輯漸變軸的路徑

漸變物件會著「**漸變軸**」這條路徑排列。

漸變軸是可利用直接選取工具 編輯的路徑。一旦調整漸變路徑的形狀，漸變物件也會跟著改變。此外，也可以追加或是刪除錨點。

取代旋轉／反轉旋轉／由前至後反轉

從「物件」選單的「漸變」點選「取代旋轉」、「反轉旋轉」、「由前至後反轉」，就能調整漸變的順序與形狀。

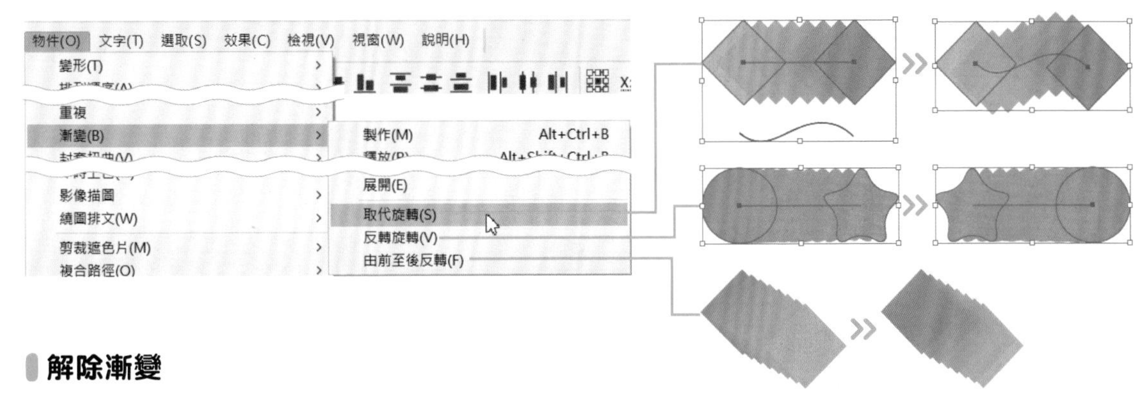

解除漸變

從「物件」選單的「漸變」點選「釋放」（Alt + Shift + Ctrl + B）就能解除漸變物件，還原為原始的物件。

讓過渡物件轉換成一般物件

如果想讓過渡物件轉換成一般的物件，可在「物件」選單的「漸變」點選「展開」。

執行「展開」命令之後，漸變物件就會轉換成一般的群組物件。

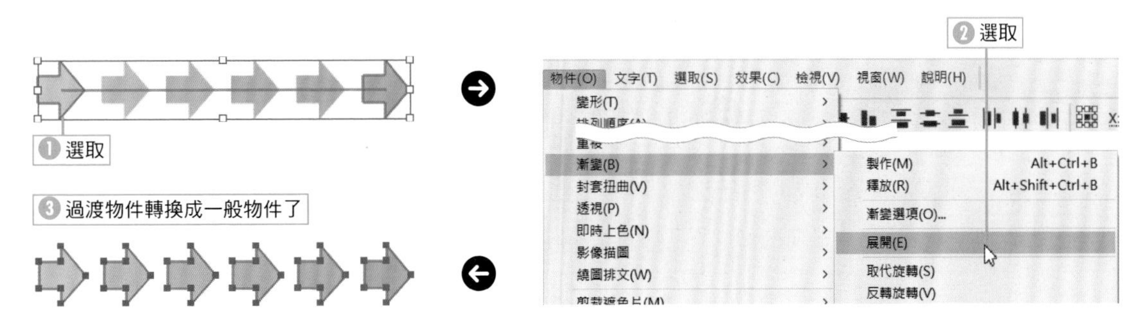

SECTION 7.4

改變外框工具

利用改變外框工具變形

使用頻率 ●○○

要變更 Illustrator 物件的形狀，必須調整物件錨點的位置。使用改變外框工具 ，就能在不影響物件整體形狀平衡的情況下，一口氣調整多個錨點。

利用 變形物件

利用直接選取工具 選取要調整的錨點與區段，再切換成改變外框工具 ，點選作為核心的錨點。按住 Shift 鍵再點選或是拖曳選取，都能一口氣選取多個錨點。

拖曳利用改變外框工具 選取的錨點 ■，以改變外框工具 選取的錨點會一邊移動，一邊保持相對位置，其他的錨點 ■ 也會一邊移動，一邊維持物件的整體平衡，物件也會在此時變形。未選取的錨點 □ 則不會移動。

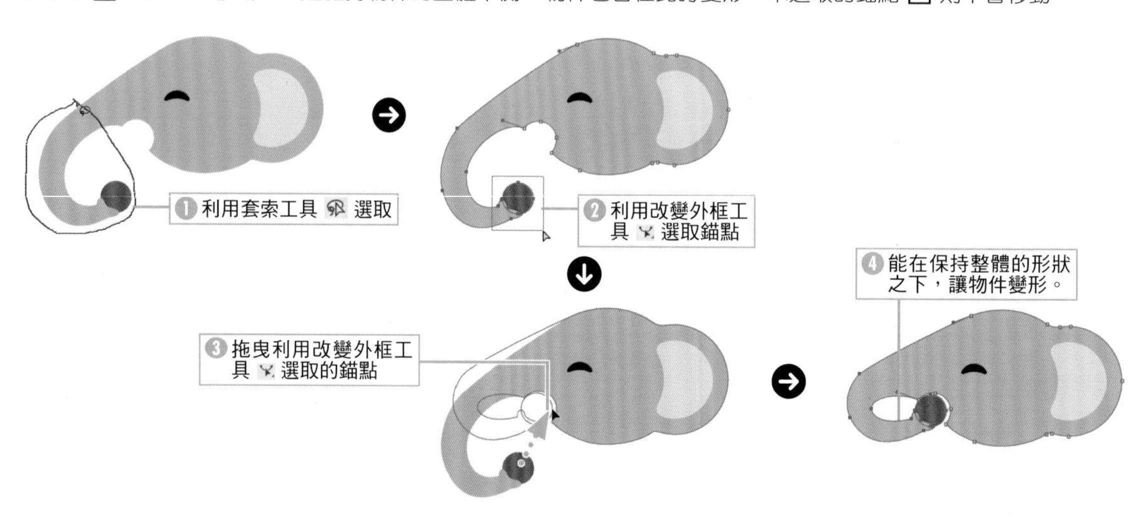

TIPS 利用改變外框工具 讓直線變成曲線

利用直接選取工具 選取直線區段，再利用改變外框工具 拖曳，就能讓直線變成曲線。

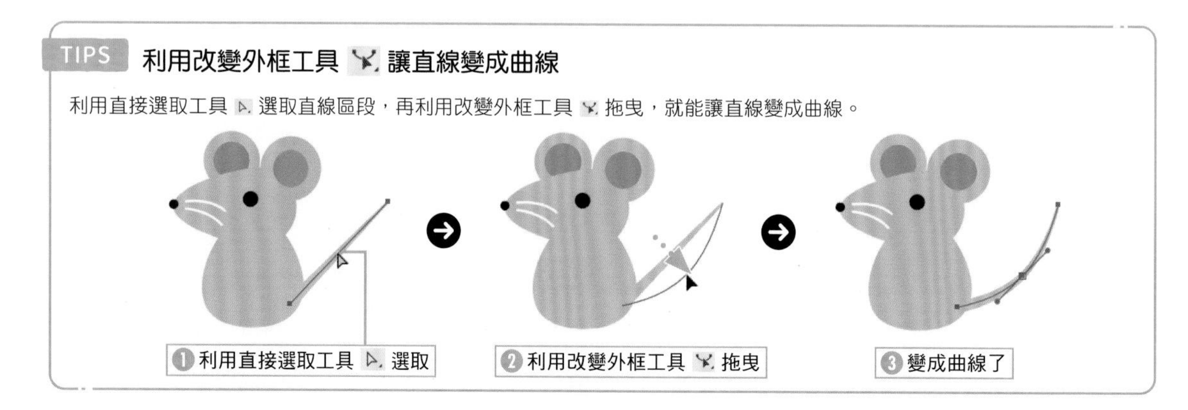

SECTION 7.5

「物件」選單→「路徑」→「外框筆畫」

建立路徑的外框筆畫

使用頻率

要描繪筆畫較寬的路徑，讓路徑變成外框物件，可從「物件」選單的「路徑」點選「外框筆畫」。

建立外框物件

「物件」選單的「路徑」的「外框筆畫」可根據路徑的筆畫寬度建立形狀相同的外框物件。
文字外框化的對象只有文字物件，但是「外框筆畫」則是以所有設定了「筆畫」的物件為對象。

1 選取物件

選取物件。

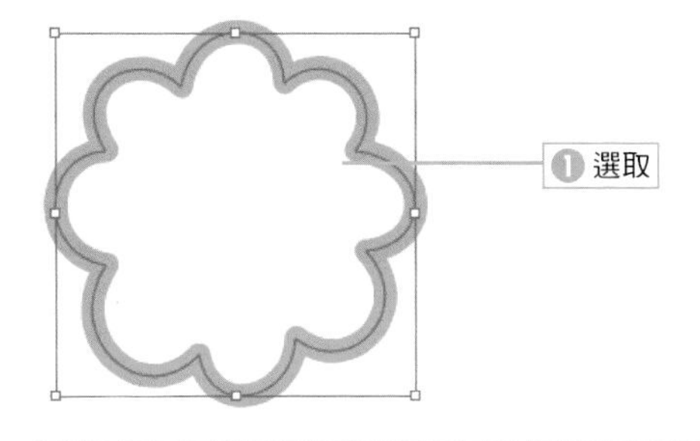

2 點選「外框筆畫」

從「物件」選單的「路徑」點選「外框筆畫」。

POINT

要注意的是，利用「外框筆畫」建立外框筆畫路徑之後，原始物件會自動刪除。

3 外框化

筆畫轉換成外框了。

POINT

輸入的文字也會轉換成外框物件。請參考第243頁說明。

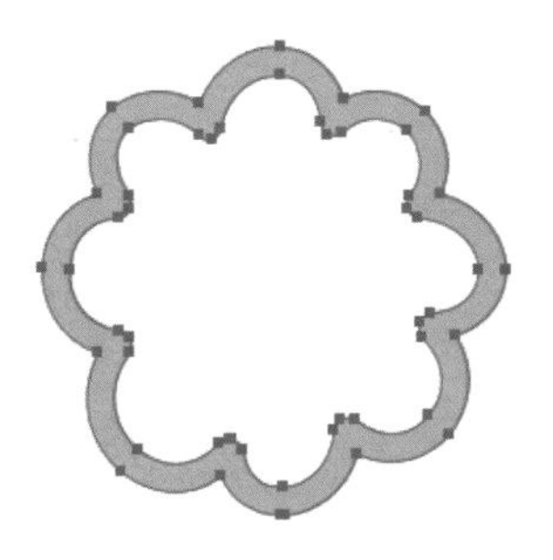

POINT

「效果」選單的「路徑」的「外框筆畫」可根據外觀的路徑建立外框。

POINT

如果對設定了「填色」的物件執行這個命令，會產生「筆畫」轉換成外框的物件，以及只剩下「填色」的物件。

SECTION 7.6

使用頻率 ●○○

「物件」選單→「路徑」→「位移複製」

利用路徑的位移複製建立大一號（小一號）的物件

如果想要繪製一個比原始矩形上下左右大 5mm 的矩形，就算利用縮放工具指定整體的放大率，也無法指定位移的幅度。如果要指定位移的幅度，另外繪製一個比原始物件大一號（小一號）的物件，可使用「位移複製」命令。

使用位移複製命令

從「物件」選單的「路徑」點選「位移複製」，就能複製一個比原始物件大一號（小一號）的物件。新物件會在指定與路徑之間的距離（位移值）之後產生。

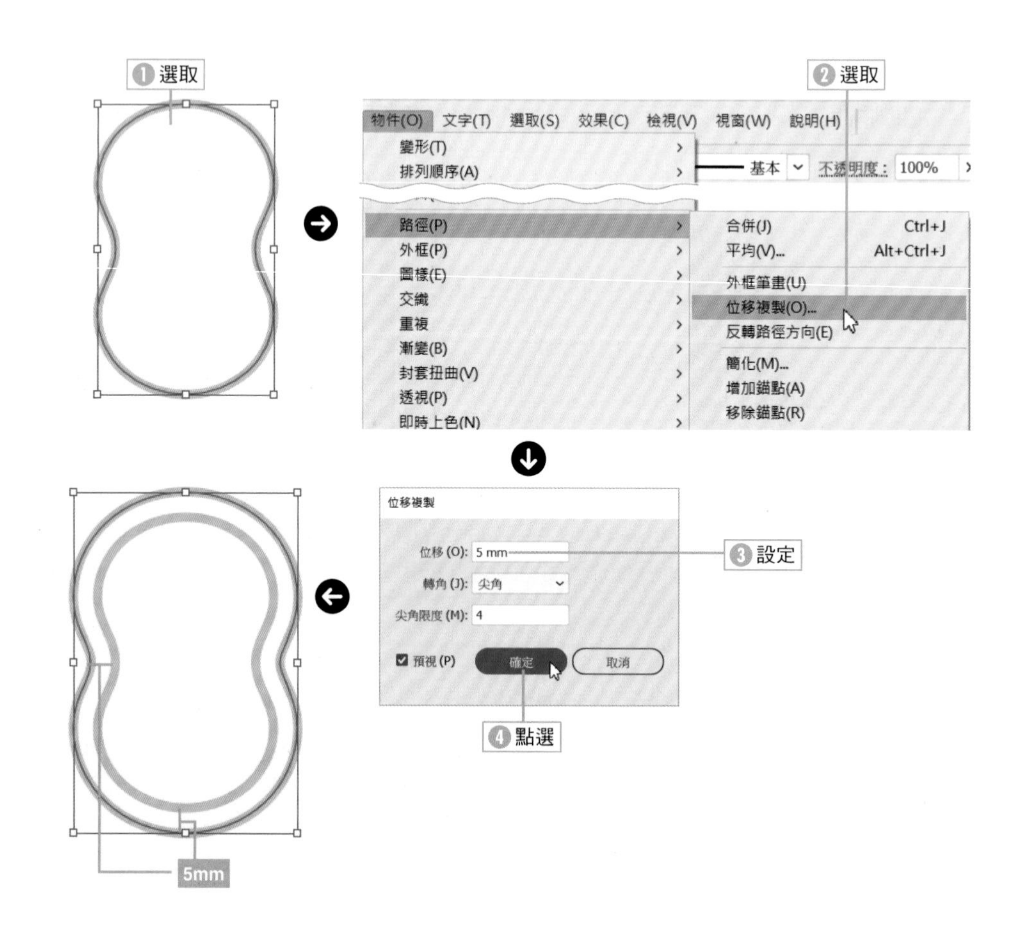

POINT

從「效果」選單的「路徑」點選「位移複製」，可建立外觀的位移路徑。

TIPS 「轉角」與「尖角限度」

「位移複製」對話框的「轉角」與「尖角限度」可設定位移物件的轉角形狀。

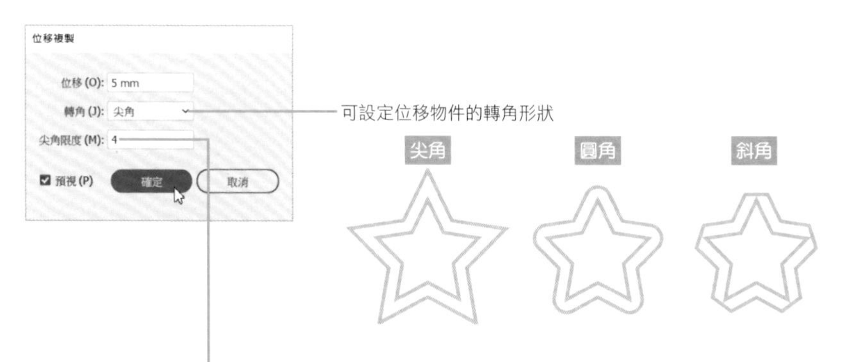

「尖角限度」是設定為尖角時，轉角的形狀從尖角自動切換成斜角的比率。預設值為「4」，當位移複製之後，尖角的原始錨點長度為位移幅度的 4 倍，就會自動從尖角轉換成斜角。

位移「3mm」、轉角形狀「尖角」、尖角限度「4」的情況

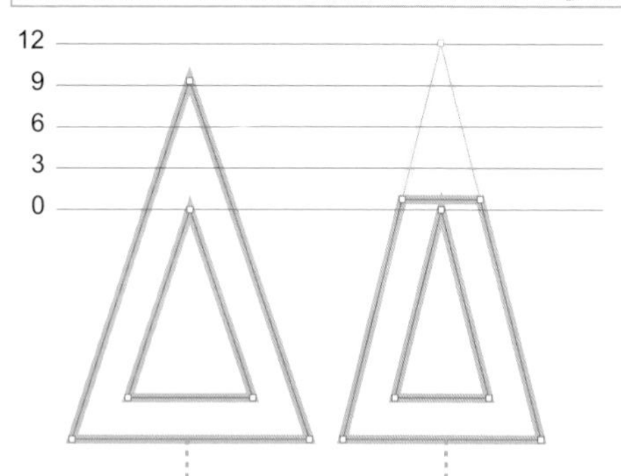

尖角的錨點到錨點的距離比位移幅度 3mm 的 4 倍，也就是 12mm 來得小，所以維持尖角的形狀。

尖角的錨點到錨點的距離比位移幅度 3mm 的 4 倍，也就是 12mm 來得大，所以轉換成斜角。

SECTION 7.7

美工刀工具、「物件」選單→「路徑」→「分割下方物件」

分割物件

使用頻率

使用美工刀工具，就能利用拖曳的線條分割物件。此外，使用「分割」命令可將物件當成切割的模型使用。

利用美工刀工具 分割

美工刀工具 可利用拖曳的軌跡分割物件，所以很適合用來擷取物件的一部分。由於可利用滑鼠游標的軌跡分割物件，所以能塑造隨手切割的自然質感。
要注意的是，美工刀工具 無法於漸層網格物件使用。
此外，未設定「填色」的開放路徑（只有筆畫）也無法分割。

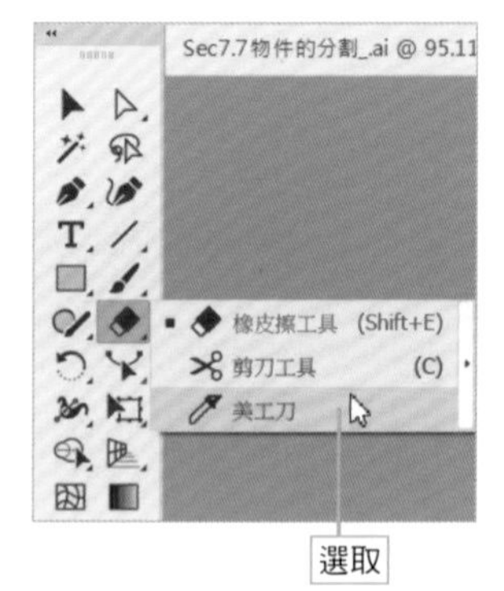

① 在物件拖曳

在物件拖曳美工刀工具 。

POINT

不需要先選取利用美工刀工具 分割的物件。

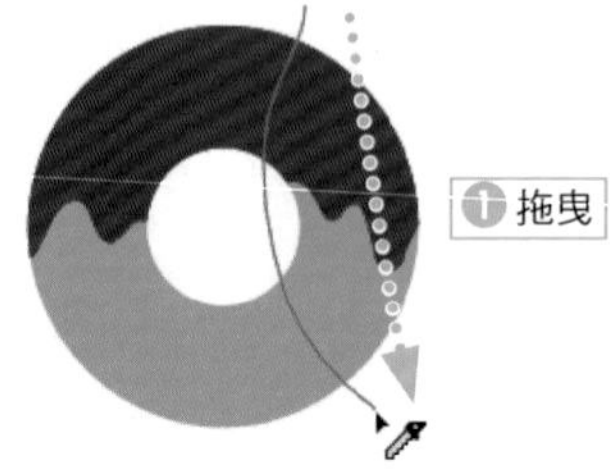

② 物件分割了

物件被分割了。

POINT

按住 Alt 鍵再拖曳，可讓切口變成直線。

❷ 分割了

③ 編輯物件

利用選取工具 拖離物件。

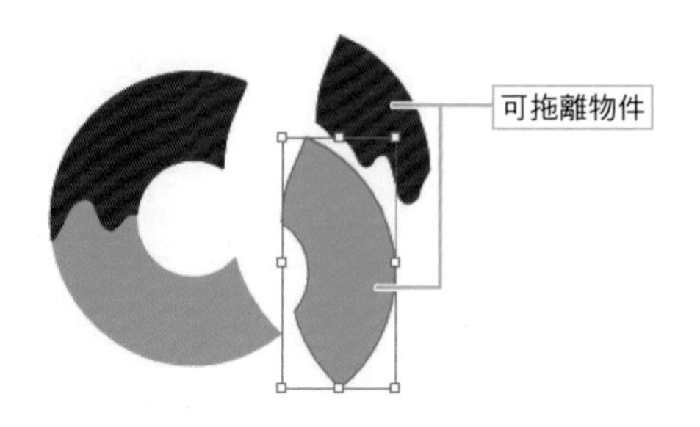

TIPS 只分割重疊物件之中的特定物件

若想只分割重疊物件之中的特定物件，可先利用選取工具 選取再使用美工刀工具 。
如果不先選取物件就使用美工刀工具 ，就會分割所有重疊的物件。

使用「分割下方物件」功能

從「物件」選單的「路徑」點選「分割下方物件」，可將選取的物件當成裁切模式使用，切割重疊的物件。

1 重疊裁切物件

將當成模型使用的物件移到上層。

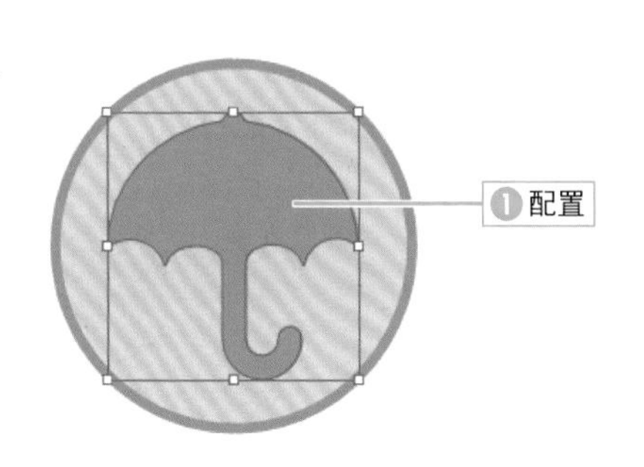

POINT
就算有多個物件重疊在一起，也能同時裁切所有物件。

2 點選「分割下方物件」

從「物件」選單的「路徑」點選「分割下方物件」。

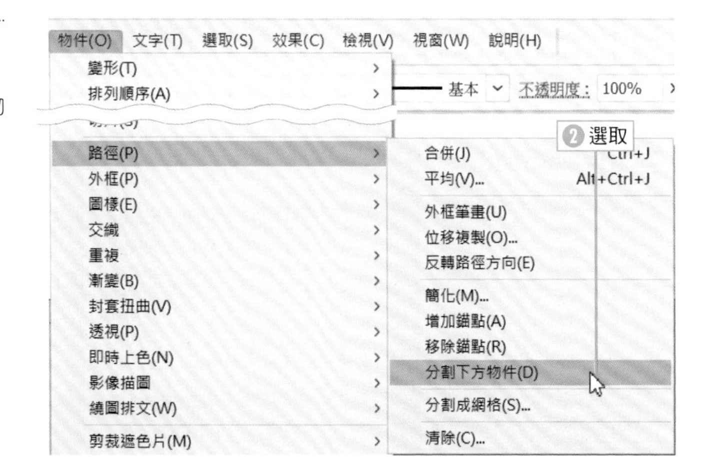

3 物件分割了

物件分割了。
被分割的物件為獨立的物件，可另外編輯。

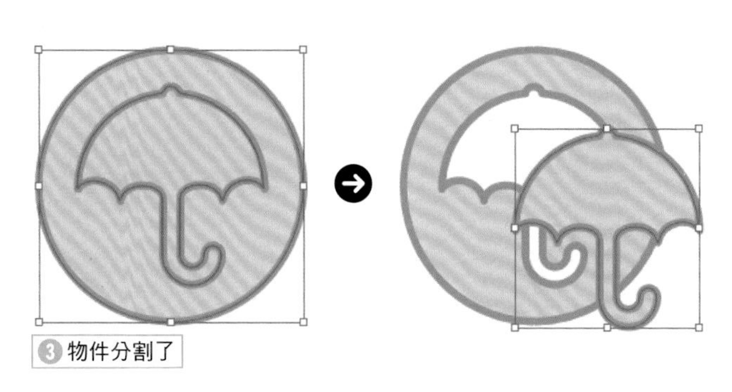

POINT
在範例這樣下層物件被鏤空的情況之下，下層物件會轉換成複合路徑。

SECTION 7.8

使用頻率 ●●●

「物件」選單→「複合路徑」→「製作」/「釋放」

在路徑挖一個透明的洞（複合路徑）

利用 Illustrator 繪製的圖稿越來越複雜的時候，有時候會希望在上層物件開一個洞，看到下層物件。此時可將要開洞的物件轉換成「複合路徑」。

建立複合路徑

要在物件開洞可從「物件」選單的「複合路徑」點選「製作」（Ctrl + 8）。
要開洞的物件可以是群組物件。

① 選取物件

在要開洞的物件上層配置裁切物件，再選取這兩個物件。

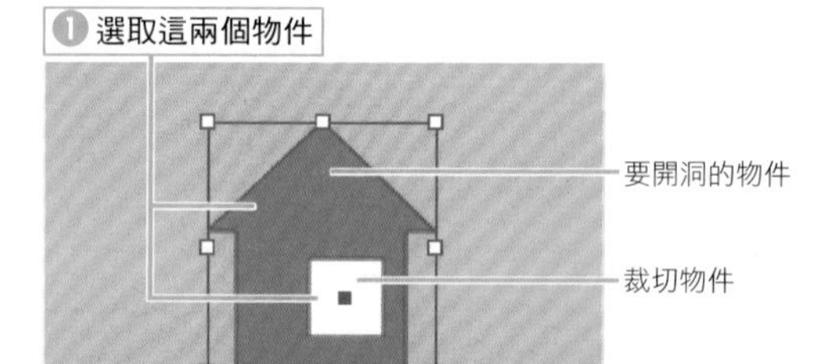

② 選擇「製作」

從「物件」選單的「複合路徑」點選「製作」。

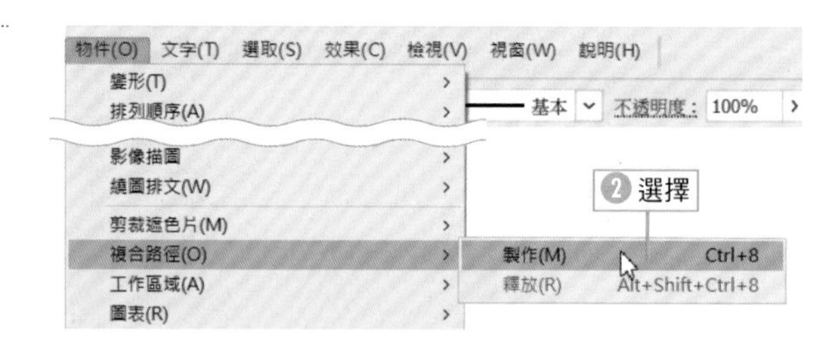

③ 轉換成複合路徑與開洞

開洞之後，下層的影像就能透到上層。
要解除複合路徑可從「物件」選單的「複合路徑」點選「釋放」（Alt + Shift + Ctrl + 8）。

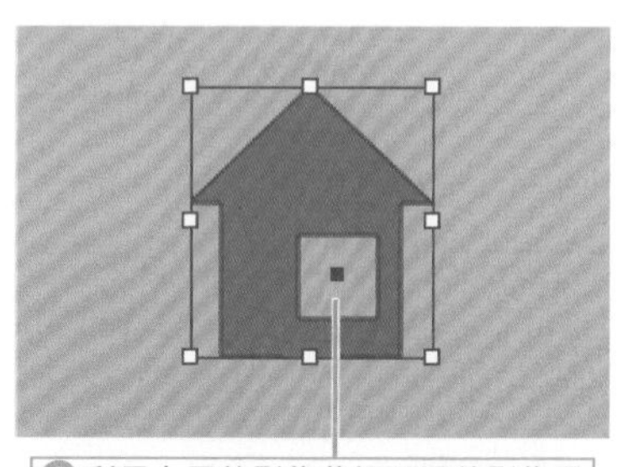

POINT

複合路徑是一種特殊的群組物件。
由於複合物件為單一物件，所以會共用「填色」與「筆畫」的設定。

TIPS 複合路徑會讓內側的路徑交替透明

複合路徑的透明部分的內側若有其他的物件，或是透明的部分彼此交集，就會由外而內依序建立上色的部分與透明的部分。

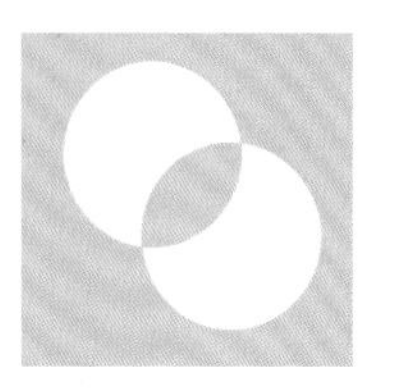

調整透明的部分

有時候無法利用「複合路徑」命令建立理想的透明部分。
此時就要透過「屬性」面板調整填色的規則。

1 建立複合路徑

想讓三個物件重疊再建立複合路徑，然後讓三個物件的重疊部分變成透明，但是結果卻不如預期。

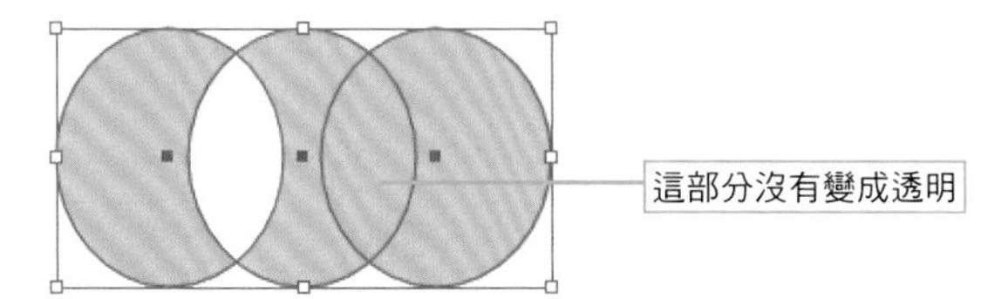

2 調整填色規則

開啟「屬性」面板，再點選「使用奇偶填色規則」◘。

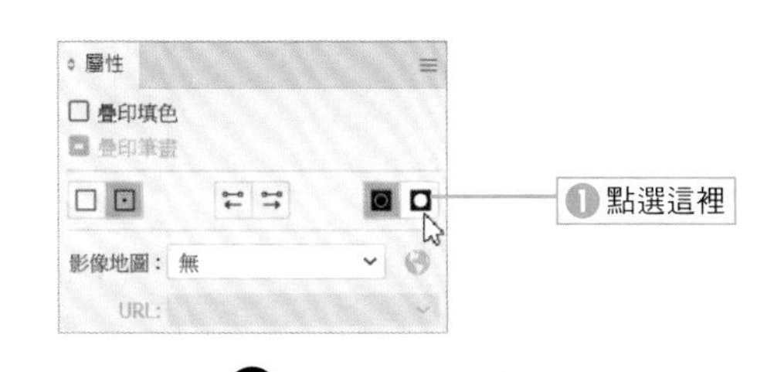

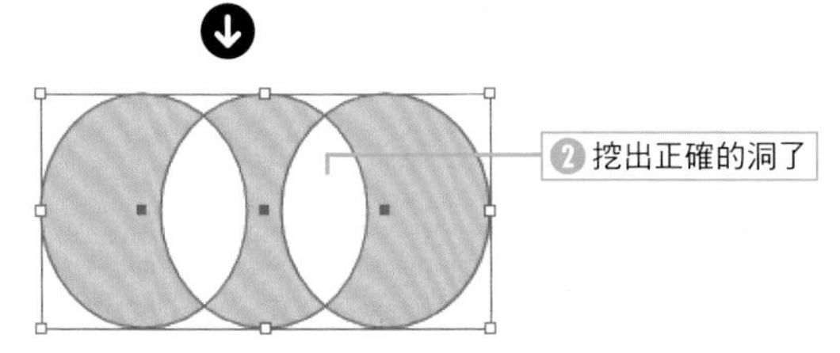

TIPS 讓路徑反轉再開洞

就算在「屬性」面板點選「使用非零迂迴填色規則」，只要雙擊物件，進入編輯模式，再選取想將「填色」設定為透明的物件，再於「屬性」面板點選「關閉反轉路徑方向」⇄，一樣能正確鏤空物件。

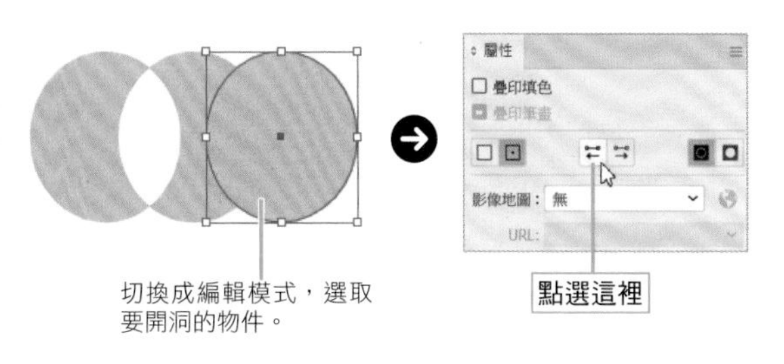

SECTION 7.9

「物件」選單→「剪裁遮色片」→「製作」/「釋放」

利用剪裁遮色片裁切物件

使用頻率

剪裁遮色片就是利用物件裁切物件的功能。可利用上層的路徑裁切下層的點陣圖。

建立剪裁遮色片

從「物件」選單的「剪裁遮色片」點選「製作」(Ctrl + 7)建立剪裁遮色片之後，剪裁遮色片之外的部分就會消失，但物件本身的形狀並未改變。

解除剪裁遮色片即可讓物件的形狀還原。

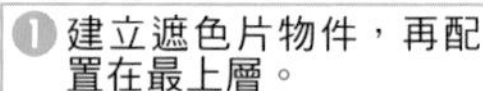

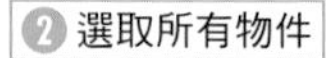

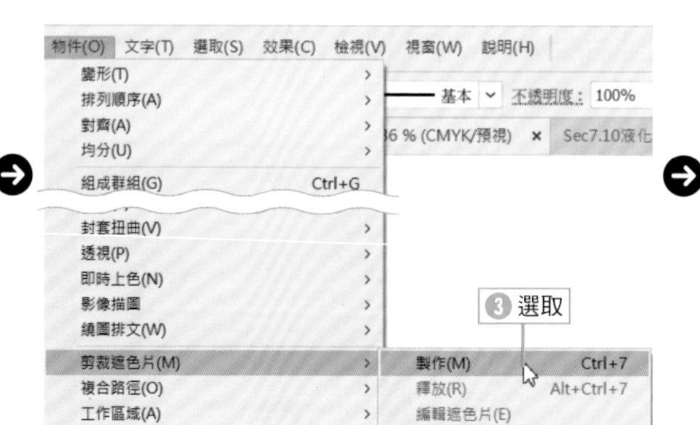

TIPS 剪裁照片

遮色片可隨意裁切照片或是其他點陣圖。

請利用筆形工具 建立遮色片物件。

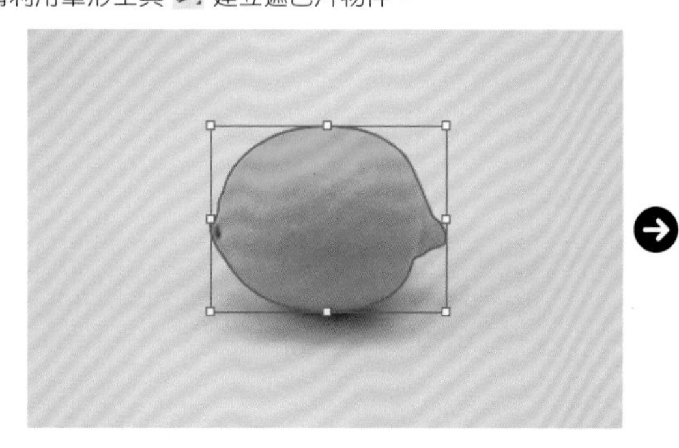

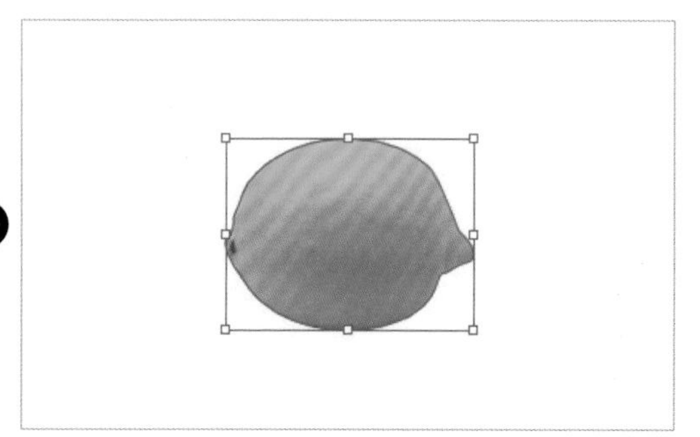

使用「圖層」面板的「製作／解除剪裁遮色片」按鈕

使用「圖層」面板的「製作／解除剪裁遮色片」按鈕 也能建立遮色片。

如果要利用「圖層」面板建立遮色片，只需要選取要套用遮色片的圖層，不需要選取物件。

遮色片物件會在選取的圖層之中，成為最上層(「圖層」面板的最上面)的物件，其他的物件與新增的物件都會套用遮色片。

要解除遮色片可選取套用遮色片的圖層，再點選「製作／解除剪裁遮色片」按鈕 。

❸ 套用遮色片

遮色片物件會以底線標記

遮色片物件的填色設定

當成剪裁遮色片使用的物件（遮色片物件）也可以設定顏色。

❶ 選取

❷ 點選　❸ 點選

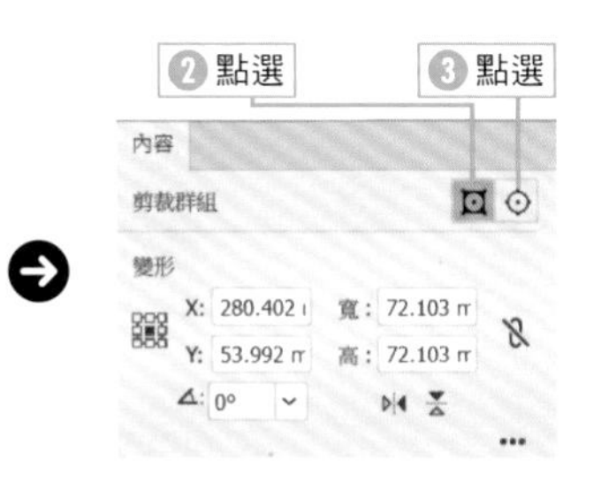

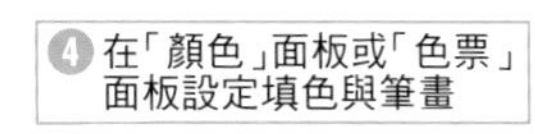

POINT

設定遮色片物件的「填色」之後，沒被遮住的部分會上色。

TIPS 不透明度遮色片

要建立有透明度的遮色片可使用「不透明度遮色片」。相關的細節請參考第 174 頁。此外，設定了具有不透明度屬性的漸層的物件也可以當成遮色片物件使用。

TIPS 於「內容」面板或「控制」面板選取編輯對象

選取套用遮色片的物件之後，可利用「內容」面板或「控制」面板的按鈕選取剪裁物件或是套用遮色片的物件再進行編輯。

選取剪裁路徑　選取套用遮色片的物件

剪裁路徑為編輯對象

套用遮色片的物件成為編輯對象。
套用遮色片的物件若是群組物件，可進入編輯模式，編輯群組之內的物件。

解除遮色片

要解除剪裁遮色片可選取遮色片物件，再從「物件」選單的「剪裁遮色片」點選「釋放」（ Alt + Ctrl + 7 ）。

繪製內側與剪裁遮色片

繪製內側是將選取的物件轉換成剪裁路徑，讓物件只在內側繪製的繪圖模式。很適合在外觀已經確定的物件內部繪製紋路的時候使用。

① 選取對象，啟用繪製內側模式

先選取要在內側繪製圖形的物件。

點選工具箱下方的 ，選擇「繪製內側」。

進入「繪製內側」模式之後，剛剛選取的物件會以虛線框住。只要虛線還在，就只能在這個的內側繪圖。

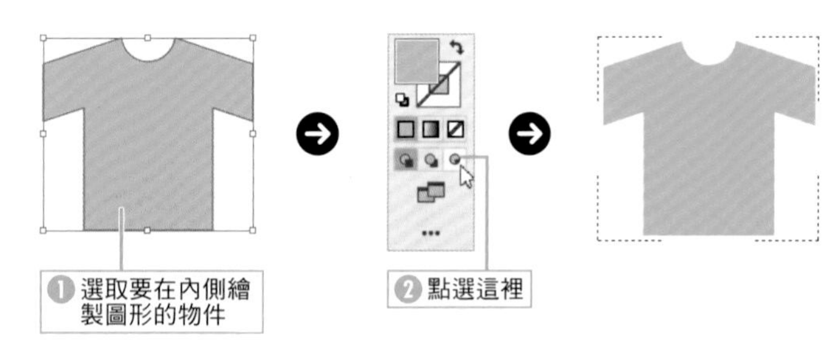

② 在物件的內側繪圖

暫時解除物件的選取狀態，再選擇「填色」或「筆畫」的顏色，然後利用繪圖工具繪製物件。

也可以利用直接選取工具 編輯路徑、複製物件。

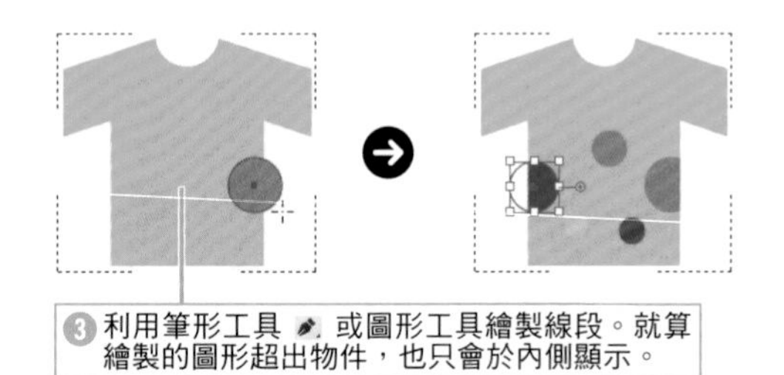

③ 脫離繪製內側模式

要脫離繪製內側模式可利用選取工具 雙擊虛線之外的位置。

於「繪製內側」選取的物件會是剪裁路徑的遮色片物件。

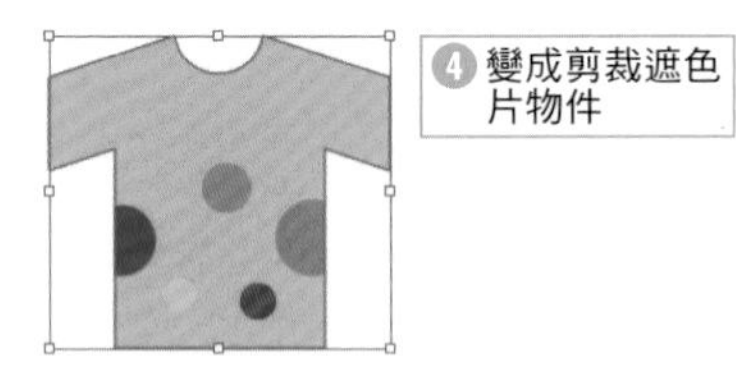

POINT

與剪裁遮色片的不同之處在於先繪製了剪裁路徑，以及剪裁路徑的「填色」或「筆畫」的顏色，可直接在路徑內部繪製。

▶ 編輯物件

需要在「繪製內側」模式修正物件，或是編輯外側的路徑時，與一般的剪裁遮色片的方法相同。可點選「控制」面板的「編輯內容」按鈕 ，或是切換成物件的編輯模式再編輯。

SECTION 7.10

液化工具

了解液化工具

使用頻率

「彎曲」、「扭轉」、「縮攏」、「膨脹」、「扇形化」、「結晶化」、「皺摺」這七種工具統稱「液化工具」，這些工具可透過拖曳的方式讓物件變形。

彎曲工具

彎曲工具 可讓位於筆刷範圍之內的物件往拖曳的方向彎曲。

POINT

按住 Alt 鍵再於沒有物件的位置拖曳，就能調整筆刷的大小與形狀。

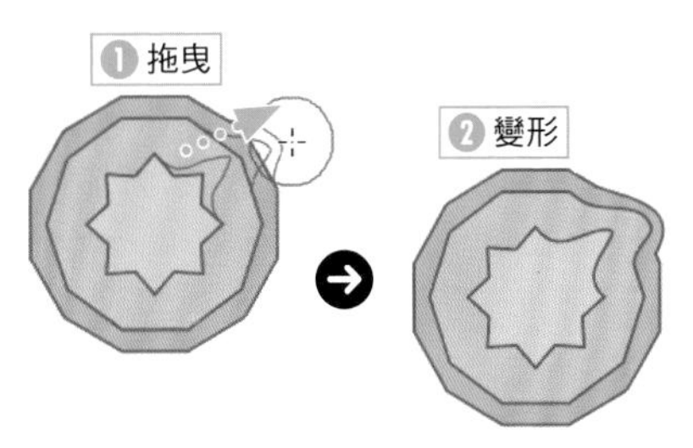

其他工具

▶ 扭轉工具

扭轉工具 可讓位於筆刷範圍內的物件以滑鼠游標為旋渦中心點，呈旋渦狀變形。

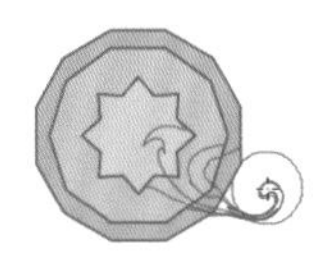

▶ 縮攏工具

縮攏工具 可讓位於筆刷範圍內的物件往滑鼠游標縮攏。

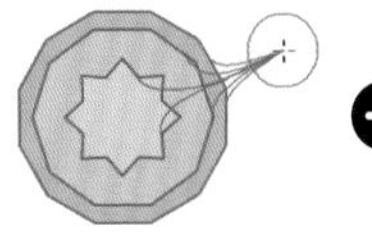

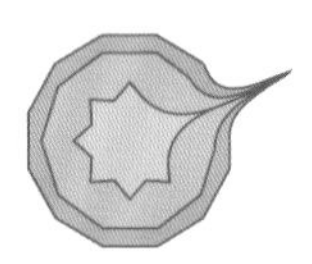

▶ 膨脹工具

膨脹工具 可讓位於筆刷範圍內的物件往筆刷外側推出。

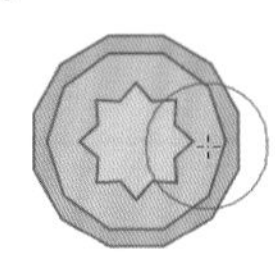

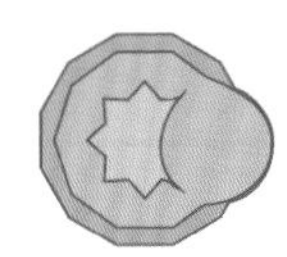

▶ 扇形化工具

扇形化工具 可讓位於筆刷範圍內的物件往外側發散。

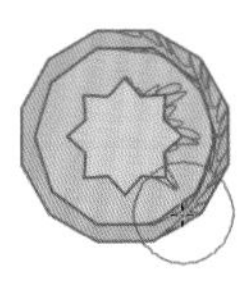

▶ 結晶化工具

結晶化工具 可讓位於筆刷範圍內的物件往外形成尖刺。

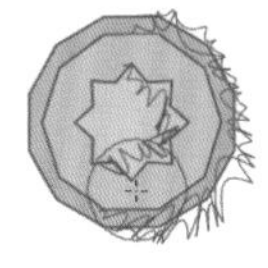

▶ 皺摺工具

皺摺工具 可讓位於筆刷範圍內的物件像是振動般變形。

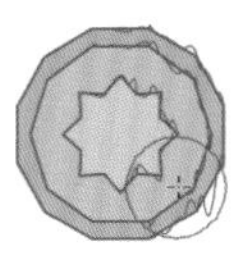

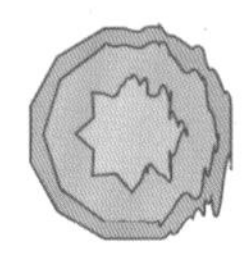

SECTION 7.11

「以彎曲製作」/「以網格製作」/「以上層物件製作」/「釋放」/「展開」

利用封套扭曲命令變形物件

使用頻率

封套扭曲命令可讓物件快速變形。使用網格點還可隨心所欲調整變形的結果。使用「效果」選單的「彎曲」也能套用外觀效果。

何謂封套扭曲

「物件」選單的「封套扭曲」是能透過網格讓選取的物件變成複雜形狀的命令。例如「以彎曲製作」命令就能讓物件轉變成圓弧狀或是旗幟狀。由於不是移動物件的錨點讓物件變形，所以還能保有原始物件的形狀。這種方法可隨時修正變形結果，也能在解除變形效果之後，讓物件恢復原狀。

封套扭曲命令共有「以彎曲製作」、「以網格製作」、「以上層物件製作」這三種，都可從「物件」選單的「封套扭曲」選取。

以彎曲製作

選取要變形的物件，再選取「以彎曲製作」（Alt + Shift + Ctrl + W），可開啟「彎曲選項」對話框。從中選擇樣式與設定扭曲欄位，再點選「確定」，物件就會變形。

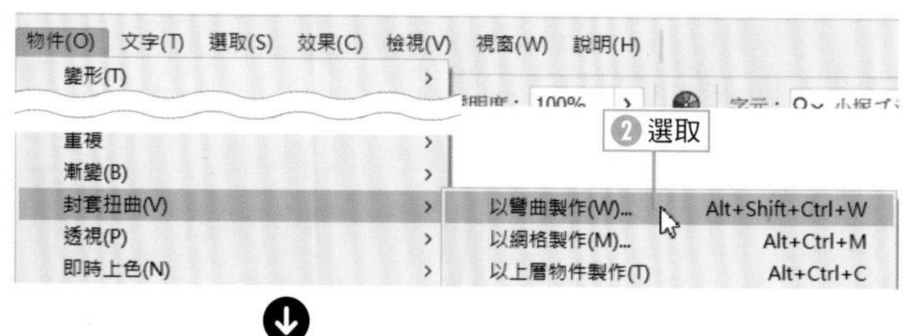

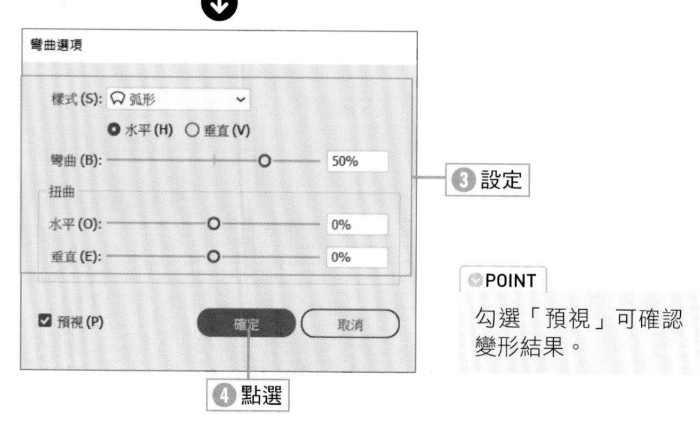

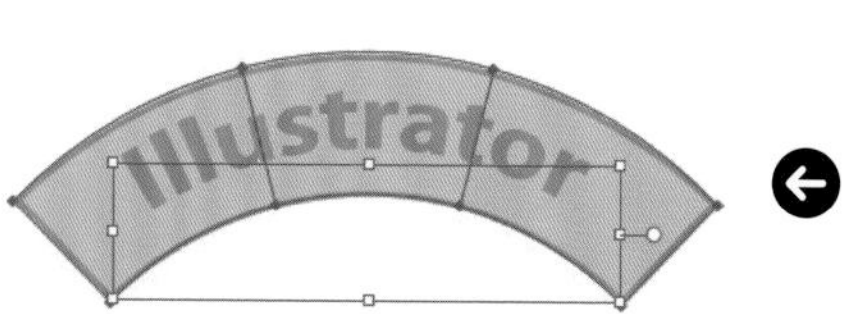

POINT

勾選「預視」可確認變形結果。

TIPS 「效果」選單的彎曲

點選「效果」選單的「彎曲」也能達成相同的效果。

TIPS 編輯內容

執行封套扭曲命令之後，若想編輯原始物件可從「物件」選單的「封套扭曲」點選「編輯內容」，也可以雙擊物件，進入選取編輯模式，就能編輯原始物件。從「物件」選單的「封套扭曲」點選「編輯封套」，就能結束編輯模式，顯示封套網格。

▶「彎曲選項」對話框的設定

「彎曲選項」對話框除了可以選擇彎曲的樣式，還能設定變形方法。

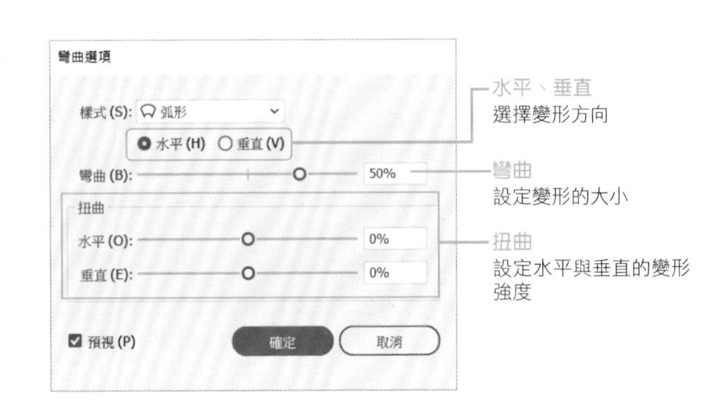

POINT

選取變形之後的物件，再於「彎曲選項」對話框調整設定，可讓該物件套用新設定。

以網格製作

「以網格製作」（Alt + Ctrl + M）可替選取的物件新增網格點。

利用直接選取工具 移動網格點，就能讓物件變形。

① 選取物件

選取要變形的物件。

② 選取「以網格製作」

從「物件」選單的「封套扭曲」點選「以網格製作」。

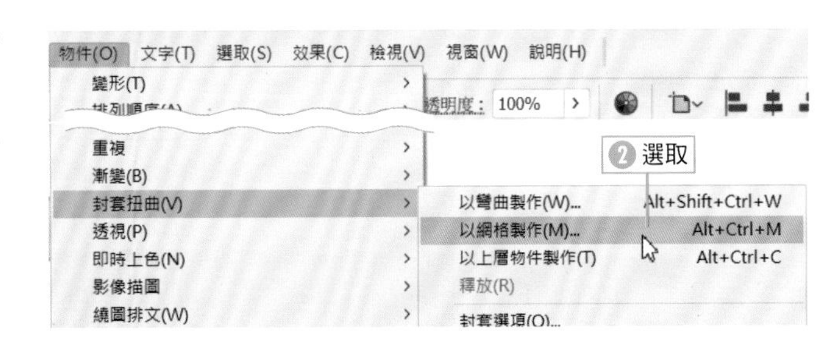

③ 設定網格

在「封套網格」對話框指定網格的數量再點選「確定」。

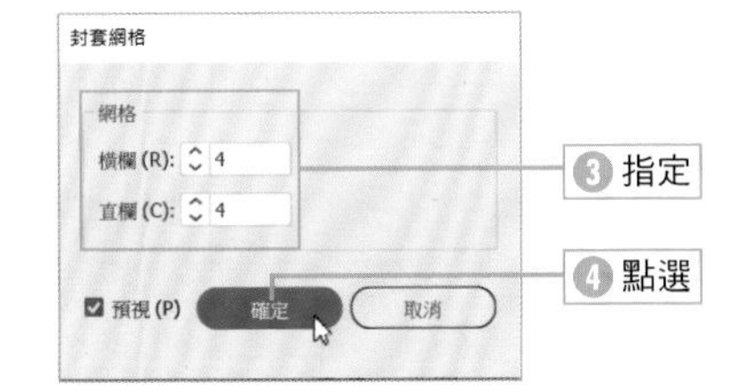

④ 新增網格點

新增了網格點。

⑤ 編輯網格，讓物件變形

利用直接選取工具 或網格工具 編輯網格，讓物件變形。

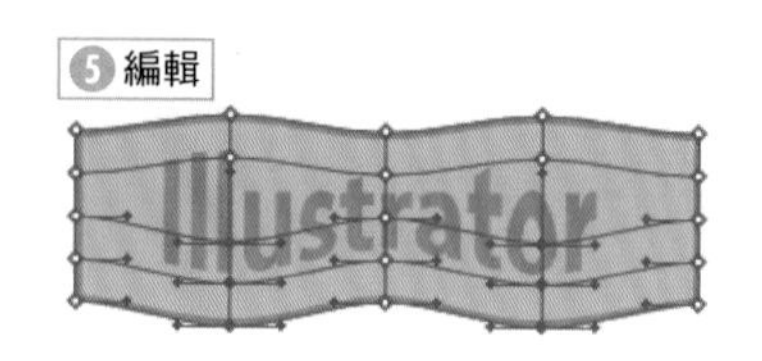

POINT

用於變形的網格可利用網格工具 追加。

以上層物件製作

如果已經知道物件最終的變形形狀，可使用「以上層物件製作」。將最終的形狀配置在要變形的物件上層，再選取「以上層物件製作」（Alt + Ctrl + C），就能讓下層的物件依照上層物件的形狀變形。

① 建立物件

建立最終形狀的物件。

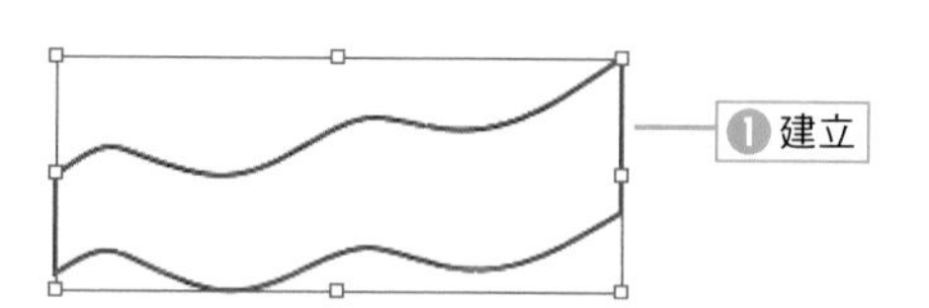

② 選取物件

將最終形狀的物件配置到要變形的物件上層，再選取這兩個物件。

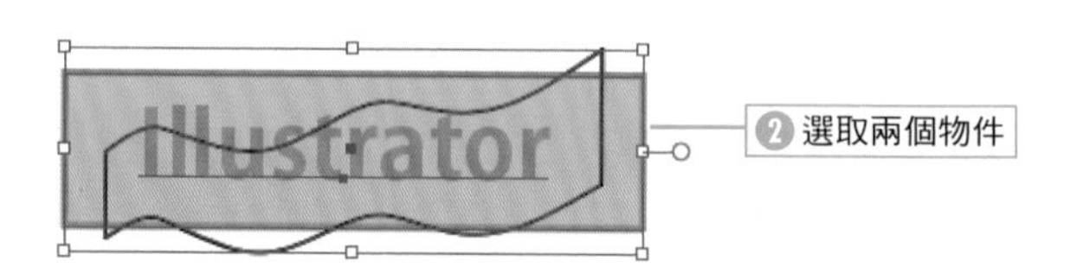

③ 選取「以上層物件製作」

從「物件」選單的「封套扭曲」點選「以上層物件製作」。

④ 物件變形了

下層的物件依照上層的物件變形了。

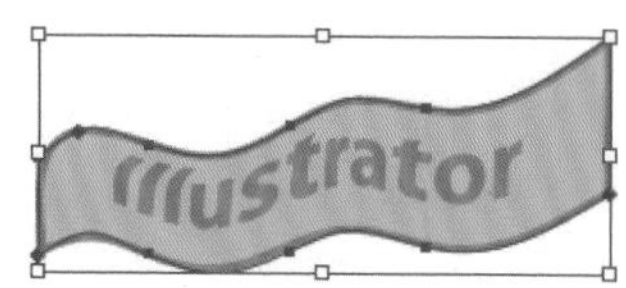

封套選項

選取套用封套扭曲的物件，再從「物件」選單的「封套扭曲」點選「封套選項」，就能開啟「封套選項」對話框。

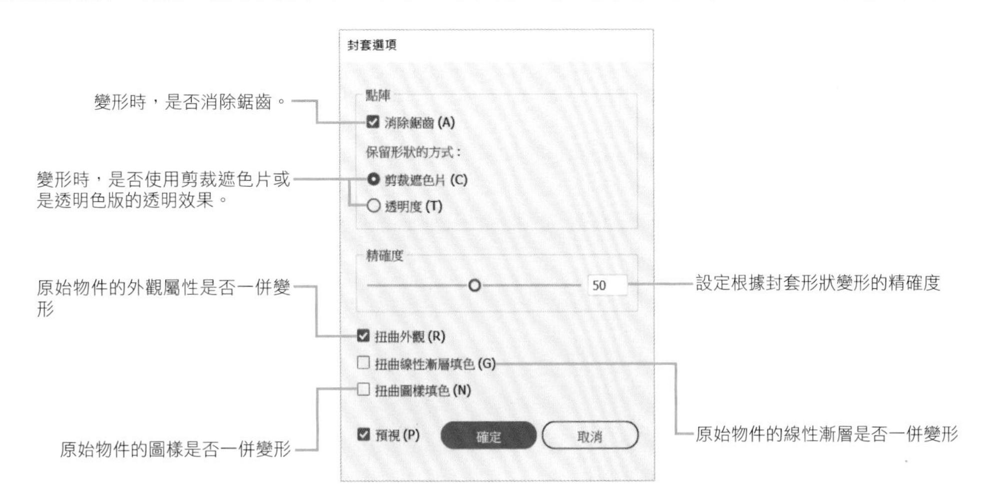

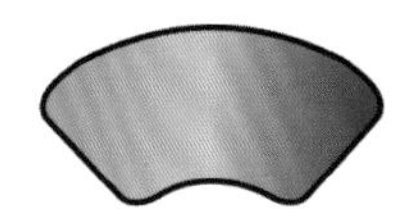
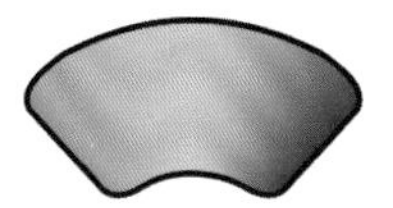

TIPS 解除封套扭曲效果

從「物件」選單的「封套扭曲」點選「釋放」，即可解除封套扭曲效果與還原物件。

TIPS 展開

套用封套扭曲效果之後，在「物件」選單的「封套扭曲」點選「展開」，即可讓套用封套扭曲效果的物件轉換成一般的物件。

SECTION 7.12

使用頻率

操控彎曲工具

利用操控彎曲工具讓物件變形

操控彎曲工具可在維持物件整體平衡的同時讓物件變成複雜的形狀。

利用操控彎曲工具 變形

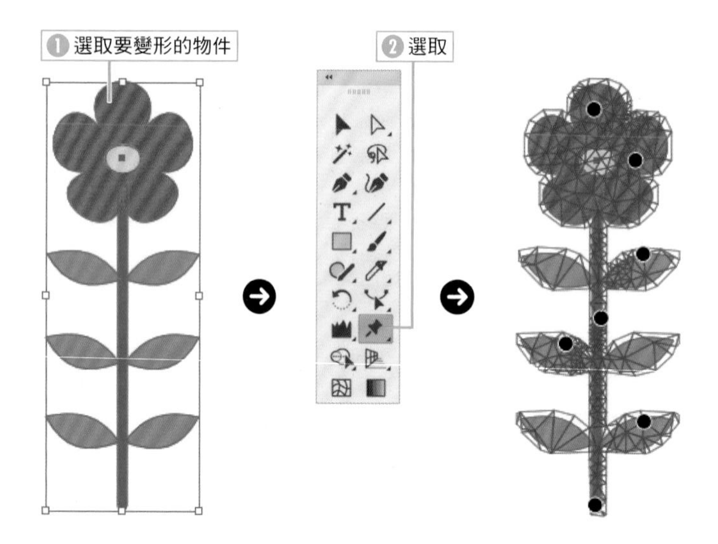

▶ 追加圖釘

圖釘是在變形物件之際，讓物件固定不動的點。請至少新增三點。

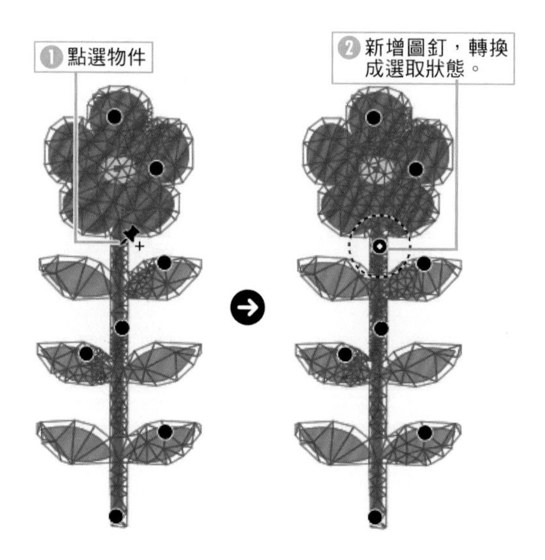

▶讓物件變形

拖曳圖釘，讓物件變形。

建立圖釘的位置是固定的。

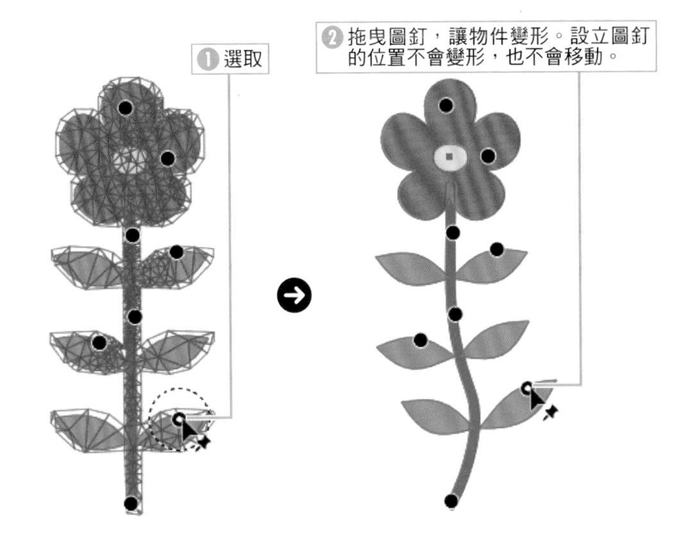

▶讓物件旋轉

選取圖釘之後，周圍會顯示虛線圓形，在這個圓形內部旋轉，就能讓物件旋轉。

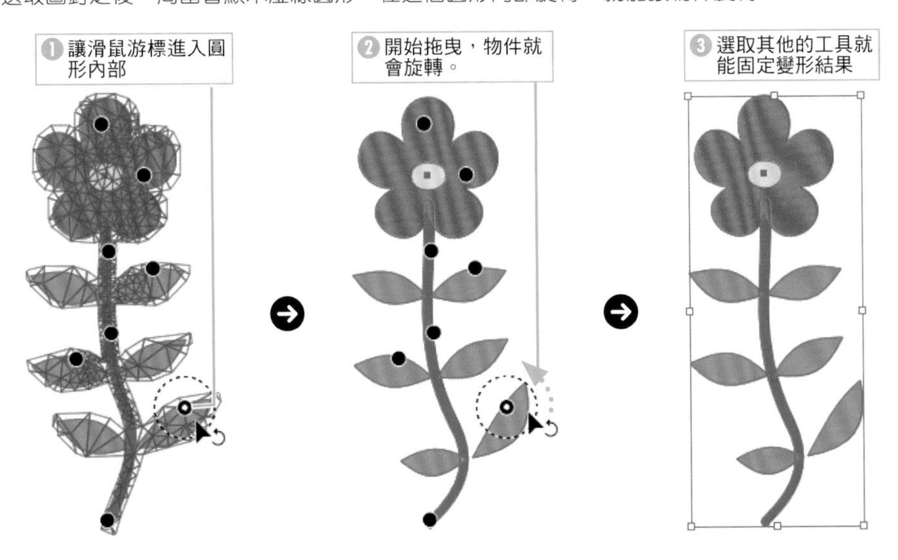

▶刪除圖釘

要刪除圖釘可選取物件再按下 Delete 鍵。

POINT

如果想隱藏網格，確認變形結果可按住 Ctrl 鍵。

TIPS 重新變形

我們無法移動圖釘，所以要讓物件重新變形必須先刪除所有的圖釘，從頭新增圖釘。在「控制」面板點選「選取所有圖釘」就能選取所有圖釘。

「物件」選單→「重複」→「放射狀」/「格點」

SECTION 7.13

利用重複功能繪製重複圖形

使用頻率 ●○○

使用「物件」選單的「重複」就能利用「放射狀」(旋轉複製)、「格點」(長寬複製)、「鏡像」(翻轉軸複製)這三項命令快速建立物件的複本。這項命令的優點在於可調整重複狀態。

放射狀

根據選取的物件建立旋轉的物件複本。

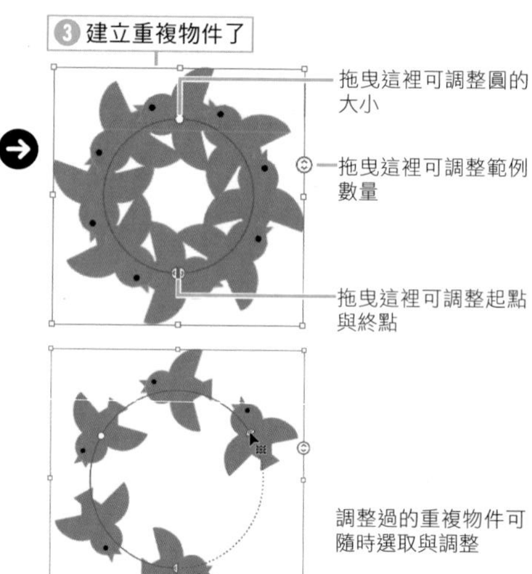

▶ 重複選項的設定

在「內容」面板或「控制」面板可設定範例數量與圓的半徑。

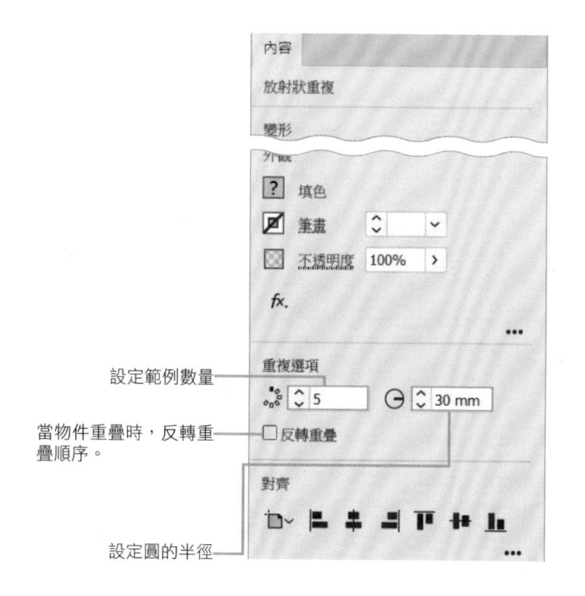

POINT

從「物件」選單的「重複」點選「選項」也能進行相同的設定。

TIPS 解除重複

選取重複物件，再從「物件」選單的「重複」點選「釋放」即可解除重複。

格點

這個命令可根據選取的物件往垂直（往下）或是水平（往右）方向建立物件的複本。

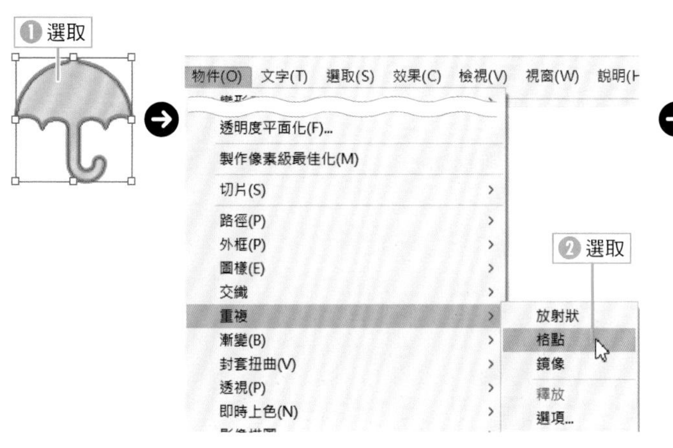

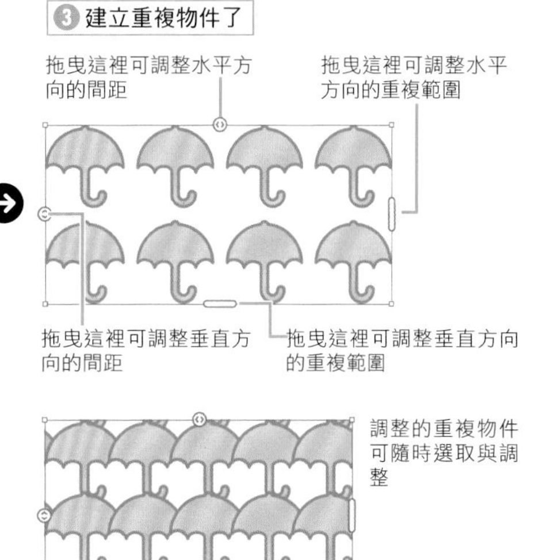

▶ 重複選項的設定

可在「內容」面板或「控制」面板設定重複間距與格點的種類。

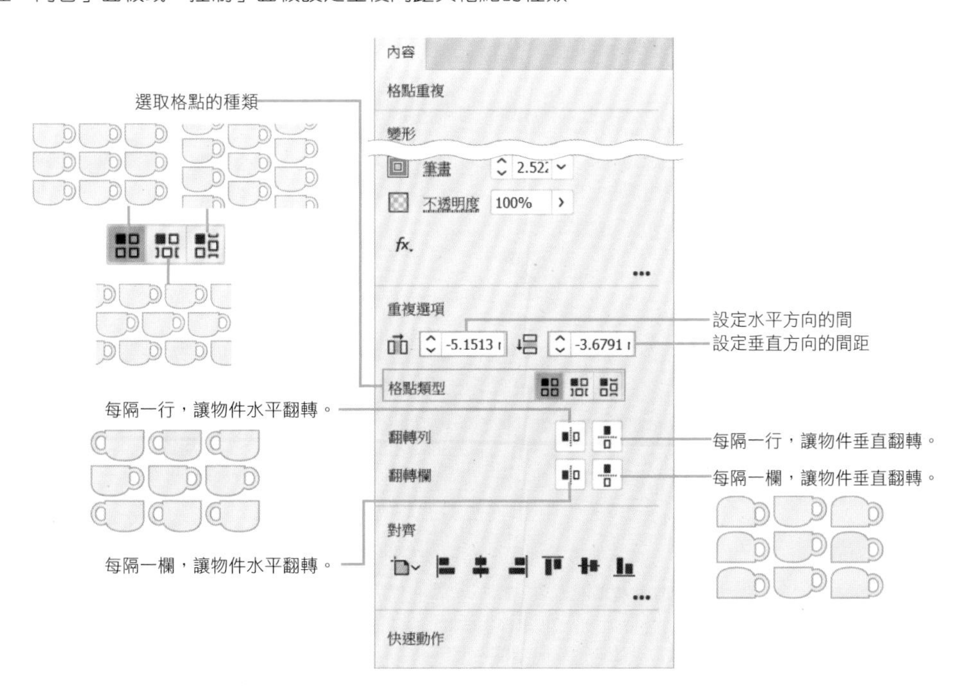

鏡像

讓選取的物件翻轉與建立複本。

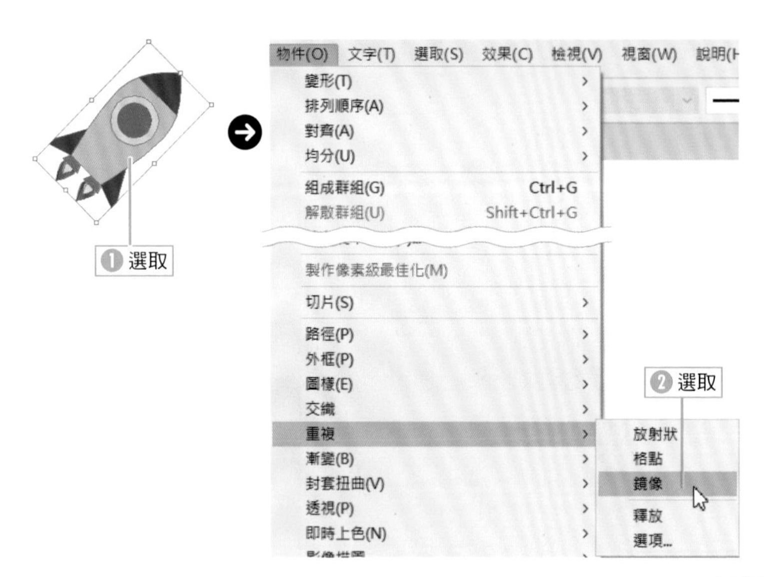

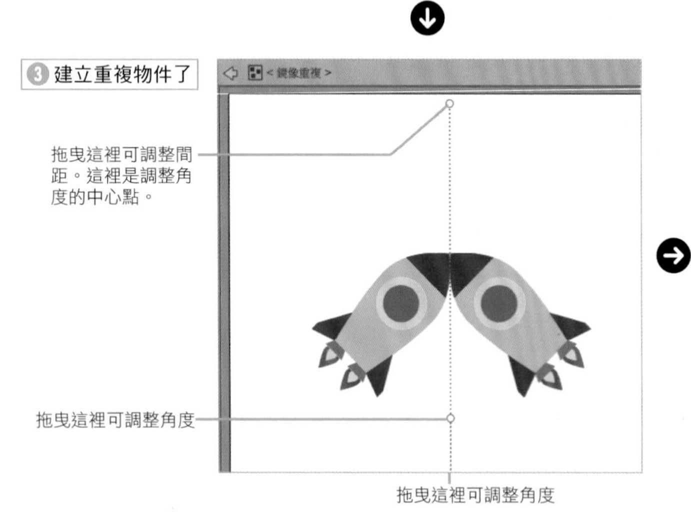

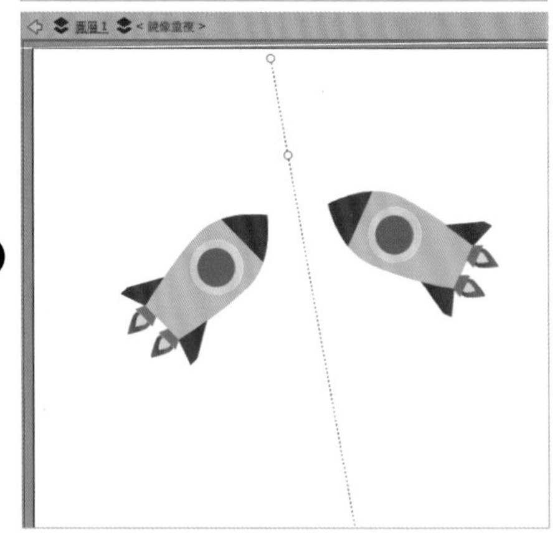

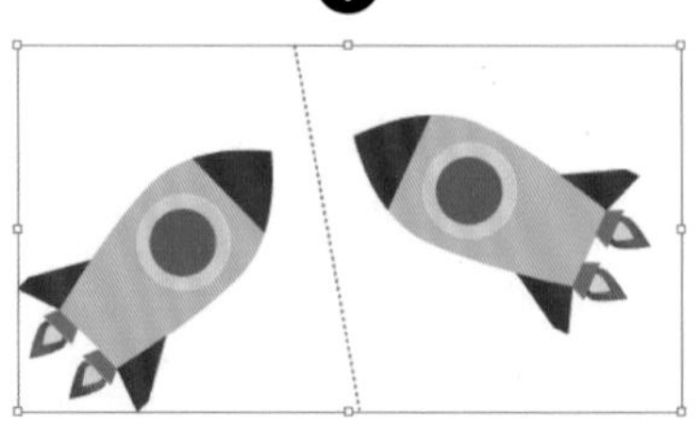

選取以鏡像命令複製的物件就會顯示反轉軸。雙擊即可進入編輯模式，調整物件的角度與位置。

POINT

可在「內容」面板的「重複選項」以數值指定角度。

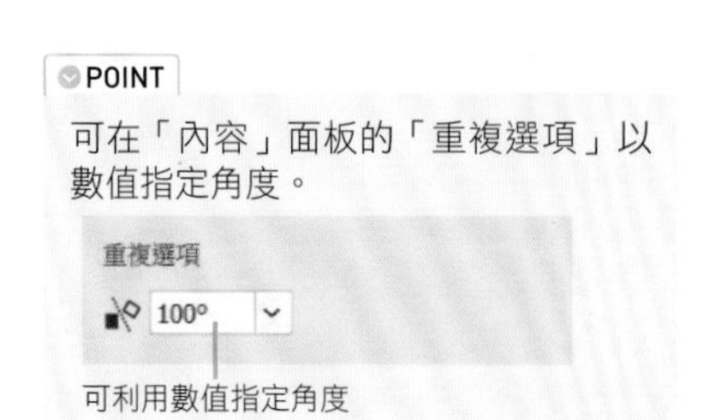

CHAPTER

了解輸入文字與排版的方法

Illustrator 也內建了數位排版的文字輸入功能與文字排版功能，不管是植入標題還是長篇文章都沒問題。
如果只是輸入文字的話，其實比想像中簡單，但要精準地排版，或是快速修正內容，就必須熟悉上述的功能。

SECTION 8.1

文字工具

了解輸入文字的基本知識

使用頻率 ●●●

Illustrator 內建了非常實用的文字功能，例如可沿著文字區域或曲線這類路徑輸入文字，也具有文字區域連結或文繞圖這類足以媲美數位排版軟體的功能。

三種文字物件

Illustrator 的文字也被視為物件，名稱就是**文字物件**。

文字物件共有下列三種。

文字物件也能像繪圖物件移動、變形、設定顏色、套用繪圖樣式與效果。

點文字　從輸入的位置開始輸入

Illustrator 擁有非常強力與實用的文字功能

區域文字　在文字區域的內部輸入文字

Illustrator 擁有非常強力與實用的文字功能。
可建立文字區域再輸入文字。

路徑文字　沿著路徑輸入文字

輸入點文字

點文字可利用文字工具 T 或垂直文字工具 ↓T 點選圖稿空白區域輸入。點文字會是一行長長的文字。

如果需要換行，可在適當的位置按下 Enter 鍵。

如果按下 Shift + Enter 鍵就能強制換行，在保留對齊與縮排這類段落資訊的情況下換行。

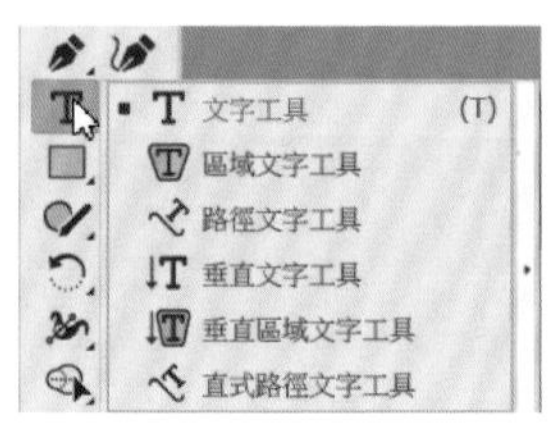

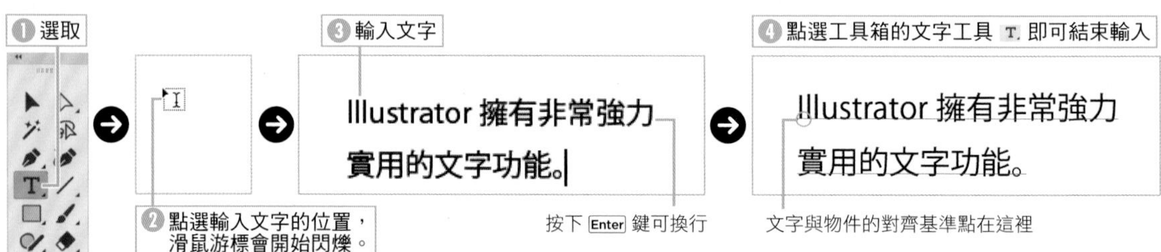

▶ 在文字物件新增與刪除文字

現有的文字物件也能追加或刪除文字，詳情請參考 SECTION 8.2 的說明。

TIPS　垂直文字的快捷鍵

文字工具的滑鼠游標 會在按下 Shift 鍵的時候，變成垂直文字工具 ↓T 的滑鼠游標 。

TIPS　輸入範例文字

在「偏好設定」對話框的「文字」勾選「以預留位置文字填滿新的文字物件」，即可自動輸入範例文字。

輸入區域文字

作為文字輸入範圍的文字區域可利用文字工具 T. 或垂直文字工具 IT. 建立。

在文字區域輸入文字時，文字會自動換行。

文字區域也能套用填色與筆畫的設定（參考第 219 頁）。

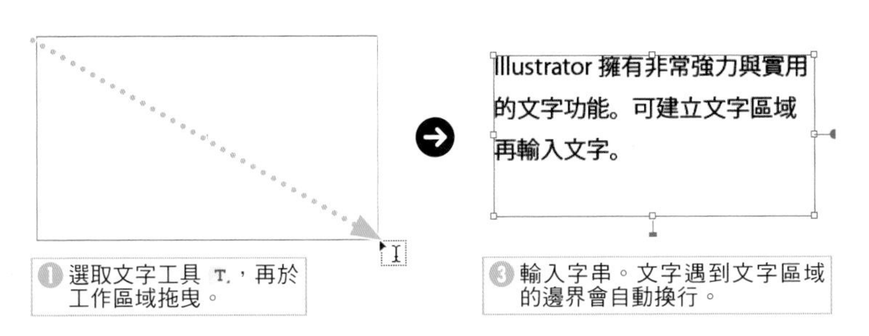

TIPS 文字區域的文字對齊方式

文字區域之內的文字對齊方式（上、居中、下、齊行）都可於「區域文字選項」（參考第 221 頁）設定。

在物件內輸入文字

透過區域文字工具 與垂直區域文字工具 ，您可以在物件內輸入文字。一旦輸入文字，物件就會轉換成文字區域，且「填色」與「筆畫」的設定就會消失。如果要對文字區域設定顏色，請參考「文字區域與文字路徑的上色」內容（第 219 頁）。

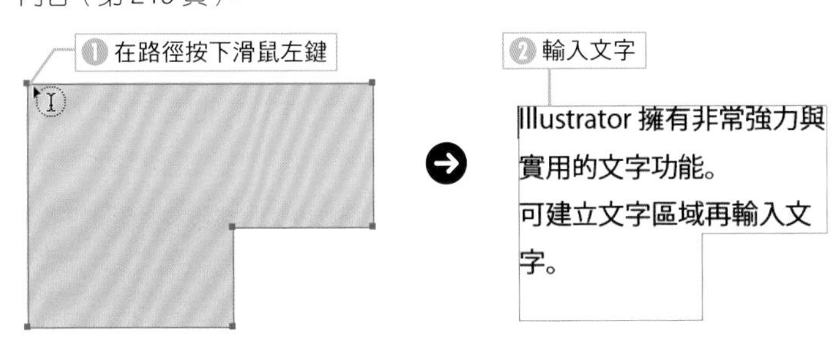

POINT

輸入文字之後，物件就會轉換成文字區塊的路徑，此時就算刪除文字，也無法還原為原本的物件。要恢復原本的物件必須利用群組選取工具 選取，接著複製再貼上。

TIPS 利用文字工具在物件內輸入文字

讓文字工具 T. 或是垂直文字工具 IT. 移動到封閉路徑上方之後，就會轉換成區域文字工具的滑鼠游標 。如果是移動到開放路徑的上方，就會變成路徑文字工具的滑鼠游標 ，按住 Alt 鍵則會變成區域文字工具的滑鼠游標 。

文字溢位

文字區域無法完整收納文字的情況稱為**溢位**，此時文字區域的最後一行會出現小正方形。

雖然溢位的文字無法完全顯示，卻不代表消失了。

如果出現了文字溢位的問題，可拉寬文字區域，或是變更文字格式（大小、行距）（參考第 225、228 頁），或是建立新的文字物件，再予以連結（參考第 219 頁）。

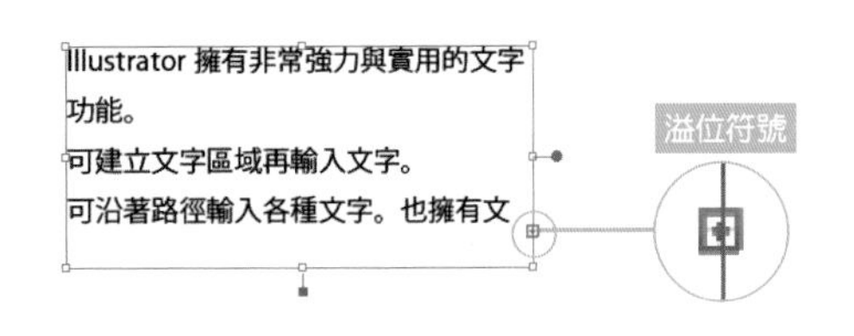

POINT

Illustrator 的溢位與 InDesign 的溢流（overset）意義相同。

路徑文字

路徑文字工具 與直式路徑文字工具 都可以沿著物件的路徑輸入文字，而且不管是封閉路徑或是開放路徑都可以。

沿著路徑輸入文字之後，原始的物件就會變成文字路徑，無法再設定「填色」與「筆畫」。

如果要替文字路徑設定顏色請參考第 219 頁的說明。

此外，如果出現文字溢位的現象，路徑的最後會顯示小正方形。

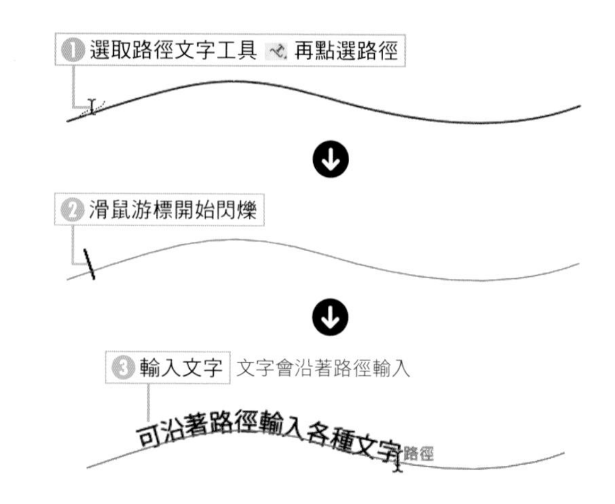

▶ 移動文字的起點

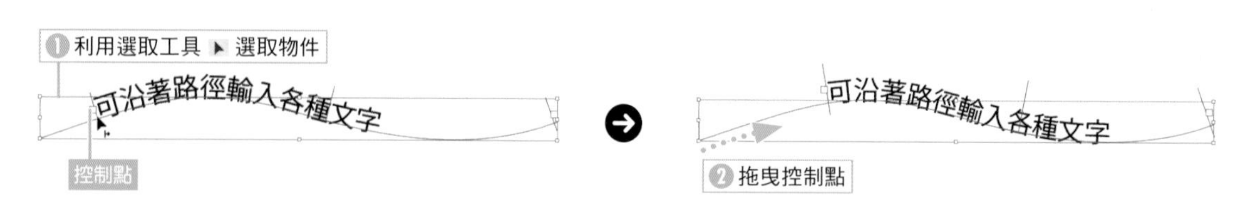

TIPS 利用文字工具在路徑輸入文字

文字工具 或垂直文字工具 移動到開放路徑之後，滑鼠游標就會變成路徑文字工具的滑鼠游標 。假設是移動到封閉路徑，就會變成區域文字工具的滑鼠游標 ，按住 Alt 鍵會變成路徑文字工具的滑鼠游標 。

▶ 讓文字移動到路徑的另一側

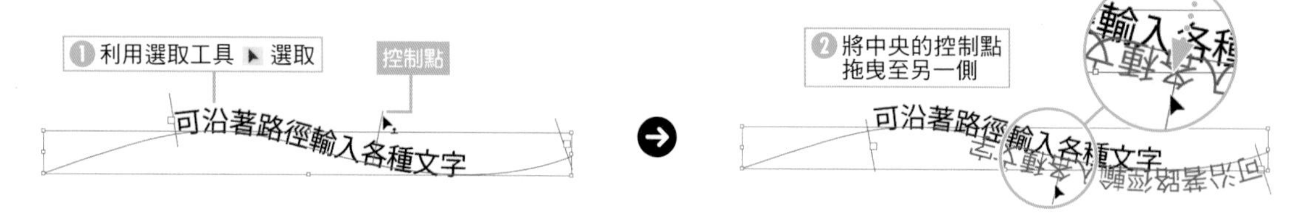

TIPS 路徑與文字的間距

在路徑輸入文字之後，可調整文字的基線，藉此調整文字與路徑的間距。移動基線的設定請參考第 231 頁。

TIPS 縮放路徑文字

路徑文字若是利用邊框縮放，文字的大小就會跟著縮放。如果不想調整路徑文字的大小，只想縮放文字物件的話，可利用直接選取工具 單選路徑，再利用縮放工具 縮放。

▶ 路徑文字選項

選取路徑上的文字，再雙擊工具箱的路徑文字工具 ，就能開啟「路徑文字選項」話框，設定文字的方向、位置與間距。

「路徑文字選項」對話框也可從「文字」的「路徑文字」點選「路徑文字選項」開啟。此外，也可以透過「文字」選單的「路徑文字」設定路徑文字的效果。

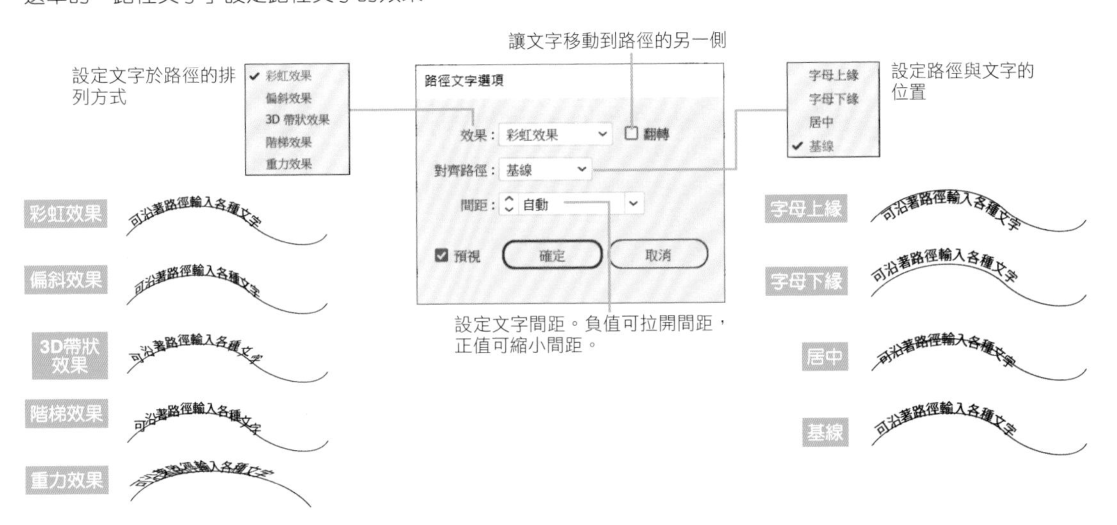

調整文字區域

利用選取工具 點選文字區域物件，就能拖曳邊框，調整文字區域的大小。如果文字有溢位的現象，會依照路徑的形狀編排。

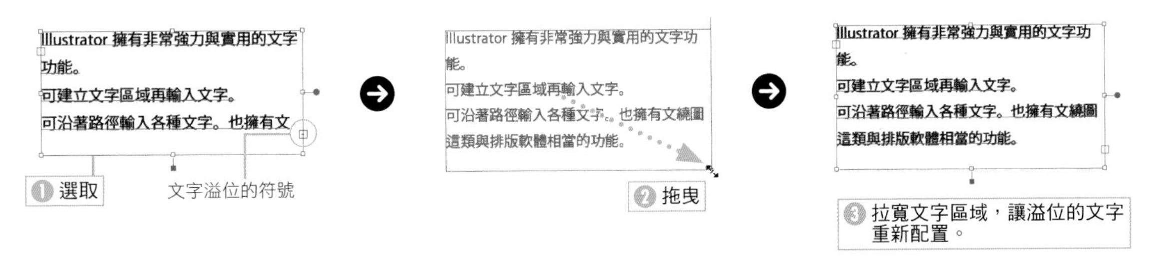

TIPS　文字區域的變形

文字物件可利用邊框縮放與旋轉，讓溢位的文字依照文字區域的形狀重新編排。

利用選取工具選取文字物件，再利用縮放工具 或旋轉工具 這類變形工具變形，可讓區域之內的文字一起變形。

利用直接選取工具 選取文字區域的路徑，再利用縮放工具 或旋轉工具 這類變形工具變形，就能只讓文字區域變形，文字則依照文字區域的形狀重新編排。

自動調整文字區域的大小

選取有文字溢位現象的文字區域物件之後，段落結尾處的外側會顯示圖層顏色的 ■ 小工具。雙擊這個 ■，就能依照文字量自動調整文字區域的大小（橫書段落會往垂直方向調整，直書段落會往水平方向調整）。
只要曾經執行過這個步驟，之後不管文字如何增減，文字區域都會自動調整大小。

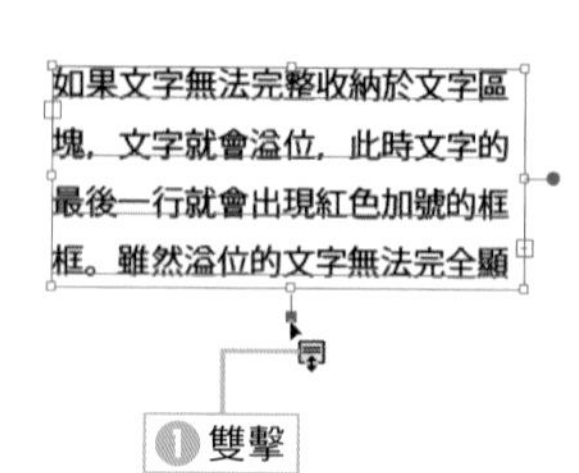

如果文字無法完整收納於文字區塊，文字就會溢位，此時文字的最後一行就會出現紅色加號的框框。雖然溢位的文字無法完全顯示，卻不代表消失了。

❷ 文字區域自動調整大小

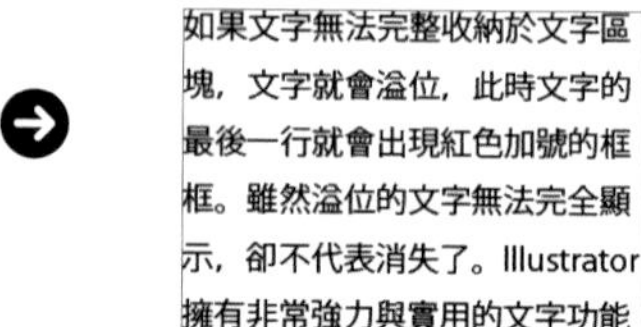

❸ 編輯文字之後，文字區域會依照文字量自動調整大小。

POINT

只有矩形的文字區域物件可以自動調整大小。

POINT

在「偏好設定」對話框的「文字」面板勾選「自動縮放新區域文字」選項，就能在新增文字區域物件之際啟用自動調整大小的功能。

POINT

要取消自動調整大小，可雙擊段落結尾處外側中央的小工具。

如果文字無法完整收納於文字區塊，文字就會溢位，此時文字的最後一行就會出現紅色加號的框框。雖然溢位的文字無法完全顯示，卻不代表消失了。

雙擊

點文字與區域文字的轉換

利用選取工具 ▶ 選取點文字或區域文字，邊框的右側都會顯示控制點。雙擊該控制點，就能讓點文字與區域文字互相轉換。
鏤空的控制點是點文字的符號，實心的控制點是區域文字的符號。

TIPS 轉換之際的換行

從點文字轉換成區域文字的時候也會換行。從區域文字轉換成點文字，原本折返輸入的位置會是換行的位置。

TIPS 連結文字的轉換

如果互相連結的文字區域，選取的文字物件會轉換成點文字。選取多個文字物件也有相同的結果。

TIPS 溢位的情況

將溢位的區域文字轉換成點文字，溢位的文字就會被刪除。

文字區域與文字路徑的上色

文字區域或文字路徑的物件是專為控制文字編排方式設計的物件，所以「填色」與「筆畫」會自動設定為「無」。要在路徑設定填色或筆畫，可利用直接選取工具 或是群組選取工具 選取文字區域的路徑再設定。

點選選取工具 即可設定文字的上色方式。

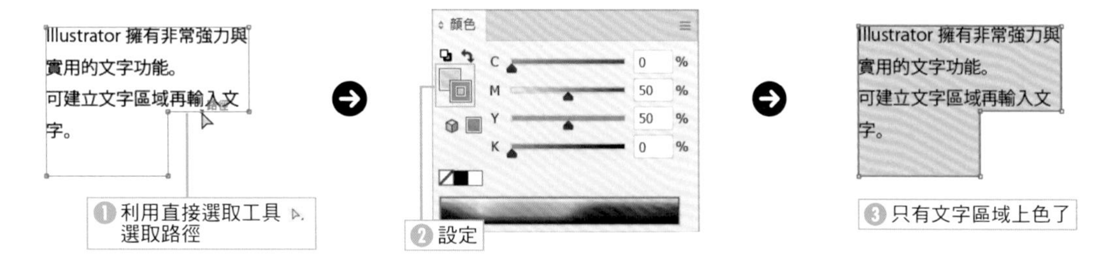

TIPS 文字區域與文字的間距

要拉寬文字區域與文字的間距，可先選取文字物件，再從「文字」選單點選「區域文字選項」。「區域文字選項」開啟之後，再從「位移」設定。關於「區域文字選項」對話框的說明請參考 221 頁。

讓文字物件連結

文字物件可彼此連結。

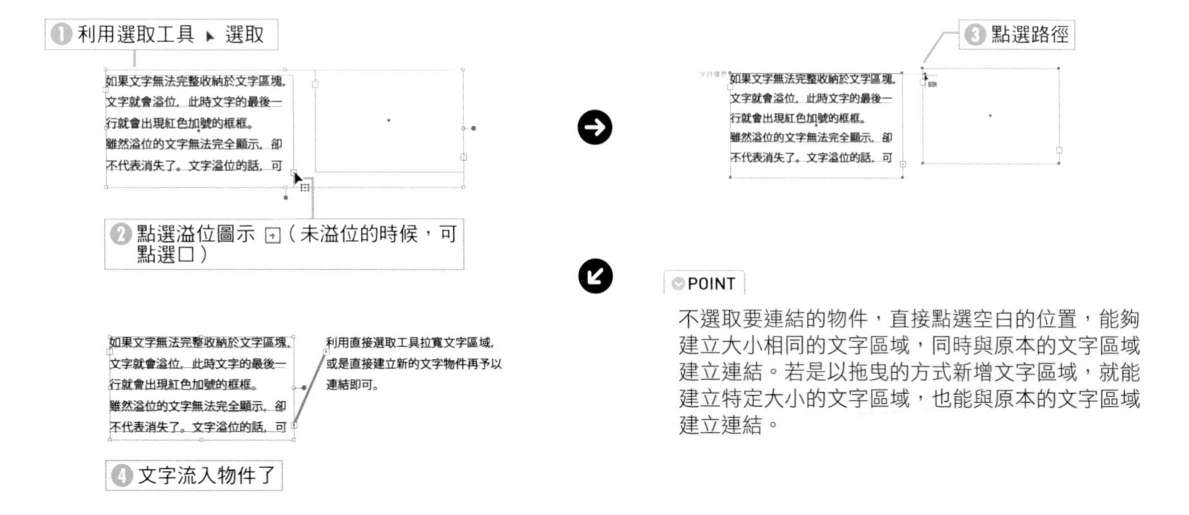

POINT

不選取要連結的物件，直接點選空白的位置，能夠建立大小相同的文字區域，同時與原本的文字區域建立連結。若是以拖曳的方式新增文字區域，就能建立特定大小的文字區域，也能與原本的文字區域建立連結。

TIPS 與物件連結時的文字編排順序

如果讓多個物件彼此連結，文字就會依照物件的階層順序編排，也就是從下層往上層編排的順序。

▶ 解除連結

選取建立了連結的文字物件，再從「文字」選單的「文字緒」點選「移除文字緒」，即可解除連結，不過文字無法還原為連結之前的溢位狀態，而是會成為獨立的文字物件。

> **TIPS 釋放選取的文字物件**
>
> 從「文字」選項的「文字緒」點選「釋放選取的文字物件」，可只讓選取的文字物件被釋放。此外，雙擊代表文字區域的文字緒的▶，就能讓該文字區域之後的連結全部被釋放。

繞圖排文

可讓文字物件的文字圍繞著上層物件編排。
如此一來就能避免物件壓在文字物件上方的時候，文字被物件遮住的情況。

❶ 將物件配置在上層

如果文字無法完整收納於文字區塊，文字就會溢位，此時文字的最後一行就會出現紅色加號的框框。
雖然溢位的文字無法完全顯示，卻不代表消失了。文字溢位的話，可利用直接選取工具拉寬文字區域，或是直接建立新的文字物件再予以連結即可。

如果文字無法完整收納於文字區塊，文字就會溢位，此時文字的最後一行就會出現紅色加號的框框。
雖然溢位的文字無法完全顯示，卻不代表消失了。文字溢位的話，可利

▶ 設定物件與文字的間距

套用了繞圖排文效果的物件與文字的間距可以自行調整。選取物件，再從「物件」選單的「繞圖排文」點選「繞圖排文選項」，就能在「繞圖排文選項」對話框進行相關的設定。

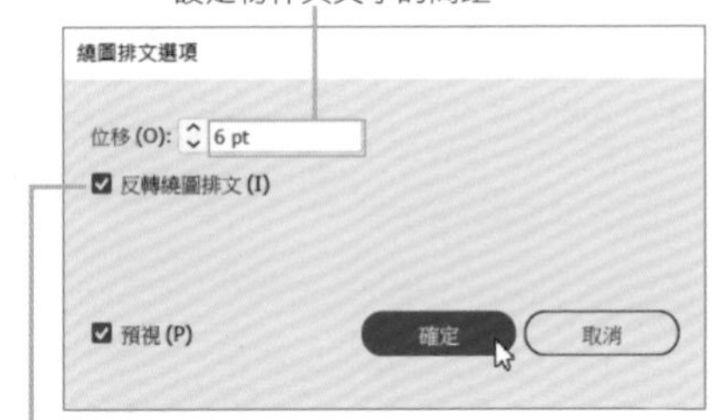

勾選這個選項之後，文字會流入套用了位移效果的物件範圍。

建立段落

對已經輸入文字的文字區域可使用區域文字選項設定段落。

區域文字選項可從「文字」選單點選「區域文字選項」，開啟「區域文字選項」對話框再設定。

POINT

「區域文字選項」對話框可雙擊工具箱的文字工具 T. 或是區域文字工具 ⊤. 開啟。

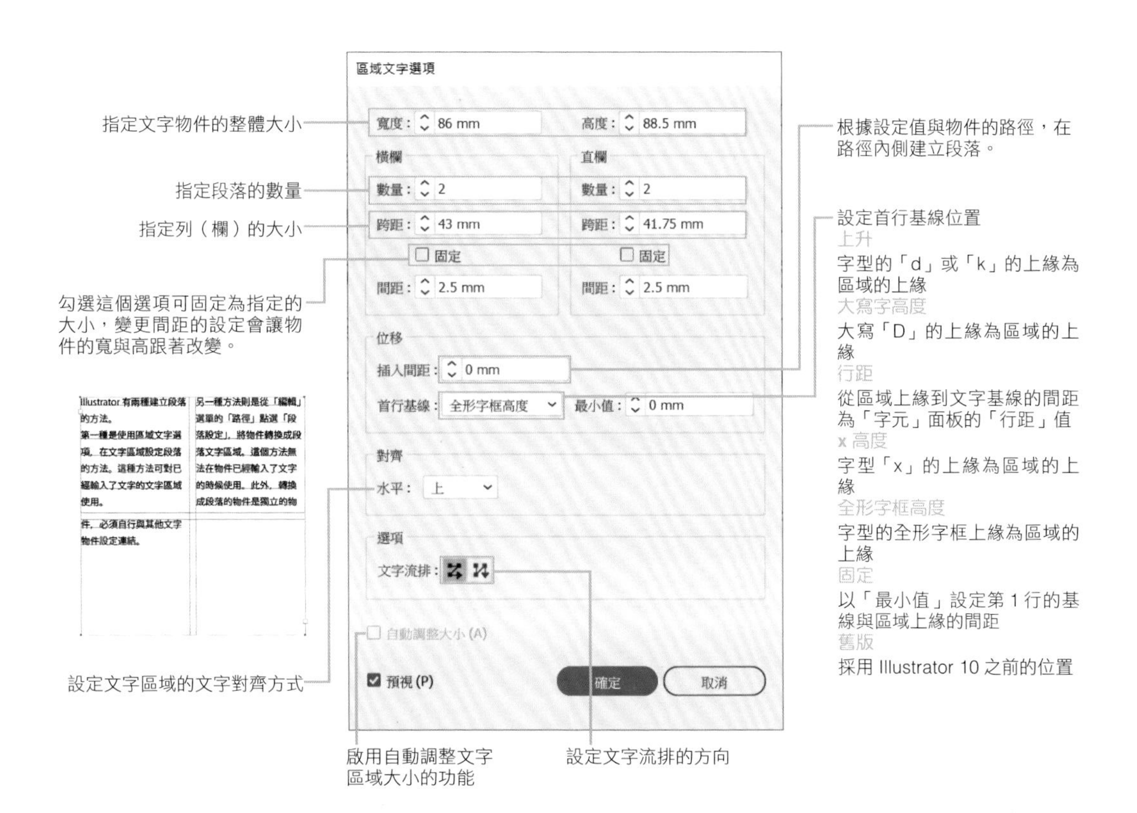

插入特殊字元

從「文字」選單可選擇要插入的特殊字元或空白字元。

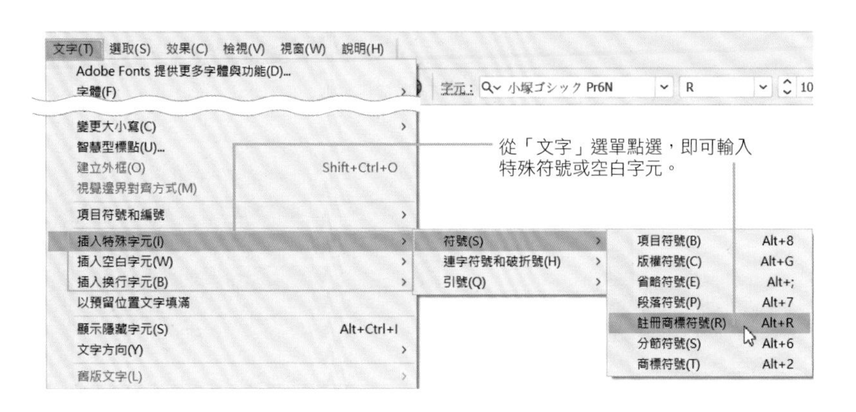

SECTION 8.2

文字工具、「文字」面板

編輯文字

使用頻率

Illustrator 可替文字設定不同的字體，所以可呈現各種文字編排結果，而且還有足以與文字編輯軟體與數位排版軟體匹敵的排版功能。此外，使用鍵盤快捷鍵可更快完成編排作業。

切換成文字編輯狀態

將文字工具 T. 移動到文字物件上方，滑鼠游標會變成「 | 」的形狀，此時按下滑鼠左鍵即可編輯文字。

編輯文字 ➔ 編輯文字

❶ 移動到文字上方再按下滑鼠左鍵

❷ 插入滑鼠游標，切換成可編輯的狀態。

TIPS 以選取工具插入滑鼠游標的方法

利用選取工具 ▶（直接選取工具 ▷ 或群組選取工具 ▷+）雙擊要編輯的位置，一樣可顯示文字滑鼠游標，切換成文字編輯狀態。此時工具會切換成文字工具 T.。

選取文字

要如同文字處理軟體般反白選取文字可利用文字工具 T. 拖曳選取（任何一種文字工具都可以）。選取的文字可獨立設定格式。

POINT

在文字滑鼠游標閃爍的狀態下，從「選取」選單點選「全部」（Ctrl + A）即可選取所有的文字。

設定字體

利用文字工具 T. 反白選取文字之後，可指定文字的字體。字體可從「內容」面板、「控制」面板、「字元」面板（Ctrl + T）或是「文字」選單的「字體」選擇。

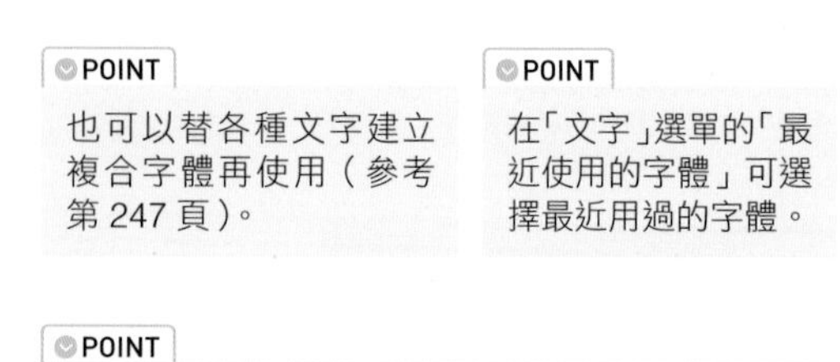

POINT

也可以替各種文字建立複合字體再使用（參考第 247 頁）。

POINT

在「文字」選單的「最近使用的字體」可選擇最近用過的字體。

POINT

將滑鼠游標移動到選單之中的字體，選取中的文字物件就會跟著調整字體。

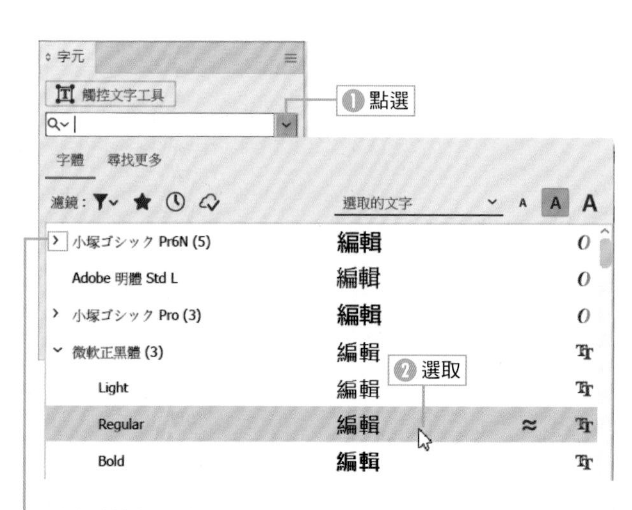

如果有字體樣式，可先點選這裡，展開選單再選取字體。

TIPS 字體樣式

選取字體之後，有些字體可從「內容」面板或「字元」面板選擇粗體字或斜體字這類字體樣式。

▶篩選字體

如果安裝了太多字體，可利用篩選器篩選字體。

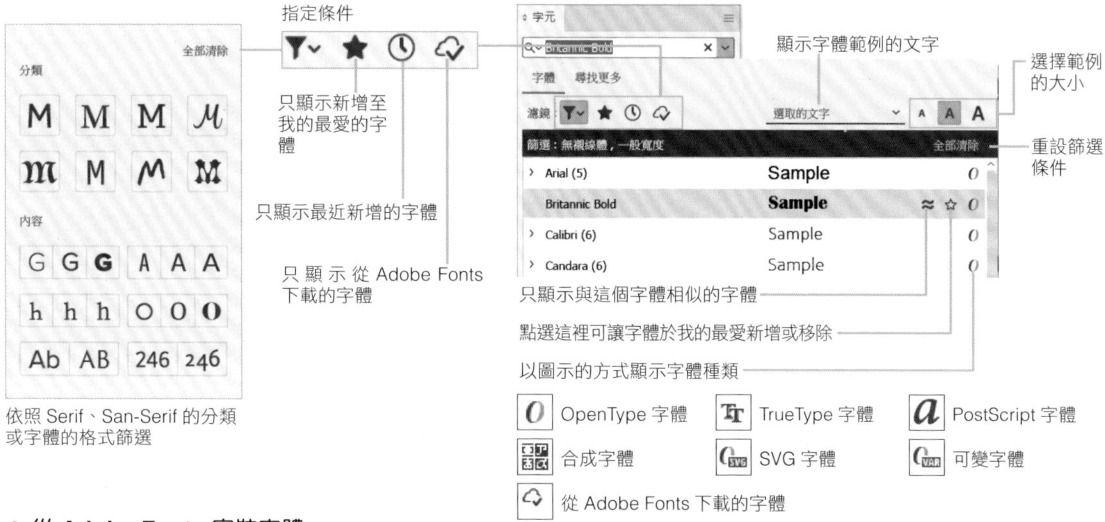

▶從 Adobe Fonts 安裝字體

可從 Adobe Fonts 下載字體。

TIPS 何謂 Adobe Fonts

Adobe Fonts 就是 Creative Cloud 使用者可免費用的字體資料庫。可從網路直接下載與使用。每年都會新增字體，也有許多方便好用的中文字體。

POINT

也可從 Adobe Fonts 的網站啟用與下載字體。

TIPS 搜尋字體

在「控制」面板、「內容」面板或是「字元」面板點選字體欄位，即可反白選取字體，切換成可輸入字體的狀態。輸入字體的部分名稱，就能顯示符合條件的字體。搜尋條件可利用空白字元間隔，重複輸入多個搜尋條件。

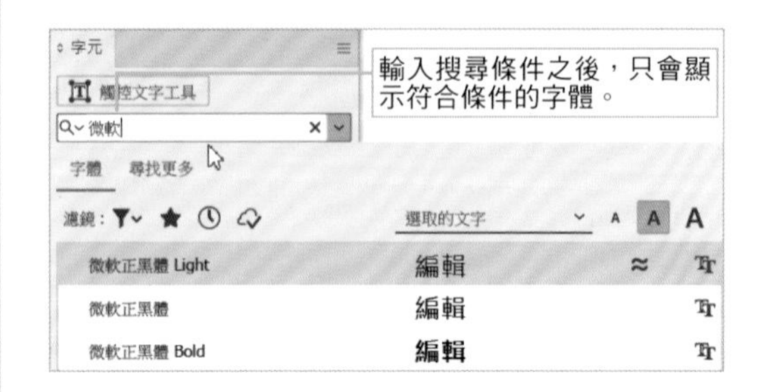

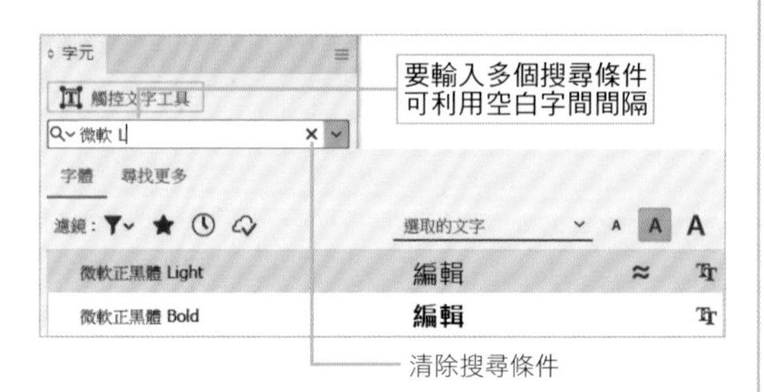

此外，點選放大鏡圖示 ，可選取搜尋方法。「搜尋完整字體名稱」為預設值。選擇「僅搜尋第一個單字」，就會顯示以該單字為字首的字體（CS6 之前的搜尋方式）。

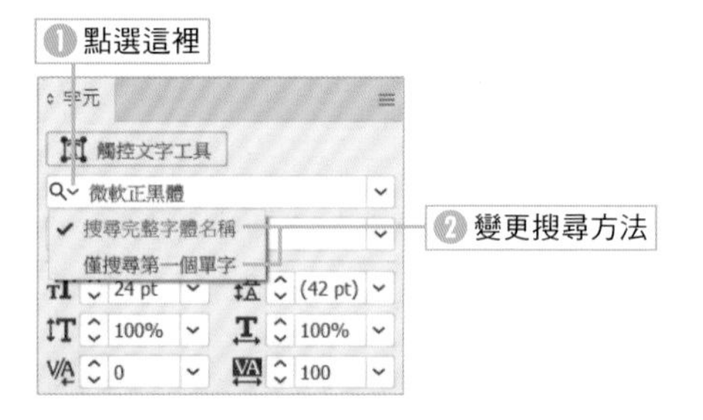

複製與貼上文字

選取文字之後，可以點選「編輯」選單的「拷貝」（Ctrl + C）、「剪下」（Ctrl + X）或是「貼上」（Ctrl + V）。貼上文字時，也可保持原始文字的格式。

如果只想貼上沒有格式的文字，可從「編輯」選單點選「貼上但不套用格式設定」（Alt + Ctrl + V）。

在「偏好設定」對話框的「剪貼簿處理」勾選「貼上文字但不套用格式設定」選項（參考第 314 頁），就能以預設的不套用格式的方式貼上文字。

TIPS 可變字體與 SVG 字體

Illustrator 也可使用可變字體與 SVG 字體。

可變字體可於「字元」面板利用滑桿調整粗細與寬度。

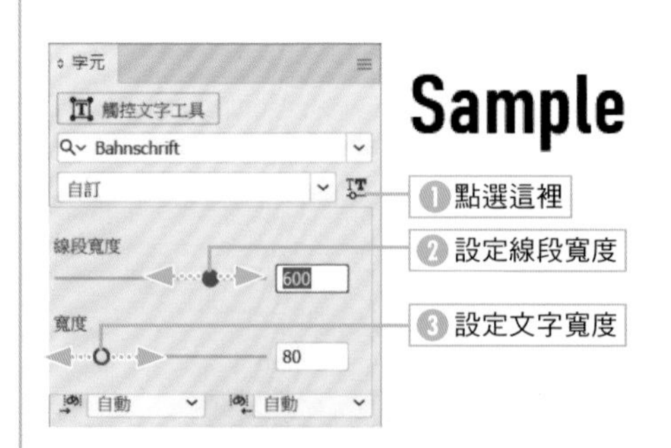

SVG 字體是以 SVG 資料建立文字形狀的字體。由於原始資料就已上色，所以無法另外指定文字顏色。

有些字體可透過鍵盤輸入，但是「EmojiOne」這類字體就得從「字符」面板輸入。

SVG 字體已預設了顏色

設定大小

文字大小可於「內容」面板、「控制」面板、「字元」面板（Ctrl + T）或是「文字」選單的「字級」選擇。
「字級」清單會列出常用的文字大小，可從中選擇需要的大小。
如果沒有需要的大小，也可直接在方塊輸入大小。

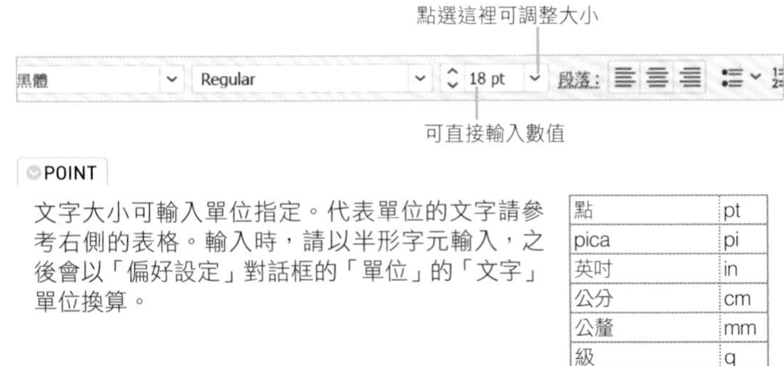

POINT

文字大小可輸入單位指定。代表單位的文字請參考右側的表格。輸入時，請以半形字元輸入，之後會以「偏好設定」對話框的「單位」的「文字」單位換算。

點	pt
pica	pi
英吋	in
公分	cm
公釐	mm
級	q

TIPS 設定文字大小的快捷鍵

文字大小可透過快捷鍵調整。

快捷鍵	說明
Shift + Ctrl + >鍵	放大文字（預設值為每次放大2pt）
Shift + Ctrl + <鍵	縮小文字（預設值為每次縮小2pt）
Alt + Shift + Ctrl + >鍵	放大文字5倍（預設值為每次放大10pt）
Alt + Shift + Ctrl + <鍵	縮小文字5倍（預設值為每次縮小10pt）

文字大小的增減可於「偏好設定」對話框（Ctrl + K）的「文字」的「字級／行距」設定。預設值為 2pt，所以可利用 Shift + Ctrl 鍵讓文字以 2pt 的單位縮放，或是利用 Alt + Shift + Ctrl 鍵讓文字以 5 倍的 10pt 為單位進行縮放。

▶ 設定文字的高度與指定大小

在「字元」面板選單點選「顯示字型高度選項」，就能以指定的基準高度指定字體。預設值為全形字框高度。

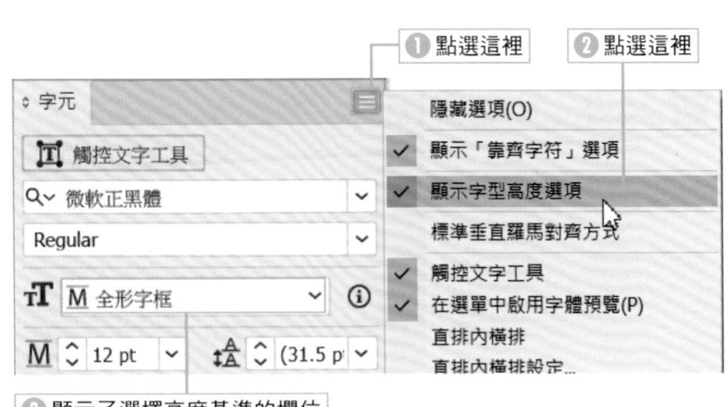

字體高度會是在高度基準選擇的基準。

TIPS 全形字框與表意字框、x 字高與大寫字高度

全形字框與表意字框是用於對齊文字的字框，全形字框為文字大小的正方形，所以 12pt 的文字的全形字框會是長寬皆為 12pt 的正方形。

實際的字體通常比全形字框小一點，而實際大小的平均值就是表意字框。

x 字高與大寫字高度是英文字體的高度，x 字體為小寫 x 的高度，大寫字高度為大寫 X 的高度。

外側的藍色框框為全形字框
（內側的粉紅外框為表意字框）

設定顏色 / 圖樣

要變更文字的顏色可先選取文字，再於「顏色」面板或「色票」面板設定「填色」。也可以利用圖樣設定填色，但無法將填色設定為漸層。

❶選取

替文字設定顏色

替文字設定顏色

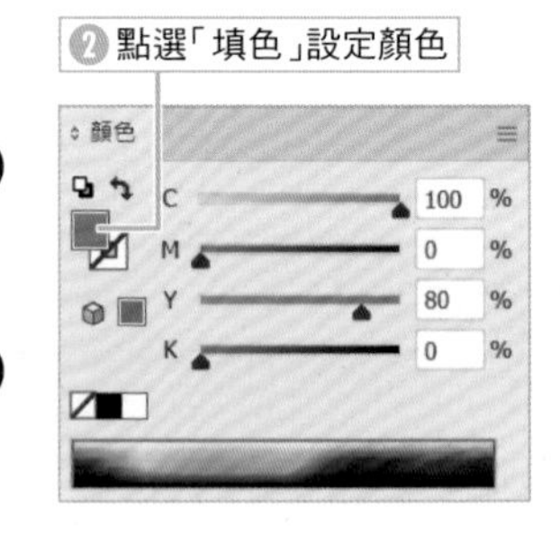

POINT

滴管工具 可複製文字的顏色或格式。細節請參考第 122 頁。

POINT

利用選取工具 選取文字物件之後，所有的文字會套用相同的顏色。

POINT

選取文字之後，除了可設定顏色，還能套用於「色票」面板新增的圖樣。

TIPS 文字的筆畫設定

文字也可以設定「筆畫」。設定筆畫之後，文字的輪廓就會賦加筆畫的設定。這是讓文字稍微變粗的技巧。

要注意的是，當筆畫太粗，文字的顏色就會被蓋掉，所以請依照筆畫與文字大小之間的整體性設定。

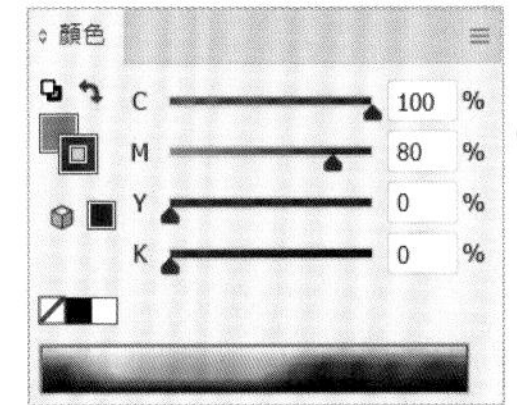

➔ 替文字設定顏色

替筆畫設定顏色之後，文字會變粗。

套用外觀 / 繪圖樣式 / 筆刷

選取文字物件而非單一的文字之後，可如正常物件的方式，設定「填色」、「筆畫」、外觀、繪圖樣式與筆刷。

套用繪圖樣式

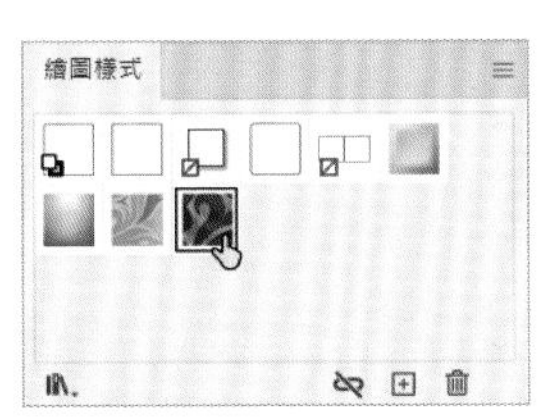

編輯外觀

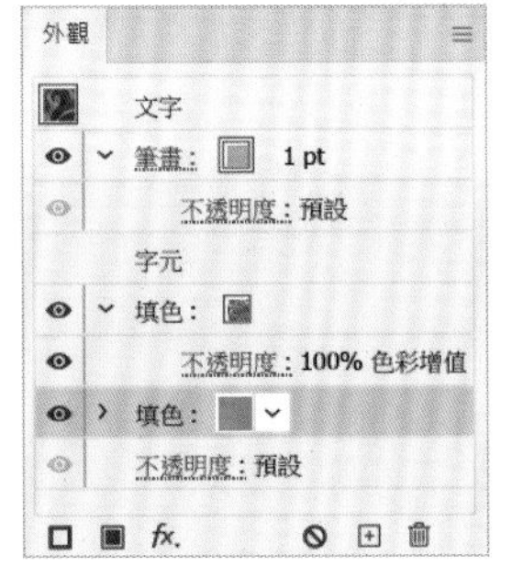

對填色為圖樣的文字設定了「筆畫」、「填色」與透明度這些外觀屬性

套用筆刷

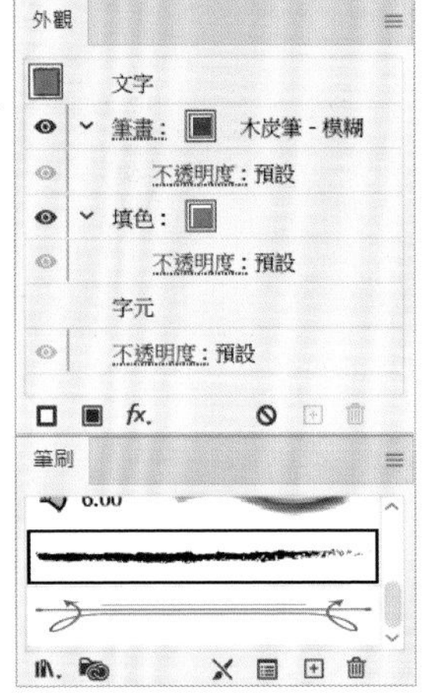

追加「填色」與「筆畫」，「筆畫」也套用了「筆刷」。

▶ 套用漸層

可在「外觀」面板得知套用了填色與漸層

POINT

要在文字套用漸層或筆刷，必須在「外觀」面板新增填色或筆畫。細節請參考第 142 頁的說明。

設定行距（行與行的間距）

行距就是行與行的間距，可於「字元」面板的 ![icon] 設定。
只選取部分的字串也可調整行距，但是這麼一來，就會套用最大行距。

▶自動行距

行距也有根據文字大小自動計算的「自動」選項。預設值也是「自動」。這個值可於「段落」面板選單的「對齊」設定。若是選擇「自動」，行距值會加上 ()。

POINT

自動行距的預設值為 175%。

TIPS　行距的基準

行距的設定值可從「段落」面板選單選擇「頂端至頂端行距」與「底端至底端行距」這兩種。預設值為「頂端至頂端行距」。

「頂端至頂端行距」是以上一行的頂端到下一行的頂端為行距，所以就算選取最後一行的文字以及調整行距，也會因為沒有下一行而看不出變化。

如果選擇的是「底端至底端行距」，則會以上一行與下一行的基線距離為間距，所以就算選擇了第一行的文字再調整行距，也會因為沒有上一行而無法看出變化。

文字對齊

如果文字之中有大小不一的文字，可從「字元」面板選單的「字元對齊方式」選擇作為文字對齊基準的文字。

POINT

全形字框與表意字框的說明請參考第 226 頁。

「字元」面板的其他設定

「字元」面板也可以對選取的文字設定間距與基線。此外，還能讓文字旋轉或是套用底線。

利用選取工具 ▶ 選取文字物件，就能在整個文字物件套用設定。

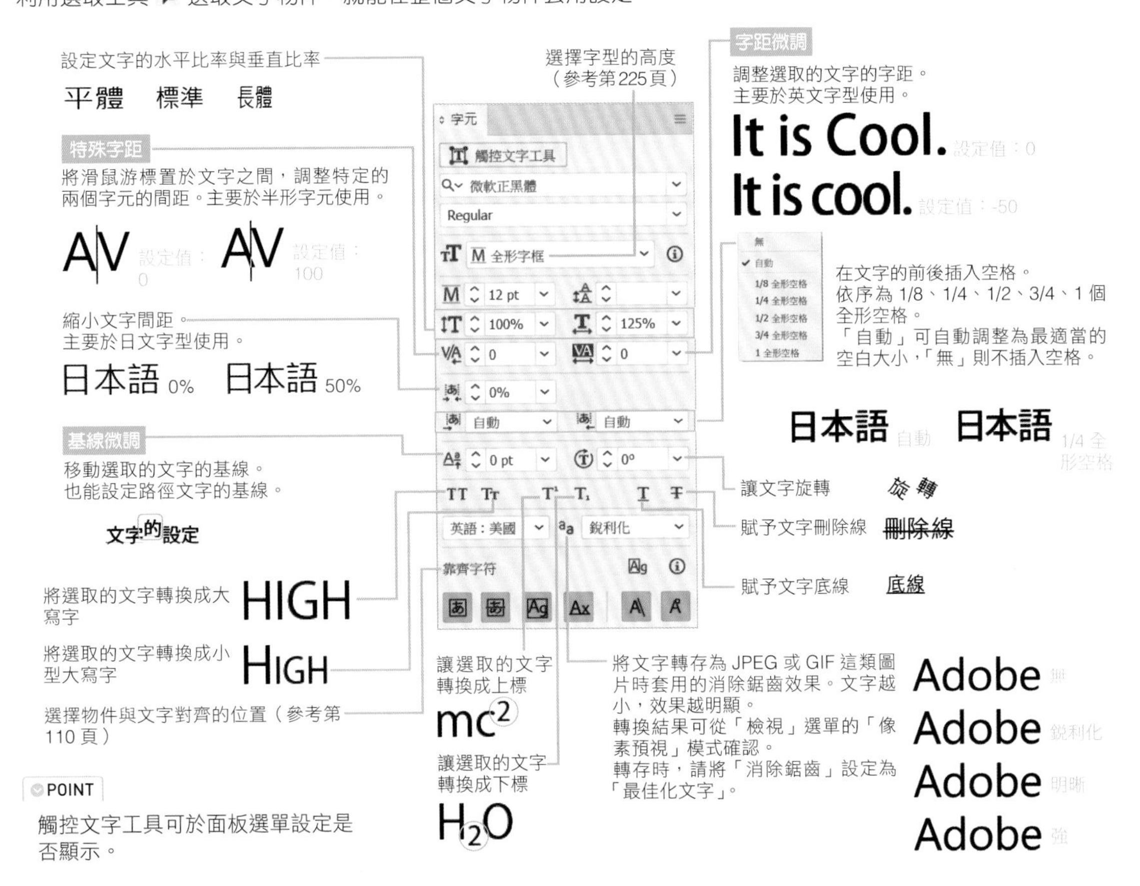

POINT

觸控文字工具可於面板選單設定是否顯示。

TIPS 特殊字距／字距微調的設定

字型有根據 LA、P.、To、Tr、Ta、Tu、Te、Ty、Wa、WA、We、Wo、Ya、Yo 這類特定文字組合最佳化字距的資訊。而這種組合稱為「**kerning pair**」。

當特殊字距設定為「自動」，就會根據字型的「kerning pair」資訊調整最佳字距。「視覺」則是根據文字的形狀調整字距，請在未使用「kerning pair」資訊的字型時，使用這個設定。

「公制字」是在使用內建了字型縮排資訊的日文 OpenType 字型之際，讓這類字型能與全形字框相符而忽略上述縮排資訊的設定。如果在擁有「kerning pair」的英文字型套用「公制字」，就等於選擇了「自動」的特殊字距。

特殊字距／字距微調的單位

特殊字距與字距微調的單位都是 1/1000em，1em 的距離會隨著文字大小而改變，以字級 1 點的字型為例，1em=1 點，以字級 10 點的字型為例，1em=10 點。

將字級 10 點的文字的特殊字距（字距微調）設定為 100，就等於將字距設定為 100×1/1000em×10pt=1 點。如果設定為 1000，字距就會是 10 點，等於一個文字的間距。

TIPS 上標字、下標字、小型大寫字的文字大小

上標字、下標字、小型大寫字的文字大小可點選「檔案」選單的「文件設定」(Alt + Ctrl + P)，再於「文件設定」對話框設定。

利用觸控文字工具 變形文字

觸控文字工具 可拖曳變形文字。觸控文字工具 的變形只是調整「字元」面板的水平比率、垂直比率、特殊字距、基線微調、旋轉角度的值，所以可在變形之後繼續編輯文字。

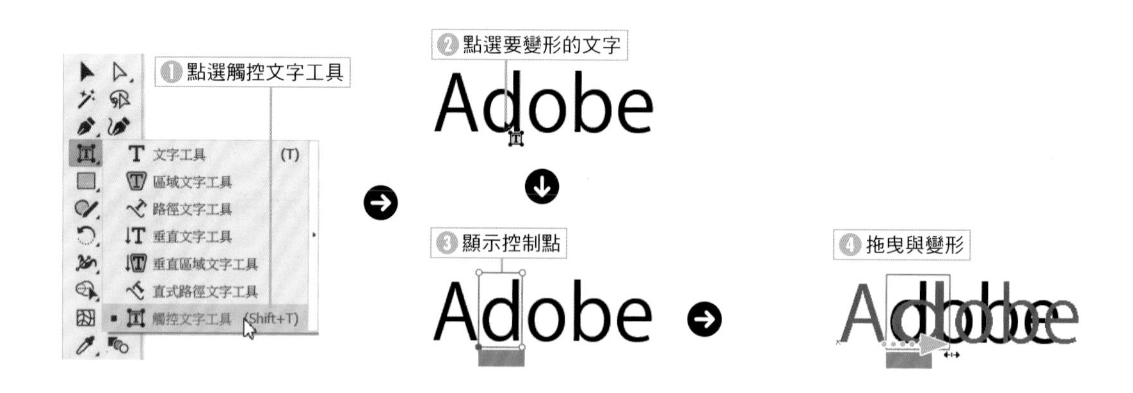

▶控制點與「字元」面板的關係

觸控文字工具 可拖曳控制點，調整「字元」面板的每個項目。

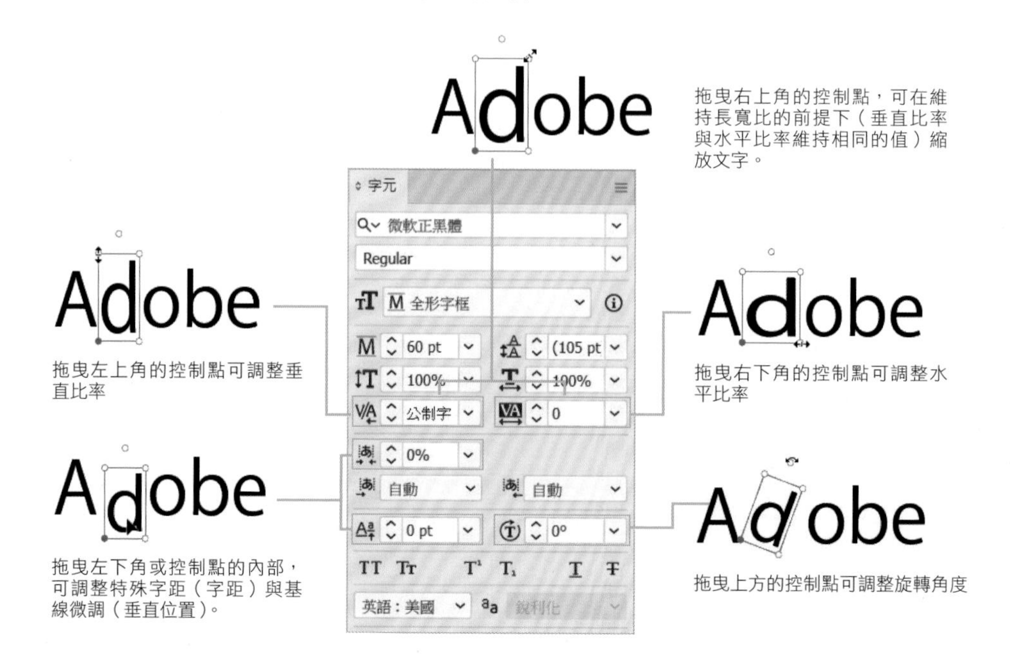

TIPS 利用字距微調功能調整字距的快捷鍵

想一邊觀察實際的字距，一邊進行調整時，可使用方便的快捷鍵。

	橫書文字	直書文字
縮小字距	Alt + ←	Alt + ↑
放大字距	Alt + →	Alt + ↓
將字距微調設定為0	Alt + Ctrl + Q	Alt + Ctrl + Q

字距的變動值可自行在「偏好設定」對話框（Ctrl + K）的「文字」設定。請在「字距微調」欄位輸入數值。

	橫書文字	直書文字
縮小字距	Alt + Ctrl + ←	Alt + Ctrl + ↑
放大字距	Alt + Ctrl + →	Alt + Ctrl + ↓

此時可利用在「偏好設定」對話框的「文字」設定的「字距微調」的五倍調整字距。

移動基線的快捷鍵

利用快捷鍵調整基線的位置，就能一邊觀察，一邊進行調整。

橫書文字	文字向上位移	Alt + Shift + ↑
	文字向下位移	Alt + Shift + ↓
直書文字	文字往右偏移	Alt + Shift + →
	文字往左偏移	Alt + Shift + ←

移動單位可於「偏好設定」對話框（Ctrl + K）的「文字」設定。請於「基線微調」的欄位設定數字。

讓文字與文字區域的寬度相符

「文字」選單的「標題強制對齊」可調整字距微調的設定，要讓滑鼠游標落點的段落文字拉寬至與文字區域同寬的程度。

❶ 插入滑鼠游標

Illustrator|的文字機能
Illustrator 內建了方便好用的文字輸入功能。可在物件之內輸入文字，也能沿著路徑輸入文字。

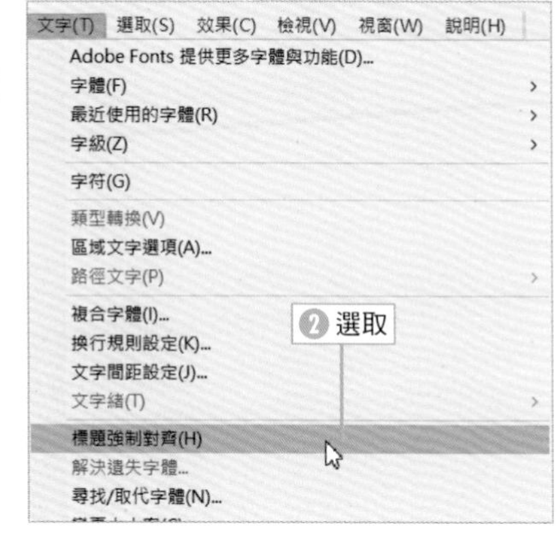

文字拉寬至與文字區域同寬

I l l u s t r a t o r|的 文 字 機 能
Illustrator 內建了方便好用的文字輸入功能。可在物件之內輸入文字，也能沿著路徑輸入文字。

POINT

選取字串時，請不要選取行尾的換行字元。

SECTION 8.3

使用頻率

「OpenType」面板、「字符」面板

了解「OpenType」面板與替代字(「字符」面板)

Illustrator 可全面活用 OpenType 的花飾字、特殊字元與替代字。

何謂 OpenType

OpenType 是字型的一種，目前是數位排版業界的標準字體，主要是用於商業印刷用途。

▶「OpenType」面板

「OpenType」面板可快速設定具有 OpenType 字體的分數或其他特殊字元。

POINT

如果沒看到「Open-Type」面板可從「視窗」選單的「文字」點選「OpenType」(Alt + Shift + Ctrl + T)。

▶「OpenType」面板的設定

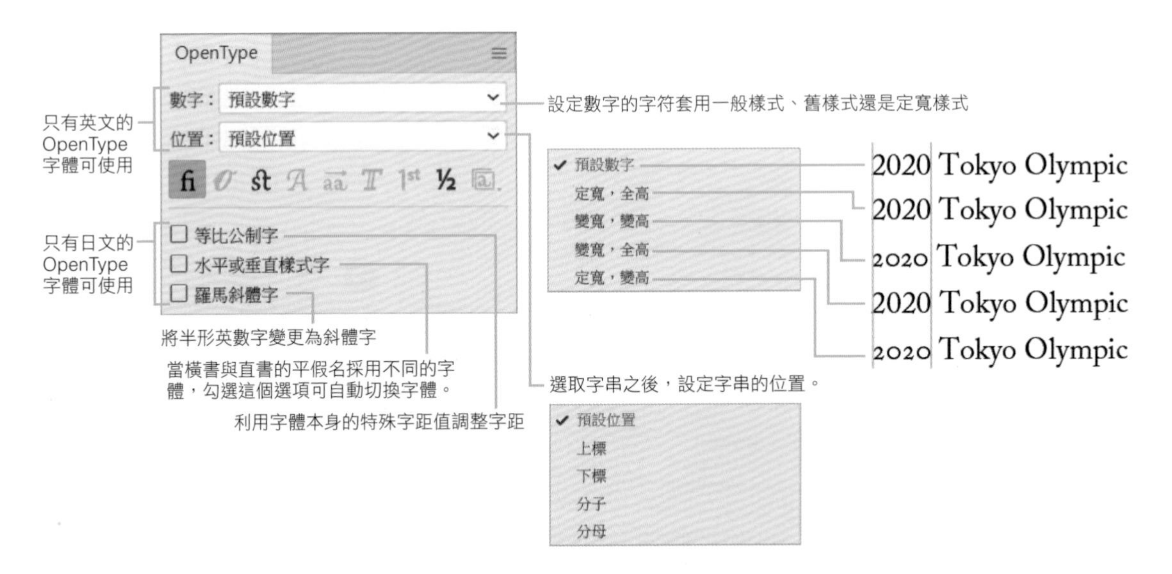

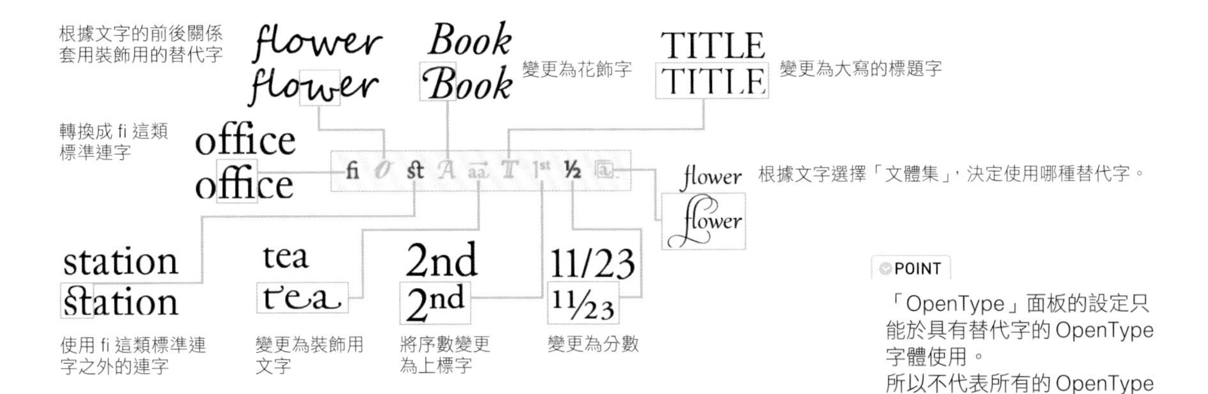

POINT

「OpenType」面板的設定只能於具有替代字的 OpenType 字體使用。
所以不代表所有的 OpenType 字體都能使用相關的設定。

使用替代字（「字符」面板）

有些字體的單一文字會有好幾種替代字。使用「字符」面板就能快速顯示與輸入替代字。「字符」面板可從「文字」選單點選「字符」開啟。

① 選取文字

選取要變更為替代字的文字。

島崎 ❶ 選取

② 選擇替代字

開啟「字符」面板之後，剛剛選取的文字會反白標記。按下滑鼠左鍵，替代字選單就會跳出來，此時可將滑鼠游標移動到需要的替代字再放開滑鼠左鍵。

③ 變更為替代字了

變更為替代字了。

POINT

如果只選取一個文字，再讓滑鼠游標移動到文字上方，就會顯示可選擇的替代字，最多可顯示五個。只要點選就能置換成替代字。
如果在這五個替代字之中，沒有需要的替代字，可點選右端的 ›，開啟「字符」面板，顯示所有的替代字。

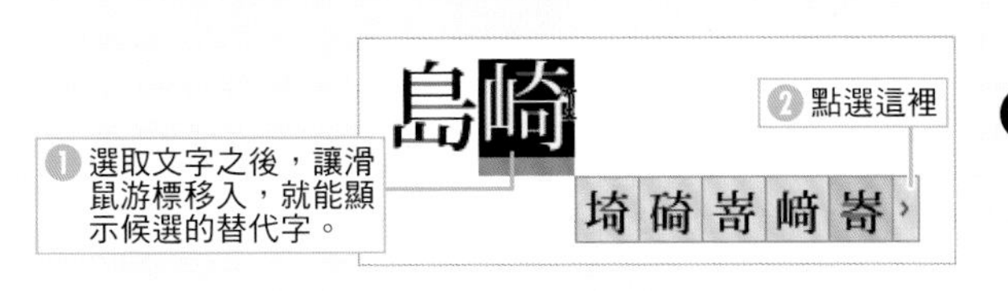

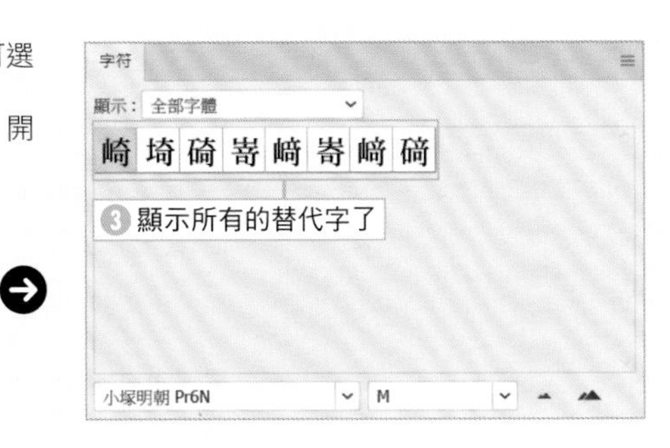

SECTION
8.4
使用頻率

「段落」面板、「文字」選單→「文字間距設定」/「文字方向」

了解段落設定與文字編排方式

Illustrator 內建了文字縮排、間距、旁注這類功能，以便在頁面編排長篇文章。

對齊

Illustrator 內建了 7 種對齊方式。

每個段落的對齊方式都可在「段落」面板（Alt + Ctrl + T）設定。

選取文字或是文字物件再點選

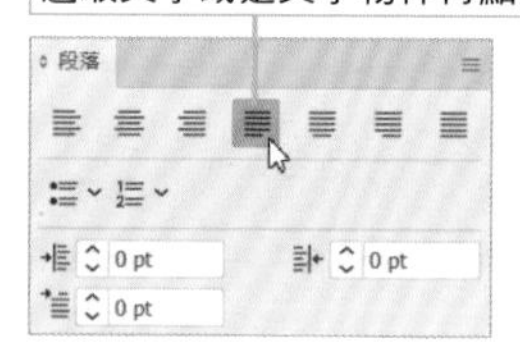

靠左對齊
Illustrator 是向量繪圖軟體的實質標準。

置中對齊
Illustrator 是向量繪圖軟體的實質標準。

靠右對齊
Illustrator 是向量繪圖軟體的實質標準。

以末行齊左的方式對齊
Illustrator 是向量繪圖軟體的實質標準。

以末行齊中的方式對齊
Illustrator 是向量繪圖軟體的實質標準。

以末行齊右的方式對齊
Illustrator 是向量繪圖軟體的實質標準。

強制齊行
Illustrator 是向量繪圖軟體的實 質 標 準 。

TIPS 對齊的快捷鍵

可利用下列的快捷鍵對齊文字。

對齊方式	快捷鍵
靠左對齊	Shift + Ctrl + L
置中對齊	Shift + Ctrl + C
靠右對齊	Shift + Ctrl + R
以末行齊左的方式對齊	Shift + Ctrl + J
強制齊行	Shift + Ctrl + F

POINT

「強制齊行」可在希望文字於文字區域均衡分佈的時候使用。

點文字物件只能使用「靠左對齊」、「置中對齊」與「靠右對齊」。

此時會以點選的位置為對齊的基準點。

文字靠左對齊
文字靠右對齊
文字置中對齊

▶ 英文字型的對齊設定

要調整均勻分佈的英文字型的字距時，可使用「段落」面板選單的「對齊」。

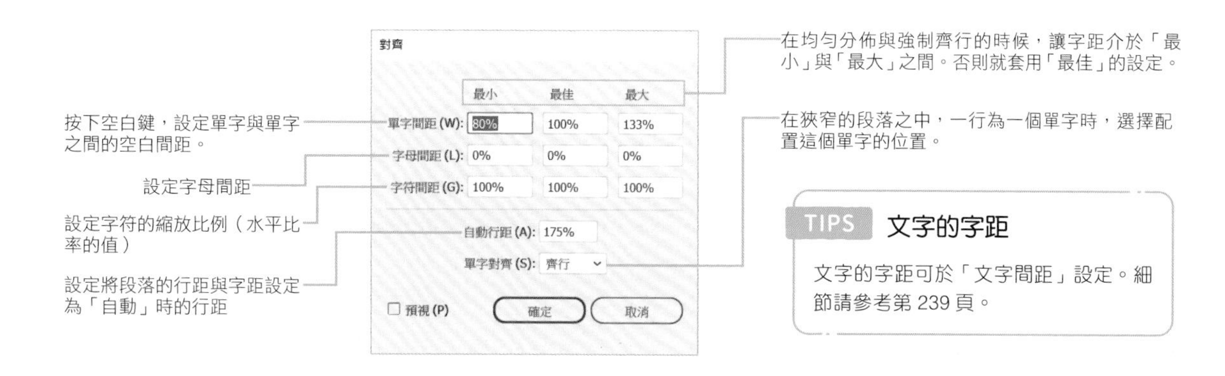

TIPS 文字的字距

文字的字距可於「文字間距」設定。細節請參考第 239 頁。

縮排與段落間距的設定

文字區域的文字可如同排版軟體般設定**縮排**，也可以設定段落間距。縮排與段落間距都可在選擇文字之後，於「段落」面板（Alt + Ctrl + T）設定。

縮排的單位為「偏好設定」對話框（Ctrl + K）的「單位」的「文字」的單位。

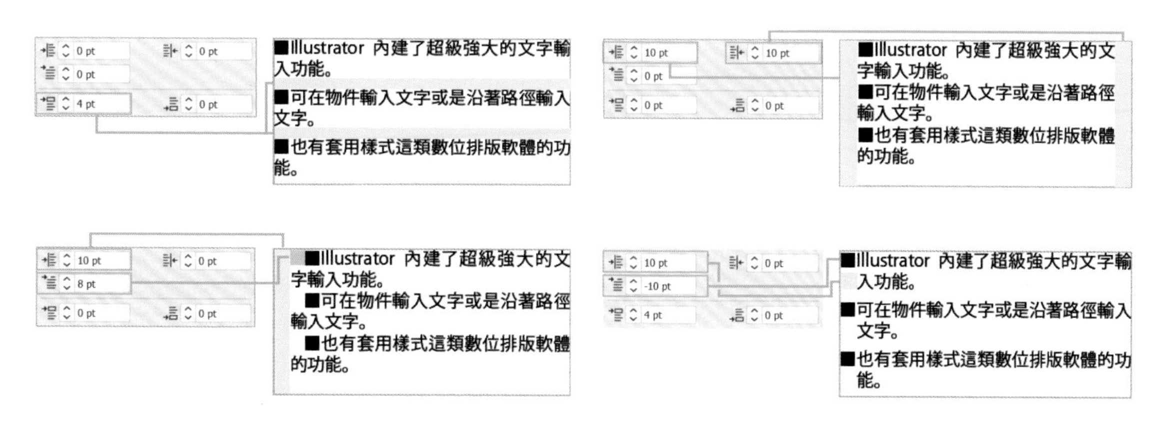

直書文字

Illustrator 也能垂直編排文字。文字方向可透過「文字」選單的「文字方向」設定為橫書或直書。橫書文字可轉換成直書文字（反之亦然）。要調整文字方向請先利用選取工具 ▶ 選取文字物件。

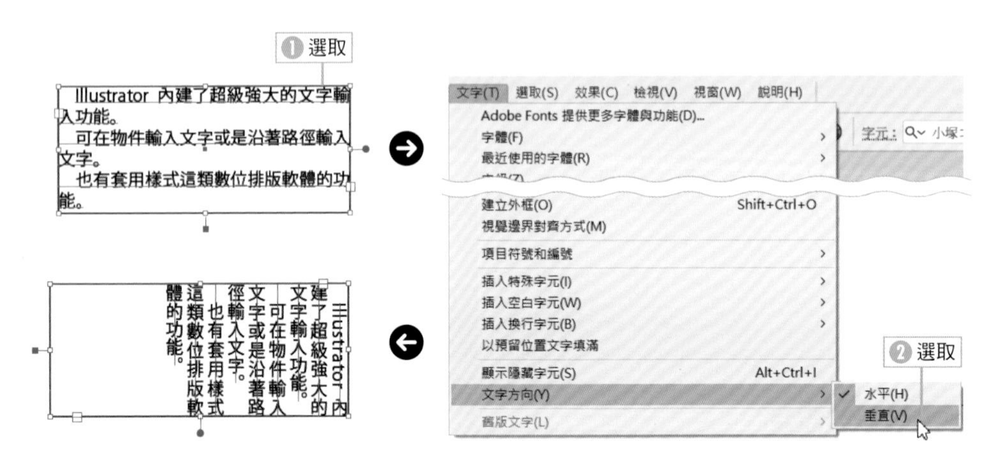

視覺調整

視覺調整是排版的方式之一。視覺調整可插入空白與換行字元，讓文字編排得更加美麗。Illustrator 內建了「Adobe 日文單行視覺調整」與「Adobe 日文段落視覺調整」這兩種視覺調整，兩者都可從「段落」面板選單選取。「Adobe 日文段落視覺調整」可調整段落的文字編排方式，所以非常適合用來調整長篇文章。

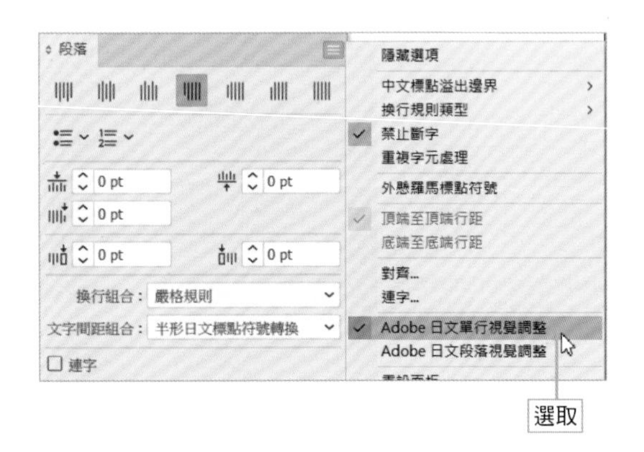

> **TIPS 「Adobe 日文段落視覺調整」**
>
> 利用「Adobe 日文段落視覺調整」修正文字之後，有可能會影響修正過的前一行，但是文件視窗與面板無法整合。

換行組合與標點溢出邊界

「段落」面板的「換行組合」可用來設定標點符號、直書文章的英文字母的編排方式。

▶ 換行組合

根據換行組合調整字距，避免標點符號置於行首。

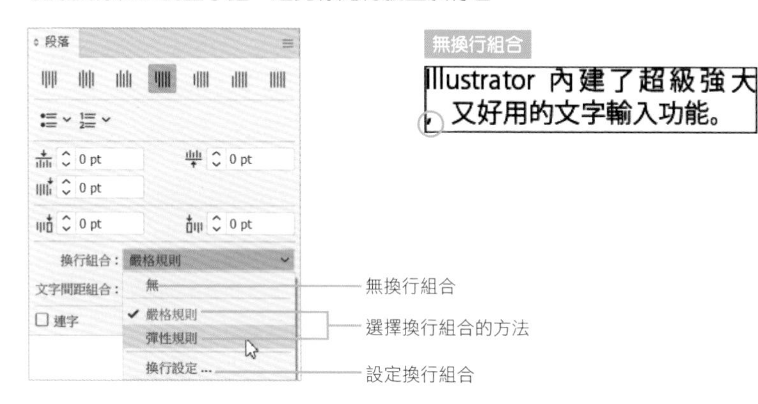

▶ 換行組合的設定

從換行組合的設定點選「換行設定」，可開啟「換行規則設定」對話框，確認與設定哪些字元具有哪些換行規則，也可以新增換行組合。

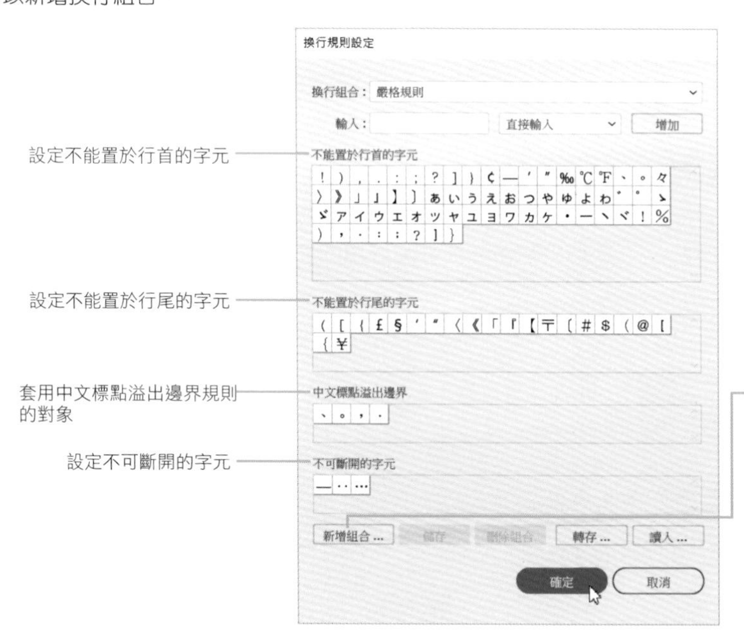

新增自訂的換行組合。
點選之後，可設定名稱，再於「輸入」欄位輸入要於換行組合新增的字元，再點選「不能置於行首的字元」、「不能置於行尾的字元」、「中文標點溢出邊界」、「不可斷開的字元」的分類，然後點選「增加」。新增要新增的字元之後，再點選「確定」即可。

> **TIPS 換行組合**
>
> 換行組合只能新增換行組合的文件使用。若要在其他的文件使用，可儲存為範本。
>
> 此外「換行規則設定」對話框的「轉存」按鈕可轉存設定檔，之後便可在其他檔案的「換行規則設定」對話框點選「讀入」，再讀入這個設定檔。

▶換行組合的調整方式

換行組合功能可調整字距，避免特定字元置於行首或行尾。此時要將特定字元放到前一行還是下一行，可透過「段落」面板選單的「換行規則類型」設定。

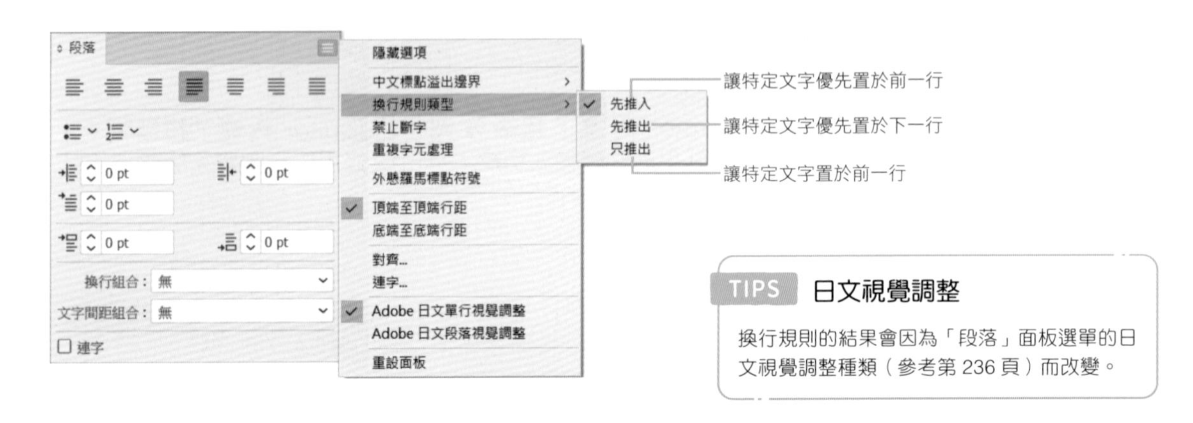

TIPS 日文視覺調整

換行規則的結果會因為「段落」面板選單的日文視覺調整種類（參考第 236 頁）而改變。

▶中文標點溢出邊界

套用換行規則之後，可利用「段落」面板選單的「中文標點溢出邊界」選項讓置於行末的句點、黑點、逗號位於文字區域的外側。

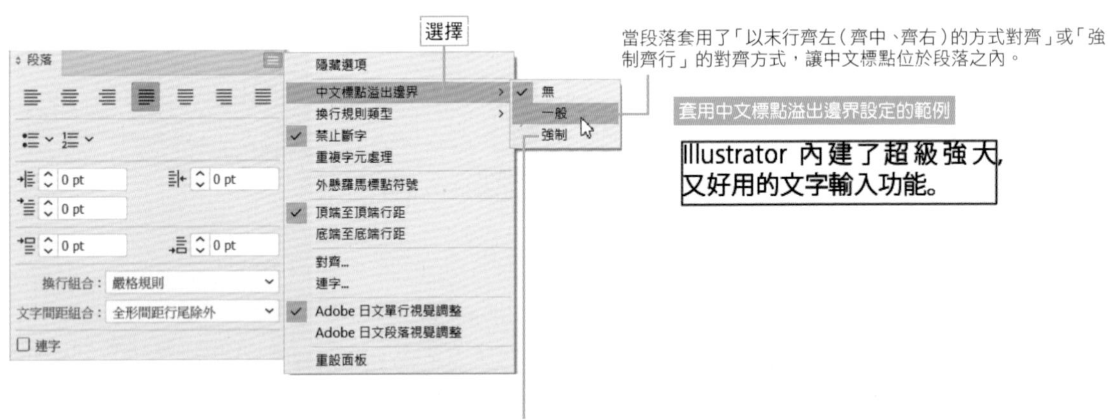

TIPS 英文的標點溢出邊界設定

「段落」面板選單的「外懸羅馬標點符號」可讓置於行首、行尾的英文字型的「"」「'」「-」移動到文字區域之外。此外，「文字」選單的「視覺邊界對齊方式」也能在英文文字物件套用標點溢出邊界設定，但無法對中文文字物件套用。

▶禁止斷字

要套用禁止斷字規則可勾選「段落」面板選單的「禁止斷字」，就能避免置於行尾的「禁止斷字字元」被拆開。

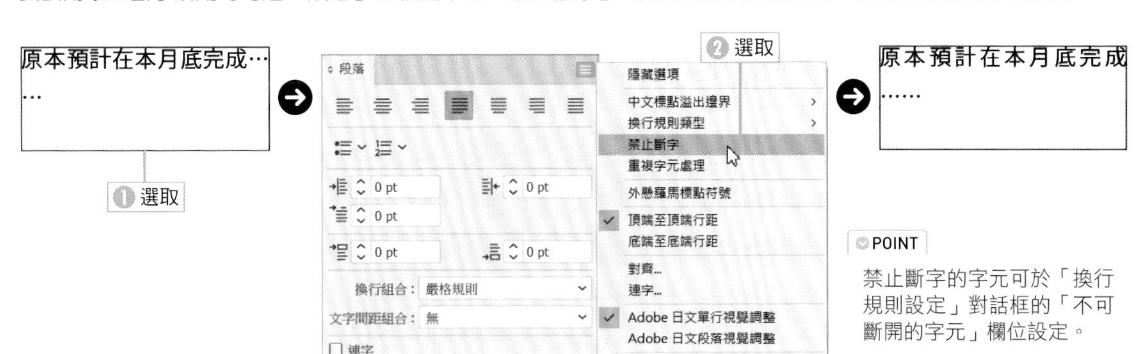

POINT

禁止斷字的字元可於「換行規則設定」對話框的「不可斷開的字元」欄位設定。

▶不斷字

不斷字是讓特定字串不在行尾被拆開的功能，可於「字元」面板選單點選「不斷字」啟用。

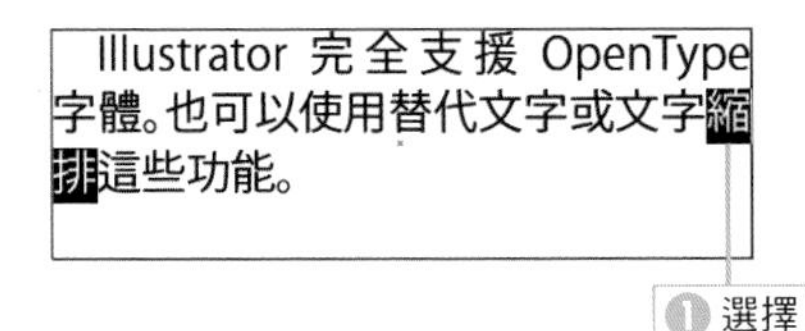

文字間距組合

「段落」面板的「文字間距組合」可設定標點符號與數字的間距。Illustrator 內建了「半形日文標點符號轉換」、「全形間距行尾除外」、「全形間距包含行尾」「全形日文標點符號轉換」這四種文字間距組合，只要點選其中一種，就能排出整齊的段落。此外，也可以新增自訂的文字間距組合。

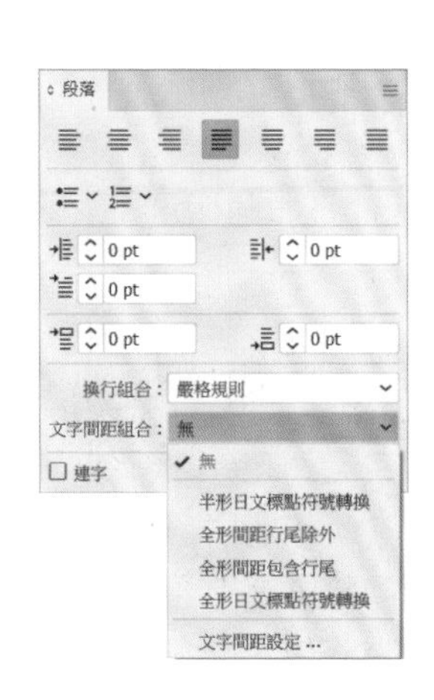

無

「文字間距組合」共有「半形日文標點符號轉換」「全形間距行尾除外」「全形間距包含行尾」「全形日文標點符號轉換」這四種預設集。

半形日文標點符號轉換

「文字間距組合」共有「半形日文標點符號轉換」「全形間距行尾除外」「全形間距包含行尾」「全形日文標點符號轉換」這四種預設集。

全形日文標點符號轉換

「文字間距組合」共有「半形日文標點符號轉換」「全形間距行尾除外」「全形間距包含行尾」「全形日文標點符號轉換」這四種預設

▶ 文字間距設定

點選「文字」選單的「文字間距設定」可開啟「文字間距設定」對話框，確認各種文字間距組合的間距設定。此外，也可在這個對話框新增文字間距組合。

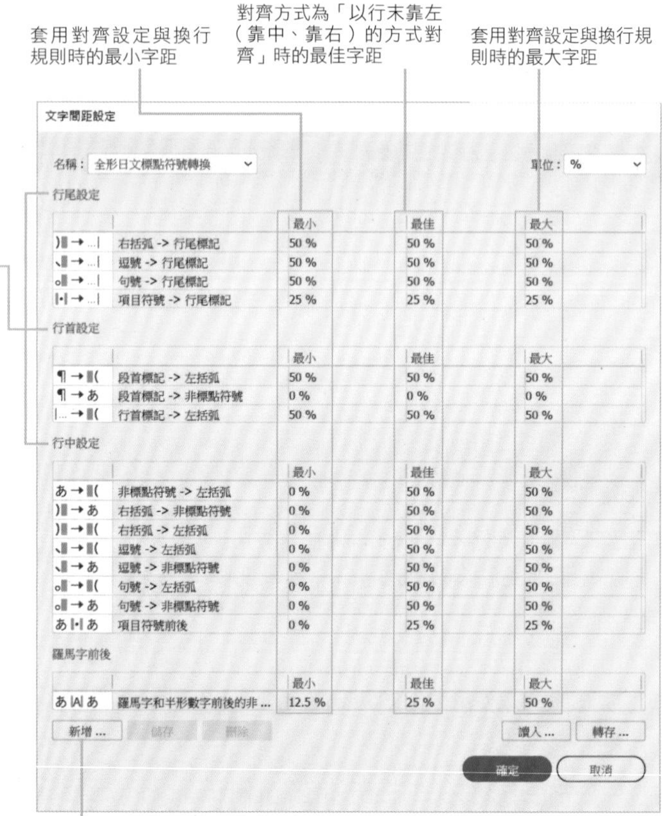

設定哪些字元並列時，要插入多少字距。

可新增自訂的文字間距組合。點選這裡之後，輸入名稱以及作為範本的組合，再於各種文字間距組合設定間距。設定完畢之後，請點選「儲存」。

POINT

從「段落」面板的「文字間距組合」列表點選「文字間距設定」，也能開啟「文字間距設定」對話框。

TIPS　文字間距集

文字間距集只能在建立文字間距集的檔案使用。如果想於其他檔案使用，必須先儲存為範本。

此外，點選「文字間距設定」對話框的「轉存」，可轉存設定檔，之後在其他檔案的「文字間距設定」對話框點選「讀入」，就能載入設定檔。

直排內橫排

編排直書文字時，英文字體或是數字都會是水平方向的，但可以將這些英文字體轉換成垂直方向。

▶ 標準垂直羅馬對齊方式

點選「字元」面板選單的「標準垂直羅馬對齊方式」就能讓字串之中的英文字體從水平轉成垂直的方向。

▶ 讓選取的文字轉換成字組，再調整為直書文字

要將兩位數以上的數字當成一個文字處理時，可點選「字元」面板選單之中的「直排內橫排」。

TIPS 調整直排內橫排的位置

選取要利用「直排內橫排」功能旋轉的文字，再於「字元」面板選單點選「直排內橫排設定」，開啟「直排內橫排設定」對話框，就能調整直排內橫排文字上下左右的位置。

旁注

「旁注」是讓文章之內的說明內容縮小，折成兩行的功能。可從「字元」面板選單點選「旁注」使用。

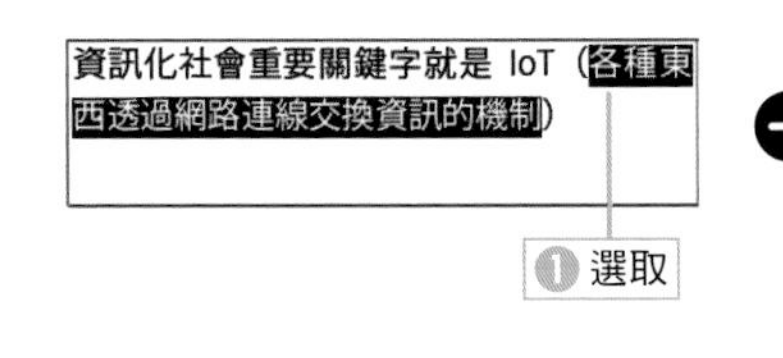

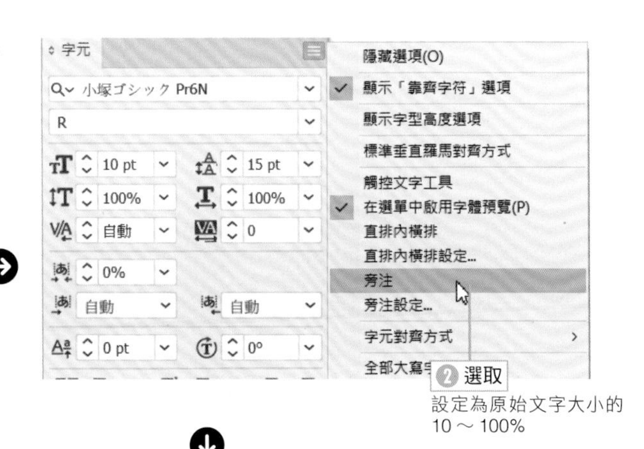

旁注也可以設定為多行

▶旁注設定

「旁注」的文字大小、行距都可從「字元」面板選單的「旁注設定」設定。

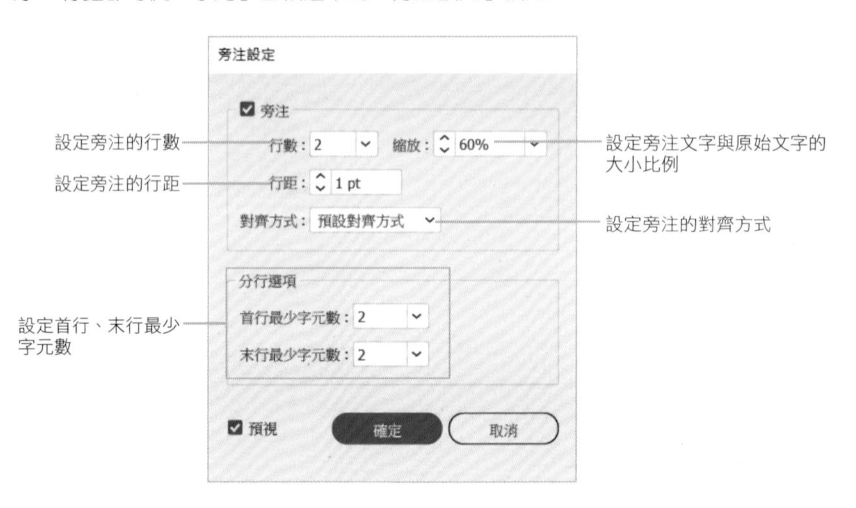

TIPS 比例寬度與系統配置

Illustrator 可自動調整字距，但是當文字過小，就有可能全部黏在一起，變得很難閱讀。此時在「字元」面板選單點選「系統配置」，就能套用適當的字距，讓文字變得容易閱讀。

如果未選擇「系統配置」，就會採用預設的「比例寬度」。

重複字元處理

讓橫跨兩行的「日々」在換行時，自動換成「日日」。（此功能僅限日文字體使用）

選擇字串之後，再選擇這個選項。

段落

隱藏選項
中文標點溢出邊界
換行規則類型
禁止斷字
重複字元處理
外懸羅馬標點符號
頂端至頂端行距
底端至底端行距
對齊...
連字...
Adobe 日文單行視覺調整
Adobe 日文段落視覺調整
重設面板

換行組合：無
文字間距組合：無
連字

無套用

スマートフォンは、日
々進化しています。

已套用

スマートフォンは、日
日進化しています。

「文字」選單→「建立外框」/ 尋找字體 / 定位點 / 複合字體

SECTION
8.5

了解其他有關文字的實用功能

使用頻率

Illustrator 還有許多與文字有關的功能，比方說，將中文與英文合成字體的功能、使用定位點對齊文字的功能，或是尋找與取代文字的功能都是其中一種。

根據文字物件建立外框

在 Illustrator 利用選取工具 ▶ 選取文字物件，再從「文字」選單點選「建立外框」(Shift + Ctrl + O)，就能將文字物件轉換成繪圖物件。

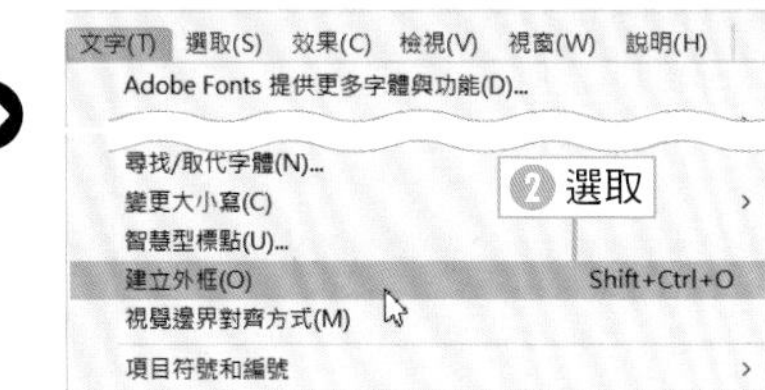

POINT

無法只將部分的文字轉換成外框。選取文字物件之後，文字物件會整個轉換成外框。

TIPS 編輯轉換成外框的文字

轉換成外框的文字會是複合路徑。若要編輯，可選擇直接選取工具 ▷ 或切換編輯模式。

搜尋與取代字串

點選「編輯」選單的「尋找及取代」可開啟「尋找與取代」對話框，從中可搜尋與取代圖稿之中的文字。

① 輸入要搜尋的字串

從「編輯」選單點選「尋找及取代」。

在「尋找與取代」對話框輸入要尋找的字串與要取代的字串，再點選「尋找」按鈕。

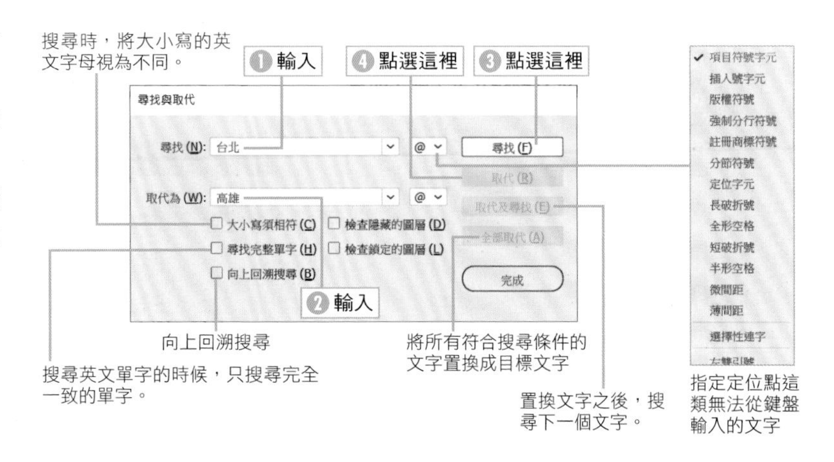

② 輸入要搜尋的字串

搜尋之後，會選取搜尋到的字串。
點選「取代」按鈕，就會置換成目標字串。

點選「尋找」，會選取「台北」。

星期天在上午 9 點的台北車站
前面集合。#

點選「取代」，「台北」就會置換成「高雄」。

星期天在上午 9 點的高雄車站
前面集合。#

POINT

「尋找與取代」是以圖稿所有的字串為對象，所以不需要另外選取文字物件。

尋找 / 取代字體

點選「文字」選單的「尋找 / 取代字體」，可列出圖稿的所有字型。
此外，也可以將找到的字體置換成其他的字體。「尋找 / 取代字體」是以圖稿的所有文字為對象，所以不需要選取字串。

① 指定目標字體

從「文字」選單點選「尋找 / 取代字體」，可開啟「尋找 / 取代字體」對話框。
從「文件中的字體」點選要搜尋的字體，再從「取代字體來源」選擇目標字體。
點選「尋找」即可選取字體。若要置換字體，可點選「變更」。

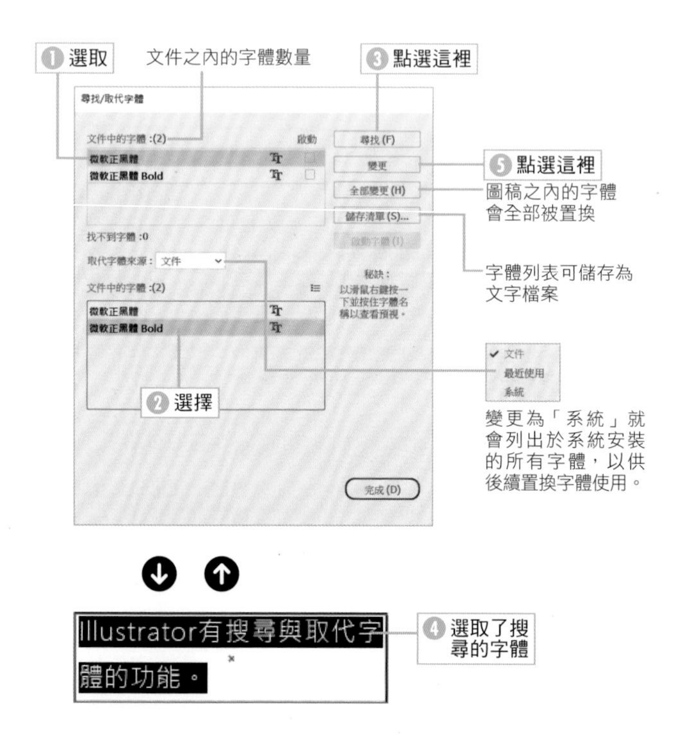

POINT

在「文件中的字體」與「取代字體來源」的字體名稱按下滑鼠右鍵，就能預覽字體的樣式。

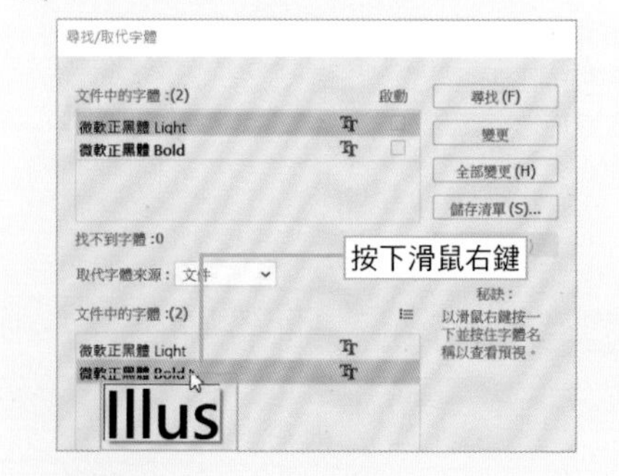

② 置換字體了

置換字體了。

Illustrator有搜尋與取代字體的功能。

TIPS 同步字體

如果文件使用了未安裝的字體就會顯示警告對話框。在這個對話框顯示為「啟用」的字體可在勾選「啟動字體」之後，從 Adobe Fonts 下載字體。

此外，若是點選「取代字體」可開啟「尋找 / 取代字體」對話框。勾選「啟用」按鈕，就會自動從 Adobe Fonts 下載字體，讓本地的字體與 Adobe Fonts 的字體同步。無法勾選的字體就是 Adobe Fonts 沒有的字體。

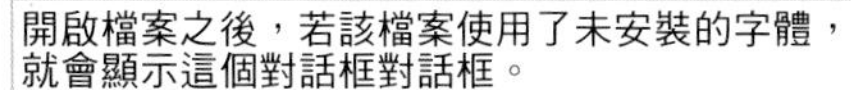

可從 Adobe Fonts 自動下載的字體。勾選之後，就會同步更新。

可從 Adobe Fonts 下載勾選的字體

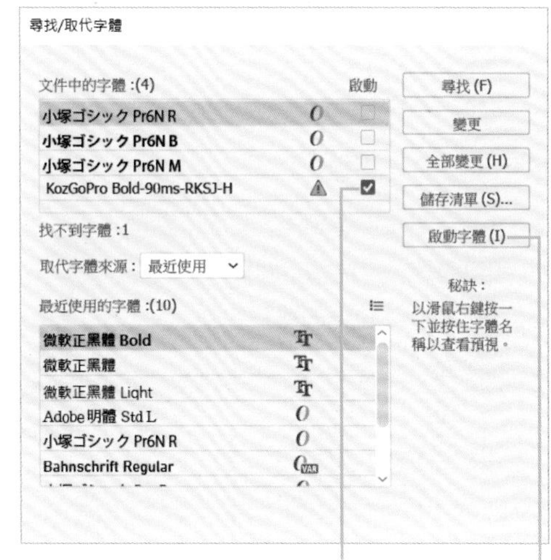

勾選未安裝的字體

點選這裡可從 Adobe Fonts 下載字體

TIPS Adobe Fonts 的自動啟用

在「偏好設定」對話框的「檔案處理」(「編輯」(Mac 是從「Illustrator」選單的「偏好設定」點選「檔案處理」) 點選「自動啟動 Adobe Fonts」選項，就會在開啟使用了未安裝字體的檔案時，自動從 Adobe Fonts 下載該字體。

要從 Adobe Fonts 自動下載未安裝的字體
就勾選這個選項

定位點的設定

要在 Illustrator 使用定位點對齊文字可使用「定位點」面板。要開啟「定位點」面板可先選取文字，再從「視窗」選單的「文字」點選「定位點」（Shift ＋ Ctrl ＋ T）。

① 輸入要以定位點分割的文字

輸入要以定位點分割的文字。

先顯示控制字元會比較方便作業（參考第 249 頁）。

❶ 輸入

»　»　2000 » 2010 » 2020¶
»　A　»　4,250 » 6,650 » 5,210¶
»　B　»　9,500 » 6,300 » 7,700¶
»　C　»　1,850 » 1,760 » 2,110#

② 開啟「定位點」面板

選取字串，再從「視窗」選單的「文字」點選「定位點」即可開啟「定位點」面板。點選左上角的定位點，選擇定位點的種類。

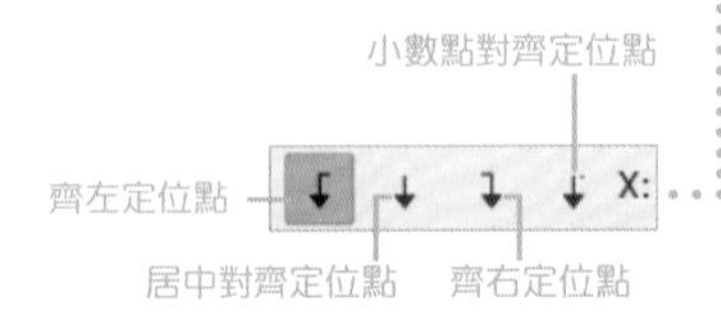

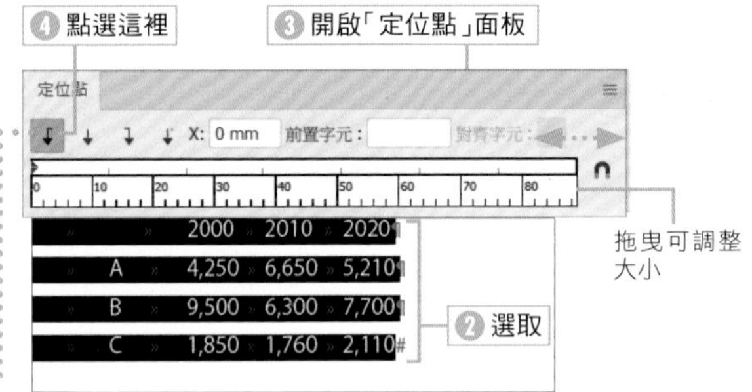

③ 配置定位點

點選尺規，配置定位點。

文字會於點選的位置以選擇的定位點對齊。

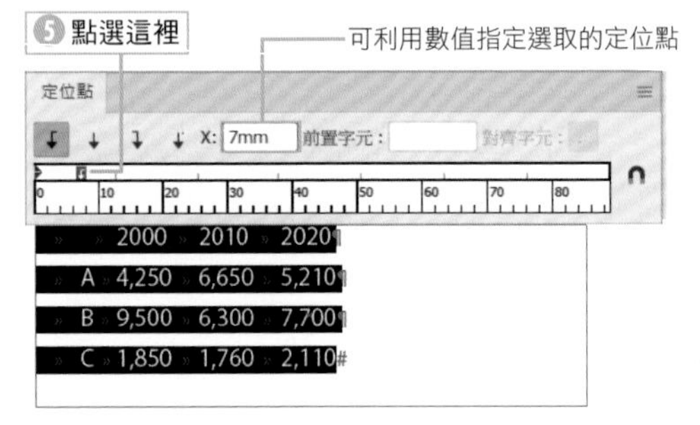

④ 設定所有的定位點

植入所有的定位點，以及設定定位點的種類。

定位點符號可拖曳移動。

按住 Ctrl 鍵再拖曳定位點符號，可讓位於該定位點右側的定位點跟著移動。

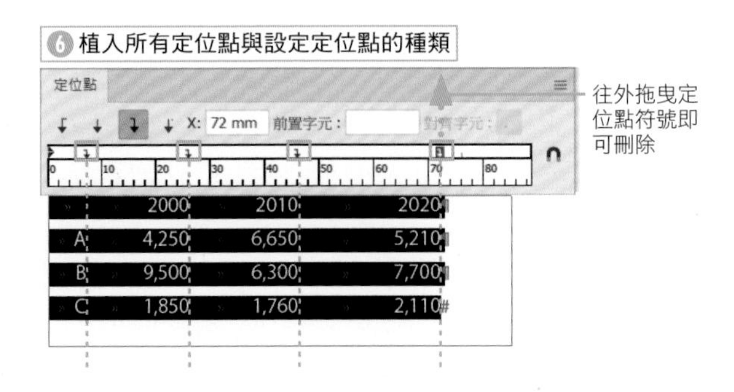

▶使用前置字元

在設定定位點符號的時候，在「前置字元」輸入字元，定位點的空白字元就會置換成該字元。也可以在植入定位點之後，選取定位點再於「前置字元」輸入字元。

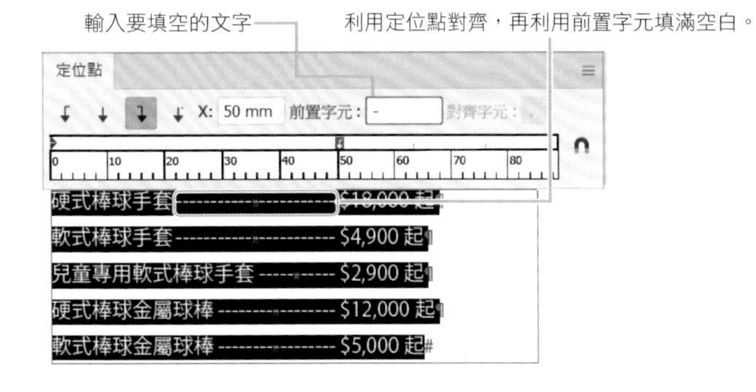

TIPS 調整定位點的種類

要變更定位點的對齊方式可點選尺規的定位點，再點選需要的定位點圖示。

按住 Alt 鍵再點選尺規的定位點，就能依照下列的順序變更定位點的種類。

齊左定位點→居中對齊定位點→齊右定位點→小數點對齊定位點

TIPS 讓「定位點」面板的位置與大小與文字區域一致

不管如何捲動畫面或是調整畫面的縮放比例，「定位點」面板的位置與大小都不會改變。點選「定位點」面板右側的 ∩，就能讓「定位點」面板於文字區塊的上方固定。

複合字體

複合字體就是將漢字、假名、全形標點、全形符號、半形英文字母、半形數字組成單一字體的功能。

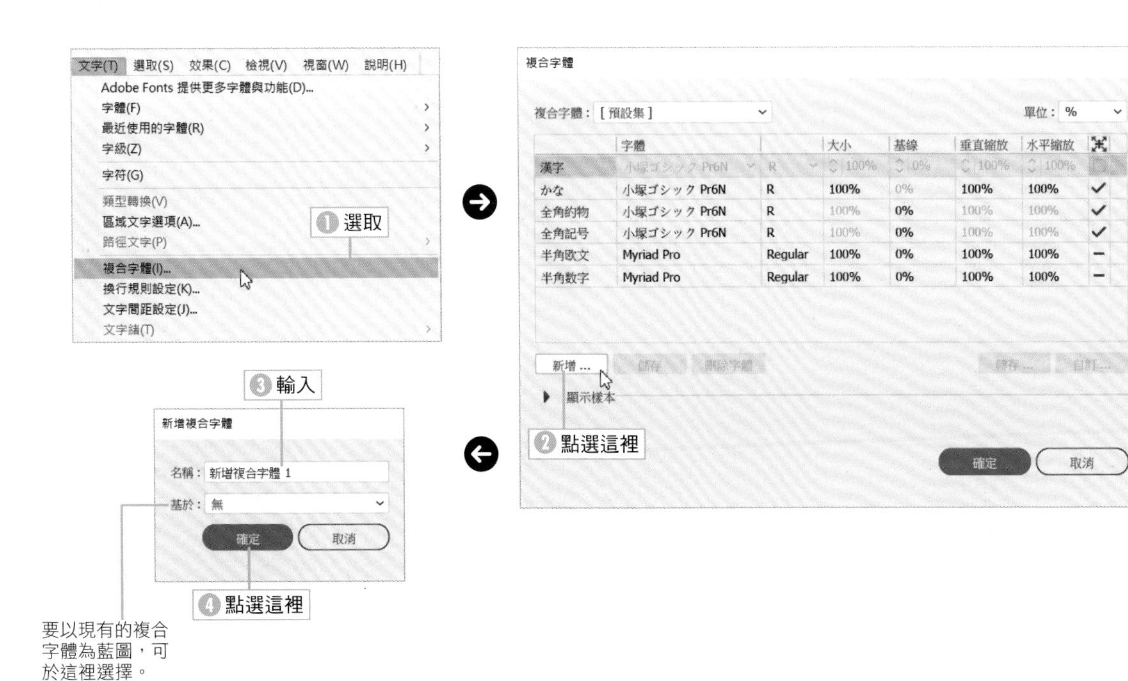

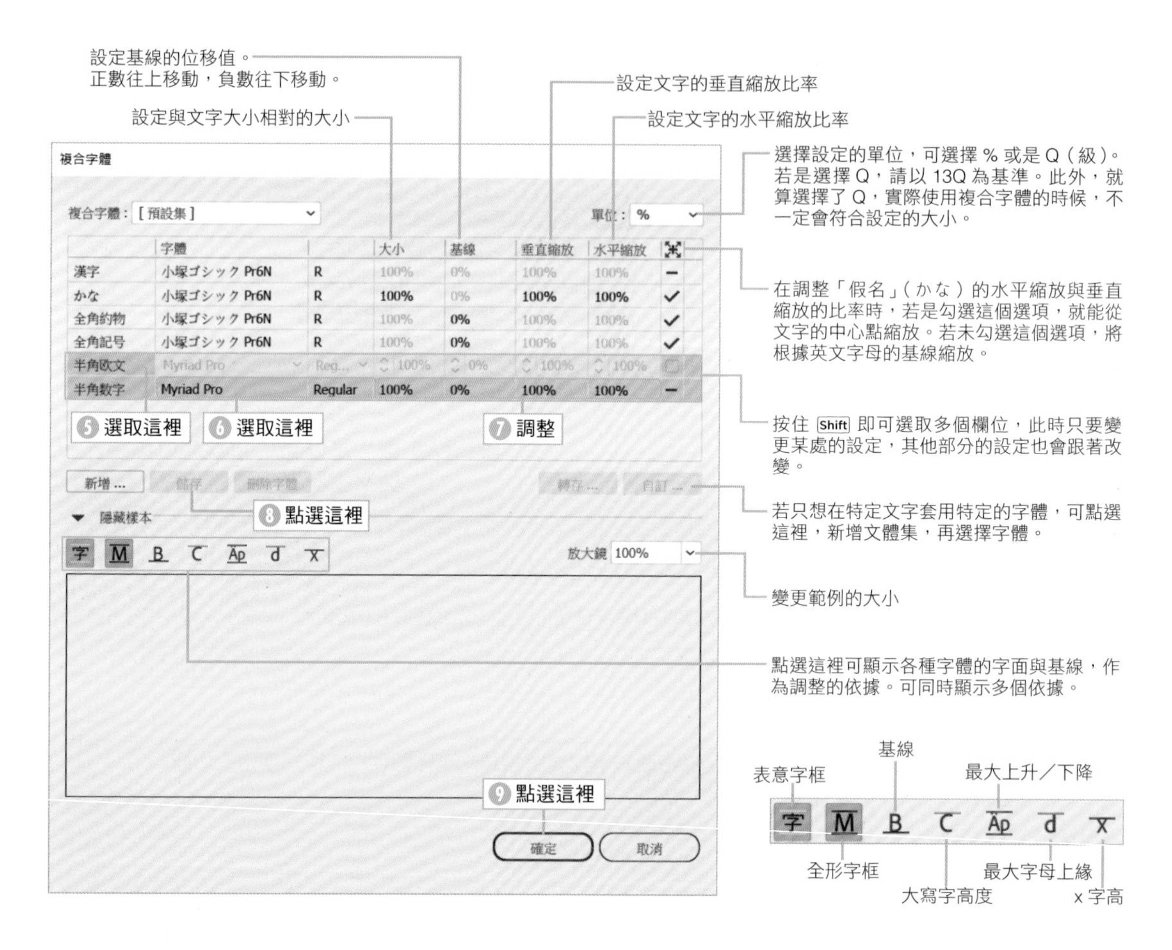

新增的複合字體與一般的字體一樣，都可從「字元」面板選擇。

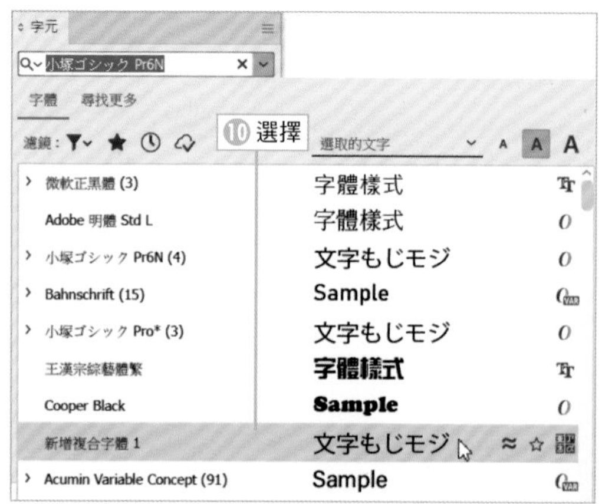

變更大寫字與小寫字

在「文字」選單點選「變更大小寫」，就能在選取英文字母之後，讓大小寫英文字母互換，或是只讓開頭的字母換成大寫字母。

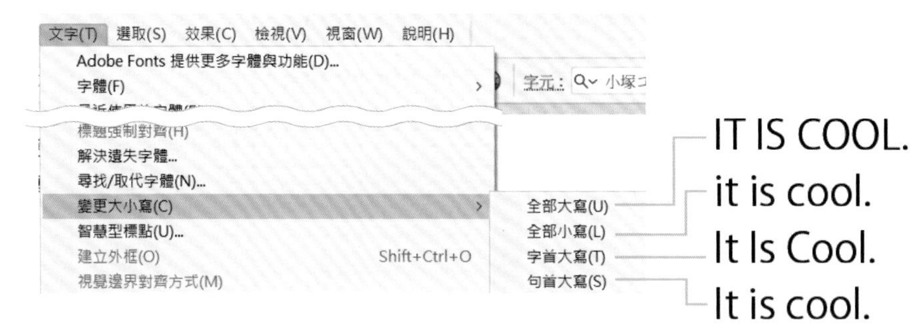

智慧型標點

點選「文字」選單的「智慧型標點」就可在選取文字之後，調整英文字體的引號與省略符號。

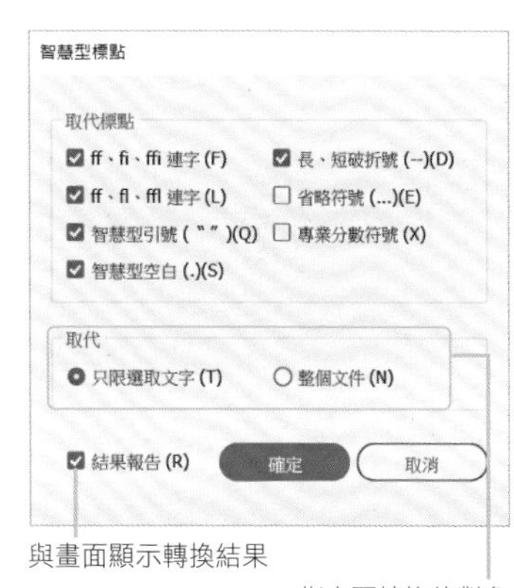

與畫面顯示轉換結果

指定要轉換的對象

POINT

OpenType 字體可於「OpenType」面板設定（參考第 232 頁）。

	啟用	停用
ff、fi、ffi連字	fi ffi	fi ffi
ff、fi、ffl連字	fi ffi	fl ffl
引號("")的調整	“Illustrator”	"Illustrator"
空白(.)的調整	gone. The	gone. The
長、短破折號(--)	–– –––	-- ---
省略符號	…	. . .

顯示隱藏字元

在「文字」選單點選「顯示隱藏字元」（Alt + Ctrl + I），就能顯示空白字元、定位點、換行字元這類看不見的控制字元。

這些控制字元是不會列印出來的特殊字元。

POINT

要隱藏控制字元可再次從「文字」選單點選「顯示隱藏字元」（Alt + Ctrl + I）。

SECTION 8.6

使用頻率

「字元樣式」面板、「段落樣式」面板

字元樣式與段落樣式可提升設定文字格式的效率

Illustrator 也內建了在 InDesign 這類數位排版軟體為人熟知的「字元樣式」與「段落樣式」。只要將字體或字級的格式新增為樣式，就能快速於其他文字套用相同的樣式。

何謂「樣式」

字元樣式與**段落樣式**就是將字體、字級、文字顏色、字距、對齊方式這類設定的組合新增為「樣式」，再於選取的文字或段落套用該樣式的功能。「字元樣式」可以只在選取的文字套用，「段落樣式」可在選取的段落套用。

POINT

如果沒看到「字元樣式」或「段落樣式」面板，可從「視窗」選單的「文字」點選「字元樣式」或「段落樣式」。

新增字元樣式與段落樣式

新增字元樣式與段落樣式的方法相同，在此以段落樣式為例說明。

1 點選「建立新樣式」按鈕

選取要新增為樣式的局部段落，再從「段落樣式」面板點選「建立新樣式」按鈕 ⊞。

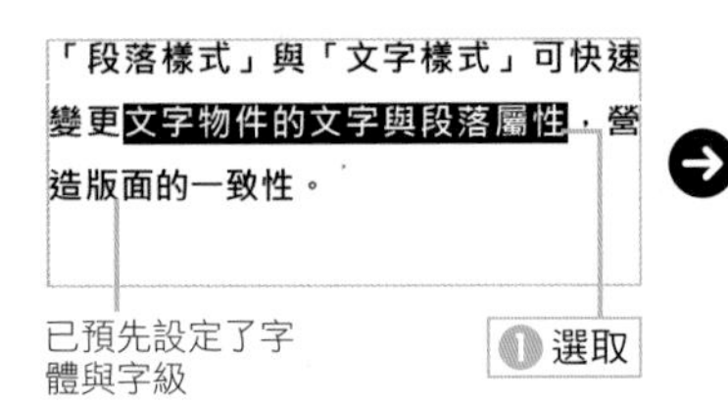

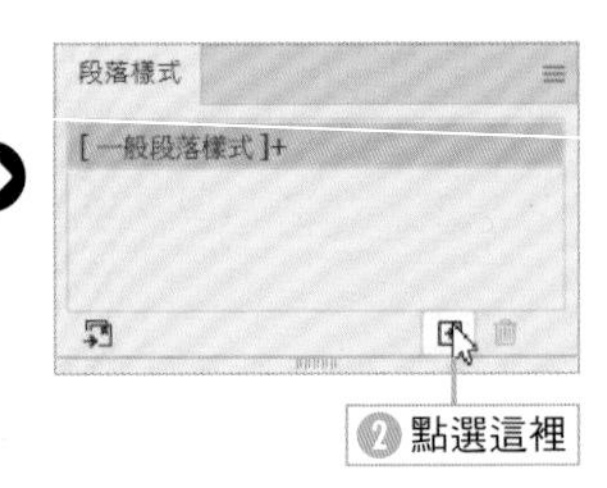

2 新增樣式了

新增樣式了。
原本的段落還沒套用段落樣式，所以請記得套用。

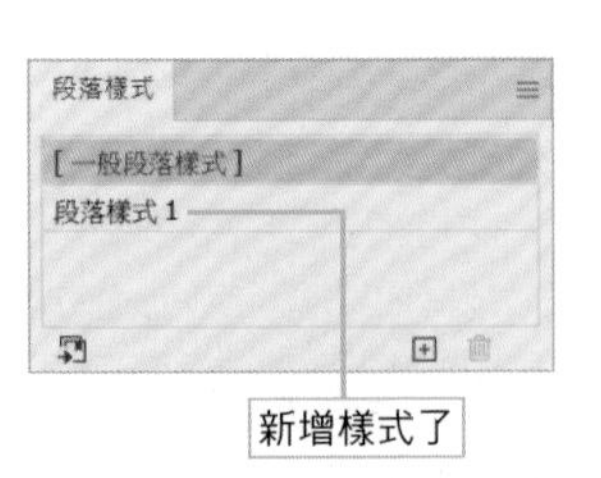

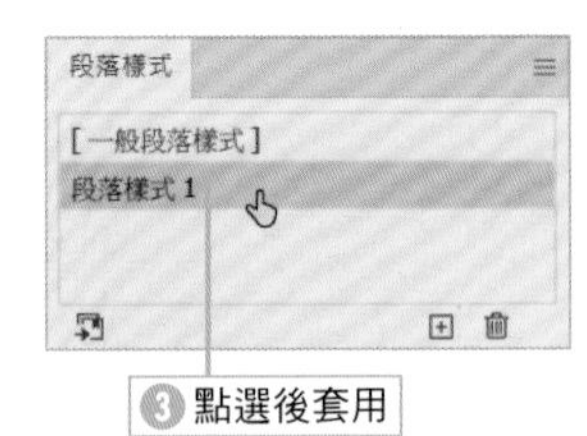

POINT

在新增樣式的時候，按住 Alt 再點選「建立新樣式」按鈕 ⊞，就能開啟「新增段落樣式」對話框（或是「新增字元樣式」對話框），從中可編輯名稱或其他設定。

TIPS 根據現有的樣式新增樣式

選取原始樣式，再從這兩個樣式面板的選單點選「複製段落樣式」即可。

編輯段落樣式與字元樣式

也可以編輯樣式的名稱與內容。

① 雙擊樣式

從「段落樣式」面板雙擊樣式名稱以外的部分。

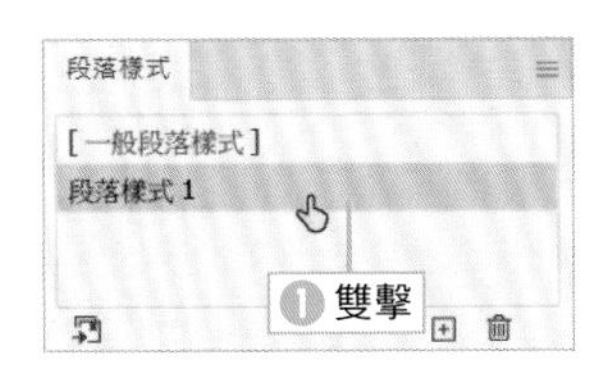

POINT

雙擊名稱可變更名稱。

② 編輯樣式

將樣式名稱變更為簡單易懂的名稱。

選取設定項目與設定內容。

完成必要項目的設定之後，點選「確定」。不需要設定所有項目，保留空白也沒關係。

POINT

各設定項目的說明請參考 SECTION 8.2～8.5。

▶ 變更既有樣式

如果變更已套用的樣式，該文字就會自動套用變更之後的樣式。

套用樣式

▶ 套用段落樣式

要套用「段落樣式」可將滑鼠游標移到要套用樣式的段落，再於「段落樣式」面板點選樣式。若點選的是文字物件，整個段落都會套用樣式。

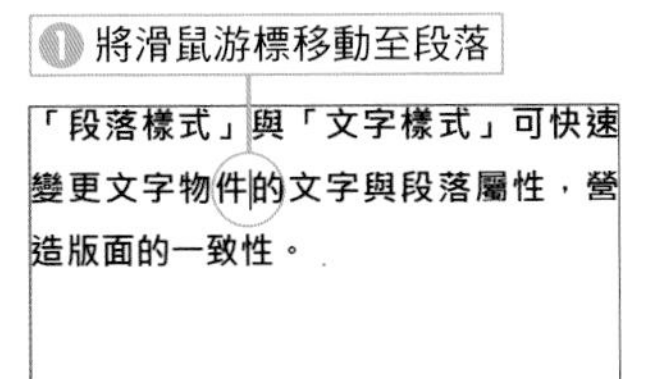

➔

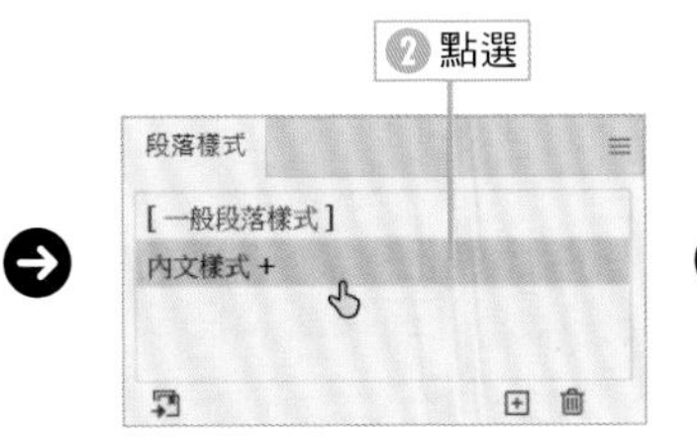

➔

❸ 整個段落套用樣式了

「段落樣式」與「文字樣式」可快速變更文字物件的文字與段落屬性，營造版面的一致性。

POINT

如果沒有套用樣式，可按住 Alt 鍵再點選樣式名稱。

▶套用字元樣式

要套用「字元樣式」可先選取文字再於「字元樣式」面板點選樣式。範例是套用將文字設定為紅色的樣式。

POINT

要還原樣式可於「樣式」面板選單點選「清除優先選項」。

❶選取文字

套用「段落樣式」與「文字樣式」之後，後續就能快速變更字體或是調整字級。

❷點選這裡

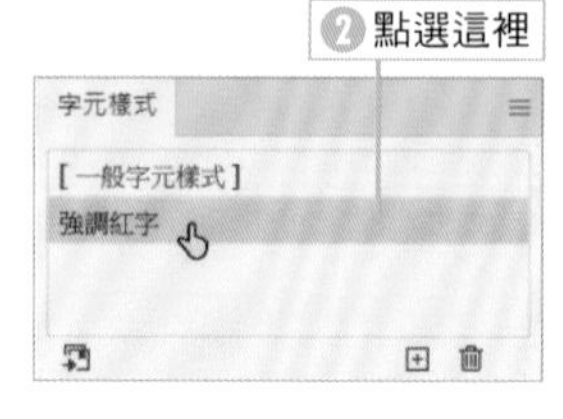

❸在剛剛選取的文字套用樣式了

套用「段落樣式」與「文字樣式」之後，後續就能快速變更字體或是調整字級。

▶在套用樣式之後，變更文字與段落的設定

假設在套用樣式之後變更文字與段落的格式，「樣式」面板的樣式名稱後面就會出現「+」。此時若想還原樣式，可點選「樣式」面板的樣式。

❶變更樣式之前的文字

「段落樣式」與「文字樣式」可快速變更文字物件的文字與段落屬性，營造版面的一致性。

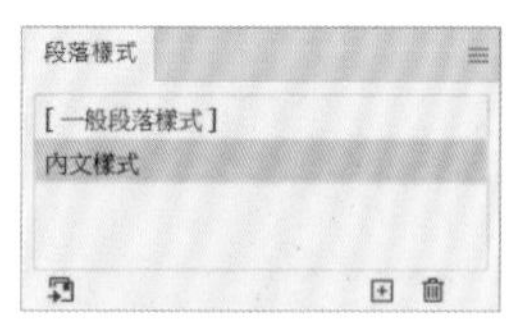

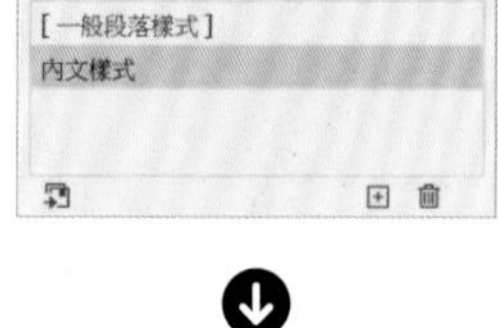

❷變更文字的格式

「段落樣式」與「文字樣式」可快速變更文字物件的文字與段落屬性，營造版面的一致性。

後面出現「+」

❸點選這裡

❹還原樣式

「段落樣式」與「文字樣式」可快速變更文字物件的文字與段落屬性，營造版面的一致性。

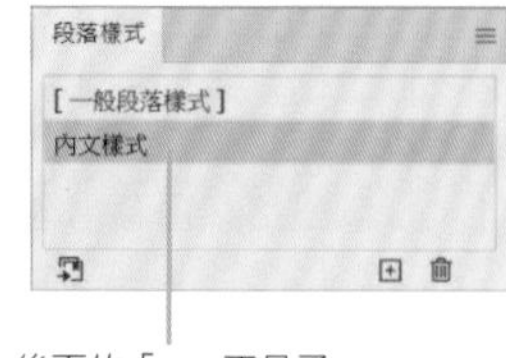

後面的「+」不見了

TIPS 讓變更的屬性套用於既有的樣式

在「段落樣式」面板選單點選「重新定義段落樣式」，即可讓樣式套用剛剛變更的屬性。

▶字元樣式與段落樣式的優先順序

如果同時套用了字元樣式與段落樣式，將以字元樣式為優先。

POINT

在文字或段落套用樣式之後，如果再套用其他的樣式，後續變更的屬性就會保留。如果想一邊解除變更的屬性，一邊套用至其他的樣式，可按住 Alt 鍵再點選樣式名稱。

TIPS 在其他文件使用定義完成的樣式

樣式只能在新增樣式的文件使用。如果要於其他文件使用，建議先儲存為範本。

此外，點選「樣式」面板選單的「載入樣式」，就能指定文件，載入該文件的樣式。

將套用了樣式的文字或段落複製到其他的文件，也能同時複製該文字或段落的樣式。

CHAPTER

活用「效果」

「效果」是能保留路徑的形狀，又能讓物件的外觀改變的功能。雖然在熟悉之前會覺得很困難，但只要熟悉使用方法，就能賦予物件立體感或是手繪的質感，讓創意擁有更多可能性。讓我們一起了解有哪些變形效果吧。

SECTION 9.1

「效果」選單

了解效果有哪些功能

使用頻率

Illustrator 內建了許多讓物件變形以及外觀改變的功能，其中又以「效果」選單的命令最能呈現各種創意。

只變更外表的「效果」

就 Illustrator 而言，物件的外表等於路徑的形狀。如果使用「效果」選單的命令，就能保留路徑的形狀，只調整物件的外表。

執行「效果」選單的命令後，「外觀」面板會新增效果的屬性，也會顯示為帶有 fx 的項目。

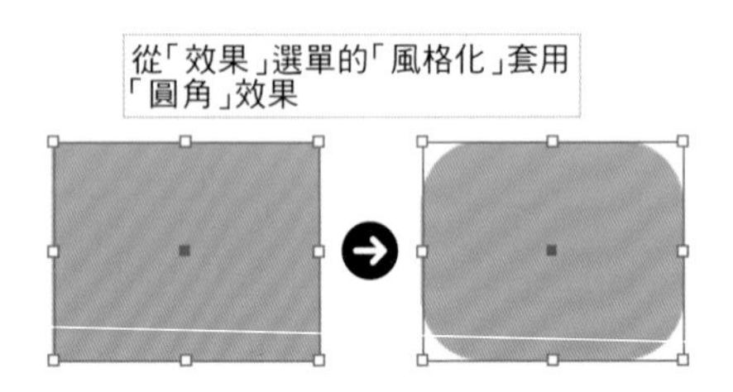

在「外觀」面板的「效果」項目點選效果名稱的底線（或是雙擊項目的列），就能開啟套用效果時的對話框與變更設定。一個物件可套用多種「效果」。就算是原本必須一再調整路徑才能呈現的形狀，也只需要調整「效果」的設定就能創造相同的形狀。

「效果」是外觀的一種，所以點選「外觀」面板的 ，就能隱藏效果，而且也可以直接刪除效果。

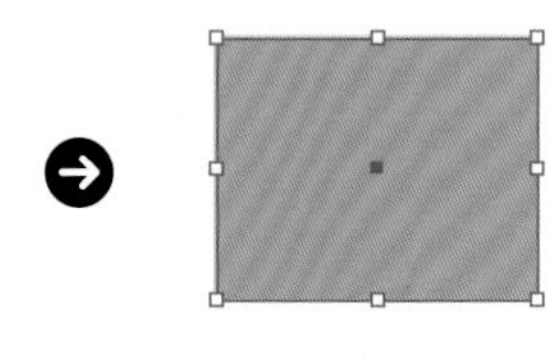

套用效果

從「效果」選單點選命令，可套用各種「效果」。

點選「外觀」面板下方的 *fx.*，也可從選單套用效果。

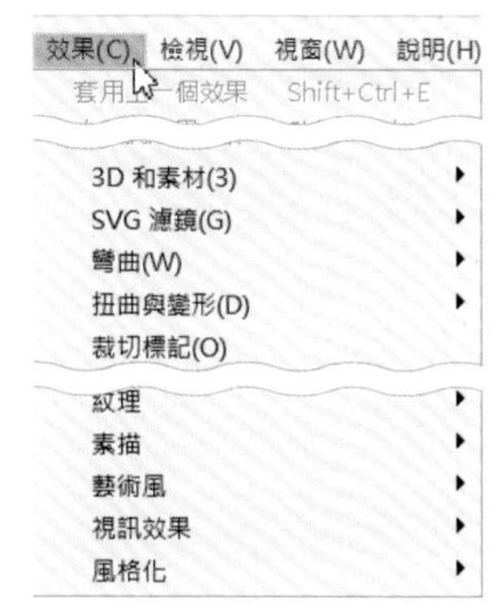

除了可從「效果」選單套用效果，也可直接從「外觀」面板套用。

文件點陣效果設定

「效果」也有「製作陰影」這類只憑 Illustrator 的路徑就無法呈現的漸層效果的功能，製作陰影效果的陰影通常是點陣圖而非路徑。在新增文件時，會在選取的描述檔設定最佳的解析度。

如果要在新增文件之後調整這部分的設定，可從「效果」選單點選「文件點陣效果設定」，開啟「文件點陣效果設定」對話框。

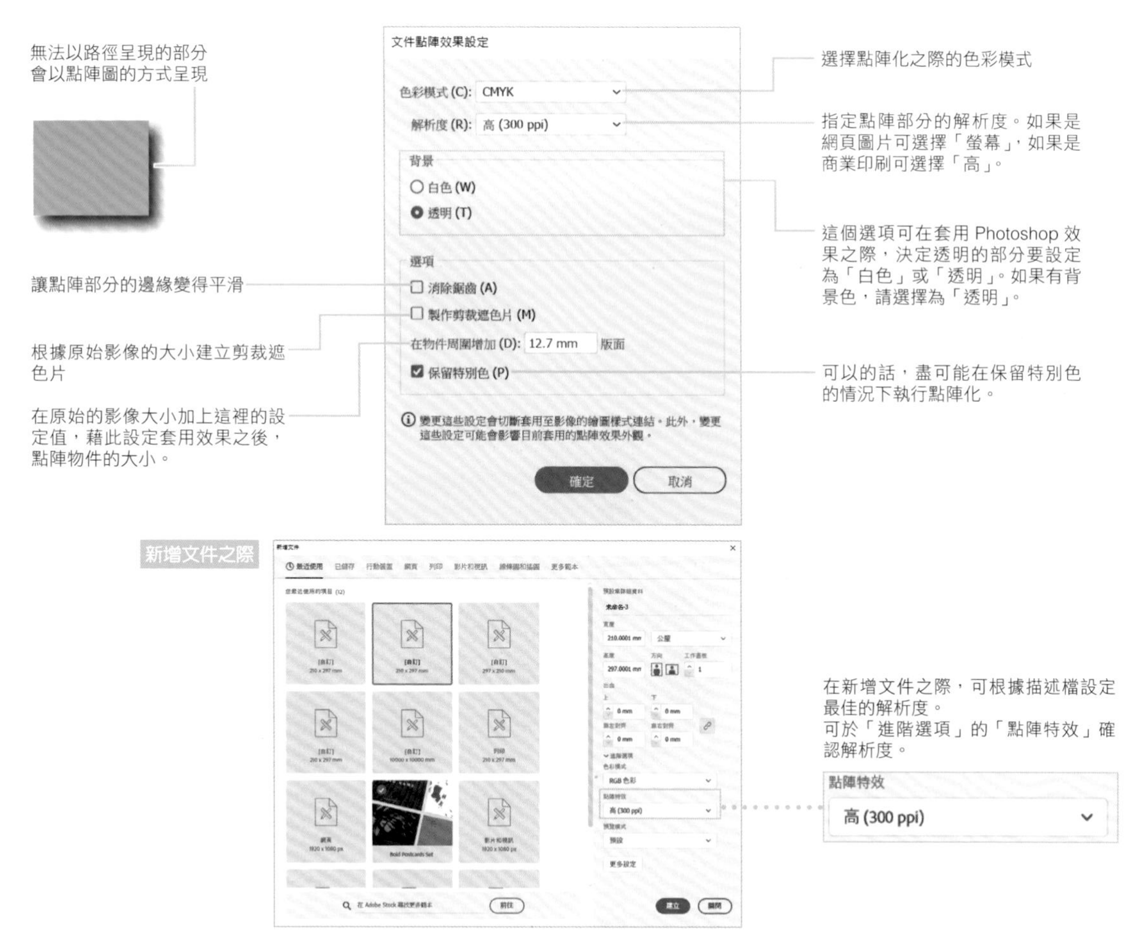

SECTION 9.2

使用頻率

「效果」選單

使用「3D」效果

「3D」效果可根據選取的物件建立 3D 立體物件。就算是難以建立的立體物件，也能利用「3D」效果快速建立。

「3D」效果的特徵

「3D」效果可保留原始物件的形狀來建立立體物件。

立體物件建立完成之後，可於表面套用素材，也能隨意調整角度，甚至可設定陰影，營造更真實的立體質感。

於「3D 和素材」面板設定

要於物件套用 3D 效果可先選取物件，再於「3D 和素材」面板的「物件」設定。

「外觀」面板會顯示「3D 和素材」的項目。

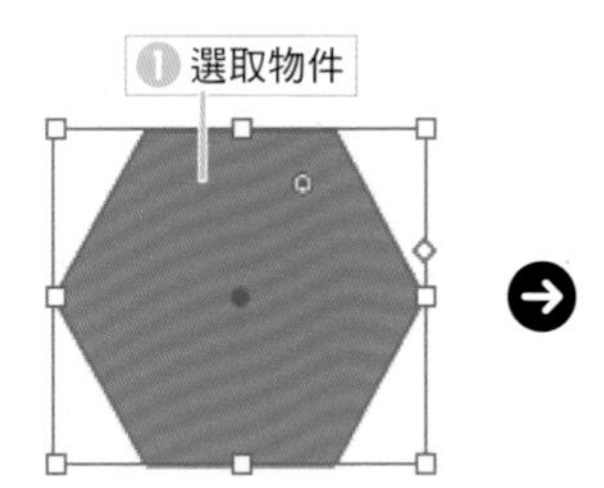

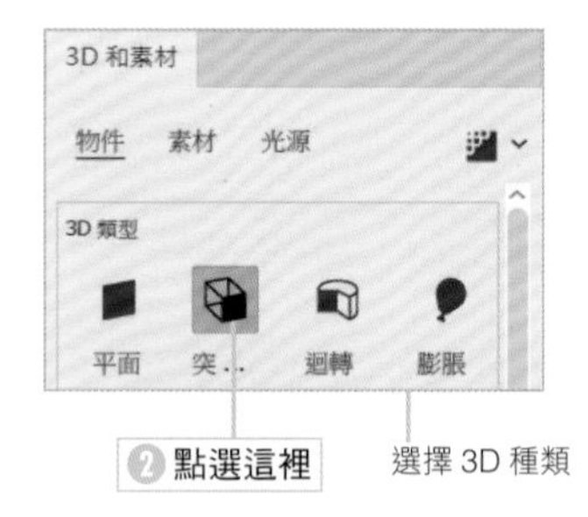

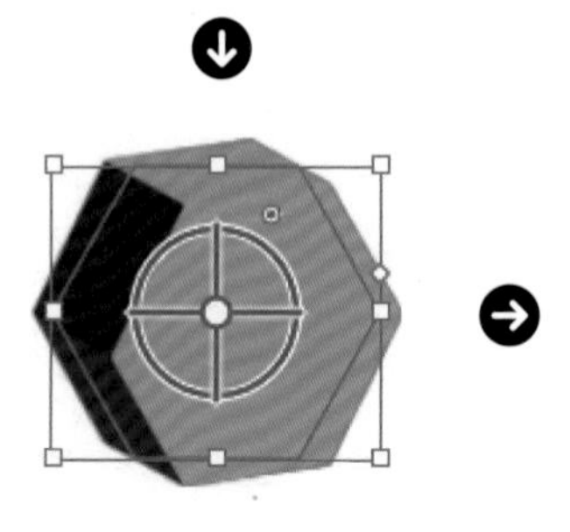

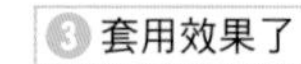

「平面」的設定

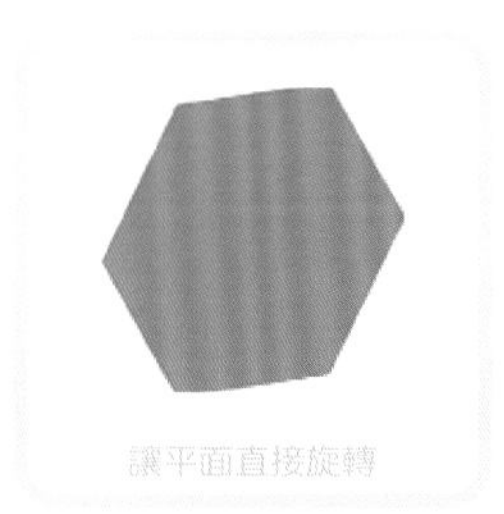

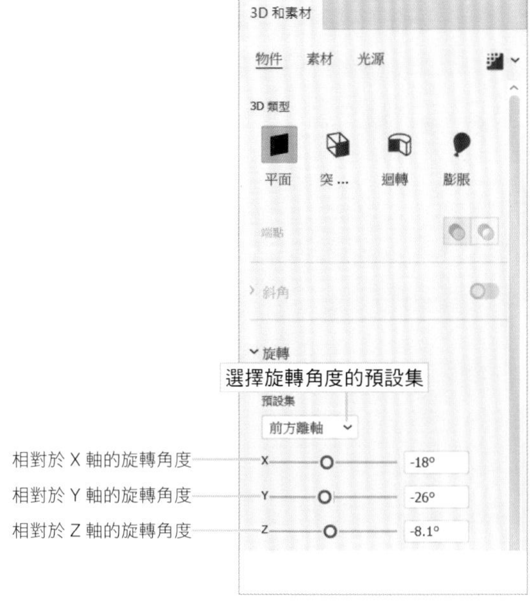

「突出與斜角」的設定

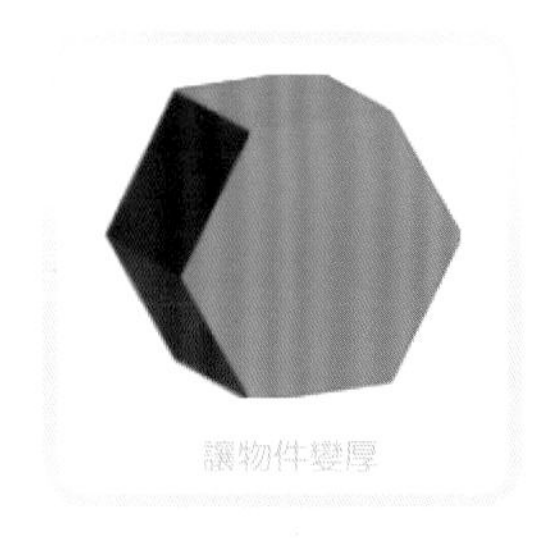

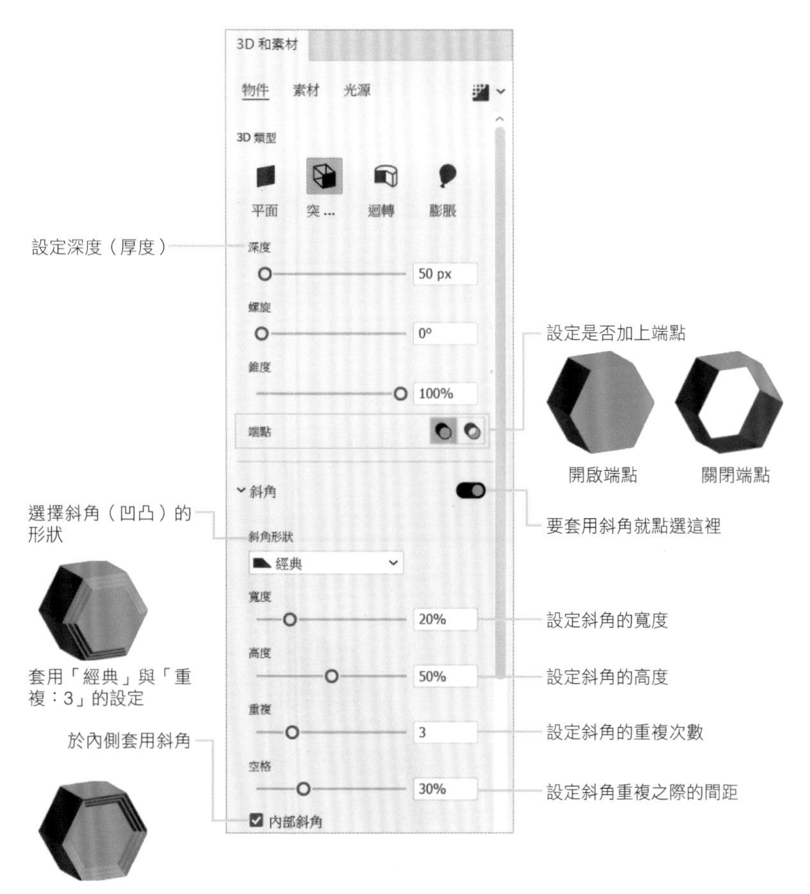

▶「迴轉」的設定

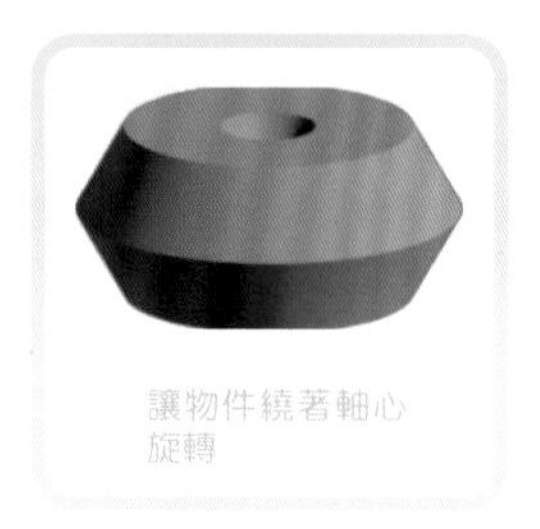

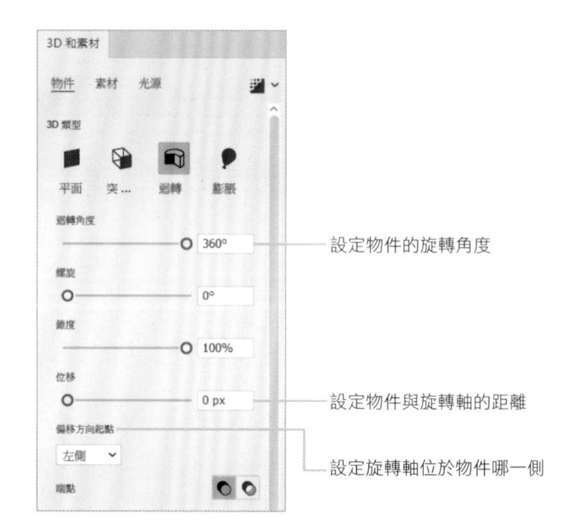

▶「膨脹」的設定

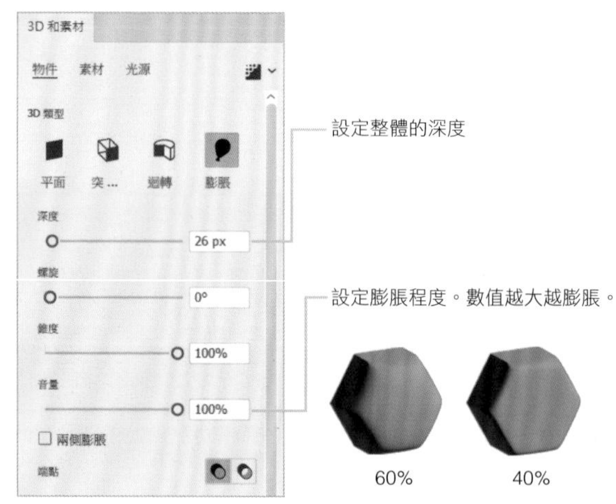

讓物件旋轉

在「3D 和素材」面板選取套用 3D 效果的物件，會開啟旋轉控制點，拖曳這個控制點即可讓物件旋轉。

在「3D 和素材」面板點選預設集，就能指定各軸的角度與旋轉物件。

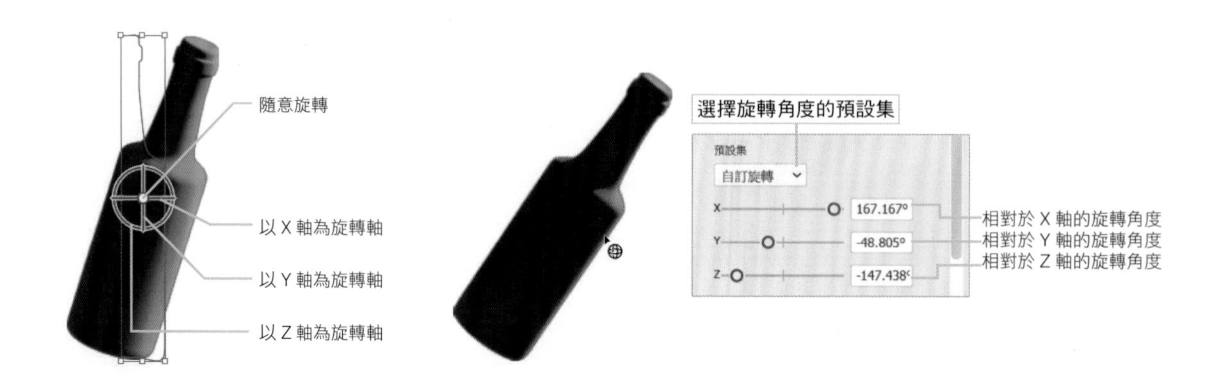

套用素材

在「3D 和素材」面板的物件套用「素材」就能營造更真實的質感。

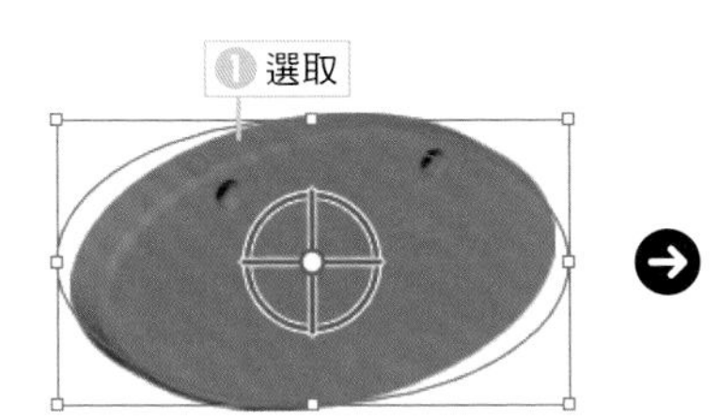

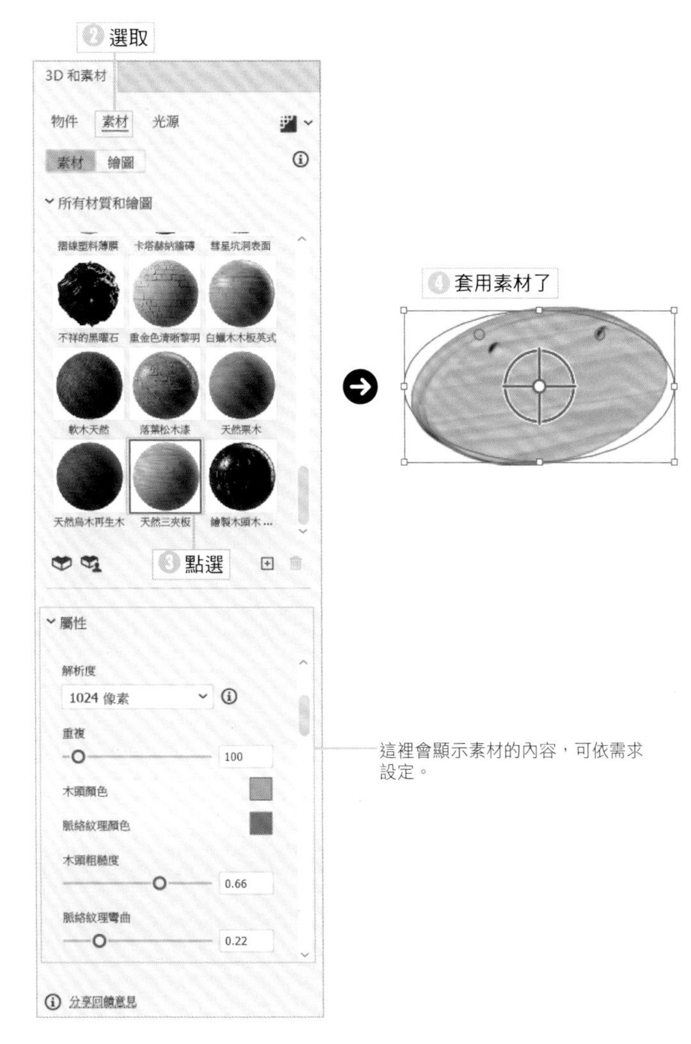

「屬性」的設定會隨著選擇的素材而不同。

光源的設定

於「3D 和素材」面板套用 3D 效果的物件可於「光源」設定照明的角度。

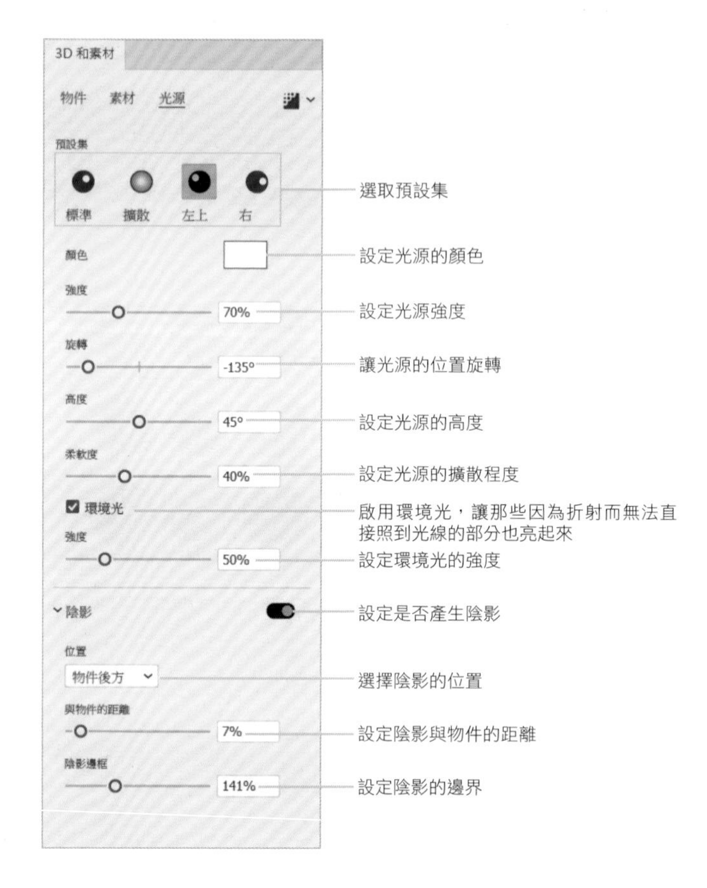

POINT

在「3D 和素材」面板套用 3D 效果的文件若儲存為「Illustrator 2020」的格式，也無法利用 Illustrator 2021 之前的版本開啟與編輯。

使用 3D（經典）效果

Illustrator 2021 之前的 3D 效果可從「3D（經典）」套用。

▶ 突出與斜角（經典）

「突出與斜角（經典）」效果可讓圖形變厚，變得更立體。

① 選取物件

選取要變成立體的物件。

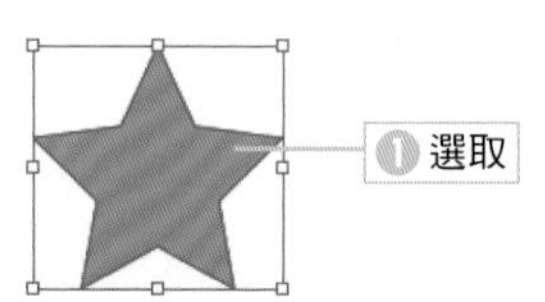

② 點選「突出與斜角（經典）」

從「效果」選單的「3D 和素材」點選「3D（經典）」的「突出與斜角（經典）」。

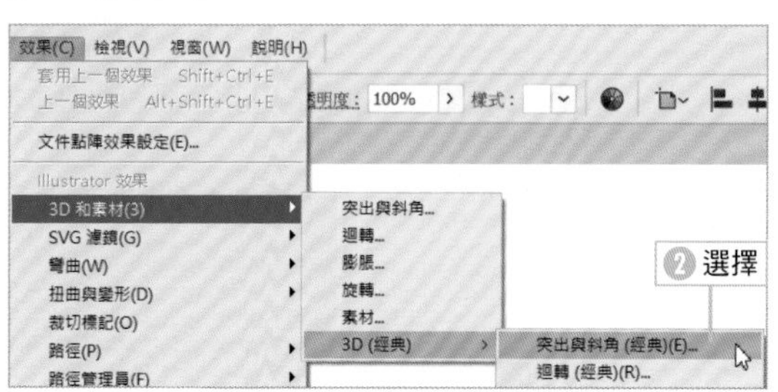

3 設定選項

在「3D 突出與斜角選項（經典）」對話框設定形狀。
勾選「預視」可一邊預視結果，一邊設定效果。設定完成後，點選「確定」。

4 變成立體物件

剛剛選取的圖形變成具有厚度的立體物件。

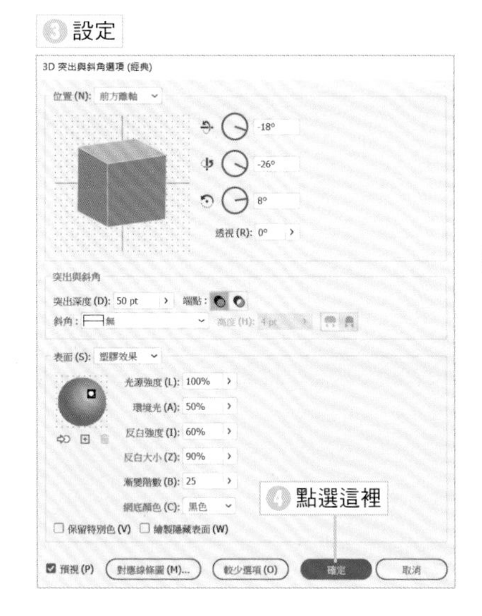

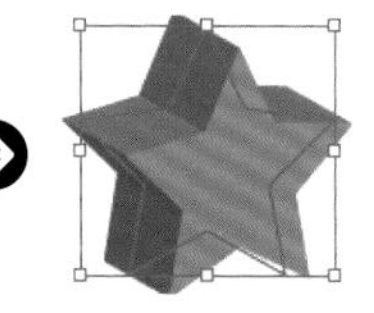

▶「3D 突出與斜角選項（經典）」對話框的設定

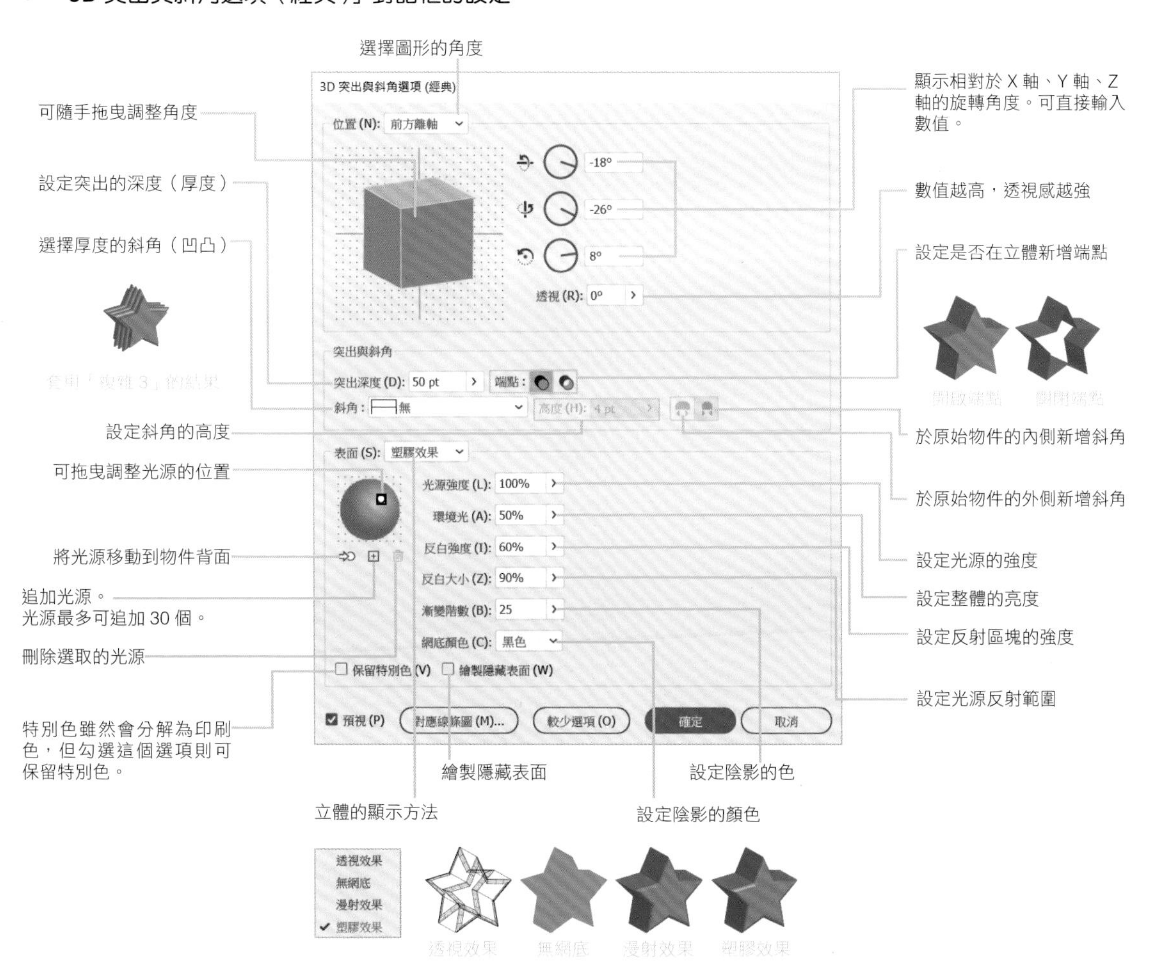

POINT

「3D 突出與斜角選項（經典）對話框的「表面」設定項目必須點選「更多選項」(上圖的「較少選項」的位置) 才能開啟。

POINT

要注意的是，於 Illustrator 2022 開啟於 Illustrator 2021 之前的版本套用 3D 效果的物件，斜角的設定就會消失（以 2022 年 3 月的資訊為準）。

TIPS 「旋轉」效果

「旋轉」效果可讓物件立體旋轉。相關的設定請參考「3D 突出與斜角選項（經典）對話框（第 261 頁）或「3D 迴轉選項（經典）」對話框（第 262 頁）。此外，讓平面物件旋轉時，有可能因為沒有 3D 資料而無法正常旋轉。

迴轉（經典）

「迴轉（經典）」效果可讓圖形旋轉成立體。

1 選取「迴轉（經典）」

選取要轉換成立體物件的物件，再從「效果」選單的「3D 和素材」的「3D（經典）點選「迴轉（經典）」。

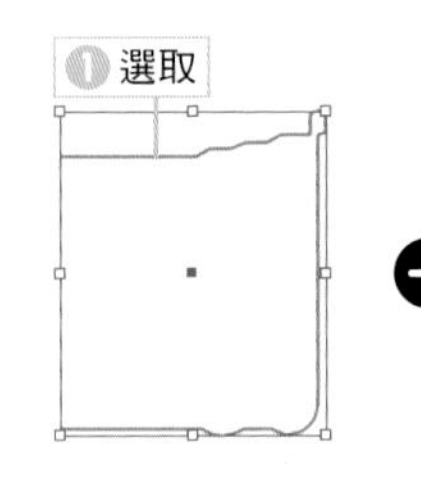

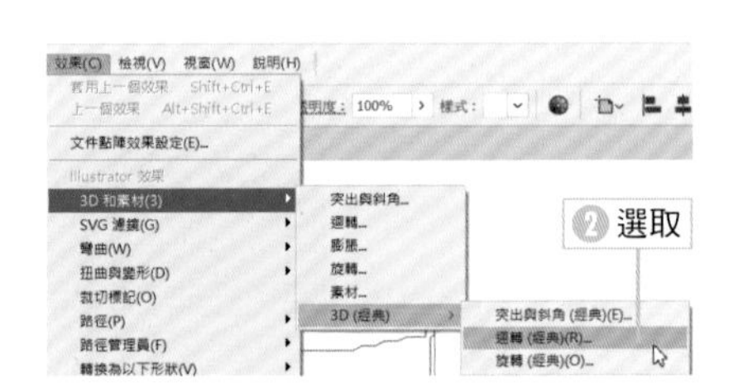

2 設定選項

開啟「3D 迴轉選項（經典）」對話框之後，設定旋轉角度與位置。

勾選「預視」可一邊預視結果，一邊進行設定。設定完畢後，點選「確定」。

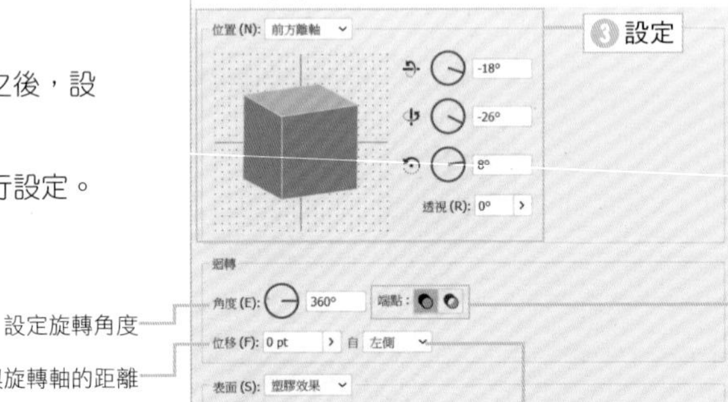

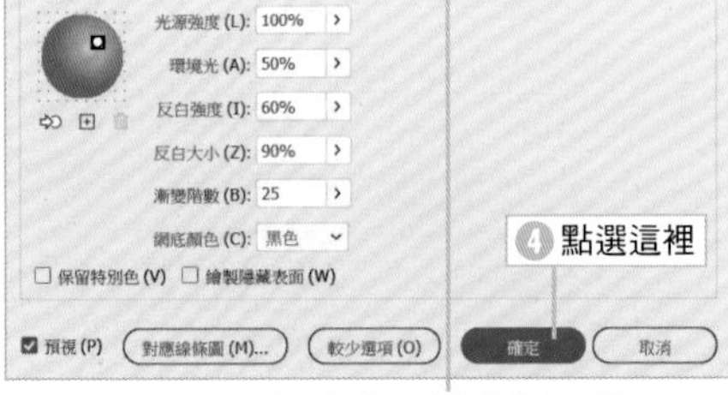

POINT

其他項目的說明請參考第 261 頁的「3D 突出與斜角選項（經典）」對話框。

3 變成立體了

剛剛選取的圖形迴轉成立體了。

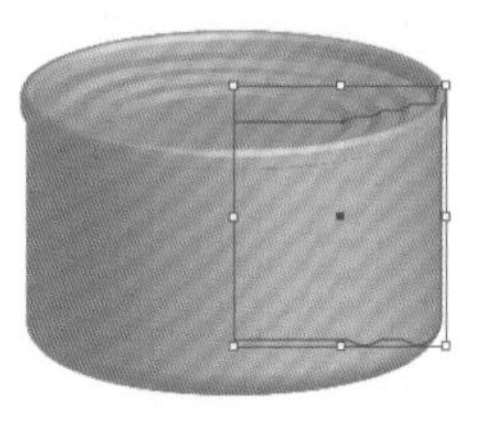

開啟端點

關閉端點

對應線條圖

「突出與斜角（經典）」或「迴轉（經典）都可在立體物件的表面貼上「符號」面板的其他物件。在此要試著在利用迴轉功能製作的瓶子貼上標籤。

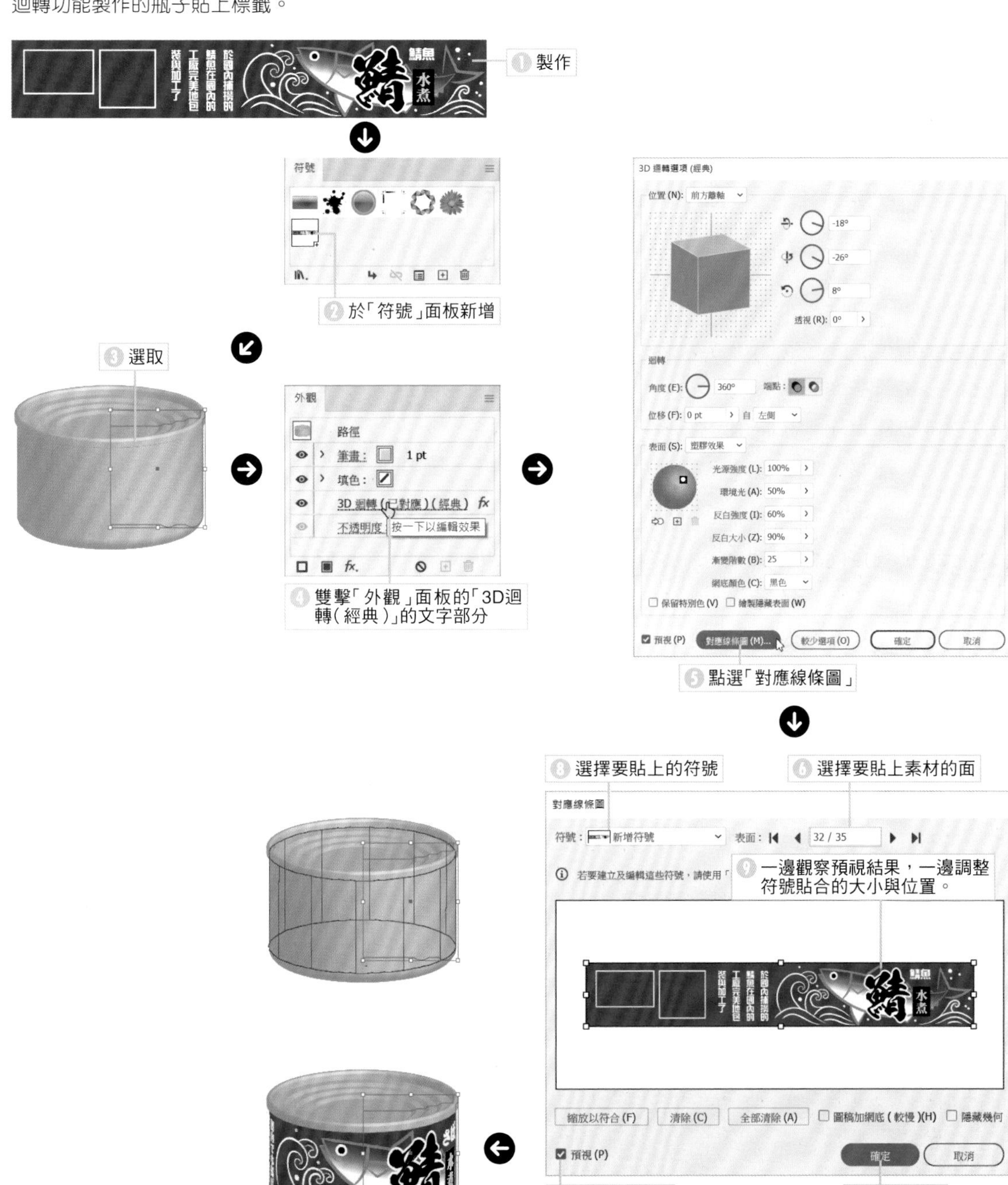

SECTION
9.3

使用頻率

「效果」選單

「風格化」效果

「風格化」效果可替選取的物件加上陰影或是賦予圓角效果。

羽化

「羽化」效果可在選取物件之後，讓物件的邊緣依照指定的距離模糊，讓物件與背景的邊界變得柔和。

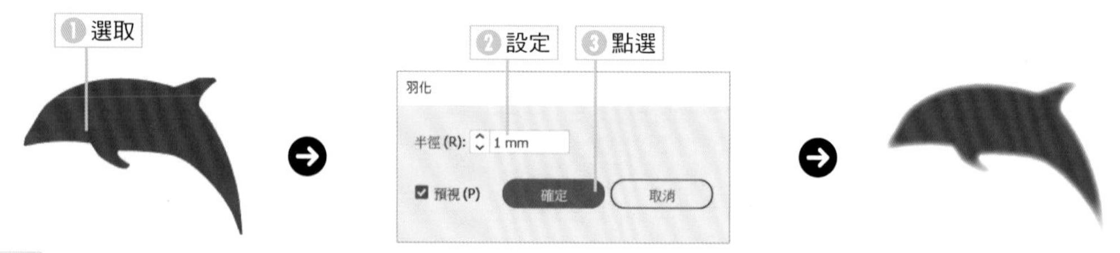

POINT

套用「羽化」效果的部分會先點陣化再進行處理，所以像素會變得很清楚。
利用「效果」選單的「文件點陣效果設定」的「解析度」可調整羽化的精確度。

製作陰影

「製作陰影」效果可替選取的物件製作陰影。

製作陰影
模式 (M): 一般
不透明度 (O): 75%
X 位移 (X): 1 mm
Y 位移 (Y): 1 mm
模糊 (B): 1 mm
顏色 (C):　暗度 (D): 100%
預視 (P)　確定　取消

指定物件與陰影在背景重疊時的重疊方式

指定陰影的不透明度。數值越大，陰影越深。

指定物件與陰影的距離。若設定為正值，就會往 X 軸的右側移動，或是往 Y 軸的下方移動。

讓陰影在指定範圍內套用模糊效果

設定陰影的濃度。若是設定為 0%，代表與物件的顏色相同，若設定為 100%，代表黑色 100%。假設物件的填色為漸層色或圖樣，則會是灰階的設定。

點選這裡則可根據右側色彩方塊的設定製作陰影。如果想變更顏色，可雙擊色彩方塊，從中選擇顏色。也可以指定為特別色。

POINT

製作陰影的陰影為點陣化的影像。
會根據「效果」選單的「文件點陣效果設定」的「解析度」建立。

內光暈

「內光暈」可根據對話框的設定，讓選取的物件內側變得模糊。

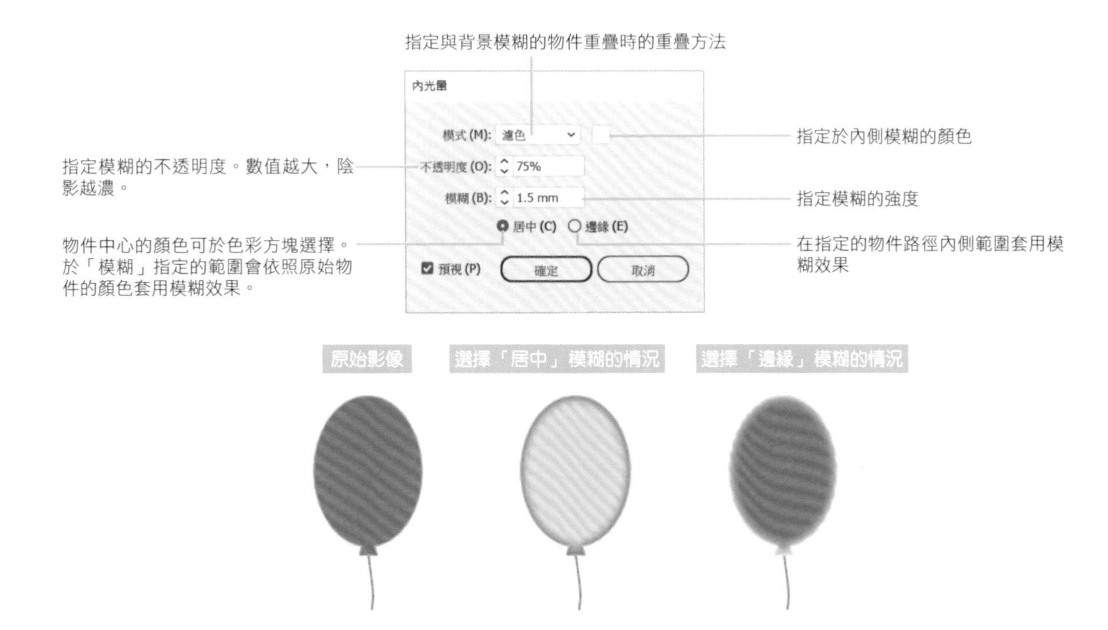

外光暈

「外光暈」效果可沿著選取的物件的輪廓模糊外側。

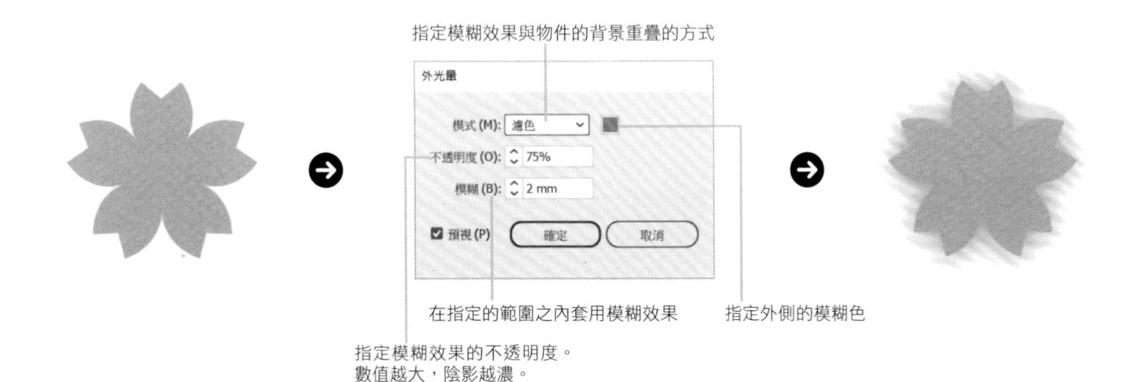

塗抹

「塗抹」可營造手繪粗糙線條的效果。

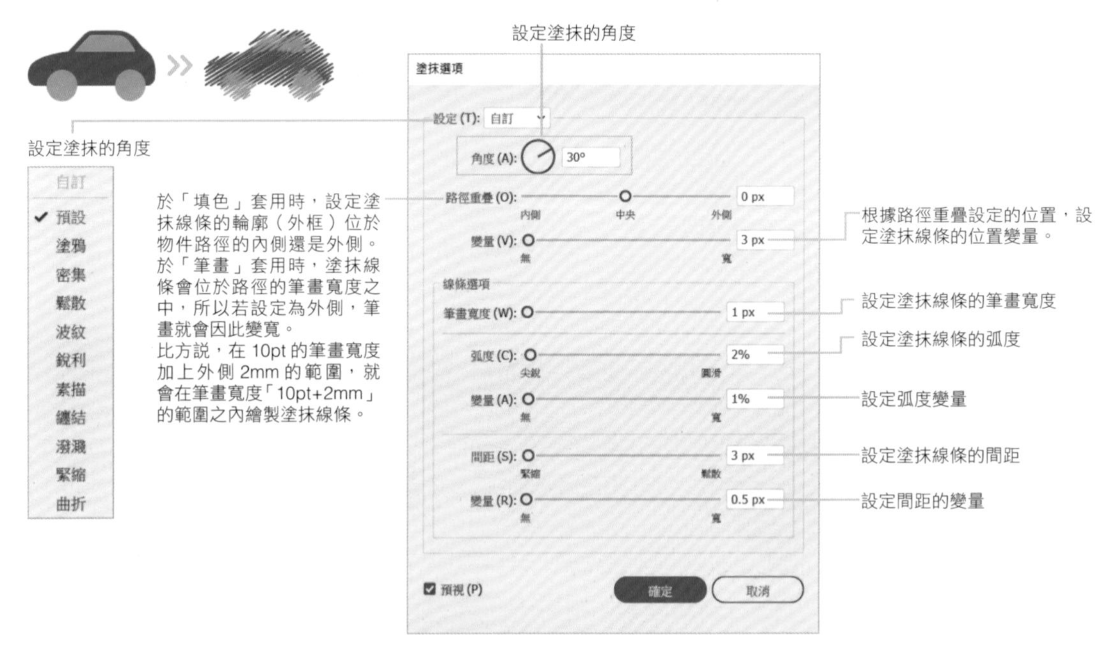

只在「填色」或「筆畫」套用「塗抹」效果

如果是選取物件後套用「塗抹」效果，「塗抹」效果會同時在「筆畫」與「填色」套用。要注意的是，將「筆畫」與「填色」設定為「無」就無法顯示效果。只有在設定了填色、漸層與圖樣的時候，才能套用效果。

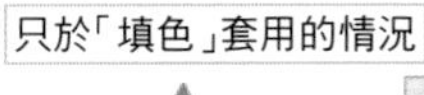

只於「筆畫」套用的情況，塗抹線條會依照筆畫寬度繪製。

圓角

「圓角」效果可依照指定的半徑讓轉角變得柔和。設定值越大，圓角越明顯。

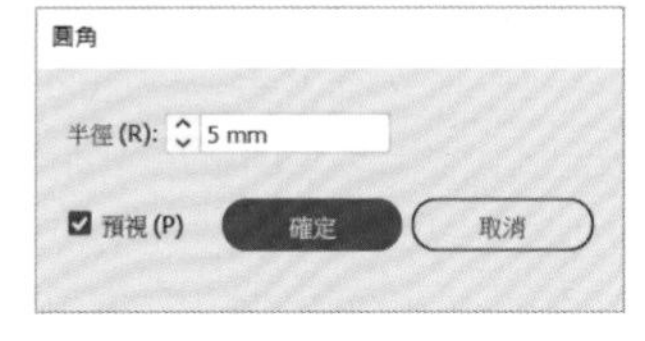

SECTION 9.4

「效果」選單

「扭曲與變形」效果

使用頻率

「扭曲與變形」效果可像是移動物件的錨點與方向線般，讓物件變成不同的形狀。

鋸齒化

「鋸齒化」效果可讓路徑變成鋸齒狀。

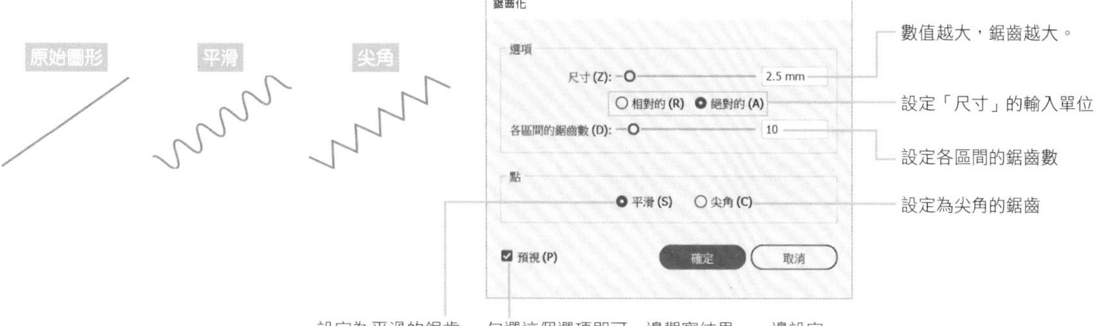

隨意扭曲

「隨意扭曲」效果可讓選取的物件邊框變形，藉此讓整個物件變形。

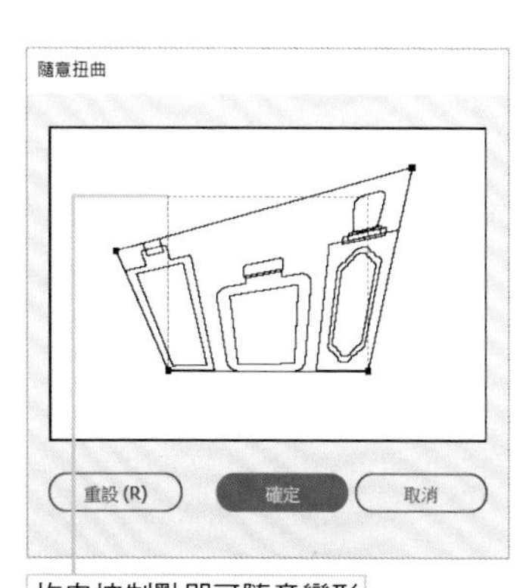

拖曳控制點即可隨意變形

縮攏與膨脹

「縮攏與膨脹」效果可讓選取的物件的所有錨點顯示方向線，也能扭曲線段，讓物件變形。

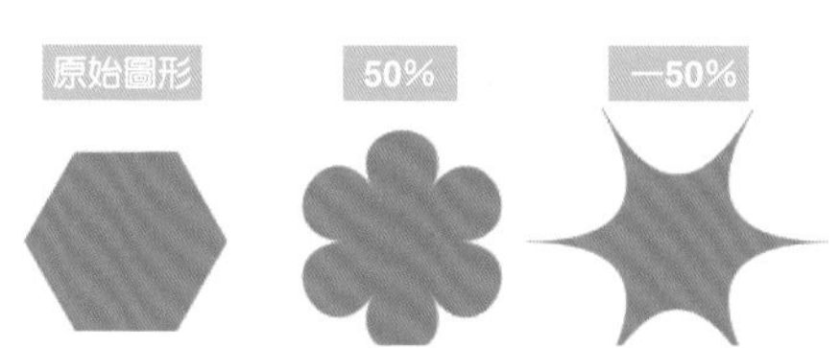

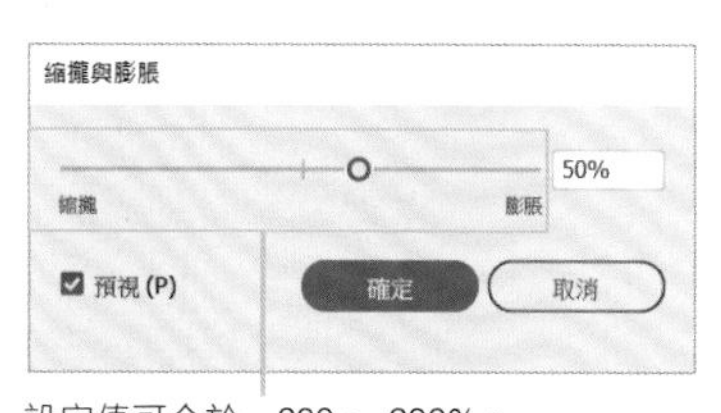

設定值可介於−200～200%。
正值為膨脹，負值為縮攏。

TIPS 搭配「增加錨點」使用

在「物件」選單的「路徑」點選「增加錨點」，可增加物件的錨點，此時若是套用「縮攏與膨脹」效果，就能創造與原始圖形截然不同的形狀。

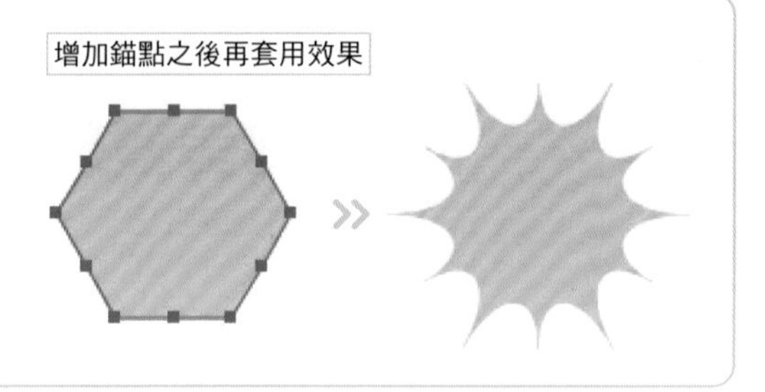

粗糙效果

「粗糙效果」可替選取的物件增加虛擬的錨點，再移動虛擬的錨點與真實的錨點，讓物件變形。

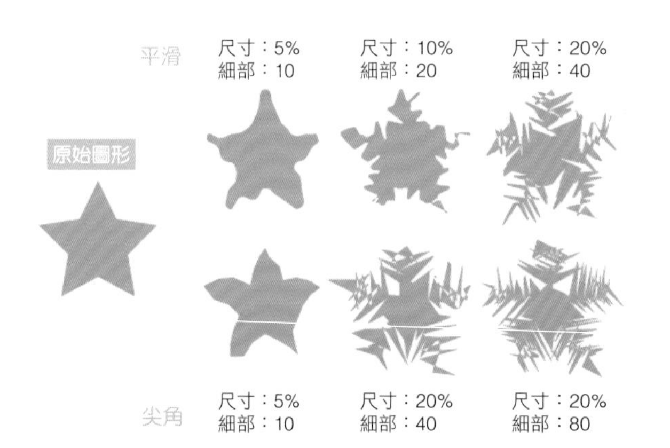

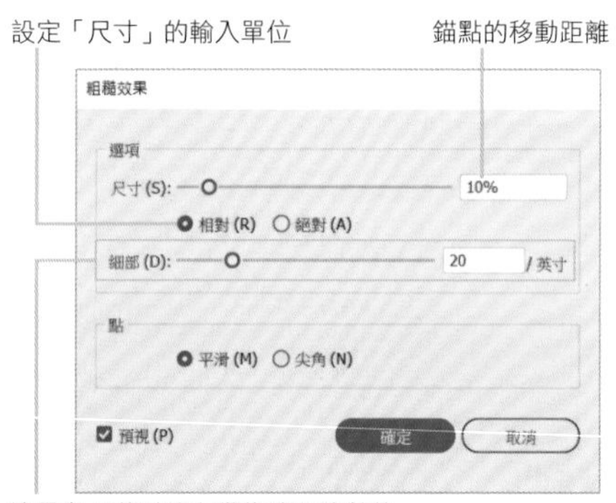

POINT

在使用「粗糙效果」時，將「點」設定為「平滑」之後，建議不要將「細部」設定得太大，而是將「尺寸」設定得大一點，反之，如果將「點」設定為「尖角」則應該放大「細部」的設定。

隨意筆畫

「隨意筆畫」可在選取物件之後，根據指定的變量讓錨點與控制點（方向線的兩端）移動，藉此讓物件變形。

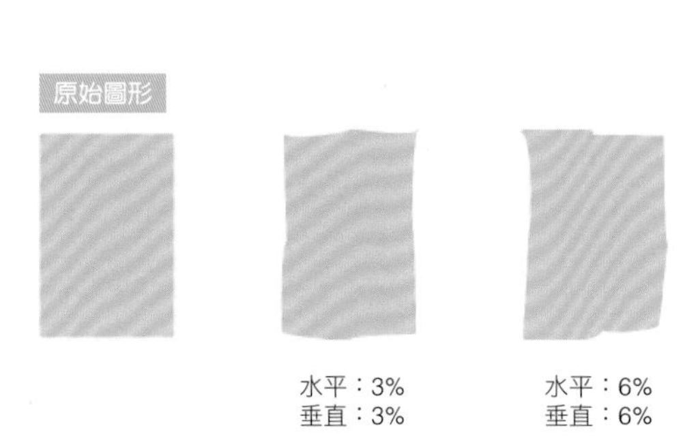

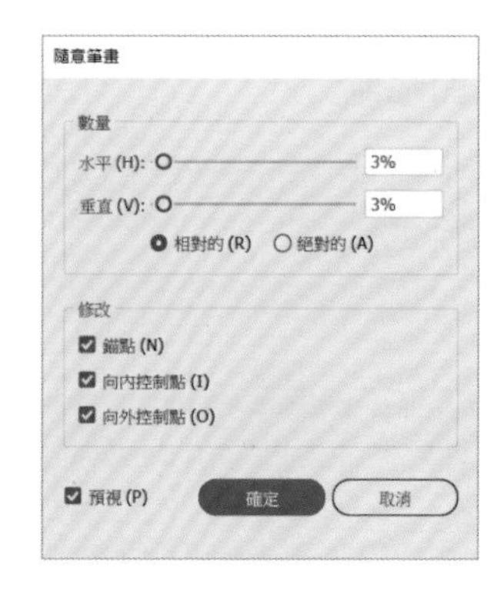

變形

「變形」效果可讓選取的物件套用移動、旋轉、縮放這類變形效果。
右圖藉由不斷地套用放大、移動、旋轉的效果，建立了多個物件的複本。

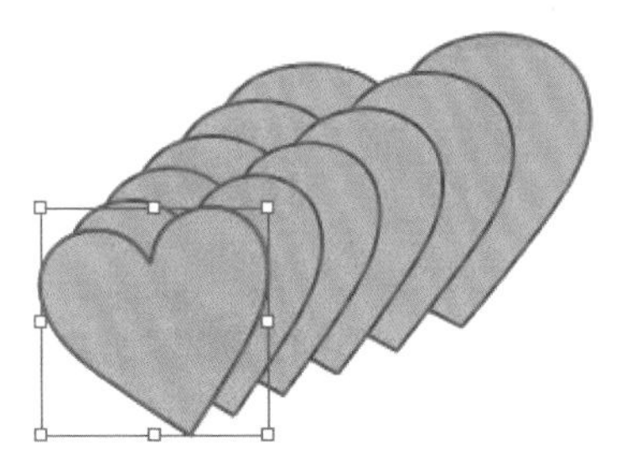

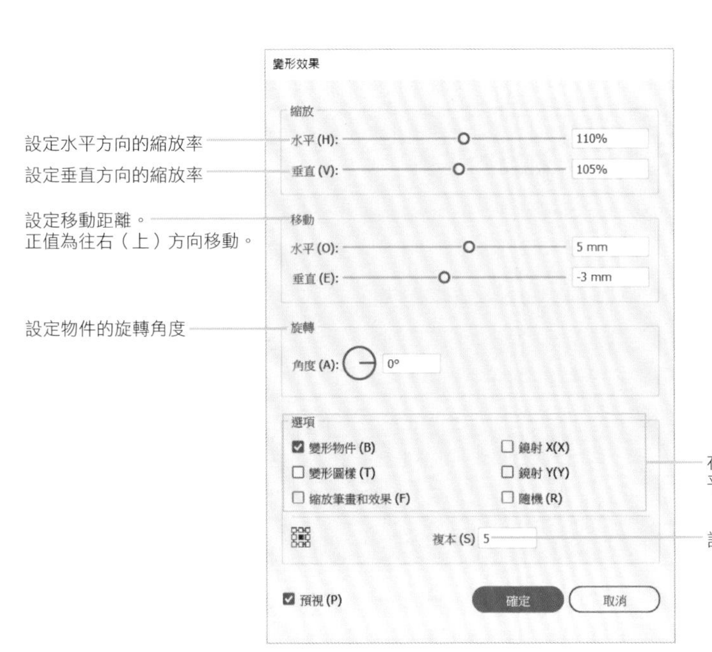

螺旋

「螺旋」效果可根據指定的角度讓物件呈漩渦狀扭曲。

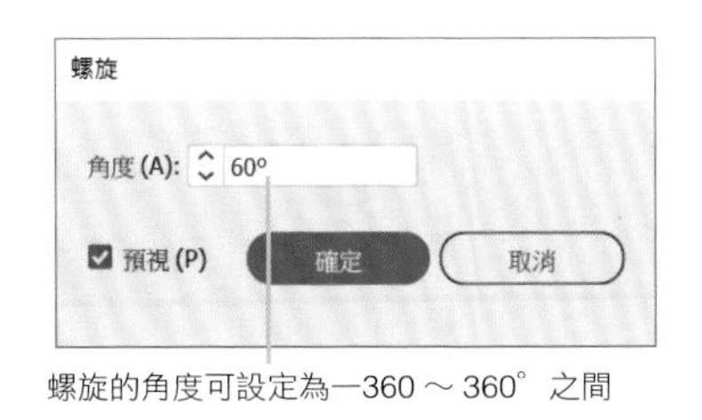

螺旋的角度可設定為－360～360°之間

SECTION 9.5

使用頻率

「效果」選單

「路徑管理員」面板／「路徑管理員」效果

「路徑管理員」面板可根據重疊的物件快速新增物件。「路徑管理員」面板的功能也可透過「效果」選單的「路徑管理員」點選各種效果套用。

「路徑管理員」面板與「路徑管理員」效果的差異

路徑管理員的變形效果可透過「效果」選單的「路徑管理員」與「路徑管理員」面板套用。

利用「路徑管理員」面板變形物件時，會讓路徑真的變形。此時要讓變形之後的物件還原，只能利用「編輯」選單的「還原」命令（Ctrl + Z）。

「效果」選單的「路徑管理員」只是一種效果，只會讓物件的外觀變形。只要在「外觀」面板解除效果，物件就能還原。

此外，若是於網格物件套用路徑管理員的效果，有可能無法得到正常的結果。

POINT

若沒看到「路徑管理員」面板可從「視窗」選單點選「路徑管理員」（Shift + Ctrl + F9 鍵）開啟。

TIPS　「效果」選單的「路徑管理員」

若要使用「效果」選單的「路徑管理員」，建議先將要套用效果的物件組成群組。

此外，有些物件可套用「路徑管理員」面板的設定，卻無法套用「效果」選單的「路徑管理員」效果。

形狀模式

相加（「路徑管理員」面板的「聯集」）

根據多個物件的外框建立新物件，再利用最上層物件的「填色」與「筆畫」設定新物件。

交集

只保留兩個物件的重疊部分，藉此新增物件。新物件會套用最上層物件的「填色」與「筆畫」。

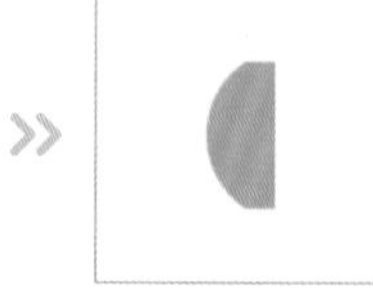

減去上層

利用上下層物件的重疊部分裁切下層物件，藉此新增複合物件。

差集

在選取物件之後，讓重疊的部分變得透明，藉此新增複合物件。

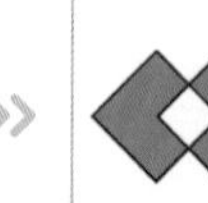

TIPS 複合形狀

按住 Alt 鍵再點選形狀模式的按鈕，就能建立只有外觀變形的「複合形狀」。複合形狀是可利用直接選取工具編輯，或是在編輯模式編輯的特殊群組物件。

點選「路徑管理員」面板的「展開」之後，複合形狀就會轉換成徹底變形的路徑。此外，在「路徑管理員」面板選單點選「釋放複合形狀」就能讓物件還原。

複合形狀的狀態

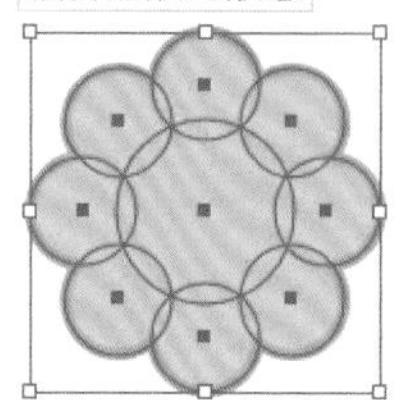

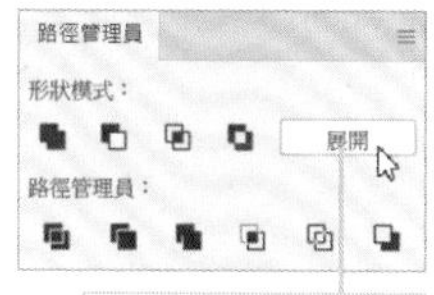

要讓複合形狀徹底變形可點選「展開」

路徑管理員

分割

讓物件重疊的部分分割成多個物件。新增的物件會是群組物件。

移動分割之後的物件

裁切

利用最上層物件裁切下層物件的重疊部分，創造宛如遮色片的效果。新增的物件會是群組物件。

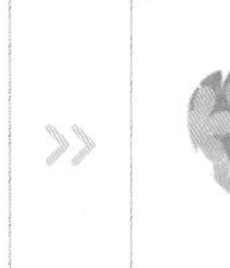

剪裁覆蓋範圍

選取物件之後，根據「填色」相同的物件外框新增物件。「填色」相同的物件會依照重疊方式轉換成獨立物件。新增的物件會是群組物件，而且沒有「筆畫」的設定。

散落的情況

外框

選取物件之後，分割重疊部分的路徑，建立多個開放路徑。新增的開放路徑會組成群組。套用處理之後的物件會是「筆畫」為「0」的狀態，所以請自行指定適當的筆畫。

合併

建立與「剪裁覆蓋範圍」相同的物件，但是「填色」相同的物件會轉換成單一物件。新增的物件會是群組物件，而且沒有「筆畫」的設定。

散落的情況

依後置物件剪裁

依照上下層物件重疊的部分裁切上層物件，藉此建立複合物件。

只有「效果」選單才有的項目

實色疊印混合

以色彩的最大值讓群組物件重疊部分的顏色混合。假設是「C：40、M：60、Y：30、K：0」與「C：20」、「M：70、Y：20、K5」的顏色重疊，就會轉換成「C：40、M：70、Y：30、K5」的顏色。「筆畫」的顏色將被忽略。

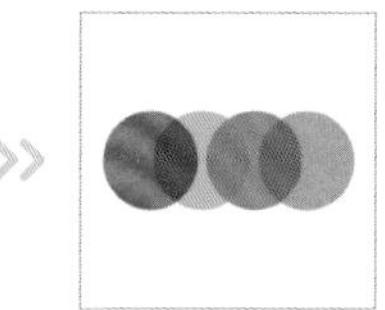

透明疊印混合

讓群組物件重疊部分的顏色中的淡色疊在上層。如此一來，位於重疊部分上層的顏色會變得透明，下層的顏色就能透到上層。顏色的混合比例可於「路徑管理員選項」對話框（參考第 272 頁）指定。數值越大，下層的顏色越透明。

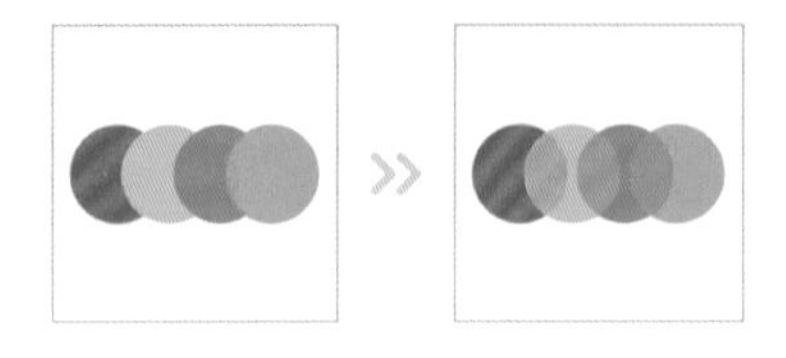

點選「外觀」面板的「路徑管理員」效果就能開啟「路徑管理員選項」對話框

補漏白（「路徑管理員」面板可從面板選單點選）

「**補漏白**」可根據鏤空物件建立補漏白物件。

所謂的補漏白是指在重疊多個色版，進行全彩印刷之際，在不同顏色重疊的部分利用中間色放大圖稿，避免漏白發生的技術。

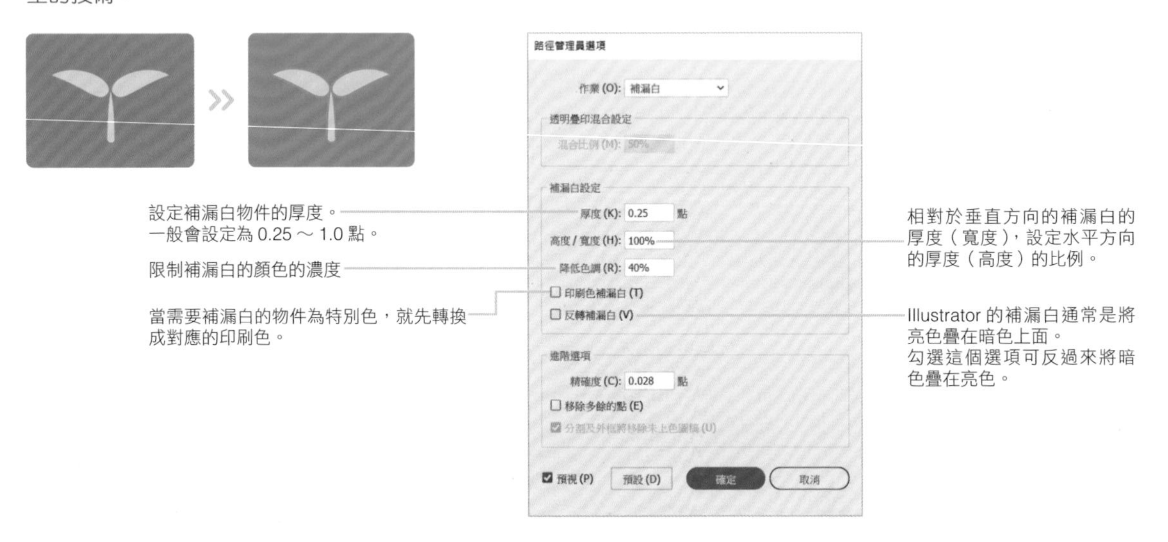

設定補漏白物件的厚度。一般會設定為 0.25 ～ 1.0 點。

限制補漏白的顏色的濃度

當需要補漏白的物件為特別色，就先轉換成對應的印刷色。

相對於垂直方向的補漏白的厚度（寬度），設定水平方向的厚度（高度）的比例。

Illustrator 的補漏白通常是將亮色疊在暗色上面。勾選這個選項可反過來將暗色疊在亮色。

TIPS 路徑管理員選項

從「路徑管理員」面板選單點選「路徑管理員選項」可開啟「路徑管理員選項」對話框，從中可設定「路徑管理員」面板的各種功能。

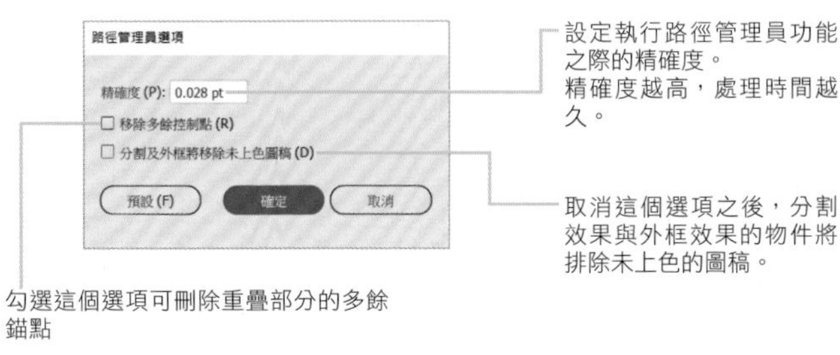

設定執行路徑管理員功能之際的精確度。精確度越高，處理時間越久。

取消這個選項之後，分割效果與外框效果的物件將排除未上色的圖稿。

勾選這個選項可刪除重疊部分的多餘錨點

SECTION 9.6

「效果」選單

「轉換為以下形狀」效果

使用頻率

「轉換為以下形狀」效果可在選取物件之後，讓路徑轉換成矩形、圓角矩形或是橢圓形。由於可以只在物件的部分外觀套用，所以可用來轉換文字物件的「筆畫」、「填色」這類外觀，因此很適合用來製作網頁的按鈕。

「轉換為以下形狀」效果可維持物件路徑的形狀，同時讓物件轉換成矩形、圓角矩形或橢圓形。接下來要以讓「筆畫」變形為例說明。

1 在新增的「筆畫」屬性套用效果

選擇在「外觀」面板新增的筆畫，再套用「轉換為以下形狀」效果。

2 設定選項

在「外框選項」對話框選擇外框，選擇形狀後，設定要於外框追加的值，再點選「確定」。

3 筆畫變成圓角矩形

剛剛新增的筆畫轉換成圓角矩形，原始圖形也還保留。

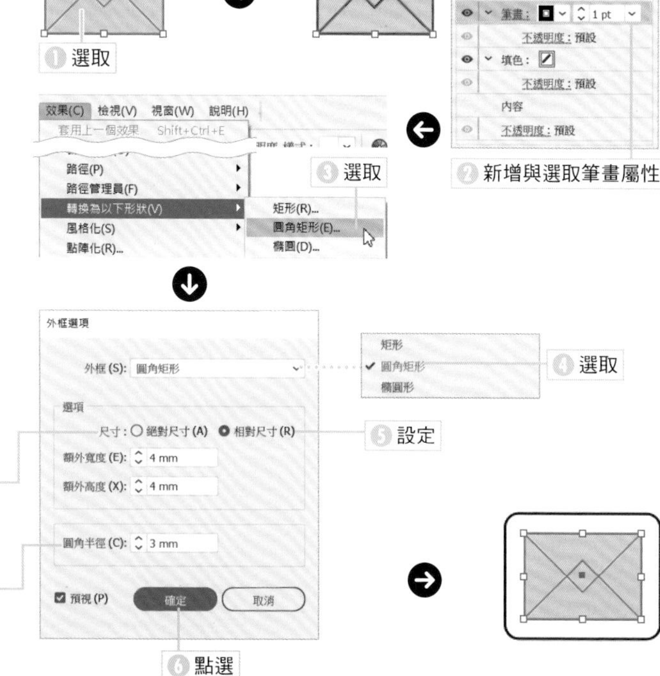

在追加的「填色」或「筆畫」套用「轉換為以下形狀」效果之後，可保留原始的物件，以及追加圍住原始物件的矩形或其他圖形。

由於是效果的一種，所以編輯原始物件之後，利用「轉換為以下形狀」效果製作的圖形也會跟著縮放。

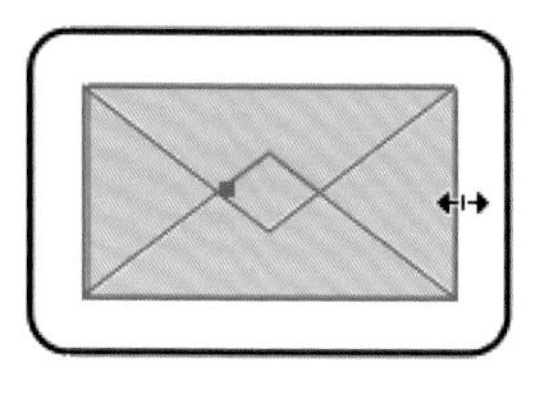

調整圖形之後，新增的圓角矩形也會跟著縮放。

SECTION 9.7

其他效果

使用頻率

「裁切標記」效果可在物件新增裁切標記。「路徑」效果雖然無法直接改變物件的外觀，卻能與其他效果搭配，創造相輔相乘的效果。

「SVG 濾鏡」效果

SVG 是「Scalable Vector Graphics」的縮寫，是 Word Wide Web Consortium（W3C）提倡的網路圖片專用 XML 語言。SVG 濾鏡效果是一種以 XML 撰寫影像效果的濾鏡，能與其他的「效果」以相同的方式套用。

「SVG 濾鏡」效果可利用 XML 格式的文字資料設定要於影像套用何種效果。

只要具備 XML 的知識，就能自行改寫濾鏡內容，建立全新的 SVG 濾鏡。

將套用了 SVG 效果的圖稿儲存為 SVG 格式的檔案，就能在利用網頁瀏覽器瀏覽時，運算與顯示 SVG 的效果。

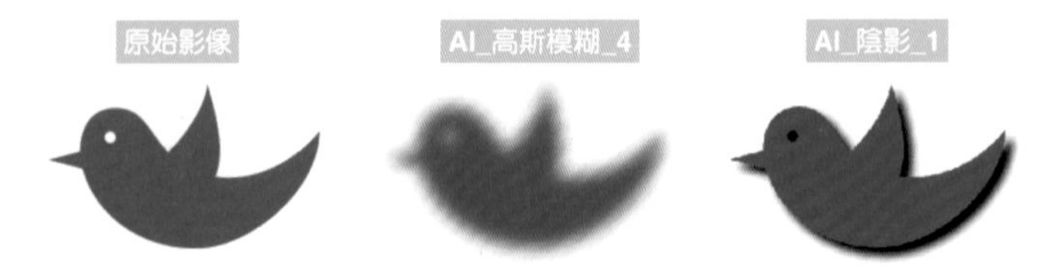

「裁切標記」效果

「裁切標記」效果可在選取的物件周圍新增裁切標記。可在一個工作區域建立多個裁切標記，也能變更裁切標記的形狀。與圖稿的裁切標記有著不同的便利性。

»

POINT

利用裁切標記效果建立的裁切標記會在分色時，轉換成以全彩輸出的拼版標示色。

TIPS 將裁切標記轉換成路徑

要讓利用「裁切標記」效果建立的裁切標記轉換成路徑，請點選「物件」選單的「擴充外觀」，也能以建立物件的方式新增裁切標記，詳情請參考第 302 頁。

TIPS 裁切標記的種類

裁切標記的種類可於「偏好設定」對話框的「一般」面板（Ctrl + K）設定。

路徑效果

「路徑」效果可讓物件的路徑外框化或是位移。

▶ 外框物件

讓文字物件轉換成外框。

▶ 外框筆畫

讓物件的路徑轉換成外框（參考第 193 頁）。

▶ 位移複製

讓物件的路徑以指定的距離位移再變形（參考第 194 頁）。

「點陣化」效果

「點陣化」效果可讓選取的路徑物件點陣化，可於想要保留路徑，又想呈現點陣效果的時候使用。

指定轉換之後的色彩模式

點陣化
色彩模式 (C): CMYK
解析度 (R): 螢幕 (72 ppi)
背景
白色 (W)
透明 (T)
選項
消除鋸齒 (A): 無
製作剪裁遮色片 (M)
在物件周圍增加 (D): 12.7 mm 版面
確定 取消

將點陣化物件指定為原始物件追加指定值之後的大小

指定點陣物件的解析度。請依照圖稿的使用目的設定。

- 螢幕 (72 ppi)
- 中 (150 ppi)
- 高 (300 ppi)
- 使用文件點陣效果解析度
- 其他

指定點陣化物件的背景色

利用原始物件的部分替點陣化物件製作剪裁遮色片

- 無
- 最佳化線條圖（超取樣）
- 最佳化文字（提示）

選擇消除鋸齒的方法，讓點陣化物件的邊緣變得平滑。

無

不套用消除鋸齒處理，讓邊緣保留鋸齒。文字的邊緣也會變成鋸齒狀，但形狀可依照「字元」面板的「消除鋸齒方式」點陣化。

最佳化線條圖（超取樣）

在所有包含文字的物件套用消除鋸齒效果。
文字的部分會忽略「字元」面板的「消除鋸齒方式」的設定。與舊版的消除鋸齒選項相同。

最佳化文字（提示）

在所有包含文字的物件套用消除鋸齒效果。
文字的部分會根據「字元」面板的「消除鋸齒方式」的設定進行消除鋸齒的處理。

> **TIPS　「彎曲」效果**
>
> 可讓選取的物件轉換成弧形或拱形的效果。相關細節請參考 SECTION 7.11（第 204 頁）。

TIPS Photoshop 效果

Photoshop 效果是在 Illustrator 的物件套用與 Photoshop 相同效果的功能。
請一邊觀察左側預覽視窗的變形效果，一邊於右側的設定畫面調整設定值。
此外，也可以在這個畫面變更濾鏡的種類。

Photoshop濾鏡的設定畫面

CHAPTER

10

了解儲存／轉存／動作／列印

在 Illustrator 製作的檔案當然會以 Illustrator 的格式儲存，但有時候會需要轉存為 PDF、PNG ／ JPEG 這類點陣圖，而且也必須了解連結圖片的方法，才能將檔案交給委託方。CHAPTER 10 將說明儲存、轉存、列印這類製作進入尾聲之際的功能。

SECTION
10.1

「檔案」選單→「儲存」

依照用途儲存圖稿

使用頻率 ●●●

不管繪製圖稿的過程多麼艱辛，若不儲存就會消失。建議大家養成頻繁存檔的習慣，才能在系統發生問題時減少傷害。讓我們養成時常存檔的習慣吧。

儲存圖稿

第一次儲存圖稿的時候，可從「檔案」選單點選「儲存」（Ctrl + S），替圖稿命名之後再儲存。

① 點選 「儲存」

從「檔案」選單點選「儲存」。

檔案(F) 編輯(E) 物件(O) 文字(T) 選取(S) 效果(
新增(N)... Ctrl+N
從範本新增(T)... Shift+Ctrl+N
開啟舊檔(O)... Ctrl+O
打開最近使用過的檔案(F) ›
在 Bridge 中瀏覽... Alt+Ctrl+O
關閉檔案(C) Ctrl+W
全部關閉 Alt+Ctrl+W
儲存(S) Ctrl+S
另存新檔(A)... Shift+Ctrl+S
儲存拷貝(Y)... Alt+Ctrl+S

❶ 選取這裡

POINT

如果想儲存為 GIF 或 JPEG 這類圖檔，可先儲存為 Illustrator 檔案，再以「另存新檔」的方式轉存。

② 選擇儲存位置

選擇要儲存在雲端還是電腦。

③ 點選 「存檔」

輸入檔案名稱，選擇儲存位置與設定格式之後，點選「存檔」。

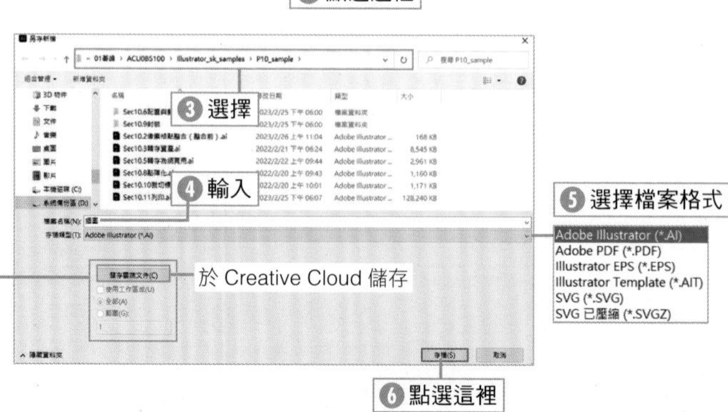

如果使用了多個工作區域，可在此選擇儲存方式。勾選「使用工作區域」可儲存具有所有工作區域的檔案，以及分別儲存每個工作區域的多個檔案。也可以指定頁面，只儲存部分工作區域。
如果選擇的是 Illustrator 格式，可在「Illustrator 選項」對話框（參考第 279 頁）指定。

> **TIPS　使用工作區域**
>
> 所有的工作區域都可以單獨儲存為檔案。請於「Illustrator 選項」對話框指定（參考第 33 頁）。

> **TIPS　儲存雲端文件**
>
> 檔案不一定非得於電腦儲存，也能於雲端（Adobe Creative Cloud）儲存。儲存為雲端文件之後，副檔名會是「.aic」，也能利用 iPad 版的 Illustrator 開啟。

檔案種類	副檔名	內容
Adobe Illustraotr	.AI	Illustrator的檔案格式，也稱為「原生檔案格式」。
Adobe PDF	.PDF	用於交換資料使用的檔案格式。
Illustrator EPS	.EPS	用於數位排版軟體的檔案格式。
Illustrator Template	.AIT	Illustrator CC的範本檔案格式。
SVG、SVG已壓縮	.SVG、.SVGZ	在網路上利用XML顯示類似Illustrator圖檔的檔案格式。

▶ 以不同的名稱儲存已儲存的圖稿

如果要以不同的名稱儲存已儲存的圖稿，可於「檔案」選單點選「另存新檔」（Shift + Ctrl + S）或是「儲存拷貝」（Alt + Ctrl + S）。

> **POINT**
>
> 想要開啟現有的檔案，再覆寫該檔案的時候，可從「檔案」選單點選「儲存」（Ctrl + S）。這個快捷鍵很常用，請大家務必記住。

> **TIPS　「另存新檔」與「儲存拷貝」的差異**
>
> 要在修正 A 圖稿之後，以「另存新檔」的方式將 A 圖稿儲存為 B 圖稿時，正在修改的檔案會變成 B 圖稿，而 A 圖稿不會有任何變動。
>
> 「儲存拷貝」則是將圖稿儲存為 B 圖稿，但正在修改的檔案還是 A 圖稿。

Illustrator 格式的設定

在儲存檔案的時候，將「存檔類型」設定為「Adobe Illustrator」，就會開啟「Illustrator 選項」對話框，從中可設定各種選項。

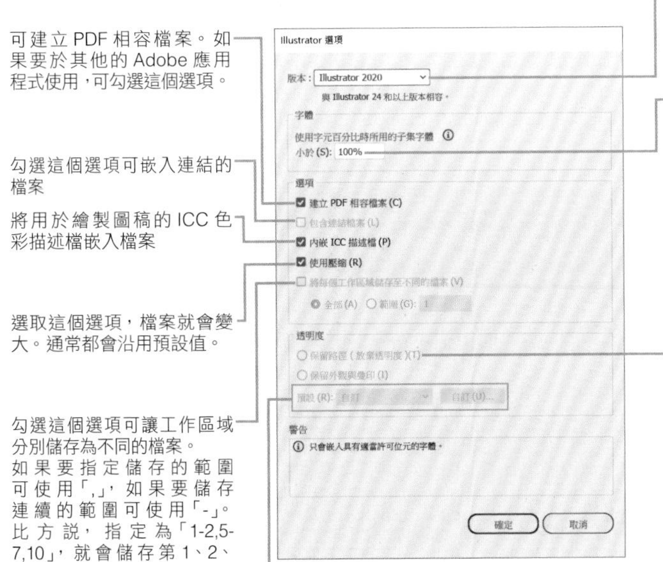

選擇儲存的版本。要注意的是，若將使用了各版新功能的圖稿儲存為舊版的檔案，使用新功能繪製的部分可能無法原封不動儲存。

為了在嵌入字體之際，讓檔案容量變小，只嵌入文件使用的文字。這部分稱為「子集字體」。
再嵌入子集字體時，可設定建立子集的比例（臨界值）。
只要文件的字數與所有字體的比例小於臨界值，就會建立子集，若是大於等於臨界值，就會嵌入所有字體。

要儲存為 Illustrator 8.0 之前的格式時，指定具有透明度的物件的儲存方式。

保留路徑
保持路徑的形狀，捨棄透明度的設定。

保留外觀與疊印
展開物件，再將路徑無法呈現的部分轉換成點陣化物件，藉此維持圖稿的原貌。

選擇「保留外觀與疊印」時，可在這裡設定點陣化的解析度。

> **TIPS　EPS 格式**
>
> EPS 是 Encapsulated PostScript 的縮寫，是於數位排版軟體配置 Illustrator 檔案使用的格式，至今已有很長的歷史。近年來，都會直接使用 Illustrator 檔案，所以使用的機會越來越少。

關於 Adobe PDF

Adobe PDF 的 PDF 是「Portable Document Format」的縮寫，只要安裝 Adobe 公司提供的「Adobe Reader」就能忽略電腦環境、應用程式版本與字體，直接瀏覽檔案的內容。

Internet Explorer 或是其他網頁瀏覽器也有相關的外掛軟體，所以 PDF 是透過網路交換資訊以及數位出版所不可或缺的檔案格式。

「儲存 Adobe PDF」對話框的設定

儲存為 PDF 格式時，可依照用途選擇「Adobe PDF 預設集」，自動套用最適當的設定。如果沒有適當的預設集，則可依照需求設定。在此說明常用的項目。

▶「一般」面板

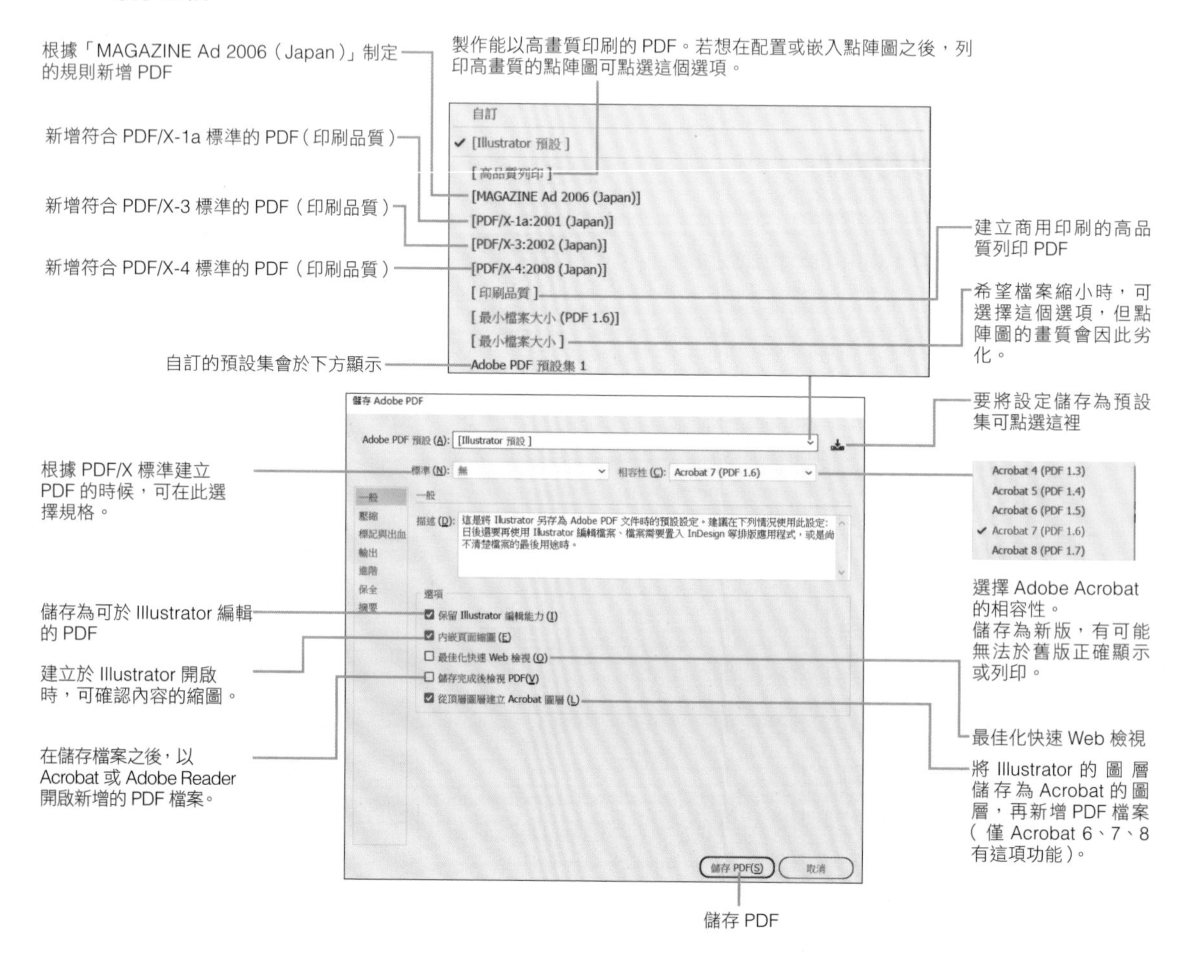

▶ 標記與出血

要建立帶有裁切標記的 PDF，可於「標記與出血」面板設定。

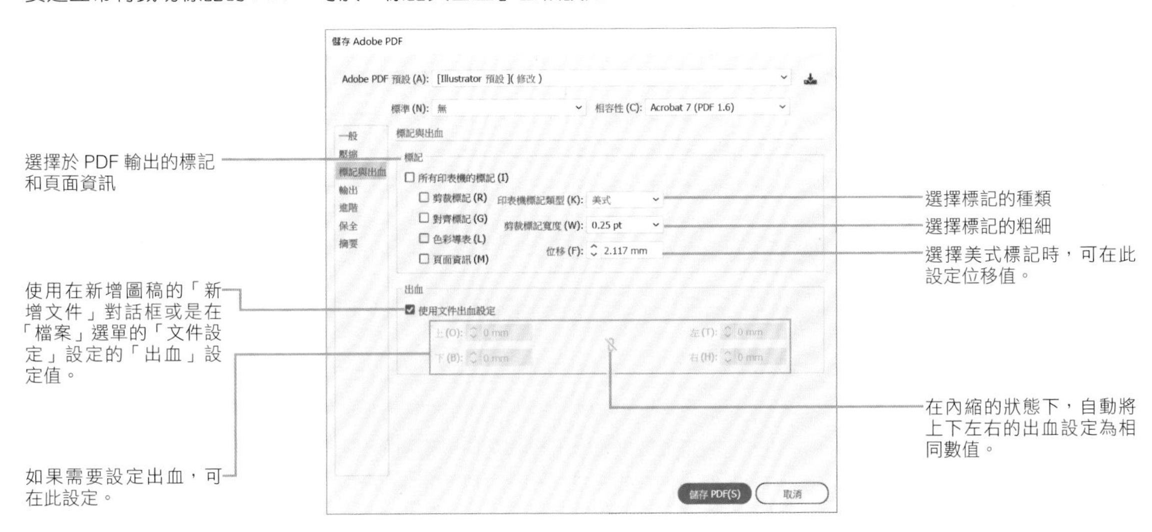

▶ 在 PDF 加密

如果要在 PDF 設定密碼或其他保全措施，可於「保全」面板設定。

在「相容性」的設定選擇「Acrobat 7、8」的時候，這裡會顯示「高（128 位元 AES）」，選擇「Acrobat 5、6」的時候，這裡會顯示「高 128 位元 RC4」，選擇「Acrobat 4」的時候，會顯示「低 40 位元 RC4」。
版本越新，保全性越高。

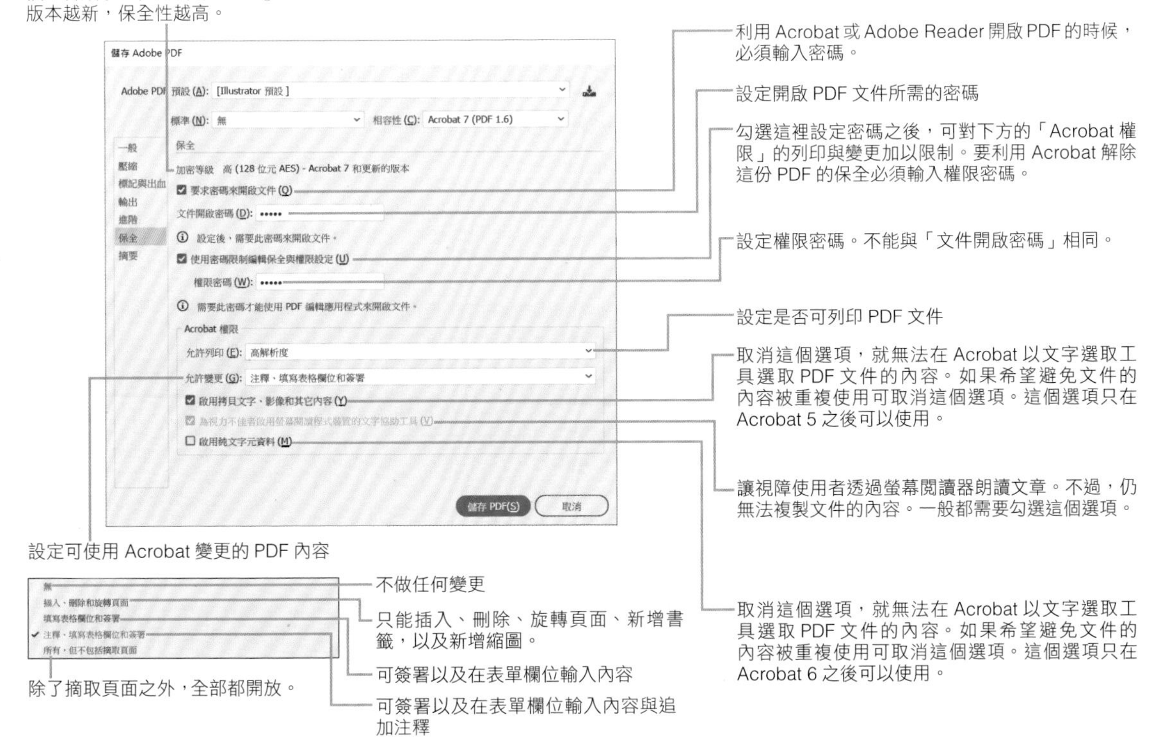

儲存為 SVG 格式

SVG（Scalable Vector Graphics）格式並非 GIF 或 JPEG 這類網路圖片標準格式與點陣圖，而是將 Illustrator 圖稿儲存為能於網頁瀏覽器顯示的向量圖格式。

由於這種格式是以文字檔案撰寫，所以檔案容量比點陣圖小，下載所需的時間也大幅縮短。

> **POINT**
> SVG 是由 W3C（World Wide Web Consortium）制定的開源規格，目前已得到 Adobe、IBM、Netscape、Sun、Corel、惠普以及其他大企業的支援。

轉存 SVG

要轉存 SVG 檔案可於「檔案」選單點選「儲存」或是「另存新檔」，再選擇「SVG」或是「SVG 已壓縮」（參考第 278 頁）。

> **POINT**
> 「SVG 已壓縮」會以二進位格式壓縮以文字格式儲存的 SVG 資料。檔案大小約可壓縮至 50 ～ 80%，卻無法再以文字編輯器編輯。

▶「SVG 選項」對話框的設定

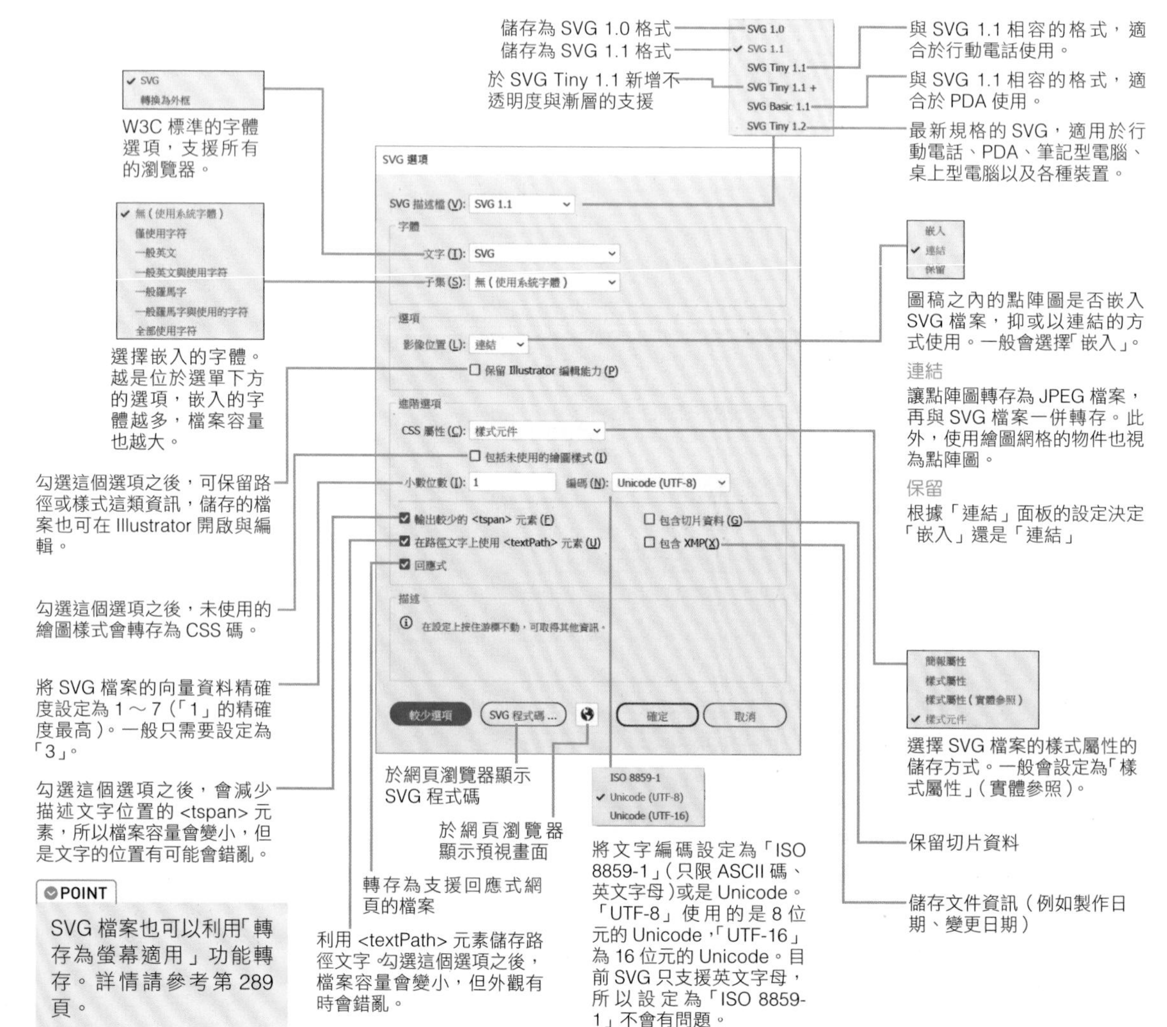

> **POINT**
> SVG 檔案也可以利用「轉存為螢幕適用」功能轉存。詳情請參考第 289 頁。

TIPS 儲存為範本

範本就是圖稿的雛形。從「檔案」選單的「從範本新增」(Shift + Ctrl +N)新增儲存為範本的檔案，就能載入範本的圖稿與設定再新增檔案。範本除了具有圖稿這類資訊，也儲存了色票、符號這類製作儲存為範本之際的圖稿作業環境。要儲存為範本可點選「檔案」選單的「另存範本」，或是在儲存檔案時，將「存檔類型」設定為「Illustrato Template」。

儲存為範本的項目

儲存為範本的主要項目包含「圖稿」、「筆刷」、「繪圖樣式」、「符號」、「色票(圖樣、漸層)」、「段落樣式」、「字元樣式」。

資料的自動儲存與復原

可依照指定的間隔自動備份資料。

就算在繪製圖稿的時候，Illustrator 莫名終止，也能還原為最後自動儲存的狀態。

▶自動儲存的設定

自動儲存可於「偏好設定」對話框的「檔案處理」、「剪貼簿處理」設定。

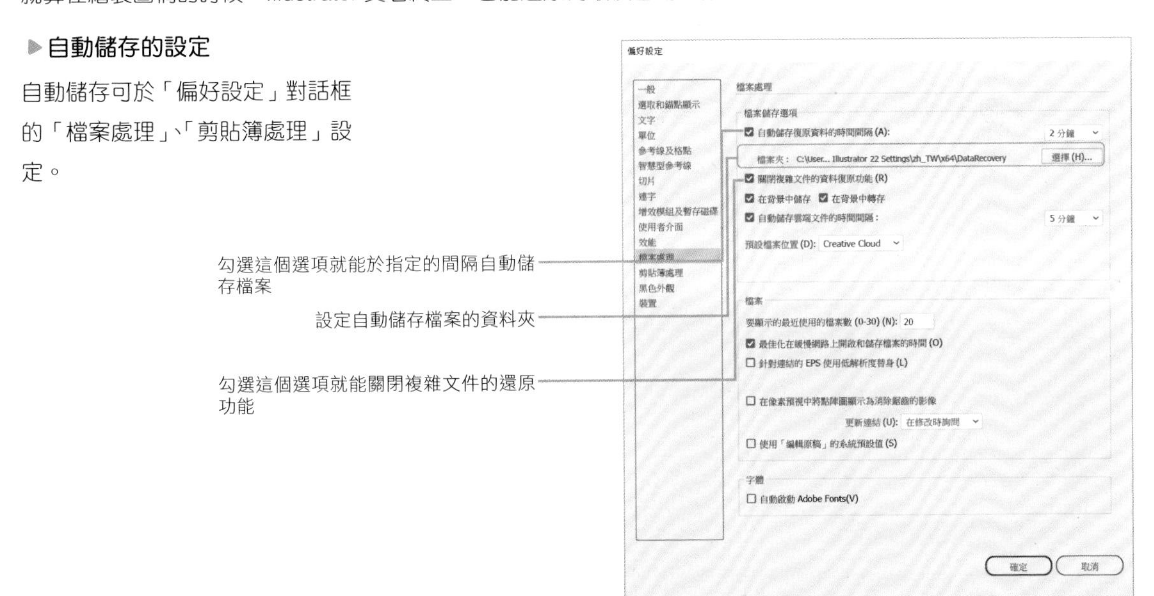

▶資料復原

在 Illustrator 異常結束之後重新啟動 Illustrator，就會顯示這個對話框。

點選「確定」就會在最後自動儲存的狀態顯示「檔案名稱 [已復原]」的訊息。這個檔案就是自動儲存的資料。請視情況儲存檔案。

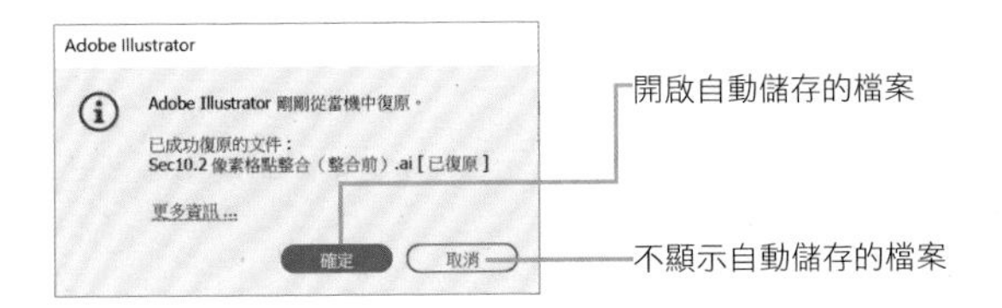

POINT

自動儲存的資訊只會顯示一次。由於是未儲存的狀態，所以若需要這個檔案，請務必替檔案命名再儲存。

SECTION

10.2

使用頻率

「檢視」選單→「像素預視」

繪製網路圖片的注意事項（與像素格點整合）

Illustrator 本來就是製作印刷檔案的軟體，所以將圖稿轉存為網路圖片時，必須注意像素格點的問題。

在像素預視模式確認

▶像素格點與像素預視

像素格點就是將 Illustrator 的物件轉存為 PNG 或 JPEG 這類點陣圖所使用的格點。點選「檢視」選單的「像素預視」就能切換成像素預視模式，顯示倍率若是調高至 600% 以上，就能看到像素格點。

每格格點會轉存為 1 個像素。「1 像素 =1 point」，將筆畫寬度 1 點的筆畫轉存為 PNG 或 JPEG，就會轉存為寬度 1 像素的線條。

由於是以像素格點為基礎，所以就算是水平／垂直的線條，也有可能因為物件的位置而自動套用消除鋸齒處理而變得模糊。

要確認轉存為點陣圖的結果可切換成**像素預視模式**。

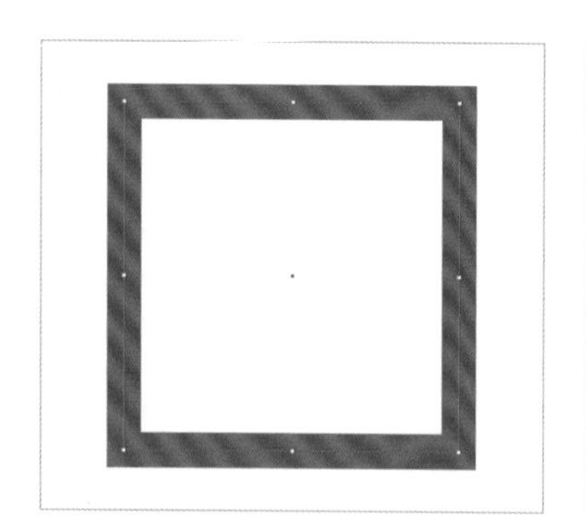

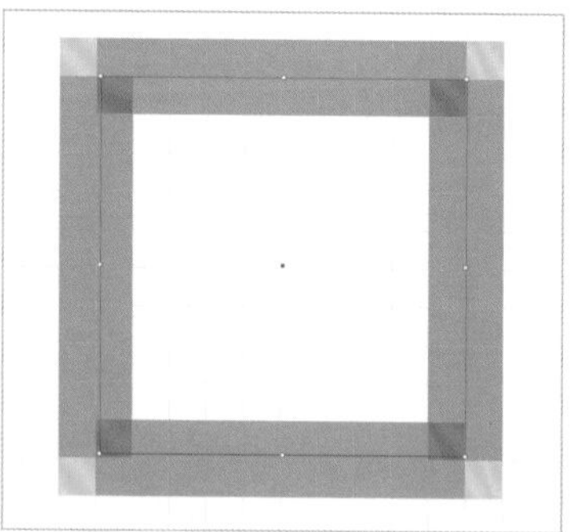

這是放大矩形之後的畫面。
可以發現，即使在一般的顯示模式（左）是銳利的直線，切換成像素預視模式（右）之後，就變得模糊了。

與像素格點整合

讓水平／垂直的線條與像素格點貼齊，轉存為銳利線條的功能為「**對齊像素格點**」。選取物件，再於「內容」面板點選「對齊像素格點」或是在「控制」面板點選 ▦，物件就會與最接近的像素格點對齊，也就能轉存線條銳利的物件。

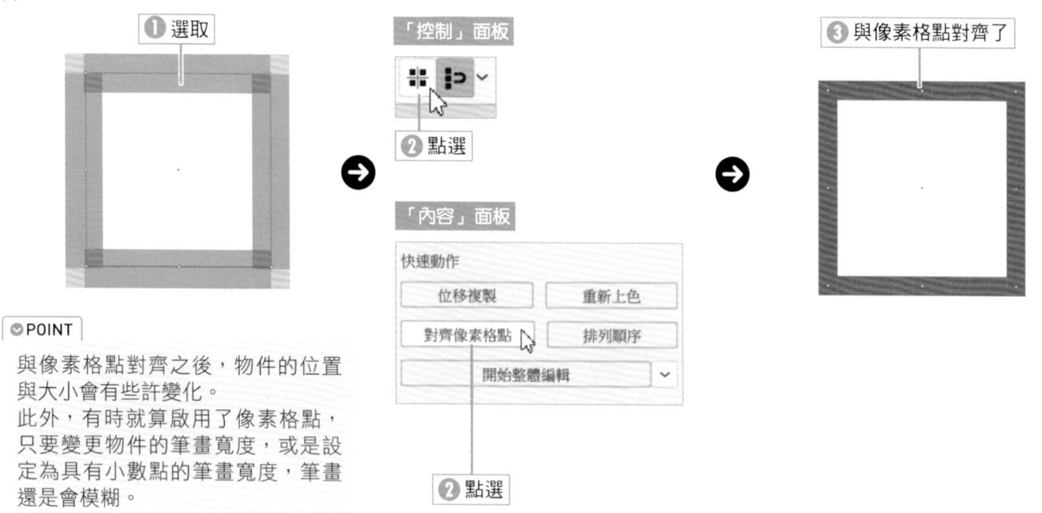

POINT

與像素格點對齊之後，物件的位置與大小會有些許變化。
此外，有時就算啟用了像素格點，只要變更物件的筆畫寬度，或是設定為具有小數點的筆畫寬度，筆畫還是會模糊。

▶ 新增物件與變形的設定

點選「內容」面板或「控制」面板的 ▣ 之後，移動或變形新物件或既有的物件，都會自動與像素格點對齊。

開啟「像素靠齊選項」對話框

點選這個按鈕之後，不管是新物件還是現有的物件，都會在移動與變形之際，自動與像素格點對齊。

此外，點選「控制」面板的 ▣ 右側的 ⌄ ，可開啟「像素靠齊選項」，設定與像素格點對齊的時間點與物件。

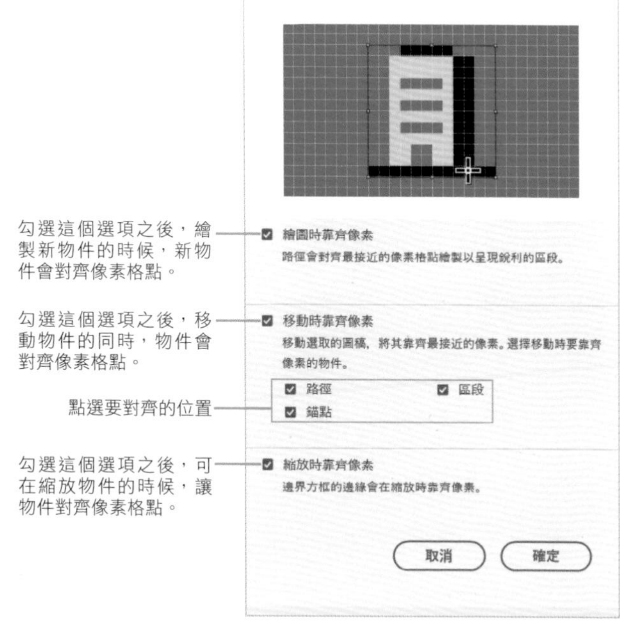

POINT

在新增文件時，選擇「行動裝置」或是「網頁」，就能在點選了「控制」面板的 ▣ 的狀態新增文件。

「檔案」選單→「轉存」→「轉存為螢幕適用」、「資產轉存」面板

SECTION 10.3

利用轉存資產（轉存為螢幕適用）轉存網頁圖片

使用頻率

在設計網頁的時候，已可快速轉存工作區域或是資產（個別的物件）。

新增轉存資產

要轉存為圖片的物件可新增至「資產轉存」面板。

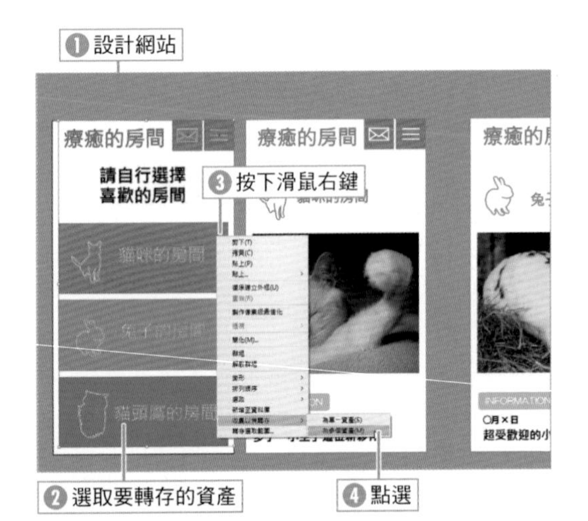

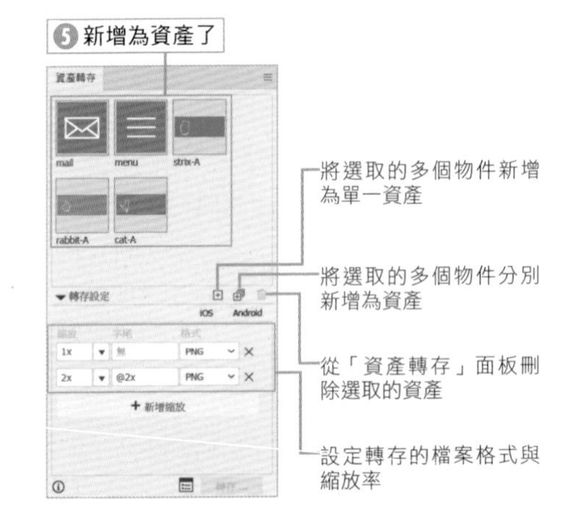

POINT

產生單一資產
可將選取的多個物件新增為單一資產。

產生多個資產
將選取的多個物件分別新增為資產。

TIPS 以拖放的方式新增資產

將物件拖放至「資產轉存」面板即可新增為資產。

此時拖放的物件會以群組為單位，分別新增為資產。按住 Alt 鍵再拖放，即可新增為單一群組的資產。

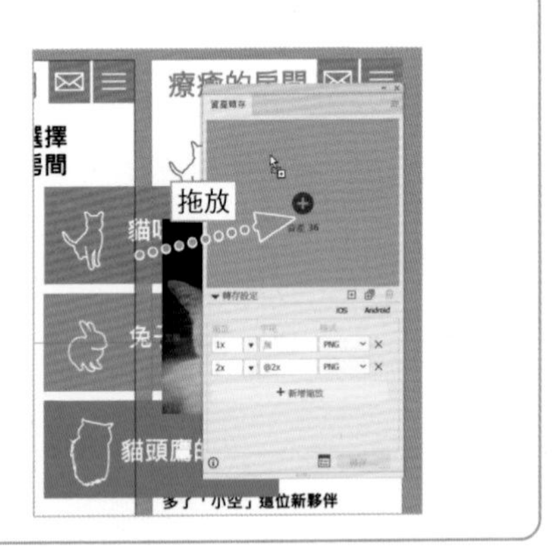

轉存資產

於「資產轉存」面板新增的資產可分別轉存為檔案。
指定縮放率與格式，就能一口氣轉存多張圖片。

① 點選

點選「資產轉存」面板下方的 。
資產名稱會是轉存之際的檔案名稱。

❶ 點選這裡變更名稱

❷ 點選這裡

> **POINT**
> 也可以從「檔案」選單的「轉存」點選「轉存為螢幕適用」選項。

② 設定與轉存

「轉存為螢幕適用」對話框的「資產」面板開啟之後，可選擇要轉存的資產。
在「轉存至」選擇要儲存轉存資產的資料夾。
在「格式」設定轉存的圖片格式與縮放率，再點選「轉存資產」按鈕。

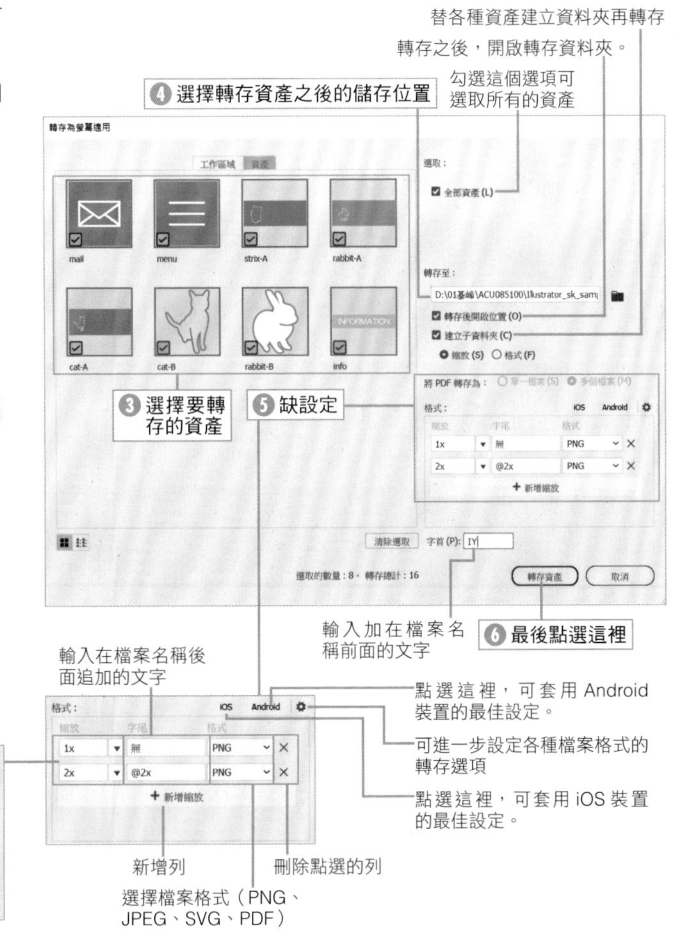

> **POINT**
> 如果顯示了「無描述檔」的對話框，可點選「確定」或是在選擇適當的色彩描述檔之後，再點選「確定」。

③ 轉存

以剛剛設定的格式與大小轉存資產了。

TIPS 不顯示「轉存為螢幕適用」對話框直接轉存

在「資產轉存」面板選擇資產，再點選「轉存資產」就能以最新的轉存設定將資產轉存至指定的資料夾。

⑦ 新增了儲存各種資產的資料夾

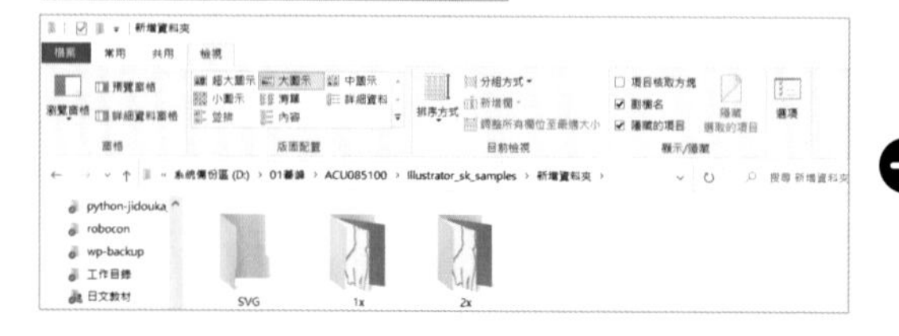

⑧ 轉存為圖片了

設定轉存格式

在「轉存為螢幕適用」對話框點選 ⚙，就能進一步設定各種轉存格式。

▶ PNG 的設定

選擇消除文字鋸齒的方法（參考第 229 頁）

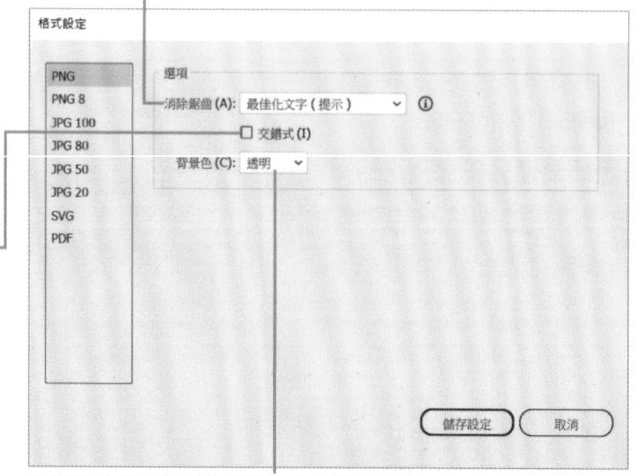

勾選這個選項，就能轉存為交錯式（慢慢顯示圖片的方式）圖片。

選擇讓背景色輸出為透明、白色還是黑色

▶ PNG 8 的設定

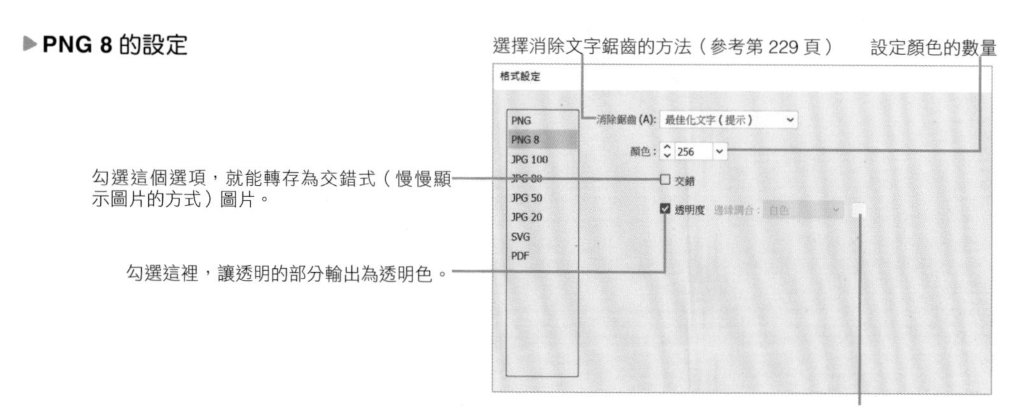

▶ **JPEG 的設定**

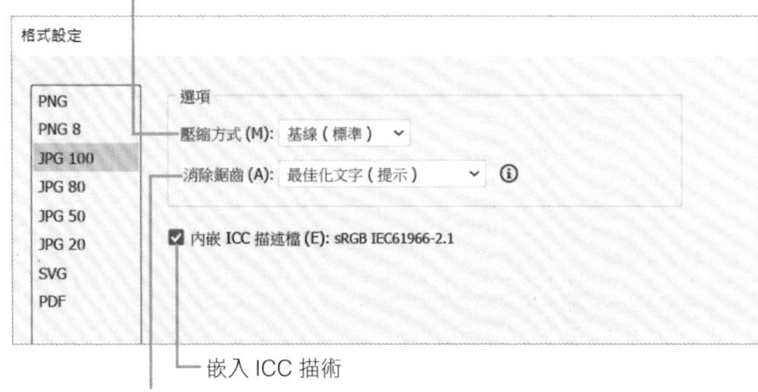

▶ **SVG 的設定**

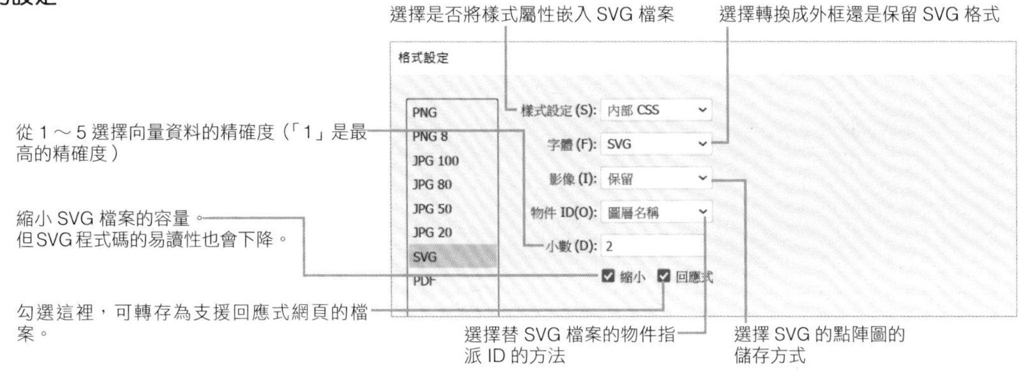

▶ **PDF 的設定**

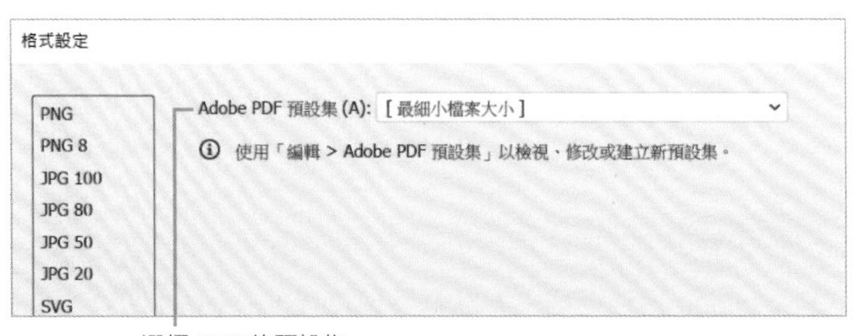

轉存工作區域

在「轉存為螢幕適用」對話框的「工作區域」面板，可將檔案的每個工作區域轉存為檔案。轉存方式與轉存資產的方法相同。

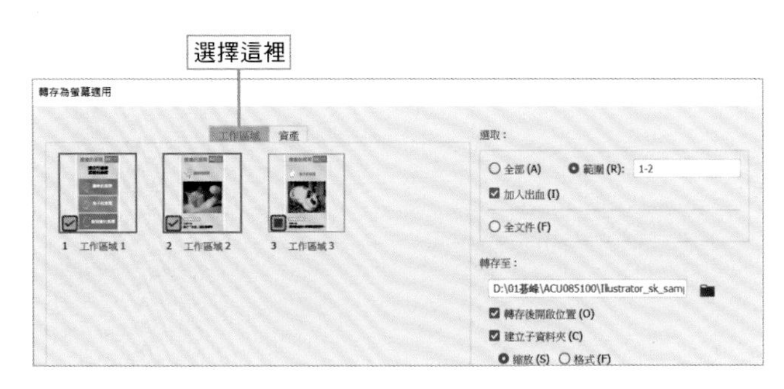

SECTION

10.4

使用頻率

「檔案」選單→「轉存」→「轉存為…」

轉存為 Photoshop 格式

Illustrator 可將圖稿儲存為 Photoshop 格式。

① 選擇「轉存」

從「檔案」選單的「轉存」點選「轉存為…」。

檔案(F) 編輯(E) 物件(O) 文字(T) 選取(S) 效果(C) 檢視(V) 視窗(W) 說明(H)

新增(N)... Ctrl+N

共用以供審核 (Beta)...

轉存(E)

轉存選取範圍...

封裝(G)... Alt+Shift+Ctrl+P

指令檔(R)

轉存為螢幕適用... Alt+Ctrl+E

轉存為...

儲存為網頁用 (舊版)... Alt+Shift+Ctrl+S

不透明度：100%

❶選擇

② 選擇Photoshop再轉存

在「存檔類型」(Mac 為「檔案格式」) 選擇「Photoshop (*.PSD)」，輸入轉存位置與名稱，再點選「轉存」。

POINT

除了 Photoshop 格式之外，還可以在「存檔類型」(在 Mac 為「檔案格式」) 選擇各種轉存格式。

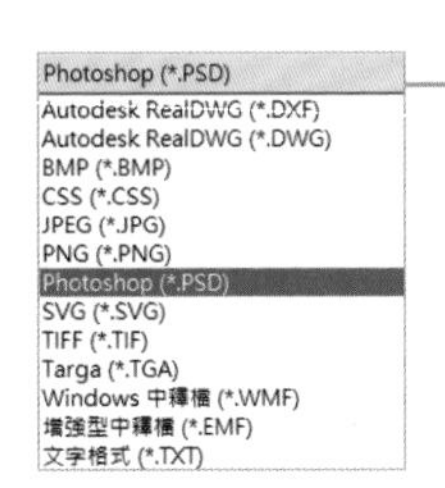

勾選這裡的選項，就會轉存包含所有工作區域的檔案，以及分別轉存所有工作區域的檔案。如果指定了頁面，也能只轉存部分的工作區域。

③ 設定選項

「Photoshop 轉存選項」對話框開啟之後，點選「確定」。

Photoshop 轉存選項

色彩模式 (C): RGB

解析度 (R): 中 (150 ppi)

選項

平面影像 (F)

寫入圖層 (L)

保留文字可編輯性 (T)

最大可編輯性 (X)

消除鋸齒 (A): 最佳化文字 (提示)

內嵌 ICC 描述檔 (E): sRGB IEC61966-2.1

螢幕 (72 ppi)

中 (150 ppi)

高 (300 ppi)

其他

選擇色彩模式

指定圖片的解析度。如果是網頁圖片可設定為「螢幕」，如果要列印可設定為「中」，如果要商業印刷就設定為「高」。如果想設定其他的解析度可點選「其他」再輸入數值。

將所有圖層整合為單一圖層

維持圖層結構

利用消除鋸齒處理讓圖片的邊緣變得平滑。細節請參考之前的「點陣化選項」說明。

嵌入 ICC 色彩描述檔

在不影響圖稿的外觀之下，將 Illustrator 的子圖層儲存為 Photoshop 的圖層。

將文字儲存為可在 Photoshoip 編輯的格式

SECTION

10.5

使用頻率

「檔案」選單→「轉存」→「儲存為網頁用」

以舊版的設定儲存為網頁專用的圖片

從「檔案」選單的「轉存」點選「儲存為網頁用（舊版）」（Alt + Shift + Ctrl + S），開啟「儲存為網頁用」對話框之後，可一邊瀏覽檔案格式與壓縮率的設定結果，一邊以最佳的儲存格式轉存檔案。

「儲存為網頁用」對話框

「儲存為網頁用」對話框的上方有「原始」、「最佳化」、「2 欄式」這三個頁籤，點選之後可切換模式。「2 欄式」可比較兩邊的預視結果。點選預視圖，就會加上外框，接著可於右側的設定欄位設定檔案格式或是其他設定。

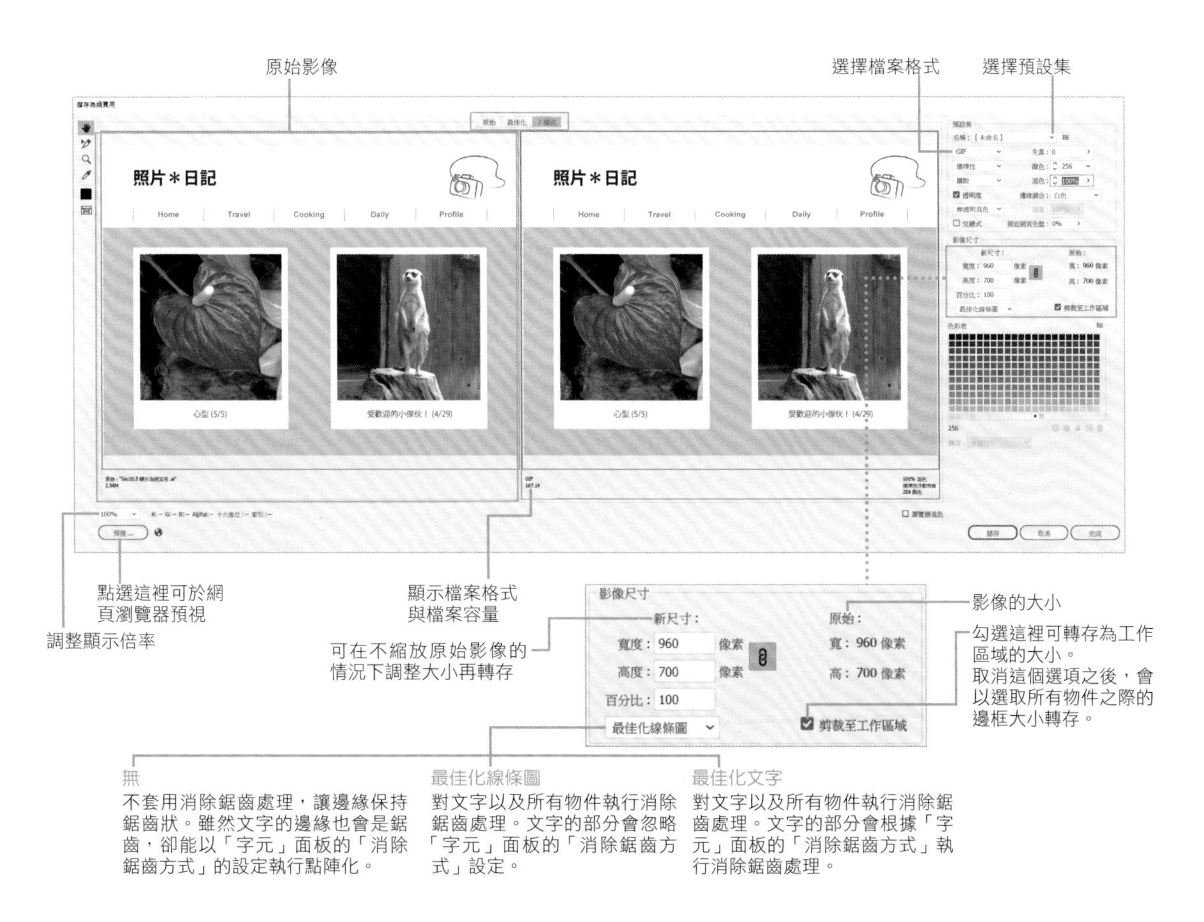

▶GIF 格式

GIF 格式可設定色彩減少規則與顏色數量，最多可使用 256 種（8bit）顏色。通常會於顏色較少的框線或是按鈕使用。可設定混色、透明度（透明背景的 GIF）與交錯式這些選項。

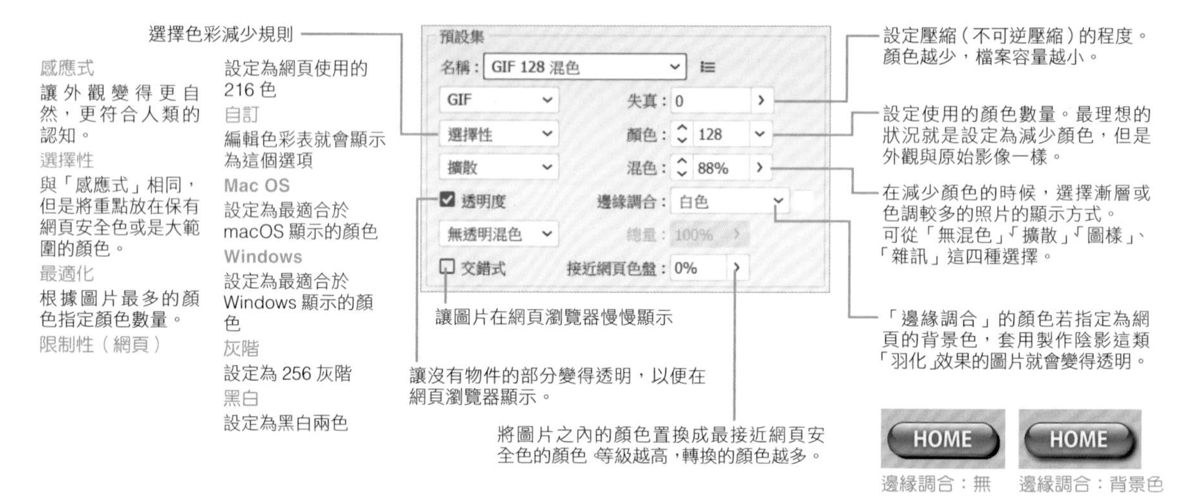

▶JPEG 格式

這是用於照片的高壓縮率格式。由於可全彩顯示，所以不會顯示色彩表。

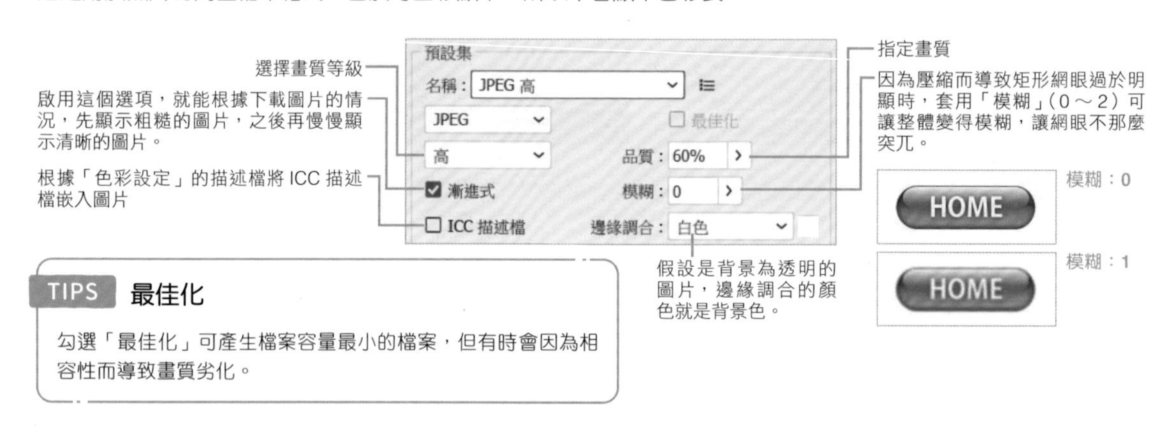

TIPS 最佳化

勾選「最佳化」可產生檔案容量最小的檔案，但有時會因為相容性而導致畫質劣化。

▶PNG-8、PNG-24

PNG-8 是能使用 256 色的 PNG 格式。設定項目幾乎與 GIF 一致，請參考本頁上方的說明。PNG-24 是可顯示透明部分的格式。

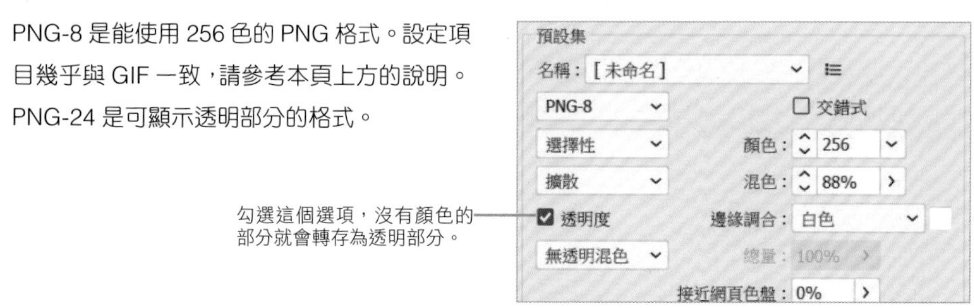

SECTION 10.6

使用頻率 ●○○

「動作」面板

利用動作與批次讓一連串的操作自動化

「動作」是記憶 Illustrator 一連串的操作，以便後續再次使用的功能。這項功能能讓許多操作自動化，讓需要執行很多命令才能完成的影像處理作業變得更有效率。

「動作」面板

「動作」面板可執行現有的動作，也能新增動作或是編輯動作。

要執行動作只需要點選動作，再點選面板下方的「播放目前選取的動作」按鈕 ▶。

如果要中止動作可點選「停止播放／記錄」按鈕 ■。

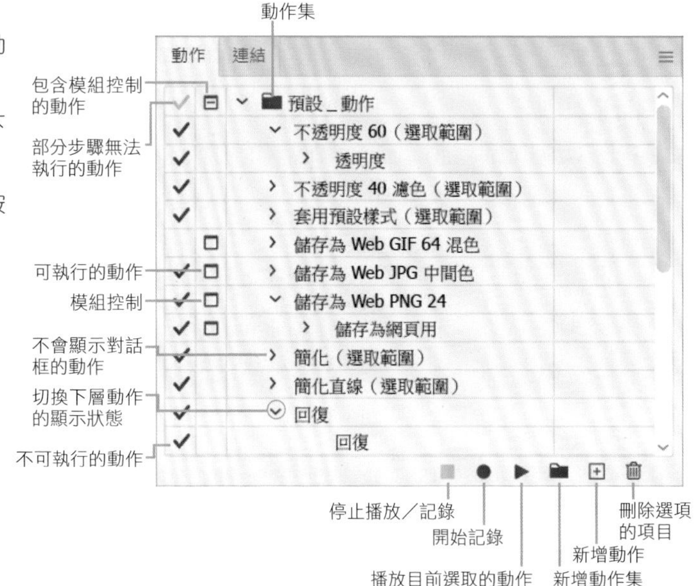

新增動作

要新增動作可記錄操作。

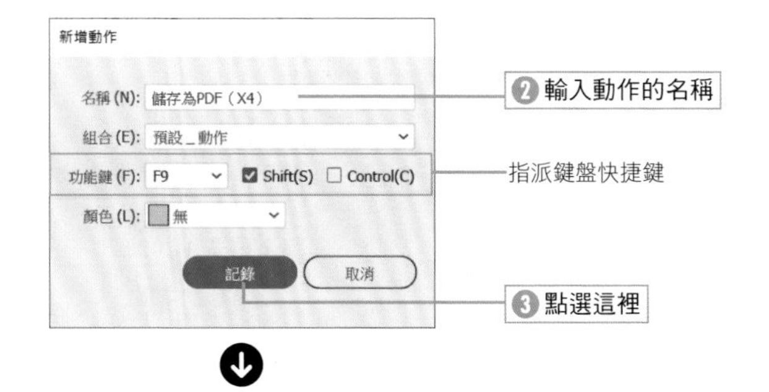

❹進行要記錄的操作

POINT

動作是很方便的功能，但只能記錄基本命令，無法記錄筆形工具、鉛筆工具與筆刷工具的繪製過程。

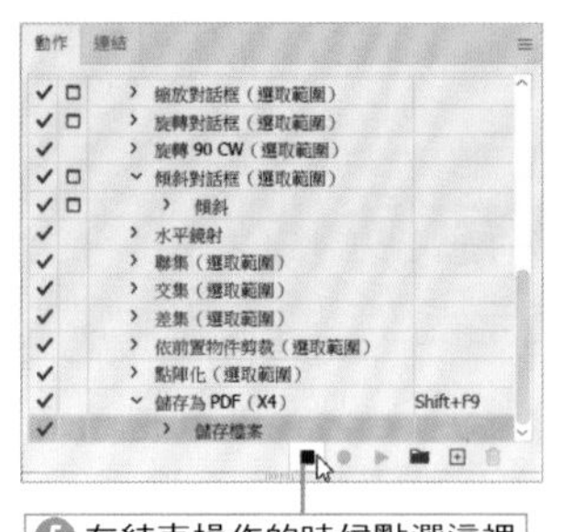

重複執行動作（批次）

使用「動作」面板選單的「批次」可針對特定資料夾的所有檔案執行動作。

▶ 執行批次功能

要執行批次功能可從「動作」面板選單點選「批次」。

在「批次」對話框設定要執行的動作以及要處理的檔案。

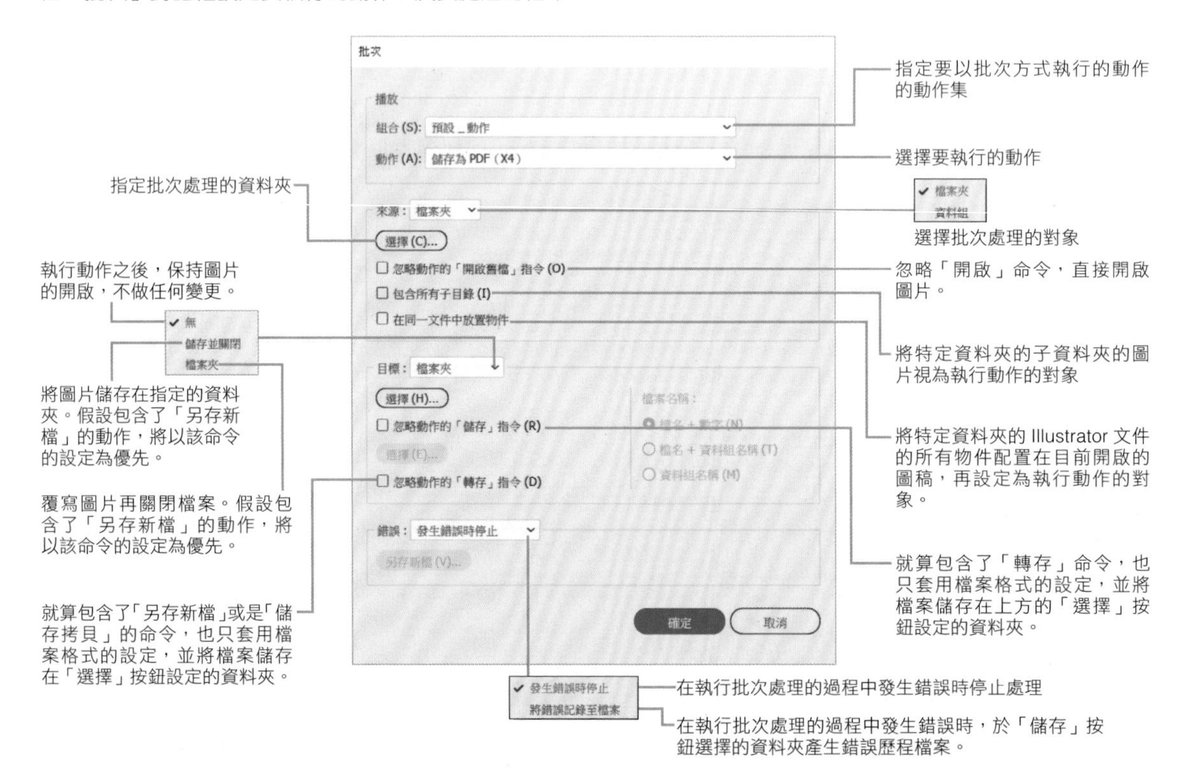

POINT

要建立批次處理必須先建立批次處理的各種動作。

TIPS 強制中止批次處理

要中止批次處理可點選「動作」面板的「停止播放／記錄」按鈕 ■。

「檔案」選單→「置入」、「連結」面板

SECTION 10.7 了解置入影像與「連結」面板

使用頻率

Illustrator 除了可處理貝茲曲線的物件，還能將數位相機的圖片檔或是 Photoshop 的點陣圖當成物件處理，甚至可置入 Illustrator 檔案與 PDF 檔案。

在 Illustrator 處理點陣圖

Illustrator 可載入數位相機的圖片或是點陣圖，再將這些圖片當成物件處理。

點陣圖物件與一般的物件一樣，可縮放、旋轉、翻轉、傾斜與變形。

TIPS 使用專門的軟體編輯影像

能在 Illustrator 處理的點陣圖，終究只是物件，無法局部影像編輯或是合成影像。

要編輯點陣圖，請使用 Photoshop 這類專業的影像處理軟體。

TIPS 點陣物件

將 Illustrator 的向量圖轉換成點陣圖的過程稱為**點陣化**。由於點陣圖是經過點陣化的資料，所以也稱為**點陣資料**。Illustrator 的點陣圖物件也稱為**點陣物件**。

利用「置入」功能載入影像

從「檔案」選單點選「置入」（Shift + Ctrl + P），就能將影像載入圖稿。載入時，「置入」對話框的「連結」選項可決定圖片是嵌入 Illustrator 檔案，還是以外部連結的方式使用。

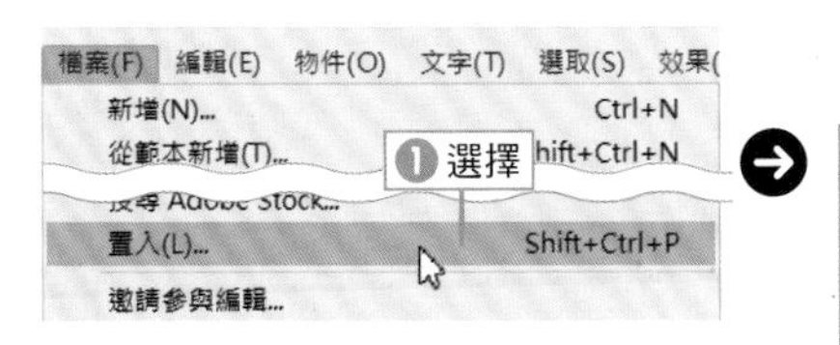

勾選這裡再置入，就能在不嵌入影像的情況下，植入原始檔案的位置與連結資訊。如果不勾選這個選項，影像就會嵌入 Illustrator 的圖稿。

勾選這個選項，可顯示讀入選項對話框。

勾選這個選項，選取的影像會置換成新置入的影像。

勾選這裡再置入的影像，會自動配置在最下層的範本圖層（參考第 104 頁）。

要置入雲端的 PSD 檔案可點選這裡

POINT

選擇圖檔時，按住 Ctrl 鍵再點選，可同時選取多個圖檔。

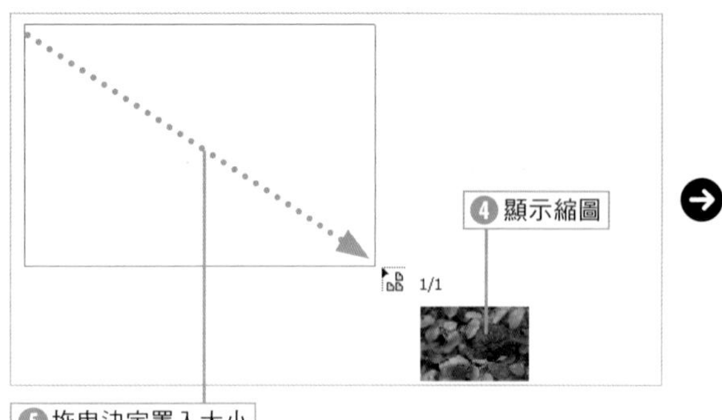

❻ 以設定的大小配置影像了

❺拖曳決定置入大小

長寬比會固定。此時若直接按下滑鼠左鍵，會以 100% 的比例置入影像。

POINT

也可以拖曳置入 CC 資料庫的 PSD 檔與 Illustrator 物件。

POINT

也可以配置 HEIF 或是 WebP 格式的圖檔。

▶配置多個檔案

在 Illustrator 點選「檔案」選單的「置入」可置入多個檔案。選擇多個檔案之後，縮圖的左上方會出現 1/3 這種數字，代表可置入的影像有幾張。按下方向鍵可變更要置入的影像。

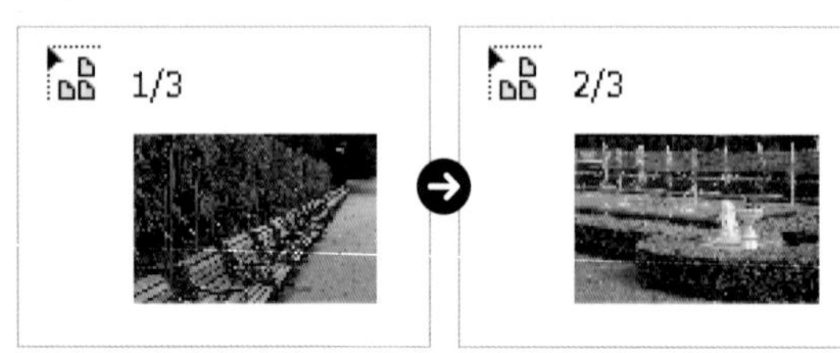

選取多張影像之後，左上角會顯示選取的張數。

按下方向箭可變更要置入的影像。

POINT

在「置入」對話框點選「顯示讀入選項」，可開啟置入檔案的「讀入選項」對話框。
如果沒有勾選，可在顯示縮圖的時候按住 Shift 鍵再按下滑鼠左鍵，一樣可以開啟這個檔案的「讀入選項」對話框。

Photoshop 檔案的讀入選項

在開啟或是置入 Photoshop 檔案的時候，勾選「顯示讀入選項」，就能開啟「Photoshop 讀入選項」對話框。
點選 Photoshop 檔案的圖層構圖，就能設定與讀入相關的項目。

POINT

也可以配置使用了 Double Tone 這類特別色的 Photoshop 原生檔案。

設定在 Photoshop 編輯連結的檔案時，使用哪個圖層。

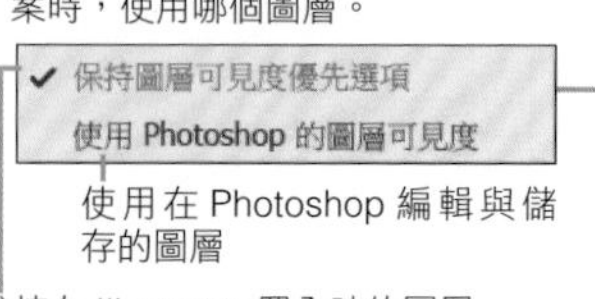

使用在 Photoshop 編輯與儲存的圖層

維持在 Illustrator 置入時的圖層

置入 Illustrator 檔案或 PDF

也可以置入 Illustrator 檔案或 PDF。一樣是利用「檔案」選單的「置入」功能置入。如果置入的是有很多頁面的檔案，可於讀入選項指定頁面。

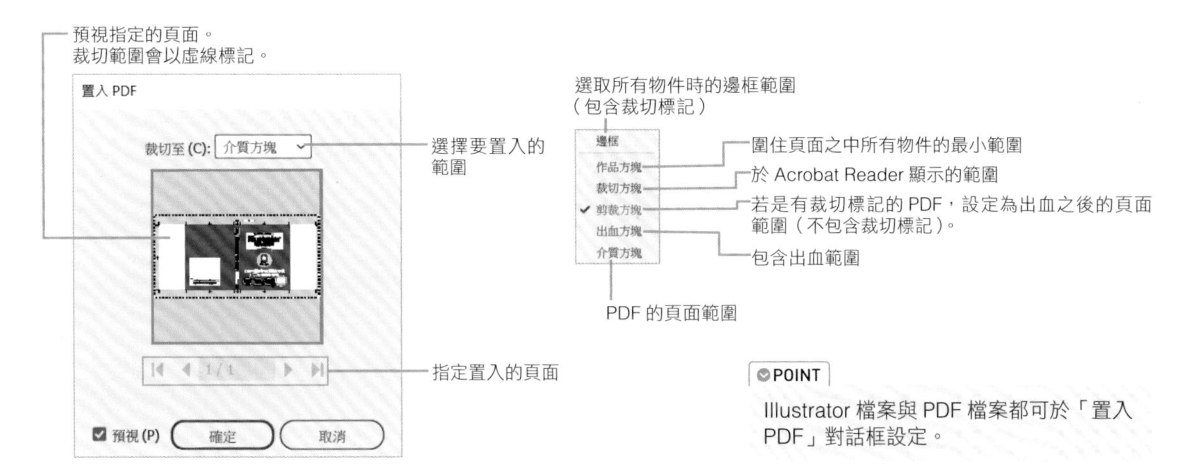

POINT

Illustrator 檔案與 PDF 檔案都可於「置入 PDF」對話框設定。

此外，如果以連結的方式置入，並且修正了原始檔案，這部分的變動也會套用在置入的檔案裡。
如果選擇不連結，就能以可編輯的狀態置入。

▶ 在 Illustrator 開啟 PDF

Illustrator 也能開啟 PDF 檔案。從「檔案」選單的「開啟舊檔」選擇 PDF，就能開啟 PDF 的所有頁面。
此外，也能以連結的方式置入 PDF。

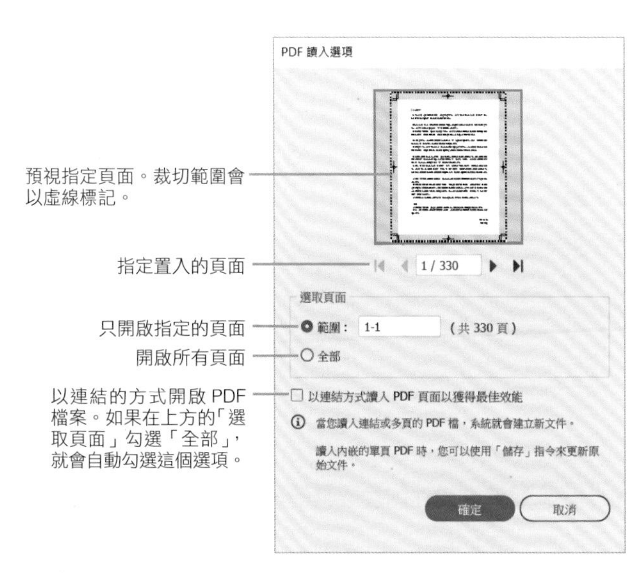

POINT

在「選取頁面」勾選「全部」再開啟檔案，每張頁面就會建立為工作區域，而且檔案名稱會是未命名。如果不選擇連結，或是在以連結開啟檔案之後，在「連結」面板點選「嵌入影像」，就能切換成可編輯狀態。
物件會是群組化的狀態以及以裁切路徑裁切的狀態。

利用「連結」面板管理置入的影像

「連結」面板可列出圖稿的所有點陣圖，讓使用者一眼看出影像是否正常置入或是嵌入。

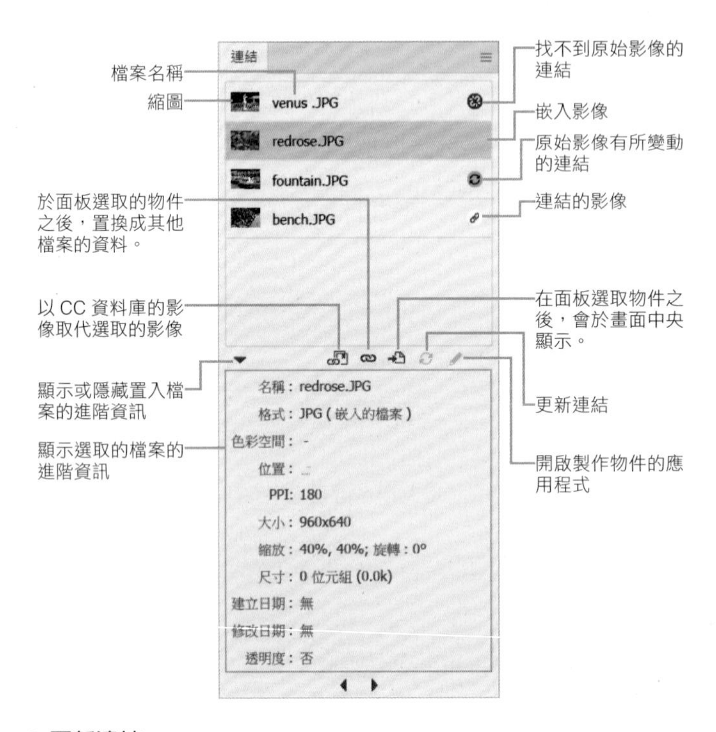

▶ 更新連結

原始影像有所變更的物件可更新連結，藉此更新資訊。

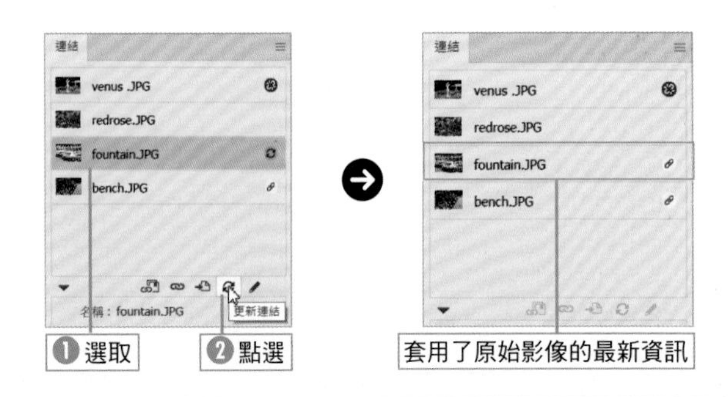

TIPS 將連結物件置換成其他影像

在「連結」面板選取的物件可置換成其他影像。在「連結」面板選取要置換的物件，再點選「重新連結」按鈕，就能在「置入」對話框選擇影像。

POINT

從其他的應用程式複製與貼上影像時，不會顯示檔案名稱，而且一定會以嵌入的方式置入。

POINT

開啟 Illustrator 檔案的時候，連結影像的檔案名稱如果有所變動，或是儲存的位置改變，就會顯示下列的對話框。

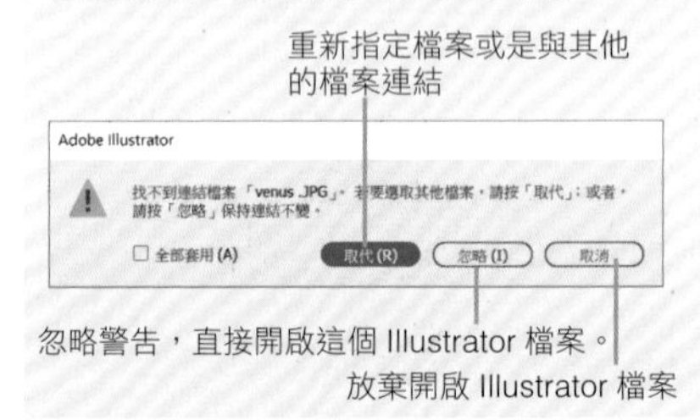

TIPS Photoshop 影像的連結

以連結的方式置入 Photoshop 檔案時，按住 Alt 鍵再雙擊圖稿的檔案，就能啟動 Photoshop，開啟原始檔案。

POINT

從 CC 資料庫置入的檔案會在 🔗 的圖示旁邊顯示 ⊗。

TIPS 更新連結

就算連結的檔案有所變動，重新開啟 Illustrator 檔案就會自動更新連結。如果在開啟 Illustrator 檔案之後，連結的檔案有所變更，可於「偏好設定」對話框的「檔案處理」（參考第 314 頁）的「更新連結」設定更新方法。

如果選擇的是「在修改時詢問」這個預設值，就會顯示確認是否更新的對話框，點選「是」就會更新連結。

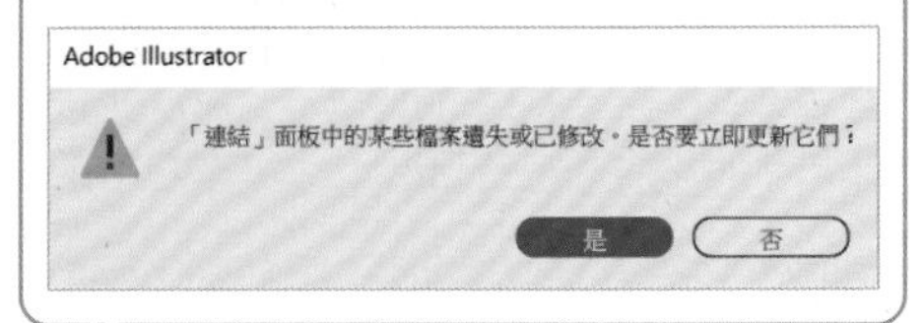

嵌入連結檔案與解除連結

要讓連結的影像嵌入 Illustrator 檔案，可先選取影像再於「內容」面板或「控制」面板點選「嵌入」。也可以解除嵌入的影像，再儲存為檔案。

嵌入

「內容」面板

連結圖像的圖示消失了

POINT

嵌入與解除嵌入影像都可直接從「連結」面板選單的「嵌入影像」與「取消嵌入」完成。

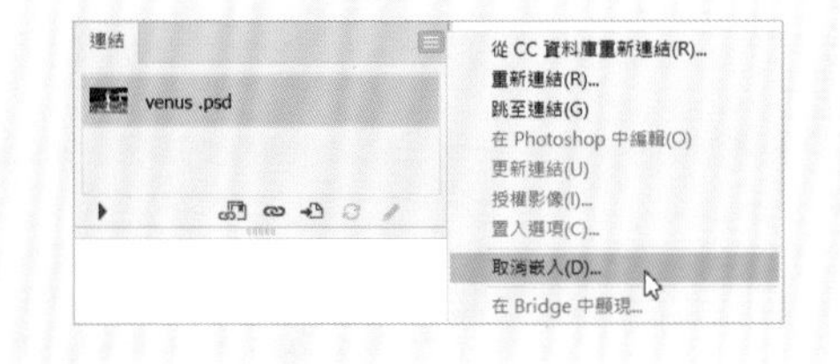

解除嵌入

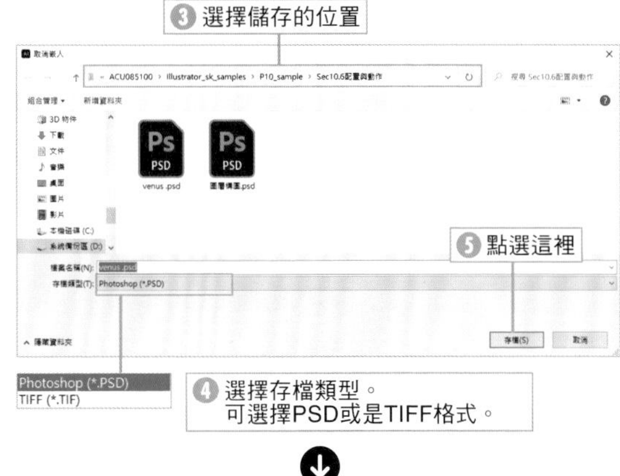

TIPS 裁切影像

置入的影像可依照指定的大小裁切。

選取影像，再於「內容」面板或「控制」面板點選「裁切影像」。

在影像指定裁切範圍後，按下 Enter 鍵，沒選到的部分就會被裁切，而且影像會轉換成嵌入影像。

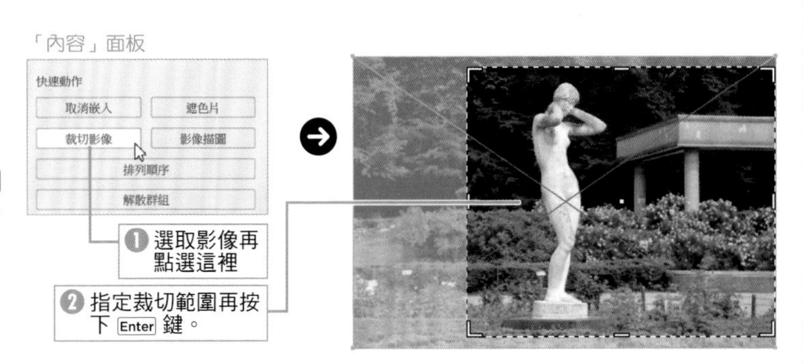

CHAPTER 10 了解儲存／轉存／動作／列印

SECTION 10.8

「物件」選單→「點陣化」

試著點陣化物件（轉換成點陣圖）

使用頻率

雖然利用 Illustrator 的工具繪製的物件都是向量資料，但可以透過「物件」選單的「點陣化」將這類物件轉換成點陣圖。

點陣化的設定

「點陣化」對話框可設定解析度或是背景。

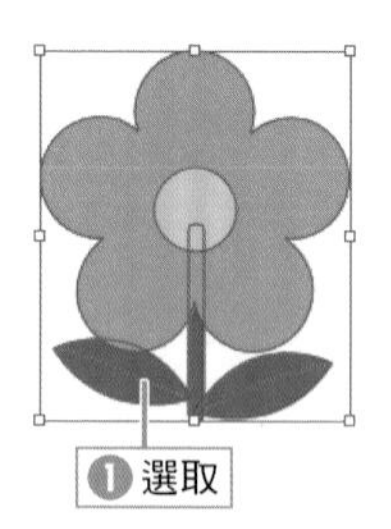

❶ 選取

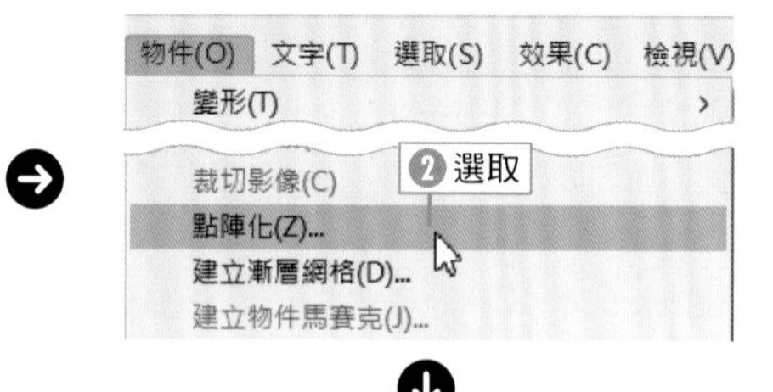

POINT

「點陣化」是將向量物件轉換成點陣物件的功能。

POINT

利用「點陣化」功能轉換成點陣圖的物件除了使用「還原」功能，無法還原為貝茲曲線的物件。建議先複製物件再進行轉換。

❸ 設定點陣化的選項

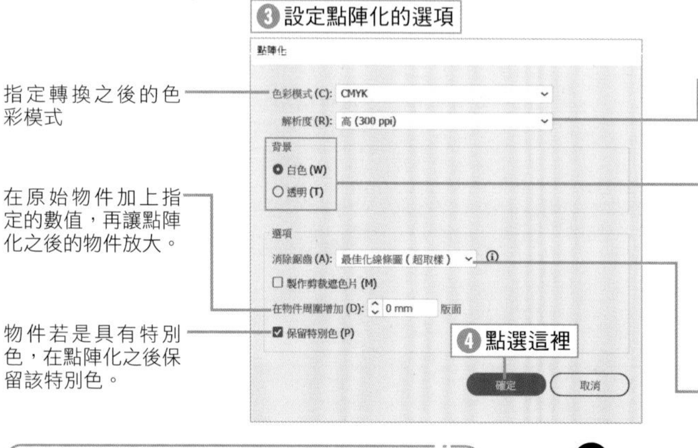

指定轉換之後的色彩模式

在原始物件加上指定的數值，再讓點陣化之後的物件放大。

物件若是具有特別色，在點陣化之後保留該特別色。

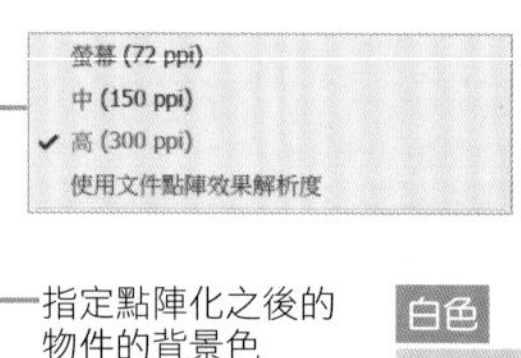

若是要當作網頁圖片使用可選擇「螢幕」，如果要列印可點選「中」，如果要商業印刷則選擇「高」。

指定點陣化之後的物件的背景色

選擇讓點陣化物件的邊緣變得平滑的消除鋸齒方式

無

不套用消除鋸齒處理，讓邊緣保留鋸齒。文字的邊緣也會變成鋸齒狀，但形狀可依照「字元」面板的「消除鋸齒方式」點陣化。

最佳化線條圖（超取樣）

在所有包含文字的物件套用消除鋸齒效果。
文字的部分會忽略「字元」面板的「消除鋸齒方式」的設定。與舊版的消除鋸齒選項相同。

最佳化文字（提示）

在所有包含文字的物件套用消除鋸齒效果。
文字的部分會根據「字元」面板的「消除鋸齒方式」的設定進行消除鋸齒的處理。

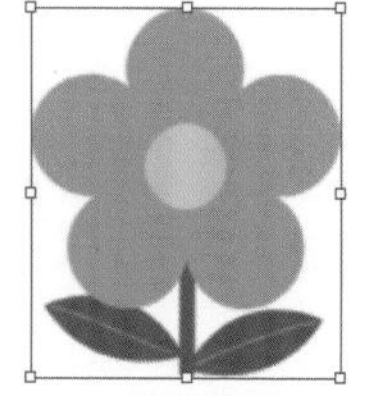

❺ 經過點陣化的物件

TIPS 「效果」選單的「點陣化」

「效果」選單的「點陣化」不會真的點陣化物件，只是將「點陣化」當成一種外觀屬性使用。所以隨時可以還原點陣化，也可以變更點陣化的效果。執行「效果」選單的「點陣化」，開啟「點陣化」對話框之後，會發現與「物件」選單的「點陣化」命令開啟的對話框相同。要調整點陣化的設定可在未選取物件的情況下，從「效果」選單點選「文件點陣效果設定」。

「檔案」選單→「封裝」

SECTION 10.9

利用封裝功能整合必要的檔案

使用頻率

封裝是將影像資料與字體資料全部整合至單一 Illustrator 檔案的功能。如此一來就不怕在共同編輯或是將檔案交給廠商的時候漏掉檔案。

封裝的設定

「檔案」選單的「封裝」（Alt + Shift + Ctrl + P）可將連結檔案以及正在使用的字體（只限未經保護的字體）全部複製到同一個資料夾。

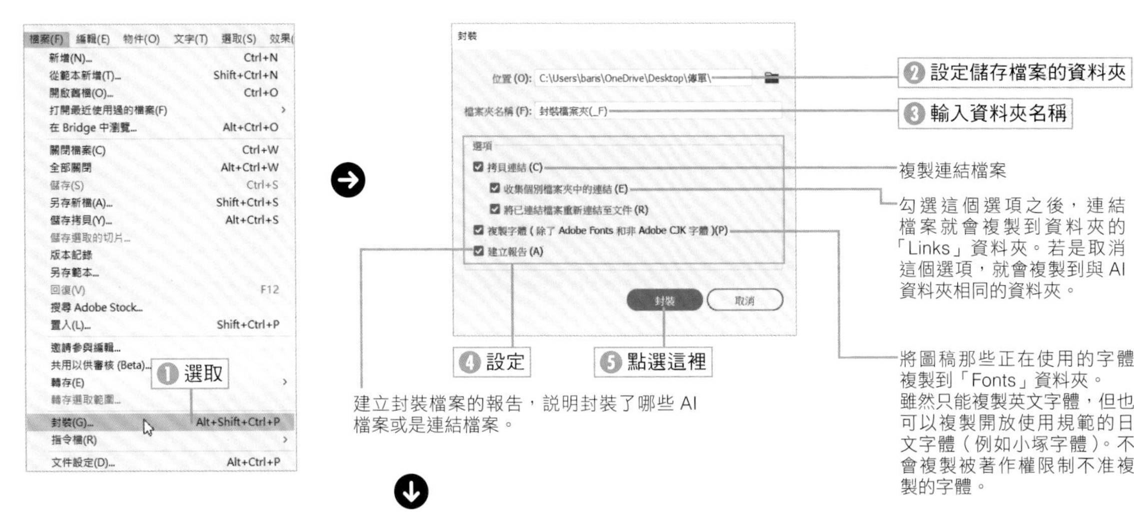

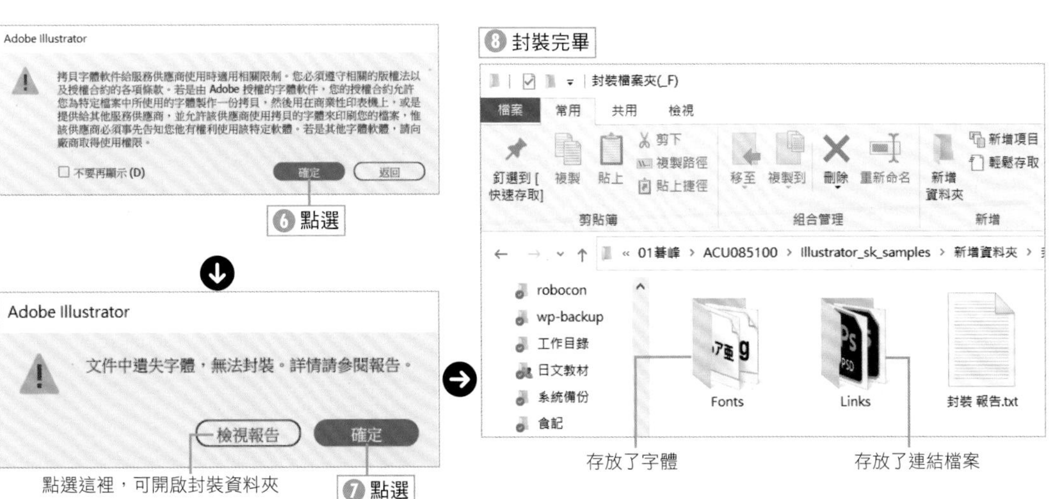

SECTION 10.10

「物件」選單→「建立剪裁標記」

建立剪裁標記物件

使用頻率

裁切標記（剪裁標記）會於列印的時候，隨著圖稿一併輸出，也能以物件的方式建立。這項功能很適合在單一工作區域繪製多張名片的時候使用。

1 建立與參考線相同大小的透明矩形

首先繪製圖稿。依照輸出的大小建立參考線，繪製尺寸正確的參考線。

繪製要建立裁切標記的原始大小的物件。範例繪製了與參考線大小相同的矩形，而且將「填色」與「筆畫」都設定為無，再選取這個矩形。

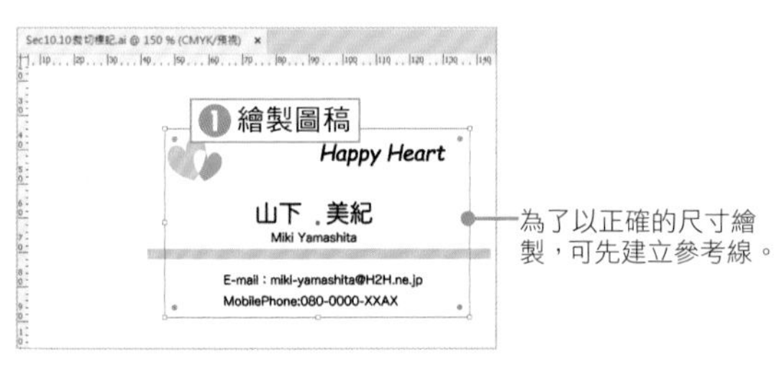

POINT

要繪製與參考線相同大小的矩形可先選取參考線，再從「物件」選單點選「貼至上層」建立複本。之後再從「檢視」選單的「參考線」點選「釋放參考線」，就能從參考線轉換成一般的物件。

2 執行「建立剪裁標記」

從「物件」選單點選「建立剪裁標記」。

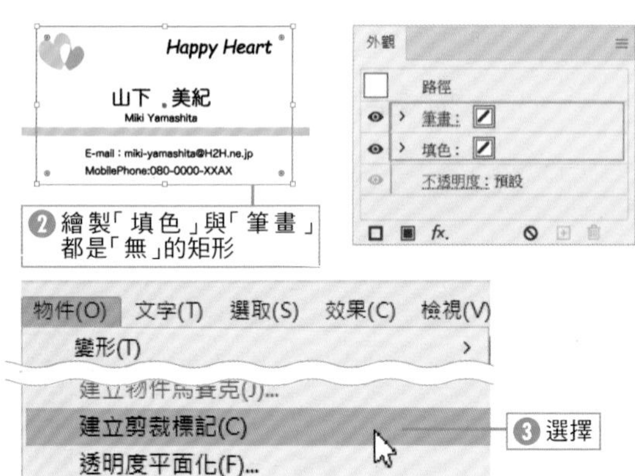

TIPS 為什麼要將原始物件的「填色」與「筆畫」都設定為「無」？

「建立剪裁標記」會依照物件的邊框大小建立，所以當物件的「筆畫」不是「無」，筆畫會位於路徑的外側，所以剪裁標記也會位於外側。

要建立正確的剪裁標記，就必須以正確的大小繪製原始物件，也必須將「填色」與「筆畫」都設定為「無」。

3 建立剪裁標記了

依照物件的大小建立剪裁標記（裁切標記）了。剪裁標記會是「筆畫」為拼版標示色，「筆畫」寬度為 0.3pt 的群組物件。

POINT

拼版標示色就是在顏色分解時，以所有色版輸出的顏色。

SECTION

10.11 試著列印圖稿

「檔案」選單→「列印」

使用頻率

Illustrator 除了可利用家用噴墨印表機列印，也支援可分版列印的 PostScript 印表機。

列印圖稿

要列印 Illustrator 的文件可從「檔案」選單點選「列印」(Ctrl + P)，開啟「列印」對話框。接下來說明主要的設定。

> **POINT**
> 列印設定可利用「編輯」選單的「列印預設集」新增。

「列印」對話框：一般

「一般」可選擇紙張大小與列印方向。

如果有很多個工作區域，工作區域可當成頁面指定再輸出。

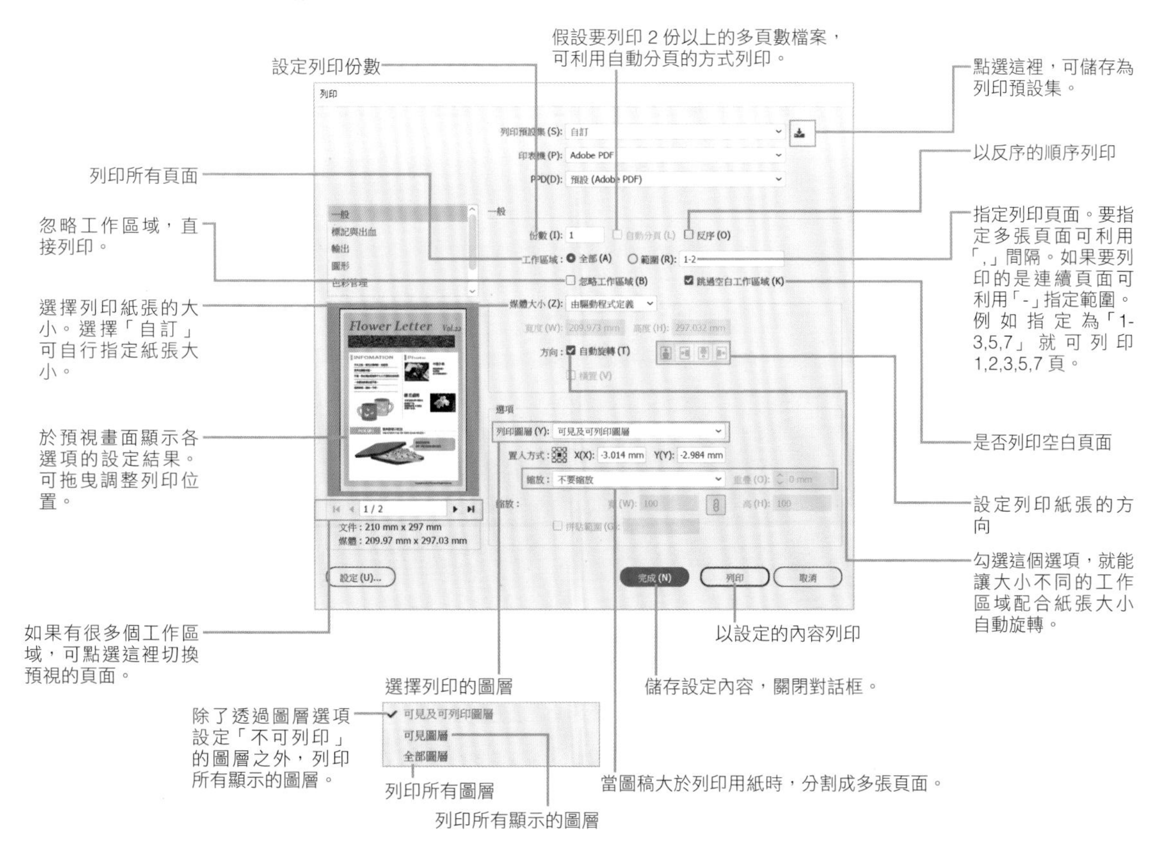

「列印」對話框：標記與出血

接著設定標記與出血。

在 Illustrator 列印圖稿時，可替每個工作區域設定標記。不管工作區域的大小為何，都可指定頁面，加上標記再列印。

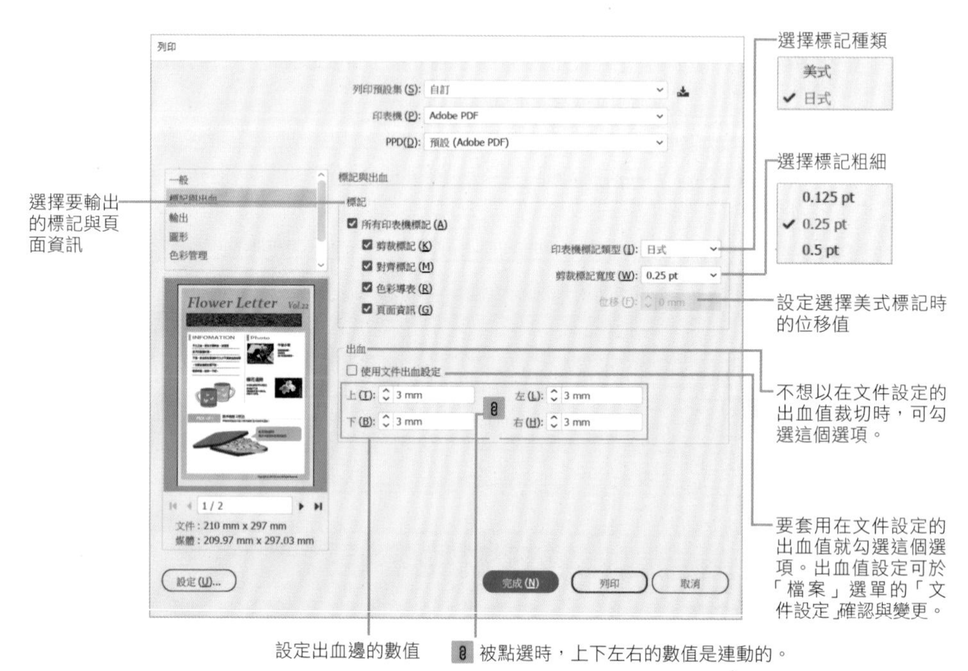

TIPS 分色預視

點選「視窗」面板的「分色預視」之後，會開啟「分色預視」面板，此時可預視印刷之前的分色狀態。

可隱藏 K 版，快速確認文字疊印的狀態。

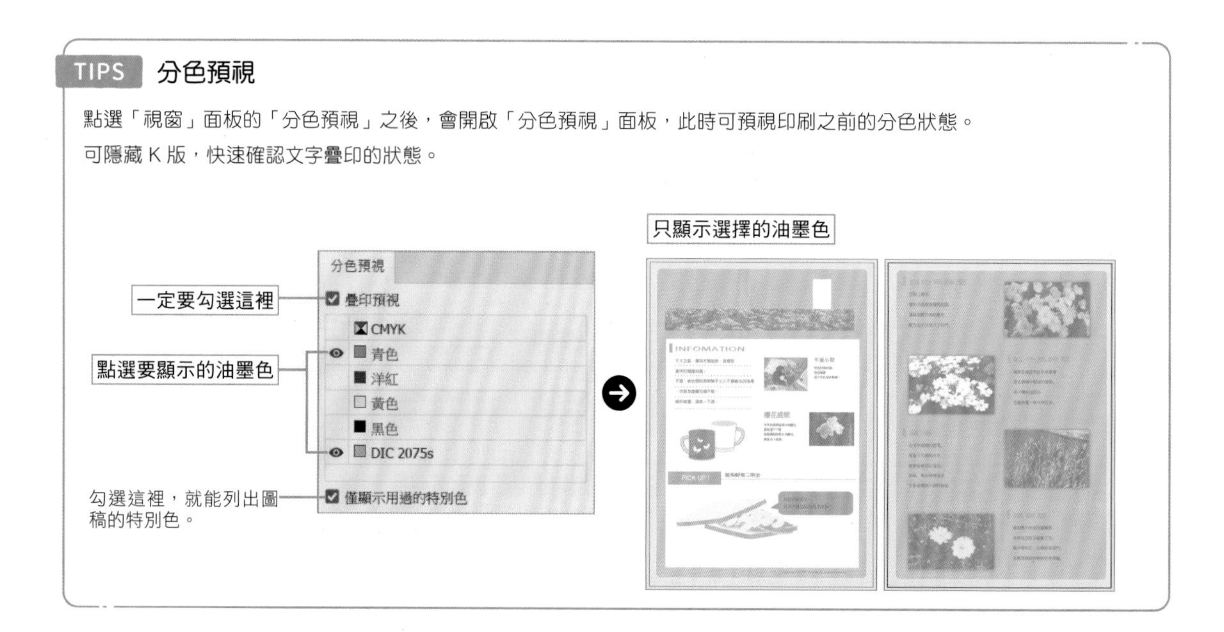

TIPS 分割與整合以及整合透明部分

假設要列印有透明色的圖稿，或是轉存為 EPS 與 PDF 格式，重疊的透明部分就會分割成具有色彩資訊的物件。

這是因為輸出裝置、舊版的 EPS、PDF 檔案格式不支援 Illustrator 的透明資訊。

分割處理可在分割重疊的物件之後，分析獨立的物件，再決定是否轉換成點陣圖或是保留向量圖（以路徑繪製的物件）的格式。如果是有漸層色或是複雜的物件，以及無法以向量資料完整呈現的物件，就會進行點陣化。

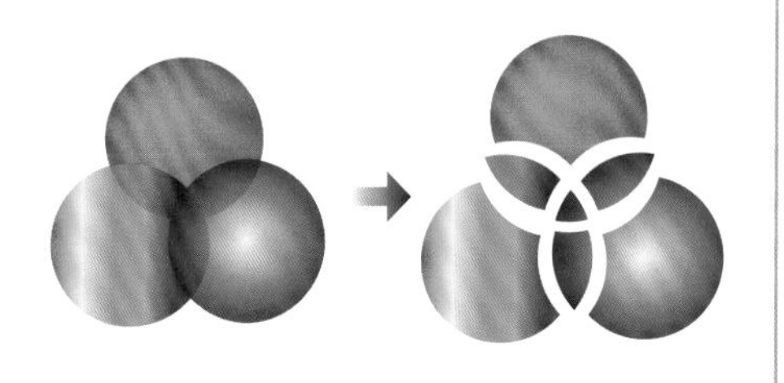

至於點陣化與向量化的比例，或是點陣化的解析度，都可在「透明度平面化」對話框的「預設集」選擇，總共內建了「低解析度」、「中解析度」、「高解析度」、「用於複雜作品」這四種預設集，這個預設集可在「列印」對話框或是儲存為 PDF、EPS 圖檔的對話框設定。

此外，在「物件」選單點選「透明度平面化」可分割與整合選取的物件。

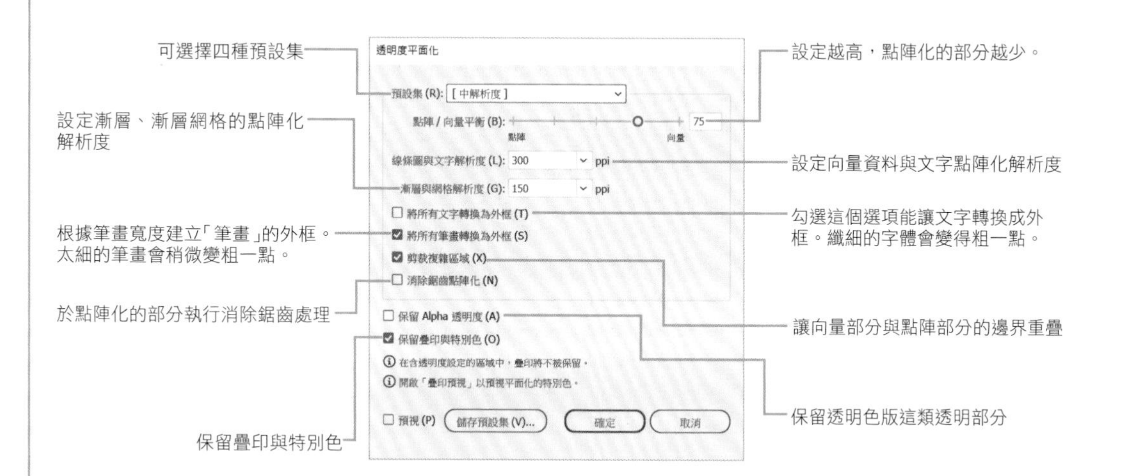

平面化工具預視

「平面化工具預視」面板可預覽哪些部分被分割或整合。

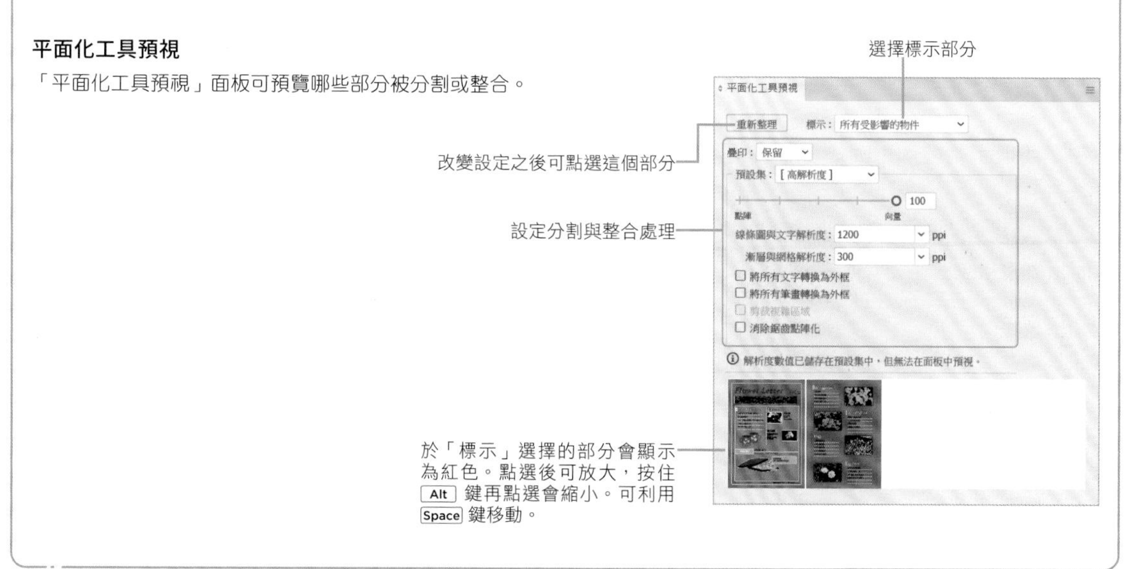

SECTION 10.12

使用頻率

主畫面

雲端文件的管理與共享

以相同的 Adobe ID 登入之後，不管是在哪台 PC 或 Mac 都可以開啟雲端文件，也可以在 iPad 版的 Illustrator 開啟。此外，還能與擁有 Adobe ID 的使用者共享以及一起編輯。

管理雲端文件

雲端文件會於主畫面的「您的檔案」顯示。

在這個畫面可刪除或重新命名雲端文件。

共用

雲端文件能與其他擁有 Adobe ID 的使用者共用。

受到共享邀請的使用者會收到通知郵件，也能在 Illustrator 開啟與編輯文件。

POINT

開啟「註解」面板可輸入註解。

CHAPTER

11

透過偏好設定打造更方便好用的作業環境

Illustrator 作業環境的各種設定都可在「偏好設定」對話框進行。

除了偏好設定之外，Illustrator 還內建了各種幫助創意發想的功能，有時間的話，建議大家確認看看有哪些設定項目，以及這些項目的內容，說不定能讓平常覺得很困難的作業變得很簡單喲。

SECTION

11.1

「編輯」選單（「Illustrator」選單）→「偏好設定」

熟悉「偏好設定」對話框

使用頻率

要提升 Illustrator 的作業效率，可先了解各種輔助工具的使用方法以及各種設定。在使用 Illustrator 之前，最好先了解單位、參考線、格點的設定。

整頓繪圖環境

點選「編輯」選單（Mac 為「Illustrator」選單）的「偏好設定」（Ctrl + K），即可設定與 Illustrator 操作環境相關的所有選項。

一般
選取和錨點顯示
文字
單位
參考線及格點
智慧型參考線
切片
連字
增效模組及暫存磁碟
使用者介面
效能
檔案處理
剪貼簿處理
黑色外觀
裝置

一般

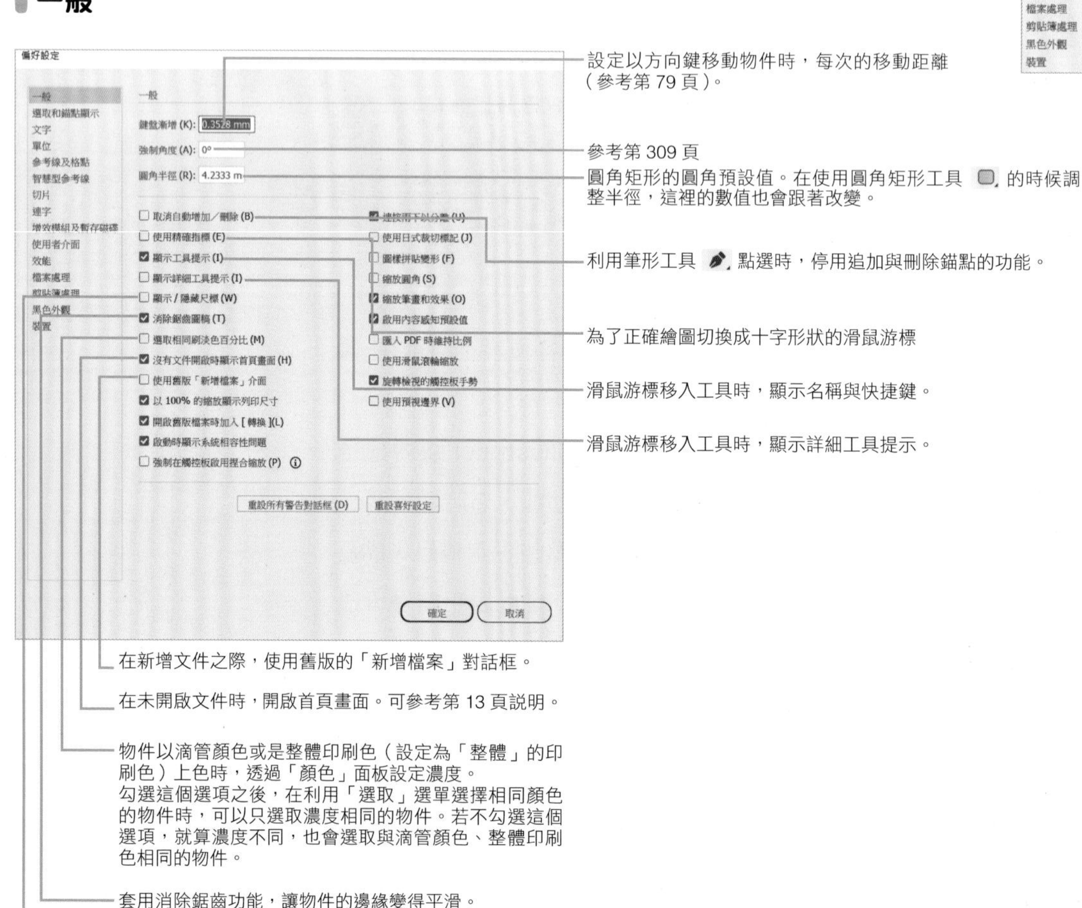

於「檢視」選單的「尺標」啟用「顯示尺標」的文件套用此選項

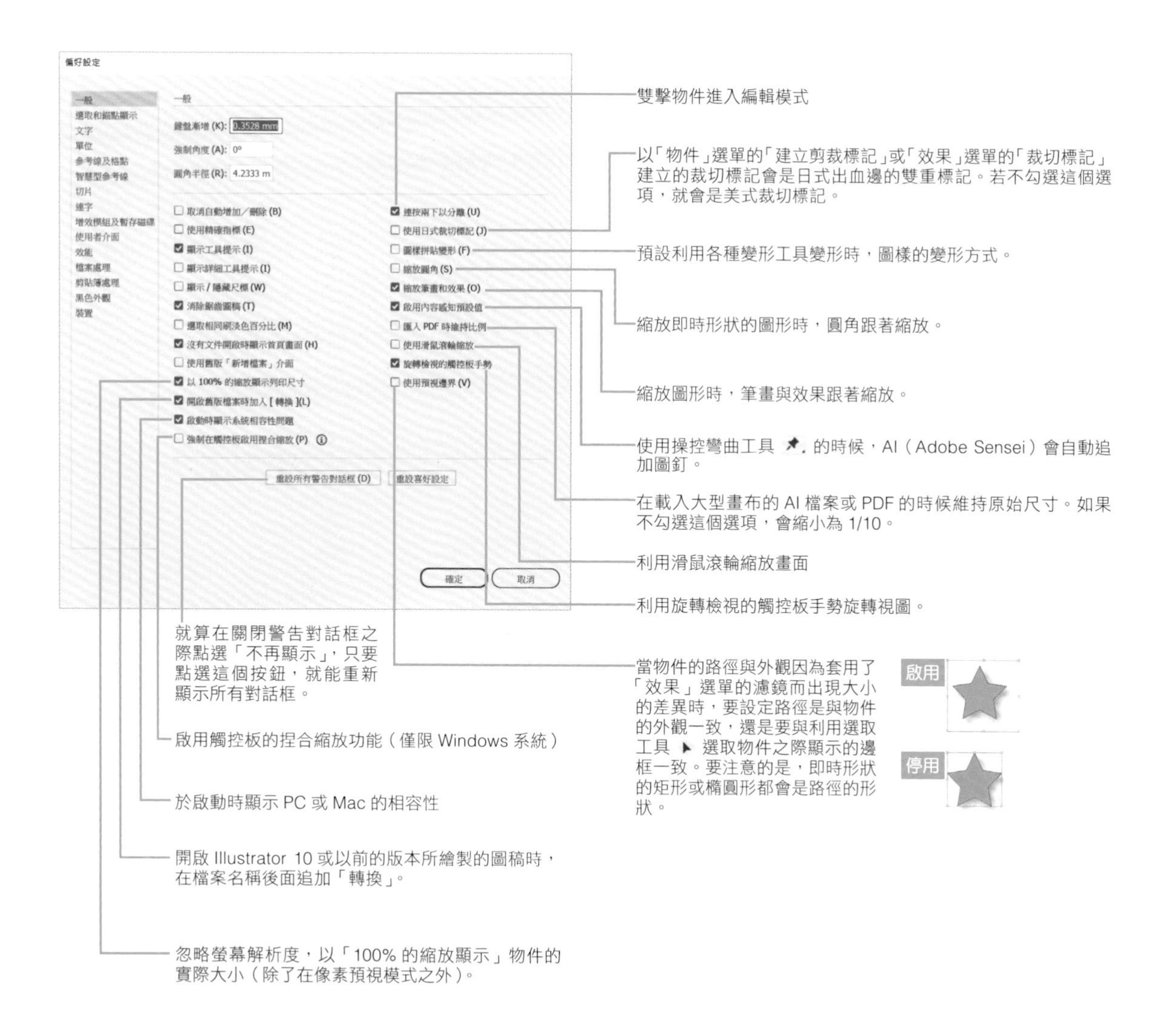

▶強制角度

Illustrator 的水平方向（X 軸）與垂直方向（Y 軸）的基準分別為水平線與垂直線。

矩形或是按住 Shift 鍵繪製的直線都是根據上述的基準線繪製。比方說，將「強制角度」設定為 30°，再利用矩形工具 繪圖，就能如右圖般，正確畫出傾斜 30°的矩形。

強制角度的數值可讓 X 軸與 Y 軸旋轉。正值為向左旋轉(逆時針方向）。

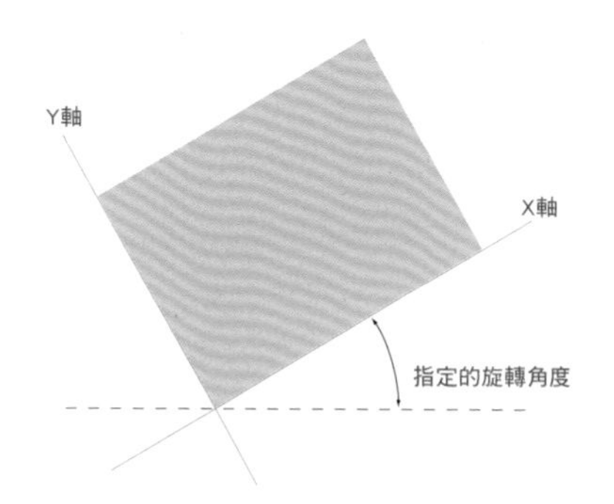

選取和錨點顯示

設定在選取路徑之後顯示的錨點大小與選取路徑的方法。

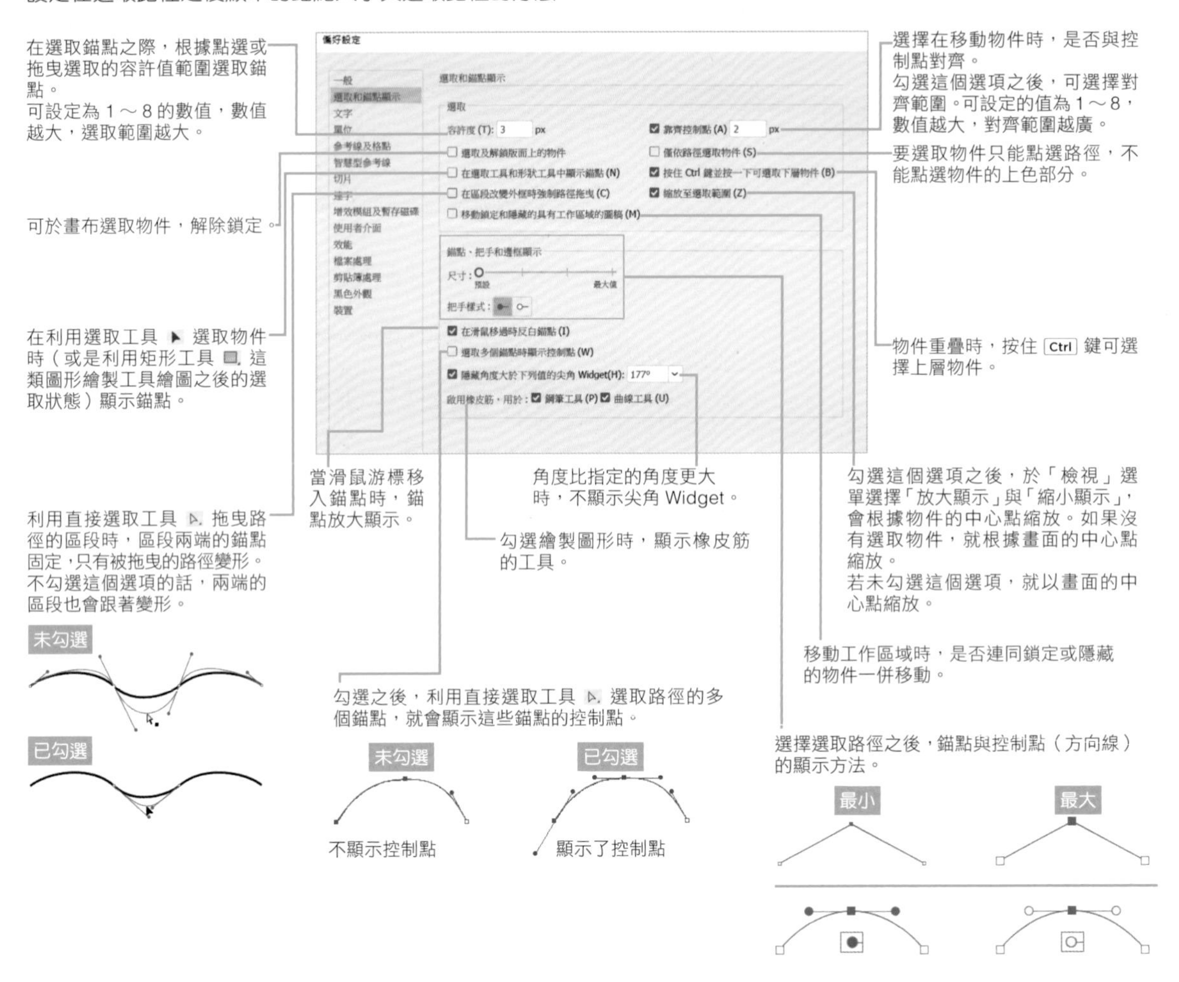

TIPS 利用「控制」面板切換

可利用「控制」面板切換選取多個錨點時的錨點顯示方式。

文字

可進行文字與描圖工具的設定。

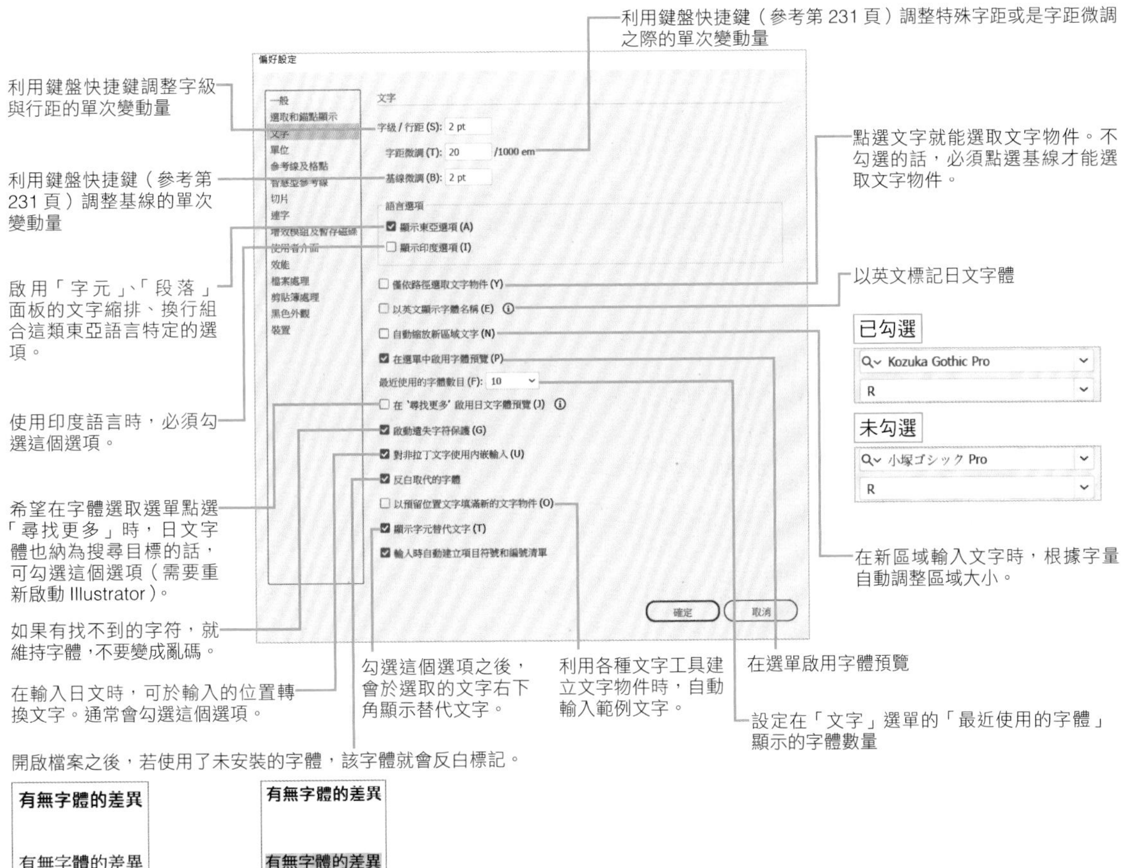

開啟檔案之後，若使用了未安裝的字體，該字體就會反白標記。

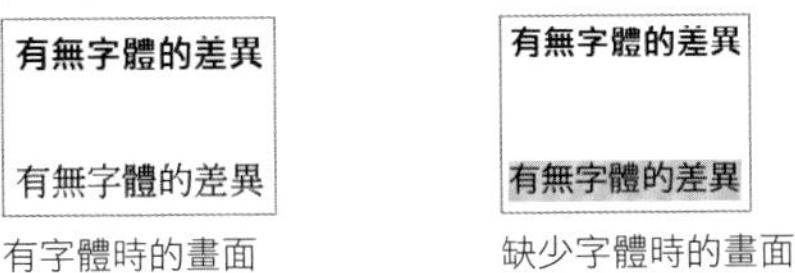

有字體時的畫面　　缺少字體時的畫面

單位

設定物件的移動距離、筆畫、字級或是其他相關的單位。

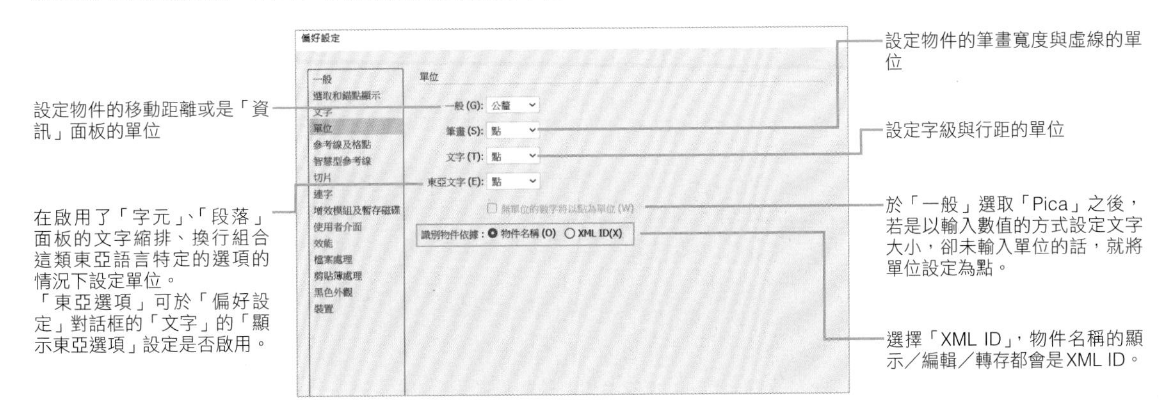

TIPS 從「內容」面板或「控制」面板開啟「偏好設定」對話框

在未選取物件的時候，「內容」面板或「控制」面板會顯示「偏好設定」按鈕。點選這個按鈕即可開啟「偏好設定」對話框。

TIPS 智慧型參考線

「偏好設定」對話框的「智慧型參考線」可在使用智慧型參考線之際設定要顯示的參考線。詳情請參考第109頁。

TIPS 連字

「偏好設定」對話框的「連字」可設定各國語言的連字例外。

參考線及格點

可設定參考線物件的顏色與形狀，以及格點的顏色與形狀。

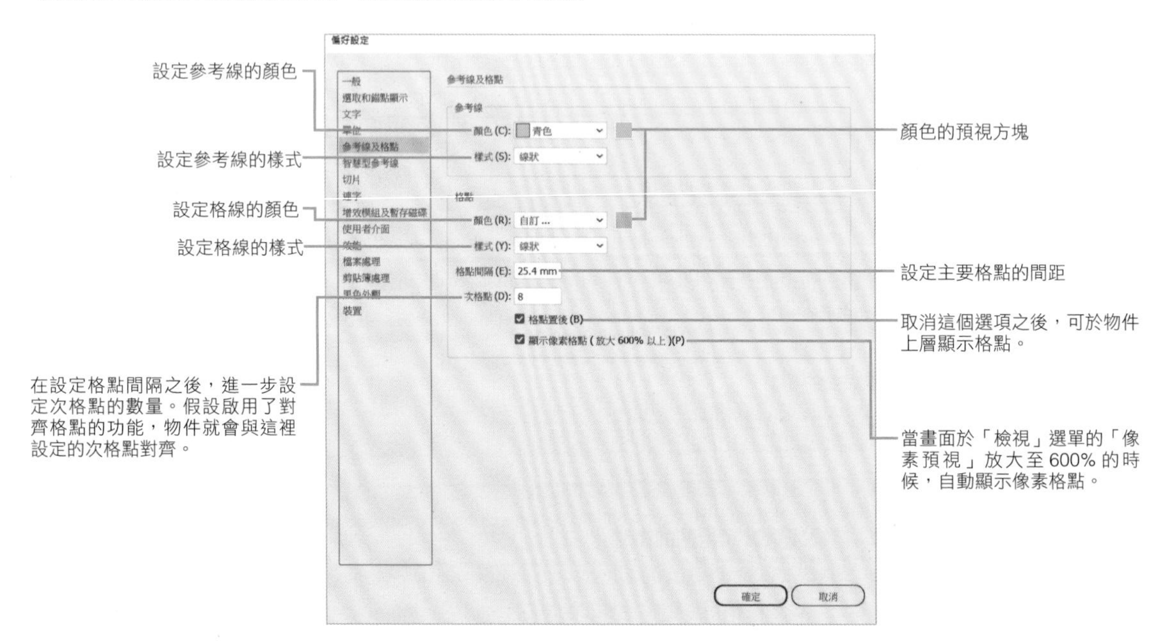

TIPS 切片

設定使用切片的時候，是否顯示切片編號以及切片線條顏色。

增效模組及暫存磁碟

指定存放增效模組的資料夾與 Illustrator 作業所需的暫存磁碟。

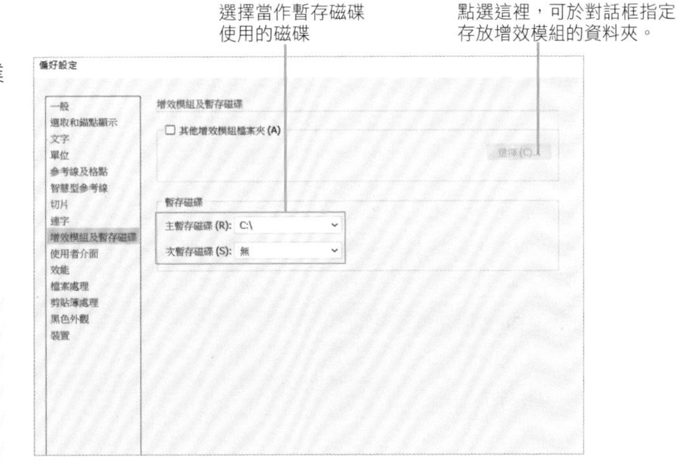

POINT

暫存磁碟最多設定 2 台。
一般來說，「主暫存磁碟」會設定為作業系統的「啟動磁碟」。
假設電腦的磁碟分割成兩個，或是電腦安裝了兩個硬碟，建議將「主暫存磁碟」設定為啟動磁碟之外的磁碟。

使用者介面

設定 Illustrator 的使用者介面。

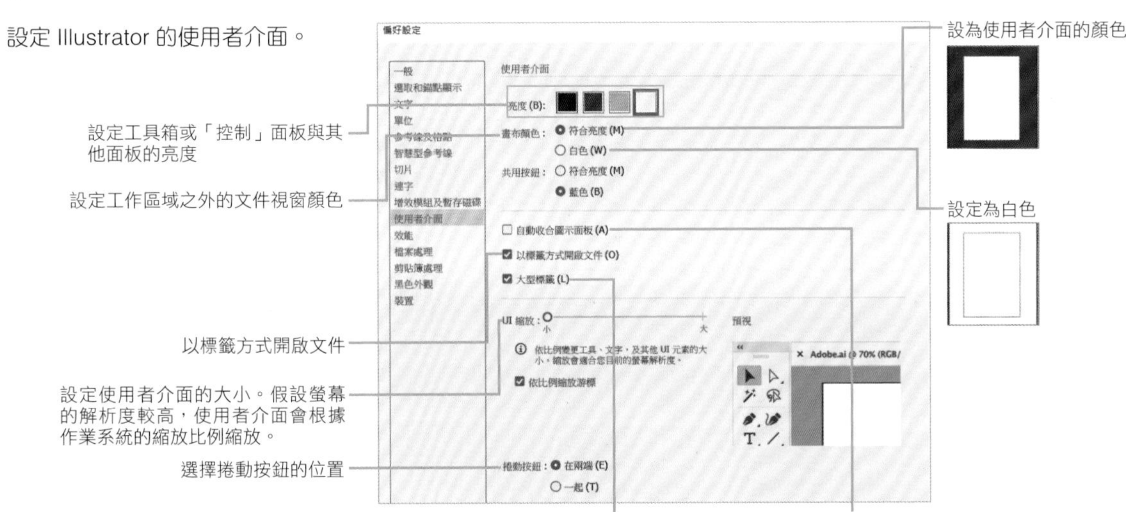

效能

設定 GPU 的使用方法。

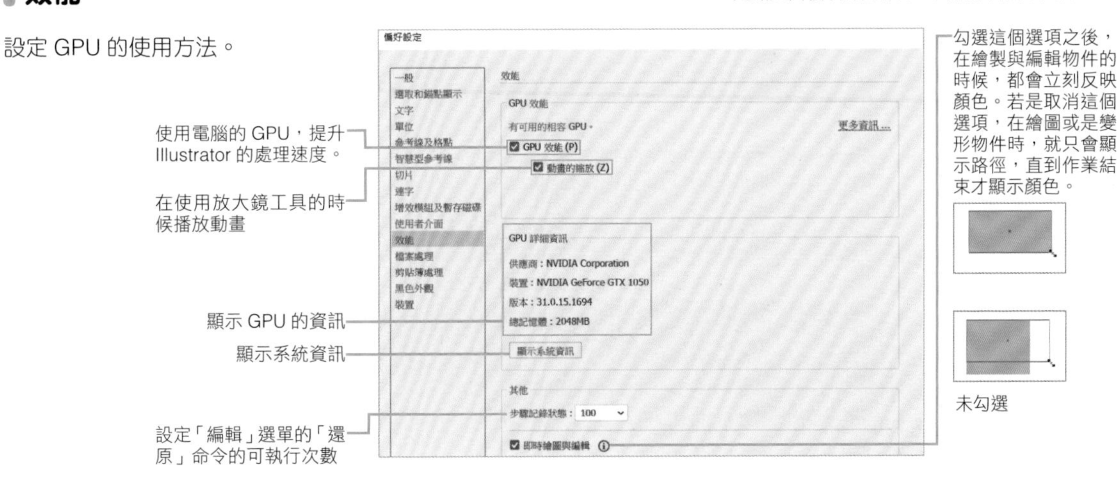

檔案處理

設定檔案的還原與連結更新。

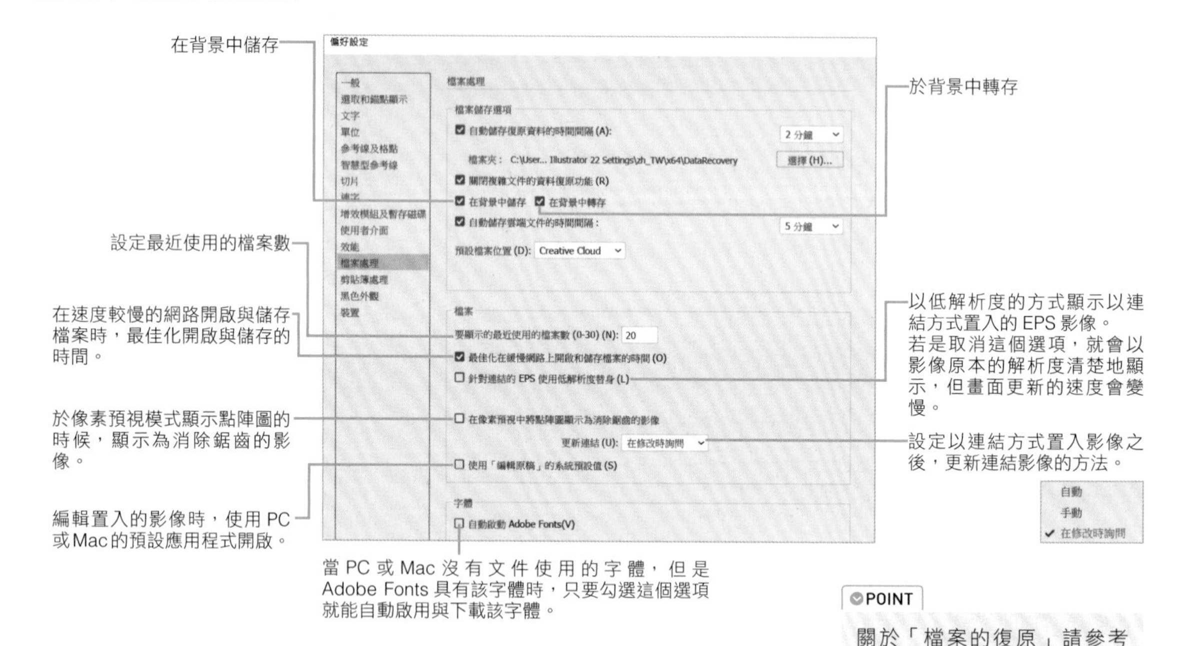

POINT

關於「檔案的復原」請參考 SECTION 10.1（第 283 頁）。

剪貼簿處理

設定剪貼簿的處理。

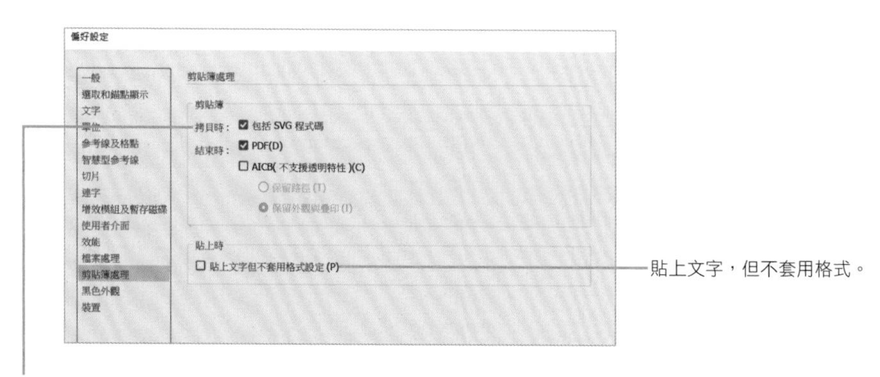

設定透過剪下或拷貝操作存入剪貼簿的資料的處理方式。
複製時，會依照這裡設定的格式存入剪貼簿。

包括 SVG 程式碼

勾選這個選項就會連同 SVG 程式碼一併複製。如果貼入文字編輯器，就會貼入 SVG 程式碼。

PDF

勾選這個選項可保留不透明度的設定

AICB（不支援透明特性）的「保留路徑」

勾選這個選項可保留路徑的形狀

AICB（不支援透明特性）的「保留外觀與疊印」

勾選這個選項可保留外觀，以及展開路徑。

黑色外觀

選擇 K 版的顯示方式。

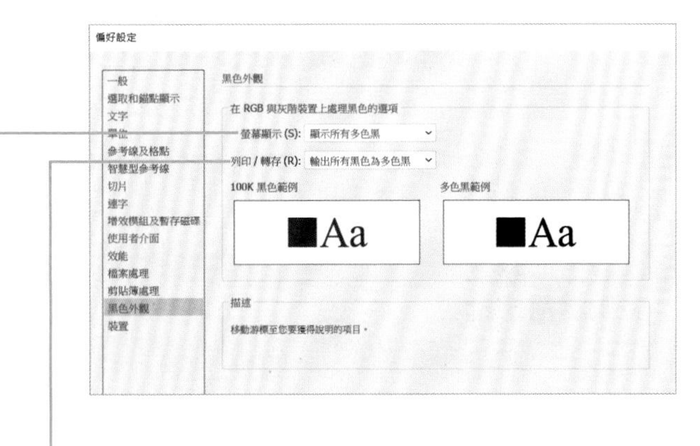

選擇在螢幕顯示黑色的方法

顯示所有精確的黑色
依照文件的設定顯示 K100% 的黑色與 CMYK 混合而成的多色黑

顯示所有多色黑
K100% 的黑色與多色黑都以多色黑顯示

顯示所有精確的黑色
✔ 顯示所有多色黑

選擇在列印與轉存為其他繪圖格式之際輸出黑色的方法

精確輸出所有黑色
依照文件的設定輸出 K100% 的黑色與 CMYK 混合而成的多色黑

輸出所有黑色為多色黑
K100% 的黑色與多色黑都以多色黑輸出

TIPS 裝置

「偏好設定」對話框的「裝置」可設定要使用的裝置。

SECTION 11.2

「編輯」選單→「鍵盤快捷鍵」

編輯鍵盤快捷鍵

使用頻率

在 Illustrator CC 常用的命令或功能都能自訂快捷鍵。可以設定舊版 Illustrator 的鍵盤快捷鍵。

編輯鍵盤快捷鍵

Illustrator 可自行編輯預設的快捷鍵。點選「編輯」選單的「鍵盤快捷鍵」（Alt + Shift + Ctrl + K），開啟「鍵盤快捷鍵」對話框，雙擊要變更的「快捷鍵」欄位，即可編輯鍵盤快捷鍵。

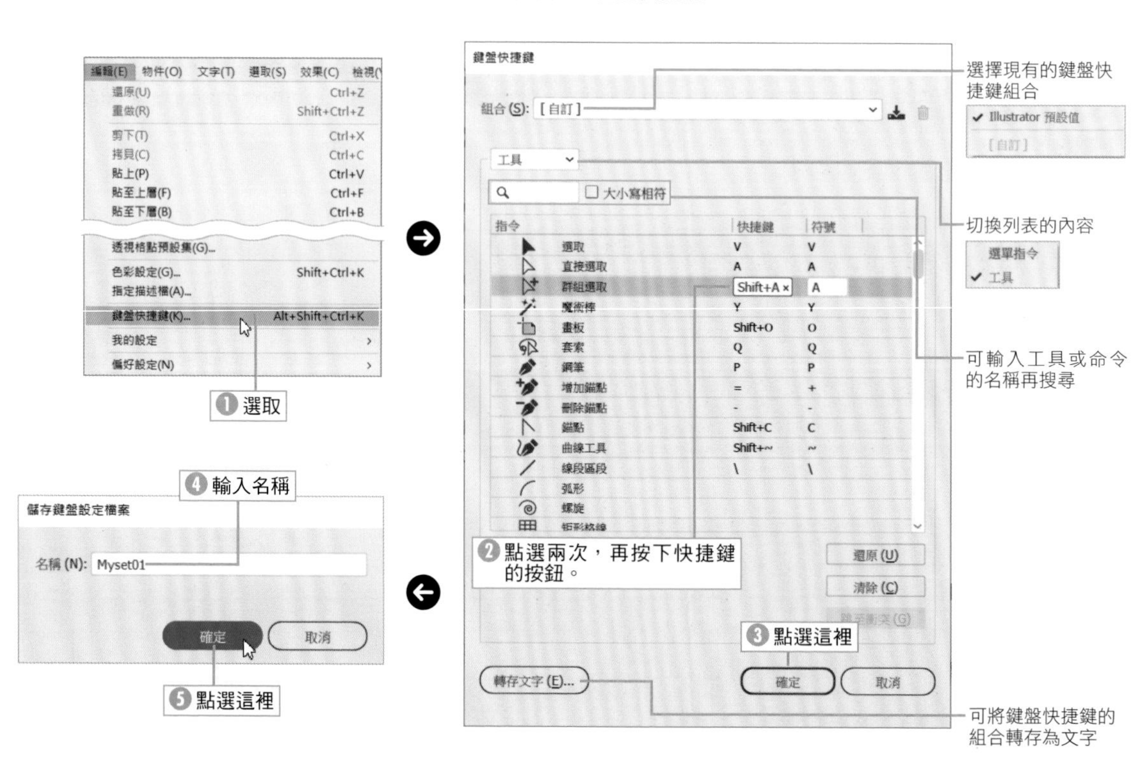

TIPS 避免指派重複的鍵盤快捷鍵

如果設定了與其他的工具或命令重複的鍵盤快捷鍵，「鍵盤快捷鍵」對話框的下方就會顯示警告訊息。

此時可指派其他的快捷鍵，或是調整現有的快捷鍵。

指派重複的鍵盤快捷鍵就會顯示警告訊息

SECTION

11.3

「編輯」選單→「色彩設定」

關於色彩設定

使用頻率

不管是在 **Illustrator** 還是 **Photoshop** 進行作業，顏色的管理都相當重要。「色彩設定」可設定在 **Illustrator** 作業時的色域。

何謂色彩管理

調整螢幕、印表機這類輸出裝置以及軟體的色域差異，藉此維持顏色一致的機制就稱為色彩管理。**色彩管理**可利用定義色域的描述檔調整機器之間的色域差異。

調整色域的管理方式稱為**色彩管理引擎**，Illustrator 採用的是 Adobe（ACE）的標準引擎。

設定 Illustrator 的色彩

要設定色彩管理可點選「編輯」選單的「色彩設定」（Shift + Ctrl + K）。一般來說，會依照用途從「設定」欄位的清單選擇選項，此時就會自動選擇最適當的色彩描述檔與轉換選項，這些項目也能手動設定。

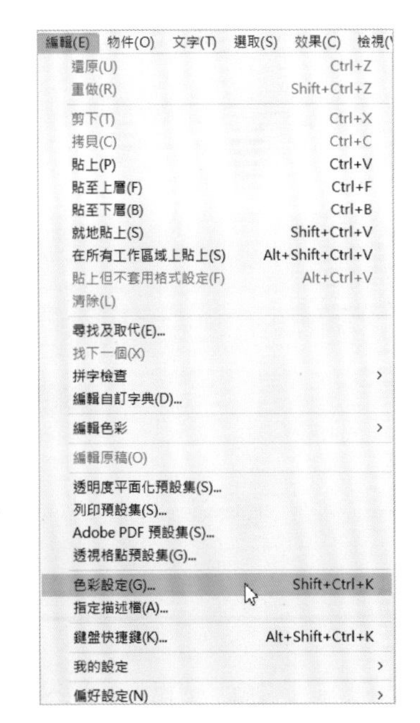

▶ 工作空間

在工作空間分別選擇 RGB 色彩與 CMYK 色彩的色彩描述檔。

▶ 色彩管理原則

色彩管理原則可在「色彩設定」對話框設定的描述檔與嵌入檔案的描述檔不同時，設定該進行哪些處理。

▶ 轉換選項

當描述檔不同時，可轉換描述檔。此時於檔案指定的顏色會為原始顏色。轉換選項可設定轉換之際的方法與顏色比對方式。

TIPS 校樣設定

「檢視」選單的「校樣設定」可模擬輸出裝置的顏色。「舊版 Macintosh RGB」可模擬 Mac OS X 10.5 之前的色彩，「網際網路標準 RGB」可模擬 Windows 或 Mac OS X 10.6 之後的色彩，「螢幕 RGB」可利用螢幕的描述檔模擬色彩。

此外，也有「紅色色盲類型」與「綠色色盲類型」這類針對色盲者的設定可以使用。若是點選「自訂」即可選擇要模擬的裝置。

選擇現有的色彩設定檔

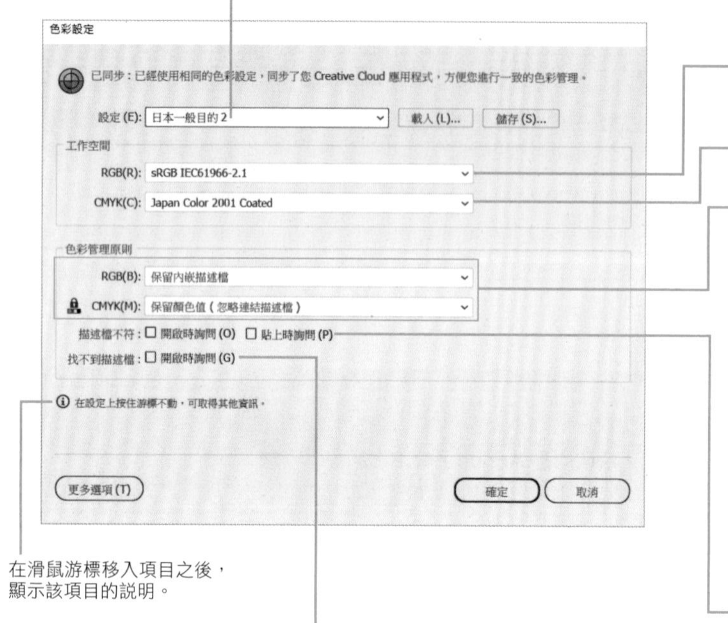

在滑鼠游標移入項目之後，
顯示該項目的說明。

假設檔案沒有描述檔，或是找不到描述檔，在檔案開啟之際顯示通知訊息與選擇處理方式的對話框。

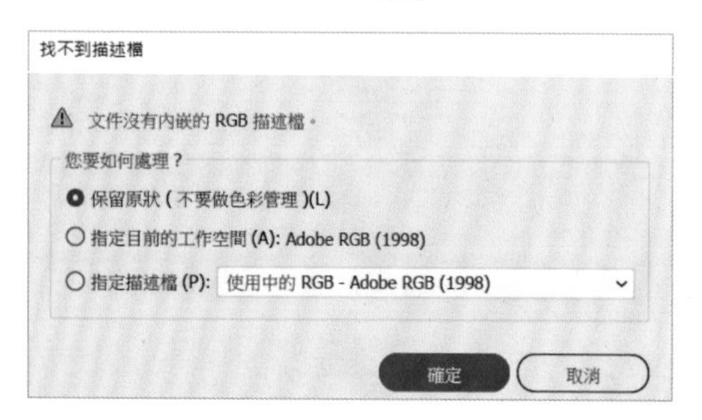

選擇色彩描述檔

選擇 RGB 色彩圖稿所需的色域描述檔。也可以選擇螢幕或印表機的描述檔。

選擇 CMYK 色彩圖稿所需的色域描述檔

設定當作業環境指定的描述檔與圖稿的描述檔不符時的處理方式

關閉

忽略檔案的描述檔，使用於作業環境選擇的描述檔。

保留顏色值（忽略連結描述檔）

忽略檔案的描述檔，但保留色彩的 CMYK 值。

保留內嵌描述檔

以檔案的描述檔優先

轉換為工作空間

檔案的描述檔與在色彩設定選擇的描述檔有差異時，將檔案的描述檔轉換成選擇的描述檔。

開啟時詢問

檔案的描述檔與在色彩設定選擇的描述檔不一致時，會在開啟檔案的時候顯示告知訊息以及選擇處理方式的對話框。

貼上時詢問

從其他文件複製物件時，物件的描述檔與在色彩設定選擇的描述檔不一致時，顯示選擇處理方式的對話框。

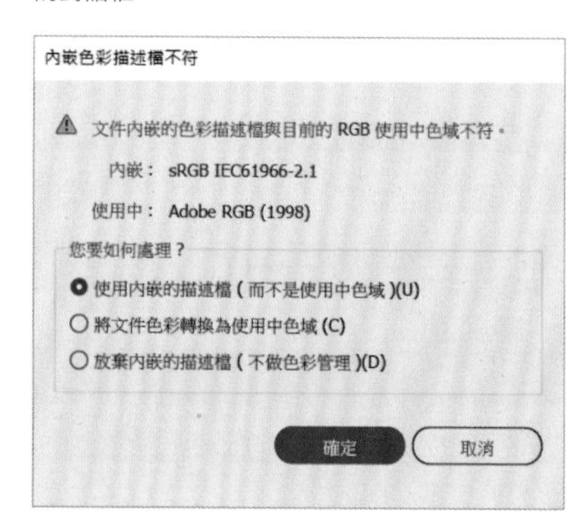

嵌入描述檔

在儲存圖稿時，勾選「Illustrator 選項」對話框的「內嵌 ICC 描述檔」，就能將在新增文件之際使用的描述檔嵌入檔案。

如果在其他電腦製作的 Illustrator 檔案嵌入了與在「色彩設定」選擇的描述檔不同時，可於「色彩管理原則」設定處理方式。

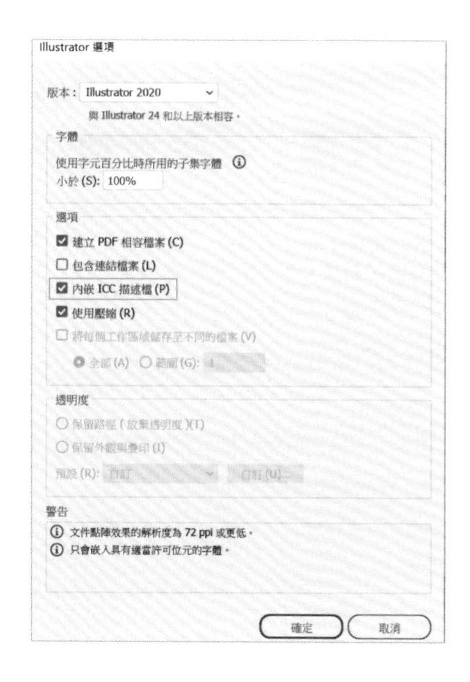

於文件使用特定的描述檔

新增文件時，會套用在「色彩設定」對話框設定的色彩描述檔，但其實可替每個文件設定不同的描述檔。

在「編輯」選單點選「指定描述檔」，就能在「指定描述檔」對話框設定描述檔。

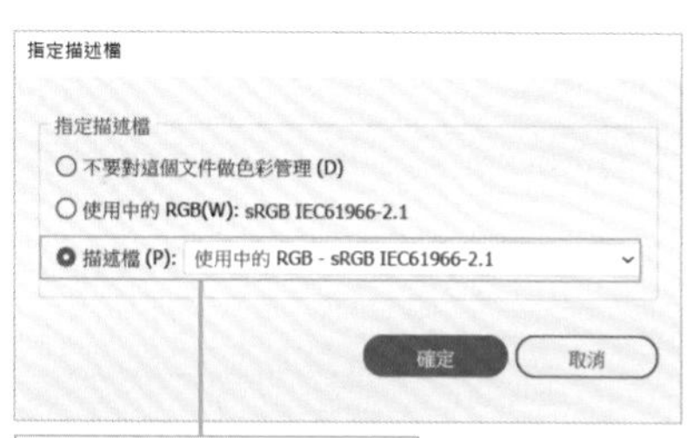

替不同的文件指定描述檔

讓 Creative Cloud 的應用程式共享相同的色彩設定

如果希望 Photoshop 或 InDesign 這類 Creative Cloud 應用程式使用相同的色彩設定，可在 Adobe Bridge 的「編輯」選單點選「顏色設定」（Ctrl + Shift + K），再進行設定，如此一來，所有 Creative Cloud 應用程式就會使用相同的色彩設定。

POINT

所有的 Creative Cloud 應用程式都會套用相同的色彩設定，因此如果只希望 Illustrator 套用不同的設定，請於 Illustrator 另外進行色彩設定。

選擇顏色設定，再點選「套用」即可讓Creative Cloud應用程式套用相同的色彩設定。

「檢視」選單、「視窗」選單

SECTION 11.4

「尺標」、「參考線」、「格點」、「資訊」面板

使用頻率

Illustrator 為了方便使用者繪製正確的圖形，內建了各種面板、尺規工具以及自動顯示位置／角度／點的智慧型參考線。除了說明這些內容，這節還要說明預設值檔案與圖稿的資訊。

使用尺標

Illustrator 內建了垂直與水平方向的尺標。要於視窗顯示尺標，可於「檢視」選單的「尺標」點選「顯示尺標」（Ctrl + R）。如果要隱藏尺標，只需要重複相同的操作。

尺標的單位可於「偏好設定」對話框（Ctrl + K）的「單位」的「一般」設定。利用放大鏡工具 縮放畫面時，尺標的刻度也會跟著變化。

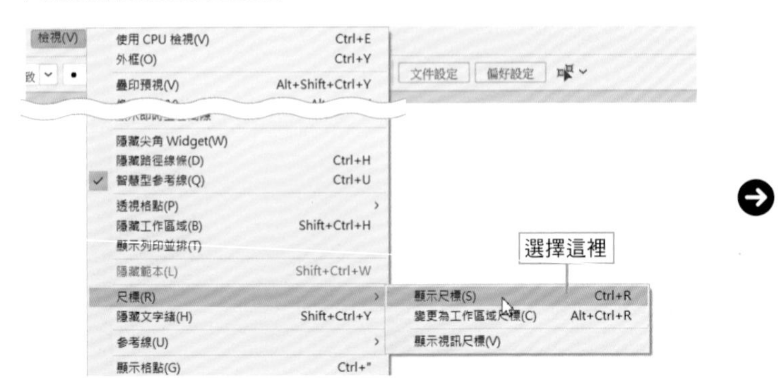

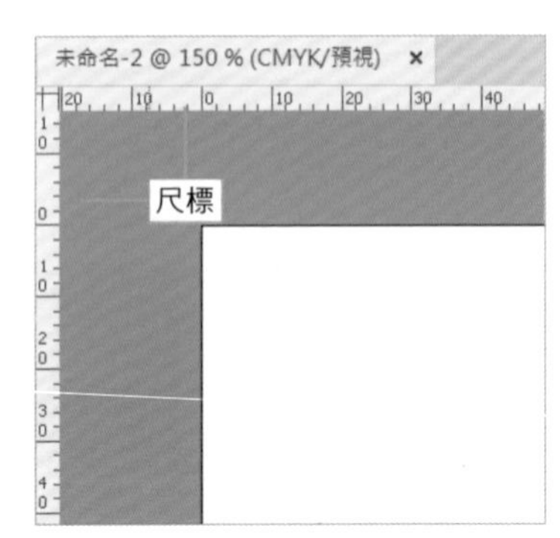

TIPS 原點的位置

原點位於最左側的工作區域的左上角（視窗尺標）。

從「檢視」選單的「尺標」點選「變更為工作區域尺標」（Alt + Ctrl + R），選取的工作區域的左上角就會是原點。

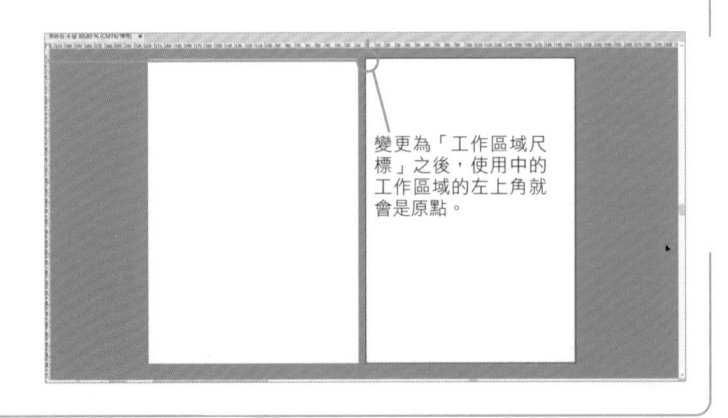

▶變更尺標的原點

預設的尺標原點為第一個工作區域的左上角。拖曳原點就能變更原點的位置。

此外，雙擊尺標的交點就能恢復為預設值。此時選取的工作區域的左上角就會是原點。

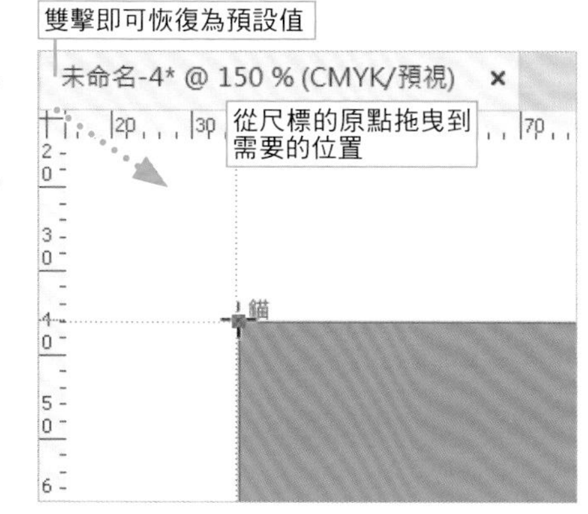

TIPS 變更單位

在尺標按下滑鼠右鍵，即可從快捷選單選擇單位。

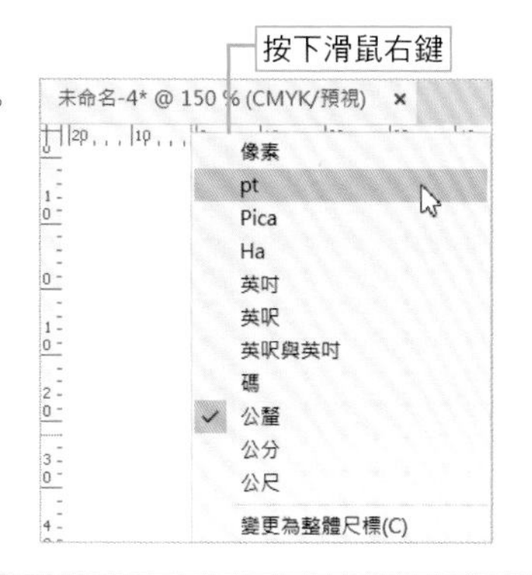

視訊尺標

從「檢視」選單的「尺標」點選「顯示視訊尺標」，就能顯示視訊尺標。視訊尺標會於正在使用的工作區域顯示。

單位會與尺標的單位相同。此外，原點為左上角，但無法調整位置。

參考線物件

Illustrator 為了幫助使用者繪製與編輯物件，內建了具有輔助線功能的參考線物件。參考線物件只是輔助線，不會實際列印出來。

▶ 從尺標建立參考線

要繪製水平或是垂直的參考線可直接從尺標拖曳。自從 Illustrator CC 版本之後，只要雙擊尺標就能新增參考線。

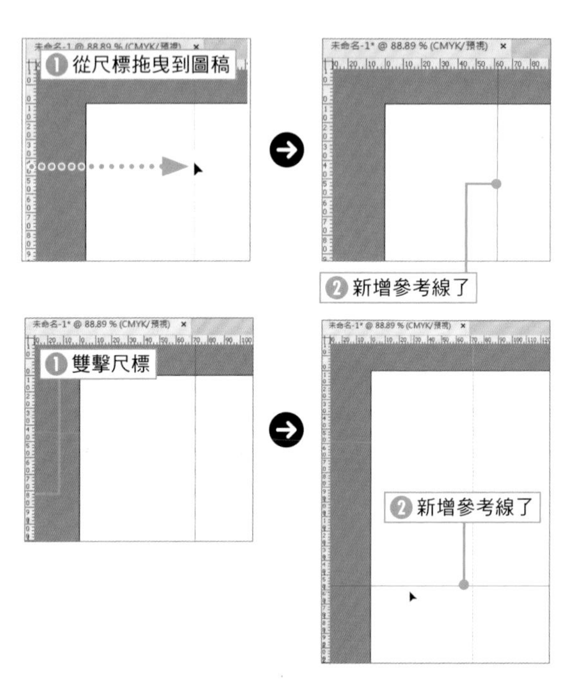

POINT

在拖曳過程按住 Alt 鍵，垂直的參考線就會轉成水平方向，水平的參考線就會轉成垂直方向。

POINT

如果看不到參考線，可從「檢視」選單的「參考線」點選「顯示參考線」（Ctrl + ：）。

POINT

按住 Ctrl 鍵再從左上角的尺標交點拖曳，就能一口氣拖出水平與垂直的參考線。

POINT

在 Mac 的環境下，「顯示參考線（隱藏參考線）」的快捷鍵為「⌘ + ；（分號）」。

▶ 將繪圖物件轉換成參考線物件

除了文字物件之外，所有的繪圖物件都可從「檢視」選單的「參考線」點選「製作參考線」（Ctrl + 5）轉換成參考線。

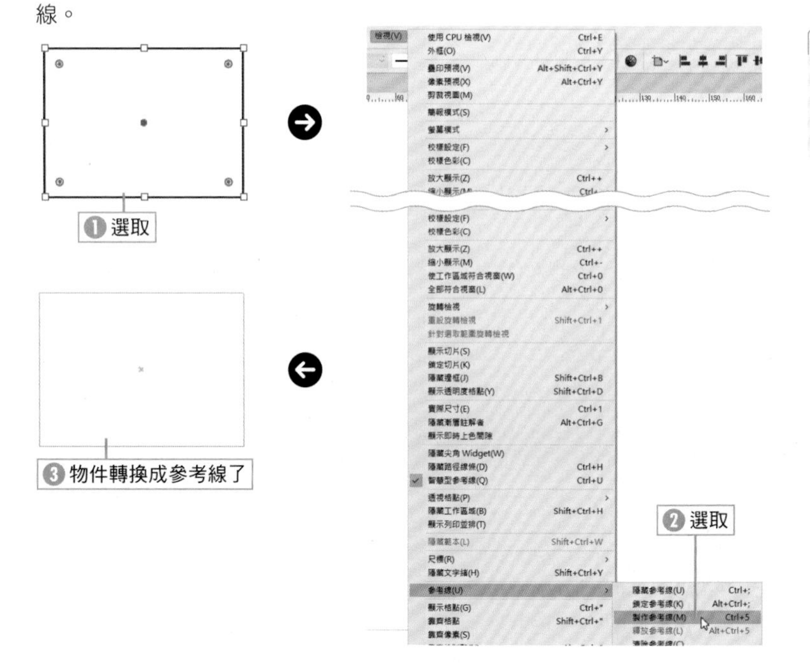

POINT

參考線的顏色與樣式可透過「偏好設定」對話框（Ctrl + K）的「參考線及格點」變更。

▶ 参考線物件的移動與複製

從「檢視」選單的「参考線」點選「鎖定参考線」（Alt + Ctrl + ：）之後，即可讓参考線鎖定。解除鎖定之後，参考線物件能與繪圖物件一樣移動與複製。

▶ 解除鎖定参考線

從「檢視」選單的「参考線」點選「解除鎖定参考線」即可取消勾選，参考線也不會被鎖定。

未鎖定的参考線可利用選取工具 ▶ 移動與複製。

> POINT
>
> 在 Mac 的環境下，「鎖定参考線」的鍵盤快捷鍵為「option + ⌘ + ;（分號）」。
> 「隱藏参考線（顯示参考線）」的鍵盤快捷鍵則是「⌘ + ;（分號）」。

▶ 隱藏参考線

從「檢視」選單的「参考線」點選「隱藏参考線」（Ctrl + ：）即可隱藏参考線。

▶ 從参考線還原為繪圖物件

在未勾選「檢視」選單的「参考線」的「鎖定参考線」的情況下，選取要解除的参考線，再從從「檢視」選單的「参考線」點選「釋放参考線」（Alt + Ctrl + 5），就能讓参考線物件轉換成一般的繪圖物件。

> POINT
>
> 参考線物件還原為一般的物件之後，「填色」與「筆畫」會套用當下的設定。

▶ 刪除参考線

要刪除参考線可先解除鎖定，再從「檢視」選單的「参考線」點選「清除参考線」或是按下 Delete 鍵。

靠齊控制點

點選「檢視」選單的「靠齊控制點」（Alt + Ctrl + "），就能在編輯物件或是需要移動錨點的時候，讓錨點與参考線物件或其他物件的錨點吸附，完美地讓錨點重疊。

格點

Illustrator 也有顯示格點的功能。要在圖稿顯示格點，可從「檢視」選單點選「顯示格點」（Ctrl + "）。

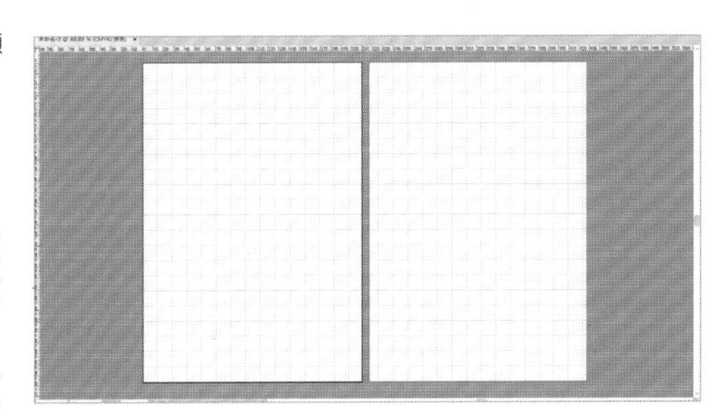

> POINT
>
> 格點只是繪製圖稿的網眼，不會實際列印出來。

> POINT
>
> 格點的顏色與間距可從「編輯」選單（Mac 為「Illustrator」選單）的「偏好設定」點選「参考線及格點」，再於「格點」欄位設定。

靠齊格點

要讓物件靠齊格點可在「檢視」選單點選「靠齊格點」（Shift + Ctrl + "）。

POINT

「靠齊格點」命令也能在未顯示格點的情況使用。

透明度格點

透明度格點是設定物件不透明度的時候，確認背景透明程度的格點。從「檢視」選單點選「顯示透明度格點」（Shift + Ctrl + D）即可顯示。

此外，從「檔案」選單點選「文件設定」（Alt + Ctrl + P），開啟「文件設定」對話框，也能設定透明度格點的大小與顏色（參考第 16 頁）。

格狀花紋的部分就是透明度格點，當物件指定了不透明度，背景與空白的部分都會顯示透明度格點。

「資訊」面板

Illustrator 內建了顯示物件資訊的「資訊」面板，建議隨時開啟。

要開啟「資訊」面板可於「視窗」選單勾選「資訊」（Ctrl + F8 鍵）。

▶「資訊」面板的內容

「資訊」面板會隨著作業狀態顯示不同的內容。選取物件時，會顯示距離原點的位置、寬度與高度。拖曳物件時，會即時顯示移動的角度。輸入或選取文字時，會顯示字體或是字級這類資訊。

此外，開啟選項之後，可顯示文件的色彩模式的 RGB 值或 CMYK 值（■ 為填色、□ 為筆畫）。在 RGB模式之下，也會顯示網頁安全色的16進位值。

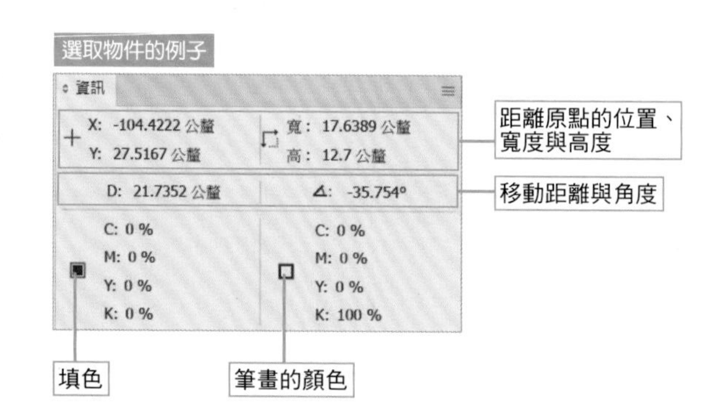

▶「資訊」面板的顯示單位

「資訊」面板的單位可於「偏好設定」對話框（Ctrl + K）的「單位」的「一般」設定（參考第 311 頁）。

測量兩點之間的距離（測量工具 ）

要測量兩點之間的距離可使用測量工具 。

利用測量工具 點選兩點之後，兩點之間的距離、角度、水平距離、垂直距離都會在「資訊」面板顯示。這只是兩點之間的距離，與路徑或錨點沒有任何關係。

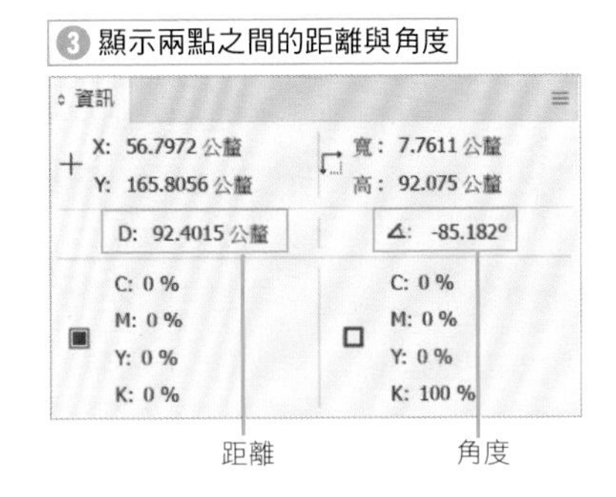

瀏覽圖稿的資訊

點選「視窗」選單的「文件資訊」，開啟「文件資訊」面板之後，可顯示圖稿的各種資訊，還能將這些資訊儲存為文字檔案。

假設要在其他的電腦使用圖稿，儲存為文字檔案的資訊可告訴我們圖稿使用了哪些字體，以及置入了哪些檔案，這些資訊很適合提供給輸出中心使用。

「文件資訊」面板選單可點選要顯示的項目。要將資訊儲存為文字檔案時，可點選「儲存」，開啟儲存的對話框，此時便可指定檔案名稱再儲存。若勾選「只限選取範圍」再選取物件，就能只顯示該物件的資訊。

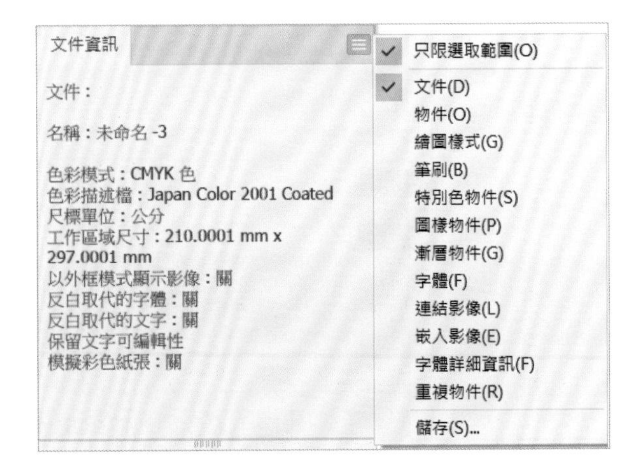

「資料庫」面板

使用 Creative Cloud 資料庫（CC 資料庫）

CC 資料庫可使用 Creative Cloud 的雲端儲存功能，儲存常用的顏色、字元樣式、繪圖物件。只要利用相同的 Adobe ID 登入，就能在其他的 PC ／ Mac 使用這些資料。此外，除了可在 Illustrator 使用，也能在 Photoshop 這類 Adobe 軟體使用。

何謂 CC 資料庫

CC 資料庫可新增常用的顏色、顏色群組、段落樣式、字元樣式、物件（繪圖），再從「資料庫」面板以使用色票的方式使用，但無法在其他文件使用。

於 CC 資料庫新增的顏色或是其他項目可在其他 Illustrator 文件使用，此外，也能在 Photoshop 以及其他 Adobe 應用程式、行動裝置軟體使用。

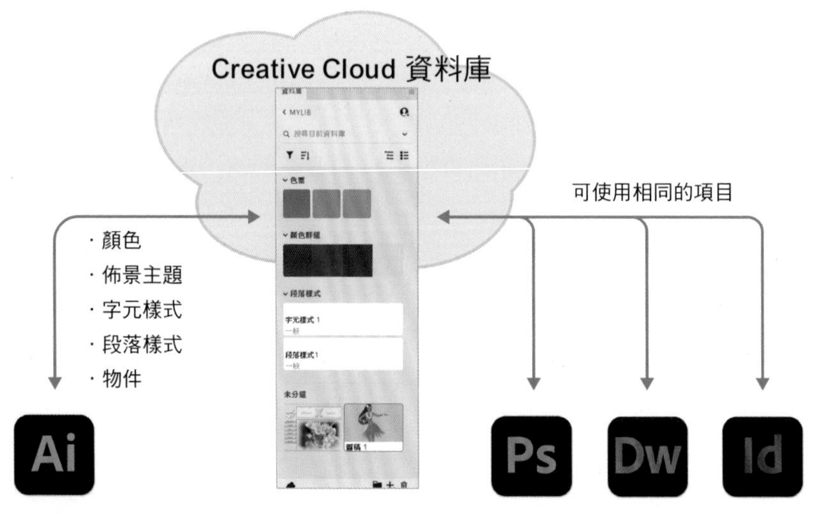

CC 資料庫可於雲端新增常用的顏色或是其他的設定，是能於 Illustrator 所有文件使用的功能，也能在 Photoshop 與其他應用程式使用。

TIPS 能使用 CC 資料庫的桌面應用程式

包含 Illustrator、Photoshop、InDesign、Premiere Pro、After Effects、Dreamweaver、Animate、Adobe Bridge、Adobe Fresco、Adobe XD 這些軟體。

「資料庫」面板

「資料庫」面板會顯示 CC 資料庫的名稱，點選之後，可顯示新增的項目。

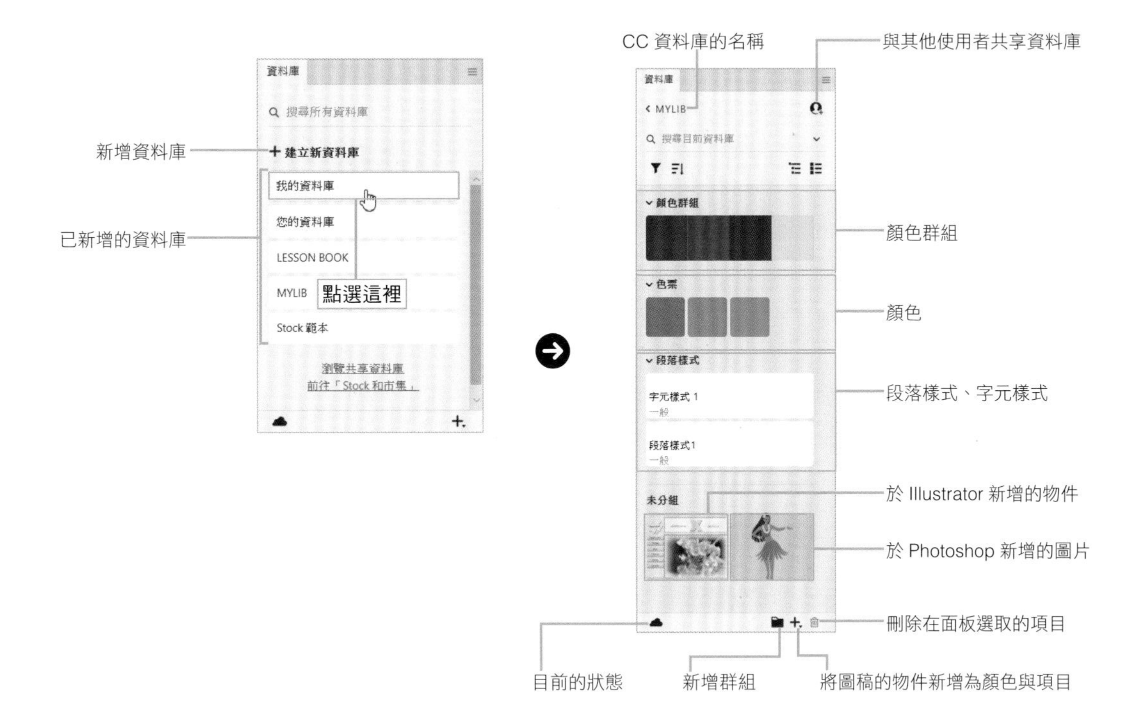

TIPS 新增群組，管理項目

「資料庫」面板可讓項目組成群組，方便管理。

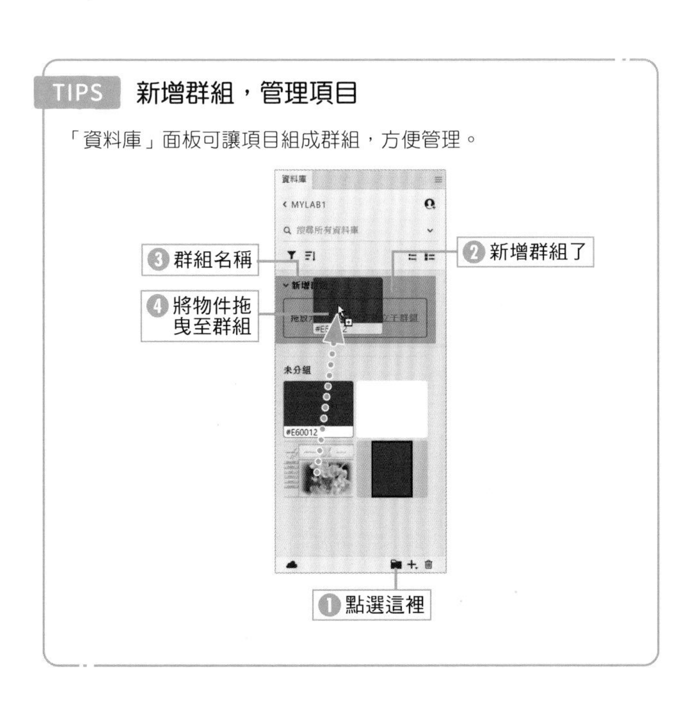

於 CC 資料庫新增項目

基本上，要於 CC 資料庫新增項目，就是點選「資料庫」面板下方的圖示再新增，但也有其他方法可以新增。

▶從「色票」面板新增

在「色票」面板點選要新增至 CC 資料庫的色票或是顏色群組，再點選面板下方的 。

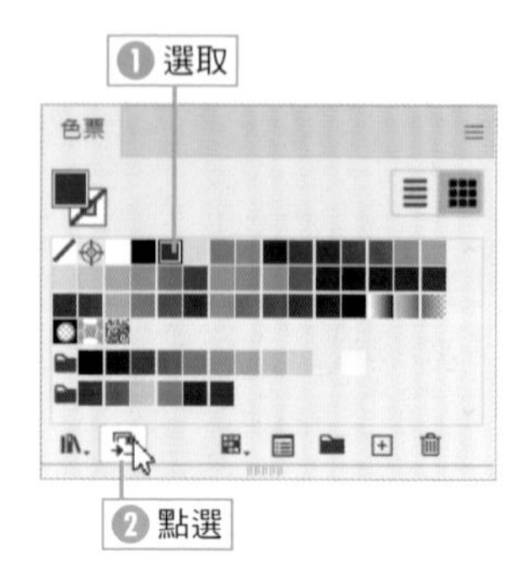

POINT

可新增最多五種顏色的顏色群組。

▶從「段落樣式」面板／「字元樣式」面板新增

先在「段落樣式」面板與「字元樣式」面板新增樣式，接著選取要新增至 CC 資料庫的樣式，再點選 。

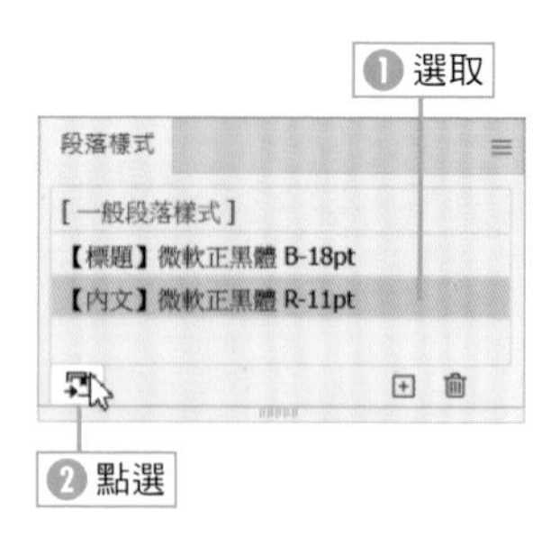

▶拖放繪圖物件

將物件拖放至「資料庫」面板，就能新增為繪圖項目。

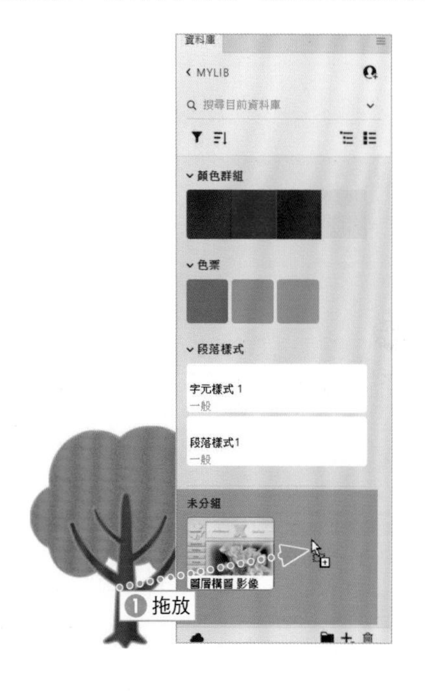

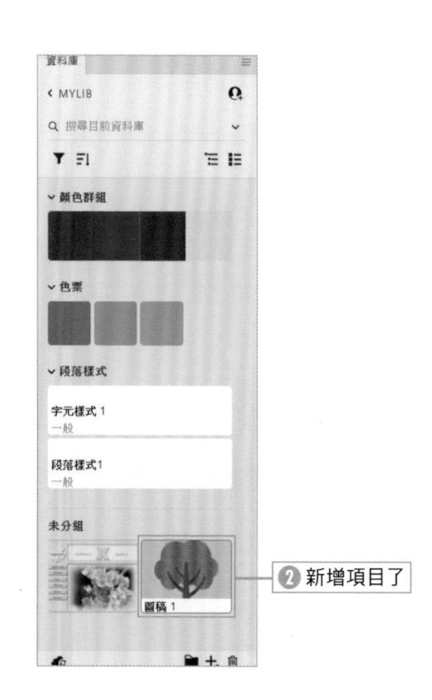

使用資料庫

▶使用顏色／顏色群組

顏色與顏色群組的使用方法與「色票」面板一樣，都是選取物件再點選，就能套用正在使用的「顏色」與「筆畫」。

▶使用段落樣式／字元樣式

段落樣式可於滑鼠游標所在位置的段落套用，字元樣式則可在選取的文字套用。

▶使用繪圖物件

如右圖從「資料庫」面板將繪圖項目拖放至圖稿即可。

▶編輯繪圖項目的連結

將繪圖項目拖放至圖稿，該圖稿會與資料庫的項目連結（物件顯示了「×」代表為連結狀態）。

雙擊 CC 資料庫的繪圖項目就能顯示為圖稿。編輯與儲存內容之後，圖稿中的繪圖物件也會套用變動的內容。

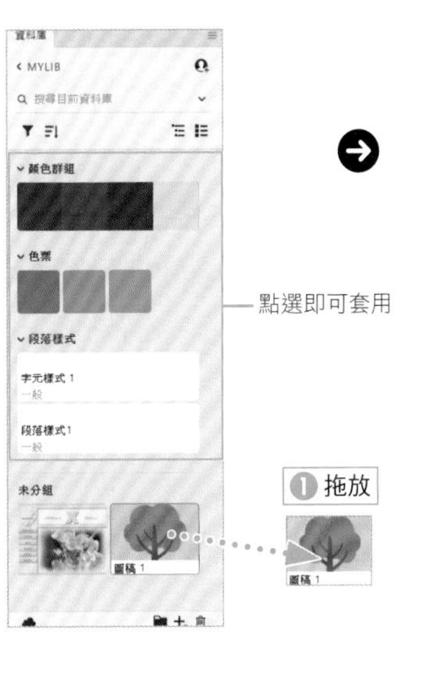

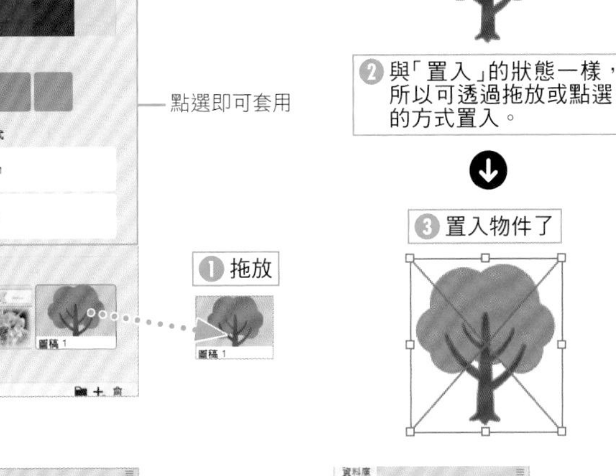

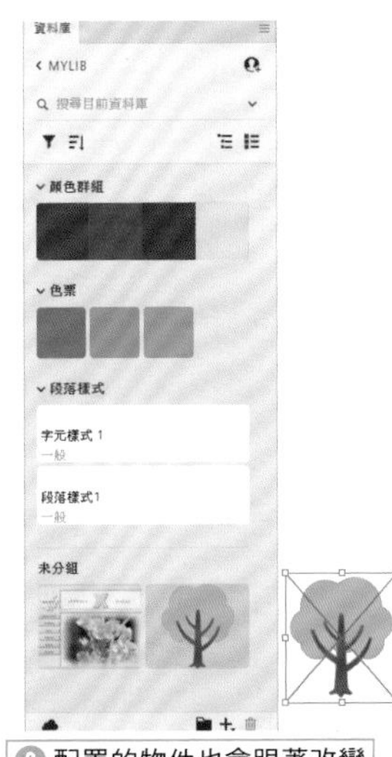

❷ 開啟編輯的檔案之後，可編輯與儲存內容。

POINT

如果要置入未連結的物件，可按住 Alt 鍵再拖放。

TIPS 共用 CC 資料庫

CC 資料庫能與擁有 Adobe ID 的其他使用者共用。

從「資料庫」面板選單點選「邀請人員」，就會在網頁瀏覽器開啟「邀請共享者」的畫面，此時可以輸入共同使用者的 Adobe ID 即可。

視情況輸入訊息之後，再點選「邀請」即可。

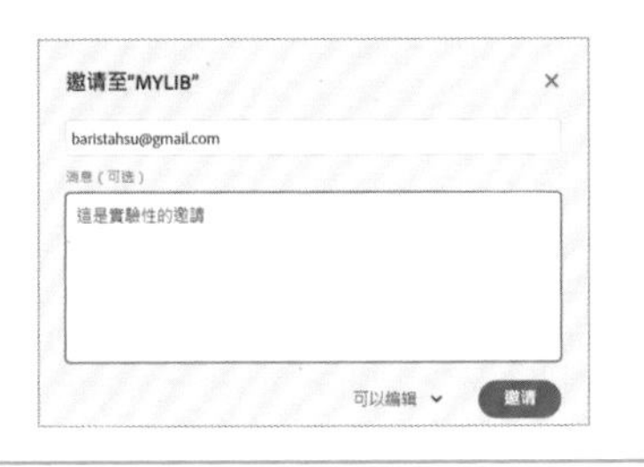

快捷鍵一覽表

▶「檔案」選單

功能	Win	Mac
新增	Ctrl+N	⌘+N
從範辭新增	Shift+Ctrl+N	shift+⌘+N
開啟舊檔	Ctrl+O	⌘+O
儲存	Ctrl+S	⌘+S
另存新檔	Shift+Ctrl+S	shift+⌘+S
儲存拷貝	Alt+Ctrl+S	option+⌘+S
儲存為網頁用	Alt+Shift+Ctrl+S	option+shift+⌘+S
開啟「文件設定」對話框	Alt+Ctrl+P	option+⌘+P
置入	Shift+Ctrl+P	shift+⌘+P
關閉檔案	Ctrl+W	⌘+W
列印	Ctrl+P	⌘+P
結束Illustrator	Ctrl+Q	⌘+Q

▶「編輯」選單

功能	Win	Mac
拷貝	Ctrl+C	⌘+C
剪下	Ctrl+X	⌘+X
貼上	Ctrl+V	⌘+V
貼至上層	Ctrl+F	⌘+F
貼至下層	Ctrl+B	⌘+B
就地貼上	Shift+Ctrl+V	shift+⌘+V
在所有工作區域上貼上	Alt+Shift+Ctrl+V	option+shift+⌘+V
貼上但不套用格式設定	Alt+Ctrl+V	option+⌘+V
還原	Ctrl+Z	⌘+Z
重做	Ctrl+Shift+Z	⌘+shift+Z
開啟「偏好設定」對話框(「一般」面板)	Ctrl+K	⌘+K
開啟「鍵盤快捷鍵」對話框	Alt+Shift+Ctrl+K	option+shift+⌘+K
開啟「色彩設定」對話框	Shift+Ctrl+K	shift+⌘+K

▶「物件」選單

功能	Win	Mac
組成群組	Ctrl+G	⌘+G
解散群組	Shift+Ctrl+G	shift+⌘+G
鎖定	Ctrl+2	⌘+2
全部解除鎖定	Alt+Ctrl+2	option+⌘+2
隱藏	Ctrl+3	⌘+3
顯示全部物件	Alt+Ctrl+3	option+⌘+3
開啟「移動」對話框	Shift+Ctrl+M／選取工具+Enter／雙擊選取工具	shift+⌘+M／選取工具+enter／雙擊選取工具
合併物件	Ctrl+J	⌘+J
平均	Alt+Ctrl+J	option+⌘+J
移至最前	Shift+Ctrl+]	shift+⌘+]
置前	Ctrl+]	⌘+]
置後	Ctrl+[	⌘+[
移至最後	Shift+Ctrl+[	shift+⌘+[
製作即時上色	Alt+Ctrl+X	option+⌘+X
再次變形	Ctrl+D	⌘+D
個別變形	Alt+Shift+Ctrl+D	option+shift+⌘+D
製作漸變	Alt+Ctrl+B	option+⌘+B
釋放漸變	Alt+Shift+Ctrl+B	option+shift+⌘+B
建立複合路徑	Ctrl+8	⌘+8
釋放複合路徑	Alt+Ctrl+8	option+⌘+8
建立剪裁遮色片	Ctrl+7	⌘+7
解除剪裁遮色片	Alt+Ctrl+7	option+⌘+7
以彎曲製作封套扭曲	Alt+Shift+Ctrl+W	option+shift+⌘+W
以網格製作封套扭曲	Alt+Ctrl+M	option+⌘+M
以上層物件製作封套扭曲	Alt+Ctrl+C	option+⌘+C

▶「文字」選單

功能	Win	Mac
靠左對齊	Shift+Ctrl+L	shift+⌘+L
置中對齊	Shift+Ctrl+C	shift+⌘+C
靠右對齊	Shift+Ctrl+R	shift+⌘+R
以末行齊左的方式對齊	Shift+Ctrl+J	shift+⌘+J
強制齊行	Shift+Ctrl+F	shift+⌘+F
建立外框	Shift+Ctrl+O	shift+⌘+O
顯示隱藏字元	Alt+Ctrl+I	option+⌘+I
縮小字距	Alt+←（橫書）／Alt+↑（直書）	option+←（橫書）／option+↑（直書）
放大字距	Alt+→（橫書）／Alt+↓（直書）	option+→（橫書）／option+↓（直書）
將字距微調設定為0	Alt+Ctrl+Q	option+⌘+Q
大幅縮小字距	Alt+Ctrl+←（橫書）／Alt+Ctrl+↑（直書）	option+⌘+←（橫書）／option+⌘+↑（直書）
大幅拉開字距	Alt+Ctrl+→（橫書）／Alt+Ctrl+↓（直書）	option+⌘+→（橫書）／option+⌘+↓（直書）
讓文字往上（橫書）	Alt+Shift+↑	option+shift+↑
讓文字往下（橫書）	Alt+Shift+↓	option+shift+↓
讓文字往右（直書）	Alt+Shift+→	option+shift+→
讓文字往左（直書）	Alt+Shift+←	option+shift+←

▶「檢視」選單

功能	Win	Mac
100%顯示	Ctrl+1	⌘+1
使工作區域符合視窗	Ctrl+0	⌘+0
隱藏工作區域	Shift+Ctrl+H	shift+⌘+H
疊印預視	Alt+Shift+Ctrl+Y	option+shift+⌘+Y
像素預視	Alt+Ctrl+Y	option+⌘+Y
顯示／隱藏透視格點	Shift+Ctrl+I	shift+⌘+I
隱藏邊框	Shift+Ctrl+B	shift+⌘+B
啟用／停用智慧型參考線	Ctrl+U	⌘+U
啟用／停用靠齊控制點	Alt+Ctrl+"	option+⌘+"
啟用／停用靠齊格點	Shift+Ctrl+"	shift+⌘+"
顯示格點	Ctrl+"	⌘+"
顯示透明度格點	Shift+Ctrl+D	shift+⌘+D
建立參考線	Ctrl+5	⌘+5
鎖定／解除鎖定參考線	Alt+Ctrl+；	option+⌘+;
顯示／隱藏參考線	Ctrl+；	⌘+;
釋放參考線	Alt+Ctrl+5	option+⌘+5

▶切換工具的快捷鍵

功能	Win	Mac
選取工具	V	V
直接選取工具	A	A
魔術棒工具	Y	Y
套索工具	Q	Q
筆形工具	P	P
曲線工具	Shift+~（波浪符號）	shift+~（波浪符號）
文字工具	T	T
線段區段工具	"	"
矩形工具	M	M
筆刷工具	B	B
Shaper工具	Shift+N	shift+N
橡皮擦工具	Shift+E	shift+E
旋轉工具	R	R
縮放工具	S	S
寬度工具	Shift+W	shift+W
任意變形工具	E	E
形狀建立程式工具	Shift+M	shift+M
透視格點工具	Shift+P	shift+P
網格工具	U	U
漸層工具	G	G
滴管工具	I	I
漸變工具	W	W
符號噴灑器工具	Shift+S	shift+S
長條圖工具	J	J
工作區域工具	Shift+O	shift+O
切片工具	Shift+K	shift+K
手形工具	H	H
放大鏡工具	Z（＋Alt可縮小）	Z（＋option可縮小）
暫時切換成手形工具	使用中的工具＋Space	使用中的工具＋space
暫時切換成放大鏡工具（放大）	使用中的工具＋Space＋Ctrl	使用中的工具＋space＋⌘
暫時切換成放大鏡工具（縮小）	使用中的工具＋Space＋Ctrl＋Alt	使用中的工具＋space＋⌘＋option

職人必備技！Illustrator 最強教科書(CC 適用)

作　　者：井村克也
插　　圖：久保朋子 / 堤享子 / 広田正康
編　　輯：久保田賢二
譯　　者：許郁文
企劃編輯：江佳慧
文字編輯：江雅鈴
設計裝幀：張寶莉
發 行 人：廖文良

發 行 所：碁峰資訊股份有限公司
地　　址：台北市南港區三重路 66 號 7 樓之 6
電　　話：(02)2788-2408
傳　　真：(02)8192-4433
網　　站：www.gotop.com.tw
書　　號：ACU085100
版　　次：2023 年 11 月初版
建議售價：NT$580

國家圖書館出版品預行編目資料

職人必備技！Illustrator 最強教科書(CC 適用) / 井村克也原著；許郁文譯. -- 初版. -- 臺北市：碁峰資訊, 2023.11
面；　公分
ISBN 978-626-324-669-0(平裝)
1.CST：Illustrator(電腦程式)
312.49I38　　112018177